U0185665

大话软件工程 案例篇
项目与产品开发实战

李鸿君◎著

清華大学出版社
北 京

内 容 简 介

本书通过定制系统和标准产品的开发案例，介绍如何结合软件工程和项目管理的知识，按照标准化、工程化的方式协同完成软件的开发。其中定制系统的开发案例涉及售前咨询、项目准备、需求分析与设计、测试验证、上线培训等，给出了每个环节需要的理论、方法、工具、标准和交付物。标准产品的研发案例则涉及构建具有随需应变能力系统的设计思路、建模方法等。

本书是《大话软件工程——需求分析与软件设计》一书的姊妹篇，本书主讲案例，后者主讲方法，本书是后者中理论和方法的落地实践。

数字化转型是现今企业 IT 发展的新目标，数字化转型需要大量培养数字化时代所需的技能型人才。本书可作为培养软件公司和客户企业双方人才，如软件工程师（包括需求、设计、开发、实施）、产品经理、项目经理、企业数字化转型的业务骨干人才等的培训教材。

图书在版编目（CIP）数据

大话软件工程 . 案例篇 : 项目与产品开发实战 / 李鸿君著 . —北京：清华大学出版社，2024.6
ISBN 978-7-302-65796-5

Ⅰ . ①大…　Ⅱ . ①李…　Ⅲ . ①软件开发　Ⅳ . ① TP311.5

中国国家版本馆 CIP 数据核字 (2024) 第 056021 号

责任编辑：袁金敏
封面设计：杨玉兰
版式设计：方加青
责任校对：李建庄
责任印制：丛怀宇

出版发行：清华大学出版社
网　　址：https://www.tup.com.cn，https://www.wqxuetang.com
地　　址：北京清华大学学研大厦 A 座　　邮　　编：100084
社 总 机：010-83470000　　邮　　购：010-62786544
投稿与读者服务：010-62776969，c-service@tup.tsinghua.edu.cn
质 量 反 馈：010-62772015，zhiliang@tup.tsinghua.edu.cn
印 装 者：北京博海升彩色印刷有限公司
经　　销：全国新华书店
开　　本：188mm×260mm　　印　　张：32.75　　字　　数：818 千字
版　　次：2024 年 6 月第 1 版　　印　　次：2024 年 6 月第 1 次印刷
定　　价：199.00 元

产品编号：104400-01

前言

1. 本书的内容

本书的内容主要包括两个案例，其中主案例是一个**定制系统**的开发（也称为项目开发、项目），次案例是一个**标准产品**的研发（也称为产品研发、产品），其中，

- **定制系统**的开发：以一个软件项目（定制系统）的开发过程为主线，讲解开发过程中每个环节需要的理论、方法、工具、标准和交付物，开发过程包括售前咨询、项目准备、需求工程、设计工程、对编码工程的交底、对测试工程成果的验证、上线准备、实施培训等环节。开发过程涉及软件工程和项目管理的相关知识。
- **标准产品**的研发：重点介绍研发一款标准产品的思路、理论和基本方法，包括产品的需求分析、规划方法、建模方法等，特别详细介绍让产品具有随需应变能力的建模概念和方法。标准产品的研发涉及模块化、平台化系统的设计知识。

2. 本书的背景

能够按质、按量、按时完成软件开发任务，是所有的软件工程师、特别是项目经理和产品经理追求的最高目标，同时也是客户方的最大期望。

近年来各个行业（如建筑业、制造业等）都发生了巨大的变化，软件行业利用IT技术为其他所有行业进行赋能，为其他行业的变化提供动力，已经形成了没有软件行业的支持任何一个行业的持续向上发展都是不可想象的局面，同时下一个发展阶段也已经开始，深度实现了信息化管理的企业又开始向数字化企业转型。

软件行业自身也是一种制造业（虽然产品特殊），但在经过了二三十年的发展后，软件自身的开发方式却没有太令人印象深刻的变化（而同期其他传统行业却在IT技术的加持下发生了非常显著的变化），特别是在软件行业的重要领域“企业管理信息化”方面，还在沿用已经重复了多年的、低效低质的开发方式。可以说软件开发用着最先进的硬件工具（计算机、网络等），但开发方式却是落后的手工作坊式。在公司中常遇到以下的问题，参见图1。

图1　交付的系统与预想的不一样

- 需求分析师抱怨客户：不清楚要做什么系统，总说不清楚需求，而且需求老在变，等等。
- 需求工程师抱怨程序员：听不懂需求，总不能按照我说的要求完成开发，等等。
- 程序员抱怨需求工程师：交底时说不清楚需求，业务逻辑不清楚，需要反复进行沟通，等等。
- 用户抱怨软件公司：交付的系统与预想的不一样，这不是我想要的系统，等等。

在软件行业出现这种认知偏差的场景已是常态，总是不断地被重复，与系统开发密切相关的人都在抱怨其他人"不清楚在说什么，不清楚在做什么"，试想这样的系统质量能好吗？客户的满意度能高吗？这样开发出来的系统成功率能有多少？

不论是建筑业还是制造业，出现如此频繁的偏差都不可能是常态（企业会破产）。未来各个行业对管理信息化、数字化转型的需求会越来越多，业务需求也会越来越多样、复杂，因此软件行业也急需像其他行业一样，在"开发、管理"方面有一个根本性的变化。

大多数有一定规模的软件企业都在不断探索如何建立软件开发过程的标准化体系，为此也耗费了大量的人力、时间和管理成本，但由于没有找到正确的方法，因此最终未能获得预期的效果。这使得软件企业处于非常纠结的状态：不推进标准化不行（存在的大量问题都是缺乏标准化带来的），花大力气推进标准化又没有获得期望的结果，问题出在哪里？应该如何进行软件开发过程的标准化呢？

3. 本书的目的

本书的目的就是通过项目开发的案例，探索出现上述问题的原因并给出解决方案。

造成上述问题的关键在于软件行业的历史短，特别是软件开发的前期工作，如需求调研、需求分析和软件设计等方面缺乏标准化的方法、工具，且从事标准化推进工作的担当人缺乏相应的知识和经验。要想解决这个问题，站在软件行业的纯技术立场或纯业务立场都不足以找到理想的解决方案。利用跨界思维可能会带来不同的方法和效果。向建筑、制造等传统工程行业学习、借鉴它们成熟的经验，有助于快速、高效地找到一套适合解决软件开发与管理的标准化解决方案。

本书以《大话软件工程——需求分析与软件设计》一书中提出的理论、方法、工具、标准等知识为基础，通过定制系统/标准产品的开发案例，将上述知识应用在开发过程中，并讲述如何借鉴传统行业的经验将这些知识进行标准化，探索如何为软件公司建立一套有实用价值的知识体系。

4. 本书的特点

本书以一个定制系统的开发过程为主线，由本书作者担任案例中指导顾问的角色，对项目开发过程中的各阶段、各环节提供帮助指导，包括作为咨询师和架构师参与开发过程、对各个阶段所需作业知识和方法的培训、需求分析和设计模板的使用指导，并对开发过程中的各种做法进行点评和答疑。这样可以做到一边引导读者观看软件开发的执行、管理过程，一边详细地讲述案例开发过程中每个步骤与《大话软件工程——需求分析与软件设计》一书中的理论、方法、标准和模板的关联关系，让读者通过对本书的阅读可以体验一遍“理论+实践”的实战过程。

案例以软件公司和客户企业的双视角展开。做好一款软件，需要客户与软件公司双方紧密配合才能实现，这就需要双方相互了解对方的想法和做法，由于软件开发的过程是以软件公司为主、客户为辅进行的，所以本书的内容是以软件公司视角为主，客户视角为辅展开的，尝试着从两个视角来看一个软件项目的实施过程。让读者同时了解双方在每个阶段的想法和对策。

1）软件公司一方（包括项目经理、需求工程师、架构师/设计师、程序员等）

不但要清楚地知道自己应该如何做，而且也应该对客户的想法和做法有所了解，只有如此才能在售前咨询阶段、项目执行阶段与客户的相关部门和业务骨干做好配合。为什么这样说呢？因为常常有人吐槽说：怎么讲解用户都不明白，而且总在改需求，不知道需求什么时候才能稳定下来。此时就要从双方的立场看问题，客户方参与信息化的人也有很大的压力，由于双方在信息化知识方面的不对称，客户方面的担当者说不清楚需求。另外，他们是系统的用户或信息中心的员工，在客户企业中也没有很高的地位和话语权，很多问题不能（或不敢）做决定，因为一旦出了问题这些人是要负责的，所以软件工程师必须要理解客户的情况。

2）客户企业一方（信息中心、系统用户、高层领导等）

需要知道软件公司是如何进行项目的启动、规划、执行和监控等工作的。只有如此才能配合软件公司高效、高质地完成系统的开发和导入工作。帮助客户方了解软件公司的业务运作过程是很重要的，例如，客户经常会说，不就是让你改一下，有那么难吗？客户不知软件的架构设计、开发就如同制造一部复杂的机器一样，某一部分改动了，有可能引起其他部分一连串的变动，造成系统不稳定或缺陷（Bug）频出的问题。所以，在开发过程中要利用一切机会向客户说明自己的工作，取得客户的理解。

5. 本书的对象

本书的读者对象可以是从事下述各领域工作的人（因企业不同定义也不同，仅作参考）。

1）软件公司

本书提供两个案例：定制系统的开发和标准产品的研发，讲述在开发过程中各个岗位的工作方法以及工作人员是如何协调工作的，适合本书的岗位如下。

- 项目经理：定制系统开发相关的组织、规划、计划、执行、验收以及项目收尾。
- 产品经理：标准产品的需求分析、产品的架构思路、设计方法等。
- 业务人员：包括售前咨询师、需求工程师、软件架构师、业务设计师、实施工程师等，他们所从事的工作包括需求调研、需求分析、业务设计，应用设计的方法、标准。
- 技术人员：包括编程工程师、测试工程师等希望学习需求分析、软件设计内容的技术人员，以及希望从技术岗转行到业务岗的人员。

2）企业信息中心

由于国家积极推进企业管理信息化和企业数字化转型，企业建设的信息系统越来越多，规模和复杂度也越来越大，且部分企业还成立了具有需求分析、软件设计和编码测试能力的部门，因此非常需要具有需求分析和软件设计能力的专业人才。

3）培训机构

可以培训教授相关课程的老师以及从事软件公司各类岗位的学员。采用本书提供的知识体系和项目案例，可以大幅度地缩短培训周期，增加学员的实战能力。

4）大学

作为软件工程专业、信息管理专业等学生的辅助教材，帮助学生了解软件的研发过程以及所需要的理论、方法、标准和模板，可以让学生在进入企业前掌握一定的实战能力。

本书讲述的内容是基于作者常年从事咨询、架构、培训过程中的实战经验总结整理而成的，并在多年的实践中进行了验证，希望能够给读者以有益的启发和参考。本书建立了交流社群（QQ：816940768），欢迎读者进群交流，相互促进，共同提高。

李鸿君

2024年2月于北京

1. 本书的构成

本书正文由5篇共16章构成，各章的内容简介如下。

第1篇：概要说明

第1章　基础知识：有关项目管理和软件工程的基础知识以及实现软件标准化的思路。

第2章　案例设定：设定本书案例的背景、内容、合同、客户/软件公司、项目组成员等信息。

第2篇：前期准备

第3章　售前咨询：软件公司做售前咨询、客户交流，提出解决方案、签订开发合同等。

第4章　项目准备：确定项目经理/成员、开发模式、路线图、里程碑和执行计划等。

第3篇：需求工程

第5章　需求调研：对客户进行需求调研和资料收集，交付《需求调研资料汇总》。

第6章　需求分析：对调研结果分析、确定功能需求，交付《需求规格说明书》。

第4篇：设计工程

第7章　概要设计——总体：整体规划、确定理念、主线，交付《概要设计规格书》。

第8章　概要设计——建模：介绍建模方法，包括具象模型、抽象模型、逻辑模型等。

第9章　概要设计——管理：介绍在“人—机—人”环境中的管理建模、规划、架构方法。

第10章　概要设计——价值：介绍从客户价值出发，进行系统设计的思路、方法。

第11章　详细设计：根据概要设计进行业务细节的设计，交付《详细设计规格书》。

第12章　应用设计：根据概要/详细设计成果做应用设计，交付《应用设计规格书》。

第13章　交底与验证：

- ○ 交底：进入技术设计前，由业务向技术进行计划、需求、设计等的交底。
- ○ 验证：完成系统编码和测试后，用业务和应用的用例对系统进行验证。

第5篇：其他综合

第14章　标准与培训：

- ○ 标准：协助客户建立内部标准化，包括业务流程、基础数据、管理规则等。

○ 培训：编写操作与应用教材，培训客户企业的各层级用户。

第15章 项目总结：总结项目成果，包括客户、软件公司，对常见开发问题的解答。

第16章 产品设计：以开发完成的定制系统案例为参考，研发行业版的标准产品。

附录

附录A 逻辑的思维和表达：如何通过提升逻辑的表达能力来提升逻辑的思维能力。

附录B 软件工程能力评估：评估业务人员软件工程能力的参考要求一览。

2. 本书的参考资料

1）指定的参考书

本书（以下简称《案例篇》）是《大话软件工程——需求分析与软件设计》（以下简称《方法篇》）的应用案例，因此本书中提到的关于软件工程方面的理论、方法、模板等均来自于《方法篇》，《方法篇》与《案例篇》分别对软件开发过程中需要的分析设计方法、过程管理方法进行介绍。

2）两本书的关系

《案例篇》和《方法篇》是姊妹关系。两者的篇/章引用的对应关系如图2所示。

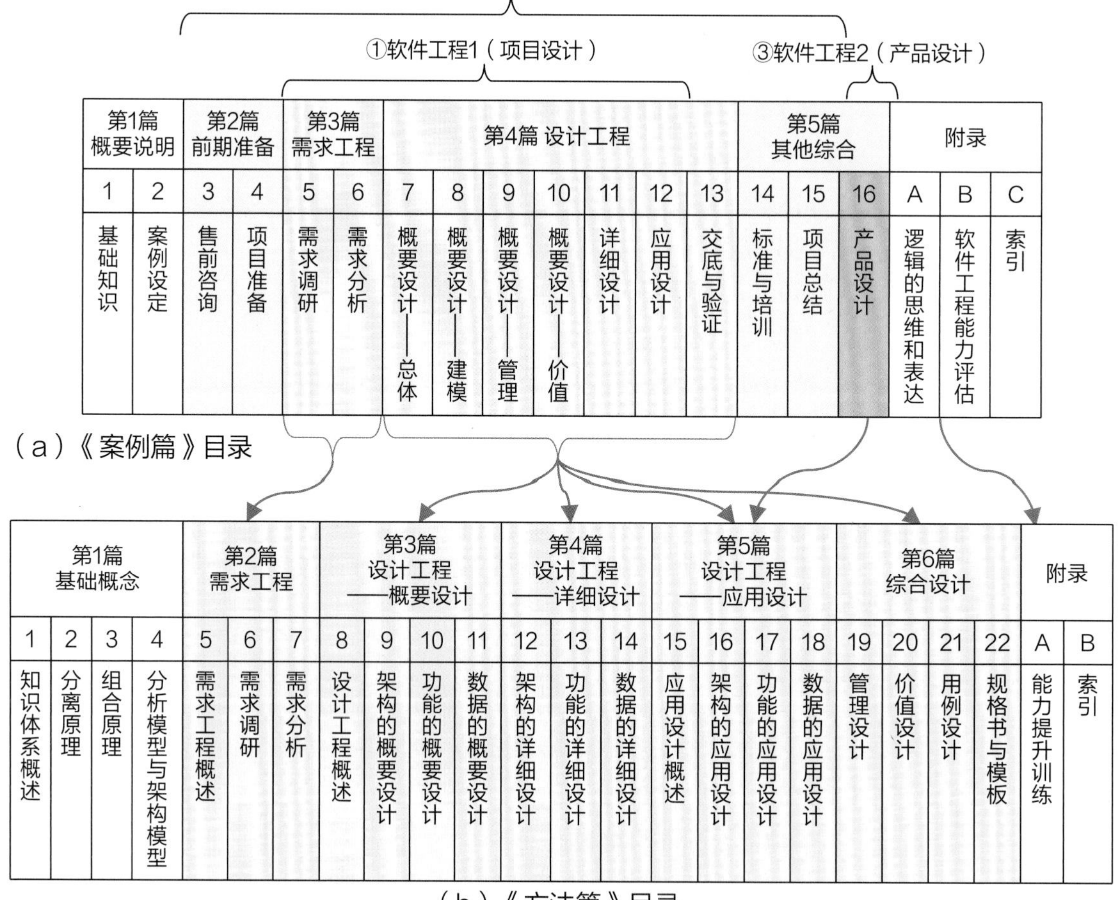

图2 《方法篇》和《案例篇》的对应关系

（1）《方法篇》主要讲述软件工程的基础知识，它是以软件工程的过程为主线和载体，主要由需求工程和设计工程两大工程构成，《方法篇》给出了这个过程中每个阶段所需要的理论、方法、标准和模板，详细地讲述了它们的应用方法。

《方法篇》是按照“工具”的方式编写的，在软件工程的框架上分门别类地给出了做好每一项工作需要的“工具”以及每个工具的“使用说明”。

（2）《案例篇》作为《方法篇》的案例进行展开，书中设置了两个案例：定制系统和标准产品。

① **定制**系统：**客户定制**的**个性化**“工程项目管理系统”。

② 标准**产品**：**软件公司开发**的**标准化**“工程项目管理系统”。

本书的主要部分是以①的开发过程为主线，讲述了从售前咨询到上线培训的开发全过程。次要部分讲述了将①的成果改造为②的设计思路和方法。

3. 两门知识体系的关系

完成一款软件开发的过程，需要有两门非常重要的专业知识体系作支持，即软件工程与项目管理。

（1）软件工程：本书软件工程部分的知识来自于《方法篇》。

（2）项目管理：本书项目管理部分的知识来自于《项目管理知识体系指南（PMBOK指南）》（第六版）。

项目管理和软件工程两门知识在开发过程中是协同工作的，项目管理部分要大于软件工程部分，软件工程是项目管理包含的5个过程（启动、规划、执行、监控和收尾）中的“执行”部分。这两门知识在《案例篇》中与各章的对应关系如图1（a）所示。

① 项目管理部分：第3章～第15章共13章，介绍项目管理过程。

② 软件工程部分1：第5章～第12章共8章，介绍定制个性化系统的过程。

③ 软件工程部分2：第16章，介绍如何研发具有随需应变能力的标准产品。

其中，①和②介绍的是定制系统的开发过程，③介绍的是标准产品的开发过程。

4. 本书的使用方法

1）使用方法

本书用“工程项目管理”软件的开发作为参考案例，将案例分为两个版本：定制系统版和标准产品版。全书以定制系统版的开发过程为主线，以标准产品版的研发为辅线。沿着这条主线给出每个阶段工作所需要的知识，这些内容的详细说明均来自于《方法篇》的对应章节，阅读本书（《案例篇》）的过程，就如同观看一个软件的实战开发过程。

（1）《方法篇》

《方法篇》如同一个“工具箱”，为《案例篇》的实战案例中的每个阶段、每个步骤的工作提供相应的“工具（知识）”，包括理论、方法、标准和模板等。

（2）《案例篇》

《案例篇》以定制系统的开发过程为主线，详细讲述项目开发的售前咨询、合同签约、项目准备、需求调研与分析、业务设计、应用设计、技术与测试的交底、上线培训、客户企业标准的制定等的全过程，在这个过程中的每个步骤都用到了《方法篇》提供的知识。以标准产品的研发为参考，详细地介绍《方法篇》中实现可随需应变的系统机制的设计思路。

通过阅读本书，可以帮助读者建立起一个软件开发的过程框架，让软件的开发过程不再是一个**散乱的、随机的摸索过程**，而是一个**按部就班的创造过程**。只要沿着图3所示的软件工程流程完成一遍有序的开发，就可以初步地了解作为业务人员所必须掌握的分析、设计、验收、培训的基本知识，经过若干次实践后，就可以逐步地积累起一套自己的经验。

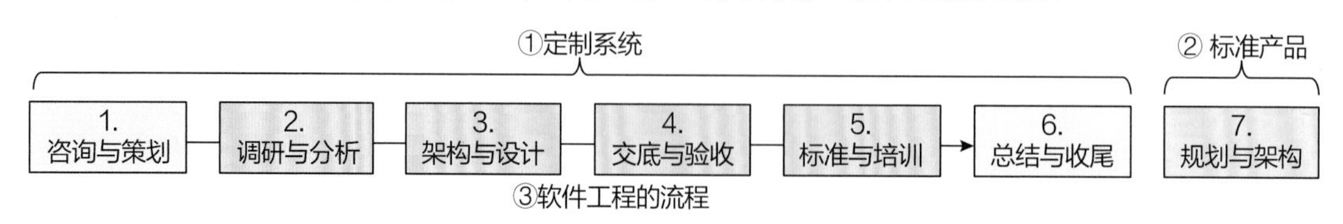

图3 《案例篇》的开发过程与《方法篇》的关系

2）阅读顺序

先学习《案例篇》还是《方法篇》呢？这个可以根据读者自身的经验来判断，例如，

（1）缺乏完整开发实践经验的读者，可以先读《案例篇》，了解软件的开发过程，并在阅读《案例篇》的同时伴读《方法篇》，这样可能会更容易理解。

（2）已有丰富的项目开发经验的读者，可以先读《方法篇》，这样容易把握软件工程的整体感，然后再读《案例篇》以检验自己对《方法篇》内容的理解是否正确。

《大话软件工程——需求分析与软件设计》的目录一览，参见图4。

篇	章	名称	内容简述
第1篇 基础概念	第1章	知识体系概述	整体介绍全书的知识体系、框架、主要内容
	第2章	分离原理	分析方法的基本原理，给出针对需求的分类和分析方法
	第3章	组合原理	架构方法的基本原理，给出进行业务架构的方法和模型
	第4章	分析模型与架构模型	介绍5种需求分析用模型、5种业务架构用模型，模型的使用方法
第2篇 需求工程	第5章	需求工程概述	需求工程的基本概念、作用、价值、内容构成
	第6章	需求调研	需求的调研方法、模型的使用方法，交付《需求调研资料汇总》
	第7章	需求分析	需求的分析理论、方法、流程等，交付《需求规格说明书》
第3篇 概要设计	第8章	设计工程概述	设计工程的基本概念、作用、价值、内容，交付《概要设计规格书》
	第9章	架构的概要设计	系统架构的理念、主线、规划、标准等，交付架构的概要设计
	第10章	功能的概要设计	系统功能的整体规划、分类、标准等，交付业务功能一览表等
	第11章	数据的概要设计	系统数据的整体规划、分类、标准等，交付数据标准、主数据表等
第4篇 详细设计	第12章	架构的详细设计	对业务流程、审批流程等的设计，交付架构的详细设计
	第13章	功能的详细设计	业务界面的规划、布局、字段等的设计，交付功能的详细设计
	第14章	数据的详细设计	复杂数据关系的表达方式、建模设计等，交付数据的详细设计
第5篇 应用设计	第15章	应用设计概述	应用设计的概念、作用、价值、内容、原理等，交付《应用设计规格书》
	第16章	架构的应用设计	架构在系统中的运行原理、方法、标准，交付架构的应用设计
	第17章	功能的应用设计	功能在系统中的应用设计原则、方法、标准，交付功能的应用设计
	第18章	数据的应用设计	数据的共享、复用的方法、案例，交付数据的应用设计
第 六 篇 综合设计	第19章	管理设计	从信息化管理的视角思考，如何进行管理的规划、架构、设计
	第20章	价值设计	从客户价值导向的视角思考，如何进行系统的规划、架构、设计
	第21章	用例设计	编写业务用例和应用用例，用以验证设计和编码成果，交付业务和应用用例
	第22章	规格书与模板	汇总需求工程、设计工程各个工作步骤所需要的模板
附录	附录A	能力提升训练	提升软件工程师的观察、思考、动手能力的方法
	附录B	索引	本书中涉及的名词解释

图4 《大话软件工程——需求分析与软件设计》目录

目录

第1篇 概要说明

第2篇 前期准备

第3篇 需求工程

第4篇 设计工程

第5篇 其他综合

附 录

第1篇　概要说明

第1章 基础知识

本书主要介绍一个软件项目开发过程的案例。软件的开发过程需要软件工程和项目管理两门知识作支持，这两门知识对做好软件开发具有非常重要的指导作用。因此在正式讲解开发案例前，本章简单地介绍软件工程和项目管理，以及如何通过对二者的标准化来提升软件开发的质量、价值和效率，主要介绍如下5个内容。

（1）软件开发：定义软件开发过程、需要的基础知识以及常见问题。

（2）软件工程：软件工程的构成、作用、常见问题等。

（3）项目管理：项目管理的构成、作用、常见问题等。

（4）软件的标准化：解决软件工程和项目管理的标准化方法。

（5）标准化与项目管理目标（质量、进度、成本）的关系。

1.1 软件开发

首先定义软件开发的过程、阶段划分、每个阶段所需要的基础知识、存在的问题和对策等，让读者对软件开发有一个清楚的认知。

1.1.1 软件开发的过程

一般来说，一个软件的全生命周期大体可以分为3个大的阶段：①前期准备阶段；②开发实施阶段；③后期运维阶段。各个阶段包括的步骤和内容简述如下（根据软件公司、项目内容以及规模的大小等不同会有所差异，仅作参考）。

1. 前期准备阶段

从销售员跟踪项目的活动开始，直至正式的需求调研开始前，这一阶段属于前期的准备阶段，包括以下步骤。

（1）售前咨询：售前咨询主要是初步收集客户高层对新建系统的需求（包括理念、目标、价值、期望等）、客户信息中心的基本情况，了解与竞争对手的差异，向客户宣传软件公司的理念、主张、本公司产品的优势，提出针对客户需求的解决方案等。

（2）项目立项：根据已获取的项目信息、客户需求等，对项目的目标、时间、成本、技术、竞争对手等进行多维度的可行性分析后，软件公司作出是否参与该项目的决定。

（3）合同签订：通过一系列的咨询和商务活动后，软件公司与客户签下软件开发的委托合同，确定待开发系统的范围、开发工期、合同金额、交付要求等。

（4）项目准备：签订合同后，做项目启动前的准备工作，包括确定项目组的经理和成员，编制实施路线图、里程碑计划、执行计划、《工作任务一览表》等。

2. 开发实施阶段

从进入客户现场进行需求调研开始，直至系统交付、合同验收为止，都属于开发实施阶段，包括以下步骤。

（1）需求确定：开始正式的需求调研，经过需求收集、需求分析、需求确认等一系列活动，最终确定必须要开发的《功能需求一览表》以及《需求规格说明书》，这些文档是后续设计和编码工作的输入，以及客户最后进行合同验收的依据。

（2）软件设计：根据《需求规格说明书》等文档进行设计，包括概要设计和详细设计（含业务和技术）。设计的对象包括架构、功能、数据等。最终交付《设计规格书》，它是后续编码和测试的依据。

（3）编码实现：基于《设计规格书》进行编码工作，建立数据库、系统架构，逐一实现系统的功能，包括界面、算法、接口等。最后按设计要求完成系统。

（4）测试验证：检查完成的系统是否符合设计要求，测试分为模块测试和整体联调，通过测试确保系统准确无误，最后生成《测试验收报告书》。至此完成开发工作。

（5）上线实施：部署完成的系统，检查并确保系统运行正确，同时组织客户编制与系统相应的管理规则，培训系统的用户，完成系统的正式运行工作。

（6）合同交付：系统上线后，向客户交付代码、数据库、设计文档（需求、设计）、测试报告、操作指南等双方在《工作任务一览表》中约定的全部交付物。

3. 后期运维阶段

从系统正式运行开始，系统的维护、改造、升级，直至系统被废弃为止，都属于后期运维阶段，包括以下步骤。

（1）维护：完成系统的交付后，根据系统的运行情况、用户提出的零星改进需求，以及运行中出现的Bug等对系统进行修改，确保系统可以正常运行。

（2）升级：使用一段时间后，根据客户提出的新需求，采用出现的新技术和新硬件等，对系统进行调整、拓展功能、优化运行性能等升级改造。确保系统在运行期间内始终与客户的业务和管理需求具有较高水准的匹配度。

（3）废弃：经过一段时间的运行后，判断该系统已不能适应客户的需求变化，且无法通过维护、升级或改造来提升系统的满意度，客户最终决定废弃旧系统，转而进行新系统的立项。至此，系统的生命周期结束。

1.1.2　软件开发的基础知识

本章的开头谈到在软件的开发过程中，一定会涉及软件工程和项目管理。对这两者的内容和作用简述如下（详细说明参见后续各节，以及其他专门的著作）。

1. 软件工程

软件工程提供软件开发过程各阶段（需求分析、业务/技术设计、软件编码和测试等）所需要的理论、方法、标准和模板等，**是指导软件开发的学科知识**。

2. 项目管理

项目管理提供对软件项目实施过程（项目启动、项目规划、项目执行、项目监控及项目收尾）的管理方法，**是确保软件工程圆满完成的管理知识**。

对于软件开发，软件工程和项目管理知识是不可或缺的，掌握这些知识并在软件开发过程中推行，可以有效地提升软件的客户价值和工作效率。软件公司必须建立基于这套知识的应用体系，包括开发流程、文档模板、检查标准等。

1.1.3 软件开发常见问题与对策

在软件开发的过程中存在两类比较常见的问题：一类是有关分析和设计的问题（与软件工程相关），另一类是有关软件开发的过程管理问题（与项目管理相关）。

1. 分析与设计方面

1）存在的问题

需求工程师普遍缺乏调研和分析所需要的理论和方法，需求调研的质量得不到保证，项目开发常常因为需求不准和失真而造成返工。这也与软件行业内存在重技术（编码）、轻业务（分析与设计）的现状有关。在软件公司内缺乏业务设计、应用设计的方法及相应的岗位，而软件产品的价值恰恰又主要依靠业务设计和应用设计获得，这样就造成了软件行业长期存在着开发的软件产品数量不少，但是产品普遍存在质量低、客户价值低的现象，这个问题不解决，就难以提升客户的满意度。

2）需要采取的对策

针对分析和设计方面存在的问题，需要软件公司从公司层面完善软件工程的落地工作，深入研究需求分析和软件设计所需要的理论、方法、工具、标准等，增加所有相关人员的基础知识，特别是提升作为业务设计和应用设计主力的业务人员的能力，而提升他们的能力首先要解决的就是如何使他们获得专业的、体系化的培训问题。本书和《大话软件工程——需求分析与软件设计》一书的主要目的就是要解决此类问题。

2. 过程管理方面

1）存在的问题

由于缺少软件工程知识的有效支撑，软件开发过程中的每道工序和产出物都难以量化，没有量化的工序和产出物在开发过程中就无法实现标准化，而没有标准化的开发过程也就无法实现有效的管理，即**没有量化的管理就是无效的管理**。其结果是项目经理对软件开发过程难以进行有效的管控，最终很容易造成项目的质量差，开发周期长，且成本超支等后果。

2）需要采取的对策

依靠软件工程的深化，实现软件工序和产出物的量化，进而实现开发过程的标准化。有了标准化作基础，就可以建立可控的软件开发过程，从而提升软件的项目管理水平。

软件工程和项目管理是支持软件开发过程的两个支柱，要想让这两个支柱发挥预期的作用和价值，就要实现这两者的对接和协同，做法是首先要实现这两者的标准化，其中**软件工程的标准化是项目管理标准化的基础，项目管理是软件工程完美执行的保证**。

1.2 软件工程

软件开发所需要的第一门学科就是软件工程，它是支持**软件开发最重要、最基础的知识体系之一**。软件工程提供软件开发过程中所需的理论、方法、标准和模板等，建立完善和实用的软件工程应用体系是解决上述所有问题的基础，因此，首先要实现的是软件工程的标准化。下面对软件工程的结构、内容做简单的说明。

1.2.1 软件工程的概念

下面就软件工程的定义、目的进行说明。

1. 定义

关于软件工程的定义有很多版本，这里选取两种与本书提倡的观点较为接近的软件工程定义作为参考。

（1）IEEE的定义：将系统化的、严格约束的、可量化的方法应用于软件的开发、运行和维护，即将工程化应用于软件。

（2）《计算机科学技术百科全书》中的定义：软件工程是应用计算机科学、数学、逻辑学及管理科学等原理开发软件的工程。软件工程借鉴传统工程的原则、方法，以提高质量、降低成本和改进算法。

本书的软件工程的基本定义为：借鉴传统工程的概念、原则和方法，用系统性的、规范化的、可定量的方法来开发和维护软件。

2. 目的

掌握软件工程的知识，让软件工程师对软件开发过程有整体的认知，建立软件工程的标准流程，可以帮助软件工程师按部就班、有条不紊且高效地进行软件的开发作业，确保最终获得高质量、高水平的开发成果，并可以利用软件工程结构作为框架，不断地、体系化地积累开发的经验、方法、模板、标准等，形成软件公司的企业知识库。

软件工程师包括咨询师、需求工程师、设计师、架构师、编程工程师、测试工程师以及实施工程师等所有与软件开发过程相关的岗位。

1.2.2 软件工程的4个子工程

对于软件工程的构成存在很多版本，不同版本的构成虽有所不同，但每个版本中都包含以下4个主要的子工程：需求工程、设计工程、编码工程和测试工程，如图1-1所示。这4个子工程的工作是构成软件开发方法和知识体系的核心内容。这4个核心子工程对应着1.1.1节所讲的软件开发3阶段中的第2阶段“开发实施阶段”的内容。

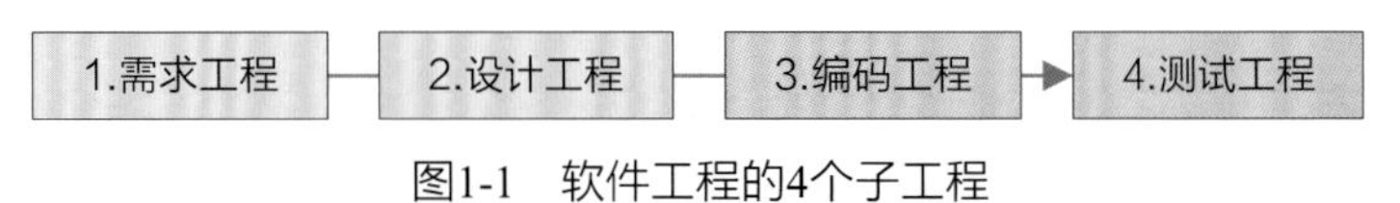

图1-1 软件工程的4个子工程

除这4个核心的子工程之外，软件工程中还包括配置、质量、工程等内容，本书重点介绍上述4个核心子工程，其他部分的内容在讲解过程中也会涉及。

下面用一个框架图来进一步展开这4个子工程，让读者对软件工程框架有一个概括性的、有形的认知，并以这个框架为导引进行全书内容的理解。

对图1-1中软件工程的构成向下做进一步的展开，形成图1-2，其中，横向为工程分解，纵向为工作分解。由于本书关注的重点是软件工程中的需求工程和设计工程（业务设计和应用设计部分）的内容，所以在图中省略了设计工程中的技术设计部分以及编码工程和测试工程的内容。

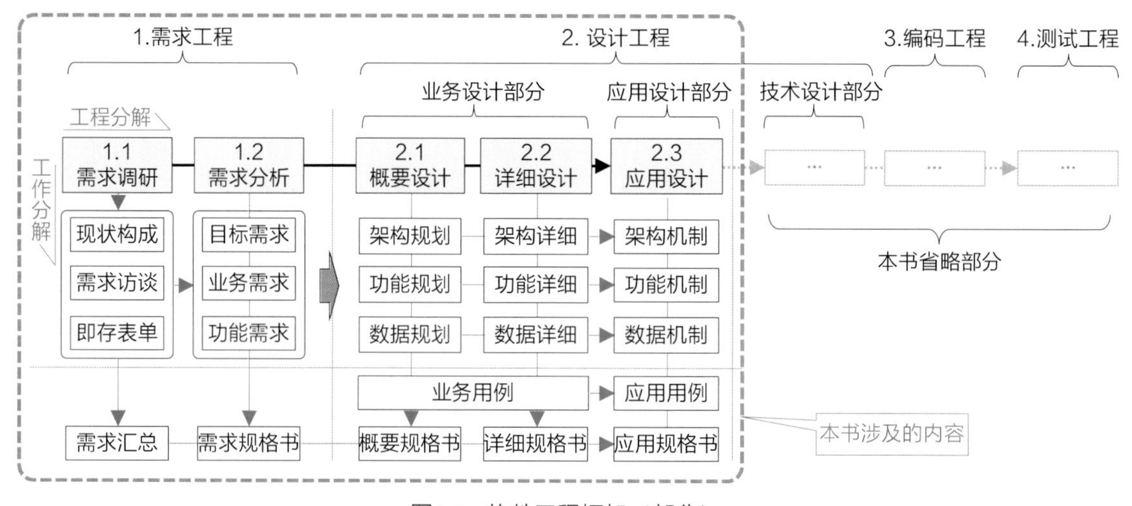

图1-2　软件工程框架（部分）

下面重点对需求工程和设计工程的内容进行说明。

1. 需求工程

需求工程的目的是收集客户对新系统的需求。沿着工程分解的分析，将需求工程的工作分为两部分：第一部分是进行需求调研；第二部分是对调研获取的需求进行分析，通过分析最终确定需要开发的功能。

1）需求调研

需求调研的目的是通过与客户的交流，获取客户对未来待开发系统的原始需求，主要采用的调研方式有以下3种（本书重点介绍的方法，不限于此）。

（1）图形收集（图形法）：通过绘制客户业务现状图的方法理解业务并收集需求。

（2）访谈收集（访谈法）：通过与客户访谈交流的形式收集需求。

（3）表单收集（表单法）：通过收集客户正在使用的报表和单据收集需求。

除上述3种方式外，根据不同的项目，还可以采用问卷法、原型法等调研方法，但是这些方法只能作为前面3种方法的补充或辅助。

需求调研完成后，形成《需求调研资料汇总》（或《用户需求报告》）。

2）需求分析

需求分析的目的是对收集到的需求进行分析、识别、补全、确认等。主要采用的分析方法是将收集到的原始需求（文字、图形、表格）内容进行抽提，归集为3种标准的需求形式：目标需求、业务需求和功能需求，在分析过程中对这3类需求按照顺序逐次进行转换，即“目标需求→业务需求→功能需求”，功能需求是最终要确定开发的系统功能，这3类需求的来源与转换关系如图1-3所示。

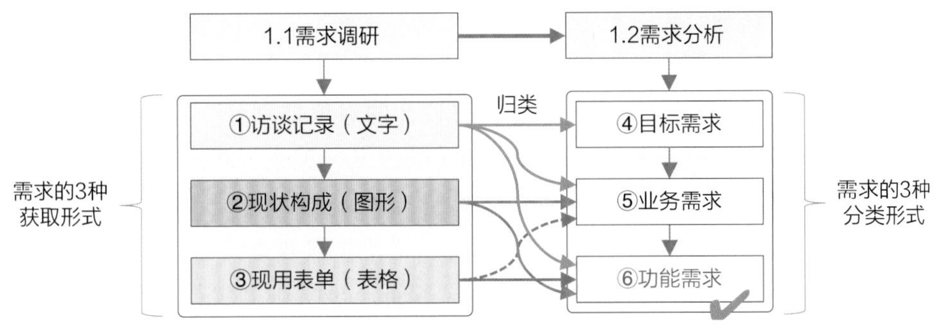

图1-3　调研成果与需求转换示意图

这3类需求分别来自于客户的不同层级。

（1）目标需求：主要来自于客户的决策层，给出对未来待建系统的目标和期望。

（2）业务需求：主要来自于客户的管理层，给出对现有业务和管理需要改进的要求。

（3）功能需求：主要来自于客户的执行层，给出未来系统中需要的具体功能说明。

完成需求分析后，形成《需求规格说明书》，此文档是需求工程的最终成果，它有以下4个主要用途（不限于此）。

（1）对需求调研工作的全面总结。

（2）向客户确认开发内容的依据。

（3）是后续设计工程、编码工程的输入。

（4）是项目完成后客户验收系统的主要依据之一。

2. 设计工程

设计工程的目的是根据需求工程的成果作出对软件的设计，这个设计结果是编码工作的依据。设计工程分为了两部分，第一部分是非技术方面的，第二部分是技术方面的（省略）。第一部分又分为业务设计和应用设计，内容参考图1-2。

1）业务设计1——概要设计

概要设计是设计工程的第一个阶段，概要设计的依据是需求工程的成果，主要确定系统4方面的内容。

（1）规范：从系统顶层设计出发，确定目标、理念、主线、原则、标准等。

（2）架构：对业务进行优化，确定业务架构、系统、子系统、模块等的划分。

（3）功能：对已明确的业务功能进行分类、规划，确定开发的业务功能一览表。

（4）数据：对数据的范围、内容进行规划，确定数据标准、主数据等。

在概要设计阶段，设计师的关注重点应置于顶层设计、大的系统间规划、构建主要的业务/管理架构，此阶段不要过多纠结于细节、系统内部小模块之间的关系或某个具体的功能等。概要设计一般不是一次就能做到位的，而是需要反复地进行调整。在概要设计阶段，应最大限度地提取可以复用的模块，建立合理的结构体系，节省后续各设计阶段的工作量。

概要设计中的设计规范决定整个系统的设计走向、最终完成的系统是否能满足客户的需求、是否能给客户带来预期的信息化价值。概要设计的内容是整个设计工程中难度最大、最重要的部分，通常由项目组中综合能力最强的人担任总负责（或由公司指派）。

概要设计完成后，将设计资料汇总形成《概要设计规格书》，它是后续详细设计、应用设计和技术设计的指南。

2）业务设计2——详细设计

详细设计是业务设计的第二个阶段，基于概要设计成果，对工作分解的架构、功能和数据逐层进行精细的设计。在详细设计阶段，所有待设计的对象被划分为独立的系统/模块，根据概要设计约定好的局部任务和对外接口，设计相关的定义、关系、算法等内容。这里要特别注意，在详细设计过程中如果发现有架构调整的必要，必须返回概要设计，将调整后的内容反映到概要设计文档中，而不能只解决详细设计问题而不再维护概要设计文档。

详细设计完成后，形成《详细设计规格书》，至此从业务维度进行的设计已全部完成，此后进行的设计（应用、技术）中则不能对业务部分的内容再进行任意的修改。如果必须要做修改，修改前一定要取得业务设计担当者的确认。

3）应用设计

应用设计可以看成图1-2中“业务设计部分”与“技术设计部分”接合部的过渡设计，它给出系统中“机制”部分的设计和实现方法、系统的运行效果（包括布局、操作、规则等），客户导入信息化管理的重要价值就体现在这部分的设计成果中。

由于业务设计和技术设计两个阶段所需要的知识、方法都不同，所以两个阶段之间的应用设计定义不清、前后交接不顺、互不理解的问题时常发生。这部分是所有软件公司发生问题最多的地方。

应用设计应该是包括业务、技术、UI、美工以及体验等诸方面知识和技术的集合体。这部分的设计需要应用设计师具有跨界的知识和能力，包括一定的客户的专业知识、业务设计知识、技术设计知识、UI设计和美工设计知识以及系统上线的经验等。

应用设计完成后，形成《应用设计规格书》。

3. 编码工程与测试工程

完成了需求工程、设计工程两个阶段的工作后，就要进入到编码工程和测试工程的阶段，下面简单地介绍一下它们的内容。

1）编码工程

根据前面设计工程的结果（包括业务设计、应用设计以及技术设计等），建立数据库、系统架构，利用编写代码或是低代码配置的方式完成系统的所有功能。

编码工程完成后，交付信息系统（软件）、数据库等。

2）测试工程

根据业务和技术的设计文档等资料，编写测试用例，对完成的系统进行技术方面的测试，然后再与业务人员合作，利用业务用例和应用用例进行验证，确保系统完全符合设计要求。

测试工程完成后，形成《测试验收报告书》。

1.2.3 软件工程的两阶段法

为了方便进行软件工程的研究以及在实际工作中对开发内容的划分，根据实际软件开发的分工、协同关系，对软件工程的4个子系统再进行一次分割，引入“两阶段法”的概念。两阶段法具有实用意义，可以帮助理解软件工程的构成以及不同工程的目的和作用。

1. 两阶段法的概念

在实际的软件开发过程中，习惯上将从事不同工作的工程师粗分为两类，分别称为业务人员和技术人员。

- 业务人员：主要从事咨询、需求调研与分析、业务设计、应用设计和实施等工作。
- 技术人员：主要从事技术设计、建立数据库、编写程序、测试等工作。

由于这两部分工作的目的、内容、担当者以及需要的知识都不相同，因此为了方便说明，将他们各自负责的工作划分为两个不同的阶段。

- 一阶段：从接触客户的售前咨询开始，到完成业务设计和应用设计为止。
- 二阶段：从技术设计开始，到完成编码和测试为止。

将开发划分为两个阶段称为“两阶段法”，参见图1-4。它们的分界点设在由一阶段的业务人员向二阶段的技术人员进行前期成果的交底处。

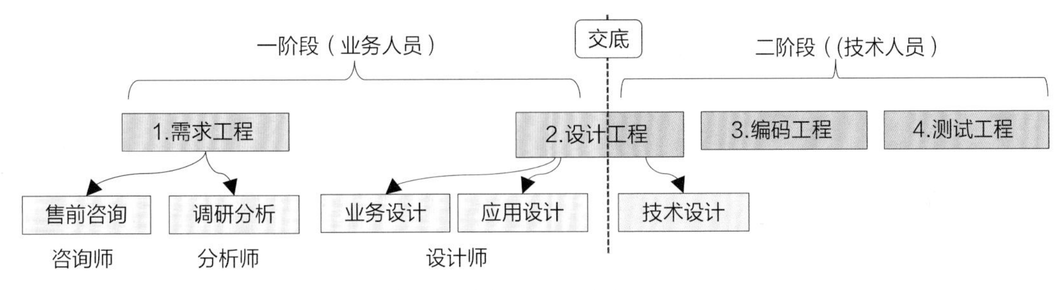

图1-4 两阶段法划分示意图

在一阶段工作中的主要担当者称为业务人员，主要完成3类工作和交付物。

（1）咨询：进行售前咨询，提出解决方案（报告）等。

（2）需求：进行需求调研、需求分析，交付《需求规格说明书》等。

（3）设计：进行业务的概要设计、详细设计以及应用设计，交付《设计规格书》等。

在二阶段中的主要担当者是技术人员，在接受了业务人员对一阶段工作成果（文档）的交底后，主要完成3类工作和交付物。

（1）设计：以一阶段的成果为依据，做技术方面的概要设计、详细设计，交付《技术设计规格书》等。

（2）编码：基于前面的设计文档，用编写代码或无码配置的方式完成系统。

（3）测试：对完成的系统按照设计、用例的要求进行测试验证，交付《测试验收报告书》。

为了区别工作内容和岗位的不同，以下将一阶段中3部分的担当者分别暂称为咨询师、分析师、设计师。由于软件行业没有统一的标准，因此可以认为这是3个不同的独立岗位，也可以理解为是一名需求工程师在做3种不同的工作。目前大多数软件企业中的业务人员的工作重心在“调研、分析”位置的前后，他们努力向前方多移动一下，就可以接近咨询师的岗位，向后方多学习一点，就可以接近设计师的位置。

本书和《大话软件工程——需求分析与软件设计》都是针对一阶段工作的参考书。

2. 两个阶段工作的区别

一阶段工作的目的是搞清楚客户采购系统的目的和系统覆盖的业务范围，以及在“人—人”环境中的业务现状、目标需求、业务需求和功能需求等，给出未来在“人—机—人”环境中需要进行的业务优化，确定要开发的系统功能等。也就是把“客户的需求”通过分析、设计，翻译为“软件的需求”。

二阶段的工作目的是实现一阶段的设计。二阶段的工作目的是在一阶段工作成果的基础上，给出具体的实现方法，并完成系统的编码和测试工作。二阶段的工作成果要同时满足一、二两个阶段的设计要求。

系统的客户价值大小、客户对系统的满意度高低等，主要取决于一阶段的工作成果（也就是业务人员的工作成果），两个阶段的目的差异如下。

（1）一阶段：通过分析、设计工作，决定**系统的客户价值上限**（系统好用）。

（2）二阶段：通过设计、编码工作，决定**系统的客户价值下限**（系统可用）。

★**解读**：关于①线上线下和②“人—人”“人—机—人”用法的差异。

本书大量使用了“人—人”和“人—机—人”的表达方式，它们与“线上、线下”的表达方式在本质上是一样的，不同的是以下两点。

① 强调的重点在“线”，强调以“线”为分界，在线上还是在线下，没有空间感。

② 重点在“人”的中间是否有“机”（计算机）作关联，有“机”则有系统、有网络、有空间感，可以在这个空间里构建全新的工作方式（数字化企业）。

在使用①时，只是强调用系统还是不用系统；在使用②时，则更强调是在传统的“人—人”环境中，还是在“人—机—人”的信息化环境中。

3. 两个阶段的相互影响

一阶段与二阶段的标准化工作的进程存在相互影响、相互促进的关系，随着一阶段的标准化推进，还可以更好地促进二阶段的改进水平，两者之间有如下作用关系。

- 如果一阶段实现了分析与设计成果的标准化，且二阶段也实现了标准化（构件化、配置化、平台化等），则开发全过程就可以做到完美高效了。
- 如果一阶段工作没有做标准化，二阶段工作做了标准化，那么总体效果是有限的。因为如果一阶段的交付物是随意的、非标准的，不利于在二阶段中形成标准化的“构件”。即使在二阶段实现了标准化，其也会因一阶段成果的不稳定而带来系统整体的不稳定。
- 如果一、二阶段都没有实现标准化，可以先从一阶段的分析与设计开始做标准化，虽说两个阶段的标准化没有绝对的先后，但一阶段先标准化可以为二阶段的标准化提供良好的基础。另外，与二阶段标准化的难度相比，先实现一阶段标准化的门槛相对较低，投入少，见效快。

1.2.4 软件设计的3个层次

从软件工程结构图中可以看出，将设计工程内的工作分解为3个区域（概要、详细、应用），但是每个区域纵向的“工作分解”内容都是一样的，都是分为3个设计层，即架构层、功能层和数据层，如图1-5（a）所示。

工作分解的顺序是由上到下，这3层内容的关系是从粗到细，设计工程沿着横向的3个区域（概要、详细和应用）都是围绕架构、功能和数据3层进行不断的细化和深化。

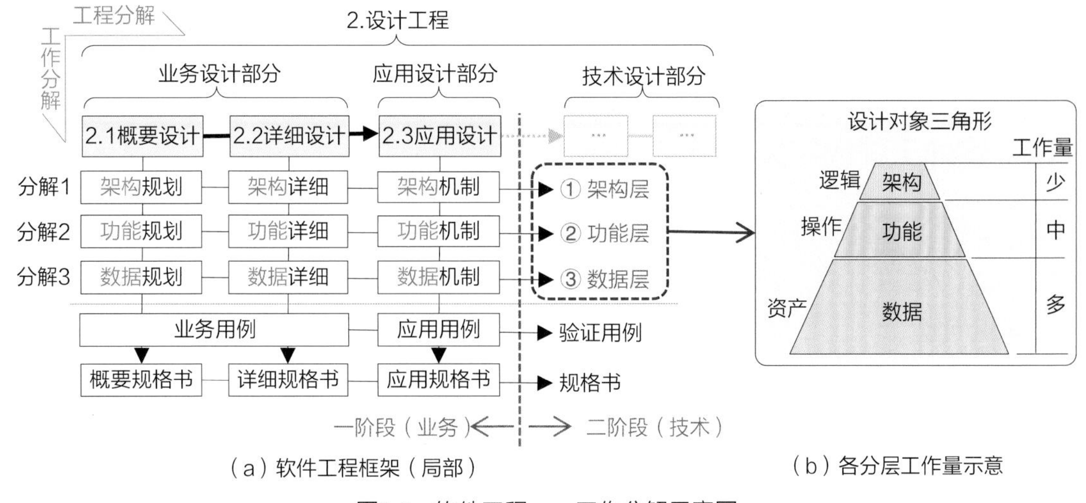

图1-5 软件工程——工作分解示意图

1. 工作分解1——架构层

架构层是工作分解的第一层，也是最上层，它的核心工作是对业务进行从上到下的规划、架构。通过从概要、详细和应用3个区域的接力式设计，完成从业务架构的规划、详细的流程分析，到最终转换为系统应用架构的机制。架构层是粗粒度的设计，是表达业务逻辑的重要部分。

2. 工作分解2——功能层

功能层是工作分解的第二层，处在架构层和数据层的中间，它的主要工作是对业务功能的规划、设计。业务功能设计主要是对操作界面的设计，通过从概要、详细和应用3个阶段接力式的设计，完成功能需求→业务功能→业务组件的设计转换。功能层包括界面形式、业务逻辑、数据定义以及规则设置等大量的设计工作。

3. 工作分解3——数据层

数据层是工作分解的第三层，它的核心工作是对数据的规划、设计。通过从概要、详细和应用3个阶段接力式的设计，完成对数据整体规划、领域规划、数据标准制定、主数据的选择、数据计算建模、数据的复用机制等一系列的设计。数据层的设计是最细致的工作。

4. 各层工作量比例

架构、功能和数据3层的设计工作量占比是完全不同的，通常数据层＞功能层＞架构层，参考图1-5（b）。

（1）架构层：主要在开发过程中对系统进行整体规划，对业务和应用的架构进行设计等，**其工作量在开发过程中是相对最少的**（但起的指导作用是最大的）。

（2）功能层：主要在开发过程中做界面的分析、设计，界面是未来输入和展示数据的窗口，其**工作量在开发过程中是中等的**（所以是评估开发工作量的重点）。

（3）数据层：其工作量可以分为以下两部分。

- 一是在系统开发过程中，主要由软件工程师制定数据标准、主数据，以及协助客户收集、规范企业的基础数据。
- 二是在后期系统的使用过程中，对积累的数据做加工、分析、统计等应用。数据是客户企业的信息化资产。

由于数据的应用周期与系统的生命周期长度相同，所以数据层两部分的**工作量加起来是三层中工作量最大的**。

1.2.5 软件工程的常见问题与对策

下面来看一下与软件工程相关的常见问题和解决对策，这些问题是妨碍软件开发顺利进行的重要原因（不限于此），解决好这些问题有助于提升软件开发的效率和质量。

1. 常见问题

虽然大家都知道，业务人员在一阶段的工作成果对开发出一款优秀软件起着非常重要的作用，但是目前在软件行业中普遍存在着“重技术、轻业务”的现象（即重视二阶段的工作，轻视一阶段的工作），这种现象也反映了支持一阶段工作的软件工程缺乏成体系的知识，包括分析与设计相关的理论、方法、标准和模板等，这就造成了在软件开发过程中常常会出现以下问题（不限于此）。

- 一阶段知识不成体系，没有结构化，知识点松散，知识点之间没有前后衔接关系等。
- 分析和设计成果用文字表达的多，用图形表达的少（UML在一阶段难以推广）。
- 文档表达不严谨、分歧多、误解多、阅读效率低等，容易造成需求传递的失真等。
- 最终造成完成的系统客户价值低、质量低、应用效果不好。

一般来说，软件公司普遍存在对二阶段工作的资源和时间投入力度都要大于一阶段的现象。一阶段从需求分析到软件设计的工作，大多数处于“经验导向、自由发挥”的状态，基本上没有形成标准化的作业方式。虽说大学有软件工程这门课程，软件企业也提倡标准化作业，但流于概念和形式的较多，很多的管理流程和规则不具有实际操作意义（形式为主），这些形式的东西没有给软件开发带来实质性的价值。

反观其他传统工程与制造行业（如建筑业、机械制造业等），从分析、设计、生产到检验的标准化作业都不是走形式，而是必须要执行的要求，严格的标准化作业形式也带来了相应的价值：可以按时、按质、按量地完成工作。

可以肯定地说：不提升一阶段业务人员的软件工程水平，就难以提升产品的设计水平，当然也就不会有二阶段的高水平发挥，最终也不会有高价值的、高满意度的产品诞生。

2. 解决对策

解决上述软件工程中存在的问题，核心工作是让软件工程知识可落地、可操作、可检查，实现软件工程知识的标准化，内容包括以下几点。

- 工作内容要从定性到定量，工作内容实现量化才有可能实现标准化。
- 软件工程的知识落地，表达形式要实现结构化、图形化、工程化。
- 在软件公司中设置设计师的岗位，确定设计师的职责以及开发过程中的主导地位等。

1.3 项 目 管 理

软件开发所需要的第二门学科就是项目管理。项目管理提供软件开发全过程所需要的流程、标准等。项目管理是用于确保软件工程发挥作用的重要保障，项目管理和软件工程的协同工作确保了软件开发的顺利完成。下面对项目管理的结构、内容做简单的说明。

1.3.1 项目管理的概念

1. 软件项目管理的定义

软件开发过程中采用的管理方式是项目管理，由于软件行业使用的项目管理方式与其他行业有所不同，因此为了区别，也可以称之为“软件项目管理”，这个词包含诸多的内容，这里先将“软件项目管理”一词进行拆分：软件→项目→管理→项目管理→软件项目管理，然后从每个词的字面定义上来看其含义。

1）软件

软件分为两类，系统软件和应用软件，其中系统软件并不针对某一特定应用领域，而应用软件则相反，不同的应用软件根据客户提出来的需求以及其所服务的业务领域提供不同的功能。在本章中“软件”特指应用软件（如企业管理、项目管理、人力资源管理等）。

2）项目

按照定义，项目是在某段时间内，为了实现一个或一组特定目标的活动过程，项目的参数包括范围、质量、成本、时间、资源等。项目是一次性的，即项目是有开始点和终止点的，项目一词在不同的行业对应不同的业务内容，以下为不同行业采用项目管理的工作内容。

- 工程行业：构筑建筑物，如建造一栋办公楼、一座工厂、一座桥梁等。
- 科研行业：研发、制造一款产品，如运载火箭、高铁列车、抗癌药物等。
- 会展行业：举行大型活动，如策划组织大型国际会议、大型音乐会、结婚典礼等。
- 软件行业：研发一款软件，如ERP、CRM、PM、HR等。

3）管理

按照定义，管理是指以人为中心，通过计划、组织、指挥、协调、控制及创新等手段，对组织所拥有的人力、物力、财力、信息等资源进行有效的决策、计划、组织、领导、控制，以期高效地达到既定业务目标的活动。常见的管理模式有项目管理、运营管理等。

4）项目管理

项目管理（=项目+管理）就是针对“项目”这个有始有终的活动过程而形成的一套管理方法。在有限的资源约束下（时间、人力等），运用系统的观点、理论和方法，对项目涉及的全部工作进行有效的管理。即从项目的投资决策开始到项目结束的全过程进行计划、组织、指挥、协调、控制和评价，以实现项目的目标。

项目管理是对做事过程的管理，它有两个重要的概念：**5个过程组和3大目标**。本书有关项目管理的内容主要围绕这两个概念展开。

（1）5个过程组：将项目管理的全过程划分为5个过程组，即项目**启动**、项目**规划**、项目**执行**、项目**监控**和项目**收尾**。

（2）3大目标：从项目管理诸多的目标中，选出3个影响最大的作为对项目管理的评估目标，即**质量目标**、**进度目标**和**成本目标**。

项目管理是一套通用的管理方法体系，它适用于很多的行业和领域。

5）软件项目管理

软件项目管理（=软件+项目管理），它是结合了软件开发特点而形成的一套项目管理体系。软件与其他行业的产品（建筑、制造、会展等）相比有很多的特殊性。首先，软件是纯知识性的产品，由于它比较抽象，因此对它的开发进度、开发质量和开发成本都很难进行度量、预估、控制，所以软件开发的生产效率也难以预测和保证。其次，软件产品的复杂性也导致了开发过程中各种风险的难以预见和控制。构成软件项目管理体系的内容参考见图1-6，其中，

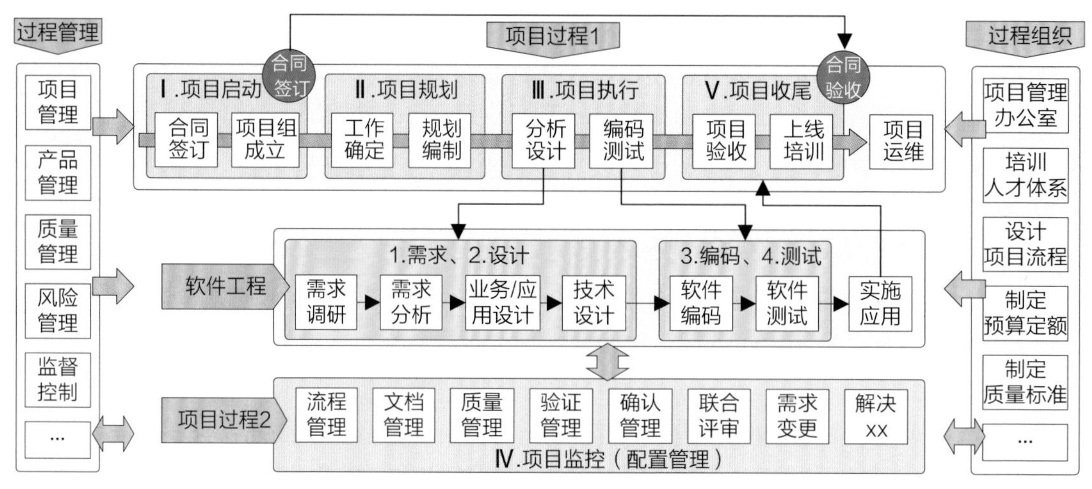

图1-6 软件项目管理体系示意图

（1）主体过程：包括项目过程1和软件工程，是完成软件开发的主体。

（2）辅助过程包括以下内容。

- 项目过程2：用于支持软件过程中的标准、质量、文档等的管理。
- 过程管理：主要是对实施过程与软件过程等的管理。
- 过程组织：是对整个项目提供从组织、人才到流程、成本等的管理。

以下如无特殊说明，项目管理与软件项目管理同义。

2. 项目管理的重点

在本书的案例中，有关项目管理部分将会重点讲述以下两部分的内容。

（1）项目管理的两个基本概念，包括5个过程组、3大目标。

（2）项目管理与软件工程在开发过程中的协同方式等。

从事软件开发的相关者（不论是软件经理还是软件工程师），都需要掌握项目管理的这两个重要基本概念。

【参考】有关项目管理的知识，请参考《项目管理知识体系指南（PMBOK指南）（第六版）》等专业书籍。

1.3.2 项目管理的5个过程组

按照项目管理的规范，将项目管理的全过程划分为5个过程组，这5个过程组的目的和作用不同，分别管理5类不同的工作对象。

1. 5个过程组的划分

项目管理的5个过程组分别是项目启动、项目规划、项目执行、项目监控、项目收尾，如图1-7（a）所示。这5个过程组的内容如下。

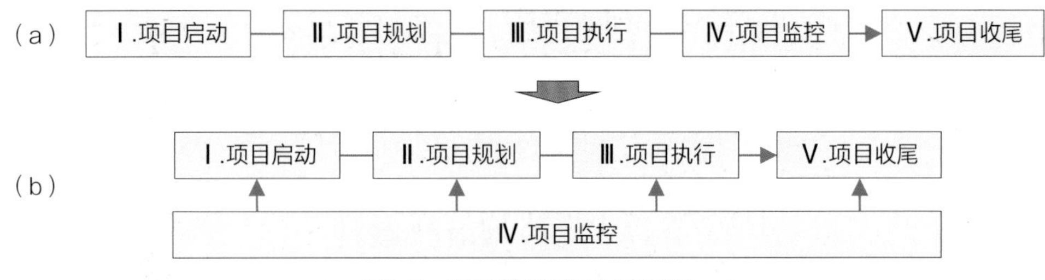

图1-7 项目管理的5个过程组

1）项目启动

项目是有始有终的，项目启动阶段就是一个项目的始点，工作内容包括：确定项目范围，制定项目章程，任命项目经理，组建项目组，确定约束条件和假设条件等。也就是说，项目管理过程中涉及的所有内容、步骤、标准等都要先在此进行准备。

2）项目规划

项目规划阶段的工作，是在项目正式执行前为项目规划实施路线图，编制项目执行的详细规划。项目规划要做到：明确项目范围、任务分解（WBS）和资源的分配，规划要详细到每个人在什么时间内必须完成什么交付物。

3）项目执行

项目执行阶段就是项目组成员按照实施路线图和执行计划分配的工作，按时、按质、按量地完成分配给自己的任务。项目经理需要做好前期工作准备、范围变更、项目信息记录、组员激励，以及控制好项目的范围及目标等。

4）项目监控

项目的监控工作内容是对项目全过程的每个节点进行监督和控制。在实际的运用上，项目监控的位置并非是固定地排在图1-7（a）的第Ⅳ位上，正确的表达方式是将项目监控与其他4个过程平行放置，它们之间的关系如图1-7（b）所示。

5）项目收尾

当项目的全部内容执行完成后，按照与客户签订的合同、软件公司给项目组下达的目标要求等约定内容，对项目实施的成果进行检查、评估、验收、总结等一系列工作，待全部确定合格后就关闭项目、解散项目组，一个完整的项目就算结束了。

2. 项目管理与软件工程的关系

上面介绍的是一个通用项目的5个过程组划分，下面介绍项目管理的5个过程组与软件工程的4个子工程之间的对应关系。

一个软件项目从哪里开始、到哪里结束呢？起始与终止不同，划分内容就不同，对此不同的软件公司有不同的划分方法，例如项目的起始，可以设在项目商谈时、项目合同签订时、需求调研开始时等不同的时期，但是对项目的结束（项目收尾）的认知是一致的。

由于本书的内容主要是讲述软件工程的应用，以及软件工程和项目管理的工作协同，所以结合本书中的案例，重点介绍与软件工程一阶段内容有密切关系的部分，项目管理的5个过程组与软件工程的4个子工程的对应关系如图1-8所示。

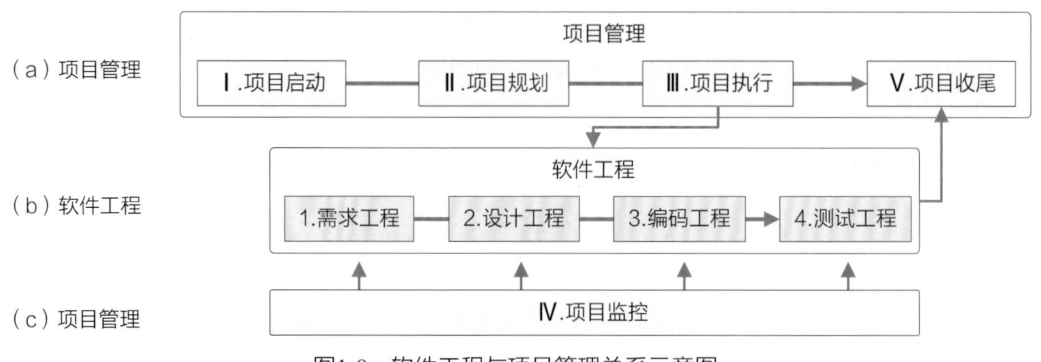

图1-8　软件工程与项目管理关系示意图

从图中可以看出项目管理要比软件工程的图形要宽一些，这是因为完成一个项目开发，项目管理工作的起止点要长于软件工程工作。二者关系的说明如下。

Ⅰ. 项目启动：将项目启动设定在项目合同签约后开始。项目启动的工作包含项目组成立、项目经理的确定、人力资源、技能培训、成本预算等，参考第4章。

Ⅱ. 项目规划：项目规划的工作包含《工作任务一览表》编制、执行计划制订、管理规则确定等，参考第4章。

Ⅲ. 项目执行：主要工作是对开发过程进行组织、管理，是对应软件工程的重点内容，参考第5章～第14章。

Ⅳ. 项目监控：主要工作是对进度、成本、质量等进行监督，监督的范围包括第5章～第14章等软件工程全过程。

Ⅴ. 项目收尾：主要工作是软件交付、文档归档、总结分享等，参考第15章。

1.3.3　项目管理的3大目标

项目管理的5个过程组给出了软件项目执行过程的形式，那么对项目的执行结果设置了哪些必须要达成的目标？如何对达成结果进行评估呢？

通常从项目管理诸多的管理目标中抽提出3个最有代表性的目标，以它们的达标程度作为评定项目管理优劣的主要参考依据，这3个目标分别是质量目标、进度目标和成本目标。这就是所谓的项目管理3大目标，其内容和作用如下。

1. 3大目标的设定

1）质量目标

开发项目在事前要制定质量要求和保证措施，确保软件必须正确地按照设计要求完成编码和测试。保证运行结果正确，运行效率和系统安全满足客户需求等。**达成质量目标是客户认可系统并支付合同金的基本前提条件**。

2）进度目标

编制进度计划，在每个时间段上标明需要完成的工作内容、工作量、交付物以及所需的人力资源等。随着项目的推进，可以确认项目计划在什么时候完成，需要交付什么，是否发生了进度的偏差，等等。**进度目标是项目经理管理开发过程的重要抓手**。

3）成本目标

项目成本主要就是人工费，项目开始前就要确定在需求阶段、设计阶段、编码阶段及测试阶段需要什么样的资源（需求工程师、架构师、设计师、程序员、测试员、实施工程师等）、数量、时间、单价（人月）等。确保进度和质量的要求，以避免发生超额用工而造成项目成本的超标。**控制成本目标是确保项目利润的重要保证措施**。

项目管理的3大目标，多角度地、均衡地表达项目的完成情况，不论是软件客户还是软件公司都是围绕着这3大目标开展工作的。

2. 3大目标与软件工程的关系

项目管理3大目标能否达成，最为重要的影响因素之一就是软件工程的水平，因为项目的质量取决于需求分析、软件设计、系统编码以及测试验证的水平；进度和成本，取决于软件工程能否进行标准化并做到量化管理，后续各节中将详细地讲解项目管理的3大目标与软件工程的标准化问题。

1.3.4　项目管理的常见问题与对策

下面讲解与项目管理相关的常见问题和解决对策，这些问题是妨碍软件开发过程顺利进行的重要原因。

1. 常见问题

参加过软件项目开发的读者都很清楚，要想达成项目管理的3大目标是非常困难的。目前在软件的开发过程中大多以项目经理的个人经验为主进行管理，依靠项目经理掌握的项目管理知识，仅在“组织、管理”层面上做努力，可以说几乎是不可能实现的，更别提要进行科学的项目管理。

软件行业的“软件制造”与其他行业的“实物制造”相比，难就难在软件的开发过程不容易量化，没有量化就无法标准化，而没有标准化的工作是难以进行精准、有效管理的。这一连串的原因就造成了难以制订相应的计划和资源安排，最终项目管理的效果也不明显。下面从3方面说明难点所在。

1）难以确立标准的交付物及验收标准

传统的分析和设计方式没有对分析和设计对象进行量化拆分，因此难以建立标准的分析、设计方法体系（包括分析与设计的流程、分析与设计的建模等工作），同时也影响确立标准的交付物和验收标准。这些标准的缺乏会给后续开发工作带来很多不确定的问题。

2）难以确立清晰的目标和计划

交付物的不标准造成了计划编制的困难。项目管理成功的重要基础之一就是制订精确的、可执行、可检查、可验收的项目计划。由于对需求和设计的内容难以定性和量化，所以在需求真伪的判断、设计质量的评估、工作量的计算等方面都存在大量的不确定性，造成难以在开发前制订可信的项目计划，因此在开始后大多数的软件项目都难以控制在计划内，超出合同工期的现象比较普遍，而且项目的规模越大、内容越复杂，延误工期的现象就越严重。

3）难以确立匹配的组织和管理方法

由于交付物和计划难以标准化，所以也造成对项目成员能力缺乏相应的评估方法，这样就会影响建立合适的项目组以及选择匹配工作内容的成员。所有的工作都是在目标、计划及交付物标准模糊不清的状态下，依靠项目经理的经验随机推进，这样就不能制定科学的、有效的组织和管理机制，最终难以达成预期的项目管理目标。

从上述说明可以看到，要想实现项目管理的3大目标（质量、进度和成本），就要首先解决上述问题，否则即使勉强完成了软件的开发，最终也会出现交付的产品质量不佳、工期拖延、成本超标的后果。

2. 解决对策

一般来说，软件公司大多比较重视项目管理知识在软件开发过程中的作用，要求项目经理等相关人员学习和掌握项目管理知识并取得相应的资质，但对软件工程的知识和作用重视不足。事实上，如果想在软件开发的过程中实现项目管理的3大目标，单独依靠项目管理方面的知识和经验是完全不够的。这一点可以从图1-8中看出来，项目管理的5个过程组中“Ⅲ.项目执行”是项目管理的核心，工作量也是最大的，这部分就是基于软件工程的工作，因此，做好项目管理工作首先要做的是以软件工程为基础对软件进行量化和标准化，继而实现项目管理的标准化，这样才可能从根本上消除影响项目管理3大目标达成的障碍。

项目管理的标准化是以软件工程的标准化为前提的。

1.4 软件的标准化

在上述软件开发、软件工程、项目管理三者存在的问题中，出现频率最高的一个关键词就是“标准化”，标准化就如同一把解决上述诸多问题的通用钥匙。

软件的标准化就是以软件工程的知识为基础，结合项目管理，建立起在软件开发过程中的模式、标准、规范以及相应的交付物，从而提升软件开发工作的效率和效益。软件的标准化需要软件工程和项目管理的协同和支持。

由于本书重点讲述的是一阶段的工作内容，所以以下如无特殊说明，“软件的标准化”均指的是一阶段中以业务人员为主的工作，即需求分析和软件设计。至于二阶段的技术设计和软件编程的标准化问题不在本书讨论。

★**解读：**关于软件标准化工作的推进情况，在软件行业内实际上二阶段要比一阶段领先很多，如经常提到的模块化、平台化、低代码开发等都是二阶段标准化的典型成果，在二阶段这些概念早已不是纸上谈兵了，而是在行业中已经得到了推广和应用。关于这方面的内容可参考第16章。

1.4.1 软件标准化的困局

软件开发、软件工程、项目管理三者存在的问题，都与软件的标准化有着非常紧密的关联，如果能够有效地实现软件的标准化，那么上述存在的问题都可以得到很好的解决或给出解决方案。那么在软件行业中软件的标准化做得如何呢？

1. 软件标准化的现状

软件标准化的重要性无须赘述，有着一定规模和年限的软件公司都在不同程度上进行过标准化的探索和实践，当中可能不乏成功的公司，但是多数软件公司的标准化进行得都不顺利，效果也不好，主要表现在以下几个方面（不限于此）。

- 标准化目的不清晰，缺乏整体规划，部门各自为战。
- 从事标准化制定的人员没有掌握相应的理论和方法，甚至也没有工程的概念，只是参考一般的文档管理方法来制定软件标准化的内容和规则。
- 标准化的要求大多用文字描述，既烦琐又不易掌握，容易产生歧义，且无法复用。
- 标准化制定了很多零散的且前后工序不衔接、不通用的模板。

最终软件标准化的工作变成了仅仅是为了符合标准化的文档形式，标准化没有带来预期的效果，这样的标准化不但没有给软件工程师减负，反而增加了他们的工作量。

2. 软件标准化不成功的原因

前面提到的是软件标准化不成功的表象，那么为什么软件标准化难以成功呢？下面举几个影响标准化的有代表性的例子来说明原因。

1）缺乏指导的理论和方法

首先是缺乏软件标准化的理论、方法，参与编制标准的担当者有些甚至没有从事过软件的开发（不论是一阶段的工作还是二阶段的工作），他们仅仅把建立软件开发标准看成制定一些文档管理的规范。常常由于负责制定标准的人不够专业，造成了即使制定出了标准化的条条框框，也由于不符合实际而被软件工程师吐槽、反对，或被束之高阁。

标准化的方法不得当，不但不会提升质量和效率，反而会费时费力，最终不知为何而做标准化，流于形式不了了之。

2）缺乏过程的结构化

在制定标准化的过程中不重视结构化的表达形式，仅仅是规范一些模板，但这些模板散乱、孤立、无上下游的衔接标准和要求。

缺乏对软件实现过程的整体规划，软件实现过程中不仅仅需要“记录模板”的标准化，包括分析和设计方法都要标准化，如拆分方法、调研方法、记录方法、分析方法、架构方法、设计方法，以及编码和测试工作等都需要“标准化”。标准化涉及人、方法、交付物3方面，模板仅仅是其中交付物的一部分。

3）缺乏表达的图形化

仅就模板而言，所谓的标准化，也就是固定了模板的标题和表格的格式而已，内容的描述方式是自由的，因为大多是以文字描述为主，所以表达内容中歧义多，遗漏多，且逻辑表达不准确。不用图形的形式表达分析和设计结果，就不能满足细度、精度的要求，特别是不用图形难以表达业务逻辑这个非常重要的分析和设计成果，极易造成后续的技术设计和编程工作的逻辑错误。

4）缺乏系统的模块化

由于存在缺乏量化和标准化的问题，使得软件难以实现模块化的设计，这样开发出来的软件可以看成一个用代码直接写出来的、具有高度耦合性的“固化系统”，这样的系统当然在后面就难以再拆分成可以复用的标准化模块，也影响系统的维护与升级。

5）缺乏传递与继承

由于缺乏上述的结构化、图形化和模块化的标准，所以就难以做到每道工序的成果在上下游工序之间的正确传递和继承，仅强调标准化，不强调前后工序成果的传递与继承，其结果就是每个阶段的工程师都是各自做各自的，这样的标准化意义何在？如果所做的工作只需要一个人，或是只有一道工序，那么就不需要标准化了。正是因为所做的工作需要多人协同、多道工序衔接，所以才需要传递与继承，标准化是传递与继承的基础。

6）缺乏组织的支持

软件公司对分析和设计专业人才没有给予足够的重视。在组织上缺乏相应的部门和岗位设置，如业务架构师、业务设计师等，在流程和规则上没有设置相应的工作环节和岗位职责（权限），当然在软件开发过程中业务人员也缺乏明确的话语权。

3. 软件标准化的现实意义

前面列举了很多关于标准化缺失造成的问题，那么标准化到底有哪些现实意义呢？关于软件标准化的作用并非仅限于软件公司一方，它对客户的信息化管理和运用也有很重要的影响，下面就从客户与软件公司两方面讲解标准化的意义。

1）从客户方面看

由于企业信息化管理的不断深入，系统与现实业务进行了深度融合。因此根据市场的不断变化，客户也会频繁地提出新的需求，这些新需求带来了对既有系统的维护、改造、升级的沉重压力。客户对系统的依赖程度越高，其对软件公司的要求就越高，他们期望（要求）软件公司提供的系统要能够做到随需应变、随时应变（即使是定制的系统，也难免被频繁地要求进行改造），如果不能满足这样的要求，就会影响信息系统的使用价值，甚至是系统的生命周期。

2）从软件公司方面看

业务人员比较少，且流动比较严重，这就使得软件公司拥有的业务人员数量不足，特别是有丰富经验的高水平业务人员的流失，造成了软件公司原本就比较薄弱的需求分析和设计能力变得更加力不从心。现在相当部分已完成的信息系统既无标准化的设计和标准化的文档，也没有进行标准化的编码。在原开发人员离职的情况下，一旦客户要求升级改造既存的信息系统，软件公司就会难以应对，这就使得软件标准化更具有现实意义和急迫感。

对比一下建筑行业大力推进建筑标准化施工的例子就容易理解了。由于建设行业的规模急剧增大，为补充熟练工人不足的缺口而大量使用缺乏施工经验的农民工，造成建设工程质量、效率的下降。为了解决这个问题，建筑行业大力推广标准化的施工方式，如图1-9所示，即将建筑结构拆分为不同的标准构件见图1-9（a），在工厂中用机械生产这些构件见图1-9（b），最后运到建筑工地，通过吊装完成施工，见图1-9（c）。

(a)建筑结构 → 构件化

(b)构件制造 → 工厂化

(c)现场施工 → 吊装化

图1-9　建筑施工方式标准化示意图

建筑行业采用标准化的作业方式后，不但解决了人力不足、质量下降的问题，还优化了施工环境，缩短了施工周期，降低了施工成本，并大幅度地提升了施工的生产效率，更重要的是还降低了对施工者个人能力的要求。软件行业遇到的困难与建筑行业是相似的，同时软件行业采用的（或即将采用的）解决对策与建筑行业也是相似的。从这里也可以看出，传统工程行业的做法对软件行业具有很好的启发和示范意义。

1.4.2 软件标准化的思路

上述的标准化工作缺乏结构化、图形化、模块化以及传递—继承的要求等，可以认为是“非工程化”的软件标准化，也就是说做好软件标准化的基础是“工程化”。消除上述标准化过程中的各种问题，建立符合软件行业的标准化，借鉴成熟的传统工程行业标准化做法可以为软件行业的标准化提供非常有价值的参考。

1. 什么是工程化

所谓工程化，就是参考其他成熟的传统行业（建筑业、制造业等）的标准化做法。工程化有两个显著的特点：一是要规定分析设计的结果是以图形为主、文字为辅的表达形式；二是工程化方式强调“传递与继承”，即上下游工序间传递的信息准确、无歧义，工程化的生产是严格“按图制作”的。

实现软件标准化也就是实现软件开发过程中各个环节工作的标准化。由于支持软件开发各个工序的知识体系是软件工程，因此实现软件标准化的关键工作是软件工程内容的标准化。有了软件工程做标准化的基础，项目管理的标准化也就容易实现了。有了标准化的软件工程和项目管理作支撑，软件开发全过程的标准化作业就容易实现了。

知道了解决软件标准化的重要工作是软件工程内容的标准化，按照软件工程的定义来看，软件工程是采用工程的概念、原理、技术和方法，以及系统性的、规范化的、可定量的过程化方法来开发和维护软件。这个定义也给出了软件工程的框架和阶段的划分，初步建立了软件工程的概念。软件工程是一门学科知识，它具有多少实用价值还要通过它在实际软件开发过程中发挥的作用来评估。下面以《大话软件工程——需求分析与软件设计》一书提供的内容（分析与设计部分）为基础，探索如何实现能满足工程化要求的软件标准。

★**解读**：从“沟通”效率上看标准化在软件开发过程中的作用。

举个用人/月的方式进行工作量计算的例子：一份由两个人在1个月内应该完成的工作量，如果换成4个人用半个月就有可能完不成，为什么呢？问题出在哪里呢？有很多可能的原因，其中之一可能是“沟通”，包括需求工程师与客户的沟通，需求工程师之间的沟通，需求工程师与编程工程师之间的沟通，需求工程师和测试工程师之间的沟通等。通常评估工作量时，基本上不会考虑沟通所花费的时间，但实际上这部分时间是不能忽视的。

为什么“沟通”在其他行业不是一个问题，而在软件行业却是一个问题呢？其他行业的产品也是非常复杂的（如建筑、汽车等），但由于其他行业有非常严格的表达标准（如制图标准、描述标准），所以就不存在沟通的问题。但软件行业由于缺乏统一的标准，就会发生不同的相关人之间、不同的工序之间各有各的标准，各按各的标准行事，所以就会出现人越多、需要沟通的时间就越多，效率就越低，最终增加人手不一定能缩短时间的现象。

可以说标准化也是提升沟通效率、缩短沟通时间的重要前提。

2. 符合工程化要求的软件标准

下面讲解如何制定符合工程化要求的软件标准。构建符合工程化要求的软件标准需要下述5个步骤：对象拆分、要素量化、标准化、工程化（条件）、工程化（标准），参见图1-10，下面对图中的各个步骤进行说明。

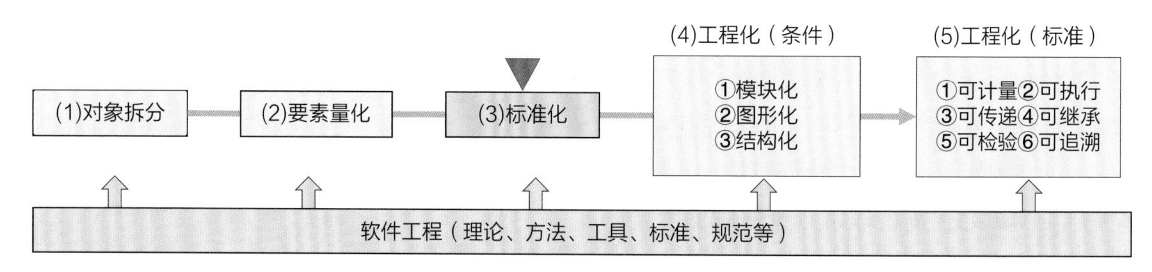

图1-10　建立软件工程化标准的步骤

1）对象拆分

标准化的第一步就是对复杂的软件开发过程进行拆分，化大为小，化繁为简，然后逐一地进行标准化。拆分是将一个完整的对象拆分成若干要素，合理的拆分方法、合理的要素粒度是后续进行要素量化、模块化的基础。例如，做企业管理信息系统，首先要知道怎么拆分“企业”这个对象，拆分结果要与后续的量化、分析、建模和设计等工作有关联。依据何种理论进行拆分是非常重要的，因为不同的指导理论会导致不同的拆分结果。

2）要素量化

要素量化是对从图1-10中“（1）对象拆分”中得到的要素进行量化处理。所谓的量化就是定义这些要素，使每个要素具有独立的含义，可计量（大小、多少）、可设计、可检查、可验证。例如对“企业”拆分后给出4个要素（业务、管理、组织、物品），对“需求”拆分后给出3类需求（目标需求、业务需求、功能需求），对“设计”拆分后给出3个层（架构层、功能层、数据层）等。

【参考】《大话软件工程——需求分析与软件设计》中的2.1.2节、5.2节和第8章。

3）标准化

标准化是将图1-10中“（2）要素量化”的成果再进行分类、归集，给出标准的定义、建模。例如根据不同的目的，可以将功能需求（界面部分）分为4类，即活动功能、字典功能、看板功能和表单功能。因为同类型功能的目的、用途和设计方法都相似，所以可以使用相同的设计模板。这样不但能减少设计的复杂度、提升功能的可复用性，而且从整体上提升了工作效率。

【参考】《大话软件工程——需求分析与软件设计》第10章。

图1-10中的（1）～（3）给出了一般常见的标准化方式。很多软件公司的标准化工作到此就结束了，而这就是标准化效果不好的主要原因，因为这里只是打下了标准化的基础，下面还要对这些成果进行满足工程化要求的进一步设计。

4）工程化（条件）

工程化是本书所提倡软件标准化的最重要的条件。图1-10中“（4）工程化（条件）”主要有3个：模块化、结构化和图形化，其定义如下。

① 模块化：满足模块化要求，就是指量化后的内容所具有的处理功能能够独立地完成某个业务目标，这样的功能内容称为模块。模块粒度有大有小，大到可以是一个系统，小到可以是一个界面。

② 结构化：结构化有两层含义，一是模块之间的关系要结构化，二是按照传递和继承的要求建立工作顺序（参考软件工程的框架图）。

③ 图形化：对分析和设计成果的表达原则上要以图形为主、文字描述为辅。这样可以在一张图上同时表达逻辑和功能，精确地表达和传递上游设计师的意图。

5）工程化（标准）

当软件标准化采用模块化、结构化和图形化3个方法后，完成的软件设计成果就应该满足以下6个标准（不限于此），参见图1-10中“（5）工程化（标准）”。

① 可计量：经过拆分、量化、模块化后，工作量可计量，含类型、难度、人工数等。

② 可执行：可按规范和标准进行分析、设计的工作，并有明确的交付成果和交付标准。

③ 可传递：完成的文档以图形为主，可向下游工序进行准确、无误的传递和交底。

④ 可继承：下游以上游的成果为输入，并在此成果之上进行下一步工序的作业。

⑤ 可检验：完成的成果对照相应的标准，可以进行验收并评估成果的完成度。

⑥ 可追溯：发现问题后，可以向上游工序追溯问题的来源及发生的原因等。

满足工程化要求的软件标准形成一个整体。在满足工作成果质量的同时，还可以通过成果复用（传递—继承）显著地提升工作效率。这样的设计文档不论交给哪家公司，读取的信息都是一样的，照图完成的产品都是一样的。联想一下其他的传统建筑业、制造业，它们早已完成了上述的工程化协同。

★**解读：**关于图形化表达目的和意义的补充说明。

在介绍软件架构的书籍中，常常会利用建筑结构和软件架构的**相似之处**来帮助读者认识软件的架构。这是因为读者生活在建筑物中，时常也会在路旁看到正在施工的建筑物，容易产生联想。但是这些例子中缺少利用建筑物和软件的**不同之处**说明软件的开发特点，两者的不同之处如下。

- 建筑物：它是物理的，有形状、有尺寸，说明者和聆听者双方可以利用图形、模型、实物等方式直观、清晰地理解建筑这个“物”。
- 软件：对于尚未开发完成的软件，它不像建筑那样是一个可触摸的、有物理外形、有尺寸的物体。特别是管理类系统表达的是如何处理“事”，而不是处理“物”，所以在表达、传递上就更抽象，不懂软件开发的人理解起来是很困难的。即使对于软件行业的同仁来说，在开发一个新软件时，初期的沟通、交流也是非常不容易的。

所以为了能够进行准确、有效的交流，就必须像其他行业一样，建立一套标准的图形，并以这些图形为主体，将无形的“事”变成有形的“物”，传递分析和设计的信息。只有理解了软件与建筑之间的相似性和差异性，才能更好地理解软件的特点。

可以肯定地说，缺乏图形化的表达方式和习惯，是造成软件分析和设计水平低、开发质量差、工作效率低、系统返工多的重要原因之一。

1.4.3 标准化要求的文档

搞清楚了符合工程化要求的标准后，就可以确定具体的、符合要求的文档标准。

每个软件公司都有自己的文档标准，符合工程化标准的文档不但要做到表达精准，而且还要做到“化繁为简”。标准文档要能够通过文档的复用、内容的快速阅读等方式提升工作效率，要能够给使用标准文档的软件工程师“减负”。制定标准文档的要求有很多，这里重点提出3个文档标准供参考：用语标准、表达标准和结构标准。

1. 符合工程化要求的文档标准

1）用语标准

前面已经讲过，业务人员的文档要让客户和技术三方都看得懂，所以用语必须要达到客户、业务人员和技术人员三方面的统一。不论任何标准文档，首先都要对关键内容进行用语的统一。如对客户专业方面的用语，要定义用语，以确保客户与软件公司业务人员之间的理解和表达完全一致，无歧义。同样，在软件公司的内部，需求工程师之间、需求工程师与编码工程师、测试工程师之间也必须统一用语。

2）表达标准

每份文档都必须由图形、表格、文字3种表述方式混合构成。设计文档不能只用文字表达，特别是逻辑部分要用图形表达，因为图形表达的逻辑信息量要大于文字，且精确、不易发生歧义。如图形按照框架图、分解图、流程图；表格按照需求4件套、流程5件套。需要用文字描述的地方尽量采用条目化的方式。

3）结构标准

结构的标准可以分为两个层次：软件工程的结构和文档内部的结构。首先，软件开发过程必须要结构化， 软件工程框架是典型的结构化模型，参见图1-2。这样的结构化方便前后、上下游岗位之间的协同关系，也利于各阶段成果的传递与继承。其次，文档内部要有规律、结构化，这样易于文档的掌握、维护，参见图1-10。

【参考】《大话软件工程——需求分析与软件设计》第22章。

2. 工程化与标准化的关系

从工程化的定义已经知道，符合工程化要求的文档一定是标准化的，但标准化的文档却不一定满足工程化要求。下面举例说明工程化与标准化的关系。

1）符合工程化要求的标准文档

先看一个**符合工程化要求的标准文档**。这是一个界面设计模板（简称4件套），文档由4个独立的模板构成，从4个维度描述同一个界面（原型、定义、规则和图形），要求文档不但模板必须一致，而且必须是结构化的，要用图、表和文字综合表达，并确保表达的内容是唯一的、无歧义的，如图1-11所示。其中各模板内容如下。

（1）模板1-业务原型：给出对业务内容的界面布局。

（2）模板2-控件定义：对界面上的每个字段进行详细的定义。

（3）模板3-规则说明：对界面整体进行说明。

（4）模板4-逻辑图形：对界面内复杂的数据关系等用图形方式进行说明。

利用这套结构化的标准模板定义一个界面的设计，表达的结果非常严谨、直观。虽然是需求工程师做的界面设计，其内容不但客户方看得懂，编码工程师也看得懂，且三方都不会有歧义。这种形式的文档编写效率高、质量高、不易出错、易于复用，而且非常便于在不同工序之间进行传递与继承，是**满足工程化要求的标准文档**。

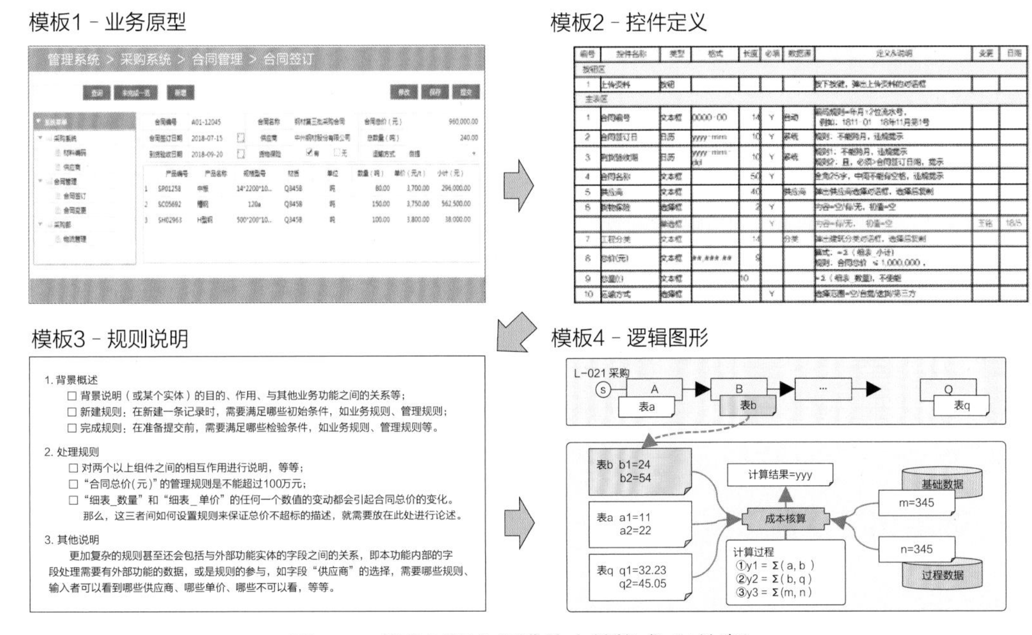

图1-11 符合工程化标准的文档格式（4件套）

2）不符合工程化要求的标准文档

作为对比，再看一个符合标准化，但不符合工程化要求的例子，如图1-12所示。

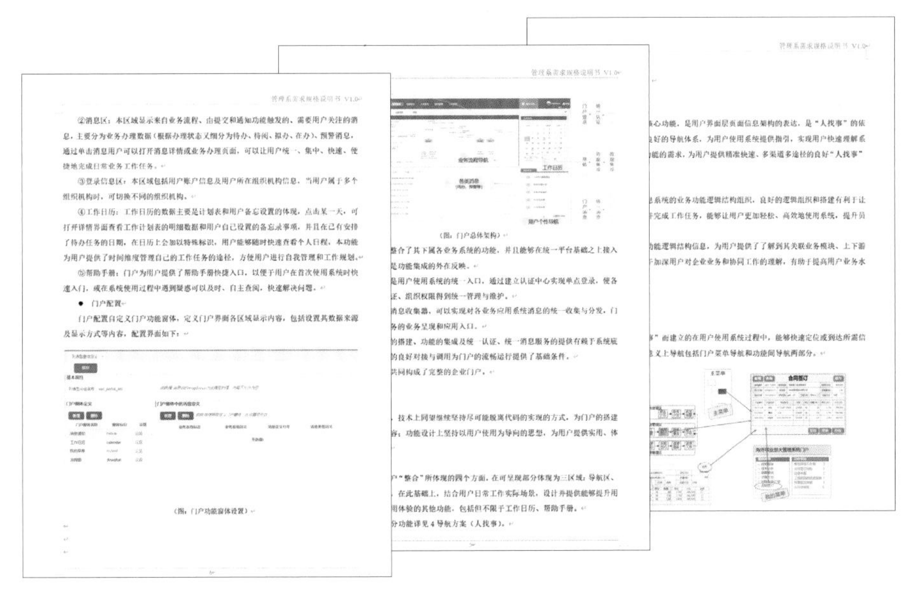

图1-12 非工程化的标准文档

这类标准文档通常只使用具有统一标题和表格的模板。这种以文字描述为主的文档表达形式，只要在规定的表格内进行描述就可以，其描述的内容因为缺乏不同维度的标准约束（如设计用的4件套模板），很容易因描述人的表达水平不同，读取人的理解不同，最终产生不同的解释，从而得出不同的结论。这种方式不但在表达形式上不标准，在编写、阅读、复用等方面的工作效率也比较低，而且还容易出现质量问题。

目前大多数的软件公司采用的是这种**没有工程化要求的标准化文档**。这也说明了为什么它们推进的开发标准化没有获得明显效果，花费了大量的时间、人力和物力后仍在为不断发生的问题所困扰。

★**解读**：为何已重复无数遍的工作仍然难以实现标准化？

很多软件公司在某个领域从事软件开发一段时间后，会不约而同地想到做“软件开发标准化”的工作。主要目的就是减少重复工作，增加各环节产出物的复用率，从而提升开发效率，降低开发成本。然而成功者不多。

面对自己熟悉的业务、熟悉的工作流程、熟悉的交付物，为什么软件的标准化难以实现，难以带来期待的效果呢？其原因之一就是缺乏“工程化”的概念，缺乏用工程化的思想和方法指导建立标准化的工作。没有工程化指导的标准化成果是松散的，没有一个贯通前后的“主轴”，串联不起来，而这个主轴就是工程化结构和要求。导入工程化的概念后，就有了“主轴”，所有以前做不好的就都找到原因了。

1.4.4 标准化与软件工程

以上讲述了软件标准化的思路和具体要求，下面看一下如果真正实现了软件标准化，那么将会对1.1节～1.3节中提到的问题产生什么样的影响。

从前面的讲解已经知道，解决这些问题的基础，首先就是要做到软件工程的标准化，所以本节先来看一下软件标准化对软件工程的影响。

按照工程化标准的要求，对软件工程各个阶段的工作对象进行标准化处理，图1-13是《大话软件工程——需求分析与软件设计》一书中给出的软件工程各阶段的标准工作对象，这些标准化的工作对象满足了工程化的要求。

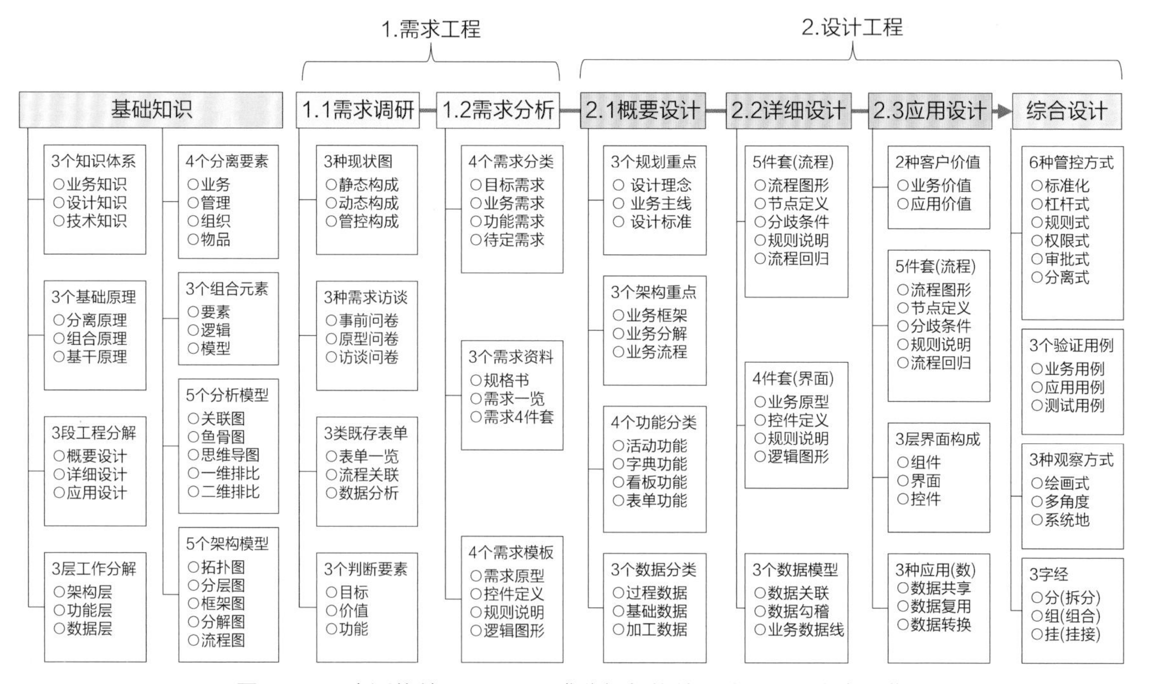

图1-13 《大话软件工程——需求分析与软件设计》量化内容一览

从图中可以看出，沿着软件工程的工程分解走向（横向），每个阶段的工作内容（纵向）都被拆分，并进行了符合工程化要求的标准化。按照图中的结构进行需求分析和软件设计，每一步都有相应的理论、方法、标准和模板做支撑。这样软件开发的过程就会变得非常有序，并且可以同时实现高质量和高效率，每个岗位的人都知道自己在做什么，所做工作的输入和输出是什么，交付物是什么，交付的标准是什么，等等。

本书给出了一个软件开发的案例，完全就是按照这个软件工程框架提供的知识和流程进行的。对这个框架更加详细的量化和标准化说明，参考《大话软件工程——需求分析与软件设计》相关篇章。

★**解读**：工程化与模型驱动设计等概念的关系。

经常有读者问，模型驱动设计、流程驱动设计、数据驱动设计等概念与工程化设计之间有什么关系？它们是否相互排斥呢？

回答：当然不是，它们是包含关系。说到"××驱动设计"，是以某个对象（如模型、流程、数据）为中心，以设计××的过程为主体来推进设计的，这些"××驱动设计"的方法与开发的过程管理模式没有直接关系。工程化设计则是兼顾软件工程和软件项目管理两方面的要求，强调的是体系化，按照工程化顺序去设计、开发，这个过程要按照"积累→抽提→建模→提升复用率"的流程推进，在这个过程中的"建模"部分可以采用任何方式的建模方法，如××模型驱动、××流程驱动或××数据驱动，采用××驱动设计与采用工程化方式进行开发不是同一层面的概念。"工程化"是一个大的概念，是一整套软件开发过程的做事方法，而"××驱动设计"只是这个工程化整体中的一种设计方法。

在《大话软件工程——需求分析与软件设计》中也采用了大量的建模（如分离原理、组合原理、各类流程模型和功能模型等）。所以，工程化设计不但包含其他××驱动设计的思想和方式，同时还将这些方式与软件工程及项目管理进行融合，形成一个符合工程化开发的作业模式。

1.4.5 标准化与项目管理

再来看一下软件标准化对项目管理的影响。

从图1-14可以看出，项目管理中的"Ⅱ. 项目规划""Ⅲ. 项目执行""Ⅳ. 项目监控"与软件工程的标准化有着密切关系。如果软件工程相关内容的标准化做好了，自然而然地项目管理中与之相关部分的标准化就很容易进行。下面对项目管理中的Ⅱ、Ⅲ、Ⅳ项进行说明。

Ⅱ. 项目规划：由于对工作内容（分析、设计、文档等）进行了量化，相应的工作量、需要的人力资源、计划工期等的计量都变得容易、精确。

Ⅲ. 项目执行：由于有了符合工程化要求的软件标准，处理流程、各类模板，开发过程上下游工序成果的传递与承接都是符合要求的，因此可以按照预先制定的进度、工期、质量、成本等的标准推进项目。

Ⅳ. 项目监控：由于建立了符合工程化要求的软件标准，所有的工作内容都有相应的标准（包括交付物、交付内容、验收标准等）。因此项目监控不但容易做到，而且可以做到精准的控制和验收。

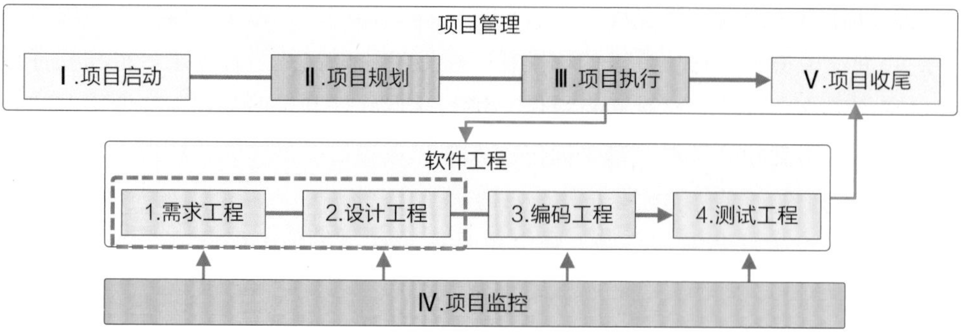

项目管理
Ⅰ.项目启动
Ⅱ.项目规划
Ⅲ.项目执行
Ⅴ.项目收尾
软件工程
1.需求工程
2.设计工程
3.编码工程
4.测试工程
Ⅳ.项目监控

图1-14　项目管理与软件工程的关系示意图

有了这样的软件标准化作基础，就可以采用更加科学的管理方法，对于最终达成软件项目管理的三大目标（质量、进度和成本）也就更有信心了。

1.4.6　标准化与软件开发

最后来看标准化对软件开发的影响。

由于软件标准化改变了软件工程和项目管理，那么基于软件工程和项目管理的标准化，也一定会对软件开发的过程带来重大影响。

从软件开发的标准化来看，二阶段的技术设计和编程方面已经做了很多贡献，例如SOA、平台式架构、低代码开发等，同时硬件技术的进步也大幅度地改善了技术的不足。但是二阶段相关的技术和硬件进步并不能直接带动一阶段分析和设计水平的提升。长期以来，一阶段的工作方法几乎没有显著的进步，缺乏一套符合一阶段业务人员工作内容和习惯的、完整的、体系化分析和设计方法。可以说，一阶段低水平的分析和设计成果抵消了二阶段进步的效果，拉低了软件系统整体开发水平和客户价值。

从建筑、汽车制造等其他传统行业的发展过程来看，早期这些行业的工作方式也是非标准化的。

- 建筑行业：早期采用现场砌砖、搅拌砂浆水泥、绑钢筋等方式建造房屋，通过构件化、标准化，继而实现了在工厂流水线制造构件，在现场用机械吊装的模式。
- 汽车行业：早期从手工作坊开始，通过模块化、标准化，实现了流水线的生产模式。实现了标准化生产的同时实现了产品质量和生产效率的大幅提升。

建立了软件工程的标准化、项目管理的标准化后，再进行标准化的软件开发就有了基础，达到或接近其他行业的管理水平和效果就有了可能。成功的软件开发过程必须要有软件工程和项目管理二者的紧密结合与协同。这里参考《大话软件工程——需求分析与软件设计》一书提出的“分离原理”中的关于“业务”和“管理”的拆分，来说明软件工程和项目管理各自所起的作用。将完成软件开发的过程看作一个“工程”，支持工程业务的技术来自软件工程，支持工程管理的技术来自项目管理。

- 软件工程：提供软件开发所需要的知识，包括分析、设计、编程和测试等一系列工作的理论、方法、技术、标准、规范等。
- 项目管理：给出达成开发目标和确保软件工程得以正确实施的保证措施，包括组织、流程、管理、规则等内容。

软件工程与项目管理是相互作用的，如果没有软件工程作方法和标准的支持，科学的、高效的软件开发过程是不可能实现的，项目最终难以按预定规划完成，当然项目管理的3大目标（质量、进度和成本）也就难以达成。同样，如果没有项目管理作组织和保障支持，确保各工序之间按量、按时、按质进行成果交付，单靠软件工程也无法按照预期目标开发出优秀的产品。软件工程和项目管理是相辅相成的，缺一不可，因此只有实现标准化，才可能同时提升这两个技术的实现效率和效果。

★解读：花费大量的时间进行标准化，值得吗?

了解了如何建立符合工程化标准的软件标准化内容和过程后，可能会有读者提出这样的疑问：制定这样的标准化是否太麻烦、太费时间了？值得吗?

这种理解是完全错误的，前期用于摸索、构建、实践、验证等工作，肯定要多付出一些时间和精力，一旦在实践中成功地运用了符合工程化标准的流程、模板、规范后，软件开发工作的效率会得到大幅提升，错误率会明显地减少，设计文档的质量也会有质的好转，同时文档也变得易于维护和复用。

如果读者在某个业务领域内反复做着相似的开发工作，那么要想高效率、高质量地工作，并获得高回报，就必须这样做。有关提升工作效率的内容会在后续的章节进行详细说明。

要想顺利地达成项目管理的3大目标，就必须要打下符合工程化标准的基础，没有轻松的近路可走。可以明确地说：一个开发项目的成功，仅依靠项目经理个人的手腕和经验，或是一两名专家的知识是绝对做不到的。

本书所举的软件项目开发案例，就是按照这种理想的标准化方式进行的。读者可以感受到按照标准化方式作业的开发过程是如何提升工作效率的，并在满足客户需求的前提下，同时达成项目管理的3大目标。

影响项目管理3大目标的因素有很多。下面选取与软件工程相关的因素，就如何达成项目管理3大目标的方法做进一步的说明。

1.5　标准化与项目质量

从本节开始，共分3节讲解软件标准化对达成项目管理3大目标的影响。本节首先介绍对项目管理3大目标之一“质量”的影响。

1.5.1　影响项目质量的因素

软件产品和建筑、机械等使用寿命很长的产品一样，对客户和制造商来说，最终交付产品的质量永远都是第一位的。影响软件产品质量的问题有很多种，这里重点讲解在一阶段（分析和设计）工作中存在的问题。

1. 需求阶段易发生的质量问题

1）调研与分析方面的问题

由于缺乏实用的分析理论和方法做指导，需求工程师面对收集的散乱需求，不知从何下手梳理、归集，不会判断已获取的需求是否完整、到位，同时也缺乏识别需求真伪的方法。需求分析的担当者自身不能确定需求分析的结果是否正确。

需求的不确定是造成开发结果返工，甚至系统推倒重来的重要原因之一。

2）需求记录的标准问题

缺乏标准的需求记录方式，记录时不区分记录业务逻辑、功能原型、数据的形式，需求描述大多用文章体的文字记录。这样做不统一、不严谨、歧义多，而且容易发生遗漏。这种纯文字的描述方式难以准确地将需求传递给后续的工序。

需求记录描述得不准确、不规范，是造成后续需求失真的重要原因之一。

2. 设计阶段易发生的质量问题

1）设计方面的问题

设计方面的问题在于，由于缺乏统一、实用的设计理论、方法和标准作指导，同时大多数的软件公司没有给设计师设置相应的工作环节和岗位，因此很多时候需求工程师把从客户那里获得的需求直接作为编码依据交给后续的程序员。殊不知“客户需求”和“软件设计”是两个不同的概念。这就如同在建筑行业，当业主提出了盖房子的要求后，省略了设计院设计图纸的环节，施工公司直接按照业主的要求盖房子一样，这样的做法其结果可想而知。

缺乏设计或者完全没有设计环节是另一个影响项目质量的重要原因。

2）设计记录的标准问题

与需求阶段的问题一样，设计阶段也缺乏标准的设计结果表达方法。设计结果应该是一阶段结束的标志，二阶段按照一阶段的设计成果展开工作。设计文档不标准、歧义多，甚至没有设计文档，是造成后续工作发生问题时相互推诿的重要原因。

由于分析与设计的成果没有标准化，且项目组成员能力参差不齐，造成分析不到位，设计不清晰，再加上缺乏验收标准，所有的设计结果都是模糊的，逻辑不清楚且因人而异，这些问题造成开发中沟通时间长，开发完成后需要大量返工。分析与设计的质量低下，带来的问题往往会大于编码Bug带来的影响。因为后者的错误是局部的，而前者的错误轻则返工，重则可能推倒重来。

可以说，一阶段的错误对于系统是致命，有时甚至是不可挽回的。除去个人能力不足造成的问题难以在短时间内得到解决以外，如果能够建立分析和设计的标准体系，推广标准化作业，那么也可以明显地提升一阶段的成果质量（参考建筑行业发生的变化）。

确保项目质量的关键之一就是做好需求分析和软件设计。下面重点介绍两个可以明显改善项目质量的对策：一是分析和设计方法的标准化，二是记录文档的标准化。

1.5.2 对策1：分析与设计的标准化

解决项目管理质量的对策首先是将分析和设计的方法进行标准化。做好一阶段分析和设计的标准化需要有1套基础能力和2套标准方法。

（1）基础能力：专业用语、逻辑思考与逻辑表达的能力。

（2）标准方法1——需求方法：包括需求调研三方法（图形、访谈和表单）和需求三分类的转换（目标需求、业务需求和功能需求）。

（3）标准方法2——设计方法：包括设计工程三阶段（概要、详细和应用）和设计工作三层次（架构、功能和数据）。

其中，（1）的内容是做好（2）和（3）的基础，（2）和（3）的内容是一阶段工作的主要成果，也是二阶段工作的输入。只要（2）和（3）的过程和成果都实现了标准化，并且被熟练地掌握和运用，那么一阶段工作成果的质量就能够获得极大的保证，同时也奠定了二阶段工作获得高质量成果的基础。

1. 基础能力

1）专业用语

专业用语指的是在分析和设计中，客户与软件公司双方交流时使用的专用名词。统一用语是软件项目开始运行的第一件工作，也是重要的标准化工作。双方的用语如果不在第一时间进行统一，就会造成后续交流时的误解、歧义，甚至在系统完成后返工。例如客户的业务用语“成本”，它的定义、用途、计算方式等在同一家公司内部只能有一种解释，不能在销售部门、财务部门、生产部门之间的有不同的称呼。如果确实不一样，则必须要加以不同的定义，最好是在“成本”一词的前面加上不同的前缀，如**生产**成本、**财务**成本、**销售**成本等。

同时，用户也必须掌握与系统相关的用语，例如流程、系统、架构、功能、界面、数据等，以确定需求工程师要做的系统功能有什么用途，是否与自己的需求相符合，而且未来在信息化管理环境中工作时，用户也必须使用这些用语。

2）逻辑思考与表达能力

逻辑思考与逻辑表达是正确地分析和设计的基础能力，只有内在思考的逻辑正确，才有可能让外在的逻辑表达正确。很多系统的流程和功能看上去是混乱的、不清晰的，其实质是研发者思考的逻辑不对，或是思考的逻辑虽然正确，但逻辑表达的方法不正确，结果就造成了后续一连串的错误。因此不要把分析和设计的标准化简单地理解成不用思考，只需利用各类模板“依葫芦画瓢”就可以了。没有正确的逻辑思考作指导，按照模板做出来的成果再规范也可能是错的。关于逻辑方面的学习内容主要有两个：思考方法和表达方法。

（1）逻辑思考方法：逻辑思维是分析性的、有条理的。做逻辑思维时，每一步必须准确无误，否则无法得出正确的结论。面对线下纷杂的客户业务和原始需求，运用逻辑思考整理出条理清晰的系统需求是非常重要的基本功。

（2）逻辑表达方法：是将逻辑思考的结果可视化，落在纸上（用图形、文字等方式），并向他人正确传递的手段。不论是编制需求规格说明书，还是做架构和设计，正确的逻辑表达都是不可或缺的。

【参考】关于提升逻辑思考与逻辑表达的能力，参见本书的附录A。

2. 标准方法1——需求方法

1）目标需求

目标需求来自客户企业的经营管理者、项目投资人。目标需求说明了企业高层对信息化的目的、目标、期望等，建立对目标需求的正确理解和精准分析方法，是决定项目成功与失败的基础和关键。

2）业务需求

业务需求来自客户企业的最高层管理者。业务需求说明了企业管理层希望系统可以应对哪些业务，如何对应。指导业务需求的是高层的目标需求，建立从**目标需求向业务需求转换**的方法是目标需求落地、业务需求细化的基础。

3）功能需求

功能需求来自所有客户的各个层级，主要是未来系统的直接用户。功能需求说明要在系统中具体提供什么样的系统功能。建立从**业务需求向功能需求转换**的方法是业务需求落地、功能需求细化的基础。

3. 标准方法2——设计方法

1）架构设计

架构是软件工程框架图中第一层的设计对象。架构设计指的是用图形方式表达的业务形态，也是业务逻辑的重要表达方式之一。标准的图形称为模型，主要有分析模型（需求分析用）和架构模型（业务架构用）。用图形表达逻辑直观、易懂、无歧义，用架构图形表达的业务逻辑如果没有错误，就可以确保系统不出现致命错误。

2）功能设计

功能是软件工程框架图中第二层的设计对象。功能设计指的是用界面形式表达的业务形态，它定义了系统中的全部数据，给出用户使用系统的具体内容和操作方法。功能的设计是系统设计和编码工作中数量最大的部分，它不但承载了具体业务数据输入与输出的需求，同时也承载着企业对业务在管理控制方面的要求。

3）数据设计

数据是软件工程框架图中第三层的设计对象。数据设计指的是对采集的数据进行加工以满足各类应用需求，其中数据标准的规划和规范不仅关系到本系统的运行，而且关系到与其他系统的融合，确保未来不出现信息孤岛的问题。

【参考】《大话软件工程——需求分析与软件设计》第11章、第14章和第18章。

1.5.3 对策2：记录文档的标准化

解决项目管理质量的第二个对策是记录文档的标准化。有了分析和设计方法的标准化，还要做到分析和设计的记录标准化。因为记录是分析和设计成果的载体，它可以确保分析和设计的成果被正确地传递和继承。

建立项目方案的实施、验收标准。为了标准易于被执行和验收，应尽可能地采用模板的形式完成设计和记录，例如文档模板、表格模板、流程模板等。这样可以避免每个人对标准的解释不同而造成结果不同，同时有了模板作基础，文档的复用、验收效率也会大幅提升，有利地支持后续的进度管理和成本管理。

1. 标准化的条件

支持高效率、高质量工作的模板，要按照工程化的要求进行设计。模板要满足下面的两个条件（不限于此），即结构化、可传承。

（1）模板结构化：指不论是图形模板还是文字模板，都需要实现结构化。结构化的模板规律性强，容易理解和掌握，不易产生歧义，不易发生失真等，可以同时提升编写者和阅读者双方的工作效率。

（2）模板可传承：指按照软件工程的流程，上游向下游传递的文档必须满足下游工作的标准要求，且下游工序必须继承上游工序的成果，这就要求上下游的传递与继承标准是一致的。标准包括专业用语、逻辑图形、算式规则等。

2. 标准化的内容

具体的标准化交付物包括架构、功能和数据3个主要内容。

（1）架构图：模型（框架图、分解图、流程图等）、记录模板（流程5件套）等。

（2）功能图：分类（活动、字典、看板、表单）、记录模板（业务4件套）等。

（3）数据表：分类（过程数据、基础数据等）、主数据、数据标准等。

进行标准化作业后，即使初期分析和设计做得不够完善，但由于是标准化的表达和记录方式，出现了问题可以清楚地看出来，并且可以反向追溯，找出问题发生的原因，从而在早期解决问题，大幅减少或避免在开发完成后的返工现象。

【参考】《大话软件工程——需求分析与软件设计》第2章～第4章。

1.6　标准化与项目进度

本节介绍软件标准化对达成项目管理3大目标之二“进度”的影响。

1.6.1　影响项目进度的因素

影响项目进度的因素有很多，但是大多数软件公司和项目经理首先想到的就是要尽量压缩一阶段的工作（需求、设计）时间，尽可能地将大部分时间留给二阶段的编码工作，认为只有这样做才是确保开发工期不超标的最佳方式，但这样做是否能达到预期目的呢？结果是大多数开发项目的工期最终是超标的，可见压缩一阶段的时间，结果也未必能按期交付。这就是说项目进度超期一定另有原因。这里列举两个造成影响的因素：量化和表达方法。

1. 量化的影响

工作对象不能量化，造成标准化不到位，而标准化不到位则工作效率低。工作效率低是影响进度的重要原因之一（不限于此）。

1）缺乏可执行计划

由于工作内容没有量化，也就没有标准化工作成果的积累，所以无法编制一份可执行、可检查、可验收的有效执行计划。因为没有这样的计划，就无法进行有效的项目进度管理。

2）工作分配不能量化

没有软件工程的基础，且分析、设计和开发的内容做不到可量化，同时也缺乏对人才能力的量化评估，因此难以确定一个开发项目“需要多少人、具有何种能力、在多长时间内、完成什么难度的工作、交付多少成果”等的计量问题。

3）成果不能复用

复用包括对历史成果的直接复用、方法的复用，以及模板的复用。因为缺乏分析与设计的量化标准，每个岗位都有自己的表达方式，这不但增加了不必要的沟通困难，而且成为了成果复用的障碍。**提升复用率是进度管理的重要保证**。

2. 表达的影响

1）沟通时间长

由于缺乏标准化的分析和设计方法，使得客户与需求工程师之间、需求工程师之间、需求工程师与编程工程师之间的沟通时间非常长，不但效率低，而且质量差。

2）无法检查和验收

由于没有量化，没有标准化的交付物，无法建立检查和验收的标准，结果也就无法进行有效的检查和验收。检查和验收凭经验，难以看出交付物中存在的错误。这些错误可能在编码完成后的测试中出现，或在上线后被用户发现，这势必会造成开发返工。

3）需求失真

由于在一阶段的各个环节中出现了对需求理解的差异（分析、设计、记录），造成最终的需求失真问题，而需求失真是造成**进度管理失控的重要原因**。只要发生了开发返工，则进度管理就是失败。**确保项目进度的关键之一就是做到开发不返工**。

1.6.2 对策1：路线图与计划

建立软件的标准化之后，就可以在标准化的基础上进行进度计划的编制。

1. 调整岗位与时间

在进行路线图和计划的编制前，先对传统的开发过程进行调整和优化。

前面谈到确保进度计划达标的重要措施是不返工，而确保不返工的最有效措施就是分析和设计的全过程和交付物实现标准化。按照工程化的方法，对开发过程的岗位设置和所需时间进行优化，可以将各个阶段的时间比例进行如下调整，参考图1-15。

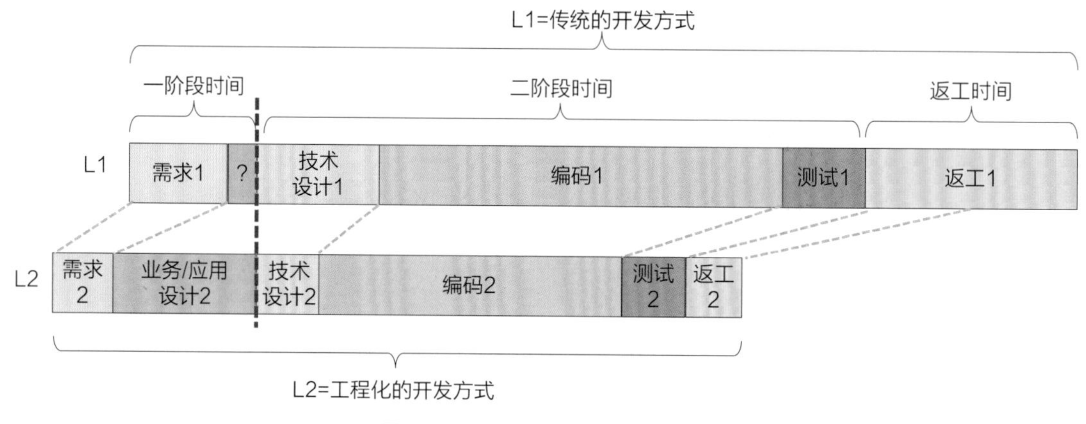

图1-15 开发时间的分配示意图

L1和L2为两条不同开发方式所用时间的分配比例示意。其中L1为传统方式，L2为改进后符合工程化要求的软件标准化作业方式。从图中可以看出，相较于传统的L1开发方式，L2的开发方式有如下变化。

1）一阶段内容

（1）需求：由于有标准化方法的支持，L2在需求调研、需求分析阶段花费的时间较L1缩短，正确率增加。

（2）设计（业务/应用）：新增业务/应用设计的环节，以弥补传统方式L1在设计方面严重不足的缺陷（不但可以消除开发返工，而且可以提升客户价值，响应需求应变等）。

2）二阶段内容

（1）设计（技术）：由于前面业务/应用设计的标准化，提供的文档符合技术要求和阅读习惯，实现了上下游之间设计文档的传递与继承，L2节省了技术设计时间，同时也大幅减少了业务和技术之间的无效沟通时间。

（2）编码：由于需求正确，设计逻辑清晰，可以减少编码的错误。且由于编码技术的进步（低代码、装配化、平台化等），L2的编码部分所需时间缩短最为明显。

（3）测试：同理，由于需求和设计阶段的错误少，编码阶段的错误也就少，因此L2的测试工作时间就会缩短。

（4）返工：由于前面各个工序的正确实施、传递，最终L2实现了大幅减少返工用时。

总结一下，最终，采用工程方式（L2）比采用传统方式（L1）进行软件开发不仅有明显的工期缩短，而且还会带来效率的提升和质量的提升。

★**解读**：应该名正言顺地增加设计环节和设计时间。

严格地说，对于业务设计部分的时间不应该称为“新增”。这里只是补上了原本就应该有的“设计工序”，这个设计工序是因为省时间而被取消的。在其他行业，“设计工序不存在，或是被取消了”简直就是不可想象的情况。所有的软件公司应该重新理解设计的作用和岗位，特别是对业务设计/应用设计作用的理解，这两个设计是软件开发的核心，是决定软件客户价值大小、满意度高低的关键工序。

2. 实施路线图

根据新调整过的工序和步骤，下面绘制实施路线图。

实施路线图的绘制要以软件工程、项目管理和《工作任务一览表》等内容为依据，实施路线图的特点有以下几点（不限于此）。

- 路线不与进度时间、人力资源等相挂接。
- 仅考虑有哪些关键工作步骤、步骤的顺序、各步骤的关键交付物等。

它的主要依据是软件工程框架，是给后续各种规划提供一个粗略的、方向性的标识，实施路线图一般不需要太过于重视细节（太细了，反而不容易看清楚主体，它的作用与后面的里程碑计划图是相似的、匹配的），参见图1-16。

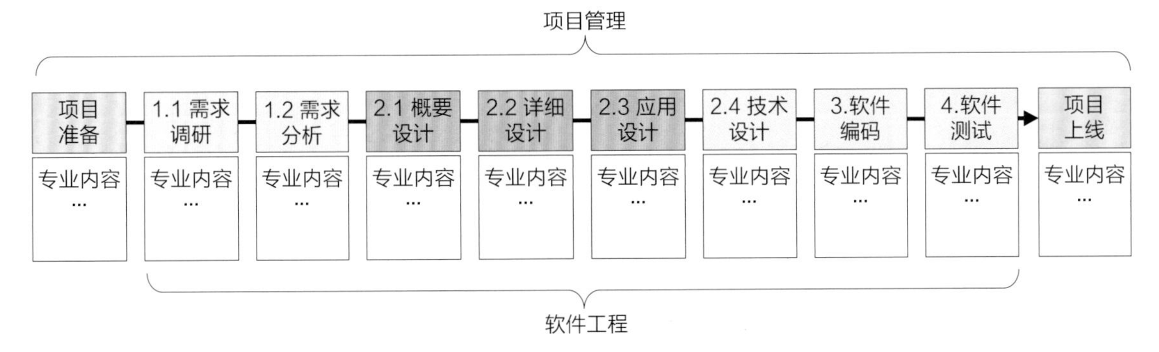

图1-16　作业实施路线示意图

3. 里程碑计划（粗粒度）

里程碑计划，顾名思义，就是要确立项目开发过程中关键内容的交付节点，并在此树立里程碑标志。这是项目推进过程中的关键识别节点，也是重要工作的控制点。

里程碑计划图的绘制方法比较简单，就是利用甘特图的形式绘制。首先画出时间表格，然后以这个时间表格为背景框，以合同工期为横轴，以实施路线图中的关键工序为纵轴，图中横置的柱形为关键作业内容，小旗子（里程碑）作为标志，表明该部分工作完成的时间点，参见图1-17。

序号	项目管理	软件工程		2022年																
				第1月				第2月				第3月				第4月				…
				1周	2周	3周	4周	1周	2周	3周	4周	1周	2周	3周	4周	1周	2周	3周	4周	…
1	启动&规划	项目准备		计划																
2	项目执行	需求	需求调研	需求调研				需求完成												
3			需求分析			需求分析														
4		设计	概要设计					概要设计												
5			详细设计							详细设计										
6			应用设计								应用设计				设计完成					
7			技术设计										技术设计							
8		编码	系统编码																	
9		测试	系统测试																	
10	项目收尾	总结评估																		

图1-17　里程碑计划示意图

里程碑计划的编制需要以《工作任务一览表》/实施路线图为依据。里程碑计划是客户和软件公司的双方领导最关心的内容，也是把握整体和关键节点进度的重要方法。通常客户和软件公司的双方领导开会或检查工作时，基本是以里程碑计划图为主要参考资料的。

另外，注意里程碑计划不要设置过于详细的内容，只挑关键的节点表达即可。

4. 执行计划（细粒度）

相对于表达粗粒度关键节点的里程碑计划，项目的执行计划就是具体指导作业的详细计划（细粒度）。执行计划的编制需要以《工作任务一览表》/路线图/里程碑计划为依据。如图1-18所示的表是项目经理日常管理项目的直接抓手，因此执行计划要详细到具体的月、周、日、担当者、交付成果等。编制进度的执行计划，重点考虑以下5个步骤（不限于此）。

项目内容			担当者	交付成果	开始时间	结束时间	4月				5月				6月				
							6	13	20	27	6	11	18	25	1	8	15	22	29
前期准备	1	项目启动会			4/7	4/8													
	2	项目章程																	
	3	项目总体方案																	
	4	项目调研计划																	
	5	项目启动会																	
调研部门	1	高层调研																	
	2	调研前培训																	
	3	项目管理处																	
	4	经营管理处																	
	…	…																	

图1-18　执行计划详细示意图

（1）收集作业内容：以《工作任务一览表》为依据，收集项目全部的作业内容，不限于软件工程相关的工作，也包括项目管理必需的工作（项目启动、项目收尾等）。

（2）确定实施路线：确定作业内容的最佳实施路线图，需要参考软件工程框架图、项目管理流程图等。

（3）建立时间坐标：参考项目合同的工期、开发的关键节点等，建立时间的坐标轴。可以利用专业项目进度管理软件，也可以利用表格软件自行设计。

（4）计算所需资源：根据作业内容的数量、工期日数，确定完成作业内容所需要的人数，包括项目经理、各类高级岗位、项目组成员等。

（5）整合前述4项：将前述4项内容（作业的内容、路线、时间和资源）进行整合，用路线图与时间轴叠加，在各时间段下标注作业的内容、资源量等，形成计划。

5. 里程碑计划和执行计划的关系

执行计划是里程碑计划的详细展开，也可以说，里程碑计划是从执行计划中将关键节点抽提出来形成的。通常在客户与软件公司双方高层领导参加的会议上，讨论有关进度的问题时是以里程碑计划为参考的。这样可以忽略细节而关注重点，而且大领导们也不太清楚计划细节（也不必太清楚，因为他们同时需要管理多个项目）。他们只要定期监控里程碑关键节点的进度就可以了，而执行计划则是项目经理用于对每个人、每一天、每项工作、每个交付物的详细安排和监督。

1.6.3　对策2：复用与标准化

关于对项目进度计划的管理，除去通过路线图和计划控制外，提升历史项目成果的复用率也是非常重要的措施。复用的对象包括分析和设计用的标准模板、已经交付的历史项目文档等。

1. 模板的复用

使用标准模板是确保进度的最简单、高效的方法。按照软件工程的流程，预先准备好每个阶段、每个环节交付物对应的模板。准备的模板越周全，效率越高，越不容易出现遗漏，特别是对新人较多的项目组来说作用非常大。从咨询开始直到设计完成，下面3个阶段需要准备的模板数量会非常大。

（1）咨询阶段：咨询问卷、交流方案、解决方案。

（2）需求阶段：调研模板（包括图形用、访谈用、表单用模板）、分析模板、规格说明书等。

（3）设计阶段：概要设计模板（包括框架图、分解图、流程图）、流程定义5件套、详细设计模板、界面定义4件套等。

2. 文档的复用

建立文档库，将已完成的系统文档按照分类进行保存。然后可以根据新项目的类型进行匹配，找到相似的需求分析和设计文档。

通常设计阶段实际设计的功能（界面）数量要比需求阶段获取的原始需求数量多得多。这是因为需求阶段获得功能需求大多来自于用户，仅考虑某个模块中一些核心的业务处理功能。

而进入设计阶段，通过架构设计后，为确保该模块运行会增加很多功能，如增加字典类功能、看板类功能和可以打印的表单类功能等，增加数量的多少会由于项目特点、组员经验而有所变化，但是通常会带来多达20%～50%的功能数量增加。如果有文档库作参考，项目组在规划进度时就可以周全地考虑工作量，避免遗漏。系统的文档库也可以帮助新组员快速地熟悉分析和设计的内容。

1.7 标准化与项目成本

本节介绍软件标准化对达成项目管理3大目标之三“成本”的影响。

1.7.1 影响项目成本的因素

最终的项目成本管理结果决定着软件开发完成后软件公司是否会得到收益。与质量目标和进度目标一样，标准化也极大地影响着成本目标的达成。如果有标准化作支撑，那么从合同签订的合同额估算开始，编制项目计划的工作量和人员数量的计算，直到交付物的产生和检查，标准化有助于在项目执行过程中大幅减少各类影响成本的风险，因此标准化对成本的控制也起到了重要的保障作用。

相反，如果没有标准化作参考依据，所有的内容都是靠经验，拍脑袋，那么从项目合同的估算开始就容易出现误差（这个误差会造成签订的合同额与开发工作量不匹配），再加上后面计划的误差，以及项目过程的不可检查和不可控制的风险，这些问题积累到一定程度后，一定会触发进度问题（因为要赶工期），继而影响成本。在项目实施过程中，不论是进度失误、分析设计失误、质量失误还是其他的任何错误，**最终要用多付出成本的方式来弥补失误**，也就是说，每项没有做好的工作最后都直接或间接地用“赔钱”的方式来解决。

建立交付物内容的标准化，对人才能力评估的标准化，以及作业过程（流程）的标准化，是确保项目成本不超标的重要保证措施。下面介绍两个最基本的对策（仅作参考）：交付物的标准化和人才能力的标准化。

确保项目成本的关键之一就是做好交付物和人才能力的标准化。

1.7.2 对策1：交付物的标准化

前面重点介绍了记录文档标准化的重要性。工作内容指的是各阶段的交付物，包括合同协议书、工作任务一览表、项目计划、分析与设计标准等。由于软件公司不同，建立的标准格式也会有所不同。可以先针对每项工作建立一个基本模板，然后在工作过程中不断完善、改进。

这里要注意，编制标准化的文档必须以内容的量化为前提，不能进行有效的计量、检查和控制的标准化是没有效果的。初期可以先少量地开始，一个点、一个点地逐渐量化、标准化，再在实践中不断地完善和改进。流于形式的标准化最好少做或不做。

这里举个例子来说明交付物标准化的效果。不论是在需求调研、设计、编码和测试的哪个阶段，界面相关的工作量都是最大的，大约占各阶段总工作量的70%以上。虽然它的工作量大，但却非常容易进行标准化（参见图1-11的4件套形式）。如果通过标准化的形式可以将它的工作时间减少20%，那么软件开发的总体时间就可以节约0.2×70%=14%。通过时间和人月单价，就可以反算出节约的成本值。

1.7.3 对策2：人才能力的标准化

对人才能力的评估也要尽可能地做到标准化。因为对人才能力的评估会极大地影响合同金额和工期，软件行业在确定合同金额时常以“人月单价”为基础的计算方式，即

合同金额 = 开发月数 × 所需人数 × 费用/人月（单价）

设定人才能力标准要与所做的工作内容标准相匹配，如做需求分析或业务架构，那么担当者就必须知道需求分析或业务架构的相关理论、方法、工具和标准，才能完成此任务。人才能力标准化举例（不限于此）如下。

- 按照标准，可以做什么样的业务架构，如业务规划、流程图。
- 按照标准，可以设计什么样的业务功能，如字典界面设计。
- 按照标准，可以做什么样的数据架构和设计，如主数据、数据标准。

如果对组员的能力没有掌握，也没有标准单价的计算方法，那么即使签了开发合同，将来在开发过程中还是会发生很多问题，最后难以按质、按时、按量完成合同约定的工作。

【参考】关于人才能力的评估，参见本书的附录B。

★**解读：**为什么有关确保项目成本所举的两个例子都与人月单价有关呢？因为软件开发的主要成本就是来自人工成本，使用的人数越少，或使用的人工单价越低，都可以直接使项目总成本降低。

以上对软件开发过程所需要的理论、方法进行了讲解，希望读者在阅读后面的项目案例时，可以时刻想起本章的内容。通过案例，不但可以了解项目的开发过程，而且可以了解该如何做好这个项目。

第2章 案例设定

本书所讲述的案例以软件开发过程为主线，沿着这条主线介绍开发有哪些步骤，各个步骤需要哪些软件工程和项目管理知识。本章的内容是给这个案例设定基本条件，包括项目背景、项目内容、项目合同，以及客户与软件公司的基本信息等。

案例的范围是从售前咨询开始，一直到新系统上线培训为止的一条连续工作流程，通过这个案例，可以让读者了解软件工程和项目管理这两套知识的内容，以及它们是如何协同工作，共同支持完成一个理想的软件开发过程的。

2.1 案例的设定信息

以下介绍的内容均为做售前咨询、需求调研和分析、设计等各阶段重要的信息输入，同时也是系统验收和评估的重要依据。读者在阅读后面的内容时，需要经常返回这里再次确认案例的相关信息，以确保对后面的分析和设计的理解是正确的。

2.1.1 案例设计思路

案例的设计思路，是设计一个定制企业管理信息系统的开发过程，开发过程与软件工程和项目管理的框架相匹配，过程场景中包括软件工程和项目管理的主要概念和关键的工作节点，案例借助这些关键工作节点，详细地讲述对应的软件工程和项目管理理论、方法、模板、标准等内容的应用方法，可以看成《大话软件工程——需求分析与软件设计》一书中所讲述内容的落地实践。

在阅读本书时，不要把本案例看成一份软件开发全过程的"工作清单"，作者是想通过这个案例启发读者的思路，让已有项目开发经验、但可能尚不清楚项目背后运作的读者，对项目开发全过程有一个完整、深入的了解，除了要搞清楚软件工程和项目管理的重要知识点外，还要掌握软件开发过程中各个工序间的逻辑关系，理解为什么要做这项工作，为什么要这样安排的工作顺序，如何做好每个环节的工作，等等。

案例中有关项目内容、客户与软件公司的背景、项目组成员等信息均为虚构。

2.1.2 案例项目的信息

下面给出案例的项目信息，包括以下4方面。

（1）项目的相关方：与案例相关的各方信息。

（2）项目开发内容：项目的范围、开发的内容等。

（3）合同与招标：合同的条款、招标条件等。

（4）投资与工期：开发费用、开发工期等。

1. 项目相关方

本书案例的项目相关方有两个，双方分别称为甲方和乙方。

1）甲方：客户，蓝岛工程建设集团（以下简称“蓝岛建设”）

甲方，一般指提出目标的一方，同时也是信息系统开发的出资方或投资方。在交流中一般用“客户、用户”来称呼。

2）乙方：软件公司，宏达海信科技有限公司（以下简称“宏海科技”）

乙方，一般指向甲方提供服务、完成目标、获得报酬的一方。在交流中一般用“软件公司、开发商”来称呼。

★**解读**：相对于乙方，由于甲方是投资方，所以处于合同的主导地位，而乙方是处于相对弱势的一方，但也有例外，乙方的市场知名度以及技术能力的高低也能在很大程度上影响双方的关系。但在签订合同条款的范围内，双方都有相应的权利和义务。

2. 项目开发内容

案例的内容为：甲方（蓝岛建设）委托乙方（宏海科技）为其开发一套企业管理信息系统（以下简称“信息系统”）。甲方在本项目前已经委托过不同的软件公司开发了用于处理不同业务的单项系统，如人资系统、财务系统、自动办公系统等。这些由不同软件公司提供的系统并没有按照统一的标准进行开发，结果造成现在蓝岛建设内部存在信息孤岛的问题，所以本次的开发项目包含两部分。

（1）新建系统的开发：企业级的管理信息系统、项目级的管理信息系统等。

（2）既存系统的整合：新系统与既存系统之间的数据标准化等。

书中的案例讲解主要以新建系统部分为主。

1）新建系统的开发

新建信息系统要覆盖公司所有尚未导入信息化管理的部门和业务领域，从企业的组织架构上看，信息系统可以分为两个层级。

（1）公司级系统：包括集团/分公司层级的管理系统，主要有营销模块、生产调度模块、物资采购模块、勘探设计模块、物流模块等。

（2）项目级系统：是为工程项目部服务的系统，包括项目策划模块、进度管理模块、预算编制模块、现场考勤模块、仓库管理模块、成本管理模块、安全质量模块等。

本书案例的内容主要**以项目级系统为主**、公司级系统为辅。涉及从新建项目的售前咨询、设计完成、交底与验证、上线实施等阶段的工作内容和方法（因为主要是面向业务人员，所以不含编程和测试阶段的内容）。

★**解读**：施工企业通常采用两种不同的管理方式。

○ 公司级的管理方式：设置职能管理部门（复数），采用“运营管理方式”。

○ 施工现场管理方式：设置项目管理部，采用“项目管理方式”。

施工企业采用的管理方式与软件公司是相似的，即公司级采用的是“运营管理方式”，但是每个项目组采用的是“项目管理方式”。

因为书中案例经常要用到“项目”一词，读者需要注意不要把软件公司的“软件开发的项目”和客户的“建筑施工的项目”内容搞混，要搞清楚前后的内容，以确定是哪一个“项目”。

2）既存系统的整合

打通新建系统与既存系统之间、既存各系统之间的隔阂，实现不同系统之间的数据共享。整合既存系统的工作会涉及对这些系统的调研和修改，这就需要得到原开发公司的合作与支持，否则是难以完成的任务。

这里要特别注意的是，既存系统的开发公司可能不止一家，这些公司还存在频繁的人员流动，能否得到这些公司的协助是非常关键的，经验不足的软件公司只关注要获得新建部分的合同金额，而忽视了整合既有系统的难度，这将会给项目收尾和回款带来很多麻烦。

3. 合同与招标

软件项目的开发，一般在开发前必须签订合乎法律要求的开发合同，特别是国企和大型的民企，还要通过招投标的形式进行软件开发商的选择。

1）合同

由于信息系统涉及范围广、影响面大、投入金额高、实施周期长等原因，为减少风险，确保项目稳步推进，客户采取了将全部待开发的内容拆分为两份合同，分两个阶段迭代推进。这也与前面介绍软件公司时提到的两阶段工作法是相符的，两份合同分别对应两阶段法中一阶段和二阶段的工作内容。

- 合同一（对应一阶段）：工作重点是咨询、需求调研、业务/应用设计等。一阶段的工作成果确定了信息系统具体做什么，做成什么样，系统完成后可以为客户带来什么变化和价值；一阶段的工作成果决定信息系统客户价值的上限（确保系统好用、易用）。
- 合同二（对应二阶段）：工作重点是技术方面的架构、设计、编程、测试等，也就是按照一阶段的设计结果，确定用什么方法和技术实现系统是最佳的；二阶段的工作成果决定信息系统的客户价值的下限（确保系统可用、能用）。

★**解读**：拆分合同，给甲乙双方带来了好处。

这种合同签约的方式，在大型、复杂且工期长的系统建设时，对客户和开发商双方都是有利的。

- ○ 客户可以避免一次将全部的设计和编码合同都签给一家软件公司，这样在一阶段途中进行得不顺利时带来的解约损失比较小。
- ○ 对软件公司来说，合同分为两次签，可以在短期内收到部分费用，且给二阶段确定合同金额留下了可以调整的空间，避免了由于只签一份大合同，造成只要没有交付系统，就会长时间难以回收资金，且一旦发现需求或设计结果超出合同范围就难以改动的尴尬局面。

2）招标

由于甲方是国有企业，按照相关要求必须进行公开招标，所以将两份合同进行分别招标，但在发布招标文件前，客户会邀请有意愿参与投标的软件公司进行交流（从软件公司视角看，这个交流就是“售前咨询”），客户可以借助这些交流了解以下信息。

- IT行业最新的理念、技术、案例等信息。
- 了解与客户同行业内其他公司的发展情况。
- 对不清楚的问题进行咨询、求解。
- 找到选择、评估软件公司的方法。
- 通过上述活动预先评估参加投标软件公司的资质、能力、经验等。

★**解读**：对于软件公司来说，参加投标前的交流会非常重要，这是客户对软件公司的首次考察，交流中向客户介绍的内容代表软件公司的实力、经验，对客户行业业务的理解水平，对IT新理念和新技术等的掌握情况，事实上，对客户的“需求调研”工作在售前咨询阶段就已经开始了，只是售前咨询阶段关注的重点不在细节需求，而在客户高层对导入新信息系统的目的、期望、方向等粗粒度的需求。

4. 投资与工期

1）投资

本案例的开发总金额为1900万元，合同分为两期执行，两期的合同金额分别如下。

- 第一期合同：预计合同金额为400万元，主要内容是需求调研和软件设计。
- 第二期合同：预计合同金额为1500万元，根据第一期的分析设计结果，允许对第二期的合同金额做相应调整。主要内容为系统实现、测试、培训等。

★**解读**：关于合同金额的确定方式，软件公司要充分地利用这种分期签约的方式，不但可以早日将一阶段的部分投入收回，同时也容易控制二阶段的开发内容和成本，确保项目整体上可以为软件公司带来利润。同样，客户也会根据一阶段的详细设计成果做出判断，以确保二阶段的开发不会超出信息化建设投资的总预算。

2）工期

由于以前有过定制系统开发的经历，客户与软件公司双方深知极力地压缩前期的调研和设计时间，会给后面的实际开发带来很多不可预见的陷阱，所以经过协商，确定了给予分析和设计阶段较为合理的工作周期。项目合同总工期预定为18个月，其中，

- 第一期合同：工期为6个月，包括需求咨询、调研、分析、设计及确认等工作，并据此结果确定第二期的详细工作内容。
- 第二期合同：工期为12个月，包括10个月做编程测试、2个月完成上线培训等。

★**解读**：关于工期的判断，需要有经验的人根据以往同类型项目及本次项目的信息做判断，特别要读出来隐蔽的工作量（如解决信息孤岛问题），避免在工期上出现交付风险。另外，软件公司有无建立软件开发的标准化体系会极大地影响开发工期。

2.1.3 客户的基本信息

了解客户的背景信息非常重要，从这些信息中可以了解包括客户的业务内容、建设系统的目的、使用系统的人数、可能投入的资金等，这些信息是咨询、合同以及设计的重要目标和依据。下面重点介绍以下5个基本信息。

（1）客户的业务：客户从事的业务工作。

（2）客户的规模：从业人数、年销售额、资产额等。

（3）建设新信息系统的原因：因为什么要引入新的信息系统。

（4）企业IT的现状：现在企业已有的软件系统、硬件设备等。

1. 客户的业务

蓝岛建设的业务可以分为两类，即主营业务和辅营业务，主营业务是用来创收的，辅营业务是用来支持主营业务的。这与一般企业主要业务的分类是一样的。

1）主营业务

主营业务是建筑施工领域，主营业务是企业主要的赢利手段，内容主要为建设民用住宅、大型公共设施（剧场、体育馆）、写字楼等。将来预计要涉及房地产的开发、运维等业务。具体的业务工作是做营销、设计、采购、施工、交付等。

2）辅营业务

辅营业务是为主营业务提供服务的。辅营业务包括企业的财务、人力资源、后勤保障等。辅营业务的信息系统多数都已开发完成并使用多年，它们是本次项目中整合既有系统工作的主要对象。已完成的系统包括办公自动化系统（OA）人力资源系统（HR）、财务系统等。

★**解读**：掌握客户的主营/辅营业务内容，有助于售前咨询时了解客户的现状及未来发展，预估信息系统的范围、业务板块、模块数量，以及未来系统的复杂程度等。

2. 客户的规模

客户企业在行业内属于中等规模的国有企业，判断一个公司规模的大小取决于3个数据，即从业人数、年销售额和资产额，蓝岛建设的基本数据如下（仅做参考）。

- 从业人数：总人数为3500人，其中技术人员为700人，预期每年需要新招职工约200人，对新入职员工的培训、管理人员的增加是一个头痛的问题。
- 年销售额：年销售额约为200亿元，公司的目标是3年后达到300亿元，企业规模的扩展速度快、合格人才的培养跟不上扩展速度是一个大问题。
- 总资产额：100亿元。

另外，直接使用信息系统的人数预估约为2000人。

蓝岛建设的组织构成图如图2-1所示。蓝岛建设内部的组织结构分为三级单位，一级单位是集团的管理部门，包括市场部、财务部等；二级单位是集团下属的分公司，共有20个分公司；三级单位是各分公司下属的项目部，各分公司管理着若干项目部。另外，全集团管理着在施工程项目300多个。

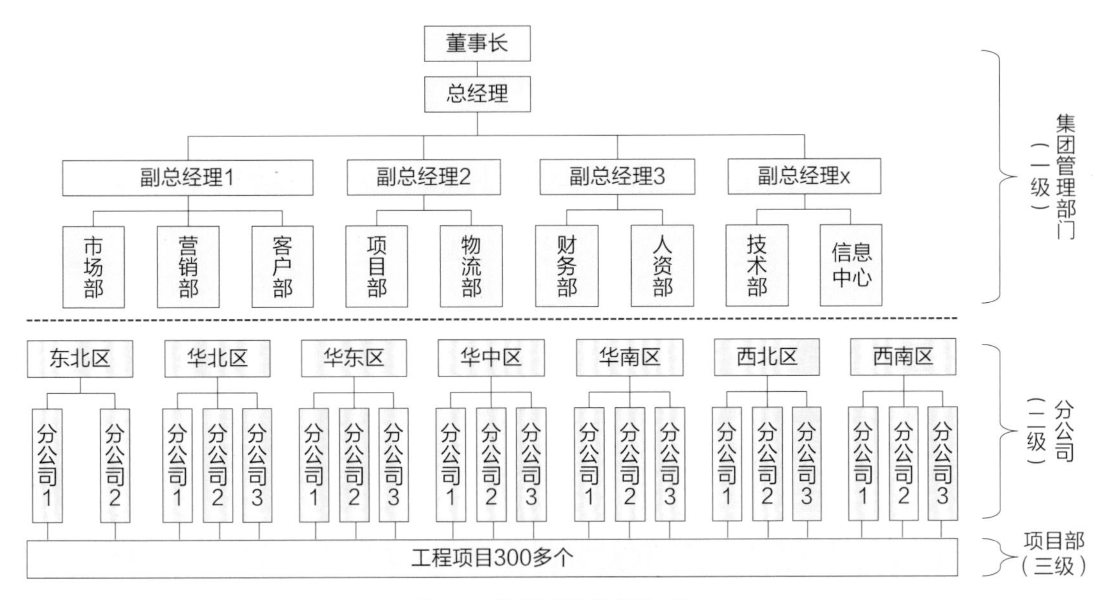

图2-1 蓝岛建设组织构成图

★**解读**：了解客户的企业规模，可以帮助在售前咨询时探讨信息系统的覆盖范围，在合同谈判时提出合理的服务价格等。以上内容是后续需求分析和设计的重要输入信息，一定要熟知。

3. 建设新信息系统的原因

客户主要从事大型工程建设项目的承包工作，随着承建的工程越来越多，带来了销售额的快速增长，新招员工数量急剧增加，但由于管理水平跟不上发展的速度，出现了营业收入增加，但企业利润不增加的现象，其中的原因之一就是管理人员的数量和水平不能保持与新招员工相同的增长，新招员工的培训手段落后，迫切需要借助信息化的管理手段来帮助企业提升管理水平，并保持竞争能力，因此企业领导对导入信息系统后可能带来管理水平的提升是非常期待的，他们提出了以下几点对构建新信息系统的要求。

- 提升企业的竞争能力，为企业控制成本、提升利润做出贡献。
- 打通部门间的隔阂，降低生产管理过程中的风险。
- 提升培训管理人员和新入职员工的技能。
- 其他用传统管理方式无法解决的难点、痛点和关键点问题等。

★**解读**：掌握引入系统的背景，可以帮助在售前咨询时提出更符合客户企业的需求，针对特定问题精准地提出最佳的解决方案，特别是如果方案可以满足企业级领导的需求，将会极大地影响合同的范围、报价等。

4. 企业IT的现状

目前客户还没有建立完整的企业信息管理系统，只有一些部门级的独立运行的系统，如财务系统、人资系统、自动办公系统（OA）等。另外，还有若干分公司建立了自己专用的单体业务系统，如成本管理、仓库管理等，这些自建系统将在集团的信息系统上线后全部被替换。企业的大部分与经营、生产、管理相关的数据都存在于各部门或个人的计算机中，传递数据基本上还是靠邮件、社交软件等，没有实现数据的共享，企业大部分员工的日常工作尚处在手工处理为主的状态，这使得工作效率低下，而且还存在信息孤岛问题。

既有系统与待建系统的情况如图2-2所示。

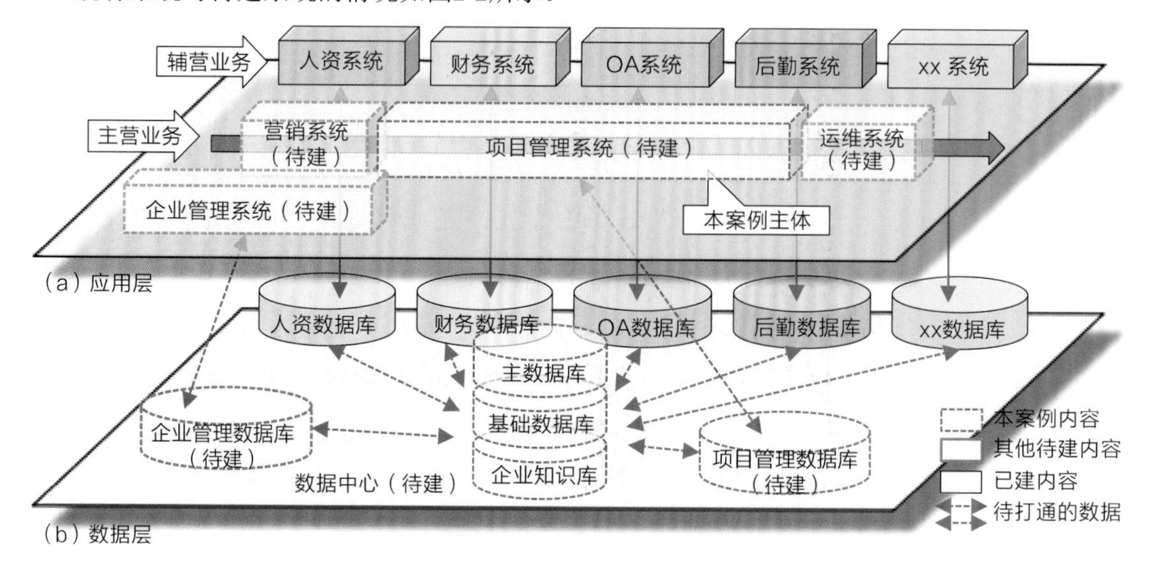

图2-2　蓝岛建设的IT现状与待建示意图

企业的经营者对于这种现象非常着急，数据和信息的不对称、不畅通，导致了企业经营、管理决策的滞后，甚至带来判断错误。非常期望尽快建立可以覆盖全部业务的信息系统，早日实现新旧系统之间的数据共享、共用。

★**解读**：掌握客户的IT现状，对了解未来的待建信息系统非常重要，例如，如果客户尚无信息系统，则在规划设计方面不容易受既存系统的影响，同时比较容易接受软件公司的建议。但是对员工的培训适应期会较长；反之，如果已有部分既存系统，虽然沟通较为方便，但是在规划和设计时会受到既存系统很大的影响，同时客户对软件公司的建议有比较多的质疑。另外，信息孤岛也是未来难以解决的大问题。

2.1.4　软件公司的基本信息

宏海科技是一家专门从事企业管理咨询、软件系统设计、开发、运维等整体解决方案的提供商。在这个行业已有20多年的从业经验，企业有1 000多名员工，业务人员的数量不足，特别是有经验的高级业务人员严重不足，高级业务人员包括高级咨询师、业务专家、架构师、经验丰富的需求工程师等。

★**解读**：软件公司内部在新开项目或研发新产品时，经常会出现投入了大量的资金、耗费了大量的时间，但是结果却总是难以达到预期目标的现象，主要原因之一就是缺乏需求分析和设计的领头人，所以对软件公司来说，提高业务人员的比例和水平是当务之急，特别是作为领军人的高级专业人才。

2.2 案例双方的准备

软件开发项目的相关双方，特别是在大型项目开发前，都要根据项目的内容进行内部的研讨、评估和准备。

2.2.1 任务的设定（客户）

蓝岛建设的领导特别希望通过这次的新系统建设，对本企业的信息中心和各部门的业务骨干进行培养，提升他们在未来系统上线后的知识和能力，从各业务部门指派了最优秀的业务骨干参与系统的需求调研、设计和验收。

客户领导还希望在项目开发过程中，与宏海科技一同建立项目组，参加分析和设计的过程，在参与的过程中可以同时获得以下成果。

- 借此机会梳理和确认各自部门的业务，包括流程、表单、管理规则等，建立和完善企业内部的标准化。
- 掌握符合信息化要求的表达方式，并形成规范，充实企业知识库。
- 培养既懂得信息化又符合信息化要求的，还可以帮助普及信息化的骨干人才。
- 信息系统完成后，这套文档作为向全员进行新规范和标准宣传的依据。

★**解读**：这些需求看似与软件的开发没有直接关系，实际上这些需求可以为系统的咨询、设计带来很多的启发，并为客户与软件公司双方带来价值。

软件公司可以给客户提供的有偿服务不仅仅限于软件，还有比软件更“软”的工作，如信息化咨询、IT规划、流程梳理、数据标准的建立、业务骨干的培训等，非软件部分的收益可能更高，回收期间更短。

2.2.2 任务的设定（软件公司）

宏海科技对于提升高级人才的数量、强化人才的培养方面一直在努力地寻找一条出路。由于本次开发项目的内容（新建部分、整合既有系统）、规模（400万+1500万）以及合同形式（分为两期）的特殊性，软件公司领导对这个项目非常重视，希望在完成信息系统开发的同时可以完成两个任务：一是建立软件工程和项目管理的标准体系，二是打造客户行业的标准解决方案。

1. 任务1：建立软件工程和项目管理的标准体系

解决长期困扰软件开发的几大问题：效率低、质量差、成本超，由于这个项目规模比较大、内容复杂、工期长，且项目组的新人多，如果采用传统方式开发，极有可能再增加一个无法收尾的项目。所以软件公司领导希望通过有效的科学管理方法做指导来确保项目的成功。特意指定公司的总架构师作为项目的指导顾问，全程指导和协助项目经理完成项目的分析需求和设计阶段的工作，重点建立两个标准：软件工程标准和项目管理标准。

1）建立软件工程的操作标准

按照软件工程要求建立的科学管理方法，将新成员培养成一个合格的团队，同时摸索出一套标准，做到让一阶段的分析设计成果可以准确地向后续二阶段团队进行传递，二阶段的工程师们可以顺利地继承一阶段的设计成果，从而从整体上有效地提升工作效率和质量。

2）建立项目管理的操作标准

基于软件工程的操作标准，建立配套的项目管理标准，确保软件项目可以达成项目管理的3大目标（质量、进度、成本），同时摸索出软件工程和项目管理的协同方法和机制。让项目管理和软件工程成为软件顺利开发、交付的双保险。

上述两个重点都涉及在第1章中提到的“量化→标准化→工程化”的应用。

2. 任务2：打造客户行业的标准解决方案

由于蓝岛建设的业务在建筑行业内很有代表性，所以宏海科技不但希望将这个系统作为一个项目获得成功、得到客户的好评，而且打算以这个系统为基础，最终形成一个可以满足该行业客户需求的标准解决方案，也就是通常所说的“标准产品”。这是宏海科技作为软件公司要考虑自身的市场需求，实现用最少的投入获取最大的收益。

为确保系统设计可以支持后期向标准产品转换的基本要求，避免通常按照个性化开发的系统再转换为标准产品时难以改造的问题，在个性化系统的架构时就要充分地考虑到未来转成标准产品所需要注意的问题，让系统架构留有充分的应变能力。

★解读：这就意味着，在进行项目的开发期间就要考虑到未来改造为标准产品所需要注意的地方，特别是这个系统不但要满足客户的个性化需求（项目），还要满足软件公司对市场的共性化需求（产品），这就涉及软件设计标准化、模块化的概念和方法。

2.2.3 项目组成员介绍（客户）

客户作为系统开发的重要角色，准备要加入到信息系统需求工程和部分设计工程的工作中，而且参加得越紧密，最终开发出来的效果就会与预期目标越接近。由于企业中不同的角色有不同的个性和要求，在案例中设置了多个具有代表性的客户角色，需求工程师必须要熟悉他们的特点才能做好工作。下面介绍客户方面参加项目组的成员。

1. 企业主管信息化领导

客户为强化项目的管理和推进，会派出公司的主管信息化的高管来参与和指导项目的推进，但是他们一般只会在需要开联合会、评审或需要做出重要决定时才出席。

- 夏永安：公司副总经理，企业信息化推进主管（负责技术部、信息中心等）。
- 刘占祥：公司工程项目管理总监，本次信息系统建设总召集人，有关信息系统的业务内容、管理方法的选择等重要事项由此人最后决定，做出最终决策。

★补充：有读者可能会问，作为客户，我花钱，你办事，向软件公司介绍了需求后，就等着验收系统不行吗？干嘛作为客户还要直接参与呢？

实际上，参加这些讨论会对客户企业来说非常重要，如果客户不参加，而是让软件公司看着办，那就相当于把客户企业未来的经营、管理、生产等一系列非常重要的工作安排都交给了一个“外人（软件公司）”来规划、设计，待系统上线，企业全员就要按照系统的要求进行工作，如果你是企业的领导，你真的放心吗？你真的会认为软件公司可以理解企业的全部战略和构想吗？如果你不是这样认为的，当然是派人参与进去一同工作才能安心。软件公司也非常重视，因为如果有客户高层参与，很多事情就可以快速决定，特别是当不同部门之间意见不同时，更需要企业内部的人来做出决策。

2. 项目组直接参与人员

- 孙勇：信息中心主任，项目的客户方负责人，1年经历（原行政部门负责人）。
- 谢志军：信息中心工作/项目组联系人，1年经历（原软件公司营销经理，8年经历）。
- 赵芳丽：信息中心工作/项目组联系人，1年经历（原软件公司程序员，3年经历）。

★**解读**：信息中心刚成立1年，成员之间的磨合还不到位，优缺点明显。

○ 优点：由于是新成立的部门，大家干劲十足，非常希望做出好的成果。

○ 弱点：都是新人，且不熟悉主营业务，所以在企业内的影响力不足，缺乏话语权。

3. 项目协助成员

由于新建系统要整合企业的全部业务，所以各部门都要指定相应的业务骨干参与，包括营销、生产、采购、物流、质量、安全、财务、人资以及各行政管理部门等，他们在自己的岗位上都有很强的业务知识、经验，但是缺乏信息化的知识和经历。这些成员日常都有各自的工作，他们只在项目组进行调研、讨论、确认和评估等工作时才参与，而且他们要对系统中本部门相关部分的结果负责（如果本人不能决定，就回去征求上级领导的意见）。

★**解读**：在企业中，不同部门的领导由于工作环境的原因，形成了不同的个性，试举例看一下他们之间的个性差异（并非绝对，仅做参考）。例如，

○ 财务部门领导：由于财务工作的特点（要严格遵守法律法规、财务制度），通常做事比较严谨、挑剔，对生产部门和物资部门提供的不准确数据意见较多。

○ 生产部门领导：常年在基层工作，接触具体的执行层人员比较多，非常了解基层，对用传统管理方法比较有把握，但是对导入信息化的管理方式持有顾虑。

○ 物资部门领导：积极支持、参与，认为用信息系统管理材料采购，特别是利用历史数据支持判断合同金额、材料出入库等好处多多，可以避免很多风险。

○ 业务骨干甲：年轻、对计算机熟悉，对导入信息系统、掌握信息化管理方法很积极、主动，期望在信息化环境中找到自己的位置，在年轻员工中有代表性。

○ 业务骨干乙：年龄大、理解慢，怕学习新知识、新技术，担心自己在未来信息化环境中不能再担任业务主角，在老员工中有代表性。

2.2.4 项目组成员介绍（软件公司）

由于软件开发过程中不同的角色有不同的特性和要求，因此在案例中设置了多个有不同背

景的角色，下面介绍软件公司方面参加项目组的成员。

1. 项目组的非常住成员

软件公司为强化项目的管理和推进，会派出公司技术高管来参与和指导项目的推进，他们一般不会作为项目组的常住成员，通常只会在需要讨论主要议题、培训、评审或需要做出重要决定时才出席。

- 李老师：总架构师，IT行业工作20多年（原建筑结构工程师转行，10年经历）。

兼任本项目的咨询顾问，从事过企业信息中心主任、软件公司的架构师、咨询师等岗位的工作。作为项目顾问在项目组中进行培训、咨询，指导规划和架构的工作，项目组中代称“李老师”。

★补充：架构师分为两种类型，一种是业务架构，另一种是技术架构。前者主要负责系统的应用层面的总体架构，包括业务范围的确定、业务板块的划分、业务流程的设定、管理的形式/深度、与既存系统的业务关联等；后者主要负责系统的技术方面的总体架构。一阶段的工作主要包括售前咨询、需求调研和分析、业务设计等工作，是确定客户目的、价值的阶段，所以此时出面的应该是负责业务架构的架构师。

- 钱晓飞：本项目特聘业务专家，业务咨询工作15年（原工程企业的造价师，5年经历）。

专门从事与企业管理、项目管理相关的研究，熟知工程项目管理的内容，特别是在工程项目的成本管理、计划管理、物资采购管理等方面有丰富的知识和实战经验。已为多家企业客户做过专业的咨询、数据梳理、数据标准制定、业务流程优化等工作。

★补充：期望在软件的设计理念、规划、架构等方面提升能力。

2. 项目组的常住成员

一般大型、复杂的企业管理系统在研发的一阶段（调研、设计）期间，为了便于与客户进行密切的沟通、确认，通常大部分时间是常住在客户的公司里。

- 马晓明：项目经理，3年经历（由施工公司的项目经理转行，6年经历）。

熟悉与客户业务相关的专业知识，有比较丰富的工程项目管理经验，也有一定的软件项目管理经验。主要任务是带领组员完成软件开发工作，与信息中心对接，主持每周的例会，以及其他项目经理的日常工作。

★补充：完美地交付项目仅靠项目经理的管理手段和经验是难以达到的，必须要有标准化的交付物和工作机制的支持，这就要求项目经理除了有项目管理的知识和经验外，还要有一定的软件工程知识和经验，这两者的关系就是分离原理提到的“业务”和“管理”的概念，有项目管理知识（管理），但缺乏软件工程的知识（业务），就相当于一名懂“管理”但不懂“业务”的项目经理，因为软件工程支撑着具体的软件开发步骤。本人期望在项目实施过程中，学习和掌握软件工程与项目管理的协同工作方法。

- 王杰出：需求工程师，10年经历（由工程行业的工程师转行，5年经历）。

具有较为丰富的客户业务的知识，积累的软件项目经验也较多，乐于助人。但是逻辑表达能力较弱，习惯于按“自己流”方式工作，喜欢用以往的经验作为判断新事物对错的标准。

★补充：期望在本项目中学习和掌握一些方法论来提升自己。

- 吕德亮：需求工程师，4年经历（由程序员转行，10年经历）。

由于是程序员出身，所以对系统的概念比较清晰，逻辑思维能力也比较强，但在讨论问题时容易跳过整体而直接关注细节。缺乏分析和设计经验，且客户业务知识少。

★补充：期望可以全面地学习需求分析和设计的知识。

- 鲁春燕：需求工程师，3年经历（由测试员转行，8年经历）。

因为有测试工作的经历，所以对业务细节较清楚，工作仔细认真，但不清楚大的业务架构和逻辑（知其然，不知其所以然）。

★补充：期望掌握业务架构的方法。

- 徐晓艳：需求工程师，2年经历（由财务专业转行，3年经历）。

从事3年财务工作，所以对数据逻辑分析和表达的能力较强，但对客户的相关专业知识不太熟悉。

★补充：期望在本项目中学习快速掌握客户业务知识的方法。

- 崔小萌：需求工程师，1年经历（原互联网公司分析师，5年经历）。

有一定的IT经验，但是不清楚互联网系统和企业管理类系统的差异。

★补充：期待通过这个项目让自己快速融入项目组中，早日可以独立工作。

- 刘长焕：需求工程师，新入职6个月（大学软件工程专业的毕业生）。

由于是软件工程专业的学生，所以有一定的IT理论基础，但没有实战经验，同时缺乏业务知识、分析与设计的实践。

★补充：非常期待搞清楚软件工程能做什么，希望利用软件工程的知识快速提升自己的专业能力。

注意：设定这样的组员构成和背景，主要是为了方便介绍软件工程和项目管理的内容和使用效果，上述人物的背景和特点设定虽然都是虚构的，但在实际的软件公司中有这样经历和背景的员工是普遍存在的，由于缺乏专门的学习和培训机构，所以从事一阶段工作的业务人员（特别是需求工程师）的来源基本上是有某个行业业务背景的人或是由编码工程师/测试工程师转职而来。通过这些人物的成长，帮助读者理解软件工程的知识和应用方法。

2.3 案例的框架说明

为了帮助读者理解项目的内容，以及每个步骤所需的软件工程及项目管理的理论、方法、模板和标准等，分别建立了两个框架示意图：一个是软件工程与项目管理的关系，另一个是开发过程中每个步骤上的信息输入与输出。以这两个框架图作为导引，希望读者可以时刻确认所读内容的位置和上下关系。

2.3.1 软件工程与项目管理框架

首先将本书的章节目录和软件工程、项目管理相关联，在每章的前面设置项目管理和软件工程的框架关系图，表明每章的位置和各章的前后关系，参见图2-3。其中，

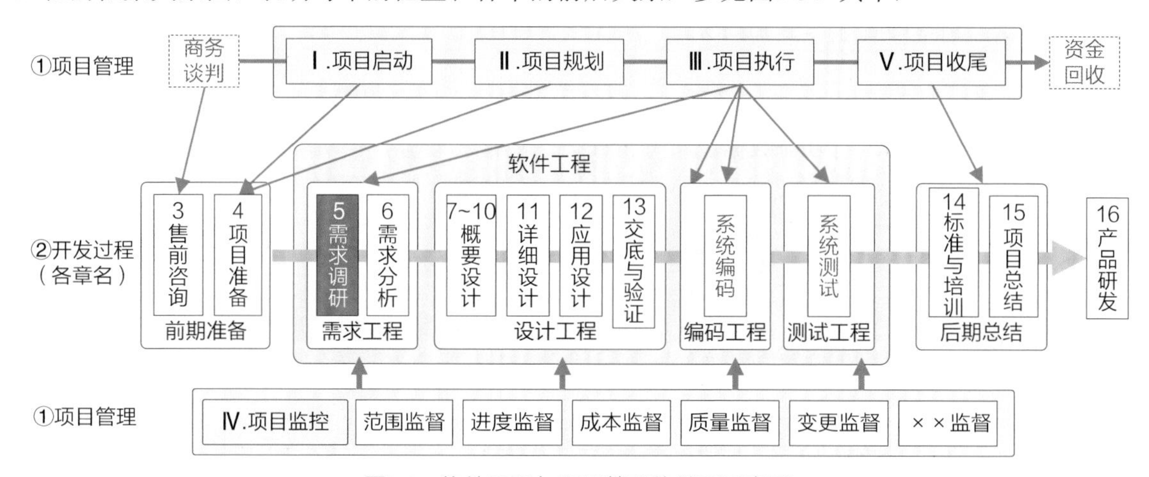

图2-3 软件工程与项目管理的关系示意图

- 上下端辅线①：是项目管理的内容，将项目管理的5个过程组中的Ⅰ、Ⅱ、Ⅲ、Ⅴ作为上端，是项目管理的重要步骤，Ⅳ作为全程的监控，放在软件工程主线的下端。
- 中间主线②：是软件工程的内容，将软件工程4个阶段的内容与本书的章节进行融合，形成第3章～第15章的主线。

本书将第16章作为一个独立的章，主要介绍标准产品设计的概要、思路、参考方法，这一章继承了前面项目开发过程中积累的全部信息和文档。

2.3.2 输入与输出框架

在图2-3的基础上，再将每章的项目管理和软件工程的框架关系的下面设置了与该章相关的输入/输出关系图，参见图2-4的下半部分。

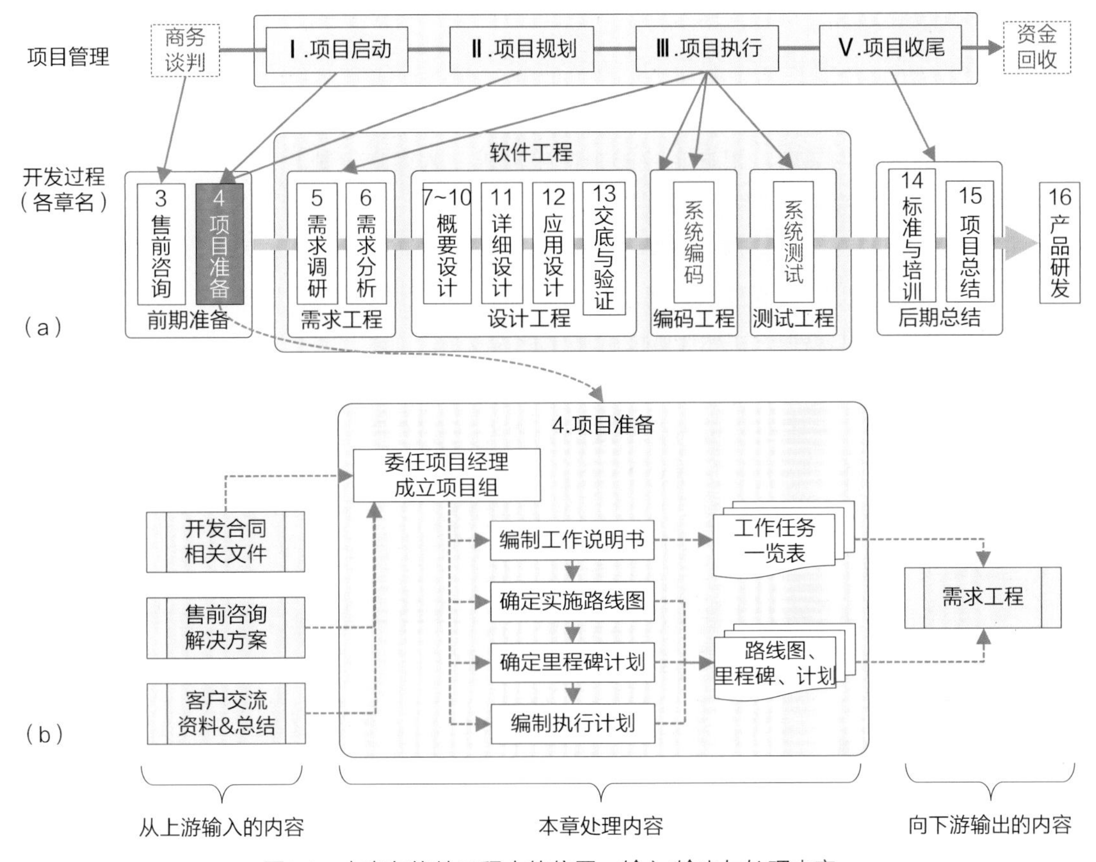

图2-4　本章在软件工程中的位置、输入/输出与处理内容

图2-4说明了本章上游输入的是什么，本章处理了什么内容，本章处理完成后又向下游的章节输出哪些内容，有助于读者清楚地知道支持每章内容的完成，需要上游环节完成哪些准备（输入），这一章完成的结果会影响哪些下游环节（输出）。

另外，由于图2-3中项目管理的“Ⅳ.项目监控”的内容在实际应用时需要融入软件开发的各章里进行，所以在图2-4中省略了“Ⅳ.项目监控”的内容。

2.4　关于软件公司

IT行业是一个非常大的行业，根据开发的产品、服务的对象不同，软件公司的形式不同，公司内部的组织架构和岗位设置也不同，这里简单介绍一下具有普遍性且通用的软件公司分类、组织构成、开发方式等，作为新入行读者的参考知识。

2.4.1　公司的分类

对于常见的软件公司有不同形式的分类，没有一个统一的标准，但根据具体的产品和服务类型，大体可以分为3类：软件开发类公司、软件外包类公司、互联网类公司。

1. 软件开发类公司

这类公司是指根据客户提出的需求，对软件进行独立自主开发或二次开发，并以软件开发和产品销售为主营业务的公司，主要从事以下工作。

- 以市场的需求为导向，根据企业的个性化需求，为客户定制开发系统，如企业管理信息系统，通常被称为“项目型系统”。
- 根据市场调研开发的、适用于某个领域或专业的有共性需求的产品，如自动办公系统、项目管理系统、客商管理系统等，通常被称为“产品型系统或标准产品”。

本书采用案例中的软件公司宏海科技就属于此类公司。

2. 软件外包类公司

这类公司对外承接大软件公司的全部或部分软件开发工作，帮助大公司专注于自己的核心竞争力业务，降低软件开发成本。同时也解决了大公司雇用技术人员难或无法管理技术人员的难题。

3. 互联网类公司

这类公司是指在互联网上注册域名、建立网站，并利用互联网（平台）运营各种商务活动的企业。提供的内容如电子商务、信息查询、视频音像等。

2.4.2 岗位的分类

不论哪种类型的软件公司，其内部的岗位分类都不一样，即使是相同的岗位，可能职责的定义也不同。下面以项目管理和软件工程的关系为基础，参考其他工程行业的做法，结合部分软件公司的岗位划分方法，给出一个软件开发类公司的岗位分类和定义，图2-5是岗位之间协同工作的示意图（仅供参考）。

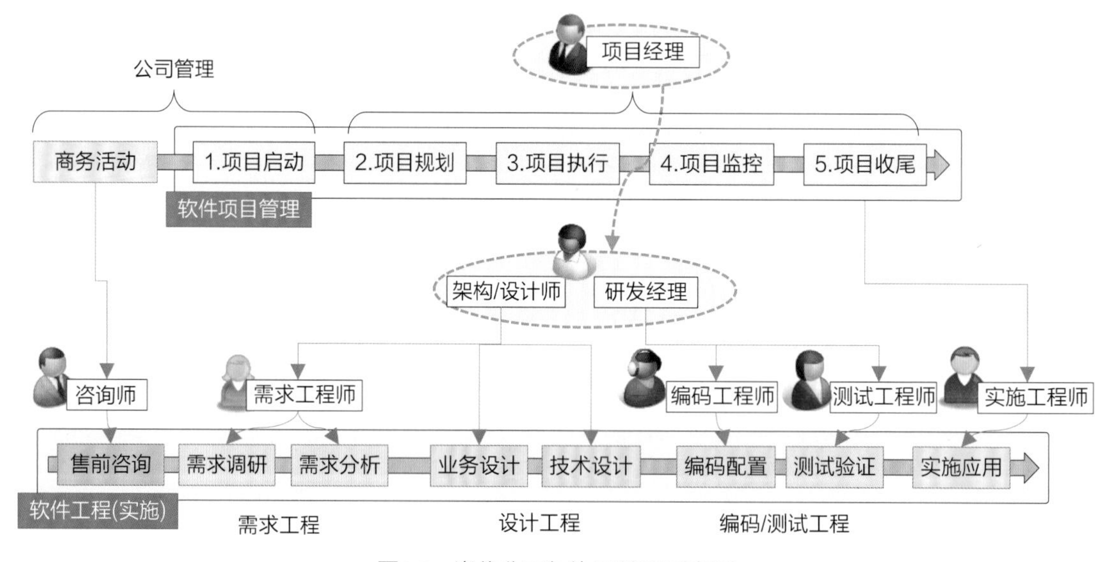

图2-5　岗位分工与协同关系示意图

1. 岗位的划分

1）咨询师：影响签订合同的重要角色

根据咨询目的的不同，咨询师又可以分为销售型咨询师和专家型咨询师，前者是为具体的产品做销售方面的咨询，需要有市场、销售方面的知识和经验，但对专业知识要求不太强。后者需要针对客户的专业疑难问题做出回答，提出解决方案，所以要求个人具有较强的专业能力。

★解读：软件公司是否拥有优秀的咨询师，不但关系着是否能够获得合同，而且优秀的咨询师对合同的范围、金额的大小有着非常重要的影响，特别是专家型咨询师，可以说是一阶段所有岗位中最重要的。

2）需求工程师：也称为需求分析师，决定系统做什么

需求工程师的主要职责是将客户想要的内容准确无误地收集起来，通过分析识别真伪，经过反复确认并最终确定需要开发的功能需求。需求工程师的工作成果决定了系统的范围、广度、深度、成本、工期等。在没有设计师岗位的软件公司，需求工程师可能要兼职完成业务设计部分的工作。需求工程师的工作是信息系统成败的第一关键环节。需求分析成果是后续业务设计的输入。

★解读：需求工程师在软件行业内被称为"业务人员、业务顾问等"，是除编码工程师以外的最大群体。因为缺乏成体系的理论、方法和工具，大学和培训机构也缺乏专门的课程设置，因此他们的成长主要是通过自学完成的。

3）设计师/架构师（业务/应用）：决定系统怎么做、客户价值大小

设计师/架构师（业务/应用）的主要职责是对收集到的需求，参考客户的目的、期望，按照"人—机—人"环境的最佳工作方式进行业务/应用两个层面的设计，将客户的需求转换为业务设计文档（图、表、文等形式），设计包括对原有业务的提升、改善、优化，设计结果确定信息系统的表现形式和使用方式。设计完成后一阶段的工作就结束了，这个成果是二阶段工作的输入，一阶段工作成果的优劣决定了信息系统客户价值的上限（好用、易用）。

★解读：目前软件公司中普遍缺乏明确的"设计环节"和"设计师岗位"，更缺乏业务架构/设计相关的理论、方法、工具和标准，这是造成普遍存在的软件产品价值低、质量低、客户满意度低和开发效率低等的主要原因之一。为什么这样说呢？看看其他行业就可以知道了，不论是哪个行业，只要有好产品，其背后一定是有好的"设计师"存在，否则技术制造的水平再高，产品的客户价值也不一定会很高，这是常识，但在软件行业还没有形成共识。

4）设计师/架构师（技术）：决定软件如何实现

设计师/架构师（技术）的主要职责是在二阶段工作的开始，参考客户调研中技术相关的需求，并严格按照一阶段业务/应用设计成果，通过技术设计给出最佳的系统实现方案，包括编程语言的选择、系统的架构、数据库的设计、各类逻辑处理的设计，以及系统运行的性能、安全等。技术设计是后续编码工程的输入，其工作成果决定了信息系统的客户价值下限（可用、能用）。

★解读：现在软件行业中提到"设计"一词时，大多默认是指技术方面的设计。这里与建筑行业做一下对比。在做建筑的设计时，有两类设计：建筑设计和其他设计，其中建筑

设计包括外观、使用功能等的设计（相当于业务设计），其他设计包括建筑结构、配筋、电气、上下水、供暖等部分的设计（相当于技术设计）。其他设计必须严格按照建筑设计文档进行各自部分的设计，没有建筑设计作指引，其他设计无从说起。

5）编码工程师：也称程序员，通过编写代码完成符合设计的系统

编码工程师的主要职责是严格按照前述各个阶段设计文档的要求，通过编写代码或其他方式（如配置式开发、低代码开发等）完成信息系统的数据库、界面、逻辑等构件，并参与系统的安装、实施、维护等工作。

★**解读**：通常也会将编码工程师称为程序员，但要注意的是，“编码工程师”和“程序员”虽然工作的主要产出物都是代码，但一般来说，在强调“工程师”时，除去有编码的能力外，还要有一定的分析、设计、编写文档的能力，有一定的全局和工程意识。

6）测试工程师：确定系统是否合乎设计和质量要求

测试工程师的主要职责是通过编写测试文档、搭建测试环境、执行测试工作、对测试进行跟踪并提出反馈意见，最终提交测试报告。测试工程师是软件质量的最终保证人，原则上只有测试工程师确认了测试结果符合设计和质量要求后，系统才能交付给客户上线布置。

★**解读**：测试工程师的工作绝非仅仅是检查代码是否有Bug（漏洞、错误），他要保证的是“设计”和“质量”两方面都没有问题，Bug仅是质量问题的一部分，更重要的是编码是否按照设计要求被执行，这个设计包括业务/应用设计、技术设计的内容，如果设计要求没有被正确执行，则代码中即使没有Bug，作为系统也是不合格的。

7）实施工程师：为客户提供长期贴身服务

实施工程师主要在靠近客户现场的地方工作，需要直接和客户进行沟通，负责系统上线、用户培训、问题反馈、后期维护等工作，并需要为引入系统的客户提供长期稳定的服务。

★**解读**：软件公司的组织不同，实施工程师的工作内容也不同，有的还兼任需求工程师或系统的维护和调整（使用配置式开发工具）等工作，因此，除了需要具备一定的需求工程师、设计师的知识和经验外，根据需要可能还要掌握一定的技术方面的知识和经验。

8）项目经理：负责完成一个软件项目开发的全过程管理工作

项目经理是研发“定制系统”项目工作的负责人，主要职责是负责项目的分工、计划、交付物、验收等全过程的管理工作，也是确保项目管理三大目标（质量、进度、成本）达成的负责人。项目经理在项目开始前要针对项目的成本、人员、进度、质量、风险、安全等要素进行准确的分析和规划，并制订相应的执行计划，还要带领项目组成员完成从需求调研、分析设计、开发测试直至项目收尾（包括合同确认）等工作，从而使软件项目能够按照预定的计划顺利完成。

★**解读**：项目经理的工作重心在团队管理，需要有项目管理的经验，特别要有与不同层级的客户沟通交流的能力；与产品经理不同，项目经理对开发的系统本身不一定有决定权，

例如在开发规模大、内容复杂的系统时，项目组往往会配有专职的架构师、业务专家等，系统的内容由他们来负责，项目经理主管合同的执行以及资源的组织管理。

9）产品经理：负责完成一个软件产品研发的全部工作

产品经理是研发“标准产品”工作的负责人，主要职责是确定软件产品做什么、为什么做、怎么做。负责产品市场调研、规划，确定产品从概念设计到界面的视觉效果的全部内容。产品经理需要对市场调研、需求调研、系统架构、详细设计、测试验证、实施效果确认等一系列工作负责（也包括改造已完成的定制系统为标准产品）。

产品经理的工作重心聚焦于产品本身，管理团队（人员）不是工作的重点，需求调研和开发的具体工作一般会委托给其他的部门成员来协同完成。对产品经理的能力要求较高，因为一款产品的最终价值（客户价值、软件公司价值）大小主要是由产品经理决定的。

★Q&A：培训时有刚从大学毕业或是从非IT行业转行来的读者/学员提问：是否可以申请软件公司的产品经理职位？

我的回答是否定的。没有相应的知识和经验的人是不可能胜任产品经理的岗位的。对软件公司来说，产品经理是一个特殊的岗位，对其能力要求是综合的，与为了销售方便而给销售员一个“销售经理”的头衔完全不是一回事。相信在建筑行业或汽车行业，如果是一名新手在寻找工作时，是绝对不会提出这样的职位申请的。

10）配置管理员：负责监督软件工程和项目管理的执行

配置管理员要熟知软件工程和项目管理知识，负责制定软件工程和项目管理相关的标准，并监督项目实施过程中标准的执行情况。在第1章中提到的软件工程和项目管理知识，以及相关的方法、工具、标准等内容很多，并非每个项目组成员都能够正确理解和掌握，配置管理员这个岗位的工作可以弥补项目组成员的水平不平均、管理不规范的缺陷，好的配置管理员能使软件开发过程有更好的可预测性，使软件系统具有可重复性，使客户和软件公司的主管部门对项目的开发质量、过程管理有更强的信心。

好的配置管理过程有助于规范各角色的行为，同时又为角色之间的任务传递提供无缝的接合，使整个开发团队像是一个保养精良的机器，可以按照预定的程序准确无误地进行运转。优秀的配置管理员也可以有效地减少软件公司开发人员流动的困境，使新的成员可以快速实现任务交接，尽量减少因人员流动而造成的损失。

★解读：如果软件公司建立了上述的满足工程化要求的软件开发标准化，并事前对项目组成员进行充分的培训，让大家熟悉流程、计划、规范、模板、标准以及交付物等，那么配置管理的工作就会变得非常轻松。

2. 两阶段法与岗位的关系

为了便于说明，参考第1章提出的两阶段法的划分，这里做如下约定（仅作本案例的参考），另外实施工程师可能在两个阶段中都有工作，参见图2-6。

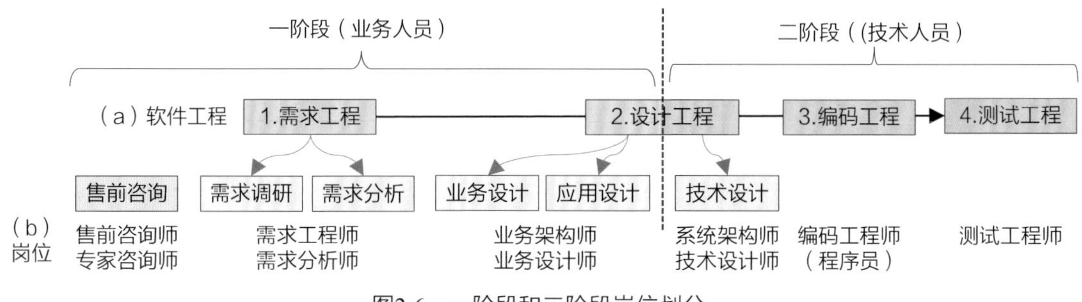

图2-6　一阶段和二阶段岗位划分

1）一阶段工作的内容和岗位

（1）工作：咨询、调研、分析和设计（业务/应用）。

（2）岗位：售前咨询师/专家咨询师、需求工程师/需求分析师、业务架构师/业务设计师。

2）二阶段工作的内容和岗位

（1）工作：分析和设计（技术）、编码、测试。

（2）岗位：系统架构师/技术设计师、编码工程师（程序员）、测试工程师等。

3）两个阶段的差异

（1）一阶段的成果决定了信息系统的客户价值的最高点（系统好用、易用）。因为一阶段决定了客户系统的功能形态、业务在“人—机—人”环境中的优化改进的方式、上线后的应用效果（效率、效益）等内容。

（2）二阶段决定了系统的客户价值最低点（系统可用、能用）。因为二阶段的主要任务是实现一阶段的设计要求，在此基础上确保系统健壮、安全、性能稳定等内容，这些内容虽不是影响客户满意度的直接要素，却是决定系统是否能用的下限。

当然技术的进步也同样会带来客户满意度的提升，但是技术的进步主要是通过业务设计/应用设计反映到系统中的，相反，如果一阶段的分析和设计有误，那么再好的技术也难以提升客户的满意度。

本书讲述的主要内容是一阶段的工作，主要面对的是从事一阶段工作的岗位以及准备学习、了解一阶段工作的技术人员和其他人员。

2.4.3　组织的形式

在做定制系统和标准产品的研发时，由于前面介绍的特点不同，因此采用的组织结构形式也不同，下面的介绍仅作参考。

1. 定制系统研发的组织形式

成立临时的项目组，设置专职的项目经理，其他成员按照项目的进度分阶段进入项目组。如处在一阶段时，进入项目组的有需求工程师、设计师、业务专家等；处在二阶段时，进入项目组的有技术架构师、编码工程师、测试工程师等。项目组与客户签订的开发合同中，有对工期、成本和质量等的约束。项目组成员完成本职工作后就退出项目组到下个项目中。在项目结束后项目组就解散。

2. 标准产品研发的组织形式

成立产品组，设置产品经理，因为产品的研发一般都在软件公司内部进行，所以在确定产品的研发后会指定一名产品经理，除去产品经理是专职外，其他成员（市场销售人员、需求工程师、编码工程师、测试工程师等）不一定是专职属于产品组的，他们可能同时在完成几个产品的研发。产品经理会长期存在，直到该产品被废弃为止。

2.4.4 开发的方式

在软件行业中，比较有代表性的开发方式主要有瀑布式开发和敏捷式开发，另外再加上本书推荐的工程化开发方式，下面就这3种开发方式进行简单的说明对比。

1. 瀑布式开发

1）特点

传统的瀑布式开发模式，要求严格遵循预先计划的需求分析、设计、编码、集成、测试、维护的步骤，需要有完整的文档支持等。如果不考虑需求的频繁变化，合同工期也足够长，且可调用的资源充沛，那么采用瀑布式开发大型的、特别是企业信息管理这类复杂的、需要缜密设计的系统是最佳选择。

2）不足

瀑布式开发的不足之处在于：现实中，需求不可能在长期的开发过程中保持不变，且基本上任何项目不可能获得足够的开发工期，由于在前期进行了严丝合缝的计划安排，过程中一旦发生需求变化，难以调整且代价很大。在需求尚不明确，或是过程中有频繁变化的情况下，采用瀑布式开发的风险是很大的，难以在合同工期内完成开发工作。

2. 敏捷式开发

1）特点

另一种常用来与瀑布式开发模式做比较的就是敏捷式开发。在敏捷式开发中，软件项目在构建初期被切分成多个子项目，各个子项目的成果都经过测试，具备可视、可集成和可运行的使用特征。换言之，就是把一个大项目分为多个相互联系，但也可独立运行的小项目，并分别完成，在此过程中软件一直处于可使用状态。它的特点就在于更重视技术团队与业务团队间的紧密协作，强调面对面的沟通比单纯通过书面文档沟通更有效（当然也没说不要文档），特别注重软件开发过程中“人”的作用。

2）不足

敏捷式开发的不足之处在于：强调频繁交付可使用的软件，且交付间隔越短越好，但对于业务逻辑复杂、关联内容繁多的企业管理类信息系统，如果事前不进行周密的分析、规划、架构和设计，在缺乏稳定的业务架构之前就进行开发，结果可能会造成后期的频繁返工，这种开发方式难以获得令客户满意的系统。还有一个重点在于，它需要有很强的技术团队和业务团队的协作，这一点一般的软件公司也是难以做到的（高水平的人才非常缺乏，特别是业务人才）。

★解读：大型的企业信息系统交付时，必须**要提交完整的、详细的设计文档**，这些文档不仅仅是开发过程中编码、测试和验收的依据，也是未来系统进行维护、改造和升级不可或缺的依据。这些文档大多不可能在软件系统交付后再补上，即使追加很多内容也会被遗忘，且没有足够的时间和资源补写文档。

3. 工程化的开发方式

1）特点

瀑布式开发强调的是稳、准，要求参与的人数多；敏捷式开发强调的是短、快，要求参与人的能力强。两种模式对人的要求都是现在软件公司难以满足的。从开发方式的目标上看二者是相反的，如何能将二者的目标和特长融合在一起，找出一套可以高效地开发企业管理信息系统的方法呢？答案是采用工程化的开发方式。工程化开发方式的思路：严谨的分析和架构是不可缺失的，省时快捷也是必要的，实现二者兼得的关键就在于**功夫要下在事前，而不是事中**。

通过对积累经验的抽提，预先建立一套从需求调研至测试验收全过程、可量化、模块化操作模式（参考图1-13），就可以大幅提升开发效率。这里可以再联想一下前面提到过的建筑行业是如何解决生产能力问题的（构件化→工厂化→吊装化）。

工程化开发方式是基于软件的标准化，它是一种模拟工程行业的方式，用提升“模块化、复用率”的方法来解决既要严谨的文档又要快速交付的问题。工程化设计的方法既不是瀑布式，也不是敏捷式，也不与这两种方式相矛盾，工程化是通过预先对设计对象进行拆分、建模，将设计对象模块化、关联关系机制化，然后通过不同的组合完成所有需要的设计成果。

2）3种方式的关系

（1）采用工程化方式：同时解决瀑布式和敏捷式的短板。

工程化方式可以协助瀑布方式推进或敏捷方式推进，因为合理的模块拆分、可复用的历史成果不论对哪种开发方式都是必要的、加分的。工程化方式同时解决了瀑布方式的工作效率低、敏捷方式的质量不稳定问题，如：

- 避免了由于分析和设计错误带来的事后返工（减少返工是提高效率的重要手段）。
- 大幅提升复用率，包括分析、设计和编程（复用是提高效率的重要手段）。
- 模板化的文档既保持了质量，又大幅节省了时间。
- 经过积累之后，工程化方式不但适用于大型项目，同样也适用于小型项目。
- 工程化方式为软件企业构建各类平台化的架构，提供不可或缺的基础和标准。

（没有分析和设计的工程化，就不可能有平台化开发的效果。）

（2）采用工程化方式：提升开发过程整体的效率和效益。

工程化方式不但解决了上述瀑布式和敏捷式的不足，还带来了其他诸多的附加效果，如：

- 项目管理三大目标（质量、进度和成本）的达成有了保障。
- 降低了对从事低端的、重复性工作的能力要求，用标准方法培训后可大量投入。
- 节约了高端人才的时间，使其可以从事更加具有创造性、开拓性的工作。

在企业管理信息化领域，多年来的工作实践证明，对于这种**业务逻辑复杂且容易受到人为因素影响**的系统，特别强调敏捷/瀑布开发模式中的哪一个都是不完美的，甚至是行不通的，因为二者都是考虑**“在执行过程中如何做可以节省时间”**，而工程化方式的重点是考虑**“事前如何做准备，以缩短事中的时间”**，因此采用工程化方式可以扬长避短，通过标准化、模块化，经过时间的积累逐渐形成可以快速响应需求变化的机制。

★Q&A：在做培训时，经常有做程序员的学员问："李老师，在以前做项目开发时，大家经常讨论怎么能用敏捷式快速地完成企业信息系统的开发，您怎么看？"

李老师说："其实这是很难做到的，敏捷开发方法强调'拥抱变化'，它针对需求频繁变化时，强调少量交付、快速交付、有错就改。试想，企业的业务逻辑关系那么复杂、数据的数量非常庞大，且存在多部门间的管理协同等问题，不预先进行详细的调研分析和架构设计，可能进行编码吗？频繁地改变需求系统还能建立起来吗？"

对于大型和复杂的企业信息系统，基本上不存在由少数人通过快速迭代、快速交付、反复修改就可以完成的。不清楚需求并做出正确的设计之前是不能进行编码开发的（失败的风险太大）。

敏捷开发方式适用于创新、研究等项目，因为**没有可以参考的对象**，你需要试着去寻找正确的答案，所以它提倡要"主张简单、拥抱变化"，通过快速的反复试验，给出答案。反观企业信息系统的建造，与敏捷适用场景不同，**企业是现实存在的，企业的运行和管理的方式是有依据的**。所以开发这类系统时首先要做的就是要深入调研，分析"企业"这个实物，搞清楚它的结构和业务运行逻辑。不先做好分析设计，是不可能通过不断试错的方式来快速完成对企业信息系统的开发的。

2.5 关于客户企业

前面提到了IT行业是一个大的行业，但是IT行业也是"企业"这个大群体中的一个领域，包括软件公司在内，所有企业都可能是IT公司的客户。

做好企业信息管理系统，当然也要对客户企业有所了解，包括企业是怎么构成的，企业是如何推进信息化建设的，在推进过程中普遍存在哪些问题，它们的期望和困惑是什么，以及企业主管信息化的部门信息中心正在发生的变化等，了解了这些情况，有利于软件工程师更好地理解客户需求，更容易在咨询中找到突破口，同时在需求分析中找到高价值的需求，在设计中提出更好的优化、改善提案。这里简单地用具有普遍意义的信息为企业画一幅像，作为新入行读者的参考。

2.5.1 企业的基本构成

企业、客户与用户所代表的含义是不同的，要想做好企业信息化建设，就要对这些概念有清晰的认知。这里对企业的描述是从信息系统架构的视角进行的。下面从4方面来看企业的构成与特点。

（1）企业级的组织结构。

（2）项目级的组织结构。

（3）业务的构成。

（4）客户与用户的区分。

1. 企业级的组织结构

在客户企业的内部，通常从管理的视角将企业的全体成员划分为3个层级，即决策层、管理层和执行层，参见图2-7。

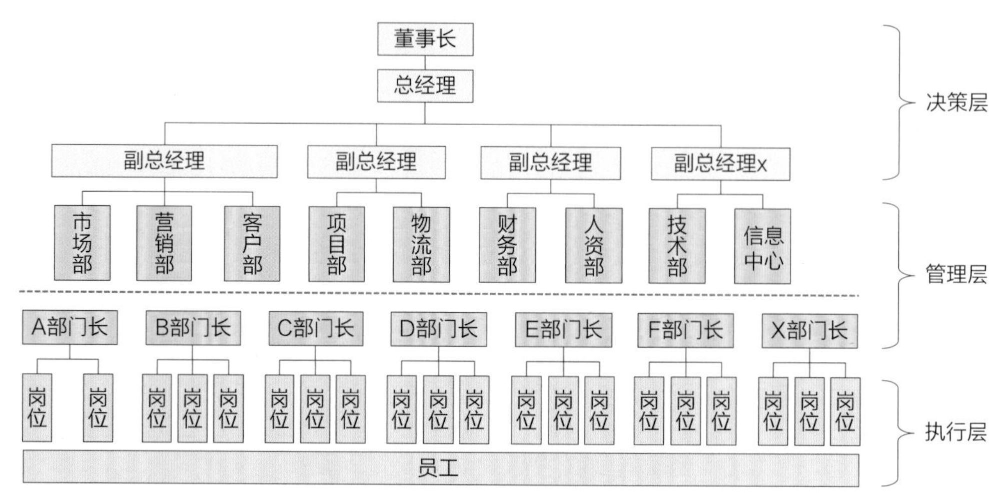

图2-7　企业组织结构图

3个层级的约束顺序是决策层＞管理层＞执行层，理解这3个层级的作用和相互关系是非常重要的，这3个层级对建设信息系统有着不同的影响和需求，这3个层级与信息系统的关系如下。

1）决策层

- 组织的实权机关，包括董事长、总经理、副总经理等。
- 他们提出的需求多以理念、目标、愿景、价值、期望等形式出现。他们期望信息系统可以作为支持企业经营战略落地的手段。
- 决策层的需求会影响系统的顶层设计、范围规划、深度广度、业务架构等内容。

理解决策层的需求需要具备一定的企业经营、管理知识。

2）管理层

- 管理层是决策层的下属机构，包括生产、计划、物资、销售等管理部门。职责是落实决策层的战略目标，具体制定各部门生产目标，管理和协调等，主要关注本部门的分工内容。
- 管理层提出的需求多为业务需求的表达形式，例如，优化采购流程、进行成本过程的精细化管理、实现业务与财务数据共享等。
- 管理层的需求会影响对业务规划、业务架构、业务功能、管理深度等方面的判断。

理解管理层的需求需要懂得一定的管理知识和业务知识。

3）执行层

- 执行层受管理层的领导，是具体业务的执行者、未来系统的主要操作者，他们将所属部门的计划转换为具体的行动和成果。
- 执行层的需求内容大多是对系统功能的具体描述，例如，合同管理模块有什么、界面布置的字段、某个业务处理的计算规则等。
- 执行层的需求会影响系统的业务架构、业务功能等详细设计内容。

理解执行层的需求需要懂得一定的业务知识。

这3个层次由上到下具有组织之间的关联，同时各自又有独立目标和职责。在描述企业的工作情况时，会根据所做工作的不同，将全部人员拆分到不同的部门，每个部门负责不同的工作，然后不同的部门之间相互协作完成公司的生产工作。

2. 项目级的组织结构

采用项目管理方式进行生产管理的企业有很多，施工企业就是其中具有代表性的企业。采用项目管理方式时，需要成立专门的项目部，项目部下面再细分负责各类工作的项目组，这些项目组与公司企业级的职能管理部门进行对接，由公司的职能部门对项目组进行专业的技术指导，但对项目的行政管理权在项目部，企业的专职部门与项目部的关系如图2-8所示。

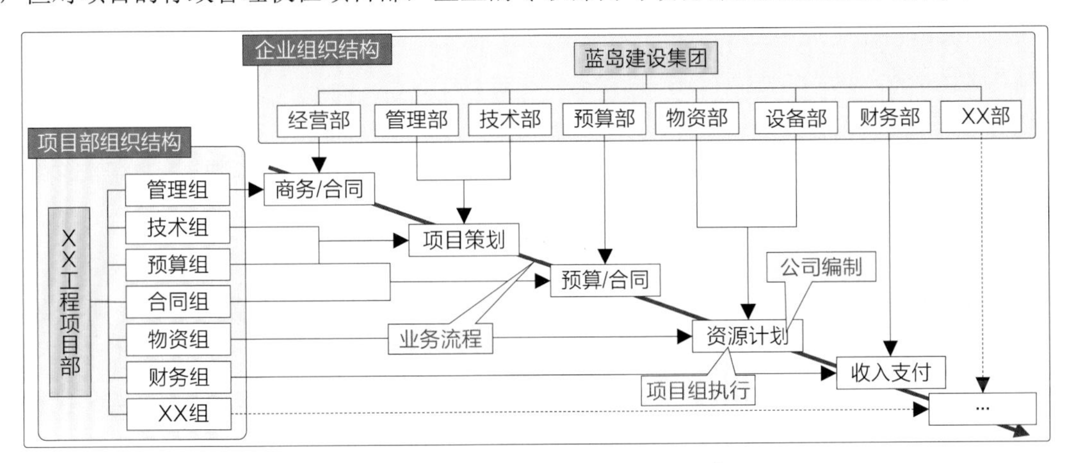

图2-8 项目部与集团专职部门关系示意图

一般建筑工程的规模较大时称为“项目部”（需要下设二级组织），规模较小时称为“项目组”（软件公司的开发项目多用“项目组”）。

★**解读**：将软件项目和工程项目做个对比：可以看出，由于企业的产品（建筑物）的生产复杂，需要的资源多，集团的专职管理部门也多，因此企业的项目管理难度大。而软件公司没有那么多的职能部门，基本上也不存在双重领导，因此管理相对简单。

3. 业务的构成

在企业构成模型（分离原理）中将“业务”与“管理”进行分离，将“业务”单独地列为一个独立要素。根据业务的内容，还可以进行进一步的划分。

【参考】《大话软件工程——需求分析与软件设计》第2章。

1）业务的划分

可以根据企业的业务目的，再把业务分为两类：主营业务和辅营业务。

（1）主营业务：指的是企业直接产生价值的工作。不同企业有不同的主营业务，如汽车制造企业的“汽车制造”工作、建筑行业的“房屋建造”工作等。

（2）辅营业务：指的是企业中非直接产生价值的工作。企业虽然不同，但是都有相同的辅营业务，如财务管理、人力资源管理、后勤管理等。

2）知识的划分

不同的业务划分，其背后支持的业务知识属性也不相同，可以分为个性化和共性化两类。

（1）个性化业务知识。

个性化业务知识是指客户所从事行业特有的业务知识，如建筑行业、汽车制造行业、纺织行业、物流行业、教育行业等，它们是不同的行业，每个行业所用的业务知识是不同的。一般来说，建筑企业的主营业务是建筑，汽车企业的主营业务是汽车（当然，现在的企业可能同时具有多个主营业务），这些知识在企业中都是由直接产生价值的部门所使用的，这些部门的业务工作也被称为“主营业务”。

（2）共性化业务知识。

不论主营业务从事的是什么行业，企业的运营管理都必须用到以下业务知识，如财务管理知识、人力资源管理知识、后勤管理知识等。不论何种企业，辅营业务的知识都是相似的。使用这些知识的部门在企业中主要是对主营业务进行辅助支持和管理的，这些部门的业务工作也被称为“辅营业务”。

3）产品的划分

由于个性化业务和共性化业务的特点不同，因此也决定了对应的软件产品的市场规模不同、价格不同，如

（1）辅营业务：属于辅营业务的产品可以有更广泛的市场，如自动办公系统（OA）、人资系统（HR）、客商管理系统（CRM）、财务管理系统等，因为辅营业务有共性，所以此类产品的销售对象可以是所有类型的企业，所以销售数量多，但可能单价低。

（2）主营业务：属于主营业务的软件产品只能在对口的行业内销售，而且常常由于企业的个性化要求，需要定制开发，如建筑行业的系统、机械行业的系统等，因为不是共性化的业务，所以此类软件产品只能在该领域内进行推销，所以销量少，但是单价高。

★**解读**：关于“业务”一词的分类和定义。

软件工程师和客户由于所站的位置不同，所以对“业务”一词的定义也不同，软件工程师需要了解这个差异，避免一些名词听上去好似一样，但实际上定义却不同。一般传统上软件工程师和客户对“业务”的理解差异如图2-9所示。

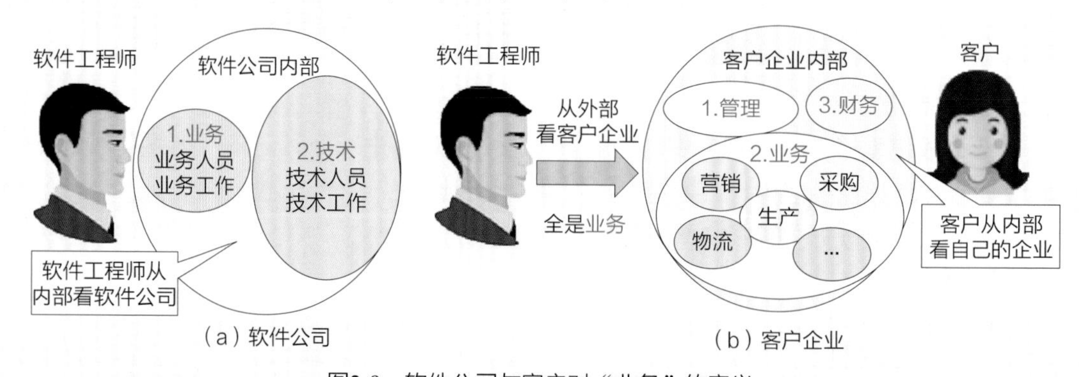

图2-9 软件公司与客户对“业务”的定义

① 软件工程师的视角。

○ 看软件公司内部：分为业务和技术两类，此处“业务=客户业务”，见图2-9（b）。

○ 从外部看客户企业：客户所做的工作都属于“业务”范畴，见图2-9（b）。

② 客户的视角，见图2-9（b）。

○ 看企业内部：企业的工作分为管理、财务、业务等数个分类。

○ 对于客户内部来说："业务"专指"销售、生产等"。

在《大话软件工程——需求分析与软件设计》一书中讲述了分离原理，这个原理将客户企业的内部构成分为了"业务、管理、组织和物品"4类。分离的目的是方便对客户企业的构成进行分析、架构和设计。

4. 客户与用户的区分

从外部看企业，可以将调研对象分为两类，即客户与用户，这两者对项目起着不同的作用，他们的关注点不一样，所以提出的需求也不同。

1）客户

客户，一般指信息系统的投资人、购买者，如企业的决策者、企业信息化主管领导、信息中心负责人等。客户站在企业的高端，从战略、经营的层面去看待企业管理的信息化活动，他们的关注点在于导入信息系统的目的、目标、价值（效率、效益），以及导入的信息系统如何助力提升企业的竞争力等。

2）用户

用户，一般指系统的直接利用者（操作），不论是查看分析报表的企业高层、原始凭证数据的输入者，还是企业信息中心的系统维护员，他们都对自己所用系统的功能有相应的需求。用户站在功能使用的角度看待企业管理的信息化，他们的关注点在于：信息化方式优化和改善了哪些具体的业务流程、操作方法，信息系统包含哪些功能，功能的易用性如何，工作效率是否提升，还有哪些难点和痛点问题可以用信息化手段来解决等。关于如何构建企业的信息系统，客户的决策者会广泛地听取各部门用户的意见。

3）客户与用户的需求区别

二者对系统的需求关注点不同，客户需求的层次较高、抽象，与企业的经营战略、运营管理有关，用户的需求则比较直观、具体，与每个人的日常工作有关。咨询经验丰富的人一定会非常重视客户高层的需求，也就是"客户需求"，获得这些需求的主要途径就是在售前咨询阶段，这些需求决定了未来系统的范围、深度，以及选用哪家软件公司，而"用户需求"更多注重的是具体的系统功能层面的需求，对需求的调研一般在开发合同签订后才开始。

当然，客户与用户关注的内容是有重合的，并非是完全分开的，这里只是强调他们的差异。这些差异非常重要，经验不足的需求工程师往往会将客户层提的看似有些抽象的需求过滤掉，而只关注用户层提出的比较直观具体的需求，这样做就是常说的"捡了芝麻丢了西瓜"，在现实中价值最高的需求往往来自客户。

4）客户与用户的用法区别

对于一阶段的工程师来说，使用"客户"还是"用户"，除去要理解在需求方面二者的区别外，还可以从更高层次去理解二者表达含义的不同。

- 从事一阶段工作的业务人员，在分析和设计过程中，不但要考虑某个界面的直接操作者（用户），还要考虑非直接操作者（用户的上司、企业领导），以及操作这个模块会给企业带来的影响和变化等，这就需要一阶段的工程师有更大的视野，要有对企业全局思考的视角。

- 从事二阶段工作的技术人员，如编码工程师会更多地使用“用户”一词，因为处在编码阶段的他们只会关注界面操作者（用户）的感受，此时已经不需要关心操作这个界面以外的人（用户的上级、客户领导），因为所有的业务设计和应用设计已经确定了。

在一阶段的工作中，使用“客户”还是“用户”一词要根据情况判断，在讨论企业层面、具有广泛意义的话题时，使用“客户”比较合适，而具体讨论某个界面相关的话题时则可以使用“用户”，一般来说，“客户”可以包含“用户”的属性，但是“用户”不包含全部“客户”的属性。

所以在本书中，使用“用户”时，强调的是系统的操作者，使用“客户”时，强调的是企业整体，既包括投资者，也包含系统的用户（操作者）。

2.5.2 企业信息中心

信息中心是企业设置的专门负责管理与IT事务相关的部门，并以这个部门为主来推进信息化的建设工作。

1. 信息中心的工作

根据企业的规模、对信息化的依赖程度等不同，各企业下放给信息中心的职责也是不同的，一般来说，信息中心的主要职责可以归纳如下（仅供参考）。

- 软件的管理工作（采购、维护）。
- 软件的设计、开发（近年来大企业逐渐增加）。
- 数据库和存储管理。
- 对积累的数据进行统计并编制分析报告。
- 网络管理以及安全管理工作。
- 机房的建设与管理、终端设备的管理与维护等。

未来的信息中心将会担负企业由信息化向数字化转型的重任，可以说随着时代的进步，信息中心的作用会越来越重要，对信息中心的能力要求也会随之增加。

2. 信息中心的构成

1）信息中心主管

信息中心主管通常称为主任，他的主要岗位职责包括中心的全面管理，辅助企业相关领导做企业信息化的规划、组织、实施等。信息中心主管除来自软件行业外，也有很多来自非软件专业，如客户企业内部的行政管理部门、技术部门等，因此他们对信息化的理解、经验的多少也不一样，但负责信息中心工作的时间长了，也会积累很多经验。

2）信息中心的成员

信息中心的成员来自不同的行业，了解他们的专业和以前的工作种类，可以帮助需求工程师找到与他们交流时的共同语言（不同的企业会有所不同，仅供参考）。

- 从企业内部转职而来，了解本企业的业务，但不熟悉信息化，沟通时可能会比较强势。
- 由软件公司转行而来，这里面可以分为两类：一类是原来做销售、需求工作的，比较善于交流和协作；另一类原来是做编码的程序员，交流能力较弱、业务知识也少。
- 大学计算机专业、信息管理专业等出身，毕业直接到信息中心工作，交流能力较弱，且对专业业务不熟悉。

3. 信息中心的发展变迁

企业信息中心是近10年普及起来的称呼，随着时代的发展，企业主管信息化部门的称呼发生了多次变化。

- 早期：大多称为“计算机科、计算机部”（重点在“计算机”），以提供采购和维护硬件为主，兼顾采购软件的工作，最大的支出是购买硬件（计算机、服务器、网络等）。
- 现在：大多数的企业都称该部门为“信息中心”（重点在“信息”），以提供信息系统建设服务为中心，兼顾硬件采购的工作。最大的支出成本是软件、数据、服务等内容。
- 未来：现在已出现将信息中心与主管科学技术研发的部门进行整合，称为“××科数部”（是“科学技术数字化部”的缩写，重点在“数字”）。因为未来的科学、技术的发展离不开IT技术的支持，所以只有将数字化、科学、技术3个要素融为一体，才能创造更大的成果和价值。

2.5.3 存在问题与解决方法

了解信息中心在企业中的地位和想法，有助于从事咨询师、需求工程师、项目经理等岗位工作的人员与客户顺畅地进行交流。

信息中心是企业客户和软件公司之间联系和沟通的窗口，其主要工作就是对内为企业领导和系统用户提供服务，对外向软件公司进行各类采购和协调工作等。信息中心普遍存在两面性的问题：对内和对外的工作方式不同。

1. 存在的问题

1）对企业内部的用户——弱

在企业内部信息中心处于比较弱势的地位，因为相对于企业的其他部门，信息中心的工作不是主营业务（不直接盈利），对本企业的主营业务相对来说也不很熟悉，核心工作多以对外采购软硬件、联系软件公司、提供服务等为主，因此在企业主营业务相关的领域缺乏存在感和话语权，遇到内部用户提出的不合理需求时，也难以说服用户改变主意。对本企业的用户比较低调、迎合，因为按照用户的要求做可以减少责任（尽管不合理）。但常常是按用户的要求做了，日后发生问题时责任还是要归责到信息中心头上。

2）对外部的软件公司——强

因为是合同的付款方代表，所以信息中心往往对外部的软件公司就比较强势，在软件公司提供服务的过程中，如果双方发生了不一致的意见或是判断时，往往会使用晚付款、少付款、不付款，或是增加合同外服务来要求软件公司听从自己的意见。常常在合作初期双方是友好的，但随着项目的推进矛盾逐渐增加，特别是当出现了有关工期、成本变化的问题时，关系就会变得比较紧张，一旦发生问题，双方当事者做的第一件事都是确保责任不在己方。

除去由企业内部用户方面和软件公司方面造成的问题外，发生这种“里软外硬”现象的主要原因之一就是信息中心自身的专业知识和技能不强，他们既怕担责任，也不知道该如何承担责任，其结果就是不论是哪一方原因造成的系统开发失败，信息中心都会受到客户领导的指责。

2. 解决对策

怎么解决上述问题，让双方的合作顺利进行呢？作为信息中心，虽然提升信息化相关的知识很重要，但是首先还是要增加与本企业业务相关的知识和经验，这是基础。如果缺乏或是没有这方面的知识和经验，那么在企业各部门和软件公司的面前就没有了平等交流的基础；特别是要掌握本企业的业务知识，因为**“业务知识、业务分析和设计”是内功，“信息化技术、系统知识等”是外功，首先要重视练内功**。需要补充学习的知识内容包括（不限于此）：

- 学习本企业主营业务的业务知识、需要信息化的其他辅助业务知识等。
- 学习企业管理知识、信息化管理方面的知识。
- 掌握需求调研、分析、识别、记录的方法。
- 掌握分析业务需求、优化业务设计的知识。
- 掌握用图表达企业的业务、管理等方面的知识。
- 掌握将企业的业务与信息化手段相结合的知识等。

通过不断学习和实践后，信息中心可以利用信息化方面的知识结合生产数据，向经营者提出对主营业务的改进方案，如此信息中心的地位可以得到有效的提升，如：

- 成为企业真正的“信息”中心而不是软硬件服务部，这个信息必须是可以支持企业从决策、管理和执行3个层面上对主营业务的处理做出判断、决定。
- 由于掌握着企业数据，可以通过对数据进行处理、分析，依据数据为企业的发展战略以及针对不足之处的改善提供信息化方面的建议、策划。
- 培训各业务部门的骨干，快速、熟练地掌握信息系统，解决生产管理问题。
- 让信息中心成为企业战略策划部的协作者，而不是行政部门的下属等。

如果通过学习可以达到这样的效果，那么信息中心就可以完全摆脱“里软外硬”的工作状态，利用自己掌握的信息、知识、经验，说服系统用户和软件公司向着自己设定的目标前行，不论是对内还是对外都可以做到“以理服人”。

了解了信息中心在企业的地位以及存在的问题，软件公司完全可以利用为企业做信息化咨询、系统开发的机会，向信息中心提供这样的培训服务，当企业信息中心掌握了这方面的知识后，不论是双方的沟通，还是调研系统用户，都可以得到信息中心比较专业的侧面支援。

本案例中就增加了对企业信息中心的培训工作。

2.5.4 信息化主导权的回归

客户在引入信息系统和信息化管理方式的初期，由于缺乏这方面的知识和经验，同时尚不熟悉它的运作过程，所以在提出一些原则性的要求后，基本上就全面地接受了软件公司的方案和产品。但是通过多年的实践后，渐渐地发现花费了大量的时间、成本、精力后，信息系统并未收到令人满意的预期效果。此时，客户也逐渐成熟起来，有了自己的想法，一部分企业一改以前软件公司有什么自己就采购什么，甚至面对不合适的产品也只能是“削足适履”的做法，开始考虑由自己来主导企业信息系统的建设，也就是要**将企业信息化的主导权从软件公司那里拿回来，由企业自己来引导企业的信息化建设**。

根据企业自身所能承担的信息化建设的工作内容，可以将企业信息化主导权的掌握程度划分为3个等级，参见图2-10，对各等级内容的说明如下。

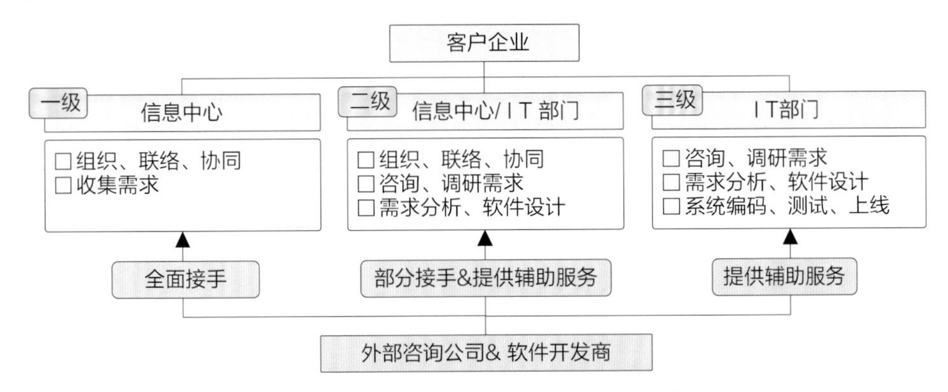

图2-10 企业信息化主导权的等级划分示意图

1）等级一：从事与外部软件公司的联络窗口

这个等级是现在大部分企业采用的传统方式，即由企业设立信息中心作为企业的联络窗口，由信息中心辅助各部门提出需求，然后将相关的工作都交给外部的咨询公司、软件公司来完成，信息中心属于配合工作。

这一等级中信息中心的主要职责就是联络、组织、协同等。

2）等级二：完成需求分析与业务设计的工作

这一等级就是由企业信息中心主导，或创建独立的具有IT能力的部门，由客户自己完全掌握需求调研、分析和设计工作（大体上等于软件公司内部一阶段的工作内容），这里可以再细分为以下两个等级。

（1）只做需求调研和分析，完成类似于《需求规格说明书》程度的文档。只完成需求调研和分析的工作是主流，因为充分了解企业的业务、用户的需求以及分析和记录的方法就可以胜任。

（2）在获取的需求之上进行业务设计，包括部分概要设计和详细设计，完成类似于《设计规格书》程度的文档。做好设计部分的工作有一些难度，因为很多软件公司有自己的固定设计模式（如界面的格式等），不太愿意接受其他公司的格式要求。

将完成的文档发包给外部的软件公司，由软件公司继续完成剩余的设计和编码工作（等于软件公司内部二阶段的工作内容）。这部分工作成果是信息化建设的核心内容，所以不论客户规模大小，只要企业希望拿回信息化的主导权就必须要掌握。

这部分是企业相对容易做好的，因为不论是信息中心，还是单独建立的IT部门，由于都在企业的内部，在需求调研和业务设计方面相对外部软件公司都具有更大的优势。

这样做的好处是信息中心和IT部门可以专注于本企业的业务知识，用信息化手段提升对业务的支持水平，同时又不需要过于扩张信息中心和IT部门的规模（大量招聘程序员等），抓主要、放次要。有一定规模和能力的企业都可以做到这个等级，也是最推荐的做法。

3）等级三：完成全部的软件开发工作

这个等级不但在本企业内要完成等级二的工作，还要完成编码和测试的工作（大体上相当于软件公司的二阶段工作内容），这就相当于建立了一个独立的软件公司。能够做到等级三的大多是企业规模大且外部软件公司提供的解决方案难以满足需求的企业。

可以看出，不论是等级二还是等级三，需求调研和分析都是最基础的能力。

★Q&A：如何定义信息中心？

在给企业信息中心做培训时，常遇到企业主管信息化的领导提出这样的问题：自己是分管信息中心的，由于是工程技术出身，所以不太清楚信息中心应该招聘什么样的人才，但有个直观感受，虽然计算机专业的学生会编码，但好像不懂什么是信息化。企业为信息化建设投入了很多资金，也花费了很多时间，但是没有收到预期的效果，也因此换了不少人，结果收效还是不明显，信息中心到底需要什么样的人才呢？

李老师的回答是：确实，会编码≠懂信息化，与软件公司不同，企业信息中心的成员应该是**用IT技术武装起来的业务人才**。为什么这样说呢？因为：

- 信息中心的人比企业内部各部门的专业骨干更懂得如何利用信息化的手段建立高效率、高质量地完成业务的处理方式。
- 信息中心的人与外部软件公司的需求工程师相比，不但更熟悉本企业的业务，而且更懂得企业想要改变什么，也就是真实的需求是什么。

因此，企业信息中心的优势应该在于其对企业的业务、业务需求、业务优化方面的理解更到位，只有强化这方面的优势，信息中心才能更好地巩固自己在企业中的定位。抓住了这个关键点后，就可以从业务的视角指导本企业的用户和软件公司，从而掌握企业信息化的主导权，至于是否需要掌握编码开发的技能，反而不是掌握企业信息化主导权的关键了。

★解读：软件公司是否会失业？

说了这么多，可能有读者会问：这么做，对我们（软件公司）有什么好处呢？

了解了客户企业方面的想法与行动，软件公司应该清楚：不论软件公司是怎么想的，有能力的客户企业（特别是大型的国企和私企）一定会向着收回信息化主导权的方向走，因为他们认为**信息化管理是企业管理的延长**，他们不愿意将自己的企业管理系统永远委托给外部来做。

因此，软件公司也要改变思维，要建立为企业提供综合解决方案、提供服务支持的商业理念：软件公司向企业提供的不仅仅是一款软件，更不是一个软件公司视角的所谓“标准产品”，而是一套综合服务，要从原来“只卖鱼”转变为“不但卖鱼，也卖鱼竿”，因为对客户企业来说，没有标准的管理模式（只有不断适应市场变化的管理模式），因此也就是没有标准的软件产品。

第2篇　前期准备

第3章 售前咨询

第1章、第2章为本书的案例做了基础知识、项目背景、开发条件等信息的铺垫，从本章开始正式进入案例的第一步：售前咨询。本章将重点介绍售前咨询阶段的工作内容、方法以及主要交付物。最终通过咨询和投标获得《蓝岛建设集团信息系统开发合同》，获得开发合同是下一步进行需求工程工作的前提条件。

售前咨询工作在软件工程中的位置参见图3-1（a），售前咨询的主要工作内容、输入/输出等信息参见图3-1（b）。

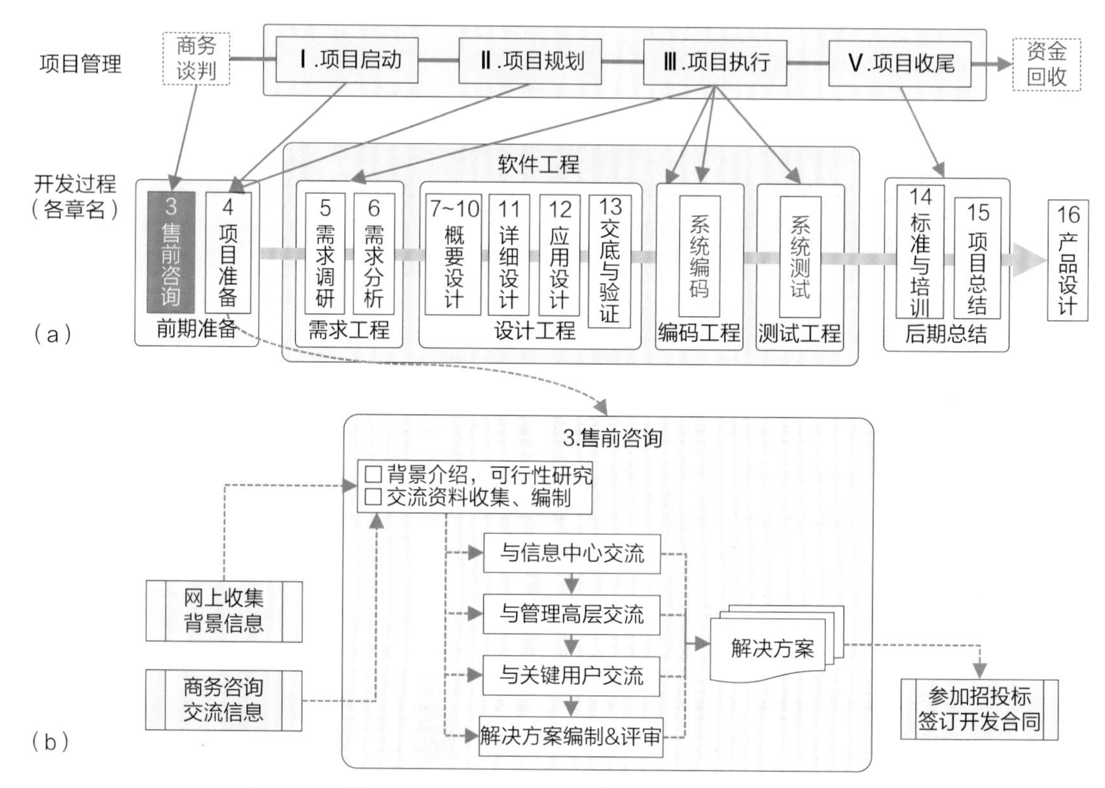

图3-1　本章内容在软件工程中的位置、内容与输入/输出信息

这里要注意：因为将项目管理“Ⅳ.项目监控”的内容融入开发过程中的各章节中，所以在图3-1（a）中不再单独表示“Ⅳ.项目监控”的位置，参见2.3.2节说明。

3.1 准备知识

进行售前咨询前，首先要理解售前咨询的目的和内容，需要哪些重要的理论和方法，以及从事这个工作的人需要有哪些基本的能力。

3.1.1 目的与内容

1. 售前咨询的目的

对于售前咨询的目的，软件公司与客户是有所不同的，同时在客户中因为IT发展的阶段不同，售前咨询的作用也不同。

1）软件公司与客户的目的

售前咨询是在签订合同前进行的咨询活动，客户和软件公司各自有着不同的目的。

（1）软件公司：从软件公司内部的视角看，售前咨询阶段的**核心目的就是签下开发合同**。售前咨询是收集客户建设信息系统的目标、期望、难关痛点等目标需求的重要机会，借助咨询的机会还可以向客户充分展示软件公司的主张、理念、经验、能力和产品，并用解决方案的形式向客户提出建议。

（2）客户：从客户内部的视角看，这个阶段的目的是**选择和确定一个最佳解决方案与合适的软件公司**。客户导入信息系统前为什么要进行咨询呢？通常是因为客户难以确定与其需求匹配的产品或服务是什么样的，经过与软件公司的咨询交流后，客户清楚了所需要的产品和服务，就可以比较有信心地确定软件公司及其所提供的产品与服务了。

因此，售前咨询的目的就是**给软件公司一个机会：宣传自己，同时帮助客户做决定**。

2）客户的IT现状

下面再来看一下造成客户拿不定主意的原因有哪些，以便寻找对策、主动出击。根据客户IT现状的不同，原因可以粗分为两类：首次引入信息系统和已经引入信息系统。

（1）第一类：首次引入信息系统的情况。

首次引入信息系统的企业客户还不熟悉信息系统的构成，也没有信息化管理的运作经验。他们邀请软件公司的目的是做信息化启蒙和产品推介，因此比较容易接受软件公司的建议，且注意力主要放在软件公司介绍的产品功能有多少、价格是否合理等方面。

针对这样的客户，软件公司可以比较自由地介绍有关的知识和产品。但随着信息化管理的普及，完全没有接触过信息系统和信息化管理的客户已经比较少见了。

（2）第二类：已经引入信息系统的情况。

这类客户较常见，他们大多已经小规模、多批次地引入过信息系统，或是对既有系统进行过扩建、改造工作，这类客户的特点是见多识广，特别是已经获得了很多的信息系统的运行经验和教训。他们会主动邀请软件公司来参加咨询交流，其**目的是了解IT技术、行业的新动向**。他们首要关注的重点通常不在软件公司提供的产品有多少功能以及价格的高低，而是软件公司主张的信息化理念与客户未来的发展目标是否吻合，是否能够解决客户难以解决的问题等。

针对这类客户，软件公司必须做好充分的准备，帮助客户建立判断的标准和方法，对比和评估参加咨询的软件公司方案，了解各家的能力和经验，以确定一家最合适的软件公司和解决方案。

2. 售前咨询的内容

售前咨询阶段，咨询师所从事的工作是获得客户合同的重要活动，这个阶段咨询工作的重点是要通过与客户的不同层级进行交流、沟通，以达到以下3个目的。

（1）初步了解客户的需求、现状、目的和期望。

（2）介绍软件公司的背景信息、软件公司的能力（包括规模、营收、人数等）、项目经验、最佳产品、在行业中的地位以及与其他竞争对手的差异等。这些内容是咨询的标准部分，不论客户属于哪一种类型都要做。

（3）提出初步的解决方案，介绍信息化理念，宣传自己的主张，本次向客户推荐软件系统的目的、价值、功能等。并向客户说明使用了本企业的信息系统后，会为客户带来什么样的变化。关于变化的对比：

- 针对第一类客户，要重点对比有无信息系统对工作方式带来哪些变化。
- 针对第二类客户，要重点对比导入新系统与既存系统的差异。

这个阶段的工作成果决定了未来合同的内容、价格、工期等。当然，能否获得一个软件项目（特别是大型的高价值项目），很多情况下并非仅靠软件公司的技术和产品能力就能决定，还要受很多其他客观因素（如地域、商务、价格、关系等）的影响，但这些影响内容不属于本书的范畴，这里就不进行讲解了。

3. 售前咨询的类型

按照销售产品的内容、用途、复杂度以及价格的高低等的不同，可以将售前咨询的类型粗分为两种：销售型咨询和顾问型咨询。

1）销售型咨询

销售型咨询的工作是以推销软件公司的成品软件为主，这类产品是将处理某类业务的功能集成在一起（如财务系统、人资系统、自动办公系统等），咨询师的工作主要是找到与该款产品具有很高的匹配度的客户需求。这是售前咨询中最常见的做法，也是最简单的咨询方式，不需要咨询师有太深的专业知识和经验，通常由营销经理、专设的销售咨询师完成，遇到客户提出比较专业的问题或是需要对产品进行调整时，可以临时邀请业务专家、产品研发负责人等协助完成咨询工作。

2）顾问型咨询

顾问型咨询（或专家型咨询）的工作是以提供综合的、专业的解说答疑和解决方案为主。这类咨询常见于客户需要提供个性化的、定制型的系统，由于这样的系统开发会遇到很多不确定的事项（包括业务、技术），因此这个工作通常由顾问型咨询师来做，在遇到大型的、重要的项目时，甚至会邀请包括软件公司的董事长、总经理、公司的高级岗位（如业务架构师、技术架构师或业务专家）等临时客串咨询师。

本书的案例重点介绍顾问型咨询的场景和方法，并由软件公司的领导和高级专业人员来客串咨询师。

4. 售前咨询与需求调研的区别

售前咨询和需求调研的区别在于它们分别是在合同签订的前后进行的。售前咨询主要是在合同签订前粗略地收集客户的目标需求，通过宣传自己的理念，展示与竞争对手的差异，推介产品以求获得合同；需求调研主要是在合同签订后详细地听取客户的具体需要、期望。二者都是在获取客户的需求，但采用的手法有所不同。可以从实际的操作方法上给出一些区别说明，这些区别根据不同的企业和客户会有所不同，仅作参考。

1）客户方面的参与角色不同

（1）售前咨询：售前咨询阶段由于还没有签订软件的开发合同，此时面向的客户基本上是企业中有权确定是否导入信息系统的决策人，如企业的决策者、信息化主管领导、信息中心负责人等，这些参与者通常被称为“客户”。

（2）需求调研：需求调研阶段的目的是具体确定未来的信息系统需要什么样的业务流程、界面功能、管理规则等，调研的主要对象大多是未来系统的直接使用者，这些使用者被称为“用户”。

2）软件公司方面的参与角色不同

关于售前咨询的工作，广义地看这项工作也是需求调研的一部分，但狭义地看它是一个特殊的工作阶段，这个阶段的工作成果是决定能否拿下合同的关键，担当这个环节的重要角色可以是营销经理、咨询师、高职称的岗位，甚至是软件公司的董事长、总经理等高层。

3）需求的成分不一样

两个阶段获得的需求“成分”不太相同，所谓“成分”，指的是需求的3种分类（目标需求、业务需求、功能需求），如：

- 签订合同前的顾问型咨询主要是确认客户高层领导的信息化目标、思路、期望、原则、路线等，这些内容都属于高层的、相对比较抽象的**目标需求**，理解这些有助于提出吻合决策者需求的解决方案。
- 而签订合同后所做的需求调研，则是仔细地听取用户提出的、非常细节的**业务需求、功能需求**，甚至是某个计算公式，这些需求是后续具体设计与编程工作的依据。

3.1.2　实施方法论

清楚了售前咨询的目的和内容，下面来谈一下该如何进行售前咨询的准备和实施。在《大话软件工程——需求分析与软件设计》中未将售前咨询的内容列入其中，主要是因为这部分的工作并非所有的项目都做，而且咨询工作的灵活性大，难以用一套标准化、结构化的方法来描述，但它对于能否签订合同又起着非常重要的作用。由于能够胜任顾问型咨询工作是业务人员的知识和经验达到一定水平的重要标志，所以将它的内容单独列出来，作为从事这个岗位读者的参考资料。

对于咨询工作首先要掌握的是要理解对话人，因此本章的实施方法论重点讨论如何面对客户的问题，有3个比较重要的点需要注意。

（1）不同类型的客户，对应方法不同。

（2）不同的客户层，关心的重点不同。

（3）售前咨询工作的基本原则。

1. 不同类型的客户，对应方法不同

在3.1.1节按照接受IT现状把客户分成了两类，第一类为首次接触信息化，第二类为已有信息化经验。因此咨询阶段的做法一定要根据客户所处阶段和具体情况，给出最合适的解决方案。下面结合两类不同客户的特点，介绍一下售前咨询的实施方法。

1）对第一类客户（首次引入信息系统）

咨询中讲解的内容一定要以客户的业务需求为基础，因为这类客户不太熟悉信息化，尚无信息化方面的经验积累，但是客户是知道他的业务需求的（业务需求=采用信息化方式可以改进

的业务内容），客户是通过咨询师对其业务需求的响应程度、响应效果来评估产品或方案的优劣，这里的讲解一定要用客户听得懂的“客户用语、业务用语”，而不要大量使用软件公司内部的“技术行话”来表达，特别忌讳只使用非常难懂的技术专用语（如英文缩写等）来表达。

所谓的“客户用语、业务用语”，就是用客户对业务的表达方式。

2）对第二类客户（已经引入信息系统）

对第二类客户在做基本内容说明时采用的方法和第一类客户一样，要用客户听得懂的客户用语。但是在讲述IT的最新动态、技术时，则要根据不同的听众层次使用一些相应的专业用语，例如，给企业的领导班子成员做普及性的说明，虽然是新知识、新理念，也要用客户听得懂的语言，不得不使用专业用语时，建议多使用客户的业务场景来做比喻和关联，这样的解释方法就容易让专业用语“接地、落地”。在给企业信息中心讲解时就可以直接使用专业用语，特别是一些大型企业的信息中心，专业水平是很高的，这样做才能体现软件公司的专业性，但是也要注意，不论用什么样的专业用语解释，都**必须要用实际的业务场景做应用的解释，避免给客户留下介绍的内容“太空洞、不落地、纯理论”的印象**。

★解读：理解业务需求与功能需求的关系、差异。

这两类需求在一阶段的工作中是最常见的，但有很多需求工程师并没有真正地理解它们的含义和区别，经常把概念搞混。对于做好售前咨询工作这两类需求具有非常重要的作用，两者不是替代关系，而是从属关系，即功能需求是为业务需求服务的。

○ 业务需求：客户从自己的业务、管理过程中产生的需要改进、升级的需求。

○ 功能需求：对应业务需求，是未来系统预定要提供的功能。

业务需求是引起功能需求的动力，业务需求是功能需求的依据，功能需求是对业务需求的响应。没有对应的业务需求，则功能需求是无意义的。

2. 不同的客户层，关心的重点不同

通常将企业的人员构成分为三层，即决策层、管理层和执行层。作为咨询师，首先要能够辨明下述概念，如什么是决策层？决策层关心什么？什么是执行层？执行层关心点在哪里？交流时的用语一定要和参与交流的客户层级相匹配，要时刻清醒地知道自己讲的话是针对决策层、管理层还是执行层，切莫搞混。三层的工作内容和关系如图3-2所示。

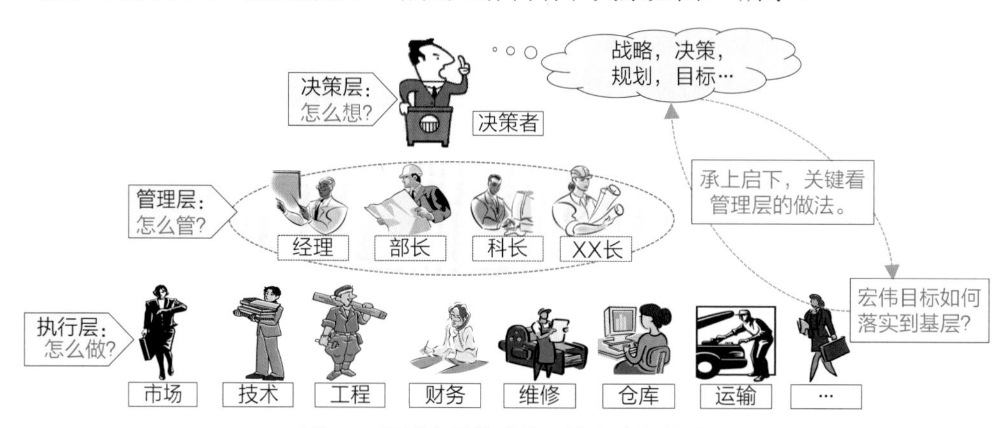

图3-2 三层人员构成的工作内容和关系

1）决策层

企业的决策层关心的是信息化的目的、价值，与企业的发展方向是否符合，信息化投资是否能给企业带来预期的回报，等等。如果对决策层的领导讲产品的细节，一定是为了说明某个目标需求而做的补充说明，这种说明一定要点到为止，讲解的内容不可过多。例如，如果企业领导非常重视成本管控的问题，咨询师可以先讲对成本控制的宏观思路，如通过控制仓库领料单的发行来降低材料的浪费，进而降低总的成本，然后可以再适当地利用流程图、产品界面来补充说明方法和效果。

2）管理层

对管理层可以适当地引用决策层和执行层的案例，因为他们的工作是承上启下的，所以对其他两个层级的内容都可以理解。例如，对财务部门、生产部门讲述如何进行成本管理，可以先提示一下企业决策者，公司的战略有哪些与成本管理相关的目标和要求，同时再展示一幅成本发生过程的流程图，标注在成本发生的每一个关键节点用什么方法和规则来管控成本数据，这样的咨询交流方式就非常容易引起管理层的共鸣，进而积极地参与到交流中，在给管理层传递主张的同时，从他们那里获得想要知道的难点、痛点、关键点。

3）执行层

对执行层切不可过多地讲信息化的目的、价值等这类对决策层说明的内容，重点可以讲述一些如果导入信息化后，他们的日常工作将会发生什么变化，如何减轻他们的工作负担等，特别注意讲解中要经常引用具体的业务场景来说明，让他们感觉到信息化与自己的工作有直接关联，避免让执行层的用户去理解抽象的内容。

综上所述，作为咨询师对决策层说话一定要逻辑性强，有一些抽象的表达是不存在理解问题的，但是对管理层和执行层最好用业务场景做辅助说明，掌握好“层”与“粒度”的关系。

3. 售前咨询工作的基本原则

不论是针对哪一类客户，在咨询实施的过程中谈论自己公司的主张时，尽量使用价值判断法的三要素（目的、价值、功能）做讲解的主线，价值三要素的关系如图3-3所示。价值判断法的核心含义是：判断购买**功能是否能为出资者带来可评估的回报价值**，如果有价值，则判定投资购买的功能是必需的、真实的。

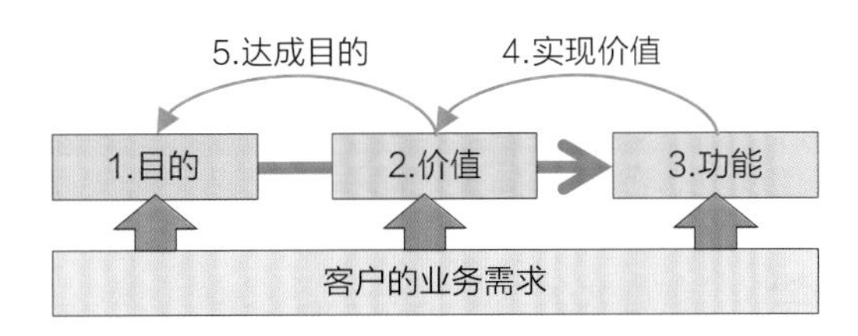

图3-3　价值三要素的关系示意图

这3个要素均要以客户的业务需求为基础，按照图示顺序依次讲述。以客户的业务需求为基础的目的是，你讲的内容可能不容易理解，但是如果讲解时用客户熟悉的业务需求做对标，这样你的信息就容易传递和被接受了。

【参考】《大话软件工程——需求分析与软件设计》第6章。

对于顾问型咨询特别是高级咨询师来说，懂得价值法的意义和方法后，就尽量避免采用下面的方式进行咨询。

1）不要直接宣传产品和功能

在与客户交流的开始就一味地向客户宣传本公司的产品有多好、功能有多少等，这就不符合上面提到的价值法原则，一定要先从客户引入信息系统的**目的**提起，然后说明达成目的后可以获得哪些**价值**，最后再作为实现价值的方法向客户推荐哪些**功能**。目的和价值的说明如下。

- 目的：指的是要解决客户的什么业务需求。
- 价值：指的是使用信息系统并解决了业务需求后得到的回报。

如果客户认同上述提到的“目的”和“价值”的阐述，那么再推荐可以实现上述“价值”的系统功能就顺理成章了。采用这样的推销方式非常自然，成功是水到渠成的事。

2）避免贬低竞争同行来提升自己

在客户的面前贬低有可能参与竞争的对手，也不符合上面提到的价值法原则，因为对有信息化经验的第二类客户来说，他们是有一定的判断能力的，尽量宣传自己的长处、特点（可以带来回报的价值）让客户自己去理解、对比、评估，而不必采用直接贬低对手的某个缺点来抬高自己，这样有可能引起客户的反感。如果一定要对比差异，可以用实际数据进行客观的对比来说明不同厂家的差异，例如功能、效果、服务、市场、性价比等。

3）要用价值而非价格来阐述

与客户讨论时尽量不要用降低价格作为首要的撒手锏，这不是顾问型咨询的做法和目的。作为顾问型咨询师，要对导入信息系统后可能给客户带来的**综合价值**进行说明。虽然最终签订合同时一定会对价格进行讨论，但是综合价值中包含了无法直接用价格（钱）来衡量的客户收益，例如用户素质的改变、企业竞争力的强化、工作效率的提升等。

★**解读**：用客户用语表达，做到与客户快速融合。

对企业的三层客户的交流有一个共同的注意点，即要使用“客户用语”。在客户企业中通常对信息化理解的水平是不均衡的，例如，在推进过程中总会有一部分领导干部认为信息化管理方式的推广会动了自己的“奶酪”，多少会产生一些消极的抵触情绪。因此企业领导会希望软件公司派出专家来在企业的内部帮助进行“信息化扫盲”，毕竟大家都认同“外来的和尚会念经”。所以准备的咨询资料在显示专业性的同时也要容易理解，不能用“技术用语”来解说信息化，而是要用客户听得懂的客户用语，而客户用语主要是用客户熟悉的业务需求、业务场景来表达。在讲解过程中，最好是举一个如何用信息化方法解决客户在业务中经常遇到的“难度、痛点”的例子，以此来表明信息化方式的作用和价值，这样就可以快速地与客户达成一致的认知。

能使用“客户用语”解释“信息化做法”是每一个咨询师必须具备的基础技能。

3.1.3 角色与能力

售前咨询阶段的工作成果决定了是否能获得项目合同，并影响合同价格的高低，这个阶段不但要和客户的高层、各部门的负责人交流，还有可能要与同行进行竞争，所以需要软件公司派出最匹配的角色出场，这些角色需要具有较高的知识水平和丰富的实战经验。根据项目的特点和重要性，选择不同类型的岗位担当咨询工作可以起到不同的效果（不限于此）。

1. 需要的角色

前面已经讲过，一般软件公司中专职的咨询师分为两类：一类是销售型咨询师，另一类是顾问型咨询师。实际上还有一类是软件公司的高管，虽非专职咨询师，但经常参与大型项目的咨询，姑且称之为“经营型咨询师”。根据客户的不同特点，选择不同类型的咨询师。

1）销售型咨询师

销售型咨询师是专门从事咨询工作的咨询师（或称为咨询工程师），通常进行一般的咨询和回答问题，介绍本公司的产品，了解和跟踪客户的需求等，咨询对象是企业客户的信息中心、中层领导等，这类咨询项目的合同金额通常不会太高。

2）顾问型咨询师

顾问型咨询师多由软件公司内部的高级岗位担当，如首席咨询师、总架构师、业务专家、技术总监等，这些岗位具有公司内部最强的专业能力和实践经验，对客户来说他们的介绍富有说服力，与他们进行交流可以获得非常专业的知识和信息，进而消除自己的疑虑。

另外，所谓的“经营型咨询师”由软件公司的高层领导担当，如董事长、总经理等，他们更多的是采用交流的形式进行咨询，具有一般咨询师所不具有的知识面、经历等，因为是企业的经营者，所以站的高度不同、看的视野不同、逻辑表达形式不同，且因为与客户高管同为企业的决策者，他们常常可以作为客户高管的同行，用“以身说法”的形式阐述信息化会给企业带来什么变化，所以他们参与的交流往往会起到让客户高层感同身受的效果，易于接受。这就是为什么很多专业咨询师搞不定合同时，软件公司的大领导出面就可以搞定的原因。因此在重要的、大型项目合同谈判前，由软件公司高层领导牵头做交流往往会大幅提升签订合同的成功率。

本书的案例以顾问型咨询师作为售前咨询阶段的主角开展活动。

2. 知识、经验与能力的关系

1）销售型咨询师

销售型咨询师要对市场、本公司产品、标准的服务内容等方面非常熟悉，能够有针对性地向客户介绍本公司的产品、功能、服务等，但缺乏对客户个性化需求和问题的响应能力。

2）顾问型咨询师

顾问型咨询师要具有很强的专业知识、本公司的产品知识、丰富的实践经验，除此之外，作为高级咨询师，还必须具有与企业客户的高层领导进行交流的知识，这里所提到的知识是非软件相关的知识，例如，对企业客户发展战略的理解，对国家及行业关于信息化发展的理解，对IT技术与企业业务结合后的效果，未来的企业数字化转型方式等，咨询师都要有自己的看法。

3.2 准备工作

在正式进入售前咨询阶段要做好的准备工作，包括对参与咨询的相关人要进行以下的培训，准备好相关的流程、模板、标准、规范等。

3.2.1 作业方法的培训

培训资料来自《大话软件工程——需求分析与软件设计》一书，培训内容如下。

（1）第2章“分离原理”。

- 企业的构成、分离原理模型等。
- 业务与管理的分离、目的、作用。
- 业务与管理的特性。
- 业务设计与管理设计等。

（2）第5章“需求调研”。

- 背景资料的收集方法。
- 需求真伪的判断方法。
- 需求调研的准备方法。
- 需求的收集与记录方法等。

3.2.2 作业模板的准备

咨询阶段的主要模板就是解决方案，有关解决方案的编制方法，参见3.5节。

3.2.3 作业路线图的规划

售前咨询的路线图，根据销售的产品不同、复杂程度的不同，可以灵活规划，没有严格的一定之规，图3-4所示路线图为本书案例的作业路线图（仅供参考）。

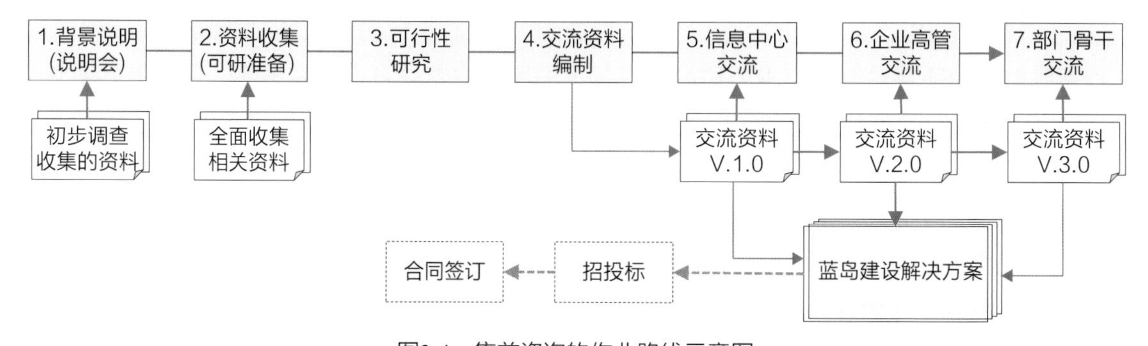

图3-4 售前咨询的作业路线示意图

3.3 咨询准备

在售前阶段与客户的各层级进行信息交流、解答疑惑是咨询师非常重要的工作，事前应该做好什么准备工作？需要收集什么信息？在售前推进发生了停滞时该如何破解？等等，诸如此类的问题都是在售前阶段的常见问题。

下面开始介绍蓝岛建设集团信息系统项目的开发过程。

3.3.1　项目背景介绍

1. 项目说明会的经过

宏海科技公司主管大客户的营销经理通知要开一个项目跟踪情况的说明会，由于甲方是公司重要的大客户蓝岛建设集团，而且是一个大型信息系统的建设项目，所以项目说明会邀请了公司各部门相关的负责人来听取汇报。

- 汇报地点：在软件公司的大会议室。
- 公司领导：董事长、主管营销的副总经理、总架构师、技术总监、业务专家等。
- 营销部门：营销经理、项目担当。
- 准备内容：投影仪、白板、会议记录员。
- 汇报形式：顺序为营销经理介绍项目背景，然后自由交流讨论，最终给出结论。

1）项目背景说明

营销经理首先利用投影仪介绍了客户背景、项目概要、预计的合同金额和研发工期、竞争对手的情况。蓝岛建设的IT现状如图3-5所示，正处于③和④之间的位置。

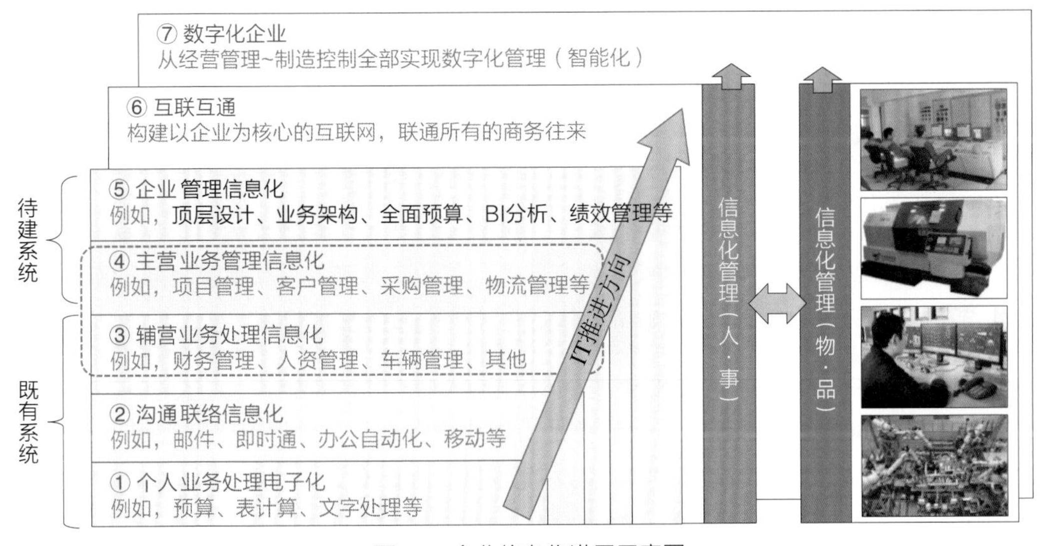

图3-5　企业信息化进展示意图

客户企业已经有了一些单体的管理系统，例如，财务管理、人资管理等，但是尚未构建对企业主营业务部分的管理系统。

介绍的过程中，销售经理把大部分的时间集中在对客户有哪些部门、各自从事什么业务、需要提供什么样的系统功能等方面的说明上，介绍的主要内容如下。

- 该项目已经跟踪了半年，也已经邀请了10多家软件公司和专业咨询公司做方案介绍，其中不乏多家国内行业中头部的大型公司、若干家国际著名的软件公司和咨询公司。现在处于一个内部研讨、判断期间。
- 听取了多家公司的产品方案介绍、咨询公司的服务提案后，客户内部出现了不同意见，领导拿不定主意：应该如何判断这些方案中哪个是最适合自己的，该如何确保自己的信息化建设不失败（客户以前有过失败过的经历，也知晓行业内的失败案例）。
- 为打破停滞，客户领导希望找几家公司进行面对面的交流，以帮助客户确定信息化的方向、软件公司的选择标准、下一步的推进路线。

2）自由讨论环节

听完了销售经理的介绍后，参会者对项目的背景、内容、竞争对手的情况以及客户现状等进行询问和讨论。

- 副总经理问：客户企业规模的数据有没有？例如，年产值、年利润、是否处于亏损状况、未来公司的战略、发展目标等，还有公司的员工数量、员工构成（技术人员比例、高级岗位的比例等）。

营销经理回答说没有准备这方面的数据，散会后立即收集。

★**解读**：客户的基础数据对获得开发合同非常重要。

关于客户基础数据介绍不足是一个比较常见的缺陷，销售人员觉得这些信息与确定开发内容无直接的关系，所以通常很少收集和介绍，或是完全忽略。但这些内容都与预期项目规模、客户可能投入的资金、系统的复杂程度、企业对未来系统的期待等相关。例如，

- 企业人数：企业规模越大、员工越多，则人工管理的难度就越大、管理成本就越高；这类问题通过信息化管理的手段比较容易解决，且见效快，容易实现对建设信息系统投入的快速回报。
- 产值利润：企业的产值高、利润高，则软件开发合同金额也可适当提高。若企业的产值高而利润低，则说明通过信息化管理帮助企业提升的利润空间大，可以给客户带来明显可见的信息化价值。
- 亏损情况：找出造成企业亏损的原因，说明用信息化手段有可能比较容易地解决其中的什么问题，如常常出现的成本超支情况，信息系统可以通过强化计划、支出控制等方式解决这类问题，让客户感受到信息系统带来的实用价值等。

- 业务专家问：在交流时，有几家大公司派出了业务专家参与？

营销经理答：据我所知都没有，他们都是由销售或咨询师按照标准方案资料进行介绍的，据客户说听完他们的介绍觉得有些空洞，认为都是概念上的东西，且在现场不能直接回答客户的专业问题，更像是在销售标准产品，好像没有引起客户太大的共鸣。

★**解读**：这个提问很重要，很多软件公司或咨询公司通常都只派出销售人员，由于他们的知识和经验有限，通常只会照本宣科地按照自己公司的标准交流资料（模板）向客户宣传产品或服务，与特定客户的具体情况相关度不高，面对已有信息化经验的客户，这种没有针对性的介绍可能已经听过数十次甚至上百次了，很难引起客户的积极反应，这就为宏海科技提供了以弱胜强、打破平衡脱颖而出的机会。

- 总架构师说：刚才介绍中说得最多的是客户信息系统需要有哪些功能，对于参加竞争的各个厂家来说系统功能都不会有太大的差距（即便有差距也很容易补上），且客户的确切意图不清楚时这些功能未必都是真实需要的。最好要找出客户在业务生产过程中发生的痛点、难点和关键点，也就是要从**信息化可以带给客户的价值上寻找我们的切入点**。只有我们提供的功能可以解决这些问题，才能显出这些功能的价值，仅仅靠系统中处理日常工作的功能数量多少是很难与各竞争对手拉开差距的。

★**解读**：总架构师从“客户价值”这个高度谈论看法，说明了客户花钱买软件，表面上看是为了要搞信息化管理，而本质上是要解决生产管理过程中的问题，例如获得更高的工作效率和更好的经营效益。加入这些内容后编制的解决方案就与客户的业务需求有密切关联了，这就是所谓的“方案接地”。

- 董事长说：还要关注一下客户的高管，特别是客户的董事长、总经理等的想法、期望，客户企业今后几年的发展目标、方向等，因为企业的信息化建设往往会与今后的发展相关联，与发展的相关越密切，客户的要求就越迫切。搞清楚这些内容可以帮助我们提出一个和企业未来发展同步的解决方案，让我们提供的信息化管理系统能够和企业的战略规划同步发展，同时建设的信息系统要能够做到大幅减少企业运营中的风险，起到为企业发展保驾护航的作用。

★**解读**：董事长提出了一个更有高度和前瞻性的目标，他的说明，将“信息系统”和客户企业的“未来发展”进行了关联和捆绑，用“信息化手段”为企业客户的正确和安全运行“保驾护航”，在咨询阶段，这样的提法更容易引起客户高层的共鸣，这个共鸣是非常重要的，毕竟最终引入哪家的解决方案还是需要客户高层领导拍板确定。这些内容为日后系统的顶层设计提供了方向和依据。

- 技术总监问：希望再深入地了解一下客户的IT现状，如果客户是建设工程公司，那么使用系统的终端是否有特殊要求，例如除去使用PC端以外，是否需要使用移动端的手机、平板电脑，以及其他适用于在野外作业用设备的需求，另外在野外使用时现场有无信号弱的问题等。

★**解读**：从技术总监的话中，可以读出很多有实用价值的咨询亮点，例如，照顾到客户是施工企业的特点，大家都知道施工企业是常年在户外作业的，工作环境差，条件艰苦，利用先进的信息化手段可以为他们带来意想不到的实用价值，也为软件公司带来更多的商机。

2. 说明会总结和任务布置

经过大家的询问、讨论后，最后董事长要求对这个项目要主动跟踪、积极出击，同时还提出，如果签下合同还要在开发过程中同时再做两件重要的工作。

（1）要将此项目做成**公司的标杆项目**。从需求调研开始直至交付为止，全过程都要采用标准化的软件工程和项目管理，要解决以往项目开发凭经验的方式，以提升公司产品开发的质量、工作效率和经济效益。

（2）要将此系统改造为**行业的标准产品**。对客户所在的行业来说，此系统的内容具有非常高的通用性及广泛推广的价值，因此在定制系统完成后将其改造为行业标准产品。

★**解读**：客户需求与软件公司需求。

除去针对客户方面的需求外，软件公司董事长也给将来要建立的项目组提出了“软件公司方面的需求”，这里要注意的是，任何一个软件开发项目都同时承载着软件公司自身和客户两方面的需求，通常大家的注意力都放在客户的需求上，试想，如果你是软件公司的经营者，你会不考虑自身的需求和收益吗？要理解软件公司与客户的需求差异。

○ 客户需求：期望在合同金额内，获得预期的系统。

○ 软件公司需求：期望在合同金额内，获得预期的收益。

所以，项目经理和产品经理都要记住，每个项目/产品在开发完成时，要同时获得客户和软件公司的满意，为双方带来预期的价值回报。只有这样才是优秀的项目经理和产品经理。

最后，营销经理进行了总结，会后将带领相关人员按照大家的意见收集资料，约定一周后进行项目可行性研究的汇报会，最终确定下一步的行动。

【交付物】会议纪要。

3.3.2 项目资料收集

知道了项目的基本情况后，下一步要进行的工作是针对这个项目的可行性研究收集所需的资料。可行性研究内容包括：这个项目有哪些价值（对本公司来说），如何争取合同，会遇到哪些风险，采取什么措施，如何推进等问题，收集的资料要能够支持回答这些问题。

1. 从表达的虚实，看资料的收集

项目说明会后，大家分头进行资料的收集，这些资料最终要用来编制一套与客户进行交流的方案。要注意客户方面不同的层级、不同的部门和岗位对信息化的关注点是不一样的，因此收集的资料要能够覆盖客户决策层、管理层和执行层的关切，在售前咨询阶段尤其要特别重视决策管理层的关切，因为他们才是信息系统是否导入的最终决策者。这就要求准备的资料一定要兼顾“虚”与“实”，所谓资料的“虚”与“实”就是指前述不同层的关注内容。

1）“虚”的资料收集

所谓的“虚”的资料，是编制的解决方案要有高度、广度、深度，要涉及导入系统相关的理念、价值、方法论等内容（参考项目说明会中软件公司董事长、副总经理等的相关发言），因此收集的资料中就要有为他们提供支持的内容，不要仅仅关注客户企业中的执行层的具体功能需求，同时更要关注高层领导的目标需求，软件公司的董事长说“信息化管理手段能够为企业的发展活动进行保驾护航”，那么就要收集企业客户在未来发展中要达成什么目标，现实中存在哪些困难，期望如何解决，看看有哪些方面可以用信息化手段进行保驾护航，等等。然后在向客户提出的解决方案中将它们重点表达出来。

【例1】怎么理解用信息化手段为企业“保驾护航”？由于客户业务规模急速扩大，带来了管理不到位、人员培训困难、事故风险增多的问题，那么就可以考虑在信息系统中建立一套监督管控的保障机制，通过这套机制的运行来保证生产运作可以沿着企业制定的经营目标、规章制度、标准规范等正确地运行，减少甚至消除可能发生的风险。

【例2】在构建的信息系统中，将客户企业的各项规章制度、管理规则等与系统的界面操作关联起来，这样通过界面操作系统不但可以掌握业务的运行方法，而且可以了解公司的各项要求，让信息系统变成可以快速培养管理干部、新入职员工的软件，以解决企业由于快速扩张而带来的管理人员不足、一般员工水平难以提升的难题。

★解读：这里之所以使用“虚”字，是因为现实中有很多咨询师对高层领导讲话有比较“虚”的印象，如领导常常会宣讲自己的战略、理念、目标、期望、规划等。咨询师不清楚这些话里隐含了多少重要的需求，所以认为领导讲的话就是走个形式，不用太在意，因此在咨询交流、编制解决方案时，常常会把重点放在讲述自家系统中用于执行层处理日常业务的功能数量有多少、功能处理能力有多强等方面。这是咨询师没有站在企业高层领导的视角看问题，也是自身对企业管理理解不足造成的。

当咨询师的理解水平提升后，就能体会到，所谓“虚”的内容其实不虚，它表达的是高度、广度、深度，以及未来可以期望的结果，里面蕴含着高价值的客户需求。

2）“实”的资料收集

所谓“实”，指的是在方案中要针对若干客户高度关心的期望、目标，或是以难点、痛点和关键点作为说明案例，给出使用信息化手段的解决方案和效果，让客户感受到引入信息化管理的手段后，可以有效地解决以往用传统管理方式多年难以治理的问题。

例如，客户想解决一个物资采购不透明的问题，那么就可以重点针对这个问题做解决的案例，说明如何用信息化手段可以确保解决采购不透明的问题，说明的过程中可以展示几个界面的截图、流程图等来强化说明效果，这样客户领导对信息化手段带来的不同效果就会有更直观的印象。要注意的是，这里要用“业务场景”和“系统界面”紧密结合的形式讲解，不要干巴巴地只介绍系统界面。

★解读：“实”的资料大多在签订开发合同、进入客户现场调研之后才开始编制。咨询阶段只需要找出一些关键的亮点事例就可以了。切忌在有客户高层领导在场的情况下长时间地介绍具体的功能点，这样看似专业，实则不懂层次。假如有客户在现场就所介绍的功能细节提出疑问，若咨询师回答不到位，就有可能给客户留下能力不行的印象，搞不好还会将交流会的方向带偏，使交流达不到预期的目的。

在咨询阶段，“虚”设定高度，“实”支持落地，“实”是为“虚”做注脚、提供支持的。

上述所说的“虚”与“实”并没有严格的区分标准，只是案例的粒度不同，而这个粒度的大小也是相对的，客户公司规模的大小、参会领导岗位的高低、企业信息化管理的普及程度等要素都会影响所选案例的感受，低水平的人感受是“虚”的内容，但在高水平的人看来可能是“实”的内容。

因此要根据实际的客户情况来判断如何选择案例，从宣讲完解决方案后听众的反应上看，解决方案的内容要让参会的高层领导有所触动、有所感受，业务骨干有兴奋点，大家愿意就方案的内容进行提问，这就说明达到效果了。谈到“虚”的案例时，可以只用文字或一些示意性的图形，在谈到“实”的案例时，可以再增加一些业务架构图和系统界面截图进行辅助说明，以表明软件公司是有经验的。

2. 从客户的不同层，看资料的收集

下面介绍收集不同层级客户资料时的常见问题，读者可以参考这些问题，结合自己参与的项目做扩展思考。

1）针对企业的决策层

要准备信息化的理念和主张、实施方法论、确保能够成功的措施等题目。客户企业的领导是不会轻易地相信导入信息系统后很容易就把企业改造好的（特别是有过失败经验的客户），因为他们是熟悉自己企业情况的。对客户的领导来说导入信息系统不是目的，他们更关心的是导入信息系统后将会给企业带来什么样的变化，是否能够实现导入信息系统的意图，信息系统可以带来何种价值回报等，要说清楚系统导入后是否能为企业提升竞争力、成本控制、提升效率和效益等内容。

2）针对企业的管理层

部门领导重点关心的是如何完成本部门的工作目标，他们不大会从信息系统的视角去关心信息化，所以在举例说明信息系统的重要性时，一定要将信息化的某个具体功能和他们要完成的工作目标中某个痛点相关联，给出一个典型的应用场景，说明如果导入系统后，这个痛点将如何得到改善或完全消除。

3）针对企业的执行层

在售前咨询阶段一般不用过多涉及客户执行层的内容，因为参会的人多为经营和管理层的领导，通常他们不会直接对具体的功能谈论看法。如果需要设置一两个具体功能的使用场景，那也是作为对高层领导的目标需求、期望的响应。另外选择场景要小心，不要选择在客户内部争议较大的场景，以避免因为讲述这个场景引起争论而带偏会场的讨论方向。

4）针对企业的信息中心

要准备有关技术方面的问题，信息中心会特别在意你的技术能力、有哪些成功案例、新系统与旧系统如何整合数据等，信息中心由于接触过大量的软件公司（且多数人也是从软件公司转行而来的），所以不要设想你讲的内容可以轻易地让他们信服，一定要有针对性。

3. 从方法与做法的区别，看资料的收集

在售前咨询阶段所做解决方案的目的是给客户企业的高层做宣贯、主张、建议等，不需要做太过细节的说明，因此解决方案中的介绍案例粒度要粗一些，原则上以“方法”粒度的形式为主来表达，针对执行层提出的案例可以多用“做法”的形式来表达。先来看看方法与做法二者的差异。

（1）方法，更多表达的是针对某类事物或在某个范围内，这个处理形式是具有通用性的，也就是说一个方法可以解决一类相似的问题。方法的表述可以更加抽象、概括，覆盖的范围广，所以给领导介绍的案例最好使用方法，**方法具有启示的作用，可以启发听众达到举一反三的效果**。

（2）做法，一般是针对某个特定事物的具体处理形式，相对于方法，做法比较具体，粒度比较小，一个做法可以解决一个特定的问题。这种粒度的案例与某个具体的场景比较贴切，所以容易被执行层的业务骨干听懂和接受。

方法和做法二者的关系也可以这样表述：方法是针对某个范围内的类似做法进行抽提、归纳，表达相似做法的规律。做法是针对某个特定问题的解决之法，是方法中的特例。

【交付物】《蓝岛建设项目背景资料汇总》、会议纪要。

3.3.3 项目可行性研究

收集相关资料后，下面就要基于这些资料进行项目是否可行的判断，如果判断可行，那么就决定下一步应该采取什么措施来推进项目的进展。所谓可行性研究，最主要的就是要确定两点：**可做**与**不可做**的条件。

（1）要找出自己的优势条件，这个**优势条件决定可做**。

（2）要找出最大的风险条件，这个**风险条件决定不可做**。

然后对这两个点进行平衡以确定最终是否要做。搞清楚了竞争对手的强项后，尽量找出自己与竞争对手的差异，强化这些差异带来的价值，并以这些差异带来的价值抵消或弱化竞争对手的强项，与此同时还要想办法降低自己可能遇到的风险，补上自己的不足部分。

一周后，按照约定将大家收集的资料进行汇总后，相关人员再次聚集在一起，依据收到的资料讨论该项目是否具有继续跟踪推进的价值。

- 汇报地点：在软件公司的大会议室。
- 公司领导：董事长、主管市场的副总经理、总架构师、技术总监、业务专家等。
- 营销部门：营销经理、项目担当。
- 准备内容：投影仪、白板、会议记录员。
- 汇报形式：顺序为营销经理介绍整理好的资料，然后交流讨论，最终给出结论。

营销经理介绍了蓝岛建设项目可行性分析报告，在报告中补充介绍了上次会议大家关心的客户信息，同时重点介绍和分析了竞争对手的情况，主要竞争对手有A、B、C、D 4家公司，其中：A是国内大品牌公司，经验丰富；B的技术力量最强；C是国际大品牌公司；D与知名咨询公司联手参加。营销经理在报告中从以下4方面进行了与对手的分析对比。

（1）公司发展的目标与价值：该项目与本公司的发展是否一致。

（2）公司的优势：本公司处于优势的地方。

（3）公司的条件：本公司是否有条件完成该项目。

（4）存在的风险：该项目存在的风险。

1. 公司发展的目标与价值

大型的软件项目开发是否值得参与，首先要看这个项目的目标和达成目标所产生的价值是否与软件公司的公司发展需求一致。

1）公司目标

长期以来宏海科技一直想要在该客户所从事的业务领域扩大影响，正好可以借助这个客户的项目拓展在该领域的销售额比例，可以说这个项目与公司的发展目标是一致的。客户项目与公司发展目标相吻合这一点非常重要，如果两者是一致的，那么在讨论合同金额时，获得绝对的高利润率就不一定是追求的最大目标，拿下这个项目后，树立标杆、提高产品的影响力和占领市场才是第一目标，而高利润回报则可以从日后销售产品中补回来。

2）回报价值

这个项目如果可以拿下来，对回报价值的计算可以从两方面看：一是从金钱的收入价值看，二是从潜在的发展价值看。

（1）从收入价值看：第一期和第二期的合同金额有1900万元之多，对于本公司来说是属于大型项目，如果项目开发过程管理得当，最低确保项目的收支平衡是可能的。

（2）从发展价值看：该客户是行业具有代表性的公司，将这个系统进行产品标准化后，为后续的市场推广树立了一个非常好的标杆。同时由于项目周期长，且设计和编程分为两个阶段，借此机会还可以锻炼一支队伍，积累下一套标准化的开发方法。

2. 公司的优势

接下来将宏海科技与其他竞争对手做一个优势对比，本公司具有的优势主要体现为两点：一是业务的专业性，二是个性化的服务。

1）业务专业性方面

在仔细地分析了对手的咨询活动和提案后，可以看到宏海科技比对手在客户所属业务领域中的专业性要强，因为宏海科技常年耕耘在这个业务领域，可以完成顶层规划设计、业务流程的优化，直至细化每一个操作界面、每一个计算式。例如，可以提出非常专业的成本管理方案、风险控制方案、企业数据资产的规划和应用方案等，而竞争对手只能提出泛泛的、不太具有针对性的提案。这些都是宏海科技优于竞争对手的方面，也是客户最在意的地方。

★解读：不论对哪个领域的客户、软件公司，专业性都是最重要的优势，毕竟客户引入信息系统、信息化管理方式是为构建未来企业发展的基础，客户把自己的基础建设交给外行人做如同自杀行为。所以每一家软件公司都必须要在自己从事的领域做到业务最佳。**应用型软件公司的最大财富就是其积累的业务知识和经验**。

2）客户个性化方面

这个项目对宏海科技来说是要树立业务领域的样板，但对其他大的竞争对手公司来说可能就是一个平常的商业项目而已。虽然宏海科技的知名度、规模、资源、项目数量等方面不及竞争对手，但宏海科技是全新构建这个系统，而竞争对手多以既有的标准产品为基础进行提案，这样势必在客户的个性化方面比较薄弱，提案的很多部分会要求客户“削足适履”，这样客户的满意度势必会下降。

★解读：由于想要做行业的标准产品，因此为客户提供个性化而增加的成本可以用将来的产品抵消。找出与竞争对手的最大差异点，强化和扩大差异点，缩小不足点，这个差异点一定要做到让客户在选择软件公司时爱不释手，难以割舍。差异点可能成为客户最后确定软件公司的撒手锏。

3. 公司的客观条件

再来看一下宏海科技的客观条件，是否有能力顺利地完成这个项目，可以从4方面看：技术、组织、时间和价格。

1）技术可行性

编程技术是一个硬门槛，要判断新的信息系统在当前的技术条件下能否实现，是否存在不具备的技术要求等。经过粗略的分析（因为尚未进行详细的需求调研），虽然宏海科技的技术与其他竞争对手相比不是最高水平，但是实现这类系统的技术储备是够用的，而且这个信息系统的最大难度在于业务方面（这方面宏海科技是有优势的），而不在编程技术方面。

2）组织可行性

因为这个项目已经确定为公司的战略项目，因此可以优先调动公司的高级业务和技术方面的资源，并可以保证有足够的资源在客户现场进行调研和设计，快速响应客户的需求，解决复杂问题。

3）时间可行性

鉴于该项目的工期较长，且第一阶段是分析和设计，并不使用编程资源，所以在客户期望的时间节点内完成两个阶段的合同是可能的。另外由于是宏海科技常年耕耘的领域，所以积累的项目多、经验多，可复用的部分也多，可以节约一定的时间。

4）价格可行性

宏海科技的强项是针对客户的需求可以提供细分部分的专业服务，用更多的专业服务来体现自身的价值，所以不必担心竞争对手刻意地压价竞争，而且也不必用压低价格进行竞争，甚至可以适当地提高报价。

4. 存在的风险

主要的风险在于宏海科技的技术力量相对于竞争对手较弱，由于这个项目的需求和开发分为两个合同，如果宏海科技拿下并完成了第一份合同（包括需求调研和设计），但是第二份合同没有拿下来，就要将自己的需求调研和设计资料交给拿下开发合同的软件公司，相当于向竞争对手公开了宏海科技的设计，这会为今后在别的项目竞争时带来不利的影响，针对这方面的担心，下面两个人的发言起了导向作用。

- 技术总监认为：由于我们的竞争对手都是大型软件公司和咨询公司，他们的系统都是非常成熟的，他们不太会为了本次合同而大幅度地修改已有的系统，更不会为这个项目而重新开发一个系统，成本太高。另外此项目特有的做法也未必符合他们的销售理念，因此有可能是小型公司拿下第二份合同而非竞争对手，因此影响是有限的。
- 公司副总经理认为：即使他们采用了我们的部分设计，但相对于获得这次机会，通过在项目的需求和设计方面给宏海科技的下一步发展打下了基础，开拓行业市场的意义更大，而且可以锻炼一支队伍、积累一套方法、树立一个标杆样本，这样看我们的收获可能相对更大，现在这个时代抢时间、占领市场最为重要，冒这点风险还是值得的。

通过讨论，将前期存在着对强大竞争对手的信心不足，甚至认为仅仅是用来做陪标的担心基本上消除了。参会者基本上统一了认知，觉得这个项目还是非常值得搏一下。经过反复的交流、推演，最终大家形成了两点统一的意见。

（1）要突出“专业化”和“个性化”两个标杆，从这两个强项入手进行突破。

（2）与客户进行多层级交流，向客户灌输宏海科技的理念、主张，帮助客户建立评估标准。

★**解读**：通过反复的宣贯，可以在客户的心目中形成宏海科技与竞争对手的特征点（差异标志），建立起宏海科技的特征点后，不论客户讨论选择哪种方案或哪个软件公司时，时刻都会想起来宏海科技的特征点，此时客户会反过来用这些特征点来评估其他的竞争对手是否具有相同的能力，这就相当于宏海科技为客户制定了评估标准。

【交付物】《蓝岛建设项目可行性分析报告》、会议纪要。

3.3.4 交流策略与计划

在可行性研究中大家统一认知后，接下来就要讨论具体应该采用什么策略和计划，打破现在的静态僵局，积极协助客户向前推进。

1. 交流策略

客户的招标活动进入了停滞期，主要是因为客户的决策者们难以确定哪家公司的哪个方案是最合适的，此时仅靠营销经理等一线岗位用偏销售咨询的方式就难以拉开与竞争对手之间的差距（与竞争对手的宣传方式处于同等水平），这种营销手法是无助于打破平衡让客户做出判断的，此时就应该由软件公司的高层从软件公司的主张与客户发展战略的锲合度等方面和客户进行数次的深度交流，如：

- 客户的问题点是什么？
- 符合客户需要的好系统的标准是什么？
- 客户使用后企业将会发生哪些变化？有什么效果？带来什么样的价值回报？等等。

★**解读**：这种交流类似于开展对客户的“洗脑”工作，所谓的“洗脑”就是在交流资料中融入本公司的主张和标准，然后在交流过程中不断地进行讲解，说明满足这些主张和标准的信息系统才是最符合客户需求的。当客户接受了这样的概念后，将来客户会判断其他软件公司和他们的方案是否与这些概念相吻合。

签订合同前的访谈交流，与合同后的需求调研的对象、目的、方法是不一样的。重点不在细节，而在于客户高层对企业信息化目标的理论、思想、价值、方向等的相互理解、确认。在营销经理的安排下，预定与客户进行3场交流会，3场在不同的3个层面：决策层、管理层和执行层，通过交流了解客户的想法，向客户宣传软件公司的理念、做法。

★**解读**：与客户不同层级进行沟通的方式可以有很多，例如访谈、咨询、问卷等，这里之所以没有使用咨询一词，是因为作为软件公司，是我们主动地和客户进行协商、听取想法的，而不是客户准备好了议题需要我们做回答，因此这个阶段采用“座谈、交流”的表达方式比较好，这也是咨询阶段的一个重要沟通形式。

完成了全部的交流活动，收集了所需要的信息，最后整理出一套合适的解决方案，这个解决方案要对交流时客户提出的需求做出应对，由客户进行询问，软件公司做解答，这才是进入了真正的咨询环节。

2. 交流计划

统一了大家的认知后，接着就是制订下一步的交流计划。这3次交流要相互衔接、互为铺垫，交流成果是编制解决方案的素材。3次交流的关系如下，参见图3-6。

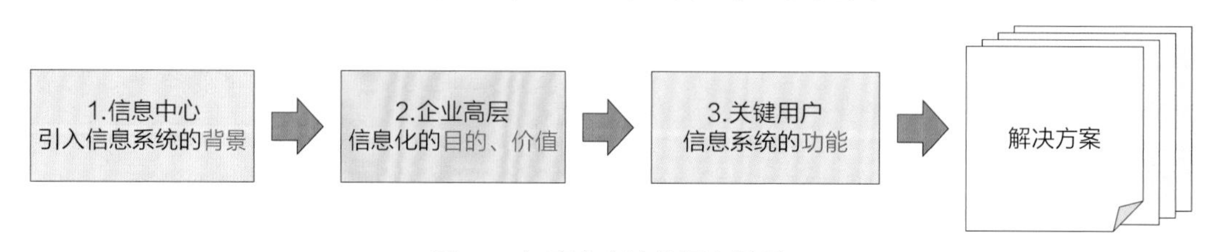

图3-6 与客户交流的顺序关系

1）第一次：与信息中心的交流

首先与信息中心进行交流，目的是全面收集**客户信息化建设的背景信息**，让客户**了解软件**

公司，并为第二次与企业高层和第三次与关键用户进行的交流收集信息、做好准备。

与信息中心交流的重点在于获取更加详细的项目背景信息，也就是除去对所有参加竞争的软件公司发布的公开信息以外，还有哪些值得关注的信息，并向信息中心详细介绍后续交流的方案，听取信息中心对交流方案的意见、想法，并将这些意见补充到后续的两个交流资料中。

★**解读**：信息中心是客户企业对外的联络窗口，首先和信息中心建立良好的关系，作为与客户内部交流的重要渠道。交流中一定要给信息中心留下这样的印象：宏海科技是有实力的（包括技术）、非常专业的、值得信赖的，信赖关系是最重要的基础。

2）第二次：与企业高层的交流

目的是收集有关**项目的目标和方向的信息**，也是为第三次的交流做好铺垫。

与企业高层交流的重点在于听取他们的想法、关注点，输入我们的信息化理念让客户的高层相信：未来导入的信息系统是可以帮助企业提升竞争能力、完成领导的期望目标、为企业安全运行保驾护航的，并将企业高层对未来信息化的看法补充到第三个交流资料中，传递给执行层。

★**解读**：与客户高层的交流要留下这样的印象：宏海科技有能力支持企业的经营战略落地，是可以进行长期合作的IT伙伴，有信息化相关的问题就可以找宏海科技解决。客户高层不一定很懂信息化，所以双方的高层直接交谈、获得信赖是非常重要的，也是一般咨询师所不能替代的。

3）第三次：与关键用户的交流

目的是收集**对企业信息化建设的反映与现状**。关键用户来自企业的核心部门，如财务、销售、生产、采购、物流等，他们是这些部门的主管、业务骨干等。

与关键用户交流的重点在于收集各部门对企业准备导入信息系统的看法、业务现状和最为关心的难点、痛点。关键用户的交流要留下这样的印象：宏海科技对客户业务非常熟悉、非常专业，他们开发的信息系统一定可以让自己的工作更加方便，并且可以解决以前困扰多年难以解决的问题。

关键用户是企业运行的核心力量，是利用信息系统完成日常业务的主要角色。这里要特别注意的是，他们虽然是企业精英、企业管理执行层的核心，也是未来系统的重要用户，但是他们往往与信息化推广的主要部门（信息中心）的想法不一致，看问题的视角也不同，他们的想法对企业导入信息系统的决策有着重大的影响，因此事前了解他们的想法，并在后面编写的解决方案中做出适当的响应非常重要。

★**解读**：信息系统是否导入是由客户企业高层最终决定的，但是这个决定很大程度上是基于业务部门、关键用户的反馈意见的（当然信息中心的意见也很重要），所以说，专业水平始终是让客户各个层级可以放心、安心地做出自己的判断的重要前提。

交流完成后，汇总这3次的交流结果，最终向客户正式地提出一份整体解决方案，说明针对客户的情况采用什么样的信息化理念、方法论去解决客户的问题，满足客户的信息化需求。

4）与客户的沟通形式

企业推进信息化的3个最重要的相关方是信息中心、企业高层、关键用户。分3次进行交流的顺序，第一步要先访问信息中心，其次访问企业高层，最后访问关键用户，理由是这样的，3次交流的目的就是一个：获取合同签约，而签约的关键在于企业高层，所以访问企业高层是核心，因此，

- 先访问信息中心获取背景信息，是为了与企业高层的交流做好铺垫准备。
- 最后访问关键用户，是为了确认企业高层信息化建设的想法在基层的反响。

有了与企业高层和关键用户的交流信息后，就可以根据这些信息勾勒出未来信息系统的目标、价值、功能等，建立符合客户需求的核心框架，给出令客户满意的解决方案，在后续进行合同谈判时就会处于有利的位置，减少推进阻力。

★解读：搞定了企业高层的领导不是就可以做决定了吗？还需要关注执行层的想法吗？当然需要，由于很多企业内部存在着上下级思路不通的问题，如果在初期不能找出不通的问题和对策，很可能在决定方案时关键用户会提出一些预想外的问题，将项目推进的方向搞乱，如果没有拿出理想的对策，此时软件公司就会很被动，甚至失去已有的优势。

3.3.5 交流资料的编制

可行性结果、交流策略和计划业务都清楚了，下面就要落实到交流资料中。编制交流资料是个费时费力的工作，主要的工作内容包括4方面。

（1）资料编写的分工。

（2）客户交流的主题。

（3）资料编写的原则。

（4）资料编写的版本。

1. 资料编写的分工

根据前面的计划安排，下面进行交流资料的具体编制，这个交流资料也是后续编制正式解决方案的参考蓝本。为了让后续交流目标能够达成，决定由总架构师作为首席咨询师主导后续的交流，由他先确定交流的目标、理念、主线等内容，做出交流资料的框架，然后由大家分头进行编写。具体的资料编写分工如下。

- 首席咨询师：做交流资料的整体规划，包括交流的框架（资料目录）、交流的主题、理念、目标等，以及资料的最终汇总。
- 业务专家：重点编写业务处理部分的行业先进案例，用信息化手段如何解决用户关心的难点、痛点的案例，按照做法的粒度编写案例。
- 营销经理：重点提供项目实施的背景、资源储备、计划设想、风险控制等。

2. 客户交流的主题

交流策略、交流计划以及编写成员都安排好，下面的一个重要工作就是动手编制交流资料，由于对客户导入信息系统的背景了解得还不太清楚，经过大家的讨论，根据已掌握的信息判断，暂定交流资料的主题为**“构建先进信息管理系统，提升企业核心竞争力”**。交流资料的主题是根据以下两点确定的。

（1）已收集到的客户信息，包括公司发展战略、目标、期望、现状的难点、痛点等。

（2）软件公司的主张、客户所属行业的开发经验、新管理理念、最新IT技术等。

设立这个主题是因为软件公司认为：客户处于快速发展的阶段，各方面准备不足，特别是人力资源不足、管理不到位，造成企业发展战略落地困难，因此需要利用信息化的手段来弥补上述不足，提升企业的竞争力。

★**解读**：确定交流主题是非常重要的，这个主题代表了软件公司基于目前对客户需求的认知程度，软件公司自身的思想、理念、主张，给出的解决方案草稿的主旨，后续所有的内容都要围绕这个主题收集、展开、阐述。当客户第一眼看到这个主题时，是否会眼前一亮，是否会引起对这个主题后面内容的兴趣，说明软件公司的判断是否是正确的，也决定着交流会是否能成功。交流资料绝对不能仅仅是将软件公司所拥有的产品、功能简单地罗列出来进行介绍。交流主题的方向选错了将是致命的失误。

3. 资料编写的原则

针对不同的听众群，在选择方案的素材时要特别注意以下几点原则。

- 要选择与听众层相匹配的问题，包括过去、现在和未来的问题，不要过多谈论其他层的问题，避免由于所属层的不同所引起的误解。
- 与企业高层交流时，要站在领导的高度论述问题、看待问题，表述要有很强的逻辑性，有清晰的论点和可靠的论据作支撑，切不可论述混乱、逻辑不清。
- 与客户各层交流时要注意用语，要采用对方所属层容易理解的用语表达，避免过多地使用计算机的专业用语。

资料内容表达上要使用客户容易理解的用语，可以适当地加上网络上非常流行的IT用语，但是一定要避免大量使用非常专业的技术用语。在讲述非常重要的概念、功能时，最好用一个客户非常熟悉的业务需求场景做注释，避免仅使用系统功能来说明系统有多么好。客户熟悉的是自己的业务，将系统功能与客户的业务需求相关联，容易让客户理解并引起关注，留下深刻的印象。

用语，是传递思想的载体，用语的选择非常重要，试想在交流中植入了我们的主张、理念、标准等非常想传递给客户的重要内容，但是由于客户没有听懂，没记住，没留下深刻的印象，那么他们很可能对交流给出的判断是“概念多、不落地”，其结果可能是在选择最终的方案和软件公司时已经把我们排除掉了。

【交付物】交流资料：方案主本2份（A1、A2本），辅助案例2份（B1、B2本）。

4. 资料编写的版本

为了控制好交流内容和交流时间，可以将交流资料分为两部分，一部分是交流资料的主本A（以下简称“A本”），另一部分是交流的辅助资料B（以下简称“B本”），二者的内容和作用如下，参见图3-7。

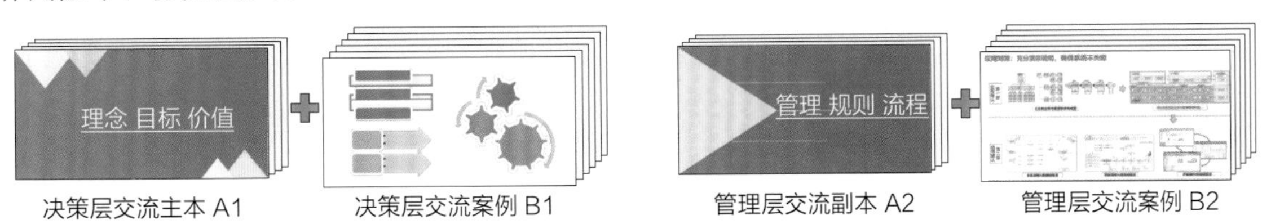

图3-7　交流资料的版本组合示意图

1）A本：交流的主体内容

A本是交流会上用投影仪展示的主要文档，内容包括与本项目相关的理念、目标、价值、风险、计划等内容，由于客户企业内部决策层和中间管理层的关注点不同，可以将A本再细分为A1、A2两个不同的版本。

（1）A1本：用于与决策层的交流。企业的高层管理者，大多参加过各式各样的培训班、高端讲座等，自己也读过很多的专业书籍，因此他们在经营管理方面都有着较高的理论水平，所以编制的资料一定要与企业高层领导的水平一致或更高一些。

（2）A2本：用于与关键用户（中间管理层、执行层的骨干）的交流，可以适当地谈论一些目的、价值等内容，但重点要放在讨论这些用户关心的内容，相比A1本来说，A2本内容要落地，适当地多些具体业务案例，少些抽象的理论讲述。

2）B本：交流的辅助案例

B本的内容主要是辅助A本的案例资料，包括一些软件公司做过的经典案例的图形、系统的界面截图等。B本根据情况也可以匹配A本分为两套：B1和B2，两个版本选定的案例内容不同。

（1）B1本：用于企业经营高管的交流，所举案例为高层领导的关注点，粒度要粗一些。

（2）B2本：用于关键用户（部门级）的交流，所举案例可以更为具体，粒度要细一些。

与企业决策者交流用A1+B1的方案，与企业关键用户交流用A2+B2的方案，所有方案都要和信息中心进行确定，听取他们的意见。

将交流方案分为A、B两套文档的目的在于：客户介绍时主要以A本资料为主，需要讲述案例时打开B本，这样介绍比较灵活，介绍A本的时间不足或时间还有富余时，都可以用B本案例的内容来调节，当感觉听众不太感兴趣时也可以适当地减少B本案例内容的说明时间。例如，交流会的软件公司发表时间定在90分钟（平均1页为3分钟左右），发言者可以根据现场的情况来判断如何使用A、B资料。

- 如发现客户听得非常认真，则可以讲满90分钟，方法就是调节A本和B本的内容。
- 如客户希望多听方法论的介绍，可以多花时间细致地讲解A本内容。
- 如客户想多看一些案例，则可适当减少A本的内容，多介绍B本中的案例。
- 如讲解中客户不时地插入提问，则可以讲得简短一些，将B本作为提问时的应对资料。
- B本的案例资料则可以多准备一些，在交流过程中根据客户的反应增减介绍时间。

B本的案例涉及的内容可以广泛一些，因为初次见面软件公司不清楚客户想要了解什么，客户也不清楚自己想要看什么，所以在讲述B本的案例时常常会触发客户的想法，引出需要的话题。多做一些准备案例，可以避免在介绍时找不到资料的尴尬场面。

★**解读**：资料分为A、B两套还有一个重要的用途，在A本方案中只包含与该客户相关的内容，在B本案例中包含软件公司的优秀案例、复杂功能的处理机制、新IT技术等内容，双方交流完之后，客户常常会向讲解人索要交流资料，此时为避免客户将重要的企业资料外泄给其他的竞争对手，此时就可以只交给客户A本，如果需要B本，可以将案例中不宜外传的部分删减后再交给客户。

3.4 客户交流

在交流资料全部完成，并通过了软件公司内部相关领导和专家的评审后，下一步就要进入与客户的正式交流了，交流对象的顺序是信息中心→企业高层→关键用户。

3.4.1 信息中心的交流

第一次交流的对象是企业的信息中心，信息中心是软件公司接触客户的窗口，建立起双方的相互信赖关系至关重要。

1. 交流活动的经过

- 交流目的：了解企业建设信息化的背景，企业高层领导、主要业务部门负责人对建设信息系统的想法，建立信任关系，为完善和补充第二、三次的交流收集信息。
- 交流地点：交流会在客户的信息中心进行。
- 客户方面：信息中心主任、本项目相关成员共5人。
- 软件公司方面：首席咨询师、技术总监，营销经理等共4人。
- 准备内容：投影仪、白板、会议记录员。
- 交流形式：**由信息中心主任先介绍背景，首席咨询师介绍方案**，然后交流讨论。

1）信息中心方面的介绍

在双方相互介绍了参加交流的成员之后，营销经理首先说明了这次来访的目的是想和信息中心做一次深度的交流，以了解关于导入信息系统的更多信息，听取信息中心的想法，并为后续与高层和关键用户的交流做好准备。

接着由信息中心主任孙勇介绍蓝岛建设集团这次构建信息系统的背景情况，并且强调企业的高层领导非常重视这个系统，也非常期待着系统将来可以给企业带来的效果。从他的介绍中可以归集出以下几个关键点。

- 由于企业内部的部门各自为政，业务梳理得不顺利，难以统一标准，目前缺乏有效的解决办法。
- 信息孤岛问题已发生，各系统的数据难以共享，领导看不到及时、正确的统计数据，业务和财务的数据脱节等，各层领导对现状非常不满。
- 参加本项目竞争的国际国内知名大厂多，对此宏海科技有什么优势？能带来什么价值？
- 宏海科技如何在客户企业的各个层级中树立自己的形象和可信度？等等。

2）软件公司方面的提问

接下来由首席咨询师用投影仪向信息中心做了交流介绍，介绍以A1本为主，并同时介绍了B1和B2的内容（因为需要信息中心对后续的交流提出参考意见）。介绍期间结合客户的提问，用白板做了问题的说明。首席咨询师向信息中心重点询问了如下问题。

- 新系统的目的是：手工替代？增强竞争力？提升效率？增加效益？还是其他？
- 企业高层领导对构建新系统的态度、想法、期望，有哪些不同或反对意见等。
- 各业务部门的领导对信息化的态度，如销售、生产、财务、物流等。

- 信息中心的思路、期望、困难之处等，期望软件公司如何做配合？
- 希望软件公司在与高层交流时重点谈什么？希望借软件公司之口向高层传达什么信息等？
- 既有系统运行中发生的问题，信息孤岛问题是否打算在本项目中解决？
- 期望如何构建未来的新信息系统？有什么建议、担心？等等。

★解读：这里提出的问题必须是经过设计的，因为都是用于后续编写解决方案时的重要参考信息，例如，搞清楚建设新系统的目的是什么，如果仅仅是“手工替代”，则数据填报类系统就满足需求了，也不用在解决方案中提出过于高大上的理念和目标；如果是要“增强竞争力”，则在解决方案中可以做的文章就非常多了，例如，业务流程的优化，强化业务的管理控制，复用历史数据缩短投标响应时间，成本的精细化管控等。所以预先设计好提问项很重要，避免漫无目的地随机提问，这样就浪费了宝贵的交流机会。

2. 确立信息中心对软件公司的信赖

信息中心是企业信息化的执行机构，为什么与客户高层和关键用户访谈之前要先与信息中心进行交流呢？因为我们与信息中心是同行，容易沟通，还可以通过与他们的交流了解更多的背景信息。毫无疑问，信息中心对选择软件公司起着非常重要的作用，通过交流要给信息中心留下非常专业的、可信赖的印象，让信息中心相信，如果选择了这个软件公司：

- 它有能力完成这个项目，且比其他竞争对手在“专业、服务”方面更具优势。
- 通过借助这个软件公司的力量，可以帮助信息中心提升在企业中的存在价值和话语权。
- 可获得一个长期合作伙伴，有问题随时可以得到他们的支持等。

软件公司借此机会了解更多的背景信息，为后续提出正式解决方案打下基础，同时还可以获得如下信息。

- 后面可能参加交流的高层领导对信息化的态度、要求、期望等。
- 找出客户各层级对导入信息化的最大期望，让这些期望成为方案的热点、高光点。
- 找出暗藏风险，识别出自己难以胜任或会导致成本大亏的要求等。
- 最好通过与信息中心的交流，也可以获得一些关于竞争对手的信息，等等。

★解读：信息中心有自己的想法，但是有鉴于目前信息中心普遍在企业中的地位和话语权不高，他们有些想说但又不便说的内容，可以借助软件公司（外来的和尚）的口传递给上级。因此，让信息中心过目给高层交流的资料很重要，也很有必要。

3. 有关信息中心的补充知识

为什么在企业中设有信息中心主任，在推进信息化建设时还要再设一名高层管理者作为企业信息化的主管呢？因为企业管理使用的信息系统，不是一个图书借出/退还或超市收款那样的简单记账系统，而是要涉及企业全方位的业务、管理等工作，在企业中，由于部门多、层级多，涉及的业务复杂，同时各种利益之间的关系错综复杂，信息中心这样一个与其他部门平级或低一级的部门是难以进行全面协调的，所以企业必须选派一名职务在各部门负责人之上的高管，来帮助信息中心协调、判断有关信息化建设相关的事务。

★Q&A：销售经理说很怕被客户问到以下问题。

你们公司做过××系统吗？你们公司有××类型的产品吗？

他问李老师："咨询时每次听到客户这样提问都让我比较紧张，说做过，如果回答有错误，怕被人家说不够专业；说没做过，又怕丢了签合同的机会，该如何是好呢？"

李老师举了个例子：某个软件公司做过建筑施工类型的企业管理，在遇到机械加工类型的客户企业时，从客户视角看这两类企业所属业务领域是完全不一样的：一个是盖房子，一个是制造机器，产品的用途和制造的技术完全不同。但是作为软件工程师，从开发企业信息系统的视角来看，这两个企业要做的系统是相似的，因为不论从事什么业务的企业，在企业运营工作内容上都有相似之处，例如，

- 从组织结构上看：都有销售部门、生产部门、采购部门、财务部门、人资部门等。
- 从管理要素上看：都有成本管理、进度管理、质量管理、风险管理制、安全管理等。
- 从软件架构上看：都有业务架构、处理功能、数据积累等。

另外，再借助分离原理对这两个不同类型的企业进行分析。构成企业的4个要素"业务、管理、组织、物品"中的前3个都是一样的，只有"物品"的类型和制造技术不同，也就是说建筑施工企业和机械加工企业的差异主要在于产品不同、制作工艺不同，如果构建的企业管理信息系统中没有包括制造工艺方面的内容，则"物品"的差异就可以忽略不计了。如果有差异，也是存在于具体的企业管理形式，这种差异不仅存在于不同行业的企业之中，即使是在同一个行业内（如机械制造行业）的不同企业中也会有差异存在，因此，不必因为客户类型的不同就认为软件公司已经积累的知识和经验就不适用了。

明白了这个道理，就可以这样回答：我们虽然没有开发过机械加工型企业的信息系统，但是我们在销售管理、物流管理，以及成本控制、进度控制、风险控制等方面有非常多的专业经验和案例，完全可以按照客户的要求做出非常适合你们期望的系统。也就是说，你的回答要让客户把注意力放在你们有丰富的销售、物流、成本、进度等方面的专业知识和经验上，而不必在乎你的这个经验是在施工企业还是制造企业中获得的。

销售经理回答说："我明白了，有同行业经验的加持固然很好，如果缺乏同行业的经验时，就把行业去掉，将客户注意力引导到'销售、物流、成本'等具体的专项内容上，充分显示自己在这些专项上积累的专业能力，因为这些专项的专业知识是共同的。"

【交付物】

- 修改方案主本A和辅助案例B，把信息中心的想法整合到第二次企业高层交流资料中。
- 会议纪要。

3.4.2 企业高层的交流

第二次交流的对象是客户企业的管理高层，他们对软件公司的理解和认同是获取并推动项目进展的关键动力。

1. 交流活动的经过

- 交流目的：通过交流直接获取客户企业高层领导对建设信息系统的想法，这是指导后续

所有项目跟踪、合同确定、项目规划以及系统规划的基础。

- 交流地点：交流会在客户集团总部的小会议室进行。
- 客户方面：董事长、副总经理（分管信息化）、总工程师、财务总监、信息中心主任等。
- 软件公司方面：董事长、副总经理、总架构师、业务专家、销售经理。
- 准备内容：A1+B1资料，投影仪、白板、会议记录员。
- 交流形式：**由客户董事长先发表基本想法，首席咨询师做介绍**，然后双方进行交流。

★**解读**：与客户企业高层交流时，首先要以客户为主，要让客户充分地阐述、提问，以搞清楚他们的需求，因为他们是导入系统的决策者，而软件公司要随时准备应答客户的问题。同时软件公司也要抓住这个重要的机会，适时地插入提问，得到想要知道的信息。

1）客户方面的介绍

介绍了双方参会人员并进行了简单的寒暄后，客户董事长就切入了正题，讲述了他对企业导入信息化管理的目的、目标、期望，以及目前存在的问题。董事长谈话的核心要点如下。

- 竞争能力：由于现在的市场情势瞬息万变，企业特别期望导入信息系统后可以提升经营管理的效率和效益，提升公司在市场上的竞争能力。
- 风险管控：由于企业的规模、人数、经营范围在不断地扩大，希望信息系统可以支持企业的战略落地，强化风险管控，做到在生产过程中小错少出、大错不出。
- 统一标准：集团与分公司之间、分公司与分公司之间的流程标准、数据标准要统一。
- 强化沟通：企业内部存在着严重的沟通隔阂，隔阂非常影响工作效率。希望借助信息系统打通部门之间、上下级之间的隔阂。
- 随需应变：信息系统是蓝岛建设未来5～10年发展的重要基础，希望系统可以跟上需求的变化，而现在的系统对需求变化响应的时间太长，拖延了企业战略落地工作。
- 确保成功：根据现在企业的发展进度，急需管理信息化，希望确保开发、上线、运行一次成功，早日发挥信息系统的作用，让企业感受到信息化带来的价值。

★**解读**：客户董事长的发言中给出了未来系统架构的目标，是系统设计理念的来源，如何利用信息化手段解决战略落地？怎么将企业内部上、下、左、右之间的隔阂打通？如何确保工作流程不出错？系统架构是否能够在未来运行过程中做到随需应变？等等。

客户董事长的发言内容看似高大上，但却都是有非常实质性内容的，作为需求工程师，从董事长的发言中你能够读出多少功能需求？因为董事长在发言中给出的是目标需求，需要做从“目标需求→业务需求→功能需求”的转换分析。如果能够将这些目标需求融入系统的设计中，那么就会得到一个高水平的信息系统，如果忽视了这些企业决策层（=系统的投资人）的目标需求，而只重视企业执行层的功能需求，那么最终做出的可能就是一个平平淡淡的系统，客户满意度也不会太高，特别是不会得到企业决策层的好评。

另外顺便说一下，抓重点、做笔记是咨询师的基本功，这样可以抓住与客户高层交流的机会，在现场面对面地直接回答他们的疑问、需求，这样的效果与事后由他人转述是非常不一样的。

2）软件公司方面的介绍

接着由首席咨询师用投影仪介绍了预先准备的资料（A1本+B1本），由于有了信息中心交流的基础，在交流资料中对企业高层的想法预先做了响应，讲述过程中可以感受到客户方面的认同（不断地点头示意、做记录）。在讲述资料的过程中结合案例资料（B1），穿插地回应了客户董事长发言中提出的期望，首席咨询师向客户的参会者重点询问了如下问题。

- 决策层对系统有哪些期望（战略落地、目标执行、监督管理等）。
- 高层领导在日常管理工作中存在的问题（难点、痛点、关键点）。

软件公司的董事长接着进行了发言，介绍了其他客户企业导入宏海科技系统后发生的变化，包括IT的发展新趋势、数字化的发展前景、企业从信息化向数字化转型，以及宏海科技提供的方案考虑了未来企业转型要做的基础工作等。客户董事长表示赞同，并说现在他们内部也在讨论如何进行数字化与科学技术的融合，这样的融合可能带来的在经营、管理、生产、销售方面的变化。

交流结束时，软件公司的副总经理对客户董事长说："今天交流的收获很大，我们回去要把您的发言再重点消化一下，整理出一个完整的解决方案后再做一次汇报，您看哪天方便我们做解决方案的汇报？"客户董事长回答说："我看就暂定在下周四的下午3点吧，如果有事再调整。"

本次交流得到了高层在信息化建设理念方面的首肯，获得了进一步交流的许诺，交流的目的达到了，交流内容获得了企业高层领导的认可，对软件公司在业务方面的专业度、信息化理论以及信息化推进的方法论表示了首肯。

★解读：交流结束时，软件公司的副总经理的问话非常重要，从客户董事长的回应就能判断出今天的交流是否有成效，是否打动了客户董事长和其他领导，如果客户董事长回应说"关于下一步如何做我们内部再研究研究看"，那就说明今天的效果不理想，客户董事长是在婉拒。在交流结束时的询问可以判断出交流的效果如何。

2. 有关高层交流的补充

在与客户企业高层交流时有以下一些注意点。

- 不要将高层的沟通仅仅看成形式上的拜访，要在事前做翔实的调研和资料准备。
- 听取客户领导发言时思想要高度集中，做笔记、抓重点，用这些重点为解决方案背书。
- 用领导讲话的重点，打开领导的话匣子，打开僵局，快速地找到突破口。

★Q&A：如何快速地理解领导的需求。

需求工程师王杰出问："李老师，我以前帮助做过几次售前咨询，经常会遇到这样的情况，好不容易约到客户领导，这个领导不知道如何提需求，而且给我们的交流时间很短，经常泛泛地讲了一通大道理之后，最后放下一句话：你们按照我说的先去做个方案吧。这让我们很头疼，一头雾水，他具体什么都没说，让我们怎么去做方案呀？碰到这种情况该怎么办呢？"

李老师回答说："不是客户领导没有给出需求，而是给出了'目标需求'，但在你们的眼里只有具体的'功能需求'才算是需求，谈论理念、价值、期望等的目标需求不算是需求。这就是作为咨询师理解‘目标需求’的重要性。客户领导不会具体地谈业务需求（他不会一一列举业务需求，因为举不胜举），更不会具体地给出功能需求（具体的操作方法不是他的工作），所以用目标需求的方式提纲挈领地给出目的、期望，如果你理解了目标需求，那么就可以做出一份非常漂亮的解决方案来。”

【交付物】

- 修改方案主本A和辅助案例B，把企业高层的想法整合到第三次关键用户交流资料中。
- 会议纪要。

3.4.3 关键用户的交流

第三次交流的对象是客户企业中各部门的领导和业务骨干，与他们的交流重点在检查软件公司的提案是否能够落地，以及他们与客户高层领导思想的差异，提前做好准备，避免在以后的解决方案说明会上出现上下不通的尴尬局面。

1. 交流活动的经过

- 交流目的：确认各部门领导和业务骨干对企业信息化的想法、业务现状以及工作中遇到的难点、痛点等。
- 交流地点：交流会在客户集团总部的中会议室进行。
- 客户方面：主要部门的部长、总监，各部门业务骨干及信息中心主任等30余人。
- 软件公司方面：首席咨询师、业务专家、销售经理、项目负责人等5人。
- 准备内容：A2+B2的资料，投影仪、白板、会议记录员。
- 交流形式：**顺序为首席咨询师先做介绍**，然后双方进行自由交流。

★**解读**：这里采用了与信息中心和高层领导相反的交流形式，要以软件公司为主先发言介绍、确定话题、引导节奏。这是因为客户的部门多、岗位多，且大家都不是企业信息化推进的主要负责人，不熟悉客户企业的信息化推进情况，若先由客户发言，可能大家不知道说什么、或只说自己关心的工作细节，这样交流的方向难以控制，效率低，效果差，在有限的时间内达不到需要的结果。

由于售前咨询不是调研具体的需求，而是确认客户企业领导意图在基层的反响，因此要避免在交流失中去目标。做到这点的关键在于软件公司必须要在事前准备好提问的话题、资料，交流时要不断地切换准备好的话题，保证在有限的交流时间内获得软件公司想要知道的信息，并确保可以控制会场的议程。

1）软件公司方面的介绍

在客户信息中心主任对双方的主要参会者进行了介绍后，由首席咨询师用投影仪展示准备的资料（A2本+B2本），介绍客户高层对信息化的构想，并向大家说明希望听取他们对公司推进信息化建设的意见，工作中遇到的难点、痛点等。

2）客户方面的讨论

首席咨询师介绍完后，大家在首席咨询师的引导下，就各自部门的业务、现状、存在的难点、痛点等问题，以及在导入信息系统后希望自己部门的工作有哪些改进、提升等话题进行了交流，部分重要岗位的负责人发言如下。

- 财务总监：现在企业数据存在严重的不完整、不准确、不合规的问题，且不同系统之间、生产和财务之间、决策层和执行层之间的数据不通，造成了财务数据的统计困难，领导做判断时缺乏真实和及时的数据支撑等，希望新的信息系统可以解决这些问题，消除信息孤岛问题，实现数据的共享、共用。做到业务/财务的一体化等。
- 营销部长：对于市场的日新月异的变化企业不能做出快速响应，例如在招投标时，由于没有信息系统的数据支持（历史招投标项目的数据共享），所以在报价时总是比竞争对手提出的速度慢，且存在不准确、纰漏多、不严谨等问题，造成我们难以**缩小与竞争对手的差异**，希望可以尽早弥补这方面的缺陷。
- 采购部长：本部门也是由于缺乏数据、系统的支持（不同地域、不同时间、不同供应商的价格），所以在采购过程中经常出现采购价格过高、采购数量过多或过少、买重买错等现象，在不同的地方采购难以做到**“价比三家”**，所以给企业造成了不少损失。
- 项目部长：企业扩展速度太快（同时在施的项目有300多个），新入职的人多，管理岗的数量严重不足，所以来不及进行新人培训，同时由于缺乏有效的监督管理手段，生产过程中经常出现质量事故、安全事故。如果有了信息系统的支持，将**部分监督的职责交由系统来执行**可能效果会更好。
- 各部共同：由于关键用户属于不同的部门，从事着不同的业务，大家虽然对引入信息系统的价值表示理解，但由于以前导入的系统存在着输入麻烦、设计不够友好的问题，造成导入系统后不但没有减轻工作量，反而增加了工作，降低了工作效率，甚至不乏存在需要重复输入数据的现象等。又由于施工现场在野外，条件差、三班倒，难以实时、快速地输入数据等。

★解读：这是企业在信息化推广初期存在的普遍问题，在实际的系统上线后，如果各部门的关键用户对系统有抵触情绪，不积极地参与数据的采集和使用，那么系统就无法发挥出价值，所以一定要让关键用户感受到系统给他的工作带来了帮助。特别要注意，不能一味地借助客户高层的强制要求来推行系统的运行，还要通过专业化、人性化的系统设计让用户愿意使用。

另外，部门领导的发言中隐含了大量的业务需求、系统功能需求，而且这些需求可以让后续的解决方案、系统设计做出亮点、价值点。作为需求工程师，你是否也发现了很多有价值的功能需求？这里试举一些例子，给读者做个启发、参考。

- 财务部长：数据共享，信息孤岛问题，实现业务/财务的数据一体化等。
- 营销部长：历史数据的复用，实现快速报价、快速测算等。
- 项目部长：系统兼有培训的功能和作用，快速培养新人，强化风险管控，在业务流程中加入管理规则、实时监控、预警。
- 其他骨干：需要整体规划业务和数据，建立主数据，优化输入方法，系统设计人性化，广泛使用移动端，用语言、照片、选择等方式实现快捷输入等。

2. 关键用户的知识补充

不论什么样的企业，财务、销售、生产、采购等都是企业管理和价值创造的核心部门，这些部门的负责人也是关键用户，他们的意见会极大地影响客户企业的决策者对方案和软件公司的决定。下面举3个有代表性的部门：营销部门、项目部门和财务部门（不限于此）。

1）营销部门

营销部门的工作成果决定了企业收入的来源、收入的多少，毫无疑问在企业中的价值和地位是很高的，因此如何准确、快捷地响应营销部门对数据的需求，是决定信息系统价值的重要参考之一，例如，快速收集外部信息，准确调取和对比历史数据，建立客商管理和评估体系等，为营销活动、商务谈判、合同签订等的决策提供快捷和准确的信息服务。

2）项目部门

项目部门是主管工程项目施工的部门，是介于财务和营销之间的生产执行部门，是通过消耗成本创造价值的核心部门，信息系统中大多数原始数据的采集工作是由这个部门完成的，该部门使用的界面数量、流程数量是最多的，且数据大多数是在野外施工过程中收集到，因此对采集数据的界面、方式等的要求也最多（界面设计友好非常重要）。这个部门对系统使用效果的评价会极大地影响最终客户的满意度。

这里要注意：因为施工是以“项目”为单位进行的，所以施工企业将负责生产管理的部门称为“项目管理部门”。

3）财务部门

财务部门在企业中的地位是非常特殊的，尽管这个部门既不营销市场获取订单，也不参与生产过程直接创造价值，但是在决定是否导入或导入什么样的信息系统上有着特殊的话语权，理由很简单：财务部门是企业财务数据标准的制定者，信息系统收集的各式各样的业务数据，最终大部分要转换为满足财务标准并归集到财务部门进行统计和分析。信息系统中的数据，绝大部分直接或间接地与财务相关，企业的重大决策的判断依据往往也是最终的财务数据，企业生产的目的是创造价值，而这些价值最终是由财务数据表达的，所以财务部门的认可与否非常重要。他们最终可能无权选择哪个方案和软件公司，但是却可以否定最终的选择结果。

软件公司对这些部门在导入信息系统上的目的、期望、难点等一定要有足够的了解，充分准备对他们需求的对策，最大限度地确保这些企业的关键部门对软件公司解决方案的支持。

【交付物】

- 根据交流内容补全资料A本、B本，作为可复用模板、参考资料归档到企业知识库。另外，这些资料也是后续编制解决方案的输入。
- 会议纪要。

3.5 解决方案

通过前面三次交流收集到了大量的信息，下一步就要基于这些信息向客户提交一份合适的解决方案。解决方案的提交时间，根据客户的要求有所不同，有可能在招投标前后，也有可能在签订合同的前后，还有可能在需求调研的前后。由于时间点不同，掌握的信息不同、目的也不同，因此解决方案的内容就会有很大的差异。这里设定在投标前，**解决方案的目的主要是回应与客户交流的结果**，同时让客户更加了解宏海科技，树立对宏海科技的信心，以便获得项目合同。解决方案也采用A+B的方式编写（参考交流资料的做法）。

3.5.1 解决方案的框架

编制解决方案，首先要建立一个解决方案的框架，然后以这个框架为整体，确定解决方案的核心内容。建立框架有3个重要的步骤。

- 第一步：对收集的资料进行归集，以确认目标、主要业务内容等。
- 第二步：根据归集的资料，设定解决方案的主题，也就是提出方案的方向、主张、理念等，这一步是确定方案的方向。
- 第三步：根据方案主题建立基本框架，这一步决定方案的结构。

建立了框架后，就可以将收集的信息按照要求加入框架中完成解决方案。

★解读：从前面编制“交流资料”，到现在编制“解决方案”，还有后面编制概要设计规格书等，不论做什么资料，首先必须要有明确的目标、理念、主线，以及资料的架构（框架、目录），这些内容是做好文档的必要条件。

做一份解决方案的规划，就如同做一个业务系统的架构。

1. 交流资料的归集

如何利用收集的信息编制一份与客户情况匹配且有价值的解决方案呢？由于收集的信息涉及广泛，所以首先要对这些信息进行梳理、分类，从中找出确定方案方向的要素，可以将这些信息分为三类，即目标性信息、业务性信息和功能性信息。

1）目标性信息

这部分信息类似于目标需求，主要谈论企业发展和信息化相关的内容，包括理念、战略、目标、期望等类型的内容。目标性信息主要来自企业的高层领导，对解决方案的方向、目标的确定有指导性作用。

2）业务性信息

这部分信息类似于业务需求，主要是从客户业务视角谈论现状与未来的改进预期，如希望成本管理细化，材料采购做到透明化，提升物流的效率等。这类内容要放在目标性需求的下面论述，对这些信息的应对相对比较容易，找出几个有代表性的业务场景，根据软件公司以往的经验，用简单的案例说明改进的思路就可以了。业务性信息主要来自中间管理层，对解决方案中目标性信息的落地具有支撑作用。

3）功能性信息

这部分信息类似于功能需求，主要以谈论某个业务点的具体处理方法为主，如材料出入库记账要增加审批，施工完成时要增加拍照图片作证，界面不够友好，数据输入的效率低等。功能性信息主要来自执行层的业务骨干。但功能性信息在售前咨询阶段不多，所以在编制解决方案阶段也不必做深入的研究，它们是后面需求调研分析阶段的主要工作内容。

对于业务性信息和功能性信息的资料，因为数量多且比较具体，这两类内容多来自与关键用户的交流，提出者也多为企业的中间管理层和执行层的用户。引用这类信息时要注意：如果它们对领导提出的目标性信息的落地具有支持作用，则可以适当采用，否则可以暂时不做回应。主要是因为解决方案的篇幅有限，听众主要是客户的高层领导，一定要“抓大放小”，突出重点。

2. 解决方案主题的确定

编写一份目标清晰、内容集中的解决方案，首先要确定一个醒目的、有引导性的方案主题。将经过梳理的信息中出现频率最高的关键词进行归集，可以非常清晰地知道客户的目的、期望、现状以及难关痛点。根据对交流信息的分析，将交流开始前暂定的交流资料主题进行调整，确定解决方案的主题，下面将交流前和交流后的主题进行对比，感受一下交流对软件公司思路产生的影响，这个影响决定了下一步编写解决方案的主题、方向和内容。

① 交流资料的主题（原）：“构建先进信息管理系统，提升企业**核心竞争力**”。

② 解决方案的主题（新）：“构建先进信息管理系统，为企业发展**保驾护航**”。

交流前①的重点放在了“提升企业的竞争力”上，交流后②的重点则改在了“为企业发展保驾护航”上，可以看出来，“保驾护航”一词与客户高层领导交流时提出来的目的、期望、要解决的难点、痛点等内容高度相关。②要做到的范围包含①，所以②的目标、高度、广度的设定都高于和大于①的要求：既要提升企业的竞争能力，还要确保企业在运营中整体上不出风险。**“保驾护航”是要利用信息系统为企业运营的方方面面进行赋能**。

主题表达了方案的高度，一定要反复研究、推敲交流的信息，事实上这个阶段客户自身也搞不清楚自己的弱点和需求，采用上述的交流方式和视角去收集、分析企业的现状并做出判断，这样的效果企业单靠自己的力量是做不到的。软件公司在获得了这些信息后，基于这些信息、IT知识以及积累的丰富经验，一定可以编写出一份有目标、有高度、有根据、有对策、有说服力的解决方案。

解决方案的主题，对后续概要设计中确定系统的设计理念、目标也起着指导性的作用。

3. 解决方案的基本框架

解决方案的基本框架，指的就是解决方案的“目录结构”，所谓基本框架，包括的主要内容与具体的业务领域、系统技术路线等都是无关的，无论读者参与什么样的软件开发项目，在售前咨询阶段提出的解决方案中都要包括这些内容或与之近似的内容。下面以一个解决方案的基本框架（主目录）为例，分别对主目录中的每个题目进行介绍。主目录至少要包括以下8项（不限于此）。

（1）项目背景：客户项目的背景介绍。

（2）项目目的：客户投资信息化的想法。

（3）项目价值：客户期望投资得到的回报。

（4）项目功能：软件公司提供何种功能来实现项目价值。

（5）实施路线：软件公司采用什么路线推进项目。

（6）资源计划：软件公司准备投入什么样的资源（数量、能力）。

（7）里程碑计划：开发的关键节点和交付物。

（8）风险管理：项目推进过程中如何规避可能遇到的风险。

为什么要选这8项呢？因为这8项的目的是要让客户知道软件公司可能带来的价值，让客户对软件公司的专业能力、实施方法以及软件公司对项目的重视程度有一个较为全面的了解，为后续选择合作伙伴打下基础。

解决方案的目录中首先要包括3个最重要的核心内容：**目的、价值和功能**，也就是价值法中的三要素，三者的关系详见图3-3。解决方案的目录是一个结构体，结构上的标题是有前后、上下顺序的，特别是价值法三要素必须要遵守这个原则：前面的要素要为后面的要素做好铺垫，后面的要素要承接前面的要素，也就是说，**前一个要素是下一个要素的目标，下一个要素要对前一个要素做出响应**。

下面基于蓝岛建设客户交流的成果，给出上述8项内容的编写思路。

1）项目背景

在介绍3个核心内容（目的、价值、功能）前要先介绍一下企业建设信息系统的背景。这个背景就是先说明客户的业务现状、IT现状等，所谓**背景，就是建设信息系统的必要性**。不理想的现状影响了企业的正常运营或限制了更大的发展，则改变这些现状就是企业要建设新信息系统的目的，所以，这个背景也是要为引出“目的”而做的铺垫。既然是铺垫，要注意所选择的背景资料都要与后面“引出目的”相关，而与引出目的无关的背景资料不需要做过多的介绍（因客户清楚自己的问题，不必重复）。背景信息主要来自3次的交流，可以将3次交流中有代表性的问题做个罗列，背景的要点举例如下。

- 与企业高层的交流：企业竞争力不足，风险管控不到位，企业内部隔阂多，沟通不畅等。
- 与关键用户的交流：数据不合规难以使用，历史数据没起作用，新员工培训难等。
- 与信息中心的交流：信息孤岛，各部门的业务标准难统一等。

★**解读**：这些背景信息给出了建设新系统的充足理由，例如，

- ○ 现在工作中存在的问题如果没有采用信息化手段做支持，仅用传统的管理手段是难以解决的（这也是多年未能解决这些问题的原因）。
- ○ 既有系统存在的问题，需要在建造新系统时一同处理，否则就难以解决等。

企业这样的现状，为下面引出新建信息系统的“目的”做了铺垫。

2）项目目的（价值法三要素之一）

有了项目“背景”给出的现状铺垫，这里就可以顺势给出客户建设信息系统的“目的”，建设新信息系统的目的就是要解决企业现状背景中提到的问题，所以目的一定要响应前面铺垫的背景内容，也就是设定的目的要覆盖前面的背景中提到的问题。项目的目的可以同时设定几个，例如，利用新建的信息系统可以达到以下目的。

- 为企业保驾护航，如提升企业竞争力、管控工作中的各类风险。
- 用信息化手段实现精细管理，如成本管理、资金管理，业务/财务一体化等。
- 利用信息系统快速培训员工、管理人员。

★**解读**：本节提出来的建设信息系统的“目的”要为引出3.5.2节的“价值”做铺垫。如保驾护航、精细管理、培训员工等内容，都为后面要引出的“价值”做了铺垫。

3）项目价值（价值法三要素之二）

弄清楚了建设新信息系统的“目的”后，下面要说明如果完成了信息系统的建设后，客户可以从中获得什么样的“价值（=投资回报）”，这里用“目的”引出“价值”。下面就来探讨可以得到什么样的价值。在方案中不能仅空洞地说导入信息系统可以带来价值，价值的表达有两类。

（1）一类是可以直接定量测算、评估的。

（2）另一类是可以定性，但不能直接定量，但也必须是可以评估的。

这些价值要能用客户的业务场景进行描述，这样客户才能感受到价值的存在（这也是宏海科技显得比其他竞争对手更加专业的地方）。

【例1】直接测算价值，用信息化手段帮助节约成本中1%的材料成本费。

节省材料成本可以通过以下的方法实现：数据共享，历史数据的复用（避免重复以前的失败），增强在招投标方面的快速响应，减少由于数据不准确而造成的投标失败，同时建立预算系统，杜绝由于预算遗漏造成的利润受损等。使用信息系统后可以实现对成本全过程（预算→投标→合同→验收等）的监控，让成本构成中占比最大的材料费节约1%。如果降低材料成本的1%可以获得的经济价值计算如下（仅供参考）：假定客户每年花费的生产成本为150亿元。

在建筑行业的总生产成本中大约70%是材料的成本，节约1%的材料成本可以节约如下的金额：（150×0.7）×1%≈1.05亿元。

这是每一年都可以节约的金额，也就是说一年节约的材料费1.05亿元大约是新信息系统开发预算额1900万的近5.5倍。可以看到，信息化管理带来的预期价值还是非常可观的。利用先进的信息化管理手段，节约材料成本费1%的目标是一定可以达成的。直接用钱计算最有说服力，同时所举的节省材料的方法也必须切实可行。

【例2】除此直接测算外，还可以提出可定性的价值。例如，

- 减少每年由于风险管控不善或监督不到位给企业带来的安全、质量、环境等方面的损失，损失包括时间、财物、信用等。
- 利用信息系统做推演，通过在信息系统上模拟施工项目的执行过程，可以快速培训管理人员和新增的员工等。

提供这样的说明，可以让客户真实地感受到信息化带来的价值，这些价值使用客户的业务语言、业务场景进行表达，所以容易引起注意、共鸣、认同。

★**解读：**在价值三要素（目的、价值和功能）中，价值是核心，没有这个核心的存在，投资建设新信息系统的目的就不明确，后续给出再多的功能也是没有意义的。“价值”的表达要让客户可以建立起与“目的”的关联性，同时，价值的表达还要为引出3.5.2节“功能”做好铺垫，也就是所选的价值点要让后面的“功能”容易对号入座。客户如果认可这些价值的存在，也就是间接地认可后面软件公司要推荐的功能。

4）项目功能（价值法三要素之三）

在假定可以获得上述的“价值”后，就需要匹配相应的“功能”来实现这些价值。在咨询阶段的解决方案中，作为案例，这些“功能”一定要和客户的实际业务场景相关联，要让客户知道这些功能在新信息系统中使用后对业务运行会起到什么作用，带来什么价值，因为只有从

业务运行上发生了改变，客户才容易感觉到价值的存在，并认同如果有了这些功能就可以实现前面提到的价值。至于用什么技术实现这些功能不需要在咨询阶段详细讨论。

下面在与客户交流收集的信息中抽出4个典型的需求问题作为案例，说明如何用信息化的“功能”解决他们的问题并实现价值。

（1）决策层交流：消除部门间的隔阂、提升沟通效率。

实现3打通（部门内通、部门间通、上下级通）。

（2）管理层交流：帮助企业进行有效的业务监督管理。

实现3做到（看得见、摸得着、管得住）。

（3）执行层交流：解决用户数据输入慢、工作效率低的问题。

实现3辅助（查询数据、输入数据、规则检查）。

（4）信息中心交流：系统上线前多次检查，确保系统一次成功。

实现3验证（业务验证、应用验证、测试验证）。

对这4个需求的实现方法的举例详见3.5.2节。

这里并不是把未来系统需要的功能做简单罗列，而是要利用一些业务场景来说明用信息化手段如何实现前述的“价值”，听完这个功能说明有助于客户选择合作的软件公司。这里给出的功能效果描述，在实际开发时需要由一组功能来支撑才能实现。

★**解读**：这里的功能选择和描述一定要紧扣前面给出的价值点，形成呼应，背景引出目的，然后让目的→价值→功能→价值→目的形成闭环（参见图3-3）。这个闭环的含义是：首先确定建设信息系统的目的，其次说明如果达成目的可以带来的价值，然后说明用什么样的功能可以实现价值；反过来，如果软件公司提供了这样的功能，就可以从功能的运行中获得价值，而获得了价值也就达成了投资建系统的目的。

前面的4个主目录（项目背景、项目目的、项目价值和项目功能）相互铺垫和承接，打了一个完美的配合，特别是价值法三要素（目的、价值和功能）将软件公司对客户本次系统建设项目的理解和认知充分地展示出来了，其他的主目录内容在上下承接关系上相比前面的三要素会弱一些，但是也要尽量使它们之间有铺垫和承接的关系。

5）实施路线

在解决方案中加入项目的实施路线，主要是让客户了解如果确定开发后，软件公司将会采用的实施方法，重点是要**通过实施方法体现软件公司的专业性**，在设计实施路线时各环节所采取的方法要与客户的现状匹配。编制实施路线的内容时要注意两个关键点：一是要充分利用交流时获得的信息，二是针对前面的项目风险内容，实施路线一定要做到可以避免项目风险的发生。下面试举一例说明（不限于此）。

- 第一步：建立联合项目组，对项目组中参加需求调研的部门长、业务骨干进行培训，统一目的、思想、方法、标准、模板。
- 第二步：分为两项工作。

① 由软件公司牵头，梳理客户企业的业务现状，通过绘制业务全景图给企业做个“体检（业务现状）”，因为只有知道客户企业有什么“状况（问题）”，才能确定开什么“药方（功能）”来解决问题。

② 由客户各部门按照第一步培训的内容，对本部门内的工作进行梳理、标准化。

- 第三步：在业务全景图的基础上做优化和标准化，找到在信息化环境中业务运行的最佳方式，在获得客户企业认可后，修改后的新业务全景图就成为了后续信息系统建设的指导依据（详细案例参见第5章）。
- 第四步：基于业务全景图和内部梳理的结果，各部门按照标准形式提出各自的需求。这样提出来的需求是满足未来信息系统开发要求的，且可以让后续的需求调研更加高效、高质、无失真。
- 第五步：软件公司对客户提出来的需求进行梳理、归集，并将需求全面串联起来进行分析，最后提出者对分析并标准化后的需求文档进行确认，确保无误后签字。
- 第六步：提交正式的《需求规格说明书》、客户进行评审等。

【参考】本书第4章。

这里列举了一部分步骤，通过这一系列实施方法的说明，让客户可以清晰地知道软件公司的做法和目的，让客户看到这是一个可以为客户**提供专业的、个性化服务**的合作伙伴。可以看到客户是如何与软件公司协同、互动的。这个路线图让客户可以安心、放心，并建立起对该软件公司的信心和依赖。所以项目实施路线不是一个简单的工作步骤一览，这个路线上每个步骤的设计都要紧扣解决方案要达到目的。

★**解读**：千万不要将项目实施路线写成一个平淡无味、放到哪个项目都能用的工作一览表，要记住：解决方案中的每个条目、每张图、每段话都不是可有可无的，都是为了获得项目合同而铺垫的一把土、一块砖。

6）资源计划

这里提出的资源计划，当然不是要给出开发的项目团队名单（项目尚未签合同），主要是从提出的人力资源搭配上，让客户感受到软件公司不但在思想上重视这个项目，而且在行动上也是重视的，毕竟软件公司的专业性最终是要靠人实现的。这个资源计划说明如果中标将会派出经验丰富的项目团队来实施这个项目。软件公司计划派出的核心人员举例如下。

- 总架构师：参与信息化整体规划、需求分析以及系统架构，确保系统基础正确。
- 业务专家：参与需求调研、分析以及业务设计的全过程，确保业务的优化和提升到位。
- 项目经理：指派有经验的项目经理，确保项目的顺利推进。
- 项目成员：项目成员的数量可以确保按照里程碑计划完成项目交付物等。

★**解读**：是否派出可以满足项目目标达成的资源，也是客户非常关心的问题，所以一定要根据软件公司对这个项目的重视程度派出相应的团队，当然也不能为了获得合同而给出做不到的许愿。另外，能否派出较高水平的专业团队也是与竞争对手拉开差距的一项重要措施，这项措施可以让客户安心、有信心。

7）里程碑计划

这里提出的里程碑计划不是项目的执行计划，它是匹配前面实施路线图的内容，并按照已经知道的客户期望工期给出的一个大节点计划，这个计划是要告诉客户在这个工期内，我们是有可能完成这个项目的。根本不可能完成时也可以标出来，告诉客户原定工期是不可能的，如果要承接这个项目，合理的工期应该是多少。

【参考】本书第4章。

8）风险管理

这里的风险主要是指站在客户的立场看，还有哪些是让客户不安心、不放心的风险。这些风险信息主要来自前期交流，这些风险有可能让客户不能放心地选择软件公司，例如，

- 如何确保开发完成的信息系统与客户预期是一致的？

客户担心：系统上线运行后才发现与事前想象不一样，不是想要的系统（当然这也是软件工程师的噩梦）。如何确保不再发生这样的事？

- 如何确保信息系统完成后可以上线并正确无误地运行？

客户担心：信息系统中的业务逻辑错误不断（开发Bug另当别论），无法正常地使用。显然这是开发过程中双方确认不完全造成的，如何确保不再发生这样的事？

- 软件公司是否会派出公司的业务骨干参加本项目？

客户担心：参加解决方案会时软件公司来的都是高手，说得令人信服，但正式进入开发后派出的则都是新手，信心大减，如何确保不再发生这样的事？等等。

这些担心都是来自客户以前的项目经历，所以如何让客户相信不会出现类似的问题（风险）是非常重要的，是获得合同的重要保证。

【例3】确保系统上线后能正确运行，可以采用多重确认的方式，确保软件上线后不出现上述风险，具体确认内容如下（不限于此）。

- 需求分析确认：需求调研完成时，确认《需求规格说明书》。

参见第6章。

- 业务用例确认：业务设计完成时（编码开始前），利用业务用例（数据）进行验证。

参见第11章。

- 应用用例确认：应用设计完成时，利用应用用例（操作）进行确认。

参见第12章。

- 测试用例确认：系统开发完成时，利用实际系统（软件）进行确认。

参见第13章。

【小结】

在解决方案的主目录中，1）～4）中的价值法三要素的表达是核心，5）～8）是对实现价值法三要素的支持。一个优秀的解决方案绝对不能一开始就大篇幅地罗列系统功能有多少，系统功能有多强，**要牢记：功能是为业务需求服务的，没有搞清楚业务需求之前，强调功能有多强是没有用的，也是没有价值的**。这就如同居家过日子，广告宣传的商品再好、功能再强、价格再便宜，如果没用，买了也是白买，浪费钱、浪费地方。价值三要素是解决方案框架中的核心，内容必须非常可信。

因为这是咨询阶段的解决方案，是在投标前或签订合同前进行的，目的是说明软件公司和客户在理念上是否一致，系统可以带来什么价值，软件公司与竞争对手的差异，采用何种措施可以确保项目顺利完成等，因此这个解决方案不需要强调过多的详细内容，而且也做不到（因为还没有进行正式的需求调研）。

另外，这里没有提到技术方面的说明，如果该项目对技术有特殊的要求，或技术实现有难

度，客户非常关心技术的实施方法等，这里可以增加技术方面的条目，但由于还没有进行详细的调研，所以可以对技术方面做简单的说明，包括技术路线、新技术、技术措施等。

★**解读**：关于信息中心提到的对宏海科技形象和可信度的问题，这里不需要单独列出来，在方案中用主张、案例等自然表达的方式回应就可以了。

3.5.2 解决方案中的案例

这里举4个例子，对3.5.1节中“3.解决方案的基本框架”的“4）项目功能（价值法三要素之三）”中客户提出的4个典型需求做个案例，通过这4个例子来说明如何用信息化的“功能”解决问题并实现价值，这4个需求和对应的案例如下。

① 决策层交流：消除部门间的隔阂，提升沟通效率（3打通）。

② 管理层交流：帮助企业进行有效的业务监督管理（3做到）。

③ 执行层交流：解决用户数据输入慢、工作效率低的问题（3辅助）。

④ 信息中心交流：系统上线前多次检查，确保系统一次成功（3验证）。

针对不同层的客户的期望价值，给出一个用具体的业务场景描述的解决对策（功能），帮助读者理解在解决方案中是如何响应客户价值的。解决方案给出的案例应该是什么样的粒度呢？这需要因对象而异，既不能过于细节，也不能太抽象。

1. 案例的编写方法

【例1】决策层交流：消除部门间的隔阂，提升沟通效率（3打通）。

在调研中得知决策层关心的重点之一是“部门间有隔阂，沟通效率低”，如图3-8所示，企业的要求（图3-8中a）难以落实下来，所以希望借助信息化手段（图3-8中b）在“人—机—人”的环境中去除这些隔阂，实现3打通，做到部门内通、部门间通、上下级通，3打通的含义如下。

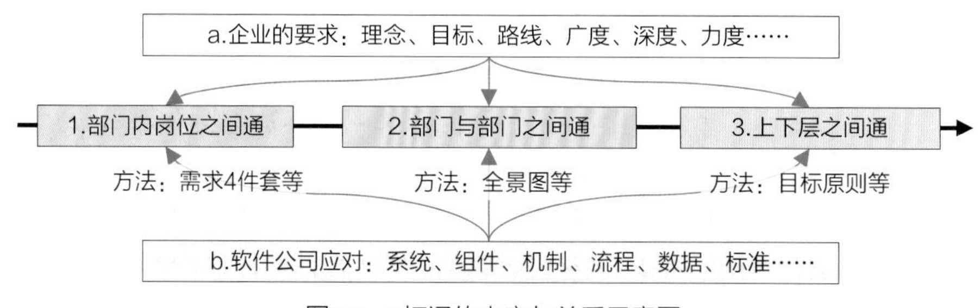

图3-8 3打通的内容与关系示意图

① 部门内通：即在同一个部门内的不同岗位之间，针对同一项工作、标准等有统一的认知。这是对3打通的最低要求。

② 部门间通：即在不同的部门之间（如采购部门←→生产部门），通过对跨越部门的业务流程进行梳理，让同一条流程可以获得唯一的内容和标准定义。

③ 上下级通：不同的层级之间（如总公司对下面的分公司），统一对经营管理战略、任务目标、验收标准等的认知，不发生对同一任务或标准的认知差异。

这个功能的说明是基于客户的业务场景（目标）、可以给客户带来的回报（价值）以及用信息化手段解决问题的概念（功能）。在解决方案B的案例中，可以用一张图来说明如何实现3通中的××通：客户企业希望将企业制定的理念、目标、路线等，利用软件公司提供的系统功能（组件、机制、流程等）来打通，实现3打通的需求。

★解读：这是在解决方案的A本中进行的描述，由于此例是针对决策层的，因此回答的形式要高度提炼，具有概括性，要有较大的想象空间，因此提出了“3打通”的概念。但是其内容一点也不抽象，需求工程师确定了要“打通”的对象后，这3个“通”是可以利用数据共享、信息展示、信息查阅、知识库、预警通知等多种处理方法实现的。

【例2】管理层交流：帮助企业进行有效的业务监督管理（3做到）。

在调研中得知中间管理层的关心重点之一是“用信息系统如何进行管理”，因此软件公司为使企业管理层理解信息系统对自己工作的帮助，形象地提出来让信息系统可以实现“3做到”的概念，所谓3做到，即要求通过信息系统的数据，让管理层在系统中可以做到对自己所分管的工作看得见、摸得着、管得住，3做到的详细含义如下。

① 看得见：原始数据输入之后，通过对数据进行加工，形成各类统计和分析资料，让相关的管理者可以迅速地“看”到自己想看的数据。

② 摸得着：建立起各个领域的业务架构图，如业务全景图、业务流程图等，让工作变得“有形”，这样相关领导就可以“摸”得到工作，工作就不虚了，从图中可知由谁、何时、推进到哪里、完成多少量、有无问题等。

③ 管得住：在操作界面上、业务流程上设置管理规则和相应的管控机制，对处理结果进行检查，做出通过、提示、预警和终止等控制，让工作可以被“管”住。

★解读：此例是针对中间管理层的，由于管理层也是领导，所以在表达上也需要有一定的提炼性，但是与决策层的回答相比较可以更形象化、接地气，让听者直接就能感受到他想要的效果，使用“3做到”让客户可以产生联想，这些内容在信息系统中是比较容易实现的。

上述3做到提到的方法，相信很多读者在自己的实际产品开发过程中可能已经做到了，但是可能把它们仅仅看成一些系统的功能，而没有将它们与客户的管理、价值、支持领导意图落地等概念相关联，如果关联起来，就可以“拔高”自己设计的高度和层次。

【例3】执行层交流：解决用户数据输入慢、工作效率低的问题（3辅助）。

在对关键用户的调研中得知，很多属于执行层的业务骨干抱怨说，以前导入信息系统时“数据输入麻烦，确认费时费力”，使用了系统后工作不减反增，这导致了大家对使用系统有抵触，不愿意合作。针对这样的问题，软件公司在解决方案中提出了“智能化输入”的概念，也就是利用信息系统掌握的大量数据和规则，自动支持数据的输入和检查，基本思路如下。

- 辅助查找数据：利用上游已存在的数据，在输入界面上增加“联想”的功能。
- 辅助输入数据：采用多种输入支持方法，如自动填入、选择填入、手动复制等。
- 辅助规则检查：自动对比相关规则，检查数据是否合规，不需要输入者再确认。

在解决方案中对这个意见可以不做单独的回应，而是将它放在对关键用户—部门共同提出来的“工作效率降低”的回复上，说明利用信息化手段是如何提升工作效率的，并把这个回复作为案例放在B本中，在需要时进行展示说明。

★解读：此案例主要针对的是执行层，他们是做具体工作的系统用户，没有太多的想象力，也不需要太多的想象空间（太虚了反而不容易理解），因此案例要具体，有一些细节，这样执行层才能听得懂，觉得你说的内容接地气。

【例4】信息中心交流：系统上线前多次检查，确保系统一次成功（3验证）。

在与信息中心的交流中得到的信息是他们很在意宏海科技“与著名厂商的差异和系统的可信度”，因此软件公司提出对信息系统进行“3验证”的概念。所谓3验证，就是在交给用户之前对系统要做到3个层面的验证，包括业务验证、应用验证、测试验证。通过这3个层面的验证，就可以确保系统是可以正确运行的，3验证的含义如下。

① 业务验证：首先要确保业务全部正确，符合各项标准和规则，可以提升效益。详见第11章。

② 应用验证：其次要确保系统是易用、好用的，符合人性化设计，可以提升效率。详见第12章。

③ 测试验证：最后要确保系统完全按照设计要求开发，满足业务和应用的验证内容。详见第13章。

★解读：此例针对的是信息中心，信息中心与其他三层有所不同，他们是选择软件公司的最终决定者之一，要负担最直接的责任，打消他们的顾虑必须“站在应用的立场，判断软件公司的可行性”这个点上。既不能用纯业务视角，也不能用纯技术视角来做判断和选择。

上面就是在咨询阶段提交的解决方案中，利用客户提出的需求说明功能的表达方法，这里的重点在于功能与价值之间的呼应关系。当然，根据需要也可以将未来可能需要的功能一览表作为辅助资料显示出来。

2. 解决方案编写方法的总结

解决方案编写完成了，下面对编写过程做个小结。编写解决方案有3个核心点（不限于此），包括紧扣主题、提炼升华、换位思考。

1）案例要紧扣主题

从上面给出的对各层关心重点的响应方案，可以看出这些内容本质上都与“保驾护航”这个主题有关，因为客户关心的重点如果不解决，就会在业务运行过程中出现各种各样的问题和风险，如果在未来的系统中对这些关心点设计了相应的保障措施，那么就不容易出现这些风险了，降低了风险的同时也就是增强了竞争力。同样是响应保驾护航的要求，但是表达形式和案例的粒度不同。

- 例1和例2面对的是决策者和管理者，因此需要用有高度、提炼的语言回答，案例要留有一定的想象空间。
- 例3面对的是执行用户，回答的内容要具体一些，要容易理解。
- 例4面对的是信息中心，所以可以使用IT相关的语言和具体的方法，让他们可以从软件工程的层面理解，可以更加安心。

上述回答就是企业投资引入信息化管理的目的和价值所在，针对客户的关心重点给出的解决方案可以大大提升获得合同的成功率。另外，每个客户层的案例部分可以放在辅助资料B中。

2）案例要有提炼和升华

上面给出的4个案例，例1～例4的表达形式都属于解决方案的编写方式，它们在表达形式上都具有一定的规律性。

- 第一步先找出客户期望解决的比较集中的、有代表性的问题点。
- 然后根据问题点给出解决对策，把对策提炼成简洁的数字表达，这符合客户企业的习惯，例如3打通、3验证等形式。
- 最好能够配置两张图，一张图是示意图（放在A本中），说明概念；另一张是案例图（放在B本的案例中），说明做法。

解决方案的表达要有一定的提炼性，少用大白话表达。这种表达形式既可以覆盖很广的范围和深度，还可以给客户留下联想与扩展的空间，他们可在这个框架下进行增减、调整。

3）编写方案要学会换位思考

不论是咨询阶段编写解决方案，还是后续做设计，都要做到“换位思考”，也就是能够做到站在客户（或对手）的视角检视完成的成果，例如，

- 做方案规划时，可以设想自己是竞争对手，看到这个方案会有什么感觉。
- 编写的方案如果是面向企业决策层的，可以试想一下如果自己是决策者，在听了这段介绍后，会受到启发吗？能联想吗？激动吗？
- 做界面设计时，可以设想一下，如果自己每天都用这个界面进行工作，工作效率有否提升？是操作顺畅，感觉工作较以前轻松了？还是因为操作太过烦琐，简直不想干了？

对编写解决方案的人来说这个工作的难度大，压力也大。编写解决方案的人通常是由团队中能力最强的人来担当，编写人要具有丰富的知识和经验、清晰的逻辑思维、敏锐的洞察力、方案组织和表达的技巧，很多从事一阶段工作的人都害怕编写一份全新的解决方案，特别是对经验少的人来说。编写解决方案的机会不是总能遇到的，每个有自己职业目标和规划的人都应该争取做一次，编写一次解决方案会带来个人能力质的提升。

★Q&A：企业管理咨询与软件开发咨询的差异。

测试工程师出身的鲁春燕问：“李老师，我参加过几次由专业管理咨询公司做需求调研、我们软件公司做开发的项目，可是我发现他们的咨询成果不能直接用来指导提出解决方案，或支持软件的分析设计，我们进入客户现场后往往还需要重新进行需求调研，这是怎么回事呢？”

李老师回答：“这是因为咨询的目的不同，采用的咨询方法和表达形式不同。专业的管理咨询公司为企业进行分析和梳理的方法是基于‘人—人’的工作环境得出来的知识和经验，如他们不会先将业务和管理拆分开来进行研究，然后再通过组合形成结果的方式。而我们的开发成果是要用在‘人—机—人’的工作环境中的，我们的分析和设计方法是基于‘人—机—人’的知识和经验。举例来说，分析中采用了‘分离原理’的概念，这个概念使我们进行架构、功能和数据的分析和设计时，研究对象变简单了，而且可以通过组合形成不同的模块，方便进行系统的维护、升级，做到随需应变、随时应变。”

【交付物】《蓝岛建设信息化提案》。

3.5.3 解决方案的评审

因为解决方案是客户最终选择与哪一家软件公司合作的重要参考资料，因此，在解决方案编制完成后，向客户进行宣讲前首先要在软件公司内部进行评审，以评估这份方案是否合适。

向客户介绍的解决方案，在编制时也可以参考交流资料的形式，做出两份，一份作为解决方案的正本A，另一份作为解决方案的补充案例副本B，讲解时以解决方案正本A为主，需要做补充说明时可以展示副本B中的案例。

1. 确定评审视角

评审，首先要确定站在什么立场、从什么视角去观察和下结论，因为解决方案不是最终提交给软件公司内部用的评审资料，而是要提交给客户做判断用，因此评估解决方案的优劣时必须以客户视角为主、软件公司视角为辅来评估（不能倒过来）。既然视角不同，那么为评估解决方案而设定的评估科目就不同。下面提供几个评估建议（不限于此）。

- 从客户不同层级（决策层、管理出、执行层）的视角进行评估，对他们的诉求作出响应。
- 从客户信息中心的视角进行评估。
- 从竞争对手的视角进行评估（要考虑客户可能引入第三方评估机构参与）。
- 从软件公司的视角进行评估。

★**建议**：在向客户用投影仪做解决方案展示时，要注意以下几点。

- ○ 画面切换不要太频繁，避免前后跳跃，不能让听讲人抓不住讲解的主线。
- ○ 不要使用文档型资料（如Word），不要来回拖动界面滚动条，效果不好。
- ○ 解决方案不是宣传资料，不要搞得过于炫酷，否则就会给人以一种不实的印象。

2. 方案的客户评审

客户对解决方案的评审，实质上就是对前期交流结果的评估，前期参与交流的企业各层级的客户一般都会参加评审（因为企业领导希望每个人都要负责）和检查。

- 自己关注的重点（难点、痛点、关键点）是否在解决方案中给予了响应？
- 解决方案针对这些重点给出的响应是否符合自己的预期？

通常在没有实现信息化管理的企业中，没有一个人能够做到对解决方案中的全部内容都理解，更没有人可以为解决方案打保票，这是因为企业内部的工作是有详细分工的。从纵向说，决策层不会为管理层打保票，管理层也不会为执行层承担责任；从横向说，各部门之间的专业不同、技术不同、责任也不同，因此也不能跨部门相互打保票。要知道评审、确认就意味着要负责任，不论是客户还是软件公司的具体担当人都会有担忧，如果看走眼了，将来出问题怎么办？

怎样确认解决方案、让软件公司和客户都能够得到满意的答复，并且又不必为自己不理解部分的内容担责任呢？在前面的案例说明中已给出了答案，这里针对各层的回答中要包含的内容再重复一遍。

- 对决策层：要包含企业目标、战略等的落地方法，从整体上提升企业的竞争力等宏观层面的大变化、大进展。
- 对管理层：要包含利用信息化手段做到管理到事、到人的方法，帮助部门领导解决落实企业下达的任务、指标、效益要求等。
- 对执行层：要包含工作效率的提升、负担与责任的减少。
- 对信息中心：要包含业务知识、技术能力、案例经验等方面的内容，要让信息中心可以放心地向企业高层推荐软件公司。

★Q&A：总结与归纳，能力提升的快速路。

营销经理问李老师："自己做咨询工作很多年了，咨询过的项目也有十几个了，其中不乏大型项目，但感觉个人能力提升比较慢，每次编写解决方案都非常吃力，复用以前的方案时总有一种很牵强的感觉，特别是开头不知道怎么下笔，怎么解决这个问题呢？"

李老师说："有上述3个交流经历（信息中心、企业高层和关键用户）的人可能很多，关键在于你是否进行了总结归纳，每次完成咨询后都要进行'总结'，总结是提升个人能力非常关键的工作，以前面3次交流的结果为对象说明一下怎么通过总结提升个人能力。

假如A和B是两个有相同背景且都有10年咨询工作经历的人，两个人在经验交流会上发表自己经验时，A写了100页的资料，B写了101页的资料，两人都在100页中详细地介绍了信息中心、企业高层和关键用户的咨询经验，但是B在第101页上对上述三层的咨询做了总结，通过抽提、对比指出这3个咨询之间的前后顺序、衔接关系、关注重点、表达语言，以及最终这3个咨询要达到的目的和成果。显然，最后这一张才是最精彩的、核心的、提供高价值的资料。

- B：找到了工作规律，归集出了成功的方程式，因此能力不断获得提升，此后可以做到"举一反三"，且在每次编写方案的开头时也不会发生无从下手的问题。
- A：虽然做了同样多的工作，但是因为差了最后总结的这一页，价值和能力的提升就差了一大截，以后还是重复着'举一反一'这种依靠经验做事的老套路。

这就是为什么在同样的时间内有人进步快、成绩大，而有的人却不行，工作多年后依旧在吃经验的老本，档次上不去的原因。"

销售经理说："通过这次交流和方案编写的过程，我也注意到了这个现象，与三个不同层的交流差异是很大的，将客户划分为三层，分别找到这三层的区别，按照三层不同的关注点，再给出不同的案例的方法很有效，感觉不论是什么企业，也不论客户企业从事什么工作，好像按照这个套路做都是可行的。"

第4章
项目准备

经过售前咨询，在参加了项目投标之后，宏海科技获得了蓝岛建设的信息系统开发合同。本章重点介绍签订开发合同后，软件公司内部进行的项目前期准备工作，包括确定项目经理、成立项目组、编制实施路线图、执行计划、管理规范等，最终形成《项目开发实施方案》，此方案是后续需求工程、设计工程等的实施指导文件。

项目准备工作在软件工程中的位置参见图4-1（a），项目准备的主要工作内容以及输入/输出等信息参见图4-1（b）。

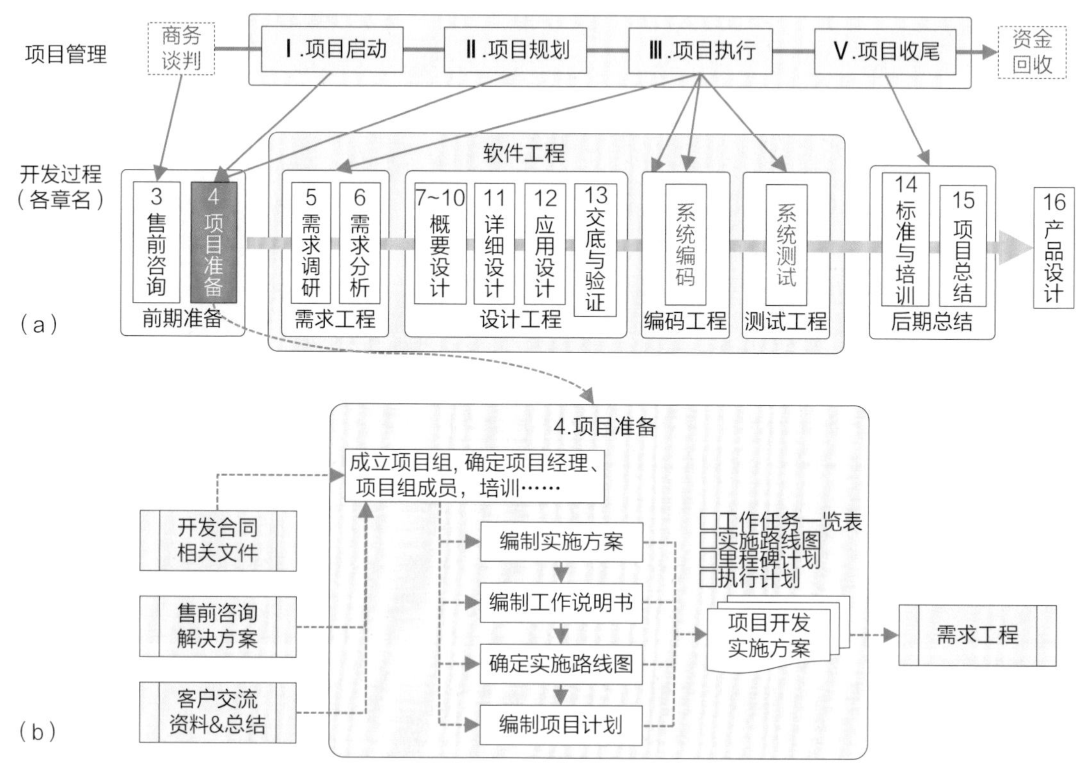

图4-1　本章在软件工程中的位置、内容与输入/输出信息

4.1 准备知识

做好开工前的项目准备，首先要理解项目准备的目的和内容，需要哪些重要的理论和方法，以及从事这项工作的人需要有哪些基本的能力。

4.1.1　目的与内容

1. 项目准备的目的

项目准备，目的就是为后续项目实施全过程做准备工作，准备工作越全面、细致、周到，则后续的开发工作就会更有序地推进，准备工作的成果形成《项目开发实施方案》。

签订了软件开发合同后，由于项目内容广、开发工期长、需要的资源多，所以需要成立一个专门的项目组来完成这份合同。项目开发的过程被划分为多个阶段，每个阶段完成不同的工作，需要由不同的岗位进行接力，因此需要在正式进入开发前对全程进行详细的规划。

项目准备中会用到很多软件工程的知识和经验，从项目准备的内容中可以感受到软件工程知识的重要性，这些知识对项目经理和产品经理尤为重要。本章将通过项目准备工作的内容和标准，重点介绍软件工程是如何协助提升项目管理的工作效率，以及帮助达成项目管理三大目标（质量、进度、成本）的。

2. 项目准备的内容

项目全过程的准备工作有很多，这些准备工作都要在项目正式开始前完成，它们是指导项目推进必不可少的条件和要求，项目准备工作内容确定后，形成《项目开发实施方案》。

实施方案的详细内容参见4.2节。

4.1.2　实施方法论

项目开始前需要确定的事项非常多，其中确定项目采用什么方式进行开发是一个重要事项，特别是面对大型且复杂的企业管理类信息系统，不同的开发方式会直接影响到组织、成员能力要求、交付标准、开发流程，甚至开发的工期和成本。

本章的实施方法论主要讲解如何确定开发方式的问题。

1. 评估开发方式

一般经常被提到且定义比较清晰的开发方式有两种：瀑布式开发和敏捷式开发，这两种开发方式各有优劣，对这两种开发方式的争议也很多，在第2章中也对这两种开发方式的优劣进行了阐述。除去这两种方式外，多数软件公司根据开发项目规模和内容的不同，采用的是处于这两种之间的开发方式。下面根据本项目案例的特点确定开发方式。

1）敏捷式开发

本案例的项目属于企业管理类的信息系统，规模大，涉及的业务范围广，业务逻辑关系复杂，且企业有其特有的运营管理模式，所以必须在进行充分的调研、分析、设计后才能进入编码阶段。开发此类信息系统，对编码工作来说分析和设计文档是不可或缺的，而且对文档质量要求非常严格、详细，同时设计文档也是客户的重要验收对象。

另外，在案例中设计与编码分两份合同执行，设计和编码不在同一时期，甚至有可能不是由同一家软件公司负责，因此判断本项目的案例采用敏捷开发方式是不适合的。

2）瀑布式开发

同样也是由于本项目的案例开发分两期进行，需要签订两份独立的合同，一阶段工作和二阶段工作是错开的，两份合同内的工作无法进行迭代（而且签约的也可能不是同一家软件公司），无法按照标准的瀑布式开发要求按部就班地推进，因此判断本项目案例采用瀑布开发方式是不适合的。

2. 确定开发方式

根据本案例的特点、具备的客观条件以及软件公司对项目的要求等，在软件公司内部经过充分地谈论、对比，本项目确定采用**工程化开发方式**，理由如下。

- 项目是客户与软件公司双方的战略合作项目，必须确保成功，不能失败。
- 软件公司的领导要求将本项目做成工程化开发模式的标杆。
- 软件公司对工程化需要做的标准化工作已有大量积累，在调研、分析、设计的各阶段建立了相应的模板、标准等，可以支持快速复用。
- 项目组成员的平均能力较弱（新人多、转行多、经验少），用模板复用方式效果最佳。
- 利用工程化开发方式，确保项目管理三大目标（质量、进度、成本）的达成等。

为了推进工程化的开发方式，软件公司已经建立了咨询、调研、分析、设计各阶段所需要的理论、方法、工具、标准等。

在前面的各章中已经对上述两种开发方式做了说明：在第1章中介绍了工程化开发方式，在第2章中介绍了敏捷式、瀑布式与工程化各自的特点。确定采用什么样的开发方式，一定要考虑以下几个原则。

- 项目的对象：是否有固定的运行模式（如企业）、业务复杂度的大小等。
- 系统的要求：系统形式的要求，如模块化、平台化，要求随需应变等。
- 项目组能力：项目组成员的人数、能力，业务与技术能力的平衡等。

工程化开发方式的内容如图4-2所示。其中，

- 图4-2（a）是软件工程的框架（执行流程），也就是工程化开发的主体，工程化方式按照软件构成的逻辑，将设计对象拆分为不同的子项目，各个子项目可以独立地进行设计、检验。
- 图4-2（b）给出的是软件工程框架各节点拆分后具体的工作内容，以及各节点工作对应的理论、方法、模板和标准等。
- 图4-2（c）实现软件开发工程化的底层逻辑、方法、标准等。

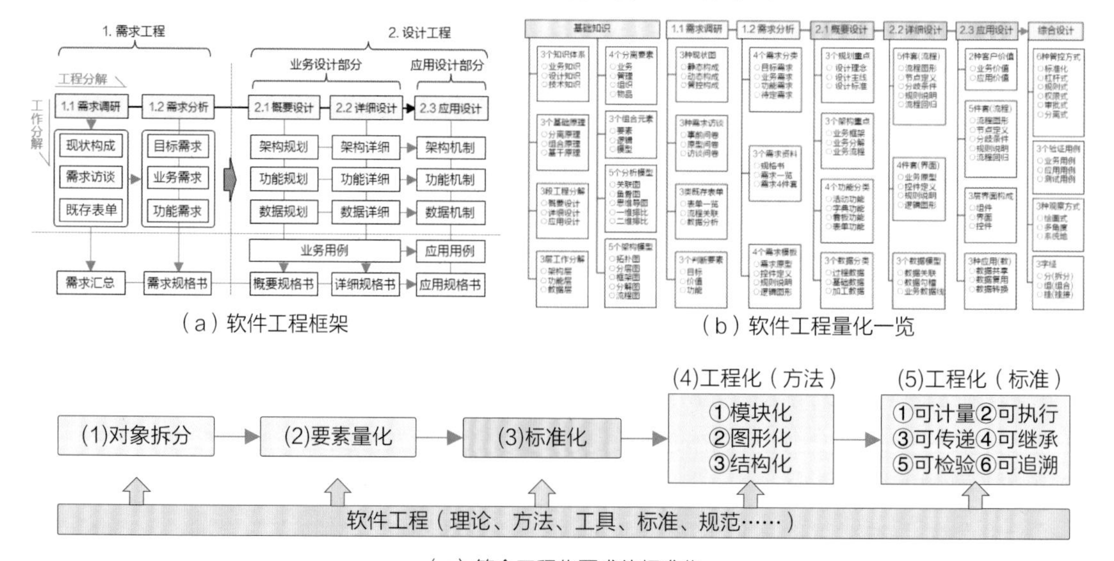

（a）软件工程框架

（b）软件工程量化一览

（c）符合工程化要求的标准化

图4-2 工程化开发方式示意图

有关图4-2的详细说明参见第1章。

★Q&A：工程化方式与瀑布方式的区别在哪里？

程序员出身的吕德亮问："李老师，我怎么感觉工程化方式和瀑布方式在工作流程上、规范要求上有些相似呀？"

李老师回答说："这是因为它们的实施过程是相似的，因为毕竟都是面对大型复杂的企业管理信息系统，所以都必须要预先进行详细的现场调研和分析，然后做全面的规划架构，且必须要有完整、准确的设计文档。但是两者之间有以下两个重要的差异点。

- 设计方法：工程化方式基于分离原理对设计对象进行业务、管理等的拆分，拆分后的各子模块可以独立地进行设计（参见图4-2的内容），然后按照组合原理的方式进行组合，形成系统模块化的设计方式，这种设计方式大大降低了分析、设计时的耦合度，因此对需求变化有较强的适应能力。
- 应用方式：工程化方式利用前述的分离、组合，积累可以复用的构件，再加上工程化方式的分析和设计方法的协同、传递与继承的要求等，使得需求调研、分析和概要设计、详细设计等各阶段都可以明显地缩短时间。

另外，基干原理（参见第12章）、系统架构（参见第16章）的不同，也使得工程化方式有了更强的适应需求变化和缩短开发时间的优势。

正是由于工程化方式有上述特点，消除了传统瀑布式开发的弱点，如在评论瀑布式开发时被指出的最大短处不是它的结构化、按序开发，也不是大量的文档（这些都是大型项目不可或缺的），而是'瀑布'二字，因为由水形成的瀑布向下流动后是不可逆的，所以瀑布式开发一旦发现问题就很难返回修改。

如果对传统瀑布式开发进行工程化开发相似的改良，则两者就非常相似了。工程化方式兼具了瀑布式开发的严谨、敏捷式开发的快速。"

4.1.3 角色与能力

项目准备工作一般来说是由软件公司的项目管理办公室（PMO）主导完成的，但是当遇到大型项目时，公司也会指派有经验的高级职称岗位来帮助协调完成准备工作。

从能力方面看，做项目准备需要具有两方面的知识和经验，即项目管理和软件工程，项目管理的知识和经验主要用在组织、规划方面，确保项目的进度、成本和质量等。软件工程的知识和经验主要用在具体地指导需求调研、分析、设计、系统交付和验收等方面。

4.2 项目开发实施方案

4.2.1 实施方案的结构

软件开发的合同签订后，首先要做的工作就是项目准备工作，形成一份指导项目开发过程的实施方案，项目不同，开工前需要准备的工作内容也会有不同，这里重点选择与本书相关的内容做详细解说，以下为《项目开发实施方案》目录结构的参考模板。

第1章　引言

1.1　编制目的：编制本文档的目的

1.2　文档范围：说明文档包括哪些内容

1.3　文档结构：用框架图形式给出文档的结构，表明各部分内容的关系

1.4　文档导读：说明本文档的阅读和使用方法

1.5　用语定义：对文档中使用的专用词汇进行标准定义（面对所有相关人）

1.6　编制约束：包括格式规范、图标规范、编码约束、编写约束等

第2章　项目概述

2.1　项目背景：描述客户投资建设新系统、软件公司签订合同等的背景

2.2　项目概述：概要说明本项目的内容（范围、基本功能等）

2.3　项目目的：说明客户、软件公司双方的目的（战略合作、行业标准产品等）

2.4　项目回报：客户的价值、软件公司的价值等

第3章　项目准备

3.1　项目经理选定：项目组的现场总负责人

3.2　项目组与成员选定：选择项目组成员，并确定组织分工结构

3.3　项目工作一览编制：编制《工作任务一览表》（内容多单列，参见4.3节）

3.4　路线与里程碑确定：实施路线图和里程碑计划的确定

3.5　项目执行计划编制：详细的项目工作推进计划

3.6　项目管理规范制定：项目组的管理方法（内容多单列，参见4.4节）

3.7　项目组成员培训：软件公司和客户双方的参与人员（内容多单列，参见4.5节）

3.8　项目启动会：软件公司与客户举行的项目开工动员会

第4章　需求工程

4.1　需求调研：详见第5章

4.2　需求分析：详见第6章

第5章　设计工程

5.1　概要设计：详见第7～10章

5.2　详细设计：详见第11章

5.3　应用设计：详见第12章

5.4　技术设计与测试的交底：详见第13章

5.4　技术设计（省略）其他

5.5　编码工程（省略）

5.6　测试工程（省略）

5.7　项目实施：详见第14章

以下省略《项目开发实施方案》中除第3章以外其他各章的介绍，因为它们的内容在本书中

都有单独的章节进行介绍。

4.2.2　项目经理的选定

项目准备工作的第一件事，就是确定项目经理的人选。项目经理对项目成败的重要性是毋庸置疑的。项目经理的详细信息参见第2章。

1. 项目经理必备的专业知识

一般来说，理想的项目经理需要掌握3种类型的知识和经验：项目管理知识、软件工程知识和客户专业知识。

1）项目管理知识

项目经理的定位首先是“管理者”，所以必须要具有一定的管理知识和管理经验，主要是有关软件开发过程管理方面的。项目经理除去掌握**通用的项目管理知识**外，还必须有**软件项目管理的知识和经验**，毕竟后者在具体的操作上还是有很多不同之处的。

2）软件工程知识

由于软件开发是一项非常专业的工作，因此项目经理也必须掌握一定的软件工程知识，特别是有关需求分析、软件设计的基本方法（有编码、测试方面的知识和经验可以加分），因为软件开发的前期工作包括需求调研、分析设计等，它们是开发过程中最重要且难度最高的部分，有软件工程知识和经验的项目经理更容易指导项目组的工作，把握交付物的质量。

3）客户专业知识

由于项目经理要和客户/用户直接打交道（调研、确认、例会等），所以项目经理必须掌握一定的客户专业知识和经验，这是获得客户与项目组成员信赖的基础。

2. 专业知识不足的弥补方法

当然，如能同时拥有上述项目管理、软件工程及客户业务三方面的知识，再有一些编码和测试经验是最理想的，但现实中有如此全面知识和经验的人才是比较少的，如果不能做到全才，相对而言没有编码和测试方面的经验也是可以的，但上面提到的三项（软件工程、项目管理、客户业务）知识和经验是一名优秀项目经理的**必要条件**，编码和测试方面的知识和经验可以作为**充分条件**。

如果项目经理本人在项目管理和软件工程两方面的知识和经验不足，也要保证项目组内成员和项目组的辅助团队具有完整的相关知识和经验，这两项知识对管理好项目来说都是不可或缺的。仅有知识或仅有经验，还不足以说明一个人的能力（能力=知识+经验）。下面给出对于项目经理三类能力的要求（不限于此，仅供参考）。

- 有项目管理的能力，但缺乏软件工程的能力，则可能被项目组员和用户看成外行，补救的方法是有熟悉软件工程的人在身边辅助支持。
- 有软件工程的能力，但没有项目管理的能力，则基本上做不好项目经理的工作。
- 有很强的项目管理能力，还有一定的软件工程能力，是项目经理的合适人选。
- 有一些软件工程能力，也有一些项目管理能力，应对小型项目是没有问题的，但是做大项目的项目经理就比较有问题了。

- 有项目管理和软件工程的能力，但是缺乏客户的专业知识，因此与客户直接交流困难，需要有客户业务知识较强的人作为辅助，如业务专家。

【参考】详见2.4.2节。

4.2.3 项目组的建立

项目经理确定之后，下一步就是选择项目组成员、对工作进行分配及确定组织结构。

1）成员选择

项目组的成员选择需要根据项目内容、所需要的能力决定，项目组的成员要为这个项目提供服务，但不一定是项目组的固定成员，特别是很多软件公司内部的高级资源（架构师、业务专家等），他们可能要同时为多个正在实施的项目组提供服务，所以在后续的计划安排时要特别针对他们的工作内容进行时间段的规划，避免因为这些关键角色不能到场（或提供服务）而延误整体计划的推进。项目组成员的详细信息参见第2章。

2）工作分配

所需资源的数量和能力通常是按照工作量、业务板块来安排的，这里要注意，假定A业务板块与其他业务板块都相关，则A是关键板块，是其他业务板块主要的数据输入源，参见图4-3。

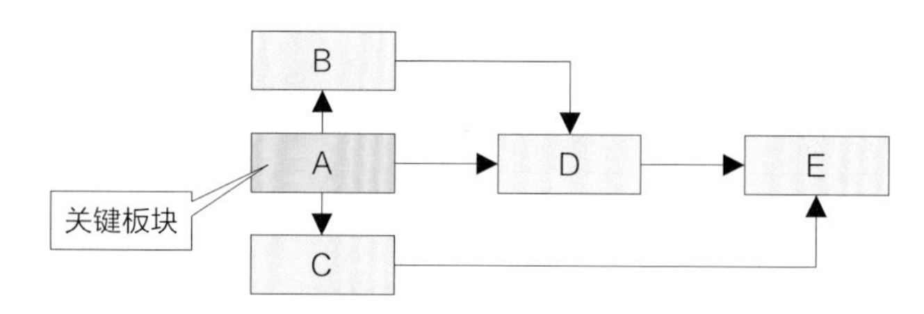

图4-3 核心板块与其他板块的关系示意图

那么A业务板块一定要选比较有经验和能力的人负责，因为他担当的业务和数据会辐射到其他业务板块中，影响其他业务板块的处理结果（包括流程、逻辑、数据等），A业务板块的分析和设计正确，是其他业务板块正确的前提。

项目组人员比较多时（如有6、7人以上），还需要指定1名兼职的配置管理员，他是项目经理在质量管理方面的助手，要负责如下工作：各阶段模板的统一提供，模板使用的说明，以软件工程为基础归集各阶段的分析和设计成果资料，建立和维护标准资料库。具体的工作内容详见4.4节。

3）组织结构

宏海科技为该项目设立了专门的项目组，同时按照售前阶段的约定，双方成立一个共同的项目组，以协助蓝岛建设培养未来的信息化骨干。

（1）宏海科技的项目组：项目组成员介绍详见第2章，项目组的结构参见图4-4。

（2）双方联合项目组：由客户和软件公司双方共同成立联合项目组，客户方指定各部门的业务骨干参加到项目组中。与客户成立的联合项目组结构是按照客户业务领域进行划分的，这样的组合方便双方的对接人进行联系，组名采用业务领域名称，如成本管理组、物资采购组等。双方联合项目组的人员结构参见图4-5。

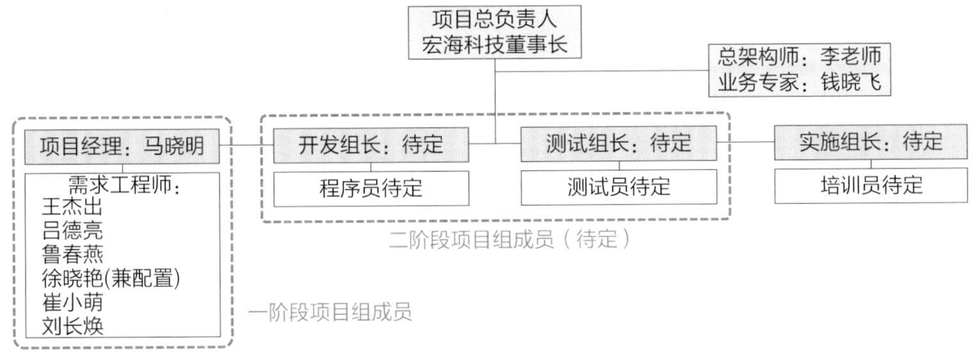

图4-4 宏海科技的项目组结构与一阶段成员

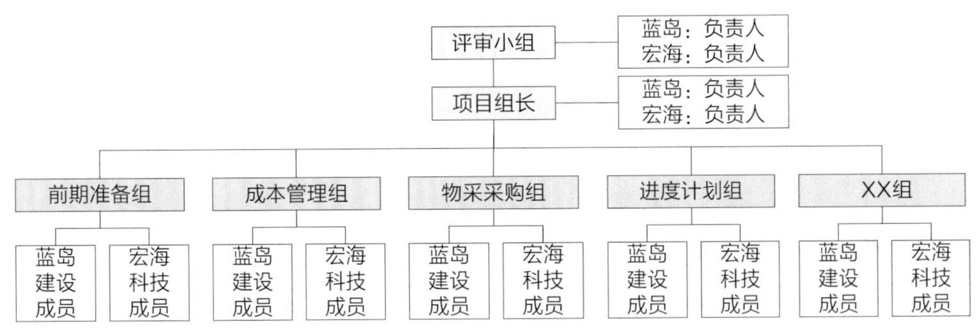

图4-5 联合项目组的组织结构示意图

【**交付物**】项目组的成员名单、软件公司项目组织结构图、双方联合项目组结构图。

4.2.4 路线与里程碑确定

项目的《工作任务一览表》（见4.3节）编制完成后，根据其内容就可以确定实施路线和里程碑计划了，这两项工作是项目准备中重要的成果之一，也是项目所有相关人都极为重视的文档，表达了项目执行过程中的关键控制点。

1. 实施路线图的制定

项目开始前，必须要制定项目的实施路线图，实施路线图要决定做什么事？按照什么顺序做？实施路线图与时间无关，这个图的关注点是如何合理地安排做事的顺序。

实施路线图上要标注所有的重要工作环节。参考售前咨询阶段的实施路线图、《工作任务一览表》等资料，项目实施过程需要采用软件项目管理和软件工程相结合的方法。

实施路线图的规划也可以分为两个层次：一个是系统全生命周期的粗粒度规划，另一个是指导开发期间的相对较细的规划。

1）实施路线图——规划全生命周期（粗粒度）

图4-6给出了系统从开始获取需求至正常运行中的路线，A的内容是开发阶段，B的内容是系统运行阶段。

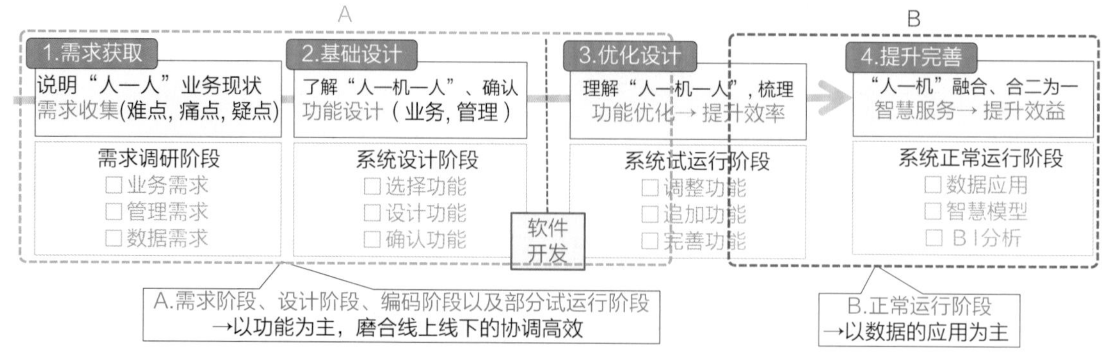

图4-6　系统全生命周期的实施路线规划

2）实施路线图——设定系统开发期间（细粒度）

图4-7是针对图4-6中的A阶段（包括①、②和③）的部分内容进行了进一步展开，显示了这个阶段的软件工程内容，在此阶段重点要完成的是系统的基本功能需求、设计和编码测试，以及上线后到验收前这个阶段的优化与完善（是本书案例重点涉及的内容）。

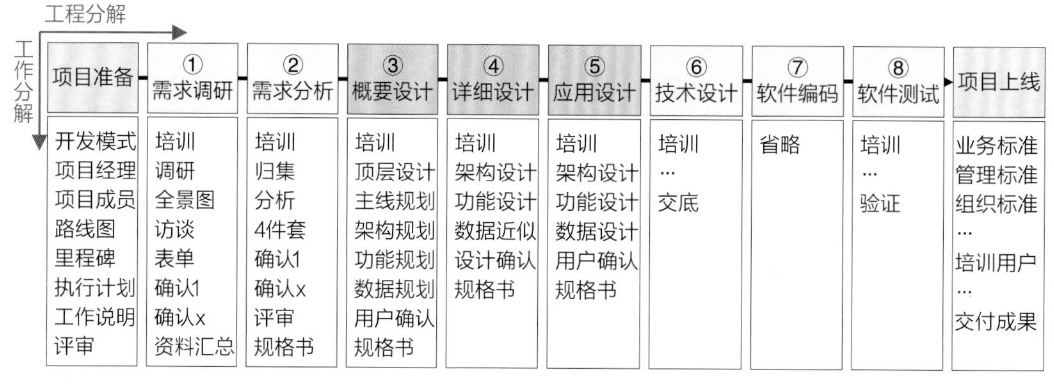

图4-7　项目开发期间的实施路线规划

这个实施路线图作为开发过程中的关键控制点的监控依据，对软件开发的全过程采用项目管理的方法，包括合同的管理、工作流程的管理、各类资料的管理等。由于本书的重点是分析与设计部分，不是软件项目管理的专著，因此关于项目管理只涉及与软件工程相关的部分。

对软件开发本身，按照软件工程的作业流程，建立包含工程分解（需求、设计、编码和测试）、工作分解（架构、功能、数据）的作业流程图。参考软件工程框架图。

软件公司内部提出要将这个项目做成行业标杆，项目的实施过程不但要满足客户的需求，同时还要满足软件公司的以下两个目标。

（1）培养团队，形成软件工程的标准体系。

（2）将完成的项目型信息系统改造成客户行业的标准产品。

为了满足公司的要求，决定在项目推进的每个阶段开始前做相关知识的培训，由总架构师给项目组成员讲课，培训内容参考《大话软件工程——需求分析与软件设计》。

2. 里程碑计划的制订

完成了实施路线图之后，再以实施路线图上的重点工作为目标绘制一个里程碑计划图，里程碑计划相当于给实施路线图加上了时间坐标轴。这个图的内容是项目管理需要控制的关键节点，如图4-8所示。

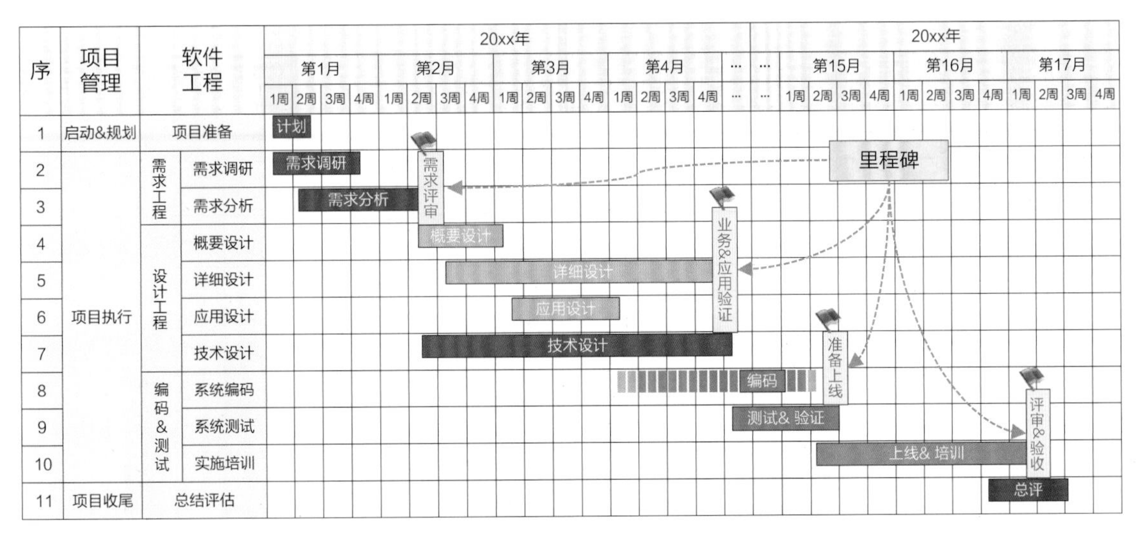

图4-8 项目的里程碑计划

【参考】实施路线图和里程碑计划参考第1章。

【交付物】实施路线图、里程碑计划。

4.2.5 项目执行计划编制

根据前面已获得的项目成员、《工作任务一览表》、实施路线图、里程碑计划等资料，下面编制详细的项目执行计划，这个计划要做得非常详细，参见图4-9，至少包括4类信息。

（1）工作包的拆分：对开发对象进行拆分，分为不同的工作包。

（2）工作顺序的安排：按照软件的开发逻辑，安排每个工作包的顺序。

（3）工作包的完成时间：按照开发的衔接关系，为每个工作包安排开始和完成的时间。

（4）负责人的指定：按照项目成员的能力、分担的领域进行工作包的分配。

执行计划需要根据每周的进展情况进行维护，确保它与实际推进情况一致。执行计划是进度管理的依据，是项目管理的三大目标之一，也是**项目经理管理项目过程的主要抓手**。

另外，在编制详细计划中分配工作量、计划时间时，需要建立对人的能力指标，有关对人能力的评估参考4.7节的内容。

【交付物】项目执行计划（详细内容参考《工作任务一览表》）。

4.2.6 项目启动会

通常开发合同确定之后，在正式进入需求调研之前会召开一次由相关各方参加的项目启动会。可能有读者会认为其目的就是双方人员相互认识一下而已。其实不然，对于软件公司方面而言，项目启动会的作用是非常重要的，用“机不可失、时不再来”强调它的重要性也一点不为过，它是需求调研开始前的最后一项重要工作。这个会的重要性在于：双方的领导，特别是客户的高层领导会参加，下一步调研相关的组织、管理、规则等事项一定要在这个会议上“当面落实、决定”，也就是说，软件公司要在会议前，将所有需要客户/软件公司双方领导当面确

项目内容			担当与分工：成员	部	交付成果	计划开始时间	计划结束时间
前期准备	1	成立联合项目组			《项目章程》 《项目总体实施方案》 《项目调研计划》 《项目启动会P P T和会议纪要》	4月7日	4月7日
	2	项目章程	李鸿君,李欣欣			4月8日	4月10日
	3	项目总体实施方案	马晓明，李欣欣			4月15日	4月20日
	4	项目调研计划	马晓明，李欣欣			4月9日	4月15日
	5	项目启动会	李鸿君,马晓明,李欣欣			4月29日	4月29日
调研与分析	1	高层调研	李鸿君,马晓明,李欣欣		《蓝岛建设管理现状调研分析报告》 1、管理业务全景视图 2、管理系统自建系统改造及优化方案 3、管理业务与信息化管理差距分析报告	4月23日	4月23日
	2	调研前培训	项目组成员			5月6日	5月7日
	3	施工管理处	吕德亮，马晓明			4月23日	5月29日
	4	经营管理处	李鸿君,李欣欣,崔小燕			5月8日	6月13日
	5	财务中心	李欣欣，崔小燕			5月18日	7月3日
	6	安全质量环境处	王海山，吕德亮			5月8日	6月19日
	7	物设中心	王海山,吕德亮,崔小燕			5月18日	7月17日
	8	技术中心	王杰出，崔小燕			5月14日	6月26日
	9	人力中心	马晓明，崔小燕			5月8日	5月29日
	10	交付物编制及评审	李鸿君,马晓明,李欣欣			7月6日	7月31日
业务设计	1	施工管理处	王杰出，吕德亮		《蓝岛建设管理系统需求规格说明书》 1、业务流程改造优化方案业务架构图） 2、功能需求一览 3、功能需求规格书（需求4件套） 4、系统配套基础数据一览&标准方案	5月11日	9月11日
	2	经营管理处	李欣欣，崔小燕			5月25日	9月5日
	3	财务中心	李欣欣，崔小燕			6月29日	10月16日
	4	安全质量环境处	王海山，吕德亮			5月18日	9月27日
	5	物设中心	王海山,吕德亮,崔小燕			6月29日	10月16日
	6	技术中心	王杰出，崔小燕			6月8日	9月27日
	7	人力中心	马晓明，崔小燕			5月18日	6月28日
	8	交付物编制及评审	李鸿君,马晓明,李欣欣			9月21日	10月31日
业务验证	1	施工管理处			《业务验证报告》 1、业务验证脚本 2、业务验证意见	6月15日	9月30日
	2	经营管理处				6月29日	10月10日
	3	财务中心				8月3日	11月6日
	4	安全质量环境处				6月15日	10月23日
	5	物设中心				8月3日	11月13日
	6	技术中心				7月20日	10月23日
	7	人力中心				6月15日	8月7日
	8	交付物编制及评审	马晓明，李欣欣				
应用设计	1	施工管理处	王杰出，吕德亮，--		《蓝岛建设管理系统设计规格书》 1、架构应用设计功能机制） 2、功能应用设计原型界面） 3、系统数据推演方案与推演数据 4、系统需求推演验收报告	6月22日	10月23日
	2	经营管理处	李欣欣，崔小燕			7月20日	11月6日
	3	财务中心	李欣欣，崔小燕			7月27日	12月4日
	4	安全质量环境处	王海山，吕德亮			6月29日	11月13日
	5	物设中心	王海山，崔小燕--			8月3日	12月4日
	6	技术中心	王杰出，崔小燕			7月3日	10月30日
	7	人力中心	马晓明，崔小燕--			6月8日	8月7日
	8	交付物编制及评审	马晓明，李欣欣			11月16日	12月18日
应用验证	1	施工管理处			《应用验证报告》 1、系统验证脚本 2、系统验证意见	7月27日	11月13日
	2	经营管理处				8月24日	11月27日
	3	财务中心				8月31日	12月19日
	4	安全质量环境处				7月27日	12月4日
	5	物设中心				8月31日	12月19日
	6	技术中心				8月24日	11月20日
	7	人力中心				7月20日	9月4日
	8	交付物编制及评审	马晓明，李欣欣				
评审	1	例会	马晓明，李欣欣		《项目进度报告》 1.项目周报、2.项目月报、3.会议纪要		
	2	阶段评审	马晓明，李欣欣				
	3	总评审、交付	马晓明，李欣欣		《项目验收资料》 1、专家评审意见 2、管理系统配套信息化管理制度建议	11月30	12月28日

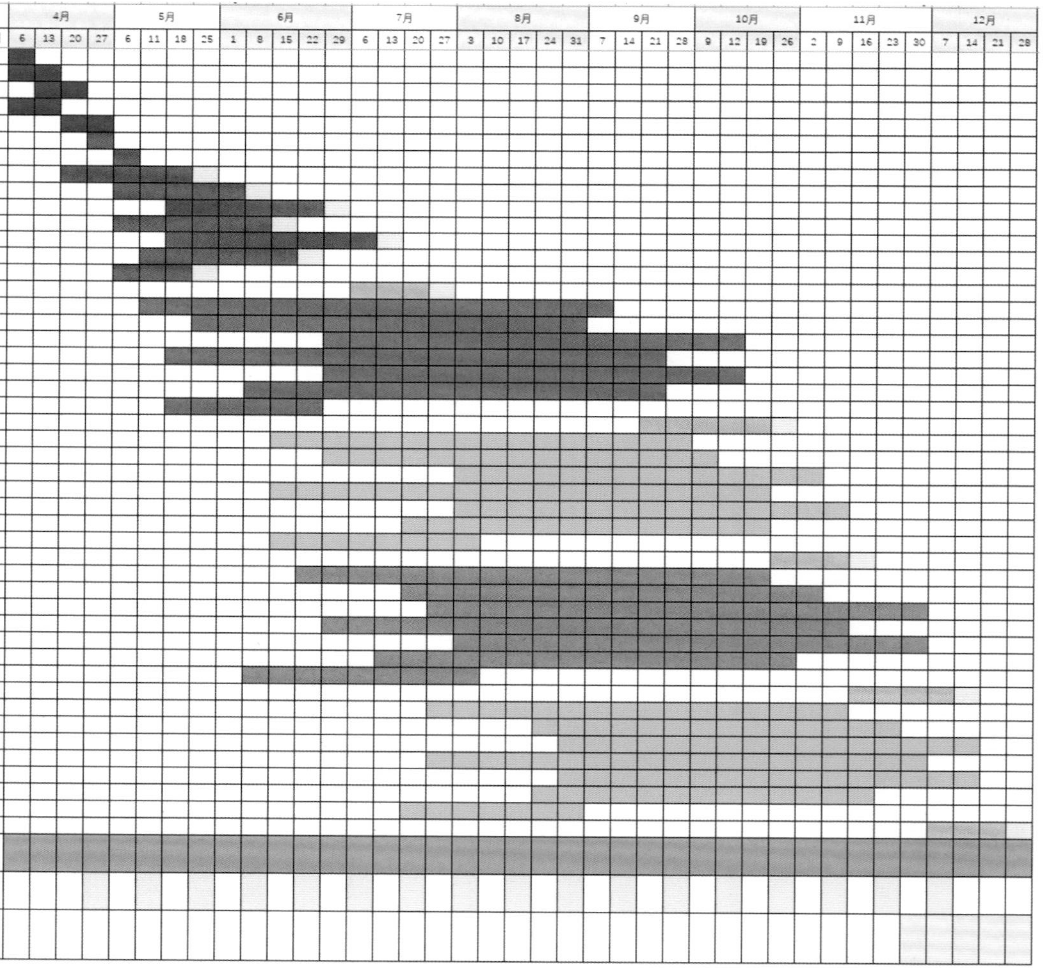

时间轴：4月（6, 13, 20, 27）；5月（6, 11, 18, 25）；6月（1, 8, 15, 22, 29）；7月（6, 13, 20, 27）；8月（3, 10, 17, 24, 31）；9月（7, 14, 21, 28）；10月（9, 12, 19, 26）；11月（2, 9, 16, 23, 30）；12月（7, 14, 21, 28）

图例：需求调研与分析　交付成果编制　业务设计　应用设计　验证　评审　验收收尾

图4-9　项目的执行计划

定的事项全部准备好（可以是提纲，也可以包含尚未敲定的事项），例如，

- 建立联合调研组，双方的负责人和各领域、部分的负责人、参与人的确定。
- 发生**问题的解决流程**，指定**客户方面解决问题的最终决策人**。
- 项目推进计划的保障规则（这个尤为重要，因为客户往往因为工作忙，不能保证参与调研或作出决策的时间）。避免后面发生延期时相互推诿责任。
- 确定调研中间成果的汇报时间、评估人选等。

★**解读**：项目启动会的意义。

在项目正式开始前，原则性的约束一定要当面确定，即当着双方的领导“把丑话说在前面”，这是非常重要的保证措施，不然调研开始后出现了严重的纷争时再请领导出面进行协调就会很困难，特别是要避免出现大的成本问题、质量问题、进度问题时，双方的项目组成员相互指责对方，而一旦发生这样的事情，良好的合作气氛就会被破坏，后面的工作效率就也会显著地降低。

【交付物】《项目开发实施方案》、启动会记录（要交给客户签字）。

4.3　工作任务一览表

《工作任务一览表》是《项目开发实施方案》中的重要构成部分，也是软件合同的附件，是合同执行、落地的指导书（**开发范围的约束条款**），它相当于**开发内容与交付物的一览表**，后续的一切具体工作都要以《工作任务一览表》为依据推进，包括绘制实施路线图、里程碑计划和项目执行计划等（详细说明参见4.2.4节、4.2.5节）。

4.3.1　工作任务一览表的作用

《项目开发实施方案》是指导项目推进的总体方案书，其中的《工作任务一览表》是具体的工作任务一览，它详细地标明了以下内容。

- 工作内容：合同约定的范围和内容，如培训、调研、分析、设计、编码、测试等。
- 交付物：应向客户方提供的交付物，如计算机软件、数据库、设计资料等。
- 交付评审：何时对何种交付物进行中期评审、总评审等。
- 验收依据：作为开发合同的附件，是客户项目验收时的依据。

这份一览表是用来指导后续项目组在各阶段（需求工程、设计工程、编码工程和测试工程）的详细计划编制工作的依据。

4.3.2　工作任务一览表的编制

《工作任务一览表》是对整个项目开发过程的指导文档，因此需要在正式开工前编制完成。图4-10表达了与一阶段（分析与设计）相关部分的工作任务。

1	咨询			
1.1	信息化管理咨询 （可行性咨询）	■通过与甲方信息化相关部分的交流、沟通 □理解甲方的信息化需求与现状 □确定管理系统的定义、内容	□信息化管理咨询PPT	2020年1月—6月
1.2		■落实甲方对管理系统建设的 □理念、目的、目标（期望） □价值（效果） □功能（内容）	见以下的需求分析与设计成果	2020年1月—6月
2	培训			
2.1	用户培训（1）	□对用户进行信息化管理知识的普及 □业务标准化梳理的方法（图形与文档） □测试标准化掌握的程度	□培训资料（5套） □测试成绩评分一览表 □项目组核心成员推荐	2020年2月5日 课件准备 2020年3月1日 开始培训 2020年4月19日 完成测试评分
2.2	用户培训（2）	□基础数据的概念 □基础数据的编制方法	□培训资料 □标准、模板	2020年8月中旬
2.3	用户培训（3）	信息化管理的运行方法 （结合应用原型、“人—机—人”环境）	□培训资料	2020年11月中旬
3	需求调研			
3.1	用户原始需求 收集&确认	协助各部门完成部门内现状（图形）	□现状构成图	2020年6月30日
3.2		协助各部门完成部门内现状（文/图）	□功能需求（各部门的功能需求，4件套）	
3.3		协助各部门完成部门内现状（表单）	□既存表单（现在使用的各类表单）	
3.4		协助各部门完成部门内现状（图）	□访谈记录（文字记录的需求、期望等）	
3.5	企业全景图（现状）	□对业务现状进行调研 梳理出包括部门内部关系、部门之间关系以及企业经营层、管理层和执行层之间的关系	■全景套图（业务） □项目管理主线（流程、核心节点） □成本管理主线（管控点、管控对象） □风险管理主线（风险点、管控对象）	2020年5月31日—2020年7月30日
3.6		□对既存系统进行调研 给出管理系统与既有系统之间的功能关系、数据共享，以及存在的问题、对未来的期望等	■全景套图（系统） □管理系统&成本系统 □管理系统&物设系统 □管理系统&上级平台系统 等	2020年5月31日—2020年7月30日
4	需求分析			
4.1	企业全景图（优化）	通过企业各部门、层级的讨论、最终确定。 * 3.1、3.2、3.6和3.7，这4个文件是管理系统设计的范围、理念、方法	□全景套图（业务，约5～10张）	2020年7月15日
4.2			□全景套图（系统，约3～5张）	2020年7月31日
4.3	业务架构分析成果	完成各业务领域的业务架构优化、统一，达到 □项目流程的统一 □成本管理的统一	□业务架构图（框架、分解、流程）	2020年7月31日
4.4	业务功能分析成果	完成确定各业务领域的功能需求，包括 成本、风险、进度、绩效等	□功能需求一览表	2020年7月31日
4.5	基础数据分析成果	完成确定管理系统运行所需的基础数据对象、编制方法、数据标准、采集计划	系统配套基础数据一览&标准方案	2020年7月31日
4.6	关联系统的协同	新建系统与既存系统（物设、成本等）的优化、协同提案	□管理系统改造及优化提案 *1：具体担当的开发商会有所调整	2020年7月 中旬
4.7	信息化现状分析	在信息化管理的理念、目标、路线等方面，新方案与既有系统的差异分析	□管理业务与信息化管理差距分析报告	2020年8月 中旬
4.8	需求分析成果汇总	确定管理系统的范围、内容、做法、标准等 □设计目标、思路、方法 □功能性需求（成本、风险、进度、绩效） □非功能性需求（参考）*2	《需求规格说明书》（客户签字） （汇总需求调研与分析的所有资料） *2：采用的开发技术不同会有所不同	2020年8月31日
5	业务设计-概要			
5.1	架构概要设计	给出符合系统设计要求的业务流程图 （较需求分析阶段来自于用户的架构图更为完整、严谨，是系统开发的依据）	业务架构图（框架、分解、流程等）	2020年8月
5.2	功能概要设计	□给出确定的系统功能 □本系统与其他系统功能之间的关系	□功能规划图 □业务功能一览表 （包括具体的：活动、字典、看板和表单）	2020年8月
5.3	数据概要设计	□给出确定的数据类型 □本系统与其他系统的数据关系	数据规划图、主数据表	2020年8月
6	业务设计-详细			
6.1	流程详细设计	□业务流程的分岐、流转 □审批流程 □泳道式流程（组织、审批关系）	流程设计（5件套）	2020年9月
6.2	功能详细设计（业务）	■活动功能（输入原始数据），如 □前期策划、施工设计、预算编制 □合同签订、变更、核算、支付 其他诸如：施工、经营、人资、设计等功能	活动功能规格书（业务4件套）	2020年7月 — 2020年9月
6.3		■字典功能（用于维护基础数据），如 □WBS的维护 □成本定义的维护 其他诸如：材料编码、价格、客商等功能	字典功能规格书（业务4件套）	2020年7月 — 2020年9月
6.4		■看板功能（用于展示、预警），如 □管理系统的门户（系统入门、相关信息推送） □风险预警（按不同领域进行预警提示） 其他诸如：专题看板（仪表盘）等功能	看板功能规格书（业务4件套）	2020年7月 — 2020年9月
6.5		■表单功能（用于打印、输出数据），如 □成本的统计、分析 □进度的统计、分析 其他诸如：风险、安全、财务、人资等功能	表单功能规格书（业务4件套）	2020年7月 — 2020年9月
6.6	业务验证（数据）	利用客户的历史项目数据，编制业务用例，用以验证业务设计成果的正确性，验证对象包括：流程、界面、计算公式、管理规则等 注：这个结果，可以确定未来的工作内容	□业务用例 （用例场景、用例导图、用例数据） □业务验证报告（客户签字）	2020年9月
6.7	业务设计成果汇总	将全部的业务设计（概要、详细）资料汇总，这是重要的业务优化设计成果，此后客户在“人—机—人”环境下的业务处理内容、标准就确定了	《设计规格书-业务设计》（客户签字）	2020年9月
7	应用设计			
7.1	架构应用设计	基于前面的业务设计成果，进行应用架构设计，包括 □系统的用户管理、登录 □系统门户的个人信息的推送、展现 □系统的权限、时限等	□设计图、文档说明	2020年9月
7.2	功能应用设计 （原型）	针对业务功能设计的成果给出界面的原型 （输入原始数据）	□活动功能高保真原型	2020年10月
7.3		针对业务功能设计的成果给出界面的原型 （用于展示、预警）	□看板功能高保真原型	2020年10月
7.4	数据应用设计	□数据的共享（异构系统之间） □数据的复用（历史数据参考） □数据的转换（文字型→数值型）	□应用方案设计（课题待定）	2020年11月
7.5	应用验证（原型）	这个验证，利用高保真原型进行推演，模拟在“人— 机 — 人”环境下的工作、管理模式 注：这个成果，可以确定未来的工作环境	□应用用例 （用例场景、用例导图、用例数据） □验证报告（客户签字）	2020年11月
7.6	应用设计成果汇总	将全部的应用设计资料汇总，客户在未来的“人—机—人”环境下的工作模式就确定了	□《设计规格书-应用设计》（客户签字）	2020年11月
8	评估报告			
8.1	外部专家评估	由甲方邀请的外部专家对项目成果进行评估	□项目内容说明资料	
8.2	项目验收	由甲方对项目进行验收	□验收资料归集	

图4-10 蓝岛建设的《工作任务一览表》

4.3.3 工作任务一览表的评审

在实际工作中，往往是用《工作任务一览表》替代合同书，作为日常指导、检查的资料，所以需要由客户与软件公司双方对每一条内容逐一确认，并要有共同的认知，这一点非常重要，不要等到验收时出现歧义、发生客户不认可的现象而相互扯皮。

客户要对《工作任务一览表》进行正式的确认，这个确认工作主要由项目组和信息中心牵头进行，双方对一览表的内容进行逐条地说明、确认，全部确认完成后，需要双方签字认可。在后续工作中发生的变化，如增加了需求、需求发生变化等事项，也要反映到《工作任务一览表》中，以备在项目验收时作为凭证，同时它也是需求变更、费用追加的依据。

【交付物】《工作任务一览表》。

4.4 项目管理规范

项目管理规范是《项目开发实施方案》的重要构成部分。

项目经理、项目组成员、工作任务一览表、实施路线图、里程碑计划和项目执行计划都已经完成，就可以根据上述内容确定项目组的管理规范。这里主要介绍企业管理型系统在开发作业时需要遵守的规范。

4.4.1 作业规范的制定

项目组在开工前需要编制的作业规范有很多（大多数的软件公司都有现成的规范），这里重点就下面的3项内容进行说明。

（1）作业标准化：包括作业流程、模板等。

（2）确认与验证：分析设计成果的确认，以及交付前的验证。

（3）会议与纪要：定期与客户联合举行的例会（周、月、审批会）等。

1. 作业标准化

交付成果的最重要的目标就是质量目标，确保项目的质量就要制定验收标准，项目组的成员能力参差不齐，如何确保交付质量呢？最佳做法就是作业的标准化。作业标准化的重要措施包括作业流程和作业模板（不限于此）。

1）作业流程

第一步就是按照软件工程的方法建立标准的作业流程，让全组成员都熟悉完成这个项目有哪些步骤、每个步骤所代表的工序、工序的前后关系、每个人的工作位置、每个人与上下游之间交付物的传递与继承关系等。这样可以做到有条不紊，不遗漏重要的工作环节。作业流程图可以在实施路线图的基础上进一步细化。

2）作业模板

第二步是确定作业流程上的每个节点和节点上的每道工序对应的作业模板，全项目组采用统一的模板不但可以提升工作效率（编制、检查、验收），而且可以确保交付成果的质量，因此要尽可能地将标准融入模板中。

按照不同的阶段准备不同的模板（不限于此），图4-11是每个阶段交付物的汇总。

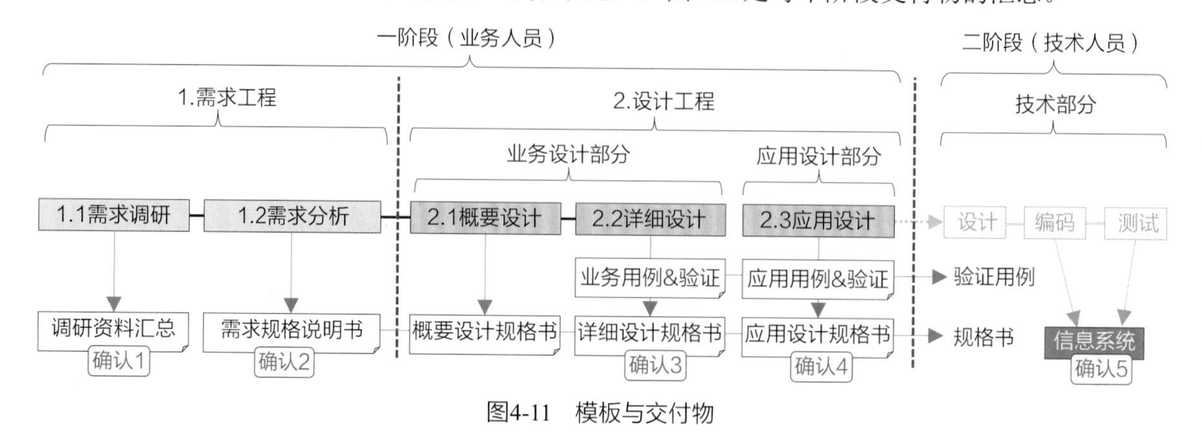

图4-11　模板与交付物

（1）模板1——需求工程用。

- 调研用：背景调研模板、问卷模板、分析模型、3种调研模板（图、表、文）等。
- 分析用：需求梳理模板，需求记录模板（4件套）、《需求规格说明书》等。

（2）模板2——设计工程用。

- 架构用：架构用模型、流程记录（5件套）、概要设计规格书、详细设计和应用设计规格书等。
- 功能用：界面模板、界面记录（4件套）、标准按钮等。
- 数据用：主数据表模板、复杂算式模板（关联图、钩稽图、业务线）等。

作业模板可以确保大家的认知是一致的，而没有模板仅用文字做说明则容易产生歧义，效率也低，后续的确认和验证也不方便。基于统一的作业模板可以大幅提升工作效率，实现统一培训、统一检查、减少沟通、重复利用，特别是项目组整体水平不高时尤为有效。

【参考】《大话软件工程——需求分析与软件设计》第22章。

2. 确认与验证

使用了模板后，除去每个组员在提交成果时要自查、项目组内要复查外，还要送交给相关用户进行确认和验证，在系统交付前至少要进行5次确认或验证，参见图4-11。

（1）确认1——需求调研阶段：对收集到的原始需求资料整理后向客户确认：这是否是你们提出来的（原始）需求？

（2）确认2——需求分析阶段：对原始需求进行梳理、分析后形成《需求规格说明书》，再向客户进行确认：这是双方经过沟通后得出的待开发的内容，是否正确？

（3）确认3——业务设计阶段：利用设计成果（流程图、界面原型）、业务用例等向客户进行确认：经过业务优化设计后，在未来系统上业务处理的内容和形式是否正确？

（4）确认4——应用设计阶段：利用设计成果（应用界面）、应用用例等向客户进行确认：经过设计后，此系统开发完成后的预期运行效果、操作方式等是否正确？

（5）确认5——开发完成阶段：用业务用例和应用用例在真实的系统上进行验证，向客户进行展示，告知客户：这就是按照前述4次确认的结果完成的系统。

3. 会议与纪要

会议纪要非常重要吗？非常重要。要把每一次的会议纪要都看成一份“补充协议”。

1）会议纪要的重要性

不论是项目组内部还是与客户之间的会议，开会前一定要指定会议纪要的记录者，这个纪要不是简单地记录发言者的原话，而是要将大家发言中的**"需求、要求、结论"**提炼出来，要在讨论时确认发言者的结论为"是"还是"否"，这些结论要作为后续方案、咨询、设计等环节的工作指导。同时这个纪要不但起到了"备忘"的作用，而且还起着重要的"自我保护"作用，因为在后续工作中如果对完成的成果发生争议，这份纪要可以保护记录者或是记录方。这里要注意的是，如果希望备忘录可以起到保护作用，就必须在会议完成后提供给所有参会人，并且要求参会者给予确认。正式文档的传递必须要使用邮件，不可使用即时通信类的社交软件（难以保留）。

记录在案的内容一定是发言者的原话，特别是关键词一定不能少，如果没有听清楚，则一定要再向发言人进行确认，务必要搞清楚发言的含义。做会议记录也是训练人的听力、抓重点能力的好方法。

2）主要的例会类型

（1）周例会——项目组内部：每周召开项目组内的例会，是确认项目进度、有无问题的重要方法。它还有一个重要的任务就是让项目组成员可以"相互观摩"，这样做可以高效率地解决问题，并向全组推广优秀的做法。

（2）周例会——客户：每周必须要与客户的管理方（信息中心）进行一次周例会，相互通报本周的进展情况、上周遗留问题的解决结果、确认进度等。这个例会也是构建软件公司与客户信赖关系的重要举措。

（3）主要里程碑确认会：将所有需要开会确定的内容、时间及相关人等制成检查表，如图4-12所示。

沟通机制	主要内容	时间	组织人	参与人员
日例会	总结当日工作，处理第二天待处理事项及协调事项	每日 17:00—17:30	工作组长	工作组
周例会	项目进展状态、争议、变更内容、状态汇报，下周计划	每周五 16:30—17:30	项目经理	各工作组
阶段 评审会议	项目交付技术文件的阶段性汇报，阶段偏差	隔周周四 16:00—17:30	项目经理	各工作组
定案 评审会议	业务模块需求、设计等技术文件的确认定稿	不定期(半天)	主导工作组长	主导工作组 评审组
临时会议	对项目中出现的争议、变更、差异进行商讨	不定期	项目经理	相关人员

图4-12　定期例会一览表

规划一个重要阶段的确认计划（参考里程碑计划），完成一个软件系统的开发，按照阶段举行的确认会很重要，千万不要积累了大量的工作成果之后再确认，因为一旦发现了问题就可能会连带一大片，风险太大。如果每次确认会的结果都没问题，那么设计完成后向技术交底前的最终评审会基本上就是一个形式，可以节省很多时间。如果需要对每日的成果和问题进行检查，也可以设定日例会。

【交付物】《项目管理规范》。

4.4.2 项目问题管理

项目大、内容复杂、关联的部门多、参与的人也多，当然遇到的问题也就多，由于整个项目的里程碑计划、执行计划已经确定，任何处在关键节点上的问题得不到迅速的解决，都可能影响整个项目的推进，因此要制定问题管理的措施，如图4-13所示。

严重程度	说 明	响应时间	负责人
严重	严重影响总体项目的进度、项目范围和投入的资源，需要紧急响应	0.5天	项目总负责
高	严重影响该项目的进度、项目范围和投入的资源	1天	总架构师
中	涉及项目中的多个模块的实施，影响该项目的进度、项目范围和投入的资源	2天	项目经理
低	涉及项目中的单一模块的实施，对该项目的实施影响不太大	3天	课题组长

图4-13 项目问题严重程度评估一览表

- 由项目经理根据问题的影响大小、紧急程度统一确定问题的严重程度。
- 对严重程度高的问题要求在最短的时间内进行处理，并要求密集跟踪处理结果。

【交付物】项目问题评估（加入到项目管理规范中）。

4.4.3 需求变更问题

需求变更包括需求变动、设计变动等内容，是软件开发过程中频繁发生的问题，特别是个性化系统开发过程中更是避不开的问题，必须要认真、严肃地对待。

关于需求变更的条件、规则，一定要在合同文本中给予明确的约定，制定一份有关变更内容的定级、评估、申报流程等的规范，例如确定以下内容。

- 什么内容、什么时间可以变动，什么时间不可变动。
- 什么变动在业务模块组内定，什么要由项目经理或更高层决定。
- 什么变动属于需求的小调整，什么变动属于合同变更。等等。

这样的条款相信每个软件公司都会制定（互联网上也有很多样本），这里就不多介绍了。这里重点关注的是从软件工程的角度出发，考虑需求频繁发生变动的原因是什么，如何减少需求变动的数量，减轻需求变动的影响，将需求变动的内容和数量控制在一个合理的区间内（需求变动是不可能消除的）。下面给出3个在实践中常见的原因及对策。

1. 信息不对称

首推的原因之一，就是**用户与需求工程师之间的信息不对称**。

这个问题已经谈过多次了，由于用户不是信息化方面的专业人士，有些用户甚至没有直接接触或操作过信息系统，他们在提需求时，往往不清楚自己的需求实现后工作形式将会变成什么样子。如果遇到这样的用户，需求工程师要记住：**在听完了用户提出的“功能需求”后，一定要用“业务需求（业务场景）”去确认**，让用户自己用业务场景来描述为什么需要这个功能，这样需求工程师就可以在理解业务需求的基础上，通过对业务逻辑、数据逻辑的分析，判断这个用户提的功能需求是否必要，他的表达是否正确且合乎逻辑，实现了该功能后是否能解决用户的业务需求，等等。

2. 表达不清楚

需求工程师的表达不清楚、逻辑说明不清晰是主要原因之二。

向用户调研、确认需求时，逻辑图和界面原型是两个最重要的手法，**逻辑图和原型界面并用**，是清楚地表达意图、沟通、确认的最佳方法。

- 逻辑图（分解、流程等）表达的是业务逻辑。
- 界面原型表达的是用户工作的内容。

逻辑图和界面必须同时使用，即在向用户调研和确认界面的内容时，**首先要用业务流程（逻辑图）确认**这个界面在业务流程中处在哪个位置，这样可以搞清楚业务逻辑关系；其次，确认该界面与上下游其他节点之间的关系，这样可以搞清楚数据逻辑关系。

如果只用界面原型去调研和确认，因为一个界面是孤立的，仅看一个界面往往看不出问题来，但如果将该功能放在流程上看，就很容易看出来是否有（逻辑）问题。

3. 确认不充分

完成的**成果没有充分地向用户进行确认**是主要原因之三。

用业务场景、逻辑图和界面原型进行调研，在进入编码阶段前，需要进行4次的正式确认，这4次确认之间有着合理的逻辑关系，如图4-11所示（确认1～确认4）。

（1）调研资料汇总：收集的原始需求是否正确？

（2）需求规格说明书：对原始需求的分析结果是否正确？

（3）业务用例：从业务层面上，对界面、字段、规则、逻辑等的设计是否正确？

（4）应用用例：从使用层面上，对操作、运行、通知、预警等的设计是否正确？

上述4次确认被执行了，基本上就不会再发生大的需求变动了。经过这样的确认后如果再发生需求变动，就可能属于必须走合同变更手续的需求了。

★Q&A：需求与设计成果需要确认这么多次吗？

互联网转行的崔小萌说：“要画图、做原型，还要进行这么多次的确认，是不是太花费时间了，有这样的必要吗？”

测试出身的鲁春燕说：“我觉得非常有必要，因为我是做测试出身，我清楚在编码完成后如果出现这些问题（如需求错误、业务设计错误、应用设计错误等），修改所花费的时间要更多。更要命的是系统上线后才发现问题，因为客户在上线前往往是停工培训的，如果在培训中发生系统错误，不但会打乱客户的培训计划，而且会影响客户的生产计划，那样影响面就更大了。”

出了质量问题后，经常听需求工程师后悔地说：“我当时没有听明白需求，用户没说清楚需求，如果当时再确认一下就好了”之类的话，等等。

总地来说，需求变动是不可避免的，除去要走需求变更的部分外，要尽可能地减少由于双方沟通不顺、理解和认知有差异而带来的需求变更。

【交付物】需求变更规则（加入到项目管理规范中）。

4.5 项目成员的培训

在项目正式启动前，按照双方的协定，软件公司不但要培训自己项目组的成员，而且还要对客户参与信息系统运行工作的各部门业务骨干进行培训，培训包括确定调研过程中双方使用的专业用语（业务的、系统的）、调研流程、记录模板等，这个准备工作是非常重要的，软件公司只培训自己的项目组成员是不够的，如果交流的双方使用不同的“用言、方法、流程等”，需求调研工作的推进就困难了。

4.5.1 软件公司培训

前面已经说明了进入每个新工序前都要进行一次相关知识的培训，再次确定使用的理论、方法、工具、标准以及实施路线等。

培训的重点除去要教会组员们分析和设计的方法外，更重要的是要教会组员交付物的编制和验收标准，使他们学会两检。

（1）自检：按照标准，自我检查完成的交付物是否合格。

（2）互检：组员之间，按照业务逻辑、数据逻辑的关系等，进行上下游交付物的互检。

这两个检查如果做到位，可以大幅减少设计质量问题，特别是对数据层可能出现的问题，由于非常隐蔽，所以其他人是难以检查出来的，只有自检和互检才能做到。

按照作业流程上的每个步骤进行培训，当然如果组员的能力比较强，也可以用一次培训将全部的内容传授给组员。培训内容根据开发项目的不同进行选择，可以参考包括《大话软件工程——需求分析与软件设计》在内的相关书籍。

当然，如果软件公司有内部的规范、培训资料，可以参考软件公司的内部要求。

4.5.2 客户培训目的

对客户的业务骨干进行信息化知识相关的培训，不但可以帮助软件公司提升调研的质量，而且还帮助客户制定了企业的信息化标准，培养了未来信息化推广的带头人。

1. 提升需求调研和分析的效率

由于需求调研最常见的问题之一就是在调研的初期，客户与软件公司的交流缺乏认知和表达的共同“用语”，这就造成了初期沟通的效率低、质量差，如果在调研前进行了培训，统一了“用语”就相当于统一了认识事物和表达事务的标准与方法，客户也可以使用标准的方法（如业务架构图、需求4件套等）来表达自己的需求、建议，这就极大地提升了沟通的效率和表达的准确性，同时还会附带着减少由于“用语”不通而造成的信赖关系的损害。

2. 制定企业内部的标准

在信息系统正式上线之前，客户要先进行企业内部工作的标准化，这个工作是客户企业内部必须要做的，因为包括业务流程、企业基础数据等内容，如果没有经过标准化，是无法导入到信息系统进行处理的。采用软件公司的标准化做法是一举两得，既帮助客户企业完成了自身的标准化，同时也缩短了软件公司的调研时间，提升了调研精度。

接受培训后，各部门的业务骨干利用培训学习到的业务流程、4件套格式的使用方法，对各部门内所有将要移植到信息系统中的业务预先进行梳理，并用业务流程图、4件套等形式表达出来，作为本部门内业务标准化的成果。

3. 培养企业信息化骨干

多年的工作习惯让客户熟悉了“人—人”环境的工作方式，但是他们不清楚未来在“人—机—人”环境下如何进行有效的工作，如果直接将“人—人”的经验套用在“人—机—人”环境中，必定难以收到最佳的信息化效果和信息化价值。通过这些培训，可以让各部门的业务骨干提前了解和掌握信息化的表达方式，并在下一步共同的分析和设计过程中，了解信息系统是如何构建的、构建的原理等，这些骨干可以在系统上线后的运行中发挥重要的示范作用。因为企业管理信息系统的价值不是在设计时就完全确定了，而是通过在未来的使用过程中不断地优化、改进、完善而获得的，软件公司提前培训了这些骨干，让他们在未来的“人—机—人”环境中容易发挥更大的作用，否则仅靠客户自己在上线后慢慢地摸索，则会花费很长的时间。这项工作对客户和软件公司来说都是一举两得的好事。

- 客户方面：免费由软件公司代培业务骨干，由于对自己部门工作的整体理解，所以在需求调研时，可以代表本部门准确地提出自己的需求。这些业务骨干还可以在未来的数据应用上发挥更大的作用。
- 软件公司方面：通过培训传递了自己的主张、思想，易于建立与客户的信赖关系，除去加速沟通、提高交流的效率外，客户将来在需求文档上签字时也不会因为对内容不理解而拖延签字的时间。

★Q&A：这件工作初看好像是耽误了时间，但是从软件开发全过程看，由于双方的理解和表达方式的统一，不但提高了调研工作的效率，还大大地减少了系统开发完成后不符合用户需求的可能性，减少了发生需求失真、系统返工的风险，直接提升了项目的质量。

4.5.3 客户培训内容

对客户业务骨干的培训内容主要包括3方面：统一专业用语、确定协同流程和使用标准模板。

1. 统一专业用语

统一专业用语包括两部分：客户的专业用语和软件公司的专业用语，这是双方交流的主要用语，举例说明以下内容。

1）客户方面的用语

在系统中将要实现的业务功能，如生产流程、成本、核算、采购等，与这些业务功能相关的用语不但在客户和软件公司之间存在差异，甚至在客户的不同部门之间也存在着差异，如成本的定义。这些差异如果不在项目启动前进行定义，将会造成在后续交流中不能聚焦形成统一结果的后果。

2）软件公司方面的用语

由于客户可能是第一次接触信息化，对于什么是架构、界面、功能、需求等不清楚，这些用语不清楚会造成交流效率低，而且在形成文档时往往会由于客户的认知不同而拖延签字时间，更大的风险在于系统开发完成后，可能发生客户不认同、不接受的问题。

2. 确定协同流程

由于客户不清楚软件开发中需要协同工作的内容，提前说明后续协同工作的流程，可以减少客户的不安和疑惑的心态，让他们可以积极地参与到分析和设计的工作中来。协同流程的内容举例如下。

- 需求阶段：收集需求→确认需求→需求签字→进入原型设计。
- 设计阶段：设计原型→确认原型→原型签字→进入原型编码。

具体的调研、确认的详细做法参见后续各章的说明。

3. 使用标准模板

通过与客户领导进行协商，对客户各部门负责提需求的业务骨干进行培训，包括使用标准流程图、标准需求模板（4件套）等，其中标准流程图可以说明业务逻辑关系，用4件套模板可以清晰地说明用户的需求，这样就达到了既可帮助客户对自己既有的业务进行一次标准化的梳理，也可以满足软件公司对需求描述的准确度。

对客户提出这样的建议后，客户企业的领导一般会比较认同这个做法为其带来的好处，但是被培训者可能会怕麻烦，不太愿意做。如果出现了这种现象，可以向客户进行解释，说明有两种方式由他们自己选择。

1）方式一：客户接受培训

用培训提供的模板，首先让客户自己描述需求，并在部门内部对需求形成共识并进行确认，之后再交与软件公司，说明这是客户内部已达成一致的结果。由于是客户自己亲手编写的文档，日后客户会比较容易在文档上签字。

2）方式二：客户不接受培训

由各部门的业务骨干用口头说明的方式介绍需求（一般都是这样的），需求工程师做记录。这种方式需求工程师需要反复地向客户确认他的理解是否正确，直到被认为正确时为止。采用这种方式，需求工程师就不需要确认客户部门内对提出的需求是否已经达成共识。尽管已经事前获得了客户的口头确认，但由于不是客户亲手写的文档，所以可以预想在签字时还是会遇到很多困难的。

根据作者的经验，方式一所用时间最短、误差最小，在满足软件公司需求的同时也给客户培养了信息系统运行的骨干，综合效果最佳。方式二由于采用的是口头调研，所以在最终的确认和签字时会花费很多时间和精力。

【交付物】培训计划大纲。

4.6 补充1：定制型开发与产品型开发的区别

在项目背景说明会上，软件公司的董事长定下了两个任务：一是要打造公司采用工程化开发方式的标杆，二是要做成可以在行业内进行推广的标准产品。在这里对这两个任务的不同之处做个介绍，并将这些不同之处反映到后面的开发过程中。

根据软件公司的销售策略，将开发的形式分为两类。

第一类：定制型开发。只考虑客户个性化需求的**定制系统**（以客户方需求为主）。

第二类：产品型开发。需要同时考虑客户和软件公司双方需求的**标准产品**。

不论是“定制型开发”还是“产品型开发”，都是为了满足客户的某个领域需求而研发的软件。下面以开发“客商管理”软件为例，对两种类型的系统在需求来源、开发方法和生命周期3方面的差异做简单的对比说明，以备在规划和设计系统时参考。

4.6.1　定制型开发

定制型开发参见图4-14（a），有如下6个特点（不限于此）。

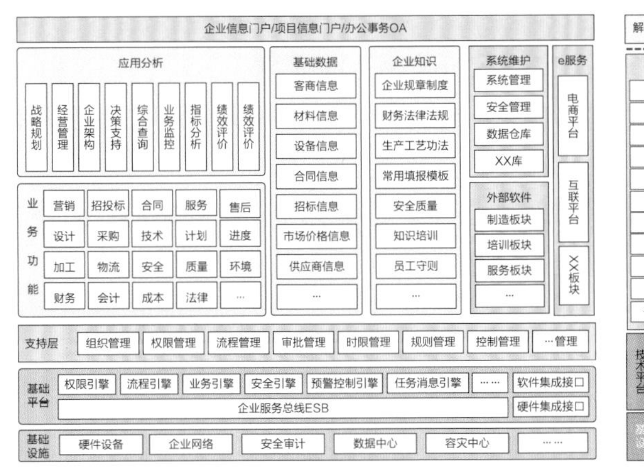

（a）定制系统的框架图

（b）标准产品的框架图

图4-14　定制系统与标准产品功能规划框架示意图

（1）开发目的：由客户出资，严格按照该客户的个性化要求进行研发，完成后的系统使用者仅为该客户。

（2）组织形式：建立临时的项目组，由项目经理牵头，研发过程按照项目管理要求（启动、规划、执行、监控和收尾）。待研发完成、上线交付后，项目组解散。

（3）需求来源：与客户进行详细的交流、调研、分析，最终确定该企业的系统需求。

（4）设计开发：根据获得的需求进行分析、设计、编码和测试等一系列工作。

（5）开发成本：由于是定制，可复用少、新研发多，且需求变化频繁，所以成本高。

（6）研发难点：客户需求不明确，且需求频繁变动，工期和质量难以确保。项目组成员要与各类型用户打交道，要有耐心和交流技巧，要有**非常强的项目管理能力**。

这里要注意：本书的项目管理系统开发案例，就是以“定制型开发”为基础编写的。理解定制型开发对本书案例的完成有很好的帮助。

4.6.2　产品型开发

产品型开发参见图4-14（b），与定制型开发的6个特点对比如下。

（1）开发目的：由软件公司投资，为某个行业或业务领域开发，使用者不特定。

（2）组织形式：设立专门的产品部门，由产品经理牵头，完成调研、开发、产品发布、维护、升级等。产品部门是运营型管理，是长期存在的（直至产品废弃）。

（3）需求来源：产品的需求要同时考虑两方面：客户的功能需求和软件公司的销售需求。

- 客户需求：从市场调研、同类的项目经验中抽提出不同客户的共性功能需求。
- 软件公司需求：以最少的功能和最低的成本覆盖最广泛的客户需求，从而获得最大的利润。

（4）设计开发：开发的版本不同，方式也不同。

- 第一版开发与项目相似（也可能从项目改造而来，如本案例）。
- 第二版以后，就是在第一版的基础上进行改进、完善、升级等。

（5）产品成本：低。虽然研发的初次投入较高，但可多次销售，所以成本可以摊销。

（6）研发难点：要同时满足客户与软件公司双方的需求，要有很高的抽提技巧和建模能力，系统必须具有灵活性（平台式、配置式），以应对产品升级换代的需求。

从图4-14（a）和图4-14（b）的框架图构成内容以及结构上，可以清楚地看出定制系统和标准产品的架构是不同的。

- 图4-14（a）定制系统：一次性系统，系统的构成以业务功能为主，框架图的表达排布合理、逻辑关系正确即可。
- 图4-14（b）标准产品：由于是标准产品，需要反复使用，因此它的构成就是平台式架构，即将各类功能按照不同的用途进行分层，形成应用层、数据层、处理层、技术层等。

这里要注意：本书的案例完成后，需要将其改造为宏海科技的标准产品，这个改造工作就是“产品型开发”，详细说明参见第16章。

4.6.3 问题与对策

软件公司出于自身销售方便的目的，将系统分为**个性化的定制系统和标准化的标准产品**，这种分类方式在客户的需求日益复杂、需求变化日益频繁的现在，软件公司已经渐渐难以应对了，需要从软件公司和客户的双方需求进行融合，找到一个合理的解决方案。

1. 问题

随着客户企业对信息化运用的水平提升，客户对既有系统提出的需求变化越来越频繁，传统上接近固化的定制型开发越来越难以满足客户需求的变化。需求的频繁变化不但给客户带来了时间和成本上的支出，同时也给软件公司带来了维护成本剧增、人力资源不足的问题。客户与软件公司的想法逐渐成为一对矛盾。

- 客户：希望用购买标准产品的钱，获得类似个性化定制系统的价值。
- 软件公司：少做定制，希望用标准产品覆盖尽可能多的客户，以获得最大利润。

但在现实中，系统运行一段时间后，就会发生很多问题，这些问题与软件公司和客户双方在研发时的预想不一样。

- 客户抱怨说：上线时系统是可以满足个性化需求的，但在后期的使用中，需求频繁地发生变化，此时定制的系统难以适应频繁的需求变动，软件公司的响应也不及时。

- 软件公司抱怨说：即使推销的是标准产品，客户也会在导入系统时提出很多需要变动的要求，完全不需要调整直接就可以使用的情况越来越少。

如此一来，定制和产品的区分定义也开始变得模糊了。以满足客户个性化需求为目的、按定制形式开发的定制系统，随着使用过程中需求的变化，也变得与客户的需求不相适应了。同样，以满足客户共性需求为目的、按标准产品形式开发的系统，也不得不满足客户不断提出来的个性化需求。定制型开发和产品型开发的系统，在必须应对“需求变化”方面的区别越来越小，这就需要软件公司改变传统的固化做法，找到新的思路。

2. 对策

双方的抱怨看似一对矛盾，即不但完成的系统要能够做到便宜、快速上线、易维护和升级，还要做到如同定制系统一样，必须满足一定程度的个性化需求。为了解决这样一对矛盾的需求，软件公司想了很多新的系统实现方法，如产品模块化、系统架构的平台化、开发工具的无代码化等，这些方法使用模块化设计和开发方法，通过复用、配置、组合的方法，实现了可以同时满足产品和定制两方面优势的需求，这样也就同时满足了软件公司和客户的需求。

3. 准备

如果在定制系统的研发时，就知道未来要将该系统改造为具有随需应变能力的标准产品，那么在定制研发时就要做好准备，特别是在系统的规划、架构时就要考虑适合标准产品的规格要求，包括业务的拆分（业务、管理、组织、物品）、架构的拆分（流程分解、组合）、功能的拆分（活动、字典、看板、表单）、数据的标准（数据标准、主数据）等，这些都是支持系统可以实现随需应变的必要基础。

可以看出，实现上述目的的关键就是要实现软件的标准化，**只有实现了软件的标准化，才有可能实现模块化、平台化、无码化的开发方式，继而获得系统的快速应变能力**。

【参考资料】

- 关于定制系统研发的详细说明参见第5～15章。
- 关于标准产品研发的详细说明参见第16章。

4.7 补充2：合同金额与工作量计算

本章涉及成立项目组、确定项目组成员数量、需要多少名成员与合同金额、工作量的多少等内容，因此本节对项目合同金额与项目工作量计算的问题做个补充说明。

为什么要补充有关软件公司与客户签订开发合同的信息呢？可能有些读者会想：软件开发合同的签订是商务工作，与软件工程无关，只要由懂得商务谈判、合约条款等内容的销售人员参与就可以了。其实不然，确定合同内容的工作，特别是与从事一阶段工作的业务人员有着非常紧密的关联，这里要介绍的不是合同本身怎么做，而是合同中三项最重要的内容，即合同工作量、合同金额和合同工期该怎么评估、思考。

根据软件工程，一阶段的工作是从“收集不确定的需求”到“确定待开发的需求”的过程，这部分所用到的知识和经验要尽可能地做到可定性、定量，只有如此才能有效地支持上述3项内容的计算，否则即使获得了合同也难以执行。3项内容中，合同金额是推动软件公司开发软件的主要动力，确保合同金额要大于开发成本的重要性是毋庸置疑的，如果在估算开发成本时出现了错误，将会直接导致项目难以顺利完成，就算是准时交付了项目，软件公司也可能没有获益，甚至可能会亏本。所以软件项目实施的第一步就是要先签订一份合理、有利的合同。

项目管理三大目标之一的成本目标，就是以合同金额为成本管理的“目标”。下面以合同金额的估算为例说明标准化对合同签订的意义。

4.7.1 合同金额评估的误区

签订了软件合同就意味着：在约定的时间内、确定的合同金额下，需要完成一个从需求内容、产品质量到开发成本等都尚未确定的软件系统。而这个不确定性反过来很可能会造成合同不能够按照客户的期望目标，按约定的时间、金额、质量完成合同条款。

为什么说合同金额与一阶段的工作有紧密关联呢？除去商务方面的影响因素外，影响软件合同顺利完成的重要原因在于软件的开发内容难以确定。尽管很多的软件公司有着大量的客户业务知识和项目经验的积累，但因为从需求到开发，积累的方式难以用定性、定量的方式进行描述，这就造成了对合同工作量的评估都是靠经验，不准确。特别是企业管理系统的需求，由于不能用物理参数描述大小和难易度，其内容、数量和难度也会因为用户和软件公司双方的理解不同而大不相同，从而造成很大的偏差。这是软件行业，特别是从事企业管理类信息系统开发的软件公司最为头痛的事，大量的不确定性也是造成做企业个性化定制系统的软件公司在创收方面不理想的重要原因之一。

通常评估合同金额时大多使用“元/人日”的算法，也就是给人定出日单价，然后乘以日数和人数来计算总金额。这个算法可以给出一个自己能够接受的价格，但是这个价格的背后是否有数据支撑，以确保成本不超支且有利润呢？这个可能谁也说不清，如何能够在短时间内基于既有的项目经验和记录做出比较准确的工作量判断呢？

4.7.2 确定合同金额的依据

这里仅讨论一阶段工作与软件工程（分析和设计）的相关内容对合同金额的影响，其他诸如商务谈判、二阶段工作（编码和测试）等对合同金额的影响不在这里进行讨论。对工作量的评估严重地影响合同的成本，但是工作量不能简单地通过计算功能模块的数量来获得，因为对功能本身的形式、复杂度，以及功能设计者本人的能力也必须有相应的标准，下面说明一下人员的能力、功能的形式、复杂逻辑等因素对合同金额计算的影响。

1. 对人员能力的评估

工作做好做坏，最重要的影响要素是人的能力。很多软件公司是缺乏对人员能力的评估的，某个模块的开发需要几个人可以完成的说明是没有实际意义的。因为人的能力差异非常大，简单劳动的能力强和弱只会影响数量的差异，如在相同的时间内A可以砌1000块砖、B可以砌3000块砖，相差就是2000块砖。而需求分析和设计不是简单劳动，这个差异不仅仅是数量上的差异，更重要的是需求判断是否有错误，如果需求判断有错误，将可能导致最终完成的系统需要返工或推倒重来，所以需要对人的能力建立可以量化的评估指标。这个指标的建立要依据可以量化的软件工程技能来评估。

【例】可以从以下几方面考虑该人员的能力，这里以业务人员为例，设置6方面，根据各方面对系统研发的影响程度给出权重参考分，当然根据每个人的工作侧重点不同，分数的组合也不同（内容不限于此，仅供参考），满分为100分，参见图4-15。

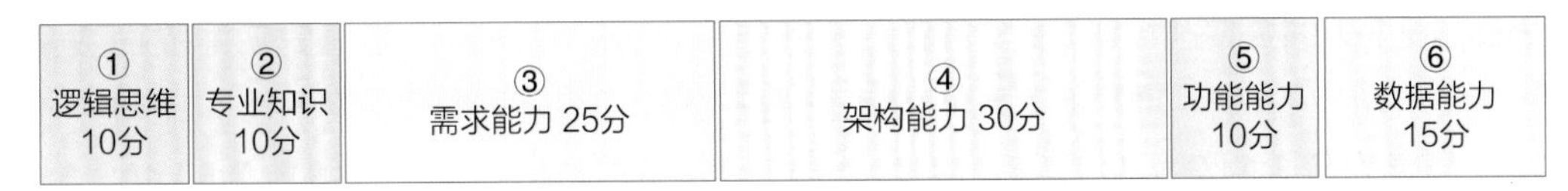

图4-15　业务人员能力占比示意图

① 逻辑思维和表达（10分）：正确地分析、设计、表达与交流的基础。

② 客户专业知识（10分）：理解、优化业务的基础，也是客户信任的基础。

③ 需求相关能力（25分）：调研、分析、方案、规格书，确定软件需求的基础。

④ 架构相关能力（30分）：理念、主线、规划、架构等，把握系统全局的基础。

⑤ 功能相关能力（10分）：界面的布局、定义、规则等，详细设计的基础。

⑥ 数据相关能力（15分）：数据的规划、架构、标准等，数据应用的基础。

另外，如果业务人员还有一定的编码、测试方面的知识和经历，则可以作为知识多样性的参考，额外增加分数（5分）。

【参考】1.7.3节 。

2. 对开发工作量的评估

对开发工作量的评估是比较复杂的工作，除去在一定程度上依赖经验外，还必须要有可以定量的分析方法。对工作量的评估和计算也是编制项目执行计划的重要依据（参见4.2.5节），可以将“功能和逻辑”作为评估的辅助要素。这里提出3个辅助的评估方法。

（1）功能的评估方法。

（2）功能的评估案例。

（3）逻辑的评估方法。

通过这3个评估方法和案例，初步了解功能和逻辑的复杂度对评估工作量的影响。

1）功能的评估方法

合同的内容一般用业务功能模块（界面）的数量统计，这是开发中工作量最大的部分，判断不准对工作量和合同金额的影响很大。业务功能按照其界面操作的内容、目的，可以划分为4类（详见《大话软件工程——需求分析与软件设计》第10章），如图4-16所示。

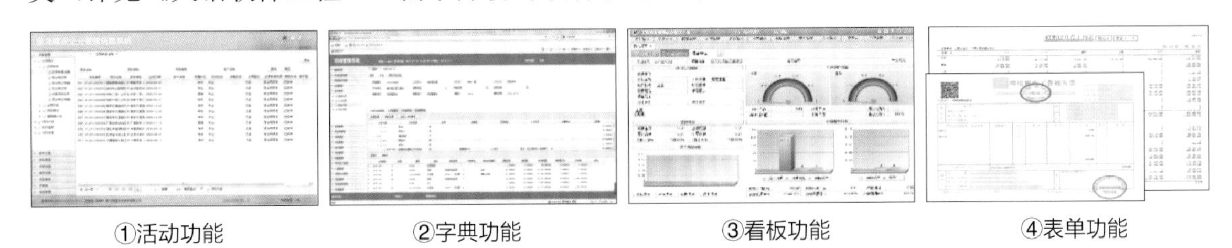

图4-16　功能分类示意图

① 活动功能界面：用于录入、查看输入的原始数据。

② 字典功能界面：用于梳理企业基础数据，支持界面的快速输入等。

③ 看板功能界面：用于查看数据，如门户、领导驾驶舱等。

④ 表单功能界面：用于打印成纸质资料，如分析表、统计表等。

一个完整的系统需要这4类界面协同工作，其中活动功能界面的数量最大，占总量的70%～80%，其他3种界面占20%～30%，但后者的分析和设计难度大于活动功能界面。

假定：业务功能的总数为100个，除了有70个活动功能界面外，其他的功能界面数量合计为30个，仅从功能的数量上看两者之间的比例为70:30，但是两者所花费的时间比却可能不是70:30。这是因为后者的分析与设计难度要大于前者，所花费的时间之比可能为60:40、55:45或更大。如果没有建立量化的标准，也没有用量化的评估方法，简单地按照业务功能数量进行统计，不但会产生数量误差，还有可能产生时间误差。忽略了这些，就会给合同中工作量的评估带来很大的误差（工作量的误差直接会带来金额的误差）。

2）功能的评估案例

【例】参考图4-17，从两个维度来看工作内容和工作量的估算（图中的百分比数据仅作为参考值）。这是一张软件工程框架图，图中用矩形的边长、百分比（%）表示工作量的多少。

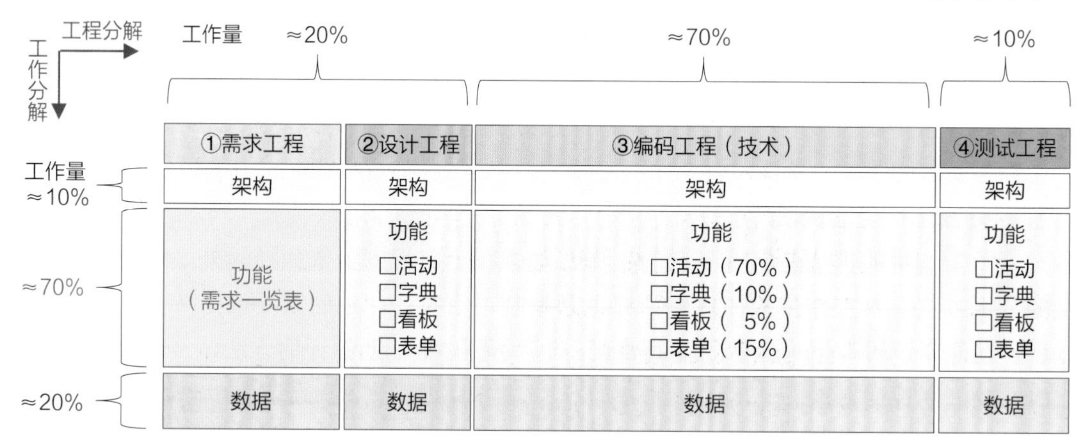

图4-17 工作量估算示意图

- 从工程分解看（横向）：分为4个阶段，即需求、设计、编码和测试。
- 从工作分解看（纵向）：分为3层，即架构、功能和数据。

（1）说明1：搞定功能就等于搞定70%的工作。

从图4-17中可以看出，如果在需求工程中搞清楚《功能需求一览表》，就相当于搞定了需求阶段70%的工作内容，又因为设计、开发和测试3个阶段的主要工作也是针对功能的，因此也就相当于各阶段70%的工作内容搞定了。

从设计工程开始到测试工程为止，功能与架构和数据相比较，工作量的比例大体上都是一样的。再按照功能的4大分类来看一下它们的**数量构成**（仅作参考）。

- 活动功能：约占总功能的70%。
- 字典功能：约占总功能的10%。
- 看板功能：约占总功能的5%。
- 表单功能：约占总功能的15%。

这里要注意的是，**这个比例是“功能数量”的比例，不是实际工作量的比例**，从图4-16的示意图可以看出，与字典、看板和表单的界面复杂度相比较，活动的设计难度相对较小，这是因为活动界面主要用于录入/查看原始数据（直接录入），而其他3个需要由多层数据构成，或需要使用加工处理过的数据，自然就会比较复杂。当然这样的结论也不是绝对的，也有简单的字典界面和复杂的活动界面，还要看具体系统和功能的构成。

（2）说明2：标准化程度影响工作量的计算。

图4-17中给出了各阶段工作量的参考值，这里提到的工作量是一个相对的概念，具体工作量的计算与各公司的软件标准化程度、编码方法有关。例如，

- 如果标准化程度高，则②、③和④阶段都很短。
- 如果用低代码开发，则③和④可以很短，标准化做得好，对缩短②也有帮助。
- 如果没有标准化，也没有用低代码开发，则各阶段的时间都会很长。

4类当中①的标准化是比较难的，因为①是将客户的“不确定功能需求”转换为“确定的功能需求”的重要阶段，因为包括③在内后续工作都可以按照标准化的方式作业。所以越是复杂的系统越要给①留出足够的时间。

★**解读**：实际开发中，字典、看板和表单三类功能在正式调研前不是很清楚（=签订合同时也不知道），如果没有考虑这些功能的存在，仅仅考虑活动型功能（=用户的日常工作），那么在签订合同时计算的工作量就会偏少，这就造成了签订的合同金额、工期、需要的资源数量等都会相应地变得不足。

3）逻辑的评估方法

功能搞定了，对工作量的计算是不是就可以做到心中有数了？当然还不够。

功能数量是摆在明面上的内容，搞清楚上述功能背后的业务逻辑可能要花费的时间更多，如编程工程师和需求工程师在沟通时，大部分时间并非花在功能界面的布局、字段、规则上，而是花在功能界面背后依据的逻辑上。由于缺乏量化的、图形化的标准逻辑分析和设计表达方法，仅使用语言和文字是很难表达复杂逻辑的。

因此，对人员和工作量的评估也要实现定性、定量，它们都是决定项目管理的3个目标“质量、时间、成本”是否能达成的重要参考。如可以实现定性、定量，则据此得到的项目合同就能顺利实施，合同金额是可控的，是有利润的，反之则难以保证。

是否可以感受到软件工程与签订项目合同的密切关系了？项目合同金额的绝对值大小与利润的高低是由商务人员和软件公司高管确定的，但是签订的合同金额与实际成本开销的差异确实与从事一阶段业务人员的判断有密切的关系。

扫码看视频

第3篇　需求工程

第5章 需求调研

经过前面的项目准备工作，完成了指导项目推进的《项目开发实施方案》，从本章起正式进入需求工程的前半部分：需求调研。需求调研是收集和确认待建系统的客户需求，最终将调研成果汇总形成《需求调研资料汇总》，汇总资料是第6章需求分析的输入。

需求调研的位置参见图5-1（a）。需求调研的主要工作内容以及输入/输出等信息参见图5-1（b）。

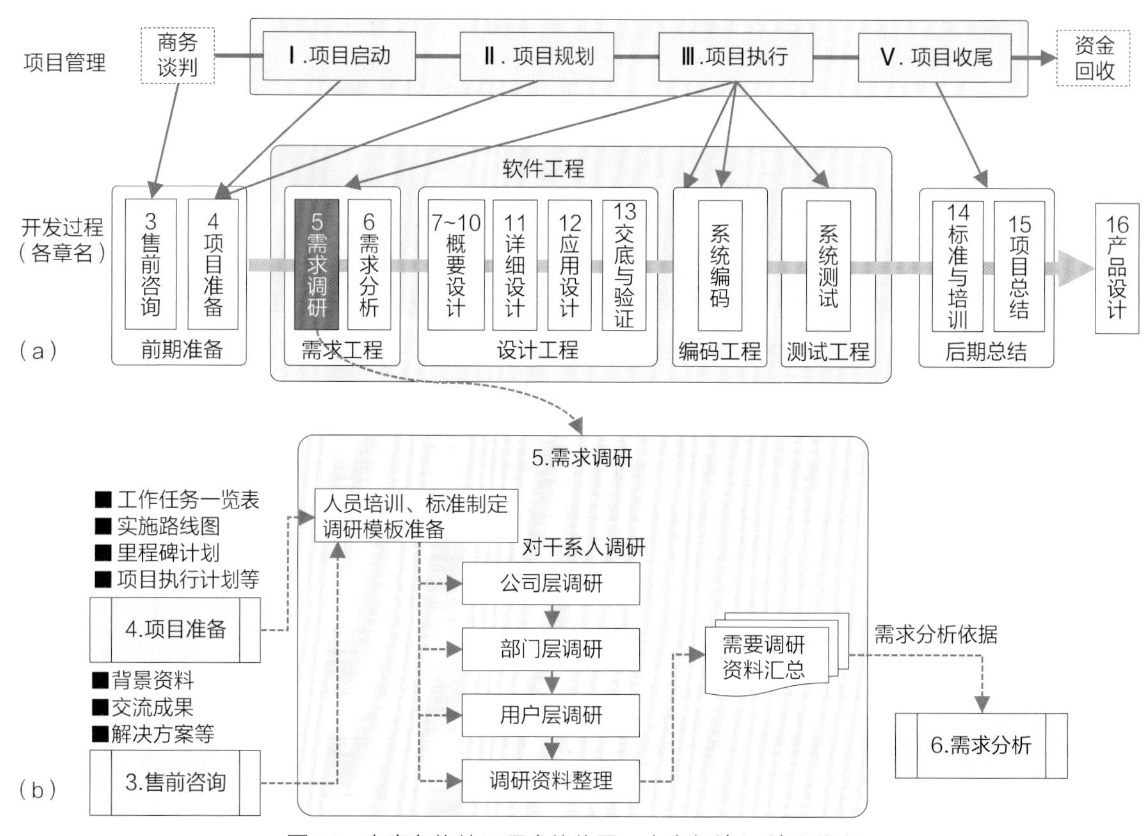

图5-1　本章在软件工程中的位置、内容与输入/输出信息

5.1 准备知识

进行需求调研前，首先要理解需求调研的目的和内容，需要哪些重要的理论和方法，以及从事这个工作的人需要有哪些基本的能力。

5.1.1 目的与内容

1. 需求调研的目的

需求调研是通过与客户不断地进行交流，并采用问卷、访谈、绘制现状图、收集正在使用的各类表单等方式，收集客户的业务现状和投资建设信息系统的目的，以及对未来系统的构想、期望、需求等，并以图形、文字和表格的方式进行记录。

需求调研工作是决定软件开发能否成功的第一步，需求收集的质量对于软件交付质量有非常大的影响。需求调研和需求分析的成果决定了待开发软件的范围、功能、技术、成本、工期、质量等一系列内容。

收集到的需求是后续分析、设计、编程的依据，必须给出非常全面、严谨、逻辑清晰的结果，这样设计师与编程工程师就可能顺利地进行后续的工作。反之，如果收集的需求出现了失真或遗漏问题，就有可能导致后续的工作出现问题。

★解读：软件行业整体对需求工程的重视程度不足。

需求工程，毫无疑问是软件开发过程中最重要的一个阶段，但在软件行业内它的作用与被重视的程度不成正比。现实中在软件公司内对需求岗位的能力和资格要求不清晰，在工作中也缺乏话语权，且大学和培训机构等也甚少安排需求相关的课程，从事需求岗位的人大多以自学为主，从这些情况就能清楚地感受到软件行业整体对需求工程的重视程度还是远远不够的。可以说，多数软件开发不成功的案例（或客户价值不高的原因），只要查看一下需求阶段交付物的水平就知道了。

当然，有的读者可能说：开发的软件虽然不优秀但凑合着能用呀，但“凑合着能用”能算是开发成功吗?

2. 需求调研的内容

需求调研阶段的主要工作是依据第4章中的《工作任务一览表》、里程碑计划和项目执行计划等资料进行具体的调研活动，在调研过程中还需要不断地根据情况对这些资料进行调整，主要的工作内容如下。

- 对项目组成员（软件公司/客户）培训所需技能，包括理论、模板、交付物、验收标准等。
- 按照调研内容，准备不同领域所需的调研模板。
- 根据情况的变化，随时调整执行计划的内容。
- 按照资源的能力（知识、经验）进行调研的分工。
- 按照计划展开调研，包括公司级、部门级和用户（员工）级的三层调研。
- 将收集到的需求资料进行汇总，形成《需求调研资料汇总》（用户需求说明书）。

★解读：需求调研的结果不充分，可以由后续的工序弥补吗?

或许有人会心存侥幸地觉得，即使需求工程师做的需求调研成果不够充分，在后期设计和编程的过程中也可以通过架构师、编码工程师或是测试工程师的工作来弥补。实际上是完全做不到的。

因为需求调研成果是与客户直接交流得到的信息，不具备相当的业务知识和经验的编码工程师、测试工程师一般很难判断需求有无错误，即使有幸遇到了有经验的架构师，能避免部分错误，但也会造成项目最终的成本增加、开发工期延长等损失。最不幸的就是开发期间一直没人指出需求成果的错误，直到系统上线后才由用户发现有误，那么损失就不仅是时间、成本，还有软件公司的信誉。

5.1.2 实施方法论

精准、高效的需求调研需要有理论和方法做支撑，这就要在进入需求调研前做好相关的准备。本章的实施方法论重点讨论做好需求调研应该掌握什么样的理论和方法，主要讨论下面的3个内容。

（1）理解客户业务和需求的基础：分离原理、调研顺序、逻辑的作用等。

（2）工程化调研法的工具与标准：图形法、表格法、文字法等。

（3）客户交流的方法与注意事项：信任、主导权等。

1. 理解客户业务和需求的基础

做好需求调研的基础，首先是需求工程师要有能力理解客户的业务和需求。

1）需求调研的基础——拆分能力

需求工程师遇到复杂调研对象的第一件事是要“拆分”对象。

作为需求调研和分析工作的基础，首先要掌握和理解调研对象构成的方法，如企业的构成、成本的构成、风险的构成、进度管理的构成等，只有掌握了调研对象的构成，才能快速理解需求的含义和目的，并进行有效的需求调研。

对于软件工程师、特别是做需求调研的工程师，**拆分能力是第一重要的**，因为当你看到客户提出形形色色的复杂问题时，最佳的做法是：**首先通过拆分“化复杂为简单”，然后用简单的方法解决简单的问题**。否则，不做拆分而直接做分析，就可能“用复杂的方法去解决复杂的问题”，这样做的结果可能找不出最佳分析结论，而且会将后面的设计带入歧途。

★Q&A：在需求调研的初期，怎样才能快速地融入进去呢？

在培训时经常有学员说，老师，每次做新项目时初期都是非常痛苦的，总是搞不清楚客户提出来的需求是什么，很难融入到讨论中去，怎么解决这个问题呢？

实际上提问的学员可能存在两个理解上的问题。

一是对客户的业务不熟悉，所以迟迟进入不了正常的交流（只能听）。

二是没有掌握拆分方法，听到的内容在大脑中混在一起，理不出头绪来。

如果初期做得不顺利是因为业务不熟悉，这是可以理解的。但是提问题的学员往往是常年在做同一个业务领域的软件（软件公司内部是按业务领域划分部门的），为什么还会出现这样的问题呢？这是因为当遇到了复杂的业务场景、复杂的业务需求时，如果不具有拆分的能力，那就可能被很多的表面现象所迷惑。

例如，如果不知道分离原理，不掌握将业务和管理进行分离的目的和方法，那么在调研过程中遇到客户部门领导和下属意见不一致时，就不知道该如何分辨他们的歧义，如何加入到讨论中，只能是旁听。如果掌握了分离原理，就容易判断了，假如部门领导在讨论管理方法，下属在讲述业务流程，那么就清楚了，按照分离原理"业务是管理的载体"的定义，所以首先应该理解下属讲的业务流程，在理解了业务这个载体的情况后，再去理解管理，这样就容易搞清楚了。

2）需求分析的基础——分离原理

已经知晓拆分的作用和能力的重要性，那么如何掌握拆分的方法并获得拆分的能力呢？这里以企业为对象说明拆分的思路和方法。

做企业信息系统的需求调研，第一步当然是要先了解"企业"这个对象是怎么构成的，建立一个方便认知企业的概念模型，由于目的是要做信息系统的开发，所以建模的形式要符合后续信息系统的分析、设计和编码的要求（这个模型不是针对管理咨询视角的）。

对企业的构成进行拆分，将拆分得到的要素按照信息系统分析和设计的需要分为4类：业务、管理、组织和物品。这4类的关系以及各类中包含的要素如图5-2所示，按照这4类进行划分后得到的模型称为**分离原理模型**。

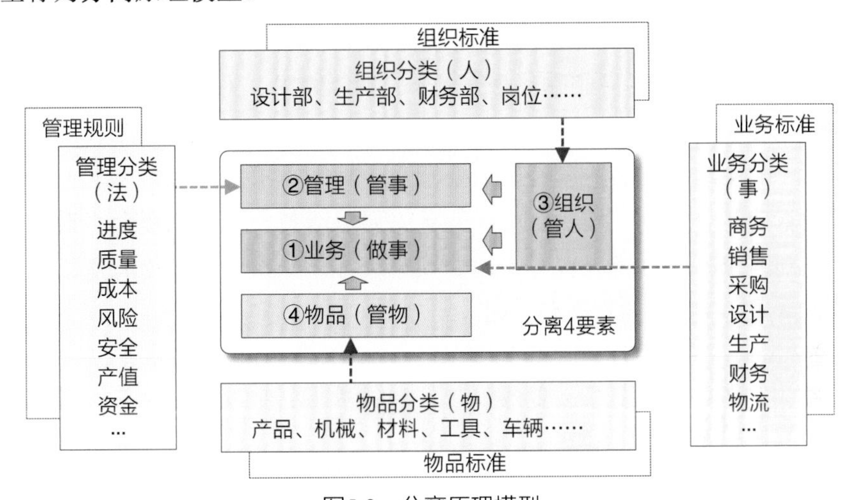

图5-2 分离原理模型

分离原理基本上可以覆盖一般企业的全部构成（不论该企业从事何种业务），这样的划分方法在不违反基本的企业管理思想的前提下，既做到了将构成企业的要素进行分层次、结构化的归集，同时又建立了方便分析和设计的通用模型。这个模型对于支持后续需求调研、分析和设计工作有很大的帮助。图5-2中的4类要素含义如下。

① 业务（做事）：是企业从事的生产过程，包括需要信息化处理的全部业务对象。

② 管理（管事）：与业务相关的管理内容、控制规则、评估指标等。

③ 组织（管人）：支持业务、管理的人力资源的安排，包括组织结构、岗位等。

④ 物品（管物）：指生产资料，包括产品、生产产品所需要的材料、机械等。

分离原理模型不但给出了4类要素的构成内容，而且还给出了它们之间的相互关系。

看到这样的企业构成方式，可能有读者会觉得困惑，因为这与一般专门从事企业管理咨询或相关书籍的认知是不一样的。这里需要理解的是，构建企业管理用的信息系统，是将原本在

“人—人”环境下的工作转移到了“人—机—人”的环境中，这两种环境不是简单地将线下的内容映射到线上。**4要素分类方法更便于进行建模、分析、设计、编程**等的实现，也便于系统的模块化、平台化的开发形式。虽然分类方式有所不同，但通过拆分企业得到的要素并未缺失，而且也不影响完成的信息系统实现管理咨询师的预期效果。

分离原理给出的以企业为对象的拆分模型，其中对业务与管理的分离方法，既照顾到了客观上对业务和管理的认知，又照顾到了后续的业务建模和管理建模的不同，业务和管理的分离对后续需求调研、业务设计、平台设计、模块化设计等都起到了非常重要的指导意义，也为建模提供了思路和方法，是提升需求调研、分析、识别水平和效率的有效手段。

软件公司要面对不同的客户和不同的业务领域，软件工程师也会面对不同的调研对象，因此要根据不同的对象摸索出不同的拆分方法、不同的模型表达方式。

★解读：分离原理与组合原理。

这两个原理是需求分析和业务设计的基础，一个是“拆”，一个是“建”。

- 分离原理：负责拆，用于对研究对象进行“解构”。
- 组合原理：负责建，是对解构得到的要素，按业务设计要求再进行重新“架构”。

【参考】《大话软件工程——需求分析与软件设计》第3章、第4章。

3）需求调研的顺序——客户业务、业务需求、功能需求、系统功能

理解了业务和管理的区别，基于这个区别再来理解“功能需求”是如何确定的。

需求调研工作的主要目的之一就是确定要开发的功能需求。对很多需求工程师来说，识别系统功能需求的真伪是个难题，解决这个问题首先要搞清楚一个基本概念：**系统功能是为业务需求服务的**。识别需求的真伪可以按照下面的顺序进行，并按照顺序搞清楚每一步的含义，参见图5-3，先看一下图中前4步的含义和作用。

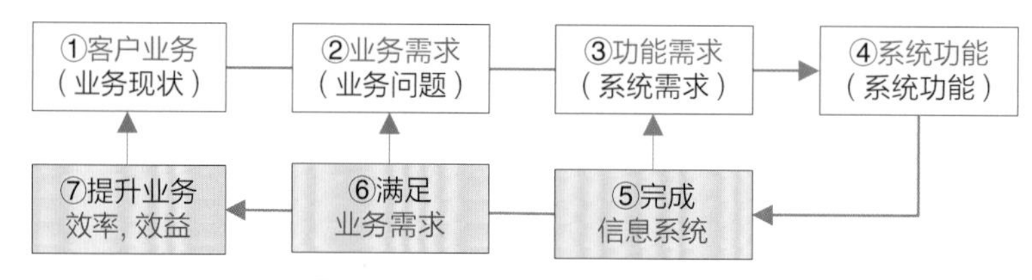

图5-3　需求调研的顺序与含义

①客户业务→②业务需求→③功能需求→④系统功能，这个顺序中的①、②、③属于一阶段的工作，④属于二阶段的工作，这个顺序所包含的意义如下。

① 客户业务：指的是客户的工作，第一步就是要搞清楚客户是如何工作的，如合同签订、成本预算、差旅费报销等，通过对这些业务的理解，掌握业务现状和业务逻辑。

② 业务需求：指的是客户从业务层面上说明需要导入信息系统的理由。客户之所以要导入信息系统，主要是因为既有的业务处理方式不能满足要求。所以需求工程师要了解对现状业务的改造需求是什么，如减少输入错误、提升工作效率、强化管理措施等，**这个业务需求是后续确定功能需求的依据**。

③ 功能需求：了解了业务需求后，就可以针对业务需求提出相应的信息化解决对策，这个对策就是功能需求，如用字典辅助输入（减少输入错误）、增加个人提醒功能（提升工作效

率）、界面操作与管理规则联动（强化管理措施）等。功能需求是一阶段的重要成果，是二阶段编码的主要对象。

④ 系统功能：最后按照功能需求的设计资料，通过编码的方法将功能需求转换为系统功能，至此完成从业务到系统功能的全过程。

再看一下后3步的意义和作用，参见图5-3中⑤、⑥和⑦步骤，当完成信息系统后，信息系统实现功能需求，功能需求满足业务需求，业务需求实现优化客户业务的目的。这就是一个理想的、完整的从需求到功能、从功能再回到需求的正循环过程。

从这个定义可以看出，需求出问题往往是因为没有搞清楚客户提出③功能需求的背景和目的，也就是没有理解①客户业务、②业务需求的含义，就直接按照客户提出的③功能需求去做④系统功能。所以，很多情况不是客户提出的需求不清楚或难以判断真伪，而是需求工程师自身缺乏判断需求真伪的方法和经验（①、②）造成的。

【参考】《大话软件工程——需求分析与软件设计》第5章。

★解读：不同岗位所需要业务知识的程度。

业务知识是所有从事一阶段工作的人都必须掌握的基础知识（二阶段的技术岗位也应该有所了解）。一阶段从售前阶段的咨询师开始，到负责系统上线培训的实施工程师为止，掌握客户业务知识的程度越深，了解需求就越容易，一阶段各岗位需要掌握的知识中有关客户业务知识的比例可参考图5-4（仅供参考）。其中，

- 销售型咨询师：由于以销售标准产品为主，所以掌握的程度偏浅。
- 专家型咨询师：各岗位中掌握的程度最深。
- 需求工程师和业务设计师：较专家型咨询师的程度稍差一些。
- 实施工程师：较销售型咨询师要深一些。

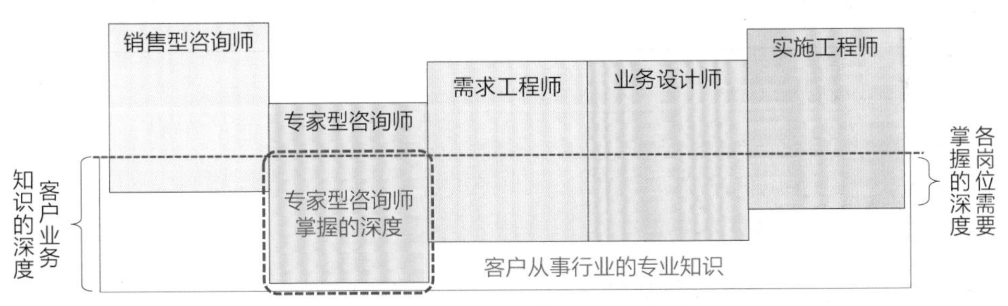

图5-4　一阶段岗位掌握业务知识深度的参考示意图

这只是一种示意，当然不论从事什么岗位的工作，对客户的业务知识掌握得越多就越容易沟通，获取和判断需求的效率就越高。

4）需求调研的成果——功能+逻辑

知道了功能需求的产生过程，下面再来理解已获得的需求成果应该包含什么内容。

没有经验的需求工程师，调研时非常急切地想要确定的功能需求（界面），确定到底需要开发多少个功能界面，这样做存在着严重的问题，相当于孤立地看待功能需求，实际上功能与功能之间一定有密切的关联关系，这个关联关系就是逻辑。在需求调研阶段确定“功能需求”时必须同时给出与该功能相关的“逻辑关系”，逻辑表达的是该功能所处的顺序、关系等，逻

辑可以帮助理解为什么需要这个功能，同时又可以帮助检查功能设计是否合乎逻辑。逻辑表达可以分为两层，即业务逻辑和数据逻辑，用一幅流程图说明，如图5-5所示。

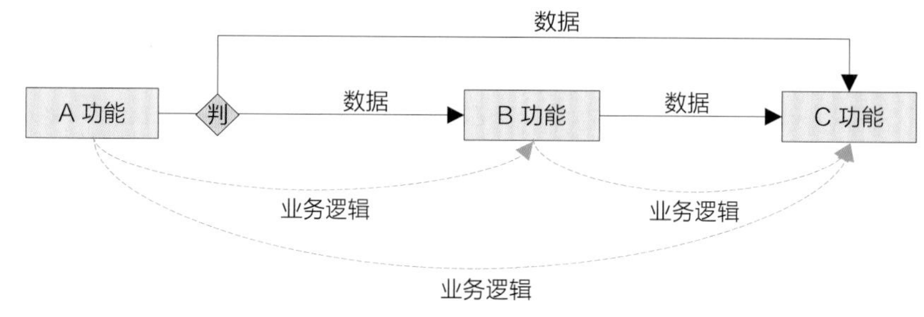

图5-5　功能与逻辑的关系示意图

- 业务功能：流程上有3个节点，每个节点对应一个功能（A、B、C）。
- 业务逻辑：业务逻辑利用业务流程来表达，业务逻辑表达了功能在“业务层面”上的关联关系，业务流程图上节点间的“线关联”就是典型的业务逻辑表达方式，业务逻辑解释了为什么A功能处在B功能的前面，C功能又处在B功能后面的业务层面的原因。业务逻辑表明了业务流程上各功能的作用、排序的理由、相互之间的关系等。
- 数据逻辑：数据逻辑从业务流程图的表面上是看不到的，数据在功能之间的线内流动，而数据流动的背后有业务逻辑作为驱动，数据逻辑与业务逻辑有密切的关系，数据逻辑是支持数据关系设计的基础。数据逻辑可以通过对业务逻辑和功能需求的分析、推演获得，如果没有清晰的业务逻辑做支撑，数据逻辑是搞不清楚的（关于这一点每个做过数据关系设计的工程师都是能够理解的）。

★解读：要注意，数据逻辑与业务逻辑并非总是完全重合，如B功能，除去与上游的A功能和下游的C功能之间有业务逻辑关系，同时B功能可能还与其他的流程、数据库有数据的交互关系，也就是说数据逻辑要比业务逻辑更广泛。

需求工程师调研完成后，如果只带回了功能需求的信息（如界面的布局、字段、计算公式等内容），而没有搞清楚相关的业务逻辑（如功能间的关系）和数据逻辑（如数据来源），那么后续设计、编码阶段的负责人就会不断地询问有关逻辑关系的信息，造成工作效率低，且容易出现错误的问题。对于需求工程师来说，**搞清楚了功能需求，就意味着同时搞清楚了“功能需求+业务逻辑+数据逻辑”，三者缺一不可。**

★解读：逻辑关系是理解客户需求、向技术表达需求的钥匙。

相信业务人员都有过这样的经历：将收集到的客户需求梳理成功能需求一览表和界面原型交给了设计师或程序员，此后会不断地被询问，询问中的大多数问题都是与逻辑相关的，因为界面原型上的内容是很容易理解的，但界面上没有表达的信息，诸如上下游的关系、控制顺序、数据来源等都是与逻辑有关的信息，没有这些信息就无法进行下一步的工作。理解了这个原因，需求工程师就应当在提交的功能需求中加入相关的逻辑信息。顺便说一句，同时搞清楚客户业务、业务需求、业务逻辑等内容的最佳方法就是绘制业务逻辑图，可以举一反三，效率最高。

2. 工程化调研法的工具和标准

需求调研的方法有很多，这里主要推荐3种比较典型的调研方法：现状构成图、访谈记录和现用表单，参见图5-6。

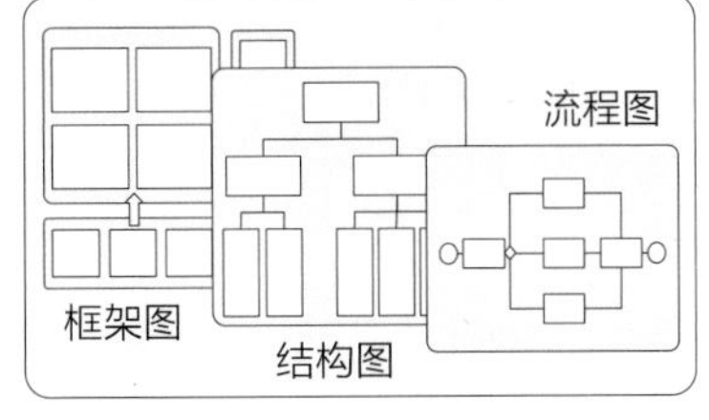

(a) 现状构成（图形形式）

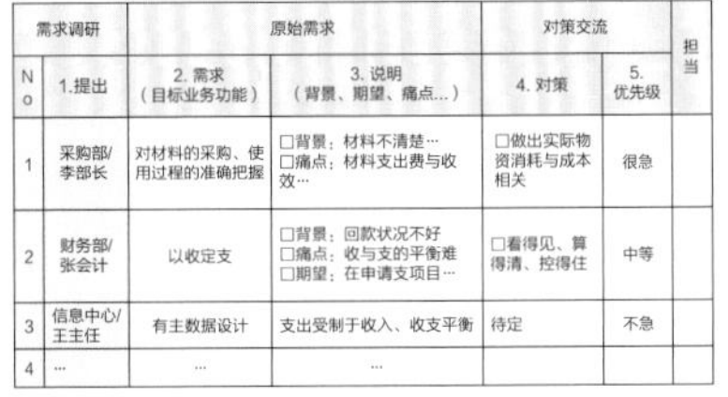

需求调研		原始需求		对策交流		担当
No	1.提出	2. 需求（目标业务功能）	3. 说明（背景、期望、痛点…）	4. 对策	5. 优先级	
1	采购部/李部长	对材料的采购、使用过程的准确把握	□背景：材料不清楚… □痛点：材料支出费与收效…	□做出实际物资消耗与成本相关	很急	
2	财务部/张会计	以收定支	□背景：回款状况不好 □痛点：收与支的平衡难 □期望：在申请支项目…	□看得见、算得清、控得住	中等	
3	信息中心/王主任	有主数据设计	支出受制于收入、收支平衡	待定	不急	
4	…	…	…			

(b) 访谈记录（文字形式）

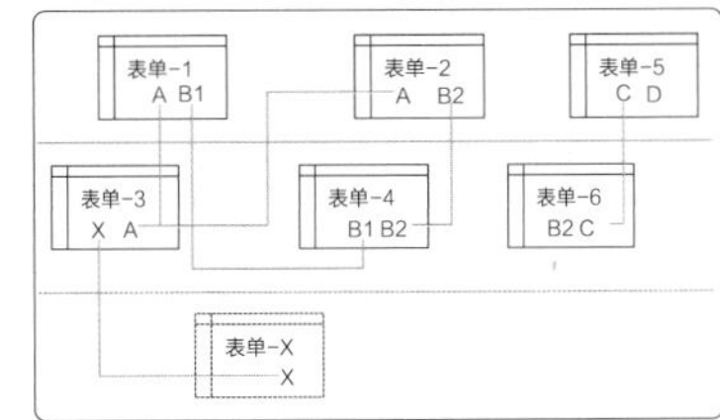

(c) 现用表单（表格形式）

图5-6　需求调研的3种方法示意图

它们不但是需求的调研方法，而且也是需求的记录方法。按照这3种方法进行调研可以明显地提升项目组成员整体的平均水平，包括调研成果的准确度、工作效率以及调研质量。3种调研方法简述如下。

1）现状构成图

现状构成图是用图形方式快速收集需求、理解需求的方法，参见图5-6（a）。

前面已经讲过，需求调研的首要工作是理解业务、业务需求和业务逻辑，可以同时理解这些内容的重要手段之一就是绘制业务现状构成图，利用业务现状构成图调研需求可以同时获得功能需求和业务逻辑两类信息。现状构成图主要利用架构图中的分解图和流程图。熟练地掌握架构图的绘制方法是调研和记录客户业务逻辑的重要方法。

在调研阶段绘制的业务现状图不但用于需求分析，而且也是后续业务设计/应用设计时绘制系统流程图的重要输入依据，通常这些图的大部分内容是可以复用的。

2）访谈记录

用与客户对话、交流的方式收集客户的需求，参见图5-6（b）。

这是最常见的需求收集方法，对话时最好采用客户用语进行交流，针对领导层的目标需求、业务需求等比较抽象的需求调研最为合适。通过格式化的标准形式询问和记录访谈的内容，可以明显地提升访谈的质量、效率以及信息量，有效地避免遗漏。

3）现用表单

现用表单指的是客户在日常工作中使用的各类表单，参见图5-6（c）。

收集所有需要引入系统中的表格、单据的原型或实物，并将它们与业务现状图（流程图）等进行关联，这些表单是后续功能设计（界面原型）的参考依据。

上述3种调研及记录方法构成了需求调研的核心成果，完整地运用这3种方法进行调研，可以确保功能和逻辑两方面都能做到全面、正确，3种形式缺一不可。

【参考】《大话软件工程——需求分析与软件设计》第6章。

★解读：关于原型法在需求调研中的作用。

本书没有提及采用原型法进行调研。原型法也是一种非常有效的调研方法，但是它不太适合用于大型、复杂信息系统的首次调研，主要是因为原型法只能确认功能界面上的表面内容，如界面布局、字段内容和字段的位置等信息，并不能确认功能界面背后的整体业务、业务需求、业务逻辑、数据关系等信息，而这些信息是确保系统正确开发所不可或缺的，特别是**逻辑要在调研初期就必须搞清楚**。

原型法适用于小型且逻辑不复杂项目的初期调研（最好也匹配相应的业务现状图辅助收集业务逻辑信息），或是大型项目在调研后期作为界面原型向客户确认需求分析的结果使用，这样使用原型法可以获得较好的效果。

3. 客户交流的方法与注意事项

在对客户进行需求调研时，除去要掌握前述3种具体的调研方法外，还有一些很重要的注意事项和细节也需要了解和掌握，将这些事项和细节与前述3种方法相结合，就能够获得好的调研成果（不限于此）。

1）用专业能力建立双方的信任关系

调研阶段工作成果的大小和质量主要体现在需求工程师的专业能力上，这个“专业”一定要用“客户的业务”来体现。在讨论未来信息系统的功能需求时，一定要与客户的业务运行场景相结合，用客户用语加以说明，让客户通过业务场景来理解系统的功能，这样才能显示出需求工程师是专业的和有说服力的，尽量避免向客户提问题或解答问题时使用大量的IT技术用语，因为你有你的专业，被调研的客户也有自己的专业，隔行如隔山，如果在沟通中经常让客户感觉自己听不懂、不理解、跟不上，就可能会削弱客户参与的积极性。

2）多用图形，掌握调研的主导权

在与客户用对话的形式进行调研时，如果遇到不熟悉的客户或讨论不熟悉的业务时，经常会议题不聚焦或跑题，有时会陷入某个细节里难以跳出来，还有时会在同一个调研现场出现多个讨论议题，相互争论不休，让调研现场失去控制，这样做工作效率低，而且容易让大家都感到疲劳。此时如果有需求工程师在预先准备的白板上，通过绘制图形的方式进行辅助说明，就会吸引全场的注意力，将大家的话题渐渐收敛到一处，起到控制讨论议题和方向的作用，让需求工程师掌握调研过程的主导权。

3）控大放小，有层次地推进

在需求调研时，业务专家特别要注意两点：一是参加者在企业中的层次，二是讨论问题的粒度。调研时如果客户方的参加者是企业高层，特别是在第一场调研时，这个场合首先要了解的是与企业信息化的目标、期望、价值以及广度和深度等全局相关的内容，不要过多地谈论业务处理的细节。关于业务细节的讨论要放到与客户中间管理层和执行层的调研时再谈，要学会逐渐深入。在不掌握业务整体的情况下，深入地讨论细节容易被客户带偏。

4）记住发言者的称呼，尊重对方

在调研开始时，对客户方的参加者名称、部门、职称等要尽量记住，这对理解和判断该参加者的发言、立场、期望、可能存在的问题等都有很好的帮助作用。在解答或提问时如果提到了对方的职称，会让对方觉得亲切、被重视，而且容易找到针对提问者的正确答案。

5）对不清楚的问题要直率回应

当被问到了自己不清楚的问题时不要绕圈子，可以直接回答说：“我是第一次接触×××的事情，还不太清楚，待询问公司相关人后立即回复。”是否能够对发言者的问题直接回答，是取得对方认可和信任的重要方式，不懂装懂或是避而不答都容易让对方产生不信任感。信任始终是与客户建立良好关系的基础。

5.1.3 角色与能力

需求调研工作是项目组的每个成员都必须参与的。这项工作看似容易，好像谁都可以做，但实际上这项工作可以说是目前软件开发过程中最难做的工作。需求调研所需要的能力有很多，这里参考《大话软件工程——需求分析与软件设计》一书中的方法和标准，列举需求工程师的几种基本能力作为参考（不限于此）。能力分为两类：身体方面和知识方面。

1. 身体的功能

1）观察能力（眼）

进入调研现场（会议室），首先要迅速观察四周，投影仪的位置、是否预备白板和白板笔等。其次观察参加调研的客户情况，搞清楚对方主要参会者的位置安排、职称。如果你是领导，就要坐到与客户相应领导的对面，如果你需要利用投影仪或白板，就要坐到方便使用的位置上。

2）听取能力（耳）

听好像是最简单的事，实则很难，特别是听客户领导讲需求时，要高度集中，抓住讲话中的关键词、关键目标、关键需求。例如，听了半天一直听不出来领导到底想要怎么做，如果此时你能够抓住几个关键词提问，顺着领导的回答找到突破口，就可以慢慢地搞清楚他想要什么了。需求调研听不出来对方的需求是最糟糕的事。有效提问也是帮助客户领导梳理自己思路的好方法。

3）沟通能力（嘴）

沟通能力就是“会说话的能力”。因为与客户沟通首先就要通过“说话”进行，因此对于需求调研没有什么能力比“会说话”更重要了。调研对象的构成非常复杂，他们来自客户的不同层级，有高层领导、中层管理者以及大量的业务执行者，每个客户都有不同的诉求、不同的业务背景、不同的脾气秉性。能够与不同层级的人沟通是调研的基本能力。调研不能只带着手（记录）和耳朵（听取）。另外，对需求工程师来说，不仅与客户沟通很重要，与二阶段的编码工程师之间的沟通也非常重要。

4）速记能力（手）

俗话说“好脑筋不如烂笔头”，做笔记也是需求调研的重要基本功。交谈时会出现大量的信息，特别是要对重要的“关键词”进行记录，在后期的整理过程中就可以找出笔记中的重要信息。不会做笔记，事后客户说的很多重点就会被遗忘。

5）逻辑能力（脑）

逻辑能力包括逻辑思维和逻辑表达两种（参考附录A）。对收集到的信息，经过大脑的分析与组织，然后用清晰的语言、文字或图形表达出来。要做到思维和表达的协同，仅有好的逻辑思维能力还不行，因为缺乏匹配的逻辑表达能力会让逻辑传递的效果大减（这就是常说的“茶壶里煮饺子，倒不出来”），特别是在需求调研过程中，对于非信息化专业的客户来说，需求工程师的表达能力对调研结果的好坏有着重要影响。

【参考】关于如何训练逻辑能力请参考附录A。

2. 掌握基础知识

1）客户业务知识

前面已经多次讲到了，要想做好需求调研，就必须掌握客户的业务知识。需求调研的顺序是从①客户业务→②业务需求→③功能需求，可以看出，要想获得正确的③功能需求，就必须要搞先清楚①和②，因此对需求工程师来说，不掌握客户的业务知识就很难高质量地完成需求工程的工作。

2）软件工程知识

这是作为需求工程师最基本的看家本领。必须要掌握需求调研和需求分析的专业知识。

在“1.身体的功能”中的1）～5）都是个人的身体能力，与调研客户的业务领域无关，而软件工程知识则是对需求梳理、加工与转换的专业能力。

合格的需求工程师需要具备在调研现场可以眼、耳、手、脑和嘴并用，高速处理收集到的信息，而支持需求工程师能够做出快速反应的前提条件，就是其掌握的业务知识、软件工程知识和相应的经验。

★Q&A：开发过程中，经常发生需求变化的原因是什么？

在培训过程中经常会有培训学员问：“李老师，由于客户的需求总在变，所以影响了开发进度、产品质量、交付时间，并造成了开发返工、成本超支等一连串的问题，该怎么应对才能避免或减少这样的情况发生呢？”

李老师回答说：“听起来造成需求多变的原因都是来自客户，但实际情况真是这样吗？以我的经验来看，引起需求频繁变化的原因至少有50%在需求工程师身上。”

很多学员听了很不以为然，不知道为什么说他们自己要负50%的责任。为什么李老师和学员之间会有这样大的认知差异呢？下面举两个例子来说明这个问题，如果每个需求工程师都能做到，那么就会大幅减少需求变化，如果做不到，就有可能频繁地发生需求变化（不限于此）。

- 做法1：由于客户不是信息化的专家，他们并不知道该如何提需求，也不清楚如果按照他的需求去实现系统将会有什么样的影响。因此，遇到复杂问题或不能取得一致意见时，需求工程师必须要在充分理解客户提出的原始需求的基础上，利用逻辑图、界面原型演示一个业务场景，向客户确认：“如果按照你提的需求做，将会呈现这样的工作效果，这是你想要的吗？”
- 做法2：需求工程师要根据客户提出的需求，进行周密的思考：如果按照客户的需求去做，业务是否正确？业务逻辑是否合理？数据逻辑是否正确？上下游业务在衔接上是否有问题？等等。因为很多提出需求的客户只是处在企业的业务链条上的某个岗位，并不了解全局，原封不动地按照他的需求去做，可能带来很多的连锁问题。

以上这两种做法可以有效消除客户与需求工程师在信息化知识和经验方面的不对称，从而明显地减少需求变化的数量。**需求工程师的作用不是“传声筒、录音机”**，仅仅将听来的需求直接交给程序员是不行的。**需求工程师是“分析师、设计师”**，他必须要做到向程序员进行交底前，就已经与客户对收集到的需求进行了充分的交流、论证，确保客户清楚自己提的需求是如何实现的、效果如何，此后再发生的需求变化就可以归结到正式的需求变更中（收费）。

5.2 准备工作

在正式进入需求调研阶段要做好的准备工作，包括对参与调研的相关人进行以下培训，准备好相关的流程、模板、标准、规范等。

5.2.1 作业方法的培训

培训资料来自《大话软件工程——需求分析与软件设计》一书，培训内容如下。

（1）第2章 分离原理

- 理解分离原理的定义。
- 掌握业务和管理的分离在需求调研中的做法，提升调研的效率、质量。

（2）第3章 组合原理

- 逻辑的作用、存在以及表达方式。
- 利用逻辑快速地理解业务和业务需求。

（3）第4章 分析模型与架构模型

- 掌握框架图、分解图、流程图的基本画法。
- 掌握上述各类架构图的用法。

（4）第6 章 需求调研

- 掌握需求调研的3种方法（图形法、访谈法、表单法）。
- 掌握需求真伪的识别方法（逻辑推演法、多角度观察法、价值法）。
- 掌握需求调研资料的记录方法（需求4件套）
- 掌握需求调研资料的归集方法（需求调研汇总）。

5.2.2 作业模板的准备

下面介绍在需求调研过程中需要的两类模板。

（1）问卷、图形、文字以及表单的模板。

（2）业务基线模板（参见5.2.4节）。

其中，（1）的模板都是需求调研中常用的模板。（2）的模板是本次调研需要的特殊模板，用于统一蓝岛建设各分公司的业务流程。

1）调研问卷模板

开始调研前，用问卷形式预先收集信息可以帮助软件公司和客户双方进行初步的沟通，初步了解对方想知道的内容，同时也可以帮助客户的参与者做好心理准备。需要注意以下几个要点。

- 内容要按照不同部门、不同业务线、不同课题等分开设计。
- 问卷的形式有两种，参见图5-7。
    - 图5-7（a）：选择题方式，此方式主要用于需求工程师想要确定某个结果时使用。优点是简单、快捷，缺点是回答者只能在指定的范围内选择，回答内容受约束。
    - 图5-7（b）：文字描述方式，此方式主要用于需求工程师不清楚某个内容，希望客户自由地提出自己的想法、意见时使用。优点是可以对某个课题进行详细的说明，缺点是有的客户嫌麻烦。

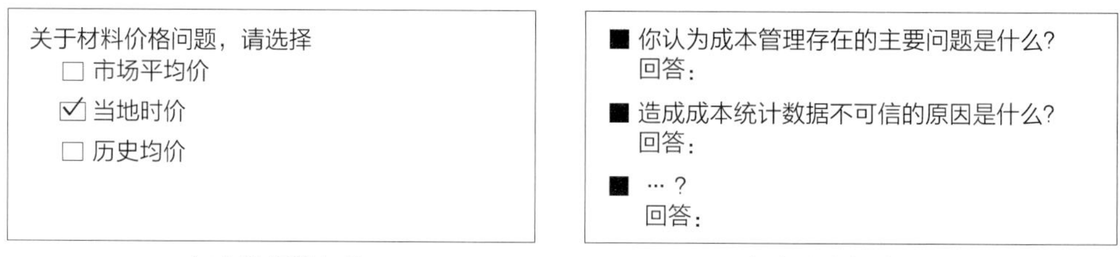

（a）选择题方式　　（b）文字描述方式

图5-7　问卷的两种方式示意图

调研问卷最好在正式调研开始前就回收，这样有助于提前确定调研的内容、方式和策略等，同时也能确认客户的业务水平、对参与信息系统建设的积极程度等。

2）业务现状图模板

按照不同部门、不同业务线以及软件公司积累的经验，预先绘制客户的业务现状图，作为调研时向用户确认业务、业务需求和业务逻辑的资料，如成本管理流程、物资采购流程、报销审批流程等，参见图5-8。

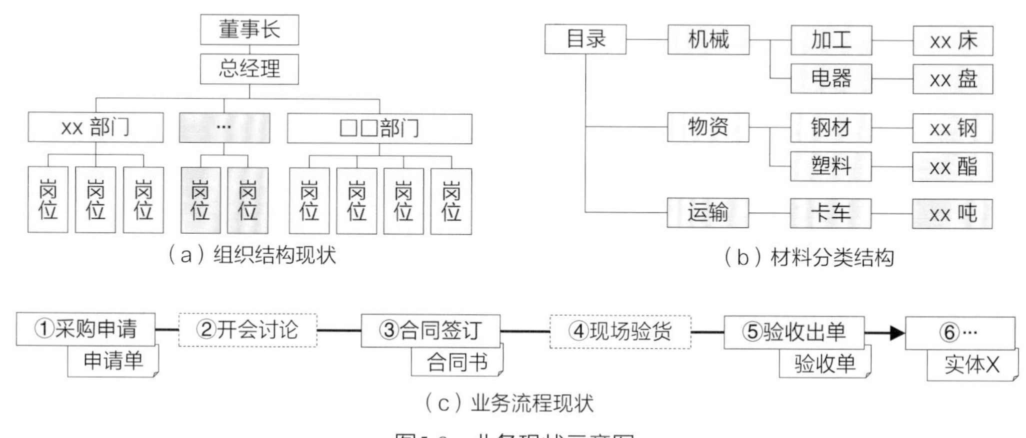

图5-8　业务现状示意图

3）访谈记录模板

访谈记录模板参见图5-9，用于调研时做访谈的记录或整理笔记后填写的模板。

需求调研		原始需求		对策交流		担当
①部门/人		②需求 (目标 业务 功能)	③说明（背景、期望、痛点……）	④对策	⑤ 优先级	
1	采购部/ 李部长	对材料采购、使用过程的准确把握	□背景：材料状态不清，成本核算不准 □痛点：收支不成比例，成本高居不下 □期望：监控与收益的比例 □其他：……	□作出实际物资消耗与成本相关的动态分析表（详见附表3） □每月第三个工作日上报上个月的消耗与库存	很急	
2	财务部/ 张会计	以收定支	□背景：回款状况不好，每月都超支 □痛点：有数据看不见 □期望：申请支付时，需要提示是否有可支付用款……	□看得见、算得清、控得住	中等	
3	信息中心/ 王主任	有主数据设计	让支出受制于收入、没有收入就不支出	待定，需要技术工程师参与交流	不急	
4	…	…	…	…	…	

图5-9　需求访谈记录表

采用这种格式化的模板做访谈记录，不但可以提升访谈的效率，且模板被多次使用后，就会按照不同的客户部门和工作事项积累出丰富的访谈分类课题，应用这样的模板可以减少遗漏，易于维护，而且特别适合于新手需求工程师使用。

4）表单分析模板

对于既存的管理日常业务处理表单，收集到表单后要按照图5-10的方式进行梳理，确认各类表单之间的关联关系。

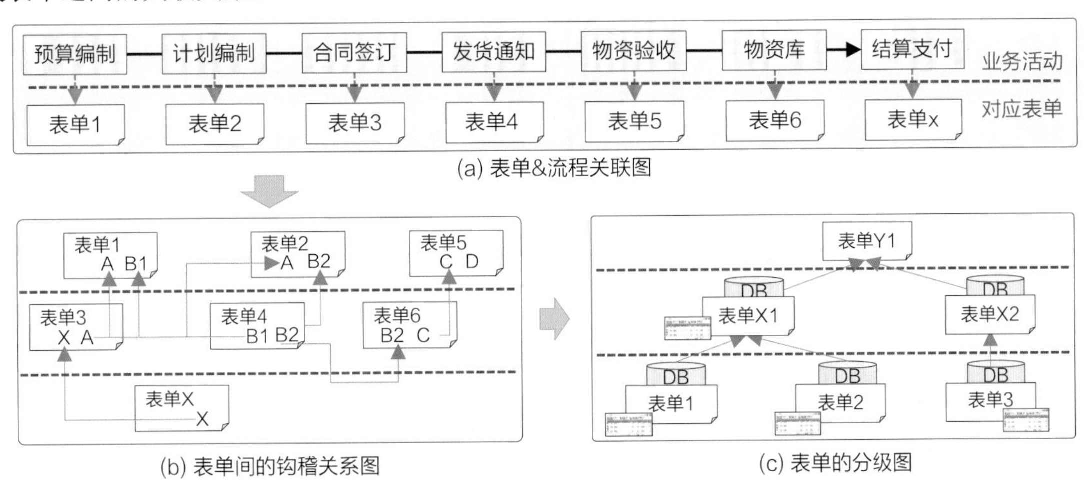

图5-10　表单分析模板

最后将梳理完成的现有表单归集到《现用表单一览表》上，如图5-11所示。

需求调研 - 现用表单一览表					既存表单			表关系分析	所属部门	担当	记录
业务领域		编号	名称	说明	一级	二级	三级				
1	物资管理	表单1	所需物资预算	对物资整体的规则			○	○	物资采购部		
2		表单2	采购计划表	按需进行物资采购	○				物资采购部		
3	财务管理	表单X	结算一览表	物采支付信息		○		○	财务部		
4	…	R-004	…	…					…		

图5-11　现用表单一览表

5）业务基线模板

由于蓝岛建设集团的下属分公司有20家，虽然同属一个集团，但是普遍存在着“做相同业务，遵循着不同的标准”的现象，这使得收集到的数据无法直接进行合计，如成本计算标准等。因此建设新的信息系统前，就需要先统一同类业务的标准，采用的统一方法是“基线法”，由于内容比较多，所以放在5.2.4节中做详细介绍。

【参考】除基线的模板外，以上介绍的所有模板的详细说明参见《大话软件工程——需求分析与软件设计》第22章。

★Q&A：需求调研时，应该由谁来掌握主动权？

在培训时，当讲解到要在调研前预先准备好“业务现状图”等资料时，有10年经验的需求工程师王杰出提出疑问说："调研时，我们通常都是先听用户讲需求，将收集的需求带回去梳理，绘制流程图等资料，然后再向用户确认这些资料正确与否，为什么这次要依据以往的经验先画出图来给用户看呢？还未调研怎么保证流程图是正确的呢？"

李老师回答说："本次采用了'需求确认为主'的方式进行需求调研，因为这次调研的客户有个棘手的问题，客户蓝岛建设集团的下属分公司有20个，他们各有自己传统的工作习惯，对同一个工作流程各公司都有不同的做法，在线下处理时都没有问题（因为各公司之间无直接的关联），但未来要在同一个信息系统中工作就必须要统一流程，如果在调研时我们采用'先听取需求为主'的推进方式，不但要走访多家分公司，而且还会发生谁也不服谁的场景，届时我们作为听众搞不清楚他们具体的差异在哪里，也插不进话，最后一定是花了大量的时间和精力，调研结果却难以收敛（=得出统一的结论）。反之，如果大家基于预先编制的业务现状图等资料来讨论，则可以快速地将不同点显示出来、根据讨论决定有歧义处的处理方式，这样可以控制讨论主题不跑题，并让讨论的结果可以快速地向业务现状图收敛。"

5.2.3 作业的规划

作业的规划包括两部分，一是作业路线的规划，二是调研方式的确定。

1. 作业路线的规划

在第4章中确定了本案例采用工程化的推进方式，所以需求调研的总体作业内容和路线主要按照以下6步进行（不限于此）。

（1）统一用语：统一客户与软件公司双方的业务用语和系统用语的标准。

（2）骨干培训：培训客户方业务骨干，正确地表达本部门的需求（流程、4件套等）。

（3）调整计划：完善项目总执行计划中有关需求调研部分的详细计划安排。

（4）领域分工：划分调研领域，给项目组全员分配负责的调研领域。

（5）正式调研：采用业务现状（图）、访谈记录（文）、现用表单（表）三种方法。

（6）文档编制：汇总全部调研资料，形成《需求调研资料汇总》。

2. 调研方式的确定

1）传统调研方式

传统上需求调研都是采用"先听客户讲需求，由需求工程师做记录，梳理完需求后再向客户确认"的顺序，这种调研方式需要反复多次地进行听取→记录→梳理→确认→再听取→再确认的循环，而且调研时议题容易分散，效率低，质量差。

2）本案例调研方式

借助本案例的两个特殊条件，可以采用不同于传统的调研方式，两个特殊条件如下。

（1）客户方面：由于事前软件公司对客户业务骨干进行了培训，客户已在各自部门进行了标准化的梳理，包括**工作过程用业务流程图**和**作业表单用需求4件套**。

（2）软件公司方面：由于有丰富的业务知识和经验，且已经积累了很多的业务案例和文档。

鉴于这两个条件，本次**调研采用"以确认为主"的方式**进行。所谓"以确认为主"就是与传统的调研方式相反，基于软件公司已有的案例和文档，再根据客户的业务特点，预先绘制出主要业务的流程图，调研时以这套流程图为主线，以客户各部门做好的标准资料（流程图、4件套）为需求，将软件公司的主线与客户提出的需求进行关联、对比、确认、修改、再确认。

★解读：以确认为主的调研方式效率最高。

同样是进行“确认、再确认”的循环，传统的调研方式需要数日才能循环一次，而以确认为主的调研方式，当日就可以进行一次或数次的确认循环，这是因为双方都已经按照标准方式做了事前的准备，有详细的图形和文档在手，所以能做到当时确认、当时修改，工作效率非常高。

采用这种方式，如果软件公司的主线流程图有错，客户立即就会指出来，如果软件公司不理解客户提出的功能需求，双方立即就可以在流程主线上确认功能需求的目的、作用、位置以及逻辑关系等。通过这样的调研方式，可以在短时间内获得如下效果。

- 软件公司快速地获得正确的**业务主线**，这一点非常重要，因为有了**双方认同的业务主线**，就等于有了**共同认知的坐标**，那么所有需求的业务逻辑就容易理解了。
- 由于客户提出来的需求事先已在其部门内获得了共识，并进行了标准化梳理，将这个需求与业务主线进行关联、确认后，软件公司就可以准确地知道需求的作用。

“以确认为主”的调研方式可以快速、正确地收集需求，不但搞清楚了业务、业务需求、功能需求，而且同时也搞清楚了相关的逻辑。在调研过程中，**需求工程师始终掌握着调研的主题、方向和节奏**，工作效率高，调研质量高。这就是前期花时间培训客户业务骨干带来的回报。采用这种调研方式可以大大减少需求遗漏、需求失真的问题。

5.2.4 基线流程的制定

建设集团型大企业的信息管理系统时，经常会遇到一个令人头疼的问题：就是分公司多，可以说有多少个分公司，处理同样业务（如成本管理、采购管理等）时就可能有多少种业务流程，因此，系统开发前必须要先解决流程不统一的问题。业务流程的标准化是企业业务标准化的两个主要对象之一（另一个是数据标准化）。

1. 业务标准的问题

1）业务标准的不统一

由于蓝岛建设集团的分公司多、部门多，往往会发生业务相同但标准不相同的现象，如在不同的分公司中存在着不同的标准或习惯，相同的业务流程会出现不同的节点数和处理方式。这个问题尽管在“人—人”环境中也存在，但由于最终数据的统计是由手工编制完成的，所以总能通过人为调整让数据可以合计在一起（此处暂不讨论调整是否合规），但是在信息系统中就不行了，只要处理相同的业务就必须使用同一条业务流程、同一个输入界面、同一个数据标准，并遵循同一条管理规则，由于每个分公司都强调自己的合理性和特殊性，互不相让，企业的管理者、信息中心也知道这个问题不解决就无法导入信息系统，但是因为没有合适的方法，所以花费了很多时间调整也没有得出统一的结论。几乎具有一定IT规模的客户都存在着类似问题，所以软件公司在设计系统时必须要先解决这些常见且重要的“统一标准”的问题。

★解读：统一标准有两层含义。对任何一个对象都有两层标准：流程标准和数据标准，如成本数据的标准化。首先，产生成本数据的过程要标准统一，即成本数据生成的流程要一致（关键节点）。其次，成本数据自身的标准要统一，即成本数据的定义、格式、算式等要一致。

业务流程标准不统一的问题，因其不但在同一部门内跨越不同的岗位，而且还要跨越不同的部门，所以非常具有代表性。这个问题恰好是要帮助客户解决3打通问题（部门内通、部门间通、上下级通）中的“部门间通”的问题。

2）建立成本流程的标准

下面以“成本”为对象介绍统一流程标准的方法，重点说明**如何统一不同部门（分公司）间的成本发生的流程标准**。读者会在实际的需求调研阶段发现很多类似的问题，不论问题是什么类型，都可以参考这个案例的思路、方法来摸索遇到问题的解决方法（关于成本的另一个标准“数据标准”的问题参见第7章）。

施工企业的成本主要由三种主体构成，即①人工成本、②材料成本、③机械成本（简称“人/材/机”），**成本数据就是伴随着资源的消耗而产生的（由发生的采购费用转换而来）**，由于成本数据是隐藏在资源消耗的过程中，直接看不到“成本”发生的这条线，因此下面就**借助资源消耗流程来充当成本的发生流程**，研究成本标准的统一方法。图5-12就是借助**资源消耗流程而虚拟的3条“成本发生流程”**（在现实的客户企业内是不存在这样3条成本流程的）。

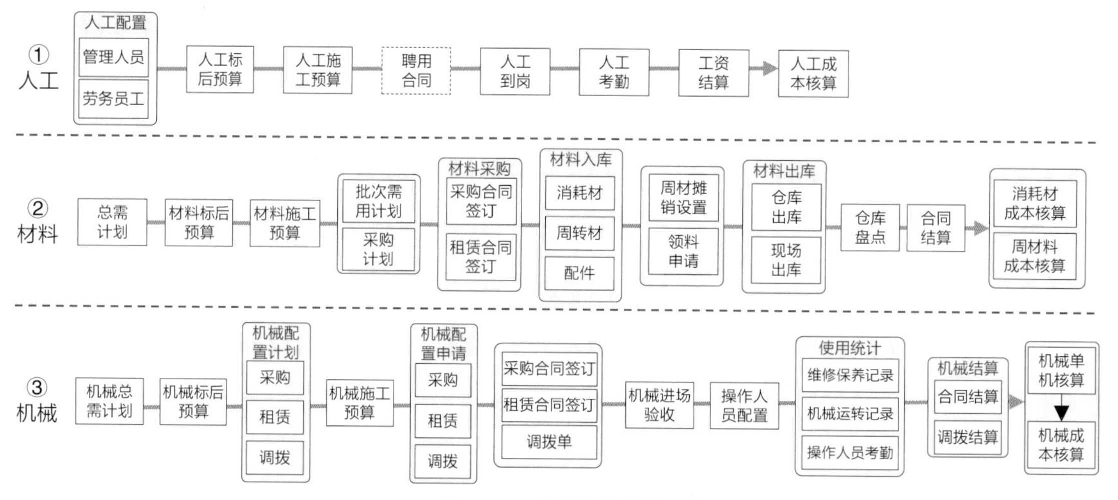

图5-12 成本发生流程

顺便说一句，不论属于哪个业务领域的企业，成本构成的主体都是这3种：人/材/机。

从图中可以看出，人/材/机这三类成本的发生过程是不一样的（节点数、节点名称都不同），再加上同一条流程，如②材料，可能在不同的分公司中有不同的形态，蓝岛建设集团下属有20个分公司，那么仅②材料消耗流程在理论上讲就可能有20种形式，全部分公司的人/材/机3种成本合起来就可能有60条不同的流程。60条流程产生的成本数据最终要进行合计处理，而数据合计就必须要先统一数据的标准，否则就无法合计在一起。

★解读：此时收集到的是客户的业务现状图，可能尚不清楚细节关系，因此，此时可以不必严格地按照标准绘制流程图，可以将图5-12所示的简易图作为业务流程的示意图来使用，待完全搞清楚业务运行的现状后，再用标准的方法绘制业务流程图。

3）基线流程的概念

统一多条非标准的业务流程需要建立一个标准，这个标准被称为“基线流程”。

当要解决成本流程不统一的问题时，就需要建立一条标准的成本产生流程，其他的成本流程要向这条标准流程靠拢，这条标准流程就称为“成本基线流程”。流程统一的内容有3个重要的一致性（不限于此）。

（1）流程节点一致：同类型成本发生的流程是一致的，包括节点数、节点名称。

（2）管理规则一致：每个成本数据所遵循的国家标准、企业标准是一致的。

（3）数据标准一致：通过流程的数据标准（定义、格式、时间等）是一致的。

成本基线流程要由软件公司和客户双方一起来制定，设定的基线流程要同时满足客户业务和系统两方面的要求，客户不认可，则基线流程没有实用意义；软件公司不认可，则无法进行系统设计。下面进行基线流程的基本设计。

2. 基线流程的建立

下面建立成本的基线流程，包括以下3个步骤：设置成本基点、设置成本基点的背景框、绘制成本基线流程图。前面已经讲过，成本是随着资源消耗产生的，所以下面就借助资源消耗的流程来建立成本统一的基线流程。

1）第一步：设置成本基点（关键节点）

首先由架构师和业务专家按照一般的专业常识，确定出成本发生流程上通用的“成本基点”，参见图5-13（a），从“1.项目规划”～“10.成本核算”，一共设置了10个成本基点。

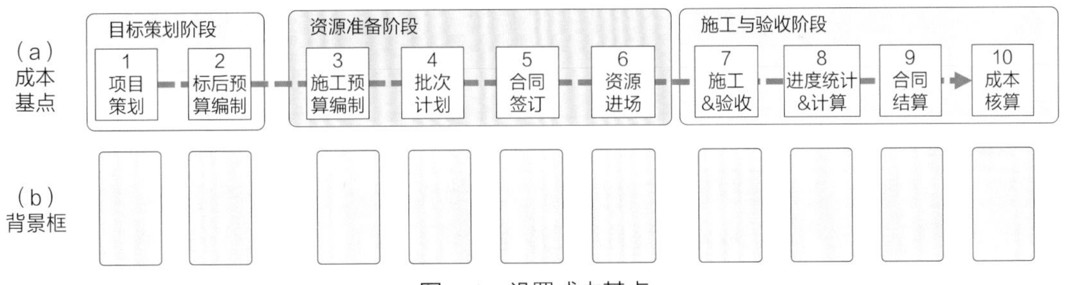

图5-13 设置成本基点

所谓成本基点，就是从专业知识和经验上看，缺少了这10个成本基点中的任意一个，成本发生的过程都是不完整、不合规的，这10个成本基点既是重要的成本处理节点，也是重要的成本管理控制节点。

把这10个成本基点再划分为3个阶段，即目标策划阶段、资源准备阶段、施工与验收阶段，这样对这些基点的目的和作用就更加清楚。

每个成本基点中都承载着不同的成本目标、成本数据、成本管理规则等。10个基点之间的关系为：上游基点为下游基点设立目标值，下游基点要确保上游基点设置目标值的达成。

2）第二步：设置成本基点的背景框

给每个基点的下方都配一个背景框，这个背景框是准备归集3条成本流程中相似节点用的，如图5-13（b）所示。

3）第三步：绘制成本基线流程图

将图5-12中的人/材/机3条成本发生流程平行地放置在图5-13成本基点下方背景框上，合成的结果就是“成本基线流程”，如图5-14所示。

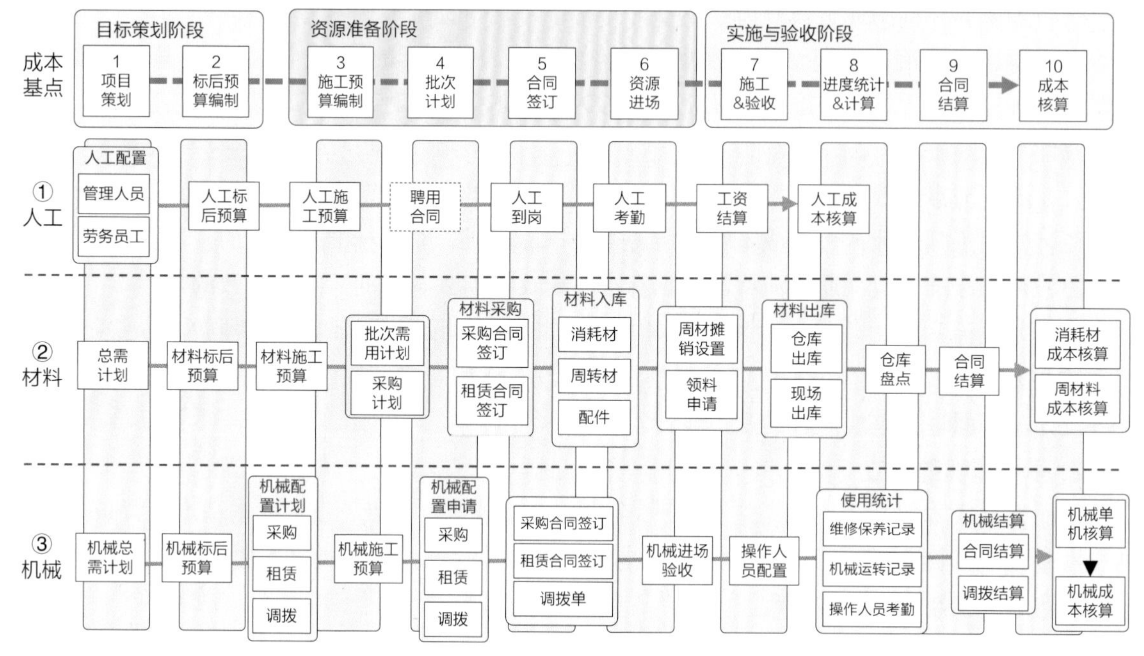

图5-14　成本基线流程

可以看出，图5-14中3条成本流程（人/材/机）的节点与背景框位置还没有对齐，“对齐位置”是一项需要业务知识和经验的工作，因此这一步只是完成了成本基线流程的模板准备工作，正式确定成本基线流程图需要在后续的需求调研中，通过与客户进行讨论，将人/材/机3条成本流程上的节点按照一定要求分别归集到对应背景框中的成本基点下才算完成，当然在讨论过程中还会发生对流程节点的增减。

4）成本基线流程的作用

原则上，在每条人/材/机的流程中都要包含全部的成本基点，只要同时满足在这些基点上设置的管理规则，就说明这条成本流程是满足成本管理要求的。有了这些成本基点后，就不必过于关注每条流程上总节点数的多少，如同样的成本流程（如人工），因为不同公司的工作特点，可能一分公司和二分公司的总节点数不一样，但是人工成本流程上的所包含的基点数是一致的，最后的数据标准就是一样的，统计时就不会产生问题。

★解读：基线流程由谁确定？

这个案例是由软件公司的业务专家根据自己的专业知识和经验预先制定基线流程，如果读者缺乏这方面的知识和经验，可以先与客户的业务骨干进行沟通，由客户的业务骨干辅助完成基线流程的设计，然后在调研时再与各分公司的业务骨干一起确认，效果是相似的。设计基线的人经验越丰富，则基线与最终结果越接近，反之，就需要讨论比较长的时间。

在调研时以这些图为主推进，它的好处在于可以用双方看得懂的业务图形为中心，容易聚焦、得到客户快速的确认，不仅可以获得功能需求，同时还可以获得准确的业务逻辑。提前准备好的这些图如果有错误，可以在讨论中经客户指出后马上改正，因为使用图形沟通的效率高，同时熟悉的内容也让参与讨论的客户感到放松，能积极地投入。

由于客户的业务比较复杂，通常是多条业务线混在一起运行，而且客户各部门之间、上下级之间也有比较严重的隔阂或壁垒，大家在讲同一件事时常常会有不同的结论，因此，调研时要遵循一个重要的顺序原则：**在梳理优化客户业务流程的前提下，同时搞清楚未来系统的功能需求。**也就是说**搞清楚业务流程和逻辑在先，确定功能需求在后。**

统一所有相关人认知的基础是业务标准，后续的所有设计都基于这个标准，如果没有这个标准，大家就没有共同坐标，所有的工作就没有方向。当然这里所说的标准并非不可改变，如果发生了变化，一定要对这个业务标准进行调整，时刻保持一致。

★Q&A：对新手来说，有没有快速学习业务知识的方法?

在培训时，由互联网公司转行的崔小萌提出一个问题：“如何能够快速地学习新的业务，怎么样才能搞清楚客户需求的真实性呢？”

李老师回答说：“首先讲一下提升业务知识的方法，你是从‘电子商务’领域转入‘工程建设’领域的，这是两个完全不同的业务领域。建议你采用长期和短期两种方法来提升。

① 长期方法：为了做好工程建设领域的工作，就要通过看书、实践学一些常识性的客户业务知识，如成本管理、采购管理、项目管理等，这些内容是基础，不能省略，掌握它们也没有近路可走。

② 短期方法：为了在短时间内融入到工作中，用‘逻辑推演法’学习是快速掌握新业务的一种辅助方法，利用业务的逻辑推演方法可以帮助你快速地了解业务运行的规律，具体可以参考《大话软件工程——需求分析与软件设计》第3章。

①和②两种方法的区别在于学到的知识深度不同。方法①可以做到‘知其然，也知其所以然’，但是方法②只能做到‘知其然，不知其所以然’。掌握了①的人可以帮助客户优化和提升业务价值，只掌握了②的人可以通过逻辑快速抓住业务主线、了解业务（但不具备优化业务的能力）。如果同时具备①和②，则能力是最佳的。

搞清楚‘真实’需求的前提是必须要熟知业务，所谓‘真实’的程度是与你的业务知识成正比的，否则你无法判断什么是‘真实’。总之，对于一名需求工程师来说，进入一个全新的行业时首先要做的就是掌握该行业的业务知识，同时再掌握一些辅助的分析方法，这两点是做好需求分析的基础。”

5.3 调研展开

做好了调研前的准备工作之后，下面就要进入需求调研了。需求调研活动按照企业行政划分分为三级进行，即公司级（集团）、部门级和用户级。

1）第一级调研对象——公司高管

主要是面向企业的经营者，听取他们对信息系统建设的目标需求。具体了解公司对未来信息系统的目标、设想、期望等。

企业经营者提供的**目标需求**是指导企业信息系统进行**顶层设计的主要依据**。

2）第二级调研对象——部门领导

主要是向企业的中层管理者听取有关的业务需求。由于不同的部门主管不同的业务领域，部门级的调研可以获得在企业目标需求之下，各业务部门、业务板块领导对所属业务领域的目标、设想、期望等需求。

部门领导提供的**业务需求**是信息系统中**业务架构、管理方式设计的主要依据**。

3）第三级调研对象——系统用户

主要是向未来的系统操作者听取具体的功能需求。从他们的日常工作内容可以获得系统详细设计的需求，包括功能、数据、公式等细节说明。

系统用户提供的**功能需求**是未来**界面设计的主要依据**。

在本书的案例中，针对被调研对象所属的不同层，设计了不同的需求调研粒度（粒度的概念参见软件工程的介绍）。案例中的粒度表达如下。

- 公司级的粒度最大（目标需求，如目标、价值、期望等）。
- 中间部门层的粒度居中（业务需求，如流程、管控等）。
- 用户级的粒度最小（功能需求，如界面、数据、公式等）。

这样设计的目的，主要是让读者感受到调研对象不同、关注点不同，因此调研的方法也就不同。在实际的需求调研工作中，不同业务领域、规模的客户企业，内部的管理划分不一定如本案例一样分得那么清楚，读者可以需要根据实际情况调整调研的方法。

5.3.1 公司级的调研

公司级的调研大多以公司的高层经营管理者为对象进行，调研的内容和方式接近于咨询阶段所做的工作，对公司级的调研大约占调研整体工作量的5%。虽然只占5%的工作量，但是它的结果却决定未来系统的高度、深度以及设计理念等内容。

如果没有进行过类似于售前阶段的咨询，那么对公司级的调研就一定要进行。如果已经进行过了售前咨询，或是已经完全清楚了企业高层对信息化建设的意见，那么对公司级的调研可以省略，直接进入到对部门级的调研工作。

本案例中，虽然已进行了售前咨询阶段的交流，但经过软件公司在交流中的启发后，客户企业内部又进行了多次讨论，并针对未来的信息化建设整理出了更加详细的指导性要求和建议，因此双方决定再进行一次对企业高层的需求访谈会。

【调研经过】

- 调研目的：向软件公司阐述企业的信息化指导性要求和建议。
- 调研地点：客户集团总部的小会议室。
- 客户方面：副总经理（分管信息化）、主要部门负责人及业务骨干、信息中心主任等。
- 软件公司方面：总架构师、业务专家、项目经理、项目组核心成员等。
- 准备内容：投影仪、白板、会议记录员。
- 调研形式：主要由客户领导提指导性建议和需求，总架构师等回答，以及相互提问等。

开场先由客户副总经理发言，他说经过前次的交流之后，公司高层就信息化建设又进行了专项的讨论，由于未来待建的信息系统分为两部分，公司级系统和项目级系统，因此客户领导分别提出了对两部分的要求（=目标需求），发言要点如下。

1. 第一项：针对企业整体管理

希望构建的信息系统可以有效地提升企业整体的生产效率，企业赞同软件公司在售前咨询阶段的解决方案中提出的让信息系统为企业的经营管理“保驾护航”的概念，对企业信息化建设的总体要求基本上重复了第一次交流的4个核心内容。

（1）快速反应提升竞争力：特别期望信息系统可以提升企业的经营效率和效益，提升公司在市场上的竞争能力。

（2）完善风险管控能力：让信息系统支持企业战略落地，强化风险管控，确保生产过程小错少出、大错不出。

（3）消除壁垒强化沟通：借助信息系统打破隔阂，实现3通，即岗位之间相通、部门之间相通和上下级之间相通，大幅提升工作效率。

（4）系统要能随需应变：信息系统是蓝岛建设未来5～10年公司发展的重要基础，要确保系统可以跟上需求的变化。

2. 第二项：针对项目级管理

1）对项目管理的要求

公司领导重点提出了对项目级管理系统的要求，基于实际项目管理过程中最常见的、也是影响项目顺利达标的问题，提出了以下针对项目管理系统的4项具体要求。

（1）以**项目策划**为纲领，为项目各步骤制定管理的目标值。

（2）以**进度计划**为抓手，建立进度计划与资源计划的关联。

（3）以**成本达标**为中心，建立过程监控，以确保成本不超标。

（4）以**风险控制**为保障，确保项目过程顺利，不出现大失误。

由主管生产的副总经理提出的需求，是典型的“目标需求”的表达形式，这种需求的表达形式看上去像是“口号”，不能直接从字面上看出需要开发什么具体的系统功能，但是内含的信息量巨大，根据判断可以得出不同的结果。

- 可以依据这些信息设计出一套客户价值很高的过程控制类系统。
- 如果不理会这些需求，也可能仅仅是设计出一个平淡的数据填报类系统。

所以不同的解读和理解就会得出不同的结论，最终开发出不同效果的信息系统。这里总架构师、业务专家等角色对客户高层领导发言的理解，对未来系统的定位起着决定性的作用。

★解读：怎么理解客户价值的高低？

所谓客户价值高低，是针对满足客户三分层的需求来说的，客户价值高，一定是首先以满足决策层和管理层的要求为导向的系统；客户价值低，是指以满足执行层需求和部分管理层需求为导向的系统。高价值的需求包含低价值的需求。

本书案例以开发项目级管理系统为主，通过当面交流和确认，搞清楚客户企业提出来的指导性要求和建议。

- 第一项针对企业整体管理，是导入信息系统的总体目的和方向，第二项是第一项中的一个具体目标。

- 第二项的要求中包含项目管理的3大目标（质量、进度和成本），反映在以下方面。

① 项目策划：目标的内容是设定所有工作的目标数值、标准和规则（含**质量**）。

② 进度计划：**进度**的内容是进度管理的方法、标准（含进度）。

③ 成本达标：**成本**的内容是成本管理的方法、标准（含成本）。

④ 风险控制：包括所有影响3大目标达成的因素（含质量、成本、进度）。

如果能从这4个要求中看出这3大目标，并能联想用哪些业务场景可以支持这3大目标落地，作为需求工程师，是否能够想到用什么功能支持达成这3大目标？

★解读：理解客户需求的变化。

从客户副总经理的发言中可以看出，客户方面对信息化建设的认知在一步一步地具体化，这也是客户对自己提出的目标需求在进行细化、落地（当然客户的细化粒度和软件公司的细化粒度是不同的）。这里可以再次感受到企业的高层提出的需求表达粒度与执行层是不一样的，一个目标需求的达成需要有多个功能需求协同才能实现。

另外，读者还可以从“施工项目管理”与“软件项目管理”的相似性进一步理解项目管理是一套管理方法，它可以适用于不同的行业和业务过程的管理，案例中客户高层针对项目管理系统提出的①～④建议（第二项），完全可以转用于软件项目开发的指导方针。因为软件开发过程用的也是项目管理的方法，很多客户企业在生产这个层级上也广泛地使用项目管理的方法，因此建议从事软件行业工作的读者可以深入地学习一下有关项目管理的知识，这样做有利于做好与业务管理相关的咨询、需求和设计工作。

2）对项目管理要求的判断

由于客户企业对新信息系统提出来的需求比较抽象，如对企业信息化整体的“保驾护航”要求、对项目管理系统的4项要求，下面利用价值判断法对“保驾护航”的实际内涵做判断。

项目经理马晓明对“保驾护航”的具体含义还不太清楚（典型的目标需求），为了确认它的含义，他与客户的副总经理进行了如下对话。

- 项目经理：“您能再具体地说明一下希望信息系统如何为企业运营‘保驾护航’吗？”
- 客户副总经理说：“企业规模扩展快，市场多样化，造成管理人员、管理规则跟不上，到处出现意想不到的问题，因此希望利用信息系统的帮助可以解决这个问题，由于我不是信息化专家，提不出来对信息系统的具体要求，还要看你们怎么提出方案。”
- 项目经理接着问：“假定我们在信息系统中实现了希望的‘保驾护航’，您期望企业发生什么变化？或是有哪些具体的收获？”
- 客户副总经理说：“例如，以施工项目为例，希望项目不再因为工期的延误而被罚款，施工可以按照计划推进（策划），并获得预期的工程收益（成本），项目完工验收时确保质量合格（质量），最终项目按照业主合同的工期顺利地完成交付（进度）等。”
- 项目经理说：“明白了，我们可以提出非常多的有效措施（功能），在项目实施的过程中遇到可能出现风险的征兆时提前给出提示、预警，发生严重问题时中止执行等待评估等，我举几个例子，您看对不对……（省略举例，详见第7章）。如果系统可以防止各类风险的出现，就等于是给企业的运营‘保驾护航’了。”
- 客户副总经理说：“是的，就是这个意思。”

客户虽然并没有直接回答“保驾护航”是什么功能，但通过这个方法可以判断出“保驾护航”不是一个单纯的宣传口号或主张，而是一个有具体要求的真实需求。这就是典型的“价值判断法”：**它不需要客户直接提出需要什么功能，而是通过客户期望得到什么回报（价值）来反推客户想要的功能是什么**。理解了客户需要的回报（价值），就可以联想出很多可以实现客户目标需求的功能需求。

通过对企业高层的需求调研，获得对项目级管理系统设计的重要指导方向，奠定了概要设计、业务架构的基础。可以得出如下重要信息。

- 信息系统做成具有较强管理控制能力的“过程控制类系统”（不仅用于数据填报）。
- 需要研究蓝岛建设的企业运营目标、管理要求等，以便将它们融入系统的功能中。
- 系统要能比较快速地响应需求变化，对架构提出了较高的要求（包括业务、技术）。

★解读：领导的讲话太空洞、无法搞清楚他想要什么。

在客户方面讲完企业对信息系统建设的目标需求后，大家展开了讨论。当谈到该如何理解客户企业高层关于信息化的想法时，一般调研的需求工程师和客户信息中心都会有这样的苦恼和抱怨：“领导说话的水平高，太抽象不好理解”“因为不知道怎么落地，所以提出的方案总被领导否定”“感觉领导自己也说不清楚要的是什么”“领导在这里说的和在别处说的内容不一样，无所适从”，等等。

大多数的客户在导入信息系统前（不论是客户领导、信息中心还是一般用户）知道自己的目标和期待，但是并不明确知道自己具体需要一个什么样的系统，因此需求难以落地。此时就需要需求工程师发挥作用帮助客户搞清楚他们需要的是什么。例如，针对前面给出的目标需求“保驾护航”，如何能让完成的系统与客户领导的期望一致？这就需要反复地利用“目标需求→业务需求→功能需求→目标需求”这样的循环确认，逐步地让目标需求落地，最终转换为具体的功能需求。

把“目标需求”转换为“功能需求”的过程就是需求工程师存在的价值。

【参考】《大话软件工程——需求分析与软件设计》7.4.2节。

5.3.2 部门级的调研

前面进行了企业级的调研，知道了公司对建设信息系统的目标需求。下面进行的部门级调研主要是以中间管理层为主（各部门业务骨干也参加）进行的。部门级调研是以业务需求为主，这个阶段的工作量占全部调研时间的15%左右，这15%的工作量决定未来系统的业务架构。总架构师、业务专家、需求工程师要根据不同的业务领域、业务部门逐一进行调研，客户要对不同的业务领域/板块确定一个具体的负责人，负责人要对该领域或板块的调研结果确认签字，这个成果是对后续用户级需求调研与确定的指导依据。

对部门级的调研要涉及对公司战略和规划的落地、大业务板块的规划、跨部门流程的统一、业务的管理方法和力度等比较具体的课题，调研的内容是公司级不会具体涉及，而用户级又无权改动和决定的内容。例如，统一成本管理的流程标准就是企业信息化管理中最有代表性的课题之一，它也是公司内部有隔阂、数据不通用的重要原因之一，这是典型的业务需求。没有成本管理流程的标准统一，与成本处理相关的功能需求和数据等调研就没有标准，所以部门级的调研中将解决流程标准统一作为对象。

下面就以统一蓝岛建设集团所属20个分公司的成本发生流程为案例，说明部门级的调研方法。在5.2.4节中，已经准备好了基线流程的模板。

为了做好统一成本流程的研讨工作，将已经准备好的成本基线流程图（图5-13）用0号纸打印成彩色挂图贴在调研会议室的墙上，目的是希望所有的参会人都熟知这些图，且贴在一起容易进行相互对比、确认，理解效率高。

【调研经过】需求调研的第二场，主要对象是客户部门级的主管。

- 调研目的：确认集团和分公司成本管理流程的统一标准。
- 调研地点：客户集团总部的大会议室。
- 客户方面：公司副总经理（分管生产）、财务部长、成本相关领导和业务骨干、分公司相关领导和业务骨干、信息中心主任及相关工作担当等。
- 软件公司方面：总架构师、业务专家、项目经理、分管成本管理部分的项目组成员。
- 准备内容：成本基线说明资料、投影仪、白板、会议记录员。
- 调研形式：以成本基线流程图为基础进行讨论。

调研开始，首先由总架构师向调研的参会者说明这次调研的目的：重点是和公司成本管理相关的领导与业务骨干一起，制定集团成本管理的基线流程，然后以这个基线流程为标准，对集团所属的20个分公司的成本管理方式进行统一。这个调研没有采用传统的调研方式：先听客户讲述需求，再归集确认。而是先统一讨论方法和标准（成本基线流程），然后利用这个方法和标准进行深入、详细的讨论，这样的调研方式效率高，且调研成果的质量也高。

1. 确定业务部分

根据分离原理：先业务、后管理的方式，先统一成本基线流程的业务部分。业务部分的统一分两步走。

（1）确定10个成本基点是否正确。

（2）将各条流程的节点归集到对应的基点下方。

1）第一步：确定成本基点是否正确

在软件公司首席讲师介绍了统一成本流程的方法、基线流程的使用方法后，大家一起讨论确定成本基线流程，如图5-15所示，讨论内容包括：这条基线流程上的10个成本基点是否可以作为集团公认的成本管理过程中不可或缺的关键点？它与每个分公司现在的做法是否一致？按照成本基点处理业务是否存在问题？等等。

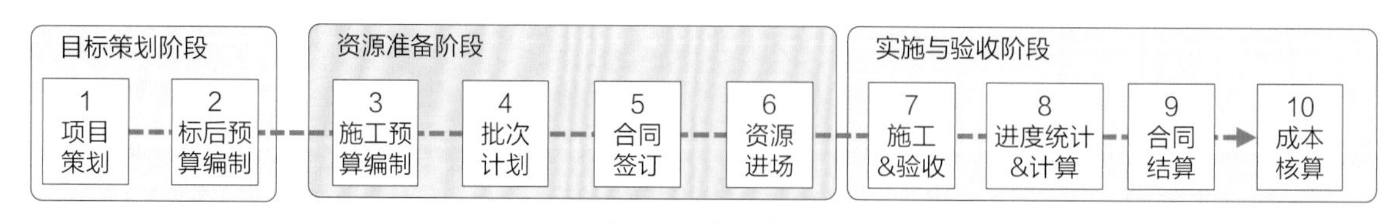

图5-15 成本基点

经过参会者的充分讨论后，按照大家的意见进行了适当的调整（详细过程省略），最终由客户副总经理拍板决定：就以这个成本基点图作为公司统一成本流程的标准，以此为样本对各分公司的人/材/机3条成本流程进行标准化梳理。

2）第二步：确认流程、归集节点

下一步就是确定成本流程，成本流程的模板已在前面准备好了，参见图5-14，确定成本流程有两项主要工作。

（1）确认这3条成本流程上的节点是否包含10个成本基点。

（2）将3条成本流程上的节点分别归集到对应的成本基点下的背景框中。

经过大家长时间的反复讨论后，最终统一了认知，并对上述两项工作得出了一致的结果，最终形成了如图5-16所示的成本基线流程图。从图中可以看出，流程上的所有节点，根据其作用都已归集到对应的基点下方的背景框中，此时获得**3条成本基线流程：①人工、②材料、③机械**。下一步就以这3条成本基线流程为标准，统一集团所有分公司的成本流程。

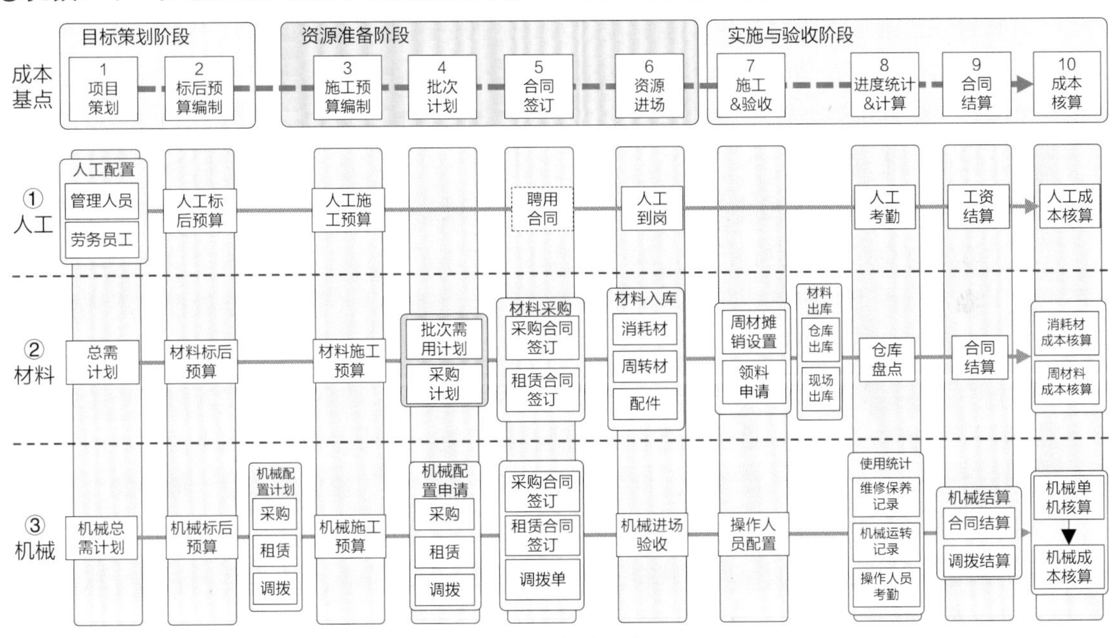

图5-16　成本基线流程图

这个结果考虑了集团成本管理的目的、目标、要求，以及各分公司的特殊性，也考虑到了未来利用信息化手段后可以简化成本管理的步骤，同时还兼顾到了在工作现场用户的操作是否能够满足要求等诸多的因素。

这里要注意：在实际的讨论过程中，对图5-14提供的3条成本流程节点都进行了调整（有增有减），因为这里讨论的重点是如何利用基线流程进行标准的统一，为了便于观察，以及对比原始流程与基线流程的位置变化，所以在图5-16中省略了流程节点的增减内容，保持图5-16和图5-14中的业务流程节点一致。

2. 确定管理部分

在确定了成本基线流程的业务部分后，针对成本基线流程上的关键节点，要思考设置什么样的管理控制点和管理规则，如图5-17所示。

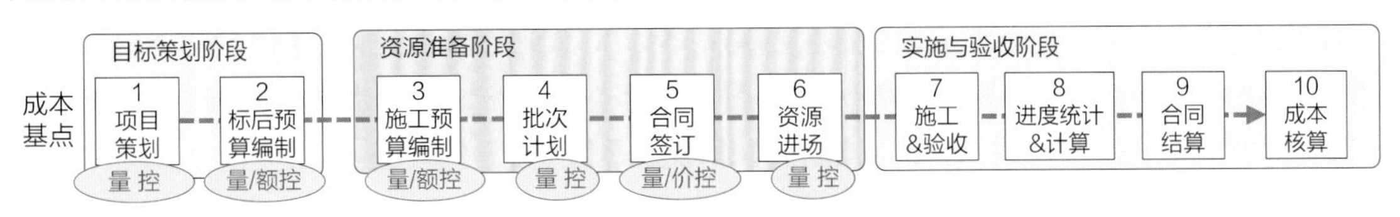

图5-17　成本基点与管控内容

其中，量=数量、额=金额、价=价格、控=控制，“量/额 控”=在对应的流程节点上设置数量和金额的监控。

未来在进行业务的详细设计时，这些管控点要放置到3条成本流程对应的节点上，从图中管控点加载的位置集中在前两个阶段内（目标策划、资源准备）就可以看出，这个设置满足了领导提出来的“管理要前置”的要求。详细说明参见9.4节。

观察成本基线流程图5-16、管控的设置点图5-17，可以获得如下信息。

- 图5-17，将管控点放在前两个阶段中，这个阶段的划分是客户在业务管理上的习惯，说明在第一个阶段中进行整体的策划，在第二个阶段中进行资源的准备。
- 图5-17，设置的管控点都是企业高层和相关部门最关注的内容，是成本管控的必需项，这些管控点前后互为目标值，也就是说对于后面的节点，在前面节点中至少有一个给出了它要遵循的目标值，这个目标值就是该节点要管控的内容，如“2.标后预算编制”要参照“1.项目策划”中设定的数值；“3.施工预算编制”可能同时参照了1和2中的数值等，以此类推。
- 图5-16，由于不同的成本形成的过程不同，所以3条成本基线流程上的节点数量不一样，有多有少，位置也有错开，如“①人工”成本流程上缺失4和7两个节点，这是因为人工成本流程不存在该业务处理，但要确保该节点的缺失不影响成本处理的连续性，以及成本合计时的正确性。
- 图5-16，以成本基线流程为参照物，如“①人工”成本流程对其余分公司的19条人工成本流程进行对照梳理，通过合理的调整后，最终统一了所有的人工成本流程。同理，也要将“②材料”成本流程和“③机械”成本流程做同样的梳理、调整。最终20个分公司的成本管理流程只有这3条，这就做到了成本管理流程的标准化。

完成了上述3条成本流程的梳理，就得到了两个一致：流程节点一致和管理规则一致。这两个一致是确保第三个数据标准一致的基础。

（1）流程节点一致：3类成本各自实现了同类流程的统一（流程节点一致了）。

（2）管理规则一致：3类成本的管理过程实现了统一，在相同的位置设置了相同的管控点和管控内容，例如，在“项目规划”节点上设置对数量、金额的管控规则；在“合同签订”节点上设置对数量、单价的管控规则等。

这里要注意：数据标准一致要到设计阶段才能现实（数据的标准在概要设计中制定）。

到此就通过设置成本基线流程统一了成本的3条流程（人/材/机）标准，以后所有的需求分析、业务设计都有了依据，**在后续有关成本的调研分析中都要以图5-15的成本基线流程为参考**，不要离开这个成本基线流程讨论成本处理。在讨论过程中（不论是对流程、界面还是数据）如发现成本基线流程有错误，就要进行调整。有了这样一个成本基线流程作为参照，在客户之间、软件公司与客户之间就不会再发生认识的偏差、歧义。

另外，系统中需要采用基线的方法来统一标准的对象还有很多，如财务部门的报销基线、物资部门的物流基线、安全质量检查部门的基线等。虽然业务内容、管控规则等不一样，但是基线的设计原理是一样的。完成的各类基线图最好都打印出来贴到墙上，以方便查看和对比。所有的基线图都需要进行维护，如有改动要立即反映到图上。

5.3.3 用户级的调研

部门级的调研完成后，公司领导和部门领导对部门的信息化要求大体上就比较清楚了（搞清楚了重要的目标需求、业务需求），下面就要进行用户级的调研，调研具体的用户（某个业务的担当者）：他负责的业务现在是如何处理的，希望采用什么样的系统功能（对应功能需求）来处理目前的工作，这一层的调研重点是功能需求。

这个阶段的工作量大约占全部调研的80%，需求工程师和客户的业务骨干要一对一地进行调研，客户业务骨干要对调研结果确认签字。这个阶段的工作要做得非常具体、详细，一丝不苟，调研内容要做到数据级别的粒度。

通常进行用户级的需求调研时，要采用实施方法论中介绍的3种方式进行：业务现状（图）、访谈记录（文）和现用表单（表），由需求工程师与用户用图形沟通、用访谈方式咨询、收集现用报表等方式，通过反复的询问、讨论、确认等工作，最终确认需求。

★解读：对客户业务骨干的培训效果。

调研前对客户提供了培训，企业内部也进行了标准化工作等，看起来似乎花费了很多的时间，但是从需求调研的最终效果上看，不论是时间、质量还是效果都比没有做培训要强得多。最终客户与软件公司双方都获得了各自所需要的结果，实现了双赢。

培训前，还担心客户的业务骨干即使接受了培训也做不好资料（流程5件套、需求4件套），但结果却出人意料，由于这些骨干都是各部门的业务骨干，对本部门的业务非常熟悉，标准化的模板也很容易掌握（年轻人都有丰富的计算机软件、手机App的使用经验），所以他们的业务流程和需求4件套（特别是模板1和2）的完成度很高，其中不乏比需求工程师们做得还要好的样本。

标准化模板助力了企业内部进行的业务标准化梳理，为企业培养了懂信息化的业务骨干，为日后信息系统的最佳应用打下了基础。

【调研经过】需求调研的第三场，主要调研对象是客户在各业务领域的业务骨干，这里以成本相关的调研为例进行说明。

- 调研目的：确认具体的业务需求和功能需求。
- 调研地点：客户部门的会议室。
- 客户方面：相关业务领域的部门长、业务骨干，信息中心各业务领域的担当等。
- 软件公司方面：业务专家、项目经理、各业务领域分管的项目组成员。由于成本管理是系统的核心模块，与其他模块都有数据和管理方面的交集，所以成本管理板块组员全都参加了旁听。
- 准备内容：客户成本部门完成的业务现状图（流程5件套）、表单说明（4件套）等资料电子版，另外作为参考标准的基线流程图已贴在会议室的墙上，其他还有投影仪、白板、会议记录员。
- 调研形式：以图5-15所示的成本管理的标准流程图为基础，逐一对客户完成的资料进行讨论。

用户级的调研就要以标准流程为参照，逐一对各部门的资料进行研究，用户级的调研要详细到具体的业务功能形式（界面设计的依据）、字段定义（数据）、计算公式、管理规则等，基本步骤参考如下。

1. 基本调研模板的使用

1）确认业务流程图

检查各部门业务流程是否与标准流程的内容（节点、顺序等）一致，如果不一致，原则上要调整到与标准流程一致，如果确认标准流程存在错误，则一定要通过部门级的会议调整、修改标准流程（同时也要调整成本基线流程）。如果该流程不是成本基线流程要覆盖的内容，则不需要对比成本基线流程。

2）确认需求4件套内容

包括功能需求对应业务流程上的哪个节点、该节点与上下游节点之间的业务关系（业务逻辑）、数据关系（数据逻辑）、管控关系等。图5-18所示为“采购合同”的节点。

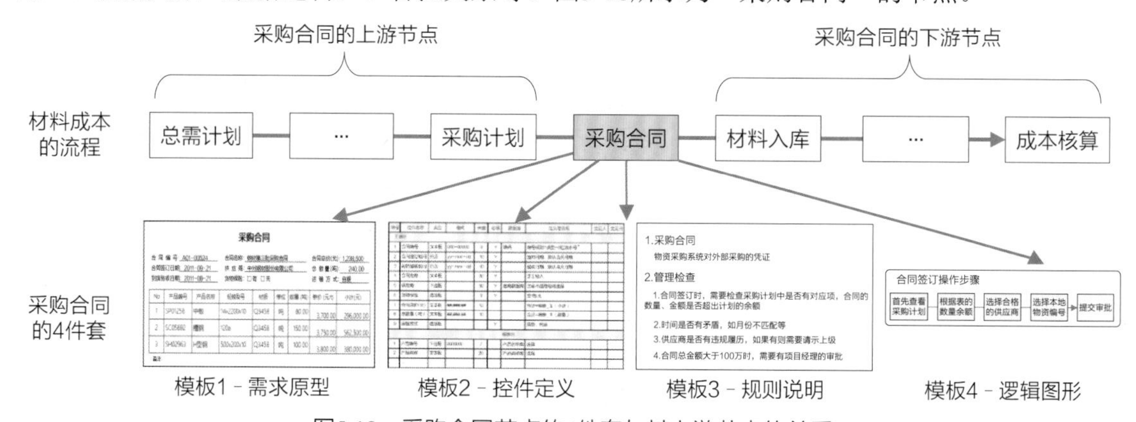

图5-18　采购合同节点的4件套与其上游节点的关系

用户给出的需求4件套中有些可能是不完整的（如缺模板3和4），还需要需求工程师根据其他信息将4件套补充完整。这些内容必须在用户现场搞清楚，因为4件套的内容是来自企业的业务处理、管理规则等要求，不是靠后期分析和设计出来的。如果在客户现场不搞清楚，后期也需要向用户反复确认，后期确认会增加调研成本，同时降低调研的效率和质量。

3）用访谈记录记述其他需求

在调研过程中，除去用户已经准备的资料外，通过调研、讨论还会产生用户未想到的需求，这就需要用访谈记录的模板，参见图5-19。

完整地将用户提出的需求记录下来，这里一定要记录用户的原话，不要加入需求工程师的解决方法，以保持资料的原始性，这是未来需求溯源、判断是否存在需求失真的重要依据。新增加的需求可以由用户或是需求工程师完善成4件套的形式。

4）现用表单的收集

用户级调研工作中，特别要注重收集现在正在使用的各类日常业务处理表单，如图5-20（a）所示，收集这些表单有以下两个重要的目的。

（1）作为实体，是设计界面的重要依据，包括界面布局、数据关系、计算公式等。

（2）是系统中打印输出各类单据、统计报表的设计依据。

表单收集后，要进行表单间数据关系的分析，记录到表单一览表中，如图5-20（b）、图5-20（c）所示。这些表单内的数据关系、表单之间的数据关系不是通过后期分析可以搞清楚的，而是必须要在客户现场直接询问表单的使用者才能搞清楚的。

需求调研		原始需求		对策交流		担当
①部门/人		②需求 （目标 业务 功能）	③说明（背景、期望、痛点…）	④对策	⑤ 优先级	
1	总经理/（公司级）	公司级要求 ①快速反应提升竞争力 ②完善风险管控能力 ③消除壁垒强化沟通 ④系统要能随需应变 项目级要求 ①以前期规划为纲领 ②以进度计划为主线 ③以成本管理为核心 ④以风险管控为保障	公司级要求 ①对市场要求反应慢，贻误商机 ②管理漏洞多，造成赔偿多 ③令出多门，对外口径不一 ④需求常变，系统要快速响应 项目级要求 ①没有目标，无法监督 ②进度计划不完整、难以控制 ③项目完成后，成本总是超标 ④风险预估不足、到处有漏洞	公司级要求 ①集中所有信息资源，提供全面服务 ②完善风险管控能力 ③消除壁垒强化沟通 ④系统要能随需应变 项目级要求 ①制定标准规范、实现项目过程管控 ②进度设置里程碑、详细执行计划两种 ③项目过程每个环节动态监控保达标 ④找出风险点，设置监控、预警功能	急	
2	采购部/李部长 （部门级）	对材料采购、使用过程的准确把握	□背景：材料状态不清，成本核算不准 □痛点：收支不成比例，成本高居不下 □期望：监控支出与收益的比例 □其他：……	□做出实际物资消耗与成本相关的动态分析表（详见附表3） □每月第三个工作日上报上个月的消耗与库存	中	
3	财务部/王部长 （部门级）	将生产数据和财务数据的口径统一，让财务可以直接使用生产数据	□背景：回款状况不好，每月都超支 □痛点：有数据看不见 □期望：申请支付时，需要提示是否有可支付用款	□看得见、算得清、控得住	急	
4	财务部/王部长 （部门级）	支出费用要与收入关联起来，避免公司垫款过多	□让支出受制于收入 □没有收入就不支出	待定，需要技术工程师参与交流	急	
7	…	…	…	…	…	

图5-19　访谈记录表

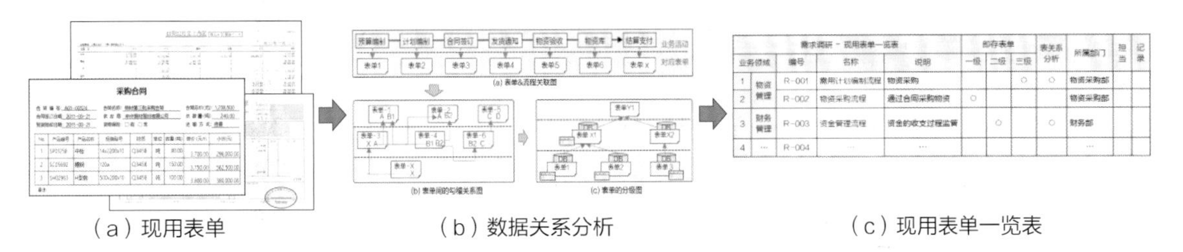

（a）现用表单　　（b）数据关系分析　　（c）现用表单一览表

图5-20　现用表单的收集与记录

2. 对客户骨干培训的效果

再来对比一下调研前有无培训客户的效果差异。需求调研重点有两个阶段，一是需求的收集，二是需求的分析，调研前如果做了培训，有了客户部门内部的标准统一资料（流程、需求等）、共同语言和共同标准，则调研开始后很快就可以细化到确认流程、分歧、界面、数据、公式、规则的粒度，等于大幅缩短了需求收集阶段的时间，也提升了调研质量，在需求分析阶段也会有同样的效果，这样时间、质量和成本的3方面都得到了保障。

反之，如果没有预先培训和做资料，那么开始的若干次调研就处在双方之间的初步了解、业务用语含义的确认、业务现状的收集等，如果客户内部还没有形成统一的见解，那么收集需求的时间会拖得很长，且效率很低，质量也不好。

★Q&A：培训时有人问：可以认为客户是业务方面的老师吗？

客户作为一个整体可以说是老师，但是具体的每个调查对象（用户）就不一定了，每个用户有自己的局限性，他们当中大多数人掌握的业务知识和经验也是从师父那里继承来的，也不一定知道所以然。有些知识和经验非常丰富的业务专家、需求工程师由于是业务出身，且经历过大量不同企业的咨询，所以某种程度上可以说比客户还要有经验。

5.4 需求调研资料汇总

将调研期间收集到的资料进行归集，归集后的资料统称为《需求调研资料汇总》。

5.4.1 汇总整理来源

这个汇总资料收集的是客户原始需求，也包括在售前咨询过程中收集到的需求。所谓原始需求，就是其中尚未加入需求工程师等的意见，保持它的原始性这一点非常重要，因为日后发生需求问题时可以追溯需求的来源。这份资料包括如下内容。

- 背景资料：项目启动阶段收集的企业背景资料、网上信息等，包括了企业的基本信息、业务范围、发展战略、经营目标、组织构成、分布地域等。
- 咨询资料：售前咨询阶段使用的各类宣传、咨询资料等，重点是最终确定签署开发合同的那一版解决方案，这一版解决方案中向客户做出的承诺一定要反映在后续的设计中。
- 事前问卷：事前做的问卷调查，包含了各岗位的现实做法、对未来系统的期望等。
- 客户资料：由客户提供的有关信息系统建设的资料。很多客户在选择软件公司之前，会由信息中心主笔（或聘请第三方）编制一些对信息系统建设的期望、要求、原则等内容的资料。这些资料会对后面的设计有约束要求。
- 标准文档：经过软件公司培训后，由客户内部完成的标准流程图、需求4件套等。
- 调研现场完成的需求记录，包括业务现状图、访谈记录、现用表单等。

★解读：功能需求与功能。

这里要注意："功能需求"指的是尚未被最终确定为要开发的对象，所以在功能的后面加了"需求"二字，说明此时的"功能"还仅是一个"需求"，功能需求在业务设计完成后才能确定为"业务功能"，在应用设计后确定为"系统功能"，此时就被正式确认为是要开发的系统功能了。之所以在不同阶段有不同的名字，是因为不同阶段表达的内容不一样。当仅使用"功能"二字时，要清楚是哪个阶段的内容，是"需求"还是"功能"。

5.4.2 汇总资料结构

对需求调研资料的汇总，主要分为3类：现状构成（图）、访谈记录（文）和现用表单（表）。以下为《需求调研资料汇总》目录结构的参考模板。

第1章：背景资料

由销售人员初期收集到的各类资料、信息等。

第2章：售前交流

2.1 交流资料，包括主本的A1、A2，副本的B1、B2

2.2 解决方案

第3章：需求调研

3.1　业务现状图

3.1.1　静态构成

- 组织结构：部署构成、岗位构成。
- 业务划分：销售、设计、加工、采购、物流。
- 物品构成：设备、固定资产等。

3.1.2　动态构成

- 工作流程：合同签订流程、采购流程、报销流程、物流流程。
- 审批流程：各类不同业务处理结果的审批步骤。可以使用线形流程图或泳道式流程图。

3.2　访谈记录

3.2.1　访谈问卷：事先列出清单交与客户，收集现状情况及客户的需求

3.2.2　访谈记录：对客户访谈的内容进行梳理、归集，形成访谈记录表

3.3　现用表单

3.3.1　收集表单

- 收集各部门、各业务领域的单据、报表、账本等原始资料。
- 资料可以是电子版，也可以是扫描版。

3.3.2　表单分析：分析表单内、表单间的数据关联关系

- 流程图与实体。
- 表单的钩稽关系图。
- 表单的分级图等。

3.4　需求4件套

3.4.1　收集由客户业务骨干编写的需求资料（4件套形式）

3.4.2　对已知界面原型做规格记录

3.4.3　对已知表单原型做规格记录

以上就是需求调研结束时，对已经收集到的信息、资料等做的汇总。这里要特别注意，因为是对第一手的原始资料进行汇总，所以不要加入需求工程师的主观意见，保持资料的原始性，以利于后期发现问题时可以追溯来源。

【交付】《需求调研资料汇总》。

第6章
需求分析

经过前面的需求调研工作，形成了《需求调研资料汇总》，下一步就要根据这个资料汇总进行需求工程的后半部分：需求分析。需求分析是对汇总资料的内容进行归集、分析、评估、确认等，最终确定需要开发的内容并形成《需求规格说明书》，作为第7章概要设计的输入。

需求分析的位置参见图6-1（a）。需求分析的主要工作内容以及输入/输出等信息参见图6-1（b）。

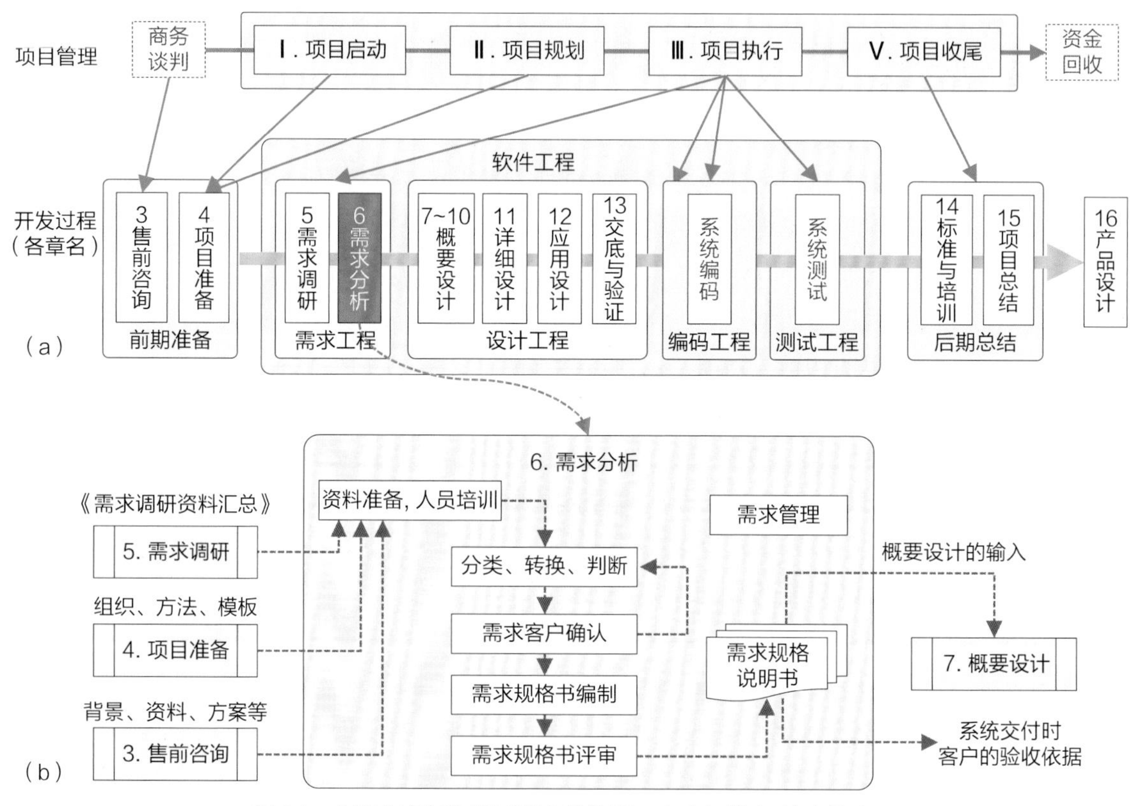

图6-1　本章内容在软件工程中的位置、内容与输入/输出信息

6.1 准备知识

进行需求分析前，首先要理解需求分析的目的和内容，需要哪些重要的理论和方法，以及从事这项工作的人需要有哪些基本的能力。

6.1.1 目的与内容

1. 需求分析的目的

需求分析是对收集的需求进行细致的分析、研判，最终确定系统必须要实现什么功能的过程。需求分析阶段是分析需要“实现什么”，而不考虑“如何实现”。需求分析完成后，给出《需求规格说明书》，这一资料的用途有两个。

（1）对客户：确定系统需要开发/交付的全部内容，是双方验收合同的依据。

（2）对设计：是规划系统范围、架构、功能、数据等的依据，是具体设计的指导。

需求分析的结果不但影响需要实际开发的功能数量，而且也直接影响软件项目的开发成本，甚至是对软件公司技术的能力要求等。

★解读：需求调研和需求分析并非两个绝对分开的独立步骤：遇到简单的需求时可以在调研的同时做出分析，一气呵成，但遇到复杂的需求时（如目标需求、业务需求），可能在调研现场无法完成对需求的分析并产生结果，需要回来后根据收集的诸多信息进行综合分析和判断，本章以收集到的复杂需求为例进行说明，所以将需求的调研和分析工作分开进行说明。

2. 需求分析的内容

需求分析的依据是售前与调研阶段收集到的信息以及《需求调研资料汇总》，最终将分析处理后的内容用《需求规格说明书》的形式记录下来，分析成果分成以下3类。

（1）第一类是对业务现状：主要是收集、梳理业务现状图。

（2）第二类是对功能需求：梳理、识别出最终需要的功能需求，包括4个步骤。

- 归集：将收集到的需求进行归集分类，分为目标需求、业务层需求和功能层需求。
- 转换：将归集后的需求按照目标需求→业务需求→功能需求的顺序进行转换。
- 确认：判断需求的真伪、完整性，并向客户确认对需求的分析结果是否正确。
- 建档：将确认后的需求归集到《需求规格说明书》中。

（3）第三类是对现用表单：梳理、分析表单间的数据关系。

6.1.2 实施方法论

因为收集到的需求内容繁多，会遇到很多的问题，例如，如何找出功能需求？需求真伪如何判断？需求调研成果是否有遗漏？等等，本章的实施方法论就以下3个问题给出参考方法。

（1）需求的归集与转换方法。

（2）需求真伪的判断方法。

（3）需求完整性的检查方法。

1. 需求的归集与转换方法

首先来看如何处理收集到的大量需求。一般来说，由客户员工层提出的需求是简单、直观的，且很好理解，但是高层的经营者、中层管理者等给出的需求也许就不那么直观、具体了，可能花很多时间也搞不清他们想要什么，这是常见的现象，因为提出需求的人大多数不是专门搞信息化的。

发掘需求也有两项必备技能：客户从事领域的业务知识和需求分析的方法。这里重点讲解需求分析的方法。以开发企业管理系统为例，可以将收集到的需求划分为3类：目标需求、业务需求和功能需求，然后将这3类需求按照“目标需求→业务需求→功能需求”的顺序进行转换，最终将目标需求和业务需求全部转换为功能需求，**功能需求就是待开发的需求**。

在需求调研阶段，采用了访谈记录、现状构成图和现用表单的形式记录需求，3种记录形式与3类需求的对应关系如图6-2所示（参考图1-3的说明）。

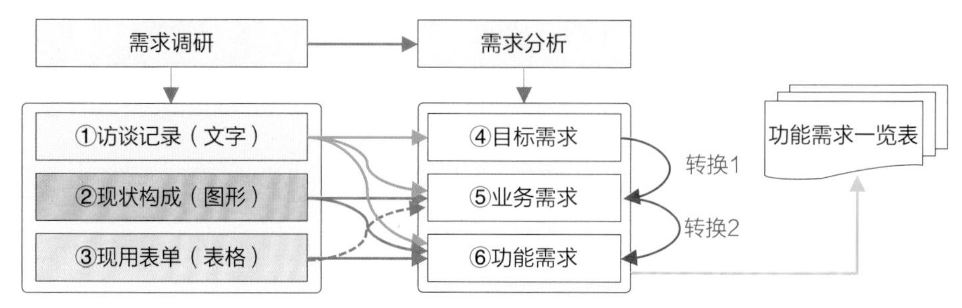

图6-2　需求的记录形式与需求分类的对应关系

图中左侧是需求调研的成果，右侧是需求的3个分类，中间的关联线说明右侧的需求分类主要是从左侧的哪种需求记录来的。

1）目标需求

企业的经营者会使用目标、战略、期望、价值等语言表达自己的需求，将这类需求称为目标需求，如增加企业的竞争力、完善风险管控能力等。从目标需求的表面上不容易直接看出其背后的“功能需求”，但是目标需求中蕴含着大量非常重要的、高价值的功能需求，这些功能需求是需要工程师们去“发掘”的。发掘的方法是对需求进行转换：目标需求→业务需求→功能需求。

因为目标需求表达得比较抽象，所以其主要来自访谈记录。

★Q&A：如何理解领导提出来的目标需求。

经常有培训学员问：为什么客户领导总爱用目标需求的方式提出自己的要求呢？

因为作为企业领导，他们通常都是提纲挈领地提出自己的看法和要求（目标需求），用目标需求的形式表达言简意赅，含义丰富。

首先，学习企业管理的知识，学会从领导视角出发看问题，因为领导提出的需求一般都有战略性、目标性和概括性，这种表达方式的背后蕴含有高价值的需求。如果没有这方面的知识和经验，显然是难以理解的，因此需求工程师们需要不断地努力学习、实践，提升自己的理解能力。

其次，掌握用“目标需求→业务需求→目标需求”的方式来理解目标需求，这种方式需要掌握一定的客户业务知识。通过建模的方式，反复向客户领导确认，逐渐具化出一个可以落地的需求轮廓。

另外，功能需求和目标需求的区分也是相对而言的，例如，当你的能力（知识和经验）不足时，对不能立即理解的内容都认为是“目标需求”，而当能力有了提升后，可能就会有不一样的认知了。

2）业务需求

企业的中层管理常常会使用工作中的某个业务场景来表达他们的需求，称为业务需求，例如要建立业务/财务的一体化、成本的精细化管理、简化报销审批流程等。业务需求也不是容易直接看出来的“功能需求”，它们也需要进一步地转换：业务需求→功能需求。由于从字面上已经可以看出业务场景了，所以相对于目标需求而言，业务需求比较容易理解。

业务需求主要来自访谈记录，也有部分来自现状构成图。

★解读：业务需求是理解、判断功能需求的钥匙。

前面多次提到，功能需求是为业务需求服务的，搞清楚业务需求是判断功能需求真伪的前提条件，业务需求也是目标需求和功能需求之间的桥梁，再难理解的目标需求，只要找对了业务需求做过渡，也是容易理解和落地的。做好业务需求的调研、理解、分析，为后续的系统业务架构奠定基础。

3）功能需求

功能需求就是未来需要开发的系统功能的备选，它是后续设计工程的输入依据，也是需求工程的最重要成果之一，功能需求是构成《需求规格说明书》的主体。最终“功能需求”是否能被确定为要开发的“系统功能”，还要在设计阶段进行进一步的判断。

功能需求主要来自目标需求和业务需求的转换，以及由客户直接提出来的功能需求等。

★Q&A：用户需求与客户需求的差异。

软件工程专业毕业的刘长焕问：“李老师，我看了很多关于需求分析的书，都是使用‘业务需求、用户需求、功能需求’这3种分类形式，为什么培训中采用了‘目标需求、业务需求和功能需求’这样的分类方法呢？”

李老师说：“这两组分类的最大差异就在于我们培训没有使用‘用户需求’一词。早期开发的软件需求大多来自具体的业务处理者，对于软件工程师来说，调研的对象就等于系统的操作者（用户），开发的内容也大多是具体的表单处理，不需要有高层领导的大视野和企业战略，以及价值和理念等层面的需求，所以使用‘用户需求’的称呼是没有问题的。

但是在构建企业信息系统的过程中，系统建设的主题是要为企业未来发展打基础，软件的需求要与企业的战略目标、经营管理的要求紧密关联，换句话说，就是企业经营管理者（客户）的需求更为重要，他们是用‘目标、战略、价值、期望’等概念来阐述自己的需求，如果还是沿用过去需求主要来自‘用户（系统操作者）’的概念来做调研和分析，需求工程师们就不会意识到企业的高层领导也是用户，他们的需求也是需求，没有对需求更高层次的认知能力，就很难理解高层领导的需求。

现在IT技术和信息管理理论发展得非常迅速，很多系统的需求是由软件工程师设计出来的，并非全是由用户提出来的，因此，**‘目标需求、业务需求、功能需求’是按照需求的内容进行的分类**，不必再考虑是由谁提出来的需求了。这里强调‘目标需求’，也是为了提升需求工程师看问题的高度、广度、深度。

另外，‘目标需求→业务需求→功能需求’三者之间具有紧密的业务逻辑关联性，可以进行转换，从业务逻辑的视角做分析更容易理解。

两组分类的定义不同、逻辑不同，但是不论采用哪种需求的分类方法，最终都必须要能够完整地、正确地确定待开发的功能需求。”

【参考】《大话软件工程——需求分析与软件设计》7.4.2节。

2. 需求真伪的判断方法

建立了需求分类的方法并进行了归集后，下面要做的工作就是如何判断这些需求的真伪。所谓需求的真伪，可以从两方面看。

（1）客户提出的需求确实是他想要的吗？

（2）需求工程师理解的需求，与客户想要的结果是一致的吗？

大量的需求是项目组成员与客户在一对一的状态下收集到的，项目组成员的知识和经验存在着差异，收集到的需求中真伪并存，要想确定需求的真伪，就一定要在业务需求和业务逻辑一致的前提下进行确认，可以召集双方的相关人员，在业务逻辑（流程图）资料上进行面对面的讨论、确认，这一点不能马虎，不能单听客户甲或客户乙的意见，也不能因为对方是客户领导就完全照办，因为业务逻辑和业务需求对不上号时，将来设计、编码、测试甚至上线时会带来很大麻烦，甚至返工。理解、识别、确认客户需求的真伪是成功的基础。

这里推荐3种判断需求真伪的方法供参考：逻辑推演法、多角度观察法和价值判断法。

1）逻辑推演法（Logic）

当需求工程师听完了需求的介绍后，感到客户描述的业务很零散，逻辑性也不强，业务和需求关联不起来，哪里有问题自己也说不清楚，此时就可以借用“逻辑推演法”来判断，通过逻辑推演可以判断客户的需求是否合理、正确。逻辑推演法可以使用分析模型中的“一维排比图”进行。因为推演法需要画图，所以事先要准备一张纸或一面白板，边画图边进行推演。下面举例说明。

【例1】需求调研中经常会遇到要与客户多部门、多岗位的人同时进行沟通，针对某个问题大家会你一言我一语地争论，争论到最后找不到准确的结果（不收敛），此时需求工程师就应该站起来走到预先准备的白板前，利用模型进行逻辑推演，参见图6-3，其中图6-3（a）是一维排比图模型（分析用），图6-3（b）是分解图模型（架构用）。

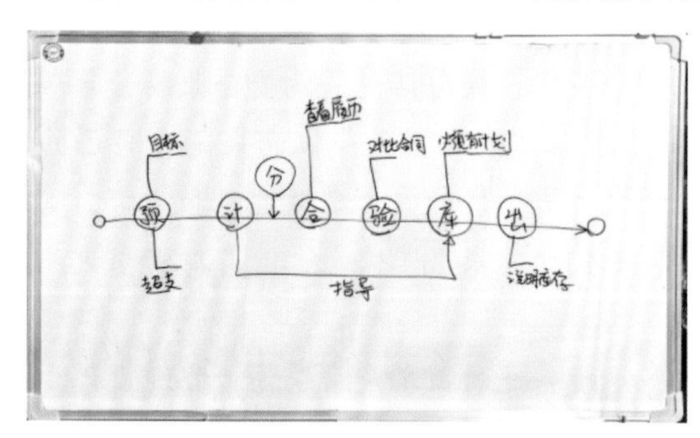

（a）需求收集——排比图

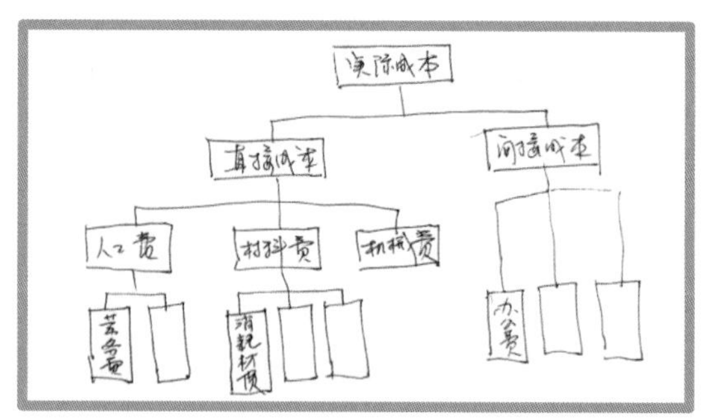

（b）需求收集——分解图

图6-3　利用模型在白板上进行逻辑推演的示意图

需求工程师将大家说的主要业务活动按照业务逻辑的顺序画在白板上（如排比图），然后将每个活动存在的问题、希望改进的内容等做出标记，通过与参会者进行反复的询问、确认、修改，渐渐地搞清楚客户业务、工作顺序（业务逻辑）、业务改进的需求（业务需求），以及希望未来在系统中要设置哪些功能（功能需求）等信息，这样获得的需求就非常真实，因为这些需求是以业务为背景提出来的，排比图上各活动之间的相互作用关系在业务逻辑上是讲得通的，如果从业务逻辑上推断出缺少了哪个活动或者哪个活动是不需要的，就可以在图上进行增减操作，由此通过逻辑判断获得需求。

【参考】《大话软件工程——需求分析与软件设计》第2章、4.6节和4.11节。

★**解读：**排比图与思维导图的差异。

思维导图适用于广泛地收集信息，其目的并不是要给出结论（收敛）。而排比图适用于在收集信息的过程中给出结论（收敛）。所以两者的目的是不同的。

排比图的利用方式很多，实战性非常强，不但可以用来进行需求真伪的逻辑判断，还可以利用排比图做快速需求调研，应对调研现场失控的局面，甚至在不熟悉客户业务的情况下作为初步了解客户业务内容的有效方法。

2）多角度观察法（Why）

因为需求工程师与客户在信息化知识方面是不对等的，一般来说，客户并不会用符合信息化要求的形式提出自己的需求，客户以为自己提的需求是正确的，但是需求工程师不能判断该客户的需求正确与否。此时可以借用“多角度观察法”来判断。通过多提为什么（Why）来一步一步确认客户需求的真伪，从不同的视角每问一次“为什么”，就会引出客户不同视角的回答，通过多次问“为什么”，并对客户的回答进行综合，就可以比较正确地掌握客户需求背后的真实目的。下面以一段用户与需求工程师之间的对话来判断用户的需求。

【例2】关于材料仓库的在库数量合计问题。

- 用户：“我需要一个可以录入材料库存数量的功能。”
- 需求工程师：“为什么需要这个功能呀？”（Why 1）
- 用户：“因为我每个月都需要进行材料库存的盘点，并将盘点的结果上报。”
- 需求工程师：“系统界面上有出库/入库的记录数量，两者的差就是在库数量，不需要再录入一遍数据呀？”（Why 2）
- 用户：“不行，因为仓库经常会发生丢失、残品、自然损害等现象，直接利用入库值－出库值得到的数据是不准确的，因此无法上报。”
- 需求工程师：“明白了，在界面上增加两个字段就可以解决了，一个是‘在库调整值’，用作调整在库数量值（算式=入库值－出库值－调整值），另一个是‘调整备注’，用作录入报损的原因，这样问题就简单地解决了。”

从这段对话可以得知：该用户每个月都要用手工的方式进行在库数量的记录（他的重要工作），“数据记录”是一个功能需求，“报损的数量、原因”是业务需求，作为分析师，就需要从不同的视角多问为什么，以搞清楚用户的真实业务需求，在清楚了用户的业务需求之后给出的功能需求，不仅可以满足用户提出的需求，而且还可以减少开发工作量。如果用户要什么就做什么，省去了询问“为什么”，那么结果不仅仅是多做了一个界面，而且还会发生数据重复录入，给后面的数据统计带来其他的问题。

★**解读：**标准产品和定制系统是不一样的，当客户选购的是标准产品时，使用后发现买错了也只能自认倒霉。但是当客户购买的是定制系统时，即使需求工程师认为系统是按照客户提供的需求开发的，如果完成的系统和客户想象的不一样时，依然有可能发生纷争，这是常见的现象。按照客户提供的需求开发了系统，但在系统交付时客户却说“这不是自己想要的”。所以对客户提出的需求一定要多角度地进行甄别、判断。

3）价值判断法（Value）

对于企业提出的战略规划、咨询客户高层领导提出的目标需求等，这里蕴含着非常多的信息，有着很高的客户价值，但是往往从字面上不容易理解这些需求的含义，这就造成了很多需求工程师的困惑：知道这些需求是不能忽略的，但是又不清楚这些信息中的具体需求是什么。遇到这类需求时不能直接去理解字面上的含义，此时可以借用“价值判断法”来分析，所谓价值判断法，就是用“目的、价值和功能”三要素来判断最终的功能需求是什么。在第5章中已经举过项目经理向客户询问保驾护航的例子，由于用价值法做判断的方法很重要，所以这里再举一个例子进行说明。

【例3】在售前咨询阶段，客户领导提出了在材料采购过程中“让制度有形、让管理透明”的要求。通常听到这类领导的指导意见后，经验不足的需求工程师就会想：这叫什么系统需求呀？一点也不落地，搞不清楚要做个什么系统。此时需求工程师为了搞清楚客户领导的需求，与领导进行了如下对话。

- 需求工程师：“我知道您的目的是‘让制度有形、让管理透明’，您想让完成的系统中企业制定的规章制度、管理规则都是看得见的，让每个员工在工作时都可以明确地知道公司的要求，对吗？”
- 客户领导：“是的，没有用系统进行管理，就不能随时随地要求员工遵守企业规则（系统建设的‘**目的**’获得了确认）。”
- 需求工程师：“如果按照您的要求做成了这样的系统，您期待系统上线后公司的运行、员工的状态等发生什么变化呢？”
- 客户领导：“我希望看到所有的部门都有自己清晰的业务流程、每个人都知道自己工作的输出物、检查标准、上下游之间的衔接关系，以及出现问题时该如何处理，工作高效，避免出现流程卡在哪里谁都不知道，出了问题也不知道该由谁来负责的现象（系统建设的‘**价值**’获得了确认）。”
- 需求工程师：“我理解了，您希望系统在设计时，要能够做到每一条流程、每一项工作都有公司的规章制度和管理规则做支持，出现问题及时地弹出相应的工作标准和管理规则来提示操作人员。我们可以把规章制度和管理规则都存入公司的企业知识库中，让每个界面的工作与之相关联，发现问题或想查询时就可以链接到企业知识库的相关条目上。例如，……（省略举例），您看是这个意思吗？”
- 客户领导：“就是这个意思，你们可以按照这个思路先做个方案来讨论一下（系统开发的‘**功能**’获得了确认，当然还不是完整的、具体的需求）。”

★解读1：价值判断法有三要素，对这三要素的理解非常重要，其中，

○ 目的=包含客户对投资建设信息系统的意图。

○ 价值=包含客户对资金投入后，期望从信息系统中得到的回报（不一定就是钱）。

○ 功能=包含软件公司为实现上述客户价值所提出的解决方案（功能需求）。

调研初期，客户（特别是高层）可能说不清楚具体需求，但可以肯定的是，没有企业经营者会为没有具体回报的项目投入资金。价值法常用于对目标需求的判断，对这类需求的认知要从大局出发，要有一定的高度，讨论对象的粒度要粗一些，目标需求通常需要数个步骤的转换才能找出并确定对应的功能需求，因此在做初步判断时不能过于关注细节，要从“回报价值”的粗粒度入手。

★解读2：①价值判断法与②客户业务→业务需求→功能需求判断的区别是什么？

① 主要用于判断复杂、抽象的“目标需求”，是粗粒度的判断方法。

② 是第5章“实施方法论”中的判断方法，主要用于判断不确定的功能需求，是细粒度的判断方法。

从上述的3种需求判断方法中可以看出，不论是哪一种方法，其背后都隐含着这样一个结论，即对客户业务知识和业务需求的理解程度，决定了对功能需求判断的正确与否。搞清楚客户业务和业务需求，用业务需求来判断功能需求的真伪是最基础和重要的能力，因为**功能需求的目的是为业务需求提供支持**。

【参考】《大话软件工程——需求分析与软件设计》6.2.4节。

3. 需求完整性的检查方法

面对已经收集到的大量需求，不但要判断需求的真伪，而且还要判断调研的结果是否完整、足够？回答这个问题是比较困难的，因为没有一个明显边界和判断标准，并非是客户或软件公司哪个单方面说完整就算是完整了，因为既不可能少于合同规定的内容，也不能无限制地扩大范围，因此需要从多方面进行检查，做出综合的判断，当然判断的结果很大程度上取决于需求工程师的个人经验，下面给出检查需求与否完整的参考条件（不限于此）。

- 业务限制：需求所包含的内容是否可以完整地处理某个合同约定的业务目标。因此需要先搞清楚这个业务目标的过程，包括从哪里开始，中间有哪些必要的步骤，到哪里结束等。
- 解决方案：在售前咨询阶段向客户提供的解决方案，以及向客户高层许下的诺言等。
- 合同限制：签订的开发合同中都包含了哪些内容，包括业务方面和技术方面等内容。
- 附加价值：甄别需求的必要性，哪些是基本功能的需求，哪些是锦上添花的附加需求。
- 技术限制：既有的技术是否可实现。
- 成本限制：待完成的需求是否可以控制在开发合同的金额内。
- 时间限制：待完成的需求是否可以在合同期限内完成。
- 可检验性：开发完成的需求是否可验证等。

★解读：需求完整性的判断很重要，不然软件上线交付时，就可能会出现客户认为因为缺少某个功能，所以难以进行正常的业务处理，结果就是造成系统无法按时交付，产生附加的成本、时间，甚至产生纠纷。

6.1.3 角色与能力

除去要掌握与需求调研者相同的知识和方法外，需求工程师还需要具有以下基本能力。建模与分析能力，由于要在分析阶段解决所有尚未清晰的客户需求，特别是客户提出的需求当中包括目标需求、难点和痛点等类型的需求，它们比较抽象，必须要通过建模、分析的手段才能精准地搞清楚客户的需求是什么，然后在此基础上给出让客户满意的功能需求。

（1）专业的业务知识。

需求分类中的第二类是业务需求，这个需求不是简单地用功能名称来说明，而是用比较专业的提法来说明业务场景，例如，成本的精细管理、业务财务一体化的处理等，只有掌握了比较专业的业务基础知识才能给出解决方案。

（2）设计与实现的知识。

需求分析工作中，常常需要做一些业务架构图和界面原型向客户进行说明，这就需要需求工程师具有一定的设计能力和技术实现的基础知识。

6.2 准备工作

正式进入需求分析阶段要做的准备工作包括：对参与分析的相关人要进行以下培训，准备好相关的流程、模板、标准、规范等。

6.2.1 作业方法的培训

培训资料来自《大话软件工程——需求分析与软件设计》一书，培训内容如下。

（1）第2章　分离原理

- 业务与管理的关系。
- 业务的表达方法、管理的表达方法。

（2）第3章　组合原理

- 逻辑的作用、存在以及表达方式。
- 利用逻辑快速地理解业务和业务需求。

（3）第4章　分析模型与架构模型

- 掌握分析模型中排比图的画法。
- 掌握排比图的使用方法。

（4）第5章　需求调研

对收集到的需求如何进行分析、真伪判断的知识点。有3种主要分析方法的定义、内容和使用场景，相关应用举例参见本章实施方法论中的案例。

- 逻辑推演法（Logic）：通过业务逻辑来判断需求是否为真、是否有必要等。
- 多角度判断法（Why）：对客户的原始需求进行多角度的询问，以判断真伪。
- 价值判断法（Value）：通过对客户期望的最终回报，判断客户需求的真实目的。

（5）第6章　需求分析

- 需求分层概念：目标需求、业务需求、功能需求。
- 需求转换方法：目标需求→业务需求→功能需求。
- 功能需求文档：编写功能需求规格书的方法（需求4件套）。
- 功能需求一览：编写功能需求一览的方法。
- 规格书编写法：编写需求规格说明书的方法（需求工程的总交付物）。

★Q&A：为什么软件需求难以搞清楚？

客户信息中心主任孙勇（工程技术出身）问："在我们工程行业，如果说某个项目很难，一般都是指技术实现上很难，例如部件制造难，施工技术要求高，或环境恶劣等，对我们而言搞清楚需求并不是一件难事。但是软件行业看似情况正相反，程序员说技术上实现不了的功能并不多，倒是需求工程师总在说搞清需求很难，这不是一件很奇怪的事吗？为什么软件的需求比建筑的需求难理解呢？"

李老师回答："这两者对比有个很大的不同之处，如图6-4所示。

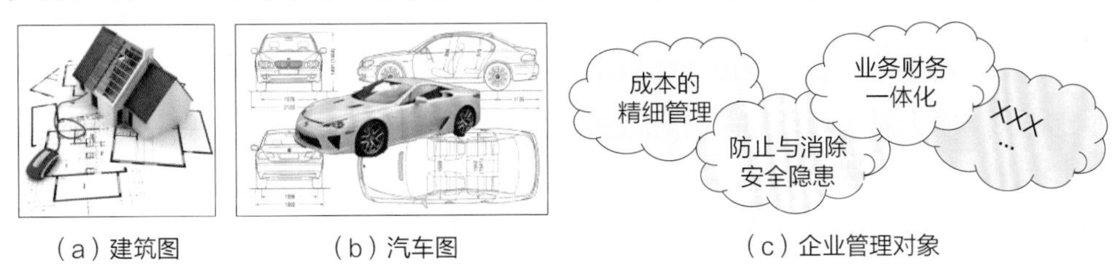

（a）建筑图　（b）汽车图　（c）企业管理对象

图6-4　建筑制造业与软件行业的需求差异

- ○ 工程行业研究的对象是'物'，它是物理的、具象的，可以准确地定义说明，用图形的方法可以精确地把研究对象的物理属性和尺寸表达出来，容易在相关人之间形成共识，如建筑行业已经有数千年的历史，已经形成了一套严格的方法体系，所以需求是可以精确地表达出来的。
- ○ 反观软件行业，开发的企业信息管理系统研究的对象是'事'（即做事与管事），做事的结果可能是具象的（如得到1张票据或1张统计表），但是做事的过程是针对人的'行为'，没法用物理属性、尺寸来表达，所以比较抽象，且由于IT行业是新兴行业，尚未形成严格的方法体系（特别是分析和设计阶段），缺乏准确的表达形式，所以就感觉工作比较难。

这就是为什么我们在每个阶段开始前都要先培训，让大家掌握一些规范化的方法、模板和标准，有了这些方法后再做分析和设计工作就不那么抽象、捉摸不定了。所以要求大家在调研和分析前一定要先画图，就是要先给研究对象画个像（=架构图），把抽象的做'事'过程变成可视、有形的对象，有了这个对象后，就可以如同工程行业一样进行研究了。"

6.2.2　作业模板的准备

需求分析阶段的主要交付物是《需求规格说明书》，下面重点介绍《需求规格说明书》中的5种主要的模板。

【参考】《大话软件工程——需求分析与软件设计》第22章。

1）需求规格说明书

内容的详细说明参见6.6.1节。

2）业务架构图

需求分析的最大收获之一就是业务逻辑，业务逻辑主要是用架构图表达，主要包括3种形式：框架图、分解图、流程图，用于对业务的规划、架构和逻辑表达，如图6-5所示。

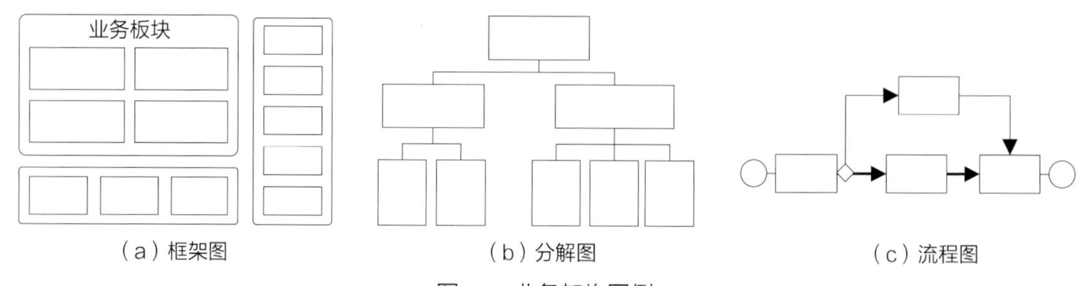

图6-5　业务架构图例

这3种架构图的用法如下。

（1）框架图，用于对系统功能进行规划，包括范围、边界、板块之间的关系等。

（2）分解图，用于表达有结构关系的组织、材料、成本等内容的分解或合成关系。

（3）流程图，用于表达一连串工作之间的起止点、顺序等的逻辑关系。

需求调研时绘制的业务现状图主要就是利用上述架构图绘制的。

3）《功能需求一览表》

分析阶段的最主要成果是确定待开发的功能需求，将在需求调研阶段收集到的功能需求列成一张表，内容如图6-6所示。

功能需求一览表				4. 实体信息		5. 显示终端		
1. 业务领域		2. 名称	3. 说明	数量	名称	PC	手机	平板电脑
1	合同管理	合同签订	输入正式的合同文本，归档	2	合同书主表、细表	○		
2								
3								
4								
5								
6								
7								
8								
9								

图6-6　《功能需求一览表》

4）功能需求规格书（需求4件套）

对《功能需求一览表》中的全部功能需求逐一地按照4个维度进行详细的内容记录，记录模板简称为需求4件套，4个模板如图6-7所示，其中，

（1）模板1——需求原型：收集到的需求实体（单据、统计表等）。

（2）模板2——字段定义：对实体上的每个字段进行详细的定义。

（3）模板3——规则说明：对功能需求整体进行说明。

（4）模板4——逻辑图形：用图形说明相关的逻辑关系。

这是本书提倡的软件设计工程化中最具代表性的文档形式。

模板1——需求原型

采购合同

合 同 编 号：A01-00524　　合同名称：钢材第三批采购合同　　合同总价(元)：1,238,500
合同签订日期：2011-09-21　　供 应 商：中州钢材股份有限公司　　总 数 量(吨)：240.00
到货验收日期：2011-09-21　　货物保险：□有 □无　　运 输 方 式：自提

No	产品编号	产品名称	规格型号	材质	单位	数量(吨)	单价(元/t)	小计(元)
1	SP01258	中板	14x2200x10	Q3458	吨	80.00	3,700.00	296,000.00
2	SC05692	槽钢	120a	Q3458	吨	150.00	3,750.00	562,500.00
3	SH02963	H型钢	500x200x10	Q3458	吨	100.00	3,800.00	380,000.00

备注：

模板2——字段定义

编号	字段名称	类型	格式	长度	必填	数据源	定义与说明	变更人	变更日
主表区									
1	合同编号	文本框	000-00000	9	Y	编码	编号规则=类型-5位流水号"		
2	合同签订时间	日历	yy-mm-dd	10	Y		签约日期，默认当天日期		
3	到货验收时间	日历	yy-mm-dd	10	Y		验收日期，默认当天日期		
4	合同名称	文本框		30	Y		手工输入		
5	供应商	下拉框		30	Y	客商数据库	注意不能跨地域选择		
6	货物保险	选择框		9	Y		空/有/无		
7	合同总价(元)	文本框	##,###.##	12			合计=细表_Σ（小计）		
8	总数量（吨）	文本框	##,###.##	10			合计=细表_Σ（数量）		
9	运输方式	选择框			Y		自提、代运		
细表区									
1	产品编号	下拉框	0000000	7		产品名称库	选择		
2	产品名称	文本框		20		产品名称库	选择		
	…								

模板3——规则说明

1.采购合同

物资采购系统对外部采购的凭证

2.管理检查

1. 合同签订时，需要检查采购计划中是否有对应项，合同的数量、金额是否超出计划的余额
2. 时间是否有矛盾，如月份不匹配等
3. 供应商是否有违规履历，如果有则需要请示上级
4. 合同总金额大于100万时，需要有项目经理的审批

模板4——逻辑图形

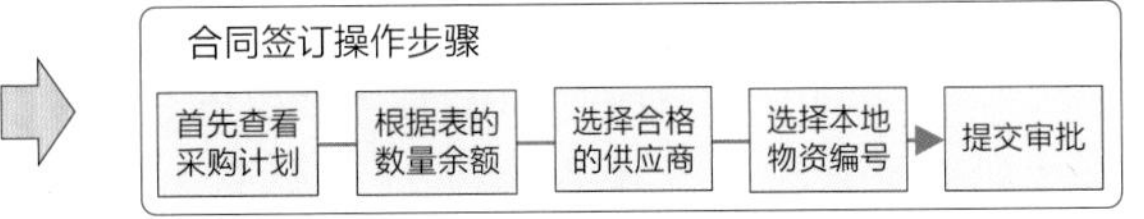

图6-7　需求规格记录模板（需求4件套）

5）《现用表单一览表》

对调研收集到的现用表单进行梳理，建立表单间的数据关系，形成《现用表单一览表》，参见图5-11。

【参考】《大话软件工程——需求分析与软件设计》6.5.2节。

6）需求说明书摘要

在客户对《需求规格说明书》进行评估前，可以先从《需求规格说明书》摘出一部分关键内容，做成一份向客户说明《需求规格说明书》内容的摘要版。让客户可以快速地了解《需求规格说明书》的结构、内容、作用等，并建立一个整体的认知，以方便他们顺利地进入对《需求规格说明书》的评估。

★Q&A：写不好文档不是格式问题，本质上是设计能力的缺乏。

在作业方法的培训上，有10年需求工作经验的王杰出问："大家对写文档感到很麻烦、也写不好，甚至做了需求工作多年后还是怕写文档，而老师在培训中一直强调不但要写好文档，而且还要写够数量，怎么解决这个问题呢？"

李老师回答："因为软件设计的交付物是文档形式的，从表面上看不会写文档是格式和描述方法缺失的问题，但**本质上是缺乏做需求分析和软件设计的方法问题**。需求工程师收集到客户需求后，要对需求进行加工（分析和设计）后才能交给后续的程序员进行编码，如果**不会写文档，就相当于不会做分析和设计**，直接将客户的原始需求交给程序员编码，这是非常错误的，这也就是为什么程序员会经常吐槽说需求工程师是'录音机、传声筒'的原因。所以希望大家通过这次培训和项目实践，真正理解和掌握分析与设计的方法，当然也包括掌握正确的、程序员容易理解的文档格式和标准。

6.2.3 作业路线的规划

以《工作任务一览表》、里程碑计划和执行计划为基础，给出需求分析阶段的实施路线。分析阶段的主要内容有以下10项（不限于此）。

（1）系统划分：对系统进行业务领域划分，建立子系统、模块等的基础框架。

（2）业务架构：将收集到的业务现状图进行梳理、完善，**形成初步完整的流程图**。

（3）需求归集：将收集到的功能需求**按照领域进行归集**。

（4）需求转换：将目标需求、业务层需求进行分析和转换，**确定最终的功能需求**。

（5）功能需求：编写功能需求的规格书（需求4件套）。

（6）功能一览：归集已确定的功能需求，形成《功能需求一览表》。

（7）整体联查：确认流程图、《功能需求一览表》和需求4件套三者间的逻辑关系。

（8）文档编制：汇总上述所有的需求文档，形成《需求规格说明书》。

（9）内部评估：在项目组内、公司内分别对完成的成果进行评估。

（10）客户确认：客户内部对《需求规格说明书》进行三层确认（经营、管理、执行）。

根据详细的作业路线规划，对项目执行计划进行相应的调整。

6.3 需求分析的展开

前面完成了方法的培训、分析准备、路线规划等工作，下面就要对包括售前咨询的解决方案、需求调研的《需求调研资料汇总》等资料进行软件公司内部的整理、分析和确认工作。将6.2.3节中的（1）～（7）项分为5部分进行（其余见6.5节，6.6节）。

① **架构**的整理：整理业务现状图，根据业务现状图完成业务全景图。

② **功能**的整理：整理已知的功能需求，编制《功能需求一览表》。

③ **数据**的整理：整理收集到的现用表单，建立数据关系，加入《功能需求一览表》中。

④ 需求的转换：将目标需求和业务需求转换为功能需求，加入《功能需求一览表》中。

⑤ 需求的联查：对完成的业务流程图和确定的功能需求进行联合检查、确认。

可以看出，需求整理的前三个内容①、②和③都是按照软件工程的工作分解三对象进行的，按照这样的顺序和形式整理，容易向后续的设计工程传递和继承。

6.3.1 架构的整理

按照顺序，第一步先整理架构资料。根据前期需求调研收集到的业务现状图、访谈记录等信息，绘制所有领域的业务架构图。架构图包括框架图、分解图和流程，但由于多数的现状图是用流程图形式表达的，所以下面重点对流程图进行说明。

流程图是基于业务现状绘制的，有断点、不完整，需要补上现状图上缺失的环节来打通业务逻辑，缺乏现状图的领域还需要增加新的流程图。将完成的全部业务流程图汇总为一套企业的“业务全景图”（流程图部分）。

1. 业务现状图

业务现状图表达的是“现在（=导入信息系统前）”。它是客户正在运行的流程形式（“人—人”环境），主要是记录客户迄今为止在线下的做事流程，这些业务现状的流程上存在很多的断点、内容零散、逻辑不通顺的问题，这也是客户想要进行业务流程标准化的原因，如图6-8所示。

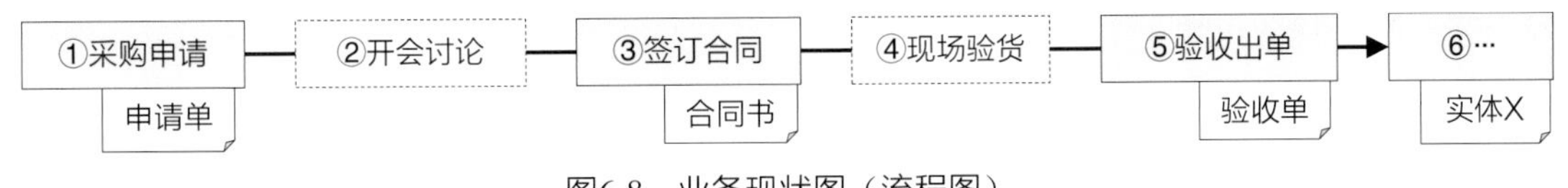

图6-8　业务现状图（流程图）

其中，实线框表达的是“活动”、虚线框表达的是“虚活动（=断点）”。“虚活动”在系统中是无法对应的行为（绘制正式的流程图时要去掉“虚活动”）。

2. 业务全景图

业务全景图表达的是“未来（=导入信息系统后）”。顾名思义，它将汇集信息系统覆盖的所有业务领域的业务流程图，因此称为“全景图”。是按各种各样的基线流程的梳理、统一、规范、完善之后形成的业务流程，它表达的业务完整、没有断点、逻辑通顺，是后面功能需求检验、判断功能需求真伪等工作的重要依据，业务全景图也提供了业务逻辑。当然这套业务全景图可能还没有包括未来系统中所有的功能需求，在设计阶段还会增加新的流程，另外还有一些功能需求不在流程图上（是独立运行的）。

根据业务领域不同，一套完整的全景图中会包括有很多张，如材料管理流程、采购管理流程、财务管理流程、物流管理流程等，图6-9是一张在需求调研阶段已经进行过标准化梳理的成本基线流程图（参考图5-16），这张图中包括了人工、材料和机械3种资源的消耗过程（去掉了成本基点的部分）。这里要注意：“资源消耗流程图”是“成本基线流程图”中的一部分。

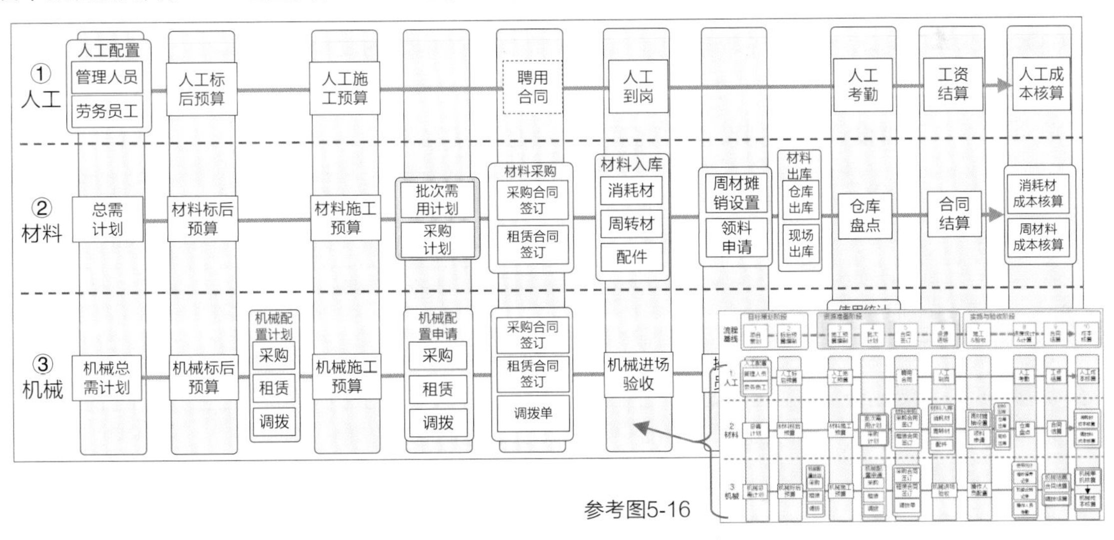

图6-9　业务全景图之一：资源消耗流程图

把收集的业务现状图转换为未来的业务流程图，除去要和客户进行讨论外，还需要需求工程师具有以下的知识和经验作支撑（不限于此）。

- 专业业务知识：因案例是有关施工企业的，因此要熟知施工企业的成本知识。
- 行业最佳经验：掌握该客户所处行业的最佳经验、实践（作为参考）。

- 项目管理知识：由于此系统是项目管理类的系统，因此需要熟知项目管理的知识。
- 客户企业特性：一般来说，任何客户都有自己企业特有的管理方式、经验、要求等。
- 信息管理知识：因流程在系统中运行，所以要符合信息化的特点（由软件公司提供）等。

业务流程图是一个载体，它表达的不仅仅是一条流程，也是上述知识和经验的集成。一条正确、完整的流程图包含了上述的知识和经验。

6.3.2 功能的整理

按照顺序，第二步是整理功能资料。在实施方法论中提到要将收集的需求分为3类：目标需求、业务需求和功能需求，对需求的整理可以分为两步走。

（1）将已知的功能需求直接归集到《功能需求一览表》中。

（2）将目标需求和业务需求都转换为功能需求后，追加到《功能需求一览表》中。

成果记录有两种形式：一是《功能需求一览表》，二是业务功能规划的框架图。

1.《功能需求一览表》

首先利用二维的表格，初步进行业务领域、模块的划分（如成本管理、采购管理等），并将目前已知的功能需求填入到《功能需求一览表》中对应的业务领域中，参见图6-10。向《功能需求一览表》中填入的功能需求有以下几个来源。

（1）在需求调研中就已经确定的功能需求。包括两类：

- 由用户直接提出来的功能需求。
- 由收集的现用表单转换来的功能需求（一个表单至少对应一个录入数据界面）。

（2）在前面梳理业务现状图时，新增补的功能需求。

（3）通过目标需求→业务需求→功能需求的转换，新增加的功能需求等。

这里要注意：图6-10中的“实体信息”指的是该功能是否有对应的“现用表单”，如果有表单作为参考，界面设计、数据设计时就有了准确的参考资料。

需求分析-功能需求一览表				4. 实体信息		5. 显示终端		
1. 业务领域		2. 名称	3. 说明	数量	名称	PC	手机	平板电脑
1	合同管理	合同签订	输入正式的合同文本，归档	2	合同书主表、细表	○		
2		合同变更	记录合同变更的相关信息	1	合同变更	○		
3		进度监控	用甘特图展示进度、预警等	1	进度数据表	○		
4		客商管理	客户的基本信息、交易信息		客商主信息、交易信息	○	○	
5		合同一览表	对签订的合同进行列表、打印	1	合同交易	○		
6	采购管理	采购计划编制	编制材料的采购需用计划	1	采购计划	○		
7		出入库记录	材料出库的验收入库、领料	2	出库台账、入库台账	○		○
8		在库盘点	对在库的库存资料进行核查	1	在库主表、细表	○		○
9	…	…	…		…			

图6-10 《功能需求一览表》示意图

2. 业务功能框架图

参考《功能需求一览表》，利用架构模型中的框架图，将业务功能按照目的归集到框架图中，如图6-11所示，从业务功能部分的框架（点线范围内）可以看出业务范围、不同业务之间的划分、边界以及相互作用的关系等信息。

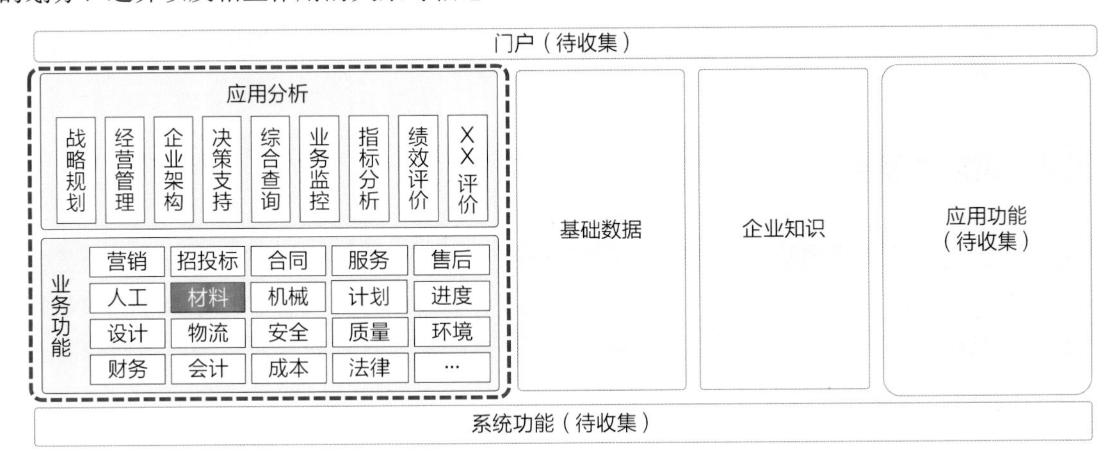

图6-11　业务功能总体规划框架图

此图在后续的系统架构设计中还要再向两个维度扩展。

（1）横向：增加其他部分的功能，如应用功能、系统功能等（详见7.4.1节）。

（2）纵向：每个功能模块都要再向下细化，如展开“材料”管理的构成内容等，详见6.6.2节。

最终完成的框架图作为整个系统规划的第一张图。框架图是全面了解系统构成的最重要的架构图。这张图到此尚未完成，在后续的需求转换、概要设计、详细设计过程中，还会有新的业务功能增加或减少。

【参考】框架图的绘制方法，参见《大话软件工程——需求分析与软件设计》第4章、第9章和第16章。

★Q&A：有了《功能需求一览表》，为何还要做业务功能的框架图？

培训中有同学问，表达的内容都相同，有了更加详细的《功能需求一览表》，为什么还要做比较粗略的业务框架图呢？

这是因为框架图的表达比较粗略，利用它可以略去很多细节，让观者更加快速地掌握全局，看清功能规划的整体思路。试想有两种做法提供给观者。

- 第一种做法，在给客户做需求分析成果的汇报时先展示这个框架图，让客户有了整体的概念后，再对《功能需求一览表》进行逐一地详细说明。
- 第二种做法，上来就直接展示《功能需求一览表》，并对《功能需求一览表》中的内容逐一做详细介绍。

你认为这两种做法哪一种更容易被观者接受呢？显然是第一种做法。它有层次、由粗到细、由上到下、循序渐进，所以容易获得较好的效果。

6.3.3 数据的整理

按照顺序，第三步是整理数据资料。主要是针对收集到的现用表单建立数据的分析关系。这部分的分析工作必须在现场调研时解决，因为它不是后期可以分析出来的，只能向客户直接询问才能得到，因此，如果在客户现场进行了充分的调研，将收集到的现用表单搞清楚，那么在分析阶段就不需要再进行梳理了（参见5.3.3节）。

6.3.4 需求的转换

前面对**已知的功能需求**进行了判断，并按照业务领域的划分归集到了《功能需求一览表》的对应位置，同时也用框架图表达了它们之间的关系。下面就对**尚不清晰的目标需求和业务需求**，按照“目标需求→业务需求→功能需求”的顺序进行转换、判断，并将转换的功能需求追加到《功能需求一览表》中。

这里以需求调研的访谈记录表中总经理对公司级系统要求中的“快速反应、提升竞争力”为例，说明目标需求的转换方法（这个目标需求的来源参见图5-19）。

理解和转换目标需求的第一步，就是要找出对应的“业务场景”，让高高在上的目标需求可以“落地”，**找出业务场景的同时也就相当于转换成为了业务需求**，业务需求是目标需求和功能需求的“中间转换”步骤，转换为业务需求后，再根据业务需求的特点找出系统的对应方法（功能需求）就比较容易了。按照需求转换的方法，分为三步进行转换：理解目标需求、转换1向业务需求转换、转换2向功能需求转换，如图6-12所示。

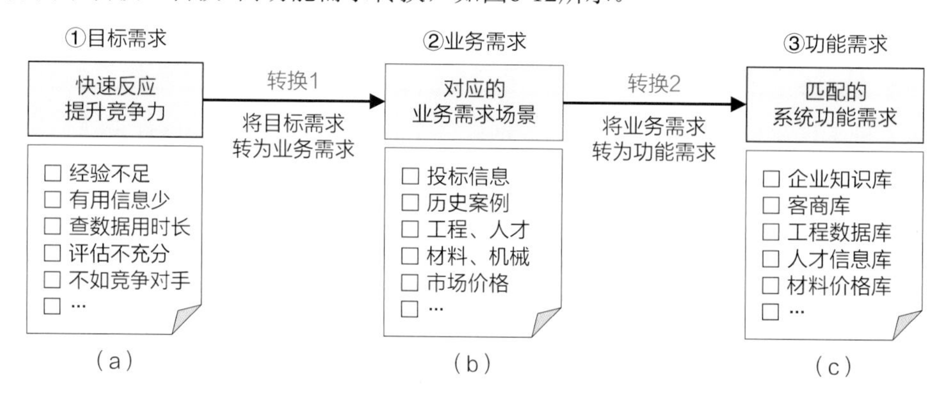

图6-12 需求的转换示意图

1. 理解目标需求的背景

首先理解目标需求中提到的“快速反应”会发生在哪些日常工作中，经过和总经理的助手、各部门的领导进行交流，知道了公司在进行工程项目投标时，参见图6-12（a），由于参与投标人的经验不足，掌握公司各方面的信息少，寻找历史投标数据、编写标书花费的时间长，且对数据和标书的评估时间不充分，与其他竞争同行相比显得反应时间过长等，造成了多次投标的失败，这就是客户领导要求“快速反应”以增强“竞争力”的背景。因此要考虑到未来引入的信息系统是否能够帮助解决这个问题，给投标部门在收集数据、编写标书时带来全新的工作方式，提升竞争能力。

2. 找出对应的业务需求（转换1）

理解了目标需求的背景后，下一步就是从日常的工作中寻找从哪里入手可以解决目标需求中提到的快速形成标书的问题。举例如下（不限于此），参见图6-12（b）。

- 提供投标时需要的公司信息，如领域、规模、人员、资格、资金等。
- 提供公司历史上完成的有代表性的工程项目信息、可以派出的高级工程师的信息等。
- 提供在相同地域、类似工程项目的历史投标数据，可以作为本次特别的参考。
- 提供在相同地域的建筑材料、机械租赁、人工费用的市场价格等。

如果信息系统能够快速地提供上述信息，显然可以让客户企业对投标做出快速响应，而且不但速度快，提供的信息质量也高，并且全面。上述举例的内容就是业务需求。

★解读：可以看出，从目标需求转换而来的业务需求表达形式与调研中部门等领导提出的需求表达形式类似，业务需求是目标需求的降维表达形式。到此虽然还看不出来具体的功能需求是什么，但是已经非常容易理解了，有了客户的业务知识，就可以很快地联想到这些内容，因此，业务知识是做一名合格的需求工程师不可或缺的。

3. 确定功能需求（转换2）

搞清楚了业务需求后，根据业务需求的内容，下一步就容易找到对应的功能需求了，参见图6-12（c）。下面为了支持编制标书的工作，试举几个功能需求作参考，参见图6-13。

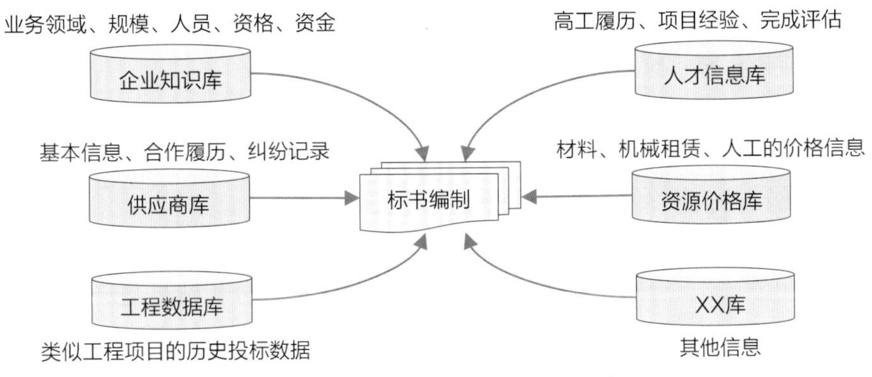

图6-13　编制标书的信息支持体系示意图

- 建立企业知识库：知识库的编码与未来投标用界面相匹配，实现自动提供参考信息。
- 建立工程数据库：将历史上已完成的工程进行分类，抽提出与投标工程相似的项目以及与这些项目相关的数据备用，例如项目类型、规模、完成情况等。
- 建立资源价格库：包括人工价格库、材料价格库、机械租赁价格库等。
- 建立供应商库：各类资源提供商的信息，包括资源内容、合作历史、信用评估等。
- 建立人才信息库：显示各类高级专家人才库，包括工作履历、项目经验、工作评估、现在位置、何时有空档期等。

到此，就解释了目标需求“快速反应提升竞争力”的含义，并通过转换，找到具体的功能需求。当然到此还仅仅是“功能的需求”，还要经过业务设计和应用设计后，才能最终确定为“系统的功能”。根据功能需求，可以构建编制标书的信息支持体系，如图6-12所示。

直接从业务需求转换为功能需求的方法，与上述案例中业务需求→功能需求这一段的方法是一样的。

持续地进行上述的转换工作，直到将需求调研资料汇总中收集到的目标需求、业务需求都转换为功能需求为止，并将新增加的功能需求追加到《功能需求一览表》和业务框架图中。

4. 待定需求的转换

在调研时，还收录了很多“待定需求”，这类需求是进行业务交流时客户对业务现状表达的不满，他们用闲聊、牢骚话、吐槽等形式提出来，不是正式提出的需求，也不能确定是否是需求，所以称为“待定”，但这些却是客户在实际工作中遇到的难点、痛点，对这些内容是一听了之，还是积极地响应呢？

这些所谓的待定需求，可能是帮助客户解决问题、提升系统客户价值的宝库，发掘得当会给客户带来很大的附加价值。当然，对待定需求的深挖，既要考虑给客户带来的附加价值，也要照顾到软件公司的设计开发成本、时间以及开发资源的约束等。

【参考】《大话软件工程——需求分析与软件设计》7.4.5节。

6.3.5 需求的联查

完成了对全部需求的整理、转换工作后，需求分析工作是否就算完成了呢？当然不是，前面完成的工作属于对业务流程、功能需求的单体理解，还需要将两者整合起来进行综合检查，这个确认就是**功能需求的联查**。联查需要综合已有的参考资料进行。

- 售前咨询阶段：背景资料、解决方案等。
- 项目准备阶段：项目合同、《工作任务一览表》等。
- 需求调研阶段：《需求调研资料汇总》（目标需求、业务需求）等。
- 需求分析阶段：业务全景图、《功能需求一览表》等。

对需求的联查相当于软件公司的项目组内部对调研结果进行整体的检查，包括业务完整、业务逻辑通顺、功能交圈、管理正确等事项，**联查确保了需求分析结果是一个完整的、正确的整体**。通过联查统一项目组中各板块负责人之间的相互认知。按照分离原理，有以下要求。

（1）从业务层面进行联查：以业务流程为主线。

（2）从管理层面进行联查：以管理闭合为依据。

★解读：需求的联查非常重要，关键点就在这个“联”字，多数的需求工程师在完成需求调研后会对调研的结果进行检查，但一般都是以单体检查为主，由于大多数单体的需求是由单个用户提出来的，那么自然就显示不出什么问题，但是业务是以流程的形式跨部门、跨岗位运行的，因此如果不进行以业务流程等为依据的“联查”，就很容易发生错误，如业务功能不连续、管理不闭合、逻辑有错误、数据关系缺失等问题，这些问题不在客户现场及时解决，日后向技术人员交底时就会被发现，返工就会造成时间和成本的损失。

1. 从业务层面进行联查

由于业务是载体，所以要从业务开始进行联查。联查以业务全景图和《功能需求一览表》为主要对象，以其他需求资料为参考进行，联查的主要目的是从“业务”的视角看功能需求、功能需求之间的业务事理是否正确、逻辑表达是否完整，具体方法是对照业务全景图和《功能需求一览表》，逐一检查全景图上的节点（=功能需求）是否正确，有无缺失，参见图6-14。

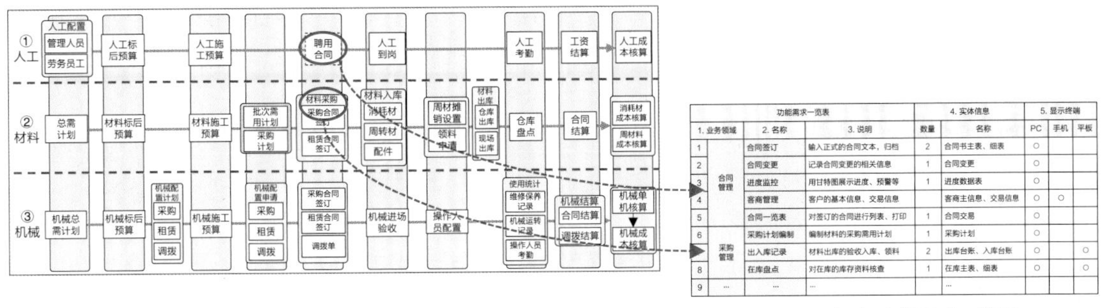

功能需求一览表				4. 实体信息		5. 显示终端		
1. 业务领域		2. 名称	3. 说明	数量	名称	PC	手机	平板
1	合同管理	合同签订	输入正式的合同文本，归档	2	合同书主表、细表	○		
2		合同变更	记录合同变更的相关信息	1	合同变更	○		
3		进度监控	用甘特图展示进度、预警等	1	进度数据表	○		
4		客商管理	客户的基本信息、交易信息		客商主信息、交易信息	○	○	
5		合同一览表	对签订的合同进行列表、打印	1	合同交易	○		
6	采购管理	采购计划编制	编制材料的采购需用计划	1	采购计划	○		
		出入库记录	材料出库的验收入库、领料	2	出库台账、入库台账	○		○
8		在库盘点	对在库的库存资料核查	1	在库主表、细表	○		○
9	…	…	…		…			

（a）业务全景图　　（b）功能需求一览表

图6-14　从业务维度进行联查示意图

注意，全景图未包括《功能需求一览表》中的所有功能，因有部分功能是单独运行的。

2. 从管理层面进行联查

从业务方面查看功能需求没有问题了，再从管理方面做检查。按照图5-16中成本基点的管控要求，在图5-17上设置管控点，就形成了图6-15。

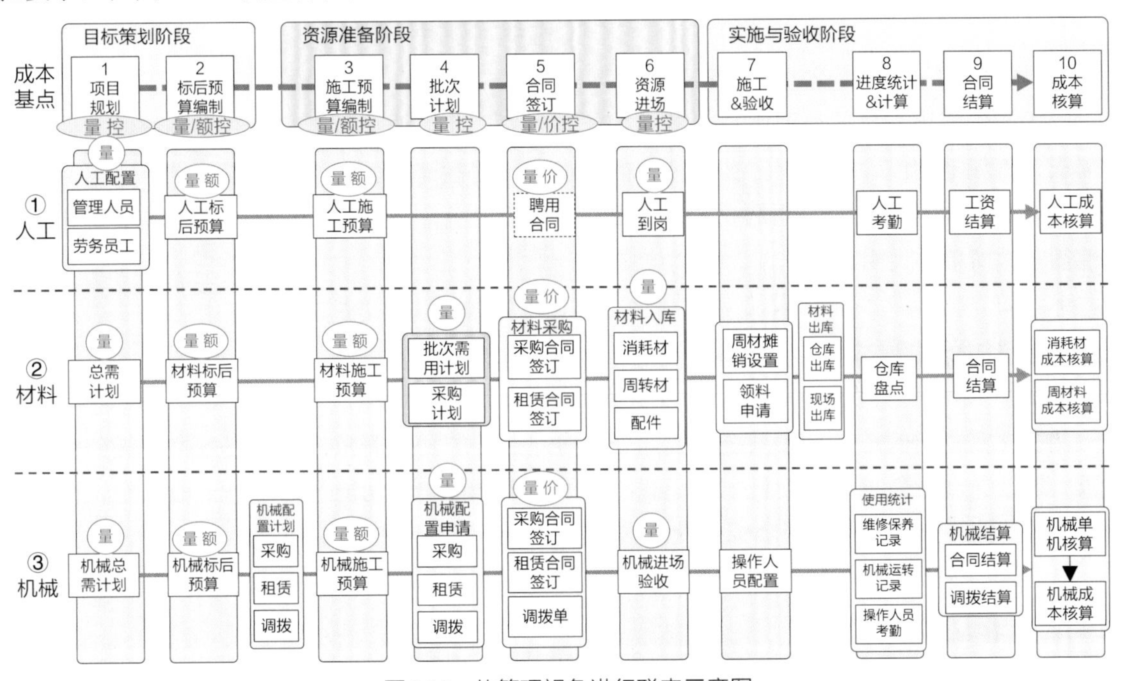

图6-15　从管理视角进行联查示意图

通过从业务、管理两个维度的联查后，需求工程师就对调研结果是否正确、完整有了把握和信心。这个结果是客户评审需求调研结果的核心内容，有了这个结果作支撑，后面不论是与客户/用户还是与设计师/程序员进行讨论，都有一个坚实可信的业务基础，而且讨论结果一定是聚焦的、收敛的。这是在客户现场调研时必须要做到的结果，如果没有获得这样的结果，即使做出了《需求规格说明书》，其质量也不会高，开发过程中问题也会不断发生，反之，有了这个联查结果作基础，不论发生什么样的需求变动都容易理解和应对。当然，上述各步骤的操作可能需要数次的循环才能正确完成。

★解读：做上述工作时，是否可以和客户一起做?

建议是先在软件公司内部形成一个初步的结果，因为梳理、分析、转换、联查的过程需要分析师静下心来对收集的全部资料进行复读、分析、思考，待得到了一个用图和表格等形式表达的、确信的结果后，再与客户进行确认，效果更好，而且更重要的是客户对你能力的认知是不同的。零敲碎打地去咨询客户效果不好，会让客户反感（因为他们有自己的工作、很忙），容易让客户感到你的能力不足。

另外，“需求联查”还不是“业务设计”，联查只是将需求串联起来，有一个整体的、表面层的认知，避免逻辑错误，至于业务细节的关联、数据逻辑层面是否通顺等还是要到业务设计阶段进行。但是联查结果毫无疑问是后续业务设计的主要输入和依据。如果没有做联查，则业务逻辑和功能需求是没有关联的，这就无法确保需求调研的质量。

【交付】《功能需求一览表》、需求联查报告书等分析资料。

6.4 其他类型的需求

除去要收集用于直接处理客户业务的功能需求外，还需要了解客户对开发系统的其他方面的需求，例如非功能性需求、对技术方面的需求等。这些需求虽然不是本书的重点，但是作为需求调研的重要组成部分，也是业务人员在收集时需要关注的内容，这里对功能性需求和非功能性需求做简单的说明。

6.4.1 功能性需求

功能性需求指的是未来在系统中实际处理客户业务的功能需求。在前述各章中提到“功能需求”以及《功能需求一览表》中所记载的功能需求，都属于功能性需求。一般约定，在功能性需求的前面不加任何前缀形容词，默认它们都是用于处理客户业务的。

6.4.2 非功能性需求

非功能性需求定义软件系统的质量属性，指的是对系统自身应该具备的能力提出的需求，包括安全性、可靠性、互操作性、健壮性、易使用性、可维护性、可移植性、可重复性、可扩展性，以及并发量、存储空间等。非功能性需求对于确保整个软件系统的可用性和有效性至关重要。

例如，并发量是指系统同时处理的请求或操作数量。当多个用户或进程同时访问一个应用程序或系统时，系统需要处理并发请求。并发量通常通过每秒钟可以处理的请求或事务的数量来衡量。这就是为什么要在需求调研时收集客户的员工总数量、需要用计算机（包括计算机、平板电脑和手机等终端）处理数据的人数，如果没有考虑周全，就会大大影响客户的体验和满意度。

又如非功能需求定义了对系统提供的服务或功能的约束，包括时间约束、空间约束、开发过程约束及应遵循的标准等。它源于客户的限制，包括预算的约束、机构政策、与其他软硬件系统间的互操作，以及如安全规章、隐私权保护的立法等外部因素。

非功能性需求虽然不直接参与对客户业务的处理工作，但是它的优劣也是评估完成系统质量的重要标志之一。

6.5 《需求规格说明书》的编制

至此，针对包括《需求调研资料汇总》在内的需求资料进行的梳理、分析及联查工作就完成了，下面的工作就是将需求分析的成果汇总成集，编写《需求规格说明书》，编写的依据包括如下（但不限于）。

- 项目的背景资料、售前咨询的解决方案、《需求调研资料汇总》等。
- 开发合同书、《工作任务一览表》等。
- 需求分析阶段的全部成果：流程、功能、数据的整理，需求转换的成果等。
- 需求联查的成果等。

《需求规格说明书》包含的内容、格式等，不同的软件公司有不同的标准模板，这里给出一个《需求规格说明书》的参考框架，因为本书讲述的内容是带来客户价值最大的部分，是客户投资开发信息系统的主要目的，因此下面给出的参考框架与采用什么模板形式无关，只要是《需求规格说明书》，都应该包含这些内容。

★解读：在本书构建的工程化软件开发系中，《需求规格说明书》是需求阶段的交付物，是后续设计工程的输入，而不能作为编码工程的依据，因为《需求规格说明书》仅仅是确定了客户的功能“需求”，还要经过设计阶段的研判、设计后才能将功能后面的“需求”二字去掉，真正地成为系统要开发的“功能”。

6.5.1 说明书的结构

编写《需求规格说明书》，就如同进行一次“业务架构”，收集到的需求是素材，《需求规格说明书》的**目录结构就是“业务架构图”**。

1. 建立说明书的目录

下面首先进行《需求规格说明书》内容的整体规划，建立目录结构，目录的内容根据项目的规模、项目内容等的不同会有所不同，这里根据本书的案例内容给出下述参考目录框架。一般来说，《需求规格说明书》中要包含对软件和硬件两方面的要求，由于本书的主题所限，因此重点只涉及在需求工程中讲到的内容和成果，实际编制时还需要另行加入其他部分（包括技术、硬件）的内容。以下为《需求规格说明书》目录结构的参考模板。

第1章 引言

1.1 编制目的：编制本文档的目的（需求工程阶段的成果）

1.2 文档范围：说明文档包括哪些内容

1.3 文档结构：用框架图形式给出文档的结构，表明各部分内容的关系
1.4 文档导读：说明本文档的阅读和使用方法
1.5 用语定义：对文档中使用的专用词汇进行标准定义（面对所有相关人）
1.6 编制约束：包括格式规范、图标规范、编码约束、编写约束等

第2章 项目概述

2.1 项目背景：描述现在客户的生产、管理环境（为引入信息系统做铺垫）
2.2 项目概述：概要说明本项目的内容
2.3 项目目的：说明客户建设信息系统的目的（战略、理念、期望、规划等）
2.4 项目回报：说明信息系统完成后会给企业带来什么变化（回报价值）

第3章 项目总体需求

3.1 总体需求：对系统的整体需求进行说明（概要说明）
3.1.1 需求总论：系统的理念、目标、价值等
3.1.2 功能性需求：全部涉及哪些客户的业务（概要说明）
3.1.3 非功能性需求：主要的非功能性需求（性能、安全等）
3.2 分析资料：将前面的分析资料进行汇总
3.2.1 业务全景图：全部的业务结构图（框架图、分解图、流程图等）
3.2.2 业务功能需求：《功能需求一览表》等

第4章 业务领域需求（逐一说明各业务领域）

4.1 材料管理：对材料管理模块的需求进行详细说明（详见6.6.3节的案例）
4.1.1 业务架构图：包括功能框架图、业务流程图等（本模块内的详细）
4.1.2 《功能需求一览表》：本模块内的功能需求详细一览
4.1.3 业务需求说明：对材料管理的内容、思路、方法、逻辑等
4.2 机械管理：对机械管理模块的需求进行详细说明
4.3 人工管理：对人工管理模块的需求进行详细说明
4.4 合同管理：对合同管理模块的需求进行详细说明
4.5 成本管理：对成本管理的需求模块进行详细说明
…
4.× ××管理：同上。完成全部模块的需求说明

第5章 功能需求规格

功能需求规格书（需求4件套）是详细描述功能需求的文档，有多少个功能需求就对应多少份需求4件套，如果功能需求的数量非常大，且使用的记录需求4件套的软件也不同，则可以作为附件另成一册。

第6章 非功能性需求

6.1 软件质量属性需求
6.1.1 运行期
6.1.2 非运行期
6.2 约束性需求
6.2.1 基础架构

6.2.2　标准规范

6.2.3　集成要求

6.2.4　其他约束

第7章　集成需求

7.1　技术要求

7.2　数据集成

7.3　应用集成

第8章　待解决问题

8.1　问题总表

8.2　问题处理

其他。

---

2. 内容说明

《需求规格说明书》按照系统架构的3个层级进行需求说明。

（1）第一级：总体级说明（针对系统全体）。

（2）第二级：模块级说明（针对每个业务领域）。

（3）第三级：功能级说明（针对每个具体的功能需求）。

1）第一级：总体级说明

《需求规格说明书》中的前3章是对项目载体的综合说明，这3章对项目发起的背景、目的以及客户企业对信息系统的期望等做了详细说明，这些内容是后续设计时对项目规划、架构的指导方针。

对项目整体的需求说明，已在前面各章节进行了关于背景、理念、目的、价值等的详细说明，这里就不重复了。

2）第二级：模块级说明

《需求规格说明书》中的第4章是对图6-11中每个模块所对应业务领域需求的综合说明，如材料管理模块。每个业务领域的工作内容不一样，对业务标准和管理的要求也不一样，因此针对每个业务功能模块进行设计时，必须遵循该业务领域的业务标准和管理规则上的要求。

对业务领域的详细说明，参见6.5.2节。

3）第三级：功能级说明

《需求规格说明书》中的“第5章 功能需求规格”是对模块中每个具体的功能需求进行说明，采用需求4件套的形式进行（原型、定义、规则、逻辑），如材料合同管理模块中有材料采购合同登记功能和材料采购合同变更等功能需求。

对功能需求的详细说明，参见6.5.2节。

6.5.2　说明书的编写

6.5.1节给出了《需求规格书说明书》的目录，从《需求规格说明书》的目录可以看出，除去“第4章 业务领域需求”外，其他部分的内容都在前面各章中进行了详细说明，因此在本节省略。本节重点介绍对业务领域需求的说明方法，针对每个业务领域的说明至少包含以下4类资料（不限于此）。

（1）业务架构：收集所有的业务现状图，并完善这些图。

（2）需求说明：对每个业务领域的需求做文字说明。

（3）需求一览：对《功能需求一览表》进行完善。

（4）需求4件套：对《功能需求规格书》（需求4件套）进行编写、完善。

下面以《需求规格说明书》中“4.1　材料管理”为例，说明业务领域需求的内容和表达方法（其余模块均可以参考本例“4.1　材料管理”的方式进行编写）。

材料管理作为施工企业项目管理中重要的一部分，主要是对施工过程中所需材料的计划、采购、入库、出库、盘点、成本核算等过程的管理。材料管理包括材料计划、采购、出入库等过程管理，以及材料成本的核算管理，最终达到保证材料及时供应、降低材料费成本、提升财务处理效率的目的。

1. 业务架构

对一个业务领域的描述与对一个系统的描述是一样的，首先都要从架构图开始。这里不是做业务架构，而是要对需求调研收集到的全部业务现状图进行展开、补充、完善等处理，这些图是后面概要设计的主要信息输入。在本案例中表达现状的图形主要使用3种形式：框架图、分解图和流程图等。

1）框架图

在6.3.2节中已整理的图6-11表达的是业务的总框架图。在此要针对材料管理的内容进行深度细化，细化就是参考《功能需求一览表》中的内容进行向下展开。

【例1】将图6-11的“材料”部分抽提出来进行展开、细化，展开后的结果如图6-16所示，可以清楚地看到“材料”领域内功能需求的详细构成以及关联关系。对图6-11中的每个模块都需要进一步展开、细化。

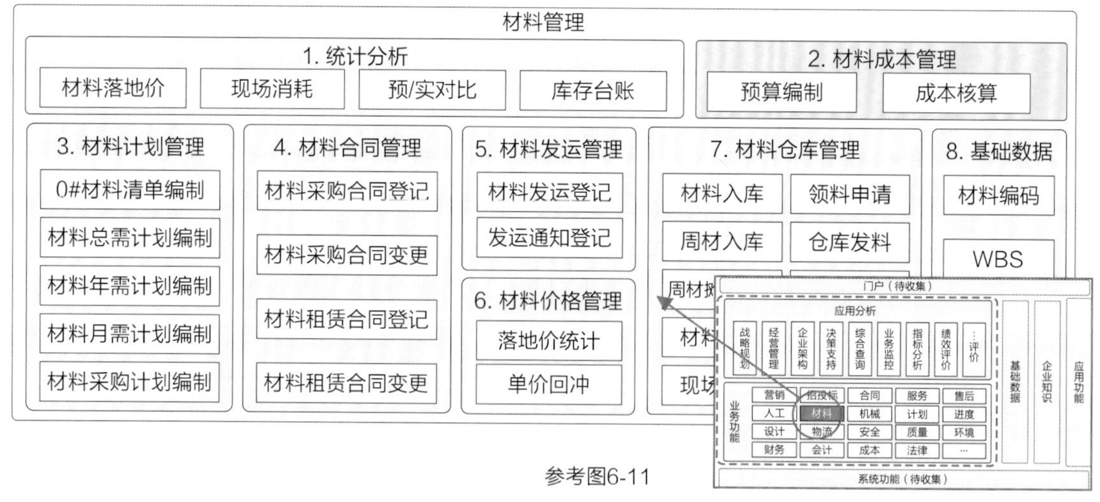

图6-16　材料管理框架图

2）分解图

对已经归集的分解图进行进一步完善。如无此类信息的构成关系，则可省略分解图。

【例2】成本构成结构图如图6-17所示，该图是对图6-3（b）调研现场手绘现状图的梳理、完善。其他还有材料构成的分解结构、组织和岗位的分解架构、资金统计汇总关系等。

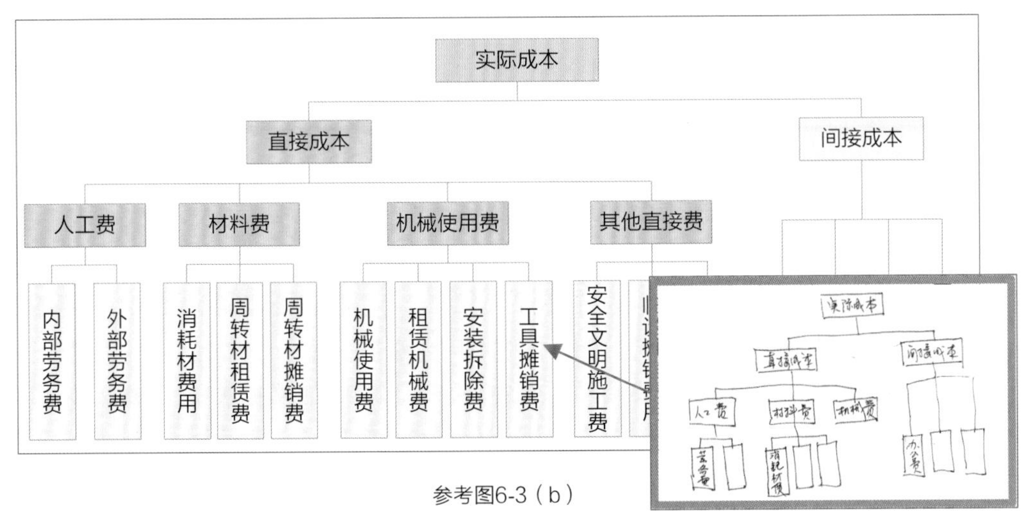

参考图6-3（b）

图6-17　成本构成结构图

3）流程图

对业务领域包含的流程图进行细化是非常重要的工作，这些图中含有非常多且复杂的业务逻辑，所以这些图的正确与否必须要在客户现场进行确认。流程图来自于需求调研阶段业务现状图。

【例3】参见图6-9所示的资源消耗流程图，将其中“②材料”的流程单独提出来进行展开、细化，完成材料消耗的详细过程，如图6-18所示。展开后的流程节点数量将急剧增加，经过细化后的流程图已经接近于未来在系统中运行的流程图了，但最终的流程图还要通过后续的概要设计的加工（增加管理规则、流转的分歧判断等）。

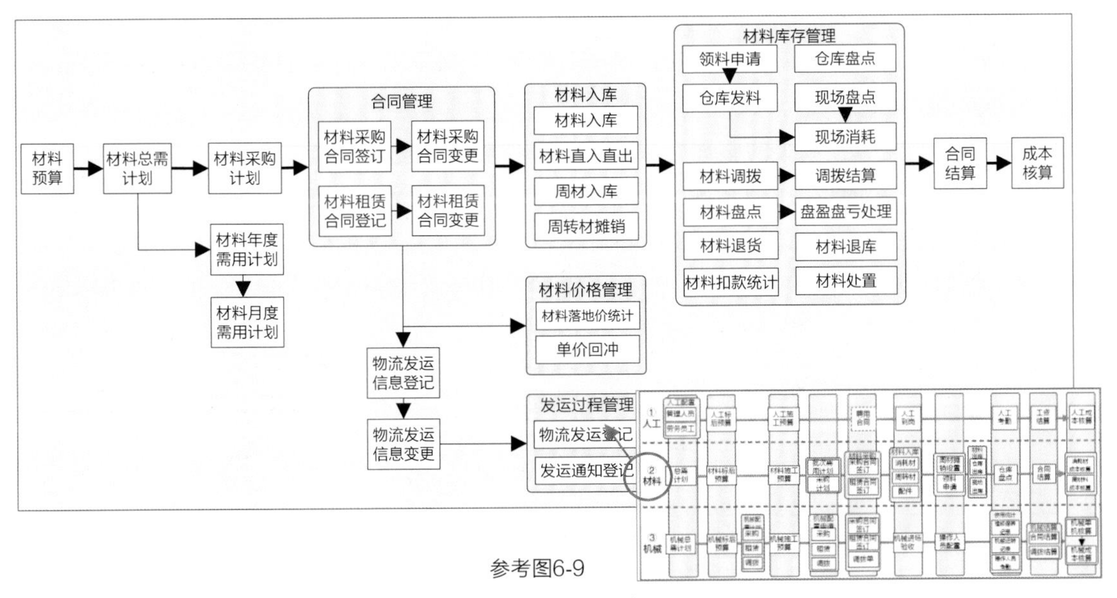

参考图6-9

图6-18　材料消耗流程图

这里要注意：图6-9之所以内容比较简单，是因为在需求阶段还不需要严格按照设计标准绘制流程图。

★解读：此处虽然使用了“业务架构”一词，但是归集到《需求规格说明书》中的图形，是基于客户现状图、功能需求等，并与客户进行直接的沟通后，经过补充、完善初步形成架构草案，正式的业务架构图要等概要设计完成时才能确定下来。

2. 需求说明

上面用框架图、分解图、流程图等图形对《需求规格说明书》中“4.1　材料管理”的内容进行表达，除此以外，还需要用文字进行综合的补充说明，下面以“4.1　材料管理”中的几个功能模块为例，给出用文字描述业务领域的需求说明方法。

以下为对各功能模块的需求说明案例。

- 材料管理合同：包括材料采购合同和材料租赁合同的登记和变更，以及合同执行情况的分析。主要登记合同相关的签订信息和采购的材料明细，汇总展示每笔计划的合同采购情况。材料合同管理主要是将线下签订的合同补录在系统中。材料采购合同的数据来源于材料采购计划。
- 材料发运管理：材料发运管理包含材料发运信息登记等功能，主要记录材料发运等信息，实现对进度和费用的管理，同时完成保函等重要资料的存档，支持到期预警、提示功能。
- 材料价格管理：材料价格管理包含材料落地价统计和价格回冲，材料的落地价包括采购价、发运物流费等，允许对落地价进行调整。材料落地价为材料的成本核算提供了单价信息，也为材料的施工预算提供了参考。材料落地价管理的数据源是材料采购合同、材料租赁合同等功能。
- 材料仓库管理：材料仓库管理包含材料入库、材料直入直出、周转材入库、周转材摊销、领料申请、仓库发料、仓库盘点、现场盘点、现场消耗、材料调拨、材料盘盈盘亏处理、材料处置、材料退货、材料退库。材料仓库管理包括完整的材料收发存的管理，是材料现场管理的关注重点。材料发料时根据材料清单的设计量加合理损耗量作限额领料。

从对业务领域的说明可以看出，这些内容不是针对某个功能需求，而是对材料管理的整体说明。

3. 需求一览

对材料管理的业务领域级的整理完成后，下面要整理功能需求级的内容。

整理工作主要是对图6-10所示的《功能需求一览表（原）》的细化，将前面从目标需求、业务需求转换而来的所有功能需求都归集到此表中，并为后续的管理增加功能需求编号等信息，这样就得到了材料管理部分新的、更加详细的《功能需求一览表（新）》，参见图6-19。

功能需求一览表					实体信息		终端		
业务领域		编号	名称	说明	数量	名称	PC	手机	平板电脑
1	材料计划采购	WZGL_YWGN_001	材料耗损系数设定	每个项目设置在各工程分解结构上，设定主材的耗损系数	1	材料耗损系数表	○		
2		WZGL_YWGN_002	材料总需求计划	根据清单汇总材料的总需计划，同时加其他材料的需用量	1	材料总需计划	○		
3		WZGL_YWGN_003	材料采购计划	依据材料总需计划编制采购计划，受总需计划的管控	1	材料采购计划	○		
4	材料阶段计划	WZGL_YWGN_004	材料年度需求计划	根据材料总需计划汇总年度材料需用计划，含季度	1	材料年需计划	○		
5		WZGL_YWGN_005	材料月度需求计划	根据材料总需计划汇总年度材料需用计划，含月度	1	材料月需计划	○		
6	材料采购入库	WZGL_YWGN_006	材料采购合同登记	补录材料采购合同的签订情况，受材料采购计划的管控	2	采购信息、合同清单	○		
7		WZGL_YWGN_007	材料采购合同变更	登记材料的合同变更情况	2	采购信息、合同清单	○		
8		WZGL_YWGN_008	采购入库	对采购或调拨且验收合格的材料进行验收登记	1	入库单	○		
9	材料租赁入库	WZGL_YWGN_009	材料租赁合同登记	补录材料租赁合同的签订情况，受材料租赁计划的管控	2	租赁信息、合同清单	○		
10		WZGL_YWGN_010	材料租赁合同变更	登记材料的合同变更情况					
11		WZGL_YWGN_011	租赁入库	对租赁的且验收合格的材料进行验收登记					
12	材料运输合同	WZGL_YWGN_012	材料运输合同登记	补录材料的运输合同信息					
13		WZGL_YWGN_013	材料运输合同变更	登记材料的合同变更情况					
…	…	…	…	…					

功能需求一览表				4. 实体信息		5. 显示终端		
1. 业务领域		2. 名称	3. 说明	数量	名称	PC	手机	平板电脑
1	合同管理	合同签订	输入正式的合同文本，归档	2	合同书主表、细表	○		
2		合同变更	记录合同变更的相关信息	1	合同变更	○		
3		进度监控	用甘特图展示进度、预警等	1	进度数据表	○		
4		客商管理	客户的基本信息、交易信息		客商主信息、交易信息	○	○	
5		合同一览表	对签订的合同进行列表、打印	1	合同交易	○		
6	采购管理	采购计划编制	编制材料的采购需用计划	1	采购计划	○		
7		出入库记录	材料出库的验收入库、领料	2	出库台账、入库台账	○		○
8		在库盘点	对在库的库存资料核查	1	在库主表、细表	○		○
9	…	…	…		…			

参考图6-10

图6-19　功能需求一览表（新）

这个《功能需求一览表》是需求工程结束时最重要的交付成果之一，是后续评估工作量、技术开发难度、调整开发计划、匹配所需资源能力等的主要依据，也是业务架构、设计的主要内容。

4. 需求4件套

最后对归集到《功能需求一览表》中的每个功能需求进行逐一的详细描述。以图6-19中的“材料采购合同登记”功能为例，说明对功能需求的描述方法。按照描述功能需求的4件套，需要有4个维度的文档：需求原型、字段定义、规则说明和逻辑图形。

1）文档1：需求原型

由于该功能需要处理的业务内容比较复杂，所以该原型由1个主界面和若干个子界面协同完成，这里为方便说明只展示了一个主界面和它的一个子界面，参见图6-20。

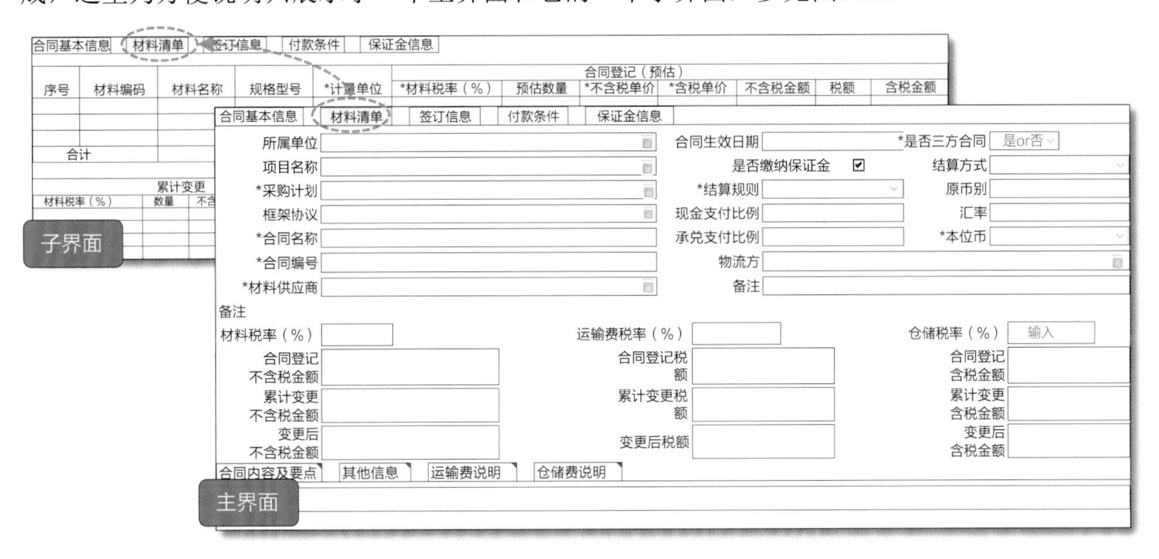

图6-20　需求原型

主界面表达的是合同签订的主要信息，子界面表达的是主界面的辅助信息。

【参考】关于主/子界面，参见《大话软件工程——需求分析与软件设计》第17章。

★解读：关于界面原型的表达方法。

在需求阶段，由于还不是正式的设计，所以可以采用任何形式的工具来绘制需求原型，只要能够说明基本的界面布局、字段位置等信息就可以了。例如，

- 用简单的办公软件绘制（图6-20为表计算软件绘制）。
- 用专业的界面绘图软件绘制等。

2）文档2：字段定义

对需求原型中的字段逐一进行详细描述，特别是对有数据计算式的字段尤其要注意，对算式中数据的来源、算式表达方法、约束条件等都要进行详细的记载，参见图6-21。

对需求原型上的字段进行定义，是系统建立数据标准的重要一环，因为系统中流动的全部数据几乎都是通过4件套的字段定义文档来完成的。

编号	字段名称	类型	格式	长度	必填	数据源	定义与说明	变更人	变更原因	变更日	状态
数据区-合同基本信息区											
1-1	所属单位	文本框			N	组织机构	默认填报人所属组织，不可编辑，集团、分子公司				
1-2	项目名称	文本框			N		根据环境带出，不可编辑				
1-3	合同生效日期	日历	yy-mm-dd		Y		输入				
1-4	采购计划	弹出选择			Y	采购计划	弹出采购计划列表，只能单选				
1-5	框架协议	弹出选择			N		弹出框架协议，根据所属单位过滤				
1-6	合同名称	文本框			Y		输入				
1-7	合同编号	文本框	000-00000		Y	系统生成	编码规则：组织编号-WZCG-4位流水号。 Eg：01-122-157-WZCG-0002，				
1-8	物资供应商	弹出选择			Y						
1-9	结算规则	下拉框			Y	结算规则字典	选择结算规则中约定价，约定量或浮动价，约定量				
1-10	现金支付比例	文本框			Y	付款条件清单	现金的金额合计占合同总金额（含税）的百分比				
1-11	承兑支付比例	文本框			Y	付款条件清单	承兑的金额合计占合同总金额（含税）的百分比				
1-12	原币别	弹出选择			N	币种字典	默认=人民币，可编辑				
1-13	本位币	弹出选择			Y	币种字典	默认=人民币，可编辑				
1-14	汇率	文本框			N	默认为1	默认=1，if原币别≠本位币，必填。6位小数				
1-15	税率	文本框			N		输入				
1-16	是否缴纳保证金	单选框			Y						
…	…	文本框					…				

图6-21　字段定义模板

3）文档3：规则说明

对材料采购合同登记模块的使用环境、约束条件等进行综合说明，参见图6-22。

【需求目的】

材料采购系统对外部采购的凭证

【管理检查】

1. 合同签订时，需要检查采购计划中是否有对应项，合同的数量、金额是否超出计划的余额
2. 时间是否有矛盾，如月份不匹配等
3. 供应商是否有违规履历，如果有则需要请示上级
4. 合同总金额大于100万元时，需要有项目经理的审批

【合同变更】

图6-22　规则说明

4）文档4：逻辑图形

对合同登记与合同结算之间的逻辑关系进行标注，参见图6-23。

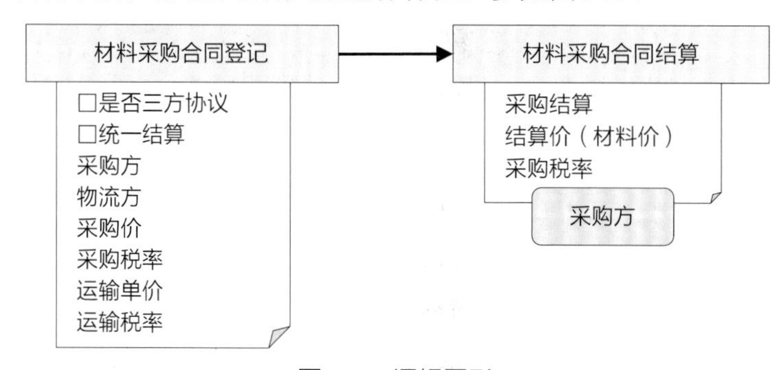

图6-23　逻辑图形

以上利用需求4件套的形式完整地记录了一个功能需求的详细内容。在一个系统中，有多少

个功能需求，就要做多少个这样的4件套。这种结构化的记录形式可以确保界面的设计、编码、维护、升级等工作顺利进行。

至此，就完成了对《需求规格说明书》中“4.1 材料管理”部分内容的编写工作，其他部分的内容参考此例进行。

【参考】《大话软件工程——需求分析与软件设计》第7章。

【交付】《功能需求规格书》（需求4件套）。

6.5.3 说明书摘要

《需求规格说明书》编制完成后，在提交给软件公司内部以及客户做汇报和评审时，开头需要有一个简版的需求分析成果的摘要说明（适于用投影仪形式进行解说），称为“需求规格说明书摘要”（以下简称说明书摘要）。这个说明书摘要可以看成售前咨询提出的解决方案的进化版，两者的关系如图6-24所示。

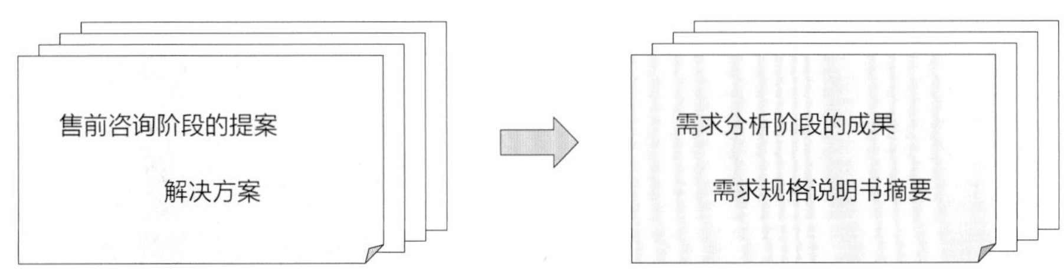

图6-24 说明书摘要是对解决方案的进化

说明书摘要中要反映公司领导提出的各类目标需求、各级部门领导最关心业务需求以及整体必须要解决的难关痛点问题，还要确保在**回应中不要遗漏对售前咨询解决方案中的所有许诺**。说明书摘要中至少要包括以下内容（仅供参考）。

需针对解决方案的内容进行更加准确的回答，要让客户感受到通过需求调研和分析后，软件公司确实理解了客户的需求，给出了准确的、可以落地的《需求规格说明书》，按照《需求规格说明书》去执行，确保客户的需求可以得到满足。这是《需求规格说明书》对解决方案的继承、进化，也是工程化的基本要求。

【交付】说明书摘要。

6.6 《需求规格说明书》的确认

完成的《需求规格说明书》需要向客户提出需求的各层级进行确认，这个确认是非常细节的，并且确认的结果需要用户签字。

6.6.1 确认对象与方法

由于分析结果必须要获得客户的相关人的确认和签字，下面来看一下需要与客户的哪些人、用什么方法进行需求成果的确认。

1. 需求确认的对象

原则上需求调研的3个对象层（经营、管理、执行）都是要确认的对象。调研初期收集的需求是以客户的部门为单位进行确认的，但是**对需求分析结果进行总体确认时，就不能再以部门为单位各自独立进行确认了，因为在信息系统中很多的业务处理是需要跨部门合作来完成的，**因此至少要以业务领域为一个单位进行确认，涉及该业务领域的部门要同时参加。

需求确认对象的选择可以根据不同的情况进行，这里按照目标需求、业务需求和功能需求的划分来进行确认。

★解读：进行这3个层次的需求确认时，一定要客户信息中心的相关负责人一同参加，因为调研结束后，在后期的开发、上线过程中，如果发生了需求的问题，基本上要通过信息中心来解决，不可能由需求工程师直接与提出需求的用户对证。所以信息中心参与全过程的需求确认，可以起到监督和保障的作用，同时在完成的《需求规格说明书》上签字时也会比较顺利。

2. 需求确认的方法

一般来说，客户都有自己的工作，难以抽出全部的时间参与信息系统的建设，特别是客户的业务骨干，工作就更忙，如何做到高效率、少次数的确认呢？一定要同时准备梳理后的①业务全景图、②界面原型、③文字说明资料等，从上到下、从粗到细，三者缺一不可。

切记不要使用纯文字描述的文档来确认，因为文字描述缺乏直观的逻辑表达，没有逻辑表达，只有文字的罗列，即使出现了问题和矛盾的现象也不容易被发现。这会埋下需求的质量隐患，造成客户对完成的系统不认可的结果，同时也会影响客户在《需求规格说明书》上签字。同理，仅用原型界面做确认也是不行的，它必须配以全景图来确保业务逻辑的正确。

6.6.2 公司层需求的确认

公司层确认主要是针对目标需求，邀请提出目标需求的相关人参加。提出目标需求的主要是公司的高层领导，在确认目标需求时一般也会邀请相关的部门领导和信息中心主管等参加。需要公司层领导确认的内容主要是：对领导提出的目标需求的理解，给出的解决方案（功能需求等）是否符合领导的意图。对公司层的确认，可以首先使用预先编制的“需求规格书说明书摘要”进行介绍，让领导可以快速地从总体上把握全局。下面将公司层领导提出的信息化目标需求复录如下。

（1）公司级管理需求。

① 快速反应提升竞争力。

② 完善风险管控能力。

③ 消除壁垒强化沟通。

④ 系统要能随需应变。

（2）项目级管理需求。

① 以项目策划为纲领。

② 以进度计划为抓手。

③ 以成本达标为中心。

④ 以风险控制为保障。

在6.3.4节以“（1）公司级管理需求 ①快速反应提升竞争力”为例做了转换说明，其他的公司级和项目级的目标需求也要进行类似的转换，最终将转换的结果进行汇总，作为向公司级领导进行确认的主要内容。

由于在转换过程中设置了对应的业务场景和业务需求，给出了支持业务场景实现的功能需求，完全可以让领导从“业务场景+功能需求”中看出他们的意图（目标需求）是否找到了合适的信息化手段？落地效果是否能达到他们的预期？如果需求工程师可以将上述内容用合适的信息化方法落地，相信企业的领导一定会对这个结果满意。

6.6.3　部门层需求的确认

部门层主要是确认业务需求：邀请提出业务需求的相关人参加。同时也会邀请相关公司领导、各部门的业务骨干等参加。部门层领导要确认的内容比高层领导多，原则上他们除去要检查自己提的需求以外，还要帮助检查公司层和用户层需求的落地情况，因为部门层领导既要对上级提出的目标落地负责，也要对下级的执行结果负责，所以他们的工作是承上启下的。

在本项目中，部门层领导要确认的主要内容为以下三项。

（1）业务领域的确认。

（2）标准流程的确认。

（3）功能需求的确认。

向部门层的领导进行确认，可以同时使用《需求规格说明书》和“需求规格书说明书摘要”进行，方便他们快速理解。

1. 业务领域的确认

业务领域的划分是整体系统的划分依据，参见图6-10的《功能需求一览表》、图6-11的业务功能规划框架图等。

2. 标准流程的确认

在需求调研过程中，统一不同分公司的业务流程是重要的需求之一。经过了需求分析阶段的流程梳理、增补，调整了各流程上的节点，参见图6-9（业务全景图等）。这需要各部门领导以及公司主管领导的确认，业务全景图获得确认为后续业务设计阶段的工作提供了重要的指导，业务全景图中的业务逻辑是业务架构设计、业务功能设计以及业务数据设计的重要依据。

3. 功能需求的确认

虽然最终要获得的是功能需求，但是作为部门领导，还是要亲自确认公司高层的目标需求、部门领导提出的业务需求以及下属们提出的重要功能需求的落实情况。

1）目标需求的确认

目标需求在获得了公司层领导认可的同时，也必须获得部门层领导的认可，因为部门层领导是目标需求落地的执行者和监督者。部门层领导结合本部门的工作，确认目标需求落地方法的可行性、效果和价值。当然，一般来说确认目标需求的方案时相关部门领导都会在场，实际上可能并不需要为部门领导单独举行一次目标需求的确认会。

更多的目标需求转换案例，参见本书的概要设计各章（建模、管理、价值）。

2）业务需求的确认

虽然在需求转换一节没有特别举例说明部门层领导的需求落地，但是他们的需求大多是属于业务需求层级的，转换方法与“目标需求→业务需求→功能需求”中的后两步是一样的。下面将《需求调研资料汇总表》中部门领导提出的业务需求摘录如下。

- 对材料采购、使用过程的准确把握。
- 将生产数据和财务数据的口径统一，让财务可以直接使用生产数据。
- 支出费用要收入关联起来，避免公司垫款过多等。

对比6.3.3节目标需求转换为业务需求的内容，是不是可以看出它们的表达形式是类似的？只要能够看懂业务需求是什么，那么由业务需求再向功能需求转换的方法也是一样的，因此这里就不再赘述了。

更多的业务需求转换案例，参见本书的概要设计各章（建模、管理、价值）。

3）功能需求的确认

功能需求的确认可以和用户层的确认共同进行，因为部门领导必须要掌握下面每个员工具体的工作内容，特别要关注在流程的重要节点上加载了什么样的管控措施。

6.6.4 用户层需求的确认

用户层确认的重点是功能需求，通常会分为两步进行，第一步先与提出功能需求的用户进行一对一的初步确认，然后再邀请用户所属部门的领导一同参加，做最后的确认。不论是哪一层的需求，最终都要转换为功能需求，因此功能需求的数量是最多的。

功能需求的确认不一定是在目标需求和业务需求确认完成后再展开，通常需求工程师会与用户随时进行一对一的功能需求确认，搞清楚功能需求的细节，后期将全部的功能需求汇总在一起放在大的环境中（业务领域、全景图）进行整体的确认，此时的确认部门领导会参加，形成部门对业务的共同认知。

通过这三层的反复确认，所有的需求在整体、个体不同层面的确认就完成了。

【交付】需求规格说明书签字记录。

★解读：向客户的3个层确认需求调研的结果后，必须要求客户在确认书上签字，或是有等同于签字效果的资料，这样后面再发生需求变动时这个签字就有约束之用。虽说未必能够避免需求变动的发生，但至少可以在发生需求变更时站在主动的位置。

第4篇　设计工程

第7章
概要设计——总体

需求工程（调研、分析）结束并形成了《需求规格说明书》，从本章开始就要进入设计工程了。这个阶段的工作就是要依据《工作任务一览表》《需求规格说明书》等，对系统进行整体规划，并确定设计理念、业务主线、标准规范等，最终形成《概要设计规格书》，作为第8章详细设计的输入。

本章位置参见图7-1（a）。本章的主要工作内容位置及输入/输出等信息参见图7-1（b）。

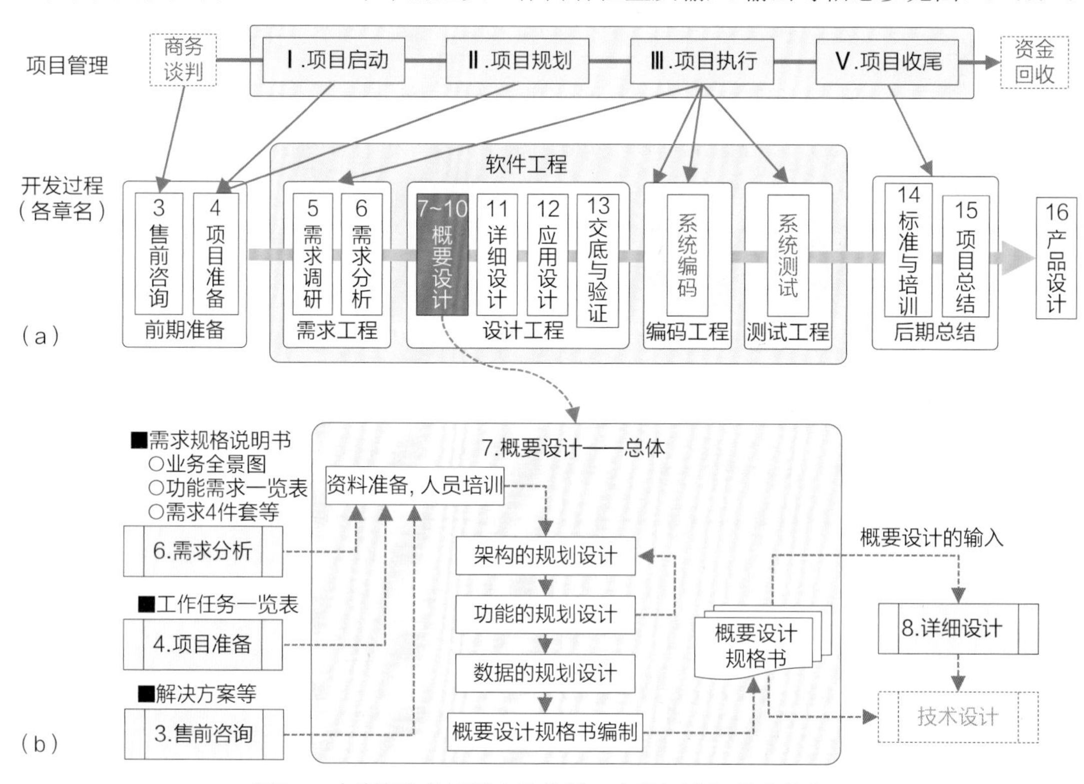

图7-1　本章在软件工程中的位置、内容与输入/输出信息

由于内容较多，为方便阅读，将概要设计的内容分为以下4章进行说明。

第7章　概要设计——总体：对项目进行总体的概要规划，确定设计理念、业务主线等。

第8章　概要设计——建模：利用建模理解业务需求，并找到业务架构的方法等。

第9章　概要设计——管理：从管理的视角对业务进行整体的规划、架构等。

第10章　概要设计——价值：从客户价值的视角对业务整体进行规划、架构等。

7.1 准备知识

在进行“概要设计——总体”前，首先要理解对系统总体的概要设计的目的和内容、需要哪些重要的理论和方法，以及从事这项工作的人需要有哪些基本的能力。

7.1.1 目的与内容

1. 概要设计的目的

概要设计是以客户价值为导向确定系统的设计理念，基于信息化管理的思路，对客户需求进行梳理、优化，最终确定全部业务的范围、系统/模块的划分。

概要设计是使用“架构”的手法对系统进行“规划”，“架构”是设计方法的一部分，且是“粗粒度的设计方法”。相比概要设计而言，详细设计和应用设计是细粒度的设计方法。

从图1-2中可知，概要设计的对象是架构、功能和数据，通过对这3层进行规划并设定标准，让客户和软件工程师双方对未来的系统有一个全面的、完整的认知。

2. 概要设计的内容

依据需求工程的成果《工作任务一览表》和《需求规格说明书》等进行未来系统的概要设计（粗粒度），由于本书涉及的范围设定在一阶段内，所以重点介绍业务相关的规划和架构内容，主要包括以下4项内容。

（1）根据客户/软件公司双方的领导意图，确定系统的设计理念、业务主线等。

（2）根据需求分析成果、设计理念等确定系统的业务架构。

（3）根据需求分析和业务架构的成果，确定系统的业务功能规划。

（4）根据需求、架构和功能的规划成果，确定系统的业务数据规划。

这里要注意，在需求工程中将分析成果归集为一份《需求规格说明书》，但在设计工程中需要用若干份设计规格书来承接它的内容，如《概要设计规格书》《详细设计规格书》《应用设计规格书》以及《技术设计规格书》，这是根据工程化设计方法的要求，按照不同的目的一层一层地进行细化。例如：

- 《需求规格说明书》中对整体规划、目标需求等内容反映在《概要设计规格书》中。
- 《需求规格说明书》中对功能需求（4件套）的内容反映在《详细设计规格书》中。

最终，由包括《概要设计规格书》《详细设计规格书》《应用设计规格书》以及《技术设计规格书》在内的4份文档构成本系统完整的《设计规格书》。

★解读：概要设计的关键要能够做到识大局、顾大体。

在概要规划、架构阶段，设计师要能够将关注的重点放在系统的全局、整体上，而不要过度地关心细节，将主体和细节混淆容易出现眉毛胡子一把抓的问题。要分清楚在概要设计阶段什么是重要的，什么在此时是不重要的（虽然是必要的），要让设计有层次感，举个讨论燃油车性能的例子来说明主次：燃油车是由发动机、底盘、车身与电气设备4部分构成的，通常在讨论燃油车的主要性能时，可以谈论发动机、燃油车的车身以及燃油车的底盘等，但在此时没有必要讨论燃油车方向盘问题，不讨论方向盘不是因为它不重要，而是在讨论燃油车的重要性能时它不重要（虽然方向盘是必要的）。

7.1.2 实施方法论

概要设计是一阶段工作中设计部分的开始，概要设计的内容很多（参见7.6节），特别是在此要确定系统的设计理念、业务主线等，它们是概要设计的指针，确定了方向和目标，本章的实施方法论对以下4个重要内容进行讲解。

（1）系统的设计理念。

（2）系统的业务主线。

（3）系统的业务规划。

（4）3种逻辑表达式。

这些内容都是做好概要设计的基础，是每个想要做好概要设计的业务人员所必须理解、掌握的知识。

1. 系统的设计理念

概要设计的第一步，要基于客户和软件公司双方领导的意图、目标等，确定软件系统整体的设计理念。未来所有工作成果（包括业务、技术）都要符合这个设计理念。

设计理念是设计的指导思想，要贯穿到后面各规划之中，或者说所有的规划内容都要紧扣设计理念的思想。

在需求调研过程中收集了大量的需求，该用什么样的理念来把这些需求串联在一起呢？举个例子来理解设计理念的作用，一名汽车的总设计师，接到了设计一辆面向年轻人的小汽车的任务。根据年轻人的特点和喜好，总设计师为这辆车确定的设计理念是：**具有跃动感和跑车风格**。那么在下面的设计过程中，汽车各部分的设计负责人根据这个设计理念，提出自己负责部分的想法。

- 外观负责人：汽车外形的线条要有动感、流畅，像一只奔跑的豹子。
- 颜色负责人：颜色采用蓝绿色，要明亮，富有青春感。
- 内饰负责人：要简洁明快，不要过多的修饰，各部分衔接处要圆滑不留死角。
- 动力负责人：发动机的动力要充沛，启动要快，等等。

可见，有了设计理念做指导，各部分的负责人就知道自己负责的部分该怎么做，总设计师也会用这个理念来检查、评估各负责人的工作成果，这样各部分设计结果整合在一起时就是一个完整、协调的好汽车。试想，如果没有设计理念做思想的统一，那么总设计师该如何领导各部分的负责人来完成这个汽车呢？

同理，对收集到的功能需求（素材）也要先确定一个设计理念，根据这个设计理念可以将这些功能需求整合成一个让客户满意的、符合客户目标需求和业务需求的系统。如果没有确定设计理念，当然也可以做出一个系统，但完成的系统可能就是一堆功能的简单集合体，每部分担当的设计师都按照自己的想法设计，功能之间彼此标准不一，缺乏协调，最终完成的信息系统就没有灵魂。

设计理念根据什么来确定呢？除去客户高管提出需求外，由于本案例软件公司的董事长要求在完成满足客户需求的系统开发后，要将这个系统转换为公司的标准产品，因此，本案例的系统设计理念一定要根据客户和软件公司两方面的需求来确定（若仅考虑客户的需求，后期的转换可能非常困难），详细说明参见7.3节。

★Q&A：设计理念有实用价值吗？

项目经理问："李老师，我总觉得"设计理念"这个东西有点虚，似有若无，如果在概要设计中不提理念，人家说你水平低；提理念感觉又没什么实用价值，只是给自己装个门面、添个彩而已。怎么才能确切地抓住它并带来看得见的价值呢？"

李老师说："那我们以本次设计提出的'人设事、事找人'设计理念为例，客户和软件公司都希望系统可以做到随需应变、及时应变，加上你，项目组成员共有7人，要分别负责7个区，功能数量可达数百个，我不可能给每个人都具体地指示每个功能中应该如何做好应变设计。但如果大家都理解了'人设事、事找人'这个设计理念后，你们在各功能设计时就会向着这个方向走：根据业务特点、要达到的目标以及可能出现的问题，构想出很多匹配的功能来应对这个变化，而不需要我一一给你们建议该怎么做，这就是设计理念的重要作用之一。"

2. 系统的业务主线

有了设计理念作顶层设计的指导，下一步就要规划系统的业务主线，为什么要有业务主线的概念呢？因为**每个企业都会有自己特定的主营业务**，企业的主营业务一定会有其特有的运行规律，不同的主营业务会有不同的主线。例如，建筑企业的主线是建筑过程，汽车企业的主线是造车过程，服装企业的主线是制衣过程等，不同类型的**企业管理信息系统一定是围绕着客户的主营业务运行**的。

做企业管理类型的信息系统可能会有多条主线，首先要在架构规划时找出主营业务的主线。本案例为蓝岛建设开发工程项目管理系统，因此这个信息系统是以工程项目管理过程为业务主线，确定了业务主线，就可以得到一个较为清晰、完整的项目管理业务架构并确定主要的业务逻辑，详细说明参见7.3节。

★Q&A：业务主线与去中心化不矛盾吗？

互联网转行来的崔小萌问："老师在业务设计时要求设计业务主线，可是现在流行的概念是要去中心化、中台化、数据驱动。感觉老师讲的内容和流行的不太相同，这之间有什么矛盾吗？"

李老师回答说："这里的'主线'是业务设计的概念，不是软件实现的概念，这是两个不同视角的概念，经常容易被混淆在一起。

- 所谓的去中心化、碎片化、中台化等概念都是从技术设计、软件实现角度出发的概念，这些概念研究的是如何快速地开发系统，并让完成的系统具有灵活性和应变性，系统的实现方法不与某个特殊的业务场景或应用方式绑定。
- 而企业管理信息系统是不可能在没有业务主线、没有规则的前提下让用户采用碎片式操作方式进行的，如建筑企业，公司的整体运营必定是围绕着'建筑物'的施工过程建立一条业务主线，否则企业的管理就会发生混乱。

也就是说，客户业务的运行方式与软件公司的系统实现方式是两个不同的层面，最佳的系统设计/实现的结果如下。

- 客户感受到的是符合业务运行规律和管理要求的信息化管理效果（业务有主线、结构合理、与业务逻辑相符合等）。

○ 同时，软件公司则在设计开发系统时，获得了系统快速应对需求变化的能力（没有中心，随需要可以增加功能，不会影响系统的稳定性等）。”

3. 系统的业务规划

有了设计理念、业务主线作指导，下面就对系统中的客户业务内容进行规划。业务的规划工作包括对业务整体进行板块的划分、模块间的边界确定、新建系统与既有系统的业务关联等。整体规划完成后，就要针对每一个业务板块（如项目管理板块）进行更详细的规划，按照软件工程框架的结构要求，参见图7-2，每个业务板块内再分为3个层面进行规划，即架构层、功能层和数据层，各层的规划内容和目的简述如下。

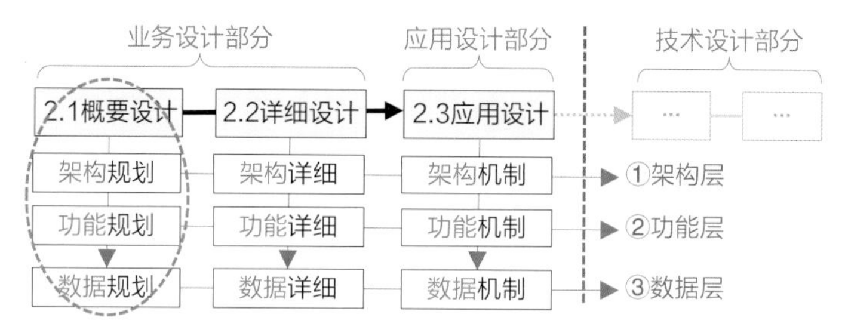

图7-2　软件工程-设计工程的构成

1）架构层

架构层的规划是系统所有设计的依据，重点在“业务架构”中对业务内容进行了分层、分区、分线的划分，如框架图是对业务功能的规划、业务流程是业务过程的规划，例如，业务流程的规划要包括目标→计划→执行→监督→结束的各阶段，内容要具体到每条业务流程的起点、终点、流转、分歧等。

架构规划的结果决定了系统的**业务范围**和**核心框架**，有了承载功能和管理的载体。

2）功能层

功能规划是在业务架构规划的基础上进行的功能规划。它是基于在需求工程收集到的功能需求、架构层的规划成果，对功能需求进行进一步的梳理、甄别，以确定真实的业务功能（=去掉“需求”二字）。对确定的业务功能再进行4种分类：活动功能、字典功能、看板功能和表单功能，并确保在系统中同一个功能不会重复出现等。

功能规划的结果决定了系统开发的主要**工作内容和工作量**。

3）数据层

数据规划是在架构层和功能层的基础上进行数据的规划。它是基于在需求工程收集的现用表单、功能需求规格书（需求4件套）等资料，结合业务规划和功能规划的成果，根据未来客户对信息系统的设想，对数据层面的整体规划和领域规划，制定了数据的标准、主数据等。

数据规划的结果决定了作为**企业资产的数据是否能够实现在系统中共享**，是否可以**避免发生信息孤岛问题**，也决定了**数据使用的生命周期**。

★解读：架构一词，有名词和动词两种词义，在概要设计中，不使用动词的词义，“架构”是作为规划和设计的对象。对“架构”的规划设计，就是搭建一个承载功能和管理的

“架子”，对这个架子的大体形状的确定是“规划设计”，对细节的确定是“详细设计”。

4. 3种逻辑表达式

在前面的需求调研和分析中多次讲到了逻辑的重要性，逻辑是帮助理解研究对象的钥匙。软件设计过程中，逻辑不但是理解对象的钥匙，更是非常重要的设计对象。软件工程师要充分地理解和掌握这3种逻辑：**业务逻辑、数据逻辑和管理逻辑**，并在一阶段的设计过程中运用这3种逻辑来指导分析、设计，以及确认交付成果正确与否。

1）3种逻辑的内容和作用

上述规划的架构、功能和数据都是看得见的对象，可以分别用架构图、原型界面、数据实体等来表达，但是架构、功能和数据背后的逻辑关系都是不能直接看见的，下面对在这3个在表面上不能直接看见的逻辑的表达方式进行说明。

图7-3是一个管理架构模型，在这个管理架构的模型上同时存在着3种形式的逻辑，3种形式逻辑的说明如下。

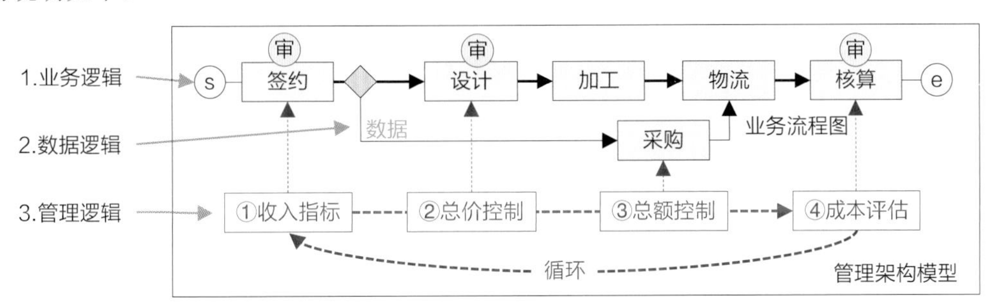

图7-3 业务逻辑、管理逻辑与数据逻辑的关系示意图

- 业务逻辑：业务流程图的一部分，表达“业务”运行的事理、规律、不同工作之间的协同关系等，在设计中业务逻辑的表达主要使用架构图、文字等形式，如业务流程图是图形中最具代表性的业务逻辑表达形式。
- 数据逻辑：图7-3中绿字表达的部分，表达“数据”间的关系，数据在业务流程的节点之间流动，它来源于功能设计文档的4件套（字段定义）。数据逻辑主要使用数据表、键关联、计算公式等形式表达。数据逻辑不但是业务详细设计的基础，而且也是技术设计、编码以及测试工作的基础。
- 管理逻辑：图7-3中红字表达的部分，表达“管理”的工作原理、与业务之间的关系、对业务的控制形式等。在设计过程中管理逻辑主要用管理模型、规则等形式表达。

2）3种逻辑之间的关系

3种逻辑之间相互作用，它们之间的关系如图7-4所示。

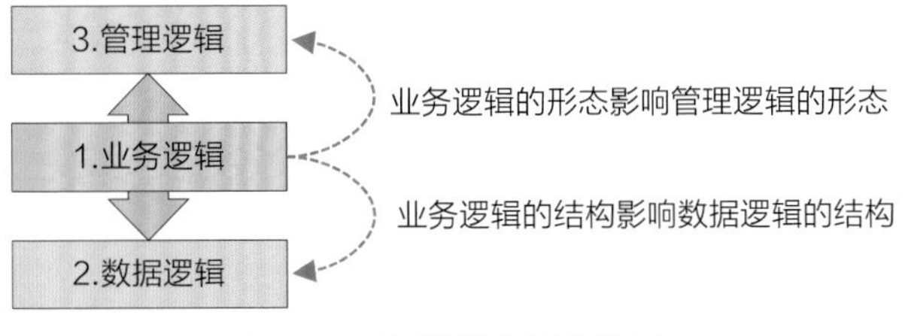

图7-4 3种逻辑之间的关系

- 业务逻辑：管理逻辑和数据逻辑的设计基础，业务架构（如业务流程）确定了，业务的主要逻辑关系就确定了。业务逻辑由业务事理决定。
- 数据逻辑：业务架构和业务功能（界面）确定后，在业务架构（业务流程）上各节点（界面）之间流动的数据的逻辑关系就确定了。
- 管理逻辑：业务架构确定后，在业务架构（如流程）之上设计匹配的管理架构（如成本控制），业务架构的形态会影响管理架构的形态，也就是管理逻辑。管理逻辑由管理方法决定。

在概要设计中，对业务的“架构”规划和设计非常重要，架构决定了系统的业务逻辑，同时也为确定数据逻辑和管理逻辑奠定了基础。数据逻辑与业务逻辑并非完全重合，数据逻辑完整地被确定要等到数据详细设计阶段。

★Q&A：学习新的业务知识，怎样才能做到举一反三？

徐晓艳（会计转行）问：“我学的是会计专业，一步一步地学习业务知识固然好，但是时间不允许，用什么方法学习可以做到举一反三呢？”

李老师回答说：“作为需求工程师，其实并不需要把所有的业务都经历一遍，这是不可能的，只要掌握了业务的规律和学习的方法就可以做到。对于需求工程师，所有的业务逻辑都是类似的。例如，你开始学着做材料采购了，一定要注意做总结，通过观察可以发现任何采购业务都是由‘目标、计划、合同、验收、入库、结算’这几个主要环节组成的，搞清楚了采购的业务逻辑，那么需要管控的就是这些关键节点，如此就可以达到举一反三的效果了。

7.1.3 角色与能力

既然概要设计在整个软件工程中的作用如此重要，那么这个阶段工作的主要负责人和项目成员需要具备哪些知识和能力呢？

概要设计工作属于系统的顶层设计范畴。它是考验一个项目组总体水平的关键步骤，项目组中要由综合能力最强的成员或由软件公司指定的高级架构师来承当这项工作。

不同的软件公司，将从事顶层规划设计的岗位称为架构师、业务专家、业务顾问等，不论岗位称呼如何，做好概要设计必须要具有全局观念，要至少拥有以下知识和能力（不限于此）。

- 具有从整体上、从大局方面全面理解对象的能力（建模、抽象、逻辑等知识）。
- 对软件的业务分析、架构设计具有较为丰富的知识和经验（软件工程知识）。
- 具有站在客户领导视角观察和理解问题的能力（管理知识）。
- 掌握客户所从事行业的专业知识（业务知识）。
- 对软件的技术实现方式具有一定的知识（编码经验）。

7.2 准备工作

在正式进入概要设计阶段前要做好的准备工作包括：对参与概要设计的相关人进行培训，准备好相关的流程、模板、标准、规范等。

7.2.1　作业方法的培训

培训资料来自《大话软件工程——需求分析与软件设计》一书，培训内容如下。

（1）第2章　分离原理

- 业务与管理的分离。
- 业务的设计方法。
- 管理的设计方法。

（2）第3章　组合原理

- 要素的概念：系统与模块、解耦与内聚。
- 逻辑的表达：包括在图形中、数据中的逻辑表达方式。

（3）第4章　分析模型与架构模型

- 拓扑图、分层图：用于系统的整体规划和分层规划。
- 软件设计三视图：（框架图、分解图、流程图）是本章架构设计的主要表达方式。

（4）第9章　架构的概要设计

- 业务架构的规划。
- 设计理念、业务主线、标准、规范。
- 架构模型的具体应用方法。

（5）第10章　功能的概要设计

- 业务功能的规划。
- 功能的归集、分类。

（6）第11章　数据的概要设计

- 数据的规划。
- 数据的归集、分类。
- 数据标准、主线的建立。

★解读：由于包括项目经理在内的项目组成员大多没有做过规模较大的系统，因此大家对概要设计没有太直接的体验，培训前大家反映，以前也做过概要设计，但是走形式的居多，感觉概要设计的内容和方法都很“虚”，在概要设计中除去画一些整体的框架图外，更多的是放在如接口、部署等一些偏技术方面的问题上，而不太清楚在业务方面要做什么，其实业务方面要做的工作非常多，而且非常重要。

7.2.2　作业模板的准备

这里需要准备概要设计时的模板。由于概要设计的对象分为3层，即架构层、功能层和数据层，因此，模板也分为3类。下面介绍各设计层所需要的主要模板。

1）概要设计规格书

首先是概要设计阶段成果的汇总资料《概要设计规格书》的模板，这个规格书是概要设计阶段成果的集大成者，详细的内容说明参见7.6节。

2）架构层的概要设计用模板

概要设计中，做业务的架构设计是最重要的工作之一，业务架构主要采用的架构模型有5种，分别是拓扑图、分层图、框架图、分解图和流程图，参见图7-5。

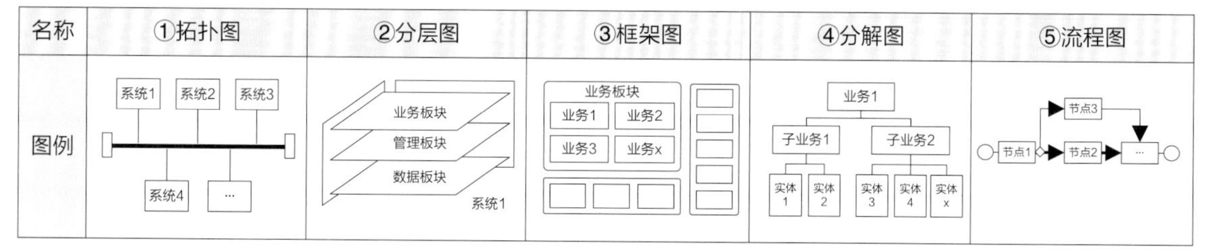

图7-5　常用的5种架构图模型

① 拓扑图：将多个软件系统用网络图连接起来的表达方式。

② 分层图：将研究对象按照不同内容分成不同的逻辑层的方法。

③ 框架图：规划功能的范围、分区、区域之间的关系。

④ 分解图：表达具有分解或汇总的关系。

⑤ 流程图：表达为完成某个目标的活动之间的相互关系。

【参考】有关架构模型的说明，参见《大话软件工程——需求分析与软件设计》第4章和第9章。

3）功能层的概要设计用模板

对需求工程编制的《功能需求一览表》按照软件设计的要求进行分析、甄别、归集，将最终确认为必须开发的业务功能录入《业务功能一览表》中，除去对业务领域的分类，还要标出该业务功能属于哪一种功能（活动、字典、看板和表单），并在表中标注，参见图7-6。至此，需求阶段收集的“功能需求”就变为“业务功能”了，去掉“需求”二字就意味着该功能被正式确认为设计和编码的对象。

业务功能一览表					实体信息		终端			业务功能分类			
业务领域		编号	名称	功能说明	数量	名称	PC	手机	平板电脑	活动	字典	看板	表单
1	合同管理	00-000	合同签订	输入正式的合同文本，归档	2	合同书主表	○			○			
2													
3													
4													
5													
6													
7													
8													
9													

增加业务功能分类详细

图7-6　《业务功能一览表》

《业务功能一览表》是功能层在概要设计中的主要交付物之一，这个表确定了系统开发中最大部分的内容和工作量。《业务功能一览表》的定义、使用说明以及实际的应用方法参见《大话软件工程——需求分析与软件设计》第10章。

4）数据层的概要设计用模板

在数据层，概要设计中有两项主要的工作，一是要确定业务数据的标准，二是要确定系统中的主数据。

- 业务数据标准：系统中绝大部分的业务数据来自功能（界面）设计用4件套模板中的模

板2“字段定义”。这个模板详细地定义了系统中运行的几乎每一项业务数据，这个字段定义就是数据标准化作业，参见图7-7。

编号	字段名称	类型	格式	长度	必填	数据源	定义与说明	变更人	变更原因	变更日	状态
按钮区											
1	所属单位	文本框		16	N	组织机构	默认填报人所属组织，不可编辑				
2											
3											
主表区											
1											
2											
3											
细表区											
1											
2											

图7-7　字段定义模板（业务4件套之二）

- 主数据表：用于选定和记录系统的主数据，包括主数据在系统中的统一编号和名称、所在分类、未来可能的使用位置等，参见图7-8。

No	功能名称		主数据名称								
	系统名	功能名	客商编号	工程分类	组织机构编号	项目编号	客商名称	发票种类	银行账户	资产名称	…
1	公共字典	客商库	○				○				
2		工程库		○							
3		组织机构			○						
4	A系统	项目信息				○					
5		成本归集									
6		资产分类									
7		…									

图7-8　主数据表

确定了主数据在哪些功能中被使用（这个不用固定，随着系统的扩展主数据的使用范围会更广），此图可以作为开发过程中各业务模块担当者的共同参考，避免重复。同时此图必须在系统上线后随着维护、扩展等工作不断地进行维护，以避免将来被遗忘而造成数据共享时混乱。

【参考】《大话软件工程——需求分析与软件设计》第22章。

7.2.3　作业路线的规划

以《工作任务一览表》中的总体计划（包括里程碑计划和执行计划）为基础，给出概要设计阶段的11步的作业一览供参考（不限于此）。

（1）标准规范确定：规定设计需要交付的文档名称、内容、格式、验收标准等。各公司有自己的标准要求，项目经理可以根据本项目特点加以调整（省略）。

（2）设计理念确定：根据双方高层的需求、行业最佳案例、新技术等确定设计理念。

（3）业务主线确定：按照目标需求和业务需求确定系统的业务主线（可以有多条）。

（4）架构层规划：按业务领域进行规划，确定系统、模块、业务流程等。

（5）功能层规划：对全部的功能需求进行规划、分类，并确定待开发的全部功能。
（6）数据层规划：建立系统中数据的标准、确定主数据等。
（7）管理层规划：对不同的业务处理内容，确定采用的企业管理规则和管控设置点等。
（8）价值规划：确定系统会给用户带来哪些信息化价值（包括基础价值和附加价值）。
（9）用例规划：在进入编程前通过编写业务用例和应用用例，对设计成果进行验证。
（10）技术规划：除上述业务规划外，还需要进行技术方面的规划。
（11）文档编制：汇总上述全部规划设计内容，编写《概要设计规格书》。

★Q&A：程序员出身的吕德亮问：“李老师，我在看《大话软件工程——需求分析与软件设计》时，看到了书中有很多新的概念和用语，是我以前做程序员时没有接触过的，为什么要建立这么多的概念和用语呢？”

李老师回答说：“这是因为业务人员所从事的一阶段的工作，原本就缺乏体系化的理论、方法、标准和模板等，且使用的很多概念不是一阶段的用语，沟通时经常使用大白话或技术用语，大白话表达不准确，技术用语客户听不懂，因此交流效率很低，常常会因为缺乏专门的用语，造成同一个公司的不同部门或不同公司类似的部门对同一件事有不同的表达。

你可以从二阶段的技术人员之间的对话效率看出来，他们比业务人员之间的沟通效率高且准确，为什么呢？就是因为研究二阶段工作相关理论和方法的人多、时间长，积累了大量的专用概念和用语。

所以，从事一阶段工作的业务人员也想达到这样的沟通效率，就必须也要建立类似的概念和用语。”

7.3　理念与主线

在概要设计阶段，首先要做的重要工作之一就是**确定系统的设计理念和业务主线**，这两者是系统架构设计的灵魂，没有它们系统就如同一盘散沙，有了它们系统不但有高度，还有核心和支柱。

7.3.1　设计理念的确定

设计理念是设计系统时的方向指针，对同一个系统预设的设计理念来自软件公司和客户双方，换句话说，这个系统必须要同时满足客户和软件公司的需求（而非仅满足客户需求）。

1. 设计理念的产生依据

系统的设计理念主要根据软件公司和客户两方面的需求确定，这些需求来自软件公司和客户的两个重要会议。将确定设计理念的依据转述如下。

1）软件公司的会议

在售前咨询前的项目背景说明会上，软件公司董事长说这个项目要满足以下两个要求。

（1）对客户：要打造成行业标杆，要用信息化手段为企业的运行“保驾护航”。

（2）对软件公司：要打造成标准产品，做到随需应变、随时应变。

2）客户的会议

在售前阶段的高层交流会和公司层的需求调研会上，客户的高层领导对新建的信息系统提出了要求，对这些要求归集如下。

（1）企业级要求（共4点）：提升竞争力、强化风险管控、强化沟通、随需应变。

（2）项目级要求（共4点）：以**项目策划**为纲领、以**进度计划**为抓手、以**成本达标**为中心、以**风险控制**为保障。

另外，除去直接听取客户高层的需求外，在需求阶段通过对管理层、执行层的具体需要的理解、分析后，对客户领导层的要求有了更准确的理解。

2. 设计理念的确定

因为最终完成的系统是一个整体，所以需要将客户与软件公司双方领导的期望融合在一起，让系统可以同时满足双方的需求，因此，总结归纳出了以下系统设计的指导理念。

1）针对客户

参考客户的需求，给出的设计理念如下。

① 系统按照“**过程控制类系统**”的模式设计。

② 系统呈现“**人设事、事找人**”的应用效果。

2）针对软件公司

参考软件公司的需求，给出的设计理念如下。

① 设计与构件要能实现“**复用**”。

② 系统维护要可以做到“**随需应变**”。

从上述4条设计理念的内容表达上看，并没有直接引用客户或是软件公司领导的原话，这是因为设计理念要与系统的实现方法相匹配，设计理念不能看上去是虚的。此处，**客户与软件公司双方都是软件设计师的“客户”**。软件设计师要对所有的客户需求进行提炼、升级，从软件实现的视角出发进行归纳，要更具有概括性，而且这两条设计理念在本质上是有关联的。

下面分别看一下提炼出来的4条设计理念是如何同时满足客户和软件公司的需求的。

3. 设计理念——满足客户需求

1）过程控制类系统

由于客户的领导非常强调利用信息化的手段，对项目执行过程中常见的问题进行监督和控制，因此按照分离原理的概念，在信息系统中设置业务处理过程为载体，有了业务过程就可以设置事前、事中和事后3个阶段，通过在事前和事中两个阶段内的节点上加载管理规则，强化事前和事中两个阶段的管理力度，因此确定将项目管理系统设计成可以满足管控需求的“过程控制类系统”。

2）人设事、事找人

“人设事、事找人”的设计理念有两层含义，一是用于提醒的用户“电子助手”，二是用于设定条件的“配置机制”。

（1）第一层：电子助手。

设计师希望设计出这样一套功能，即为每个系统用户提供一个专属的“电子助手”，每天打开系统时，这个电子助手就会自动提醒用户：

- 今天该做什么工作？
- 工作有哪些交付物？
- 完成工作时要遵守哪些规则？
- 还有哪些工作没有完成？等等。

这些内容都可以在系统上为每一位用户设定好，即“人设事”；当用户上班开机后，这些设定好的工作就会自动地按照规定推送到每个用户的门户上，即“事找人”。同时，在每个工作的操作过程中，如果发现出了问题或错误，电子助手也会向用户进行提示等。

（2）第二层：配置机制。

从客户需求的内容来看，不论软件公司以往积累的经验和教训有多少，要想事前预估出所有可能发生的需求变化（风险、成本、物流方面等）几乎是不可能的。所以软件公司的应对方式应该是将信息系统设计成具有较强的灵活性和可配置性，即在系统中建立一套机制，当工作中出现了以往没有预见的新场景时，通过对机制参数的调整解决系统的应变问题。所谓的“人设事、事找人”，其中，

- 人：指的是客户/用户。
- 设：指的是设置、调整。
- 事：指的是设置的各种场景和对应参数。
- 找：指的是系统推送信息。

例如，将所有可能发生风险的地方预置相应的措施（配置机制），在用户操作时由系统向其提示，提供参考、警告等（电子助手），这样的联动就可以达成软件公司领导为企业运营管理提供“保驾护航”的效果。

【参考】第9章和第10章。

4. 设计理念——满足软件公司需求

软件公司领导的主要需求是：完成项目后，将该系统改造成一款可以“复用”并可以快速支持“随需应变”的行业标准产品。“随需应变”是对系统在应用模式上的要求，支持随需应变的本质是要求系统构件可以“复用”，而想要做到系统支持复用，其前提又是系统的标准化，实现这个目标的顺序有如下5步。

（1）拆分对象：对架构、功能等进行拆分（这个工作从需求调研就开始了）。

（2）模块化：从业务功能上看，拆分完的对象要能够单独地处理某类业务。

（3）标准化：对模块要设定标准，使其具有可互换性。

（4）系统复用：此时的模块在系统中就有了可复用的特性。

（5）随需应变：最终的效果要做到快速响应客户需求的变化。

这就是软件工程化的设计思想，这种做法实际上从需求阶段就开始了，在承接了需求阶段的成果后，设计阶段还要继续使用这样的设计方法。按照这个要求去做，同一个系统的运行可以做到同时满足双方的需求。

- 客户获得的是满足自身个性需求的定制系统：按照客户需求去操作。
- 软件公司得到的是满足客户共性需求的标准产品：按照标准产品去销售。

也就是说，按照这个方法设计出来的系统，可以让客户感觉收到的是定制系统，软件公司感觉是向客户提供了标准产品。

满足客户需求的设计理念和满足软件公司需求的设计理念有非常多的相似之处，**同时实现双方需求的基础就是要做到系统的标准化和可复用**。

【参考】第1章、第8章、第9章、第16章。

7.3.2 业务主线的确定

有了设计理念作顶层设计指导，下一步就是要给出业务主线。由于本案例的核心是项目管理，因此这里给出的是项目管理系统的业务主线。

1. 项目管理的划分

1）业务主线的依据

建立项目管理的模型，要按照分离原理的要求，先从研究对象（=项目管理）中拆分出业务和管理，以分离后的业务过程作载体，然后再加上管理要素。

- 根据分离原理的定义、项目管理的专业知识和软件设计的需求，确定将人工、材料和机械这3类资源的“消耗过程”作为工程项目管理系统的业务主线。
- 按照项目管理专业知识和客户目标需求等，设置两条管理辅线：进度管理和成本管理。

这样就形成了以资源消耗过程为业务主线（作为管理的载体）、进度和成本为管理辅线的3条线，它们构成了本项目管理系统的主要框架，参考图7-9。

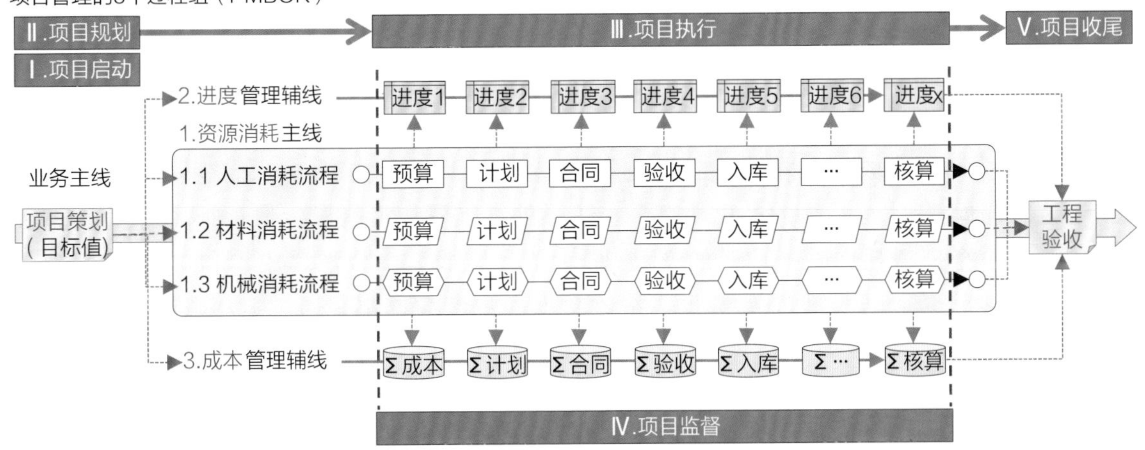

图7-9 项目管理主线设计示意图

图7-9中表达了主线、辅线和要素的关系，这就相当于给“工程项目管理”这个抽象的对象画了一张具象的“项目管理图像”，下面对图中的内容和作用从业务方面做详细的说明（管理方面详细说明参见7.3.3节）。

2）项目管理过程的说明

首先，图7-9中最上端部分和最下端部分是项目管理的5个过程组，这5个项目管理的过程组与本案例的项目管理架构模型的对应关系如下。

- Ⅰ.项目启动和Ⅱ.项目规划对应架构模型的“项目策划”部分。
- Ⅲ.项目执行对应架构模型的3条线（资源消耗、进度管理和成本管理）。
- Ⅳ.项目监控对应同样的3条主线（是对项目执行过程的监督）。

- Ⅴ.项目收尾对应架构模型的“工程验收”部分。

2. 业务主线的构成

1）业务主线

首先来看项目管理架构模型中的业务主线部分，图7-9的“1.资源消耗主线”的起点是“项目策划”，终点是“工程验收”，中间部分就是3条资源消耗线：1.1 人工、1.2 材料、1.3 机械。为什么在项目管理架构模型中要选择“资源消耗”作为业务主线呢？说明前，先将业务和业务主线的概念梳理一下。

- 业务：首先判断项目中的哪些工作属于“业务”，根据分离原理，在项目管理中所谓的“业务”，就是在一定的时间内通过消耗人工、材料和机械这3类资源，将资源转换为最终需要的产品（价值）。
- 业务主线：按照分离原理的定义，业务主线是通过一系列活动完成某个业务目标，从而实现该目标设定的价值，因此，实现价值的业务过程就设定为该项目管理的业务主线。这与项目管理的实际情况也是相符合的。
- 资源消耗主线：业务主线=①资源消耗主线。从图7-9中可以看出，资源由3类构成，即人工资源、材料资源和机械资源。因此资源消耗主线是由3条资源消耗分流程构成的。当然，如果读者所做的项目有更多类型的资源，可以在资源消耗主线中再增加其他的资源线。顺便说一句，这个资源消耗主线就是以需求分析阶段获得的成本业务全景图为基础构建的（为了讲解简单，图中用的是3条示意图，正式的项目管理架构图要用业务全景图来替换）。

2）以资源为业务主线的含义

项目管理系统包含很多内容，为什么要选资源消耗过程（人、材、机）作业务主线呢？项目管理包含时间、成本、采购、组织、质量、安全、风险等内容，但是这其中只有对“资源”的采购与消耗是与具体的产出物有直接关系的，当资源没有发生消耗时，此时的产品=0值。当资源全部消耗完时，此时的产品=最大值（完成）。资源、成本和进度3个数据中只有资源数据是实际发生的原始数据，成本数据和进度数据都是通过消耗资源转换而来的数据。

也就是说，系统的架构设计必须要以实际发生的数据（资源、资金等）过程为载体，由人为设置的数据（预算值、计划值、比例值等）过程为辅助，如此架构才是合理、稳定的。

明白了这个道理后，就可以得出这样的结论：只要是以通过消耗资源来换取结果的项目管理，不论是在建筑、制造行业，还是在科研、会展等其他领域，所建立的项目管理模型基本上是一样的，都是以资源的消耗过程为业务主线和载体（领域不同可能出现的资源消耗线数量不同），因为只有这个业务主线的内容才是实际发生的业务过程，只要找到了这个业务主线，建立项目管理模型的工作就完成了一大半。因为按照分离原理的定义，管理是为业务服务的，是帮助业务实现业务目标的，管理行为并不改变业务形态。业务主线定了，项目管理的基本架构就定了。

这里注意，给出的项目管理架构图、业务主线和管理辅线等都是系统设计的概念图，帮助思考、理解，但不是设计阶段的交付物。

★解读：资源数据与资金数据是真实的原始数据。

在项目管理系统中，除去前述的**资源数据**（人/材/机）外，还有**资金数据**也是真实的数据、或者说是“原生”的数据，如以资金数据为对象建立主线，则可以设计与财务相关的主线和管理模型。除资源和资金的数据外，大多数的数据都不是原始数据，都是通过设计衍生出来的数据，如成本数据、进度数据、产值数据等。

7.3.3　管理辅线的确定

在图7-9中将进度管理和成本管理设置成了两条辅线、设在业务主线的两侧（如果俯视这个模型就是两侧了）。下面讲解有关管理辅线的概念。

1. 管理辅线的划分

- 管理：按照分离原理的定义，管理就是确保业务可以按照标准达成目标的措施。
- 管理辅线：沿着业务主线，对客户特别关注的管理对象设置一系列的管控点，由这些管控点的协同工作来确保业务达成预定目标。

首先来确认管理对象有哪些，项目管理中需要管理的内容很多，本案例在需求调研中客户领导特别提出了对项目管理系统的目标需求，此处转述如下。

① 以**项目策划**为纲领。

② 以**进度计划**为抓手。

③ 以**成本达标**为中心。

④ 以**风险控制**为保障。

参考图7-10分离原理模型图，从中可以看出，②进度计划、③成本达标和④风险控制3项都是模型中“管理分类”下的内容，而①项目策划的作用则是为这3项设定目标值的。下面结合业务主线，对①～④4个目标需求进行说明。

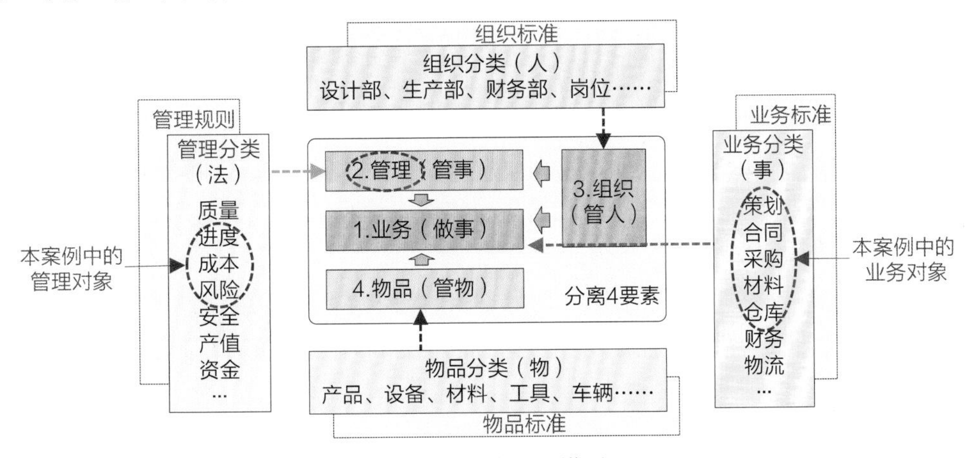

图7-10　分离原理模型

2. 目标需求的实现

在3种需求（目标需求、业务需求、功能需求）中，目标需求是相对难以理解的，因为它来自企业的决策层或管理层。下面看一下蓝岛建设集团领导对项目管理系统提出的4个目标需求的实现思路。

1）以项目策划为纲领

这是客户领导希望在每个工程项目开工前，首先要为该项目制定各类目标值（=业务标准），以确保在项目执行过程中的每个步骤中都知道要做什么、做多少、交付什么、交付标准等。因此，就需要在项目的启动点（业务主线的起点）上设置一个重要步骤“项目策划”。项目策划的功能要能给资源、成本、进度、质量、安全等在内的各类需要管控的对象设置目标值。反过来也可以这样说：只要在项目执行过程中有需要管控的对象，那么就要在“项目策划”中为该对象设置一个目标值，在执行过程中如果发生了与这个目标值不相符的现象，系统就会按照预先约定好的管理规则进行干预。

【参考】9.2节。

2）以进度计划为抓手

我们知道，项目经理在推进项目的执行过程中，始终是以预先制订好的“进度计划”为依据进行管理的，对进度的管理是企业生产部门最为重视的管理对象之一。

- 进度：是指实际值/计划值的比例，如果（实际值/计划值）＜1，则进度计划未完成；如果（实际值/计划值）＞1，则进度计划超额完成。进度计划与资源消耗主线的关系是：它指导确定资源的计划采购、出库和消耗数量等。同时实际消耗的资源数量（实际值）反过来又为判断进度计划的完成情况提供了真实数据的支持。
- 进度管理辅线：与业务主线平行，按照合同工期建立一条带有时间刻度的轴，将每个刻度上绑定计划的资源消耗值、预期完成的工程数量，就形成了一条进度管理线。

【参考】9.3节。

3）以成本达标为中心

成本是关系企业收益的重要指标，成本管理是企业领导和财务部门最重要的管理对象之一。

- 成本：指的是为取得资源所需付出的经济价值。即企业为进行生产活动而支付的资源采购费用。成本的定义，在不同行业、对不同资源的计算方法都会有所不同，具体的定义要遵照每个客户的财务部门规定而定。
- 成本管理线：由于成本管理是企业领导和财务部门的关注重点，且成本达标与资源消耗主线有着极为密切的关系（通常情况下，支出的费用并不是立即转为成本，而是购买的资源被消耗了才转为成本），因此这里也将成本达标的管理设定为一条与业务主线平行的管理线，即成本管理线。

成本不是一条独立存在的实际流程，是用资源消耗数量所对应的采购费用值来表达，因此在图7-9中，“3. 成本管理线”节点使用了数据库的图标，比喻资源消耗的过程数据沉淀到这个“数据库”里，形成了一条虚拟的成本数据线。

【参考】9.4节。

4）以风险控制为保障

风险管理是典型的对文字型对象的管理，与进度和成本这类典型的数据型对象不同，风险不一定可以用量化的数据表达，它与资源消耗主线既没有逻辑上的关联，也没有数据上的关联，且它的发生过程也不是一条明确的线，风险控制是将标准和规则设置在业务主线的节点内，因此无法在图7-9上用一条可视的逻辑线来表达它的存在。

同理，项目管理其他常见的如质量、安全、环境等重要的管理对象，由于是文字型数据，没有一条明显的业务线存在，所以也不能在这样的架构图中表达它们的存在。

【参考】9.5节。

3. 资源、进度和成本的关系

从上面的介绍可以看出，资源、进度和成本三者之间的业务逻辑关系和数据逻辑关系是非常密切的，是构成项目管理系统最重要的一组要素。彻底搞清楚这三者之间的关系，对理解项目管理的逻辑、做好项目管理的架构非常重要，其他如组织、资金、质量、安全等都是辅助要素，不会影响项目管理系统的架构，三者的关系示意参见图7-11。

图7-11　资源、进度和成本三要素的关系示意图

- 进度数据：从时间上指导资源数据的编制，如确定资源的采购数量和消耗数量。
- 成本数据：从数量、金额上指导资源数据的编制，如确定资源的采购数量、采购价格等。
- 资源数据：进度是否达标？需要用资源消耗量来显示完成的工程量。成本是否超标？也需要由实际的资源消耗量换算成相应的采购费作参考。

从系统的架构上看，资源消耗主线是主要的基础，因为它产生的数据是真实的过程数据，相对而言，进度和成本是由编制出来的“计划数据”用资源消耗间接计算出来的数据表达的。例如，

- 进度数据：先编制一套计划数据（虚的），然后利用资源的消耗结果算出相应的工程量数据（实的），将计划数据和工程量数据进行对比，判断进度是否正常，从而实现对进度的管理。
- 成本数据：先编制一套预算成本（虚的），然后利用已消耗资源的采购费用换算出实际成本（实的），将预算成本和实际成本做对比，判断成本是否正常、超额或结余，从而实现对成本的管理。

理解了上面三者的关系，就清楚了进度和成本是两个针对资源消耗的管理科目，而**资源数据是表达成本和进度的重要依据**。架构的主体是业务主线（资源消耗），有了正确的业务主线作架构，不论加载什么管理科目都没有问题，加载的管理内容即使有变化，业务主线也是稳定的。

至此，依据分离原理、目标需求以及专业的业务知识等，通过建立业务主线组建起了项目管理的基本架构，它对后面具体的业务架构有指导作用，并且在此基础上可以比较直观、容易地对项目管理的各项内容进行深入研究、分析、架构和设计。虽然这个基本架构并不是具体的业务架构图，但是图7-11让所有的相关人对未来的项目管理系统架构，在逻辑层面上有了统一、整体、全面的认知。

设计理念、业务主线都不是具体的设计交付物，但是从前面的讲解可以看出它们是对客户需求的高度理解，对后续系统的规划、设计、实现等都有着非常重要的指导意义。

★解读：顺便说一下，客户在讲述项目管理时，往往会特别强调“进度计划是主线，是管理的抓手”，这种提法在线下的实际管理中是没错的，项目经理确实是以进度计划为主要管理依据，但现实中管理与系统中的业务架构完全不是一回事。在利用信息系统进行项目管理时，项目经理依旧可以用进度计划作为主要的项目管理抓手，但是在做系统内部的架构时，由于进度计划不是业务流程，不能作管理的载体，因此不能作为架构的业务主线。

7.4 业务规划

系统的设计理念、业务主线确定后，下一步工作就是做具体的系统业务规划。

业务规划的工作成果是确定信息系统的核心、骨架。业务规划的内容是按照软件工程框架图1-4的顺序进行，主要的设计对象分为3层，即①架构层→②功能层→③数据层，参见图7-12。

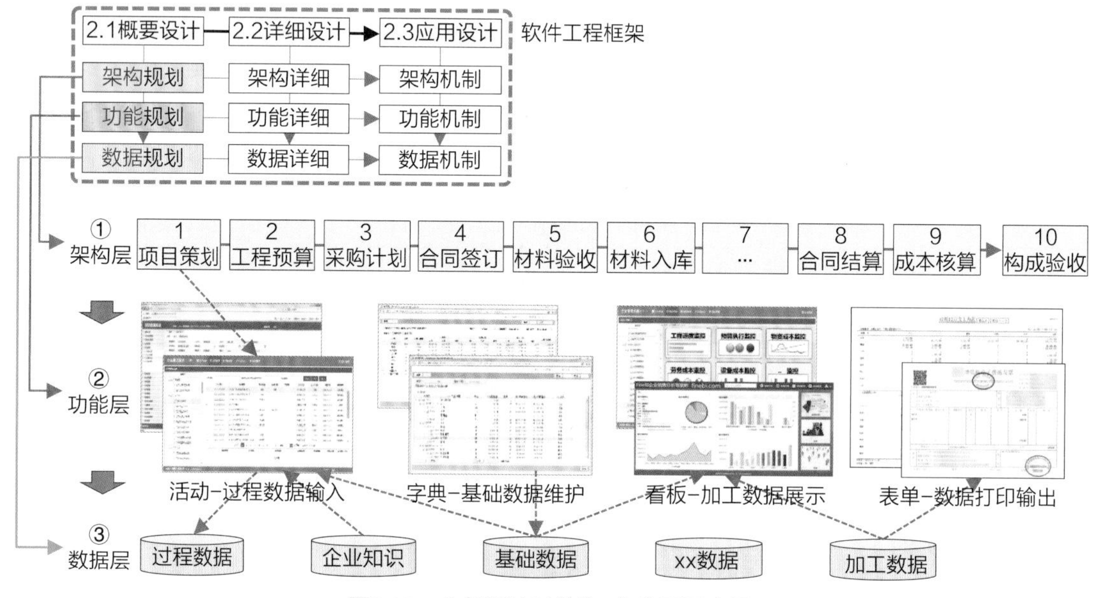

图7-12　业务设计对象的3个分层示意图

① 架构层：通过业务架构（如流程图）确定业务逻辑。

② 功能层：对功能进行分类（活动、字典、看板、表单）、规划等。

③ 数据层：数据的应用规划、标准、主数据表等。

原则上，所有的规划都是基于《需求规格说明书》提供的原始资料（图、文、表），再加上设计理念、架构师的思考、最佳信息化手段等进行的。

7.4.1 架构层规划

概要设计的第一个对象是架构层，对架构层的业务规划是基于企业的经营战略、企业高层对信息系统的目标需求等，对未来在“人—机—人”环境中运行的企业业务活动进行粗线条的设计，这个粗线条的设计是利用业务架构图的方法来表达的。

业务架构就如同建筑物的支撑结构一样，业务架构撑起系统的结构（架构）后，再在架构上设置功能（界面），然后再在功能之间驱动数据的流通（数据），这就形成了设计的3层对象架构、功能和数据，架构是后两者的基础。不论是企业级的业务架构，还是项目级的业务架构，基本原理都是一样的。

架构设计采用的方法就是利用架构模型进行表达，包括框架图、分解图和流程图。

【参考】《大话软件工程——需求分析与软件设计》第9章。

1. 框架图——总体架构（静态）

架构层的第一步是利用框架图对蓝岛建设的所有系统进行规划，对从事的业务按照板块进行归集，不同的业务板块被定义为不同的系统，这是蓝岛建设集团的系统规划顶层设计图，如图7-13所示。

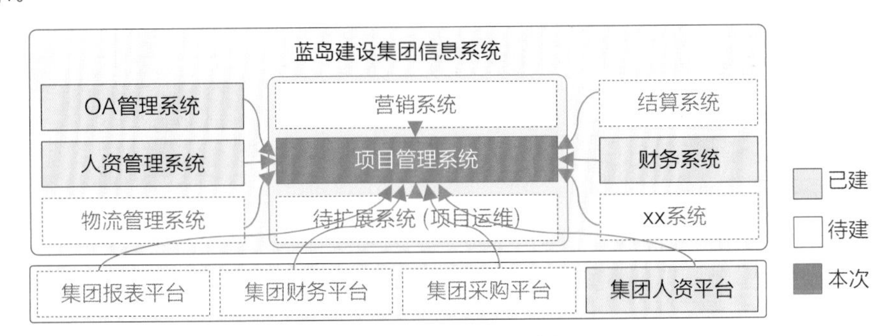

图7-13　业务板块划分

从图中可以看出，因为项目管理系统是蓝岛建设的生产管理系统，因此被放置在中心位置，其他所有的工作都是围绕这个中心，并为其提供支持和服务的。

【例1】本案例为项目管理系统，因此将图7-13中的“项目管理系统”单独进行展开，这部分的内容已在需求分析阶段进行了初步的归集，参见图6-11（业务功能总体规划框架图），在此根据概要设计的要求，除对图6-11的业务功能部分继续完善外，还要再加上对“基础数据”和“企业知识”两个空白部分的规划，基础数据和企业知识两部分的内容是直接用来支持业务功能处理的，内容如图7-14所示。

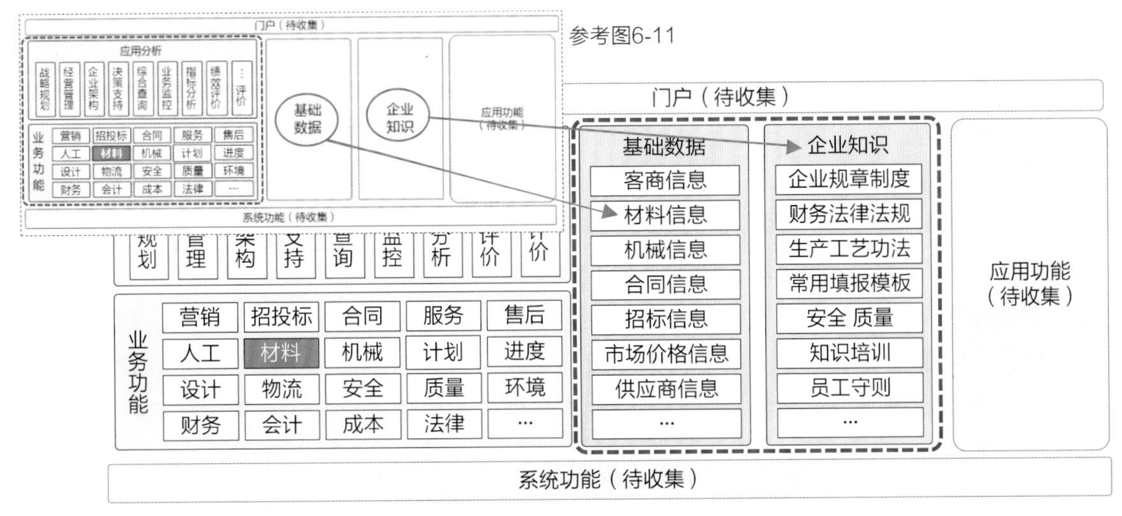

图7-14　项目管理系统功能规划

其他如应用功能/门户、系统功能部分，则分别需要到应用设计和技术设计时再继续补充、完成。

2. 分解图——构成规划（静态）

利用分解图，对各不同业务板块的业务关系等进行关联，形成多张分解图（集）。

【例2】图7-15是在图6-17成本构成结构图的基础上，进行进一步的展开、细化形成的成本结构的分解图，类似还有材料构成分解图、客户构成分解图、组织构成分解图等。

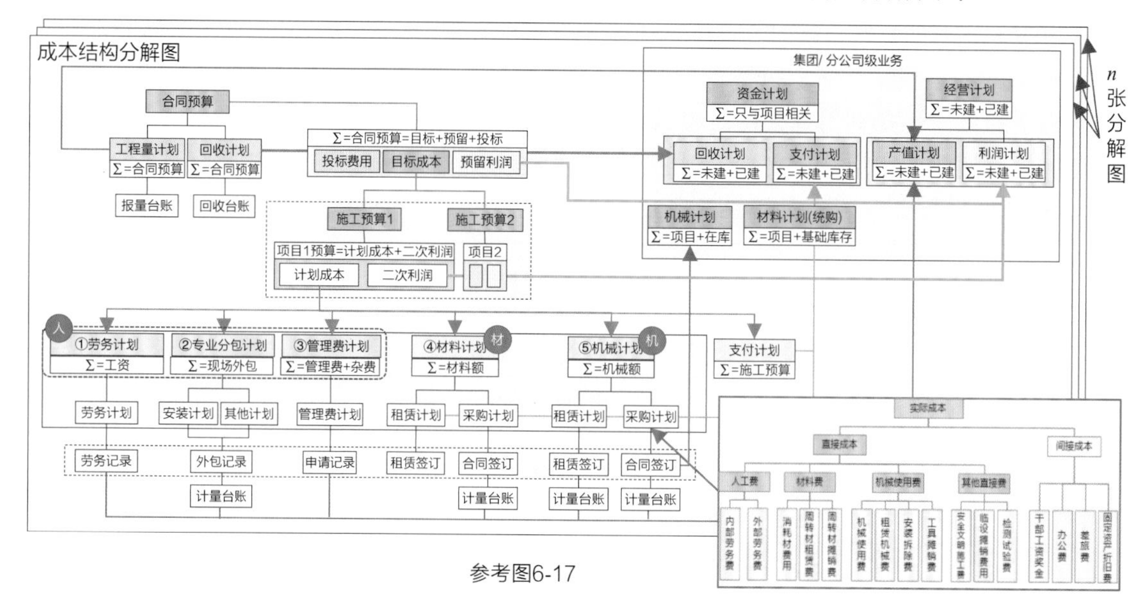

图7-15　业务规划分解图集

以上的框架图、分解图都属于用静态的形式表达业务架构。

★解读：框架图与分解图作用的区分。

- 框架图，是用“俯视”的视角看业务功能，重点是**划分功能区域**以及主要区域之间的作用关系，在框架图上并不具体明确地显示模块之间的逻辑体系。
- 分解图像一个“剖面”图，如同打开了功能的“盒子”，将里面功能之间的关系显示出来了，所以分解图可以**确定各模块或功能之间的关联关系**。

3. 流程图——过程规划（动态）

利用流程图，串联其各不同业务领域的功能关系，形成多张流程图（集），流程图可以表达动态的业务架构。

【例3】图7-16是在图6-18材料消耗流程图的基础上展开、细化而来的。类似的还有人工管理流程图、机械租赁管理流程图、质量检查管理流程图等。详细案例介绍参见11.3节。

小结一下，在概要设计阶段，要把全部需要架构的对象进行架构设计，形成一套业务的架构图集，包括框架图集、分解图集和流程图集。这套架构图集是对客户业务类型、运行形态、内在逻辑、功能关系等的完整图示，是指导后续设计、编程、测试、上线、验证以及培训等各个环节不可或缺的依据。在后续与客户的讨论、软件公司内部的讨论中都要以这套架构图为基准进行，否则就会出现歧义或没有收敛的无效争论，甚至出现逻辑错误。

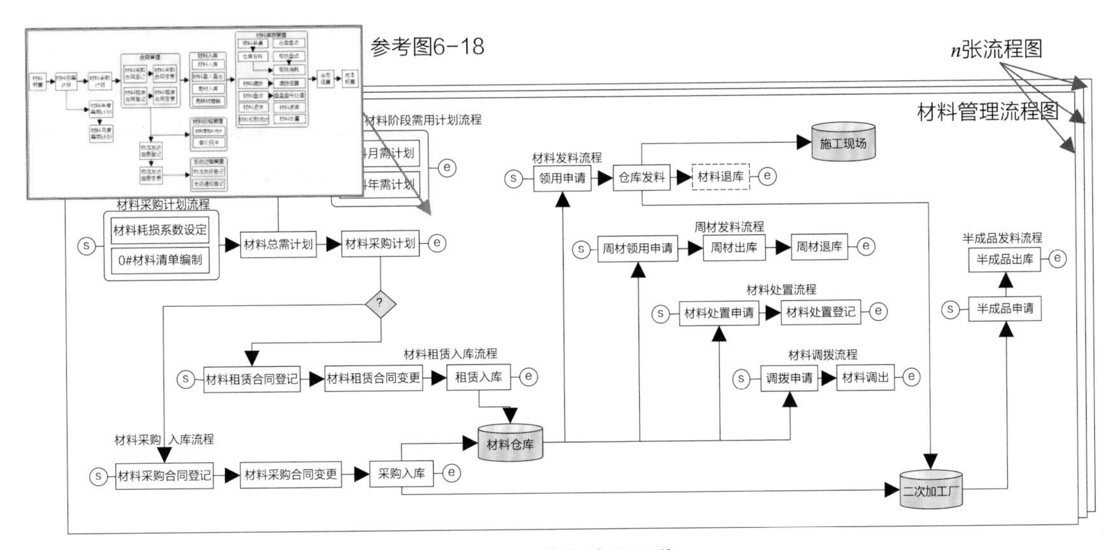

图7-16　业务流程图集

★Q&A：做业务设计不画架构图，会有什么问题吗？

有10年需求经历的王杰出问：“我们原来做需求时不怎么画架构图（有时也象征性地画几张），基本上都是直接做界面设计，这样做有什么问题吗？”

李老师回答说：“这与所做系统的规模、复杂度有关，假如系统有20、30个界面，这样的规模有无架构图的影响都不大。但是如果系统有800或1000个界面的规模时，没有架构图可能就把控不住了。

举个图书整理的例子，假如有30本书放房间的地上，想要了解有哪些书或要寻找其中的某本书时，很快就做到了。但是如果有800或1000本书堆在房间的地上，需要了解有哪些书或找到其中某本书就要花费很多时间。此时最好的方法就是利用书架来整理放在地上的书。

在业务规划中，架构图就相当于‘书架’，系统、模块等的划分就相当于书架的隔板，系统与模块的名称就相当于隔板上的图书分类标签。有了业务规划的成果，后续的设计工作就可以沿着规划的路线按部就班地进行了。”

7.4.2　功能层规划

概要设计的第二个对象是功能层，对功能的规划以业务架构图为参考，将在需求工程中收集的全部功能需求摊开，进行功能的梳理、分类、归集，完成《业务功能一览表》。

【参考】《大话软件工程——需求分析与软件设计》第10章。

1. 业务功能的确定

这个步骤对需求分析的成果《功能需求一览表》中的所有“功能需求”进行确定，确定后的“功能需求”就转换为“业务功能”了，成为了业务功能之后，就不再是功能“需求”，而是要用编码方式实现的系统功能了。确定的方式包括以下几点（不限于此）。

- 通过架构后的流程图等，确认必需的功能，补全缺失的功能。这是因为业务架构图提供了业务逻辑，而业务逻辑是判断功能需求正确与否的重要依据之一。

- 根据作用不同，将全部**业务功能分为4类：活动、字典、看板、表单**，参见图7-17。
- 确定各个业务模块中需要配套的字典功能（专门用于维护企业基础数据）。
- 要确保在系统中不重复出现相同的业务功能等（只能留一个）。

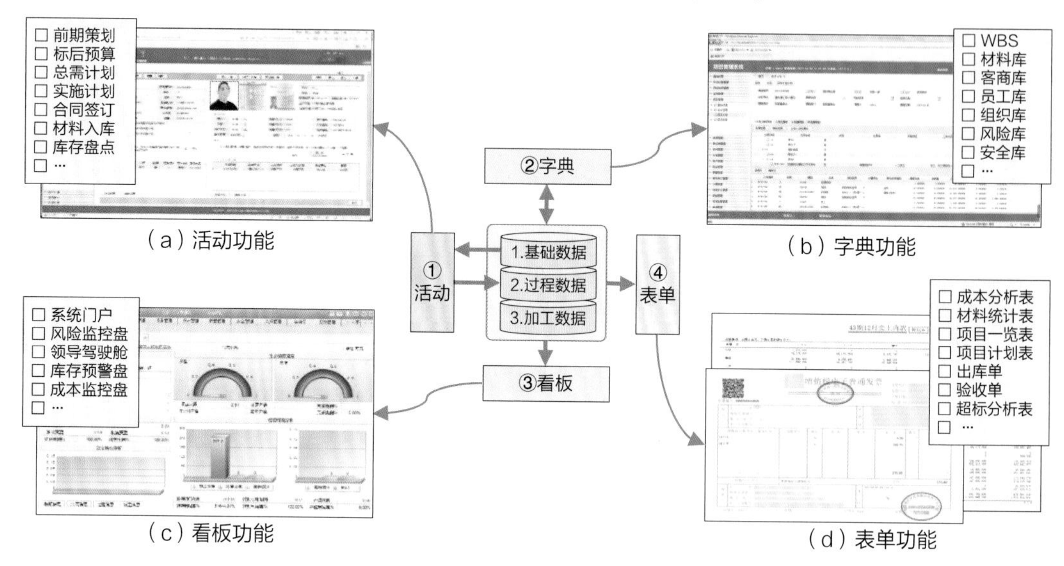

图7-17　业务功能分类示意图

在功能确定的过程中，根据完善后的业务架构图，还会增加新的功能，特别是字典功能和看板功能会增加得比较多，这是因为在需求调研和分析阶段，用户还不能提出需要的字典功能和看板功能的数量。

【参考】《大话软件工程——需求分析与软件设计》第9章。

2. 业务功能一览表

将确定后的全部业务功能分别填入《业务功能一览表》中，参见图7-18。《业务功能一览表》增加了大量有关功能描述的信息，包括对业务功能的分类，这使得判断业务功能的设计工作量的依据更加详细了。

使用：业务功能一览表

序号	业务领域		编号	名称	说明	实体信息		终端			功能分类				4件套	既存表单	成本相关		进度相关		风险相关		前期策划相关		备注
						数量	名称	PC	手机	平板电脑	活动	字典	看板	表单			定性	定量	定性	定量	定性	定量	定性	定量	
合计						56					34	0	0	6	0	30	0	29	0	0	0	0	0	1	
01	材料管理	材料计划管理	W-001	0#材料清单编制	依据0#工程量清单编制材料的用量	1	0#材料清单	○			○					○		○							
02			W-002	材料总需求计划	根据0#材料清单汇总材料的总需计划，含进场时间	1	材料总需计划单	○			○					○		○							
03			W-003	标后预算编制	根据0#材料清单编制材料的标后预算。量、单价	4	材料预算数量、单价	○			○					○		○						○	
04			W-004	材料年度需求计划	根据材料总需计划汇总年度材料需用计划，含季度	1	材料年度需求计划单	○			○														
05			W-005	材料月度需求计划	根据材料总需计划汇总年度材料需用计划，含月度	1	材料月度需求计划单	○			○														
06			W-006	材料采购计划	编制主材和零星材的采购计划，受总需计划的管控	1	材料采购计划单	○			○					○		○							
07		材料合同管理	WC-001	材料采购合同登记	根据采购计划，补录材料的采购合同	2	材料采购主表																		
08			WC-002	材料采购合同变更	登记材料的合同变更情况	2	材料采购主表																		
09			WC-003	材料租赁合同登记	补录材料的租	2	材料租赁主表																		
10			WC-004	材料租赁合同变更	登记材料的合	2	材料租赁主表																		
11			WC-005	合同执行情况分析	材料从计划到合同再到入库和结算的全过程查看。	1	合同执行情况																		
12		材料发运管理	Wf-001	材料发运信息登记	补登材料的发运信息	2	材料发运信息																		
13			Wf-002	材料发运信息变更	补登材料的发运信息变更情况	2	材料发运信息																		
15			Wf-003	材料发运通知登记	登记材料的发运通知	1	材料发运通知																		
16			Wf-004	清关进度登记	登记清关的进度信息	1	清关进度表																		
17		材料落地价管理	WJ-001	材料落地价统计	自动统计采购结算、材料发运结算、手工输入退税	1	材料落地价情																		
18			WJ-002	单价回冲	该功能在物设系统处理	1	单价回冲表																		

业务功能一览表

功能需求一览表

参考图6-19

图7-18　《业务功能一览表》

3. 统计工作量

最后将所有《业务功能一览表》中的功能进行汇总，得出《业务功能数量统计表》，这个统计表中汇总了所有的业务功能（活动、字典、看板和表单），表中的数量是指导编制详细设计、编码测试的计划依据，参见图7-19。

分类	负责人	功能需求数量	字典	实体信息		终端			功能分类				需求4件套	既存表单	成本相关		进度相关		风险相关		前期策划相关		备注
				数量	名称	PC	手机	平板电脑	活动	字典	看板	表单			定性	定量	定性	定量	定性	定量	定性	定量	
业主合同管理	王杰出	15	19	19					25	19	0	4	0	0	0	1	0	1	0	0	0	1	
成本-人员管理	徐晓艳	21	3	27					21	3	0	4	7	3	0	11	0	0	0	0	0	0	
成本-物资管理	徐晓艳	41	32	56					62	32	0	12	0	30	0	29	0	0	0	0	0	1	
成本-设备管理	吕德亮	30	21	42					41	21	0	3	0	10	4	9	2	0	12	0	0	2	
成本-分包管理	徐晓艳	14	13	14					14	13	3	6	4	5	0	3	0	0	2	0	1	0	
成本-其他费管理	徐晓艳	6	6	3	0	0	0	0	12	6	0	5	0	3	0	3	0	0	0	0	0	0	
前期策划	王海山	40	7	44					66	7	0	12	0	38	0	1	0	0	0	3	9	35	
风险管理	刘长焕	15	35	3					45	35	0	8	0	0	0	0	0	0	0	4	4	0	
技术管理	马晓明	22	12	13					22	12	0	13	0	0	0	0	19	0	0	0	1	0	
计划进度管理	马晓明	21	27	11					35	27	0	24	7	0	0	0	3	4	0	0	0	0	
安全管理	王杰出	14	17	15					21	17	0	2	0	0	0	0	0	0	12	0	0	0	
质量管理	徐晓艳	9	9	4	0	0	0	0	18	9	0	3	0	0	0	0	0	0	4	0	0	0	
财务管理	王杰出	35	31	18					54	31	0	29	17	0	0	1	0	0	0	0	0	0	
绩效管理	王杰出	9	9	3					21	9	0	18	0	2	0	0	0	0	0	0	0	0	
基础数据	各自填写	50	12	51					71	12	0	21	0	0	0	0	0	0	0	0	0	0	
系统功能		29		4					35	0	0	0	0	0	0	0	0	0	0	0	0	0	
公用看板				16					0	0	37	0	0	0	0	0	0	0	0	0	0	0	
合计		371		343	0	0	0	0	563	253	40	164	35	91	4	57	24	4	30	7	15	38	
			页面量	1020					563	253	40	164											

图7-19　业务功能数量统计表

统计工作量按照功能的分类、有无实体（可以参考的表单）等，还与设计的难易度相关，如是否涉及成本、进度这些复杂变量等。

通过功能分类、数量统计等获得了功能的分类、数量、难度等信息，获取这些信息是软件工程化设计的重要工作，也是软件项目管理得以实施的重要前提。没有这样量化的结果，是无法进行有效的、科学的项目管理工作的。至此，待开发的业务功能就全部确定了。

7.4.3　数据层规划

概要设计的第三个对象是数据层，对数据的规划会涉及后面的系统设计、编码等工作。因为系统积累的数据是企业信息化资产，信息系统的生命周期的长短在很大程度上也取决于数据规划的有无和质量高低。数据规划不周，一旦发生了严重的信息孤岛问题，就会影响系统的可用性，如果解决不好甚至会造成系统被提前弃用。所以对数据层的规划具有非常重要的意义。

【参考】《大话软件工程——需求分析与软件设计》第11章。

1. 数据的规划

1）数据框架

对待建的信息系统中的数据进行规划，这是从后面数据应用的视角反过来设计：在系统中需要规划哪些方面的业务数据，这些数据要考虑到所有的业务场景、领导分析、日常业务处理等，参见图7-20，包括

① 过程数据：在生产过程中产生的原始数据，如营销、成本、客商等，由活动功能输入。

② 基础数据：企业内部需要规范的数据，如员工、材料、机械等，由字典功能输入。

③ 管理数据：对业务进行管控的各类参数，调整参数可以应对管理方面的需求变化。

④ 其他数据：参与本系统数据计算的外部系统的数据。

⑤ 加工数据：按用户需求对过程数据加工后得到的数据，用于统计、分析等。

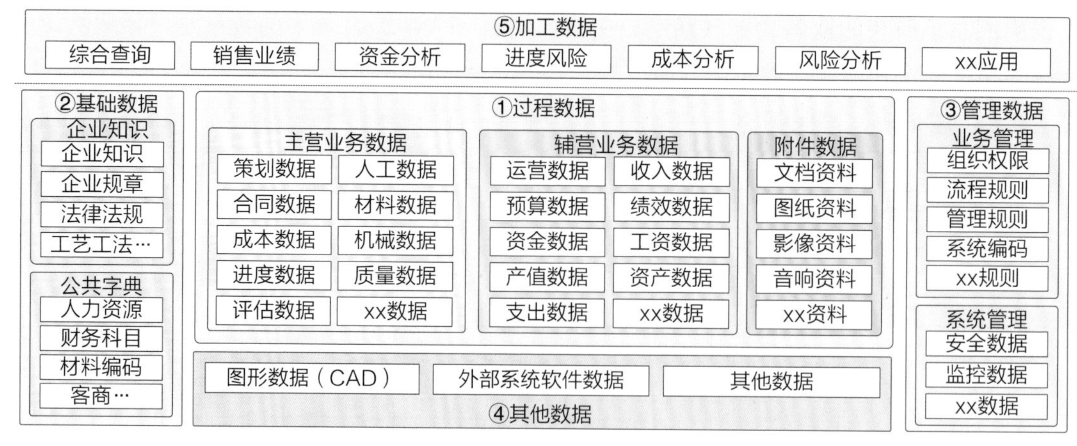

图7-20　数据规划

2）数据应用

图7-21给出了数据全周期的3个区域，包括生成区、加工区和应用区，3个区域划分的含义如下。

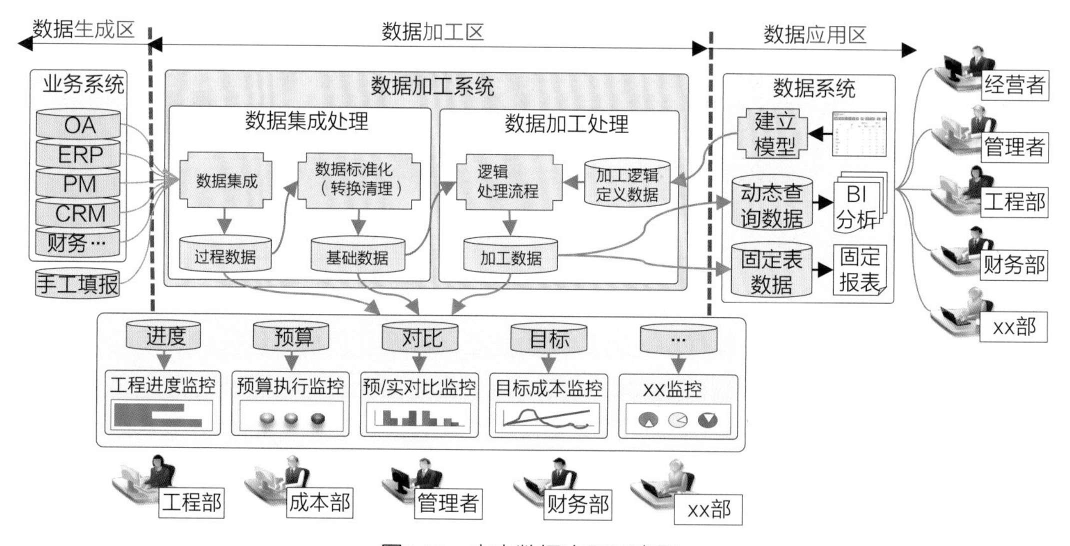

图7-21　未来数据应用示意图

（1）数据生成区：输入原始数据的区域，在此产生的数据为过程数据和基础数据。所有的业务流程、界面设计等成果都属于此区域。

（2）数据加工区：对收集到的过程数据进行加工处理（抽取、转换、清洗等）。

（3）数据应用区：利用加工数据进行数据查询、展示、分析等。

【参考】《大话软件工程——需求分析与软件设计》第10章。

3）数据展示

数据规划的一个重要的目的就是为相关人设计看板并展示数据。可以按照不同领导、不同部门以及不同岗位的需求，将收集到的数据加工成他们的专用数据看板，例如，

- 决策层用：企业经营管理的信息驾驶舱。
- 管理层用：进度、成本、质量、风险等的控制仪表盘。
- 执行层用：材料在库情况和物流情况等。

数据展示是前述的数据应用区的一种特例，如图7-22所示。

1.进度及指标完成情况

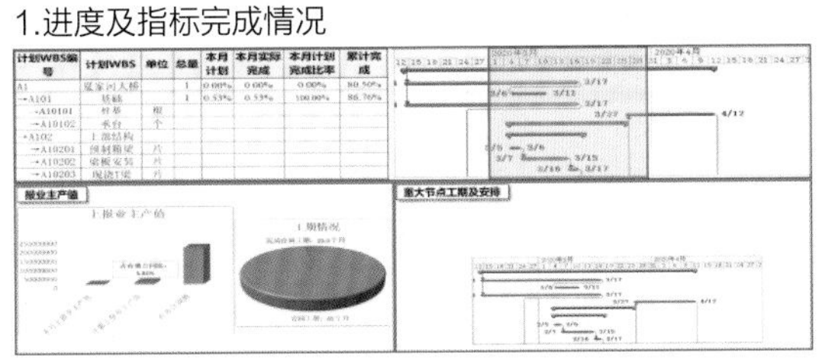

2.主要指标完成情况

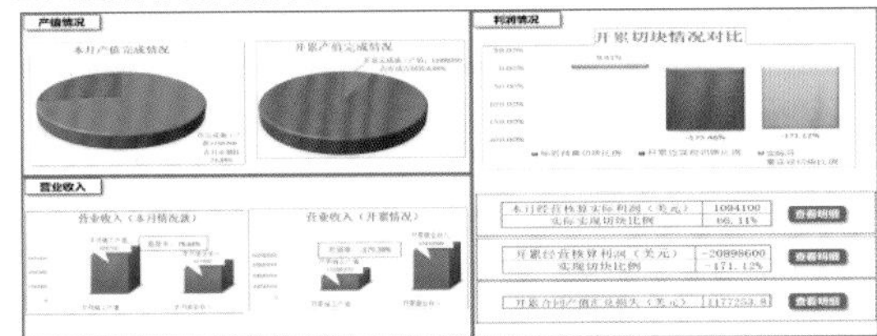

3.成本差异分析

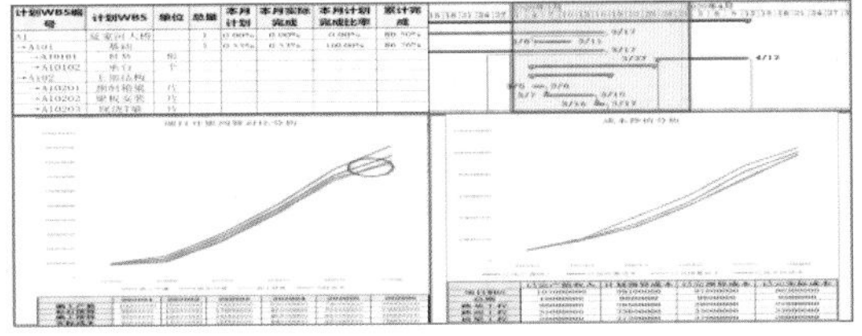

4.实际成本与标后预算对比情况

序号	费用名称	本月目标成本	本月实际成本	本月偏差（实际-目标）	开累目标成本	开累实际成本	开累偏差（实际-目标）
一	直接费	1,363,565.52	623,998.93	-739,566.59	14,768,003.21	31,875,622.03	17,107,618.82
1	人工费用	93,792.44	255,537.04	161,744.60	714,919.73	3,892,232.00	3,177,312.27
2	材料费用	394,547.43	-556,328.23	-950,875.66	3,091,502.70	9,732,750.70	6,641,248.00
3	机械使用费	159,117.39	123,281.62	-35,835.77	1,083,206.80	1,495,174.52	411,967.72
4	其他直接费(含临时设施费)	158,889.79	180,489.56	21,599.77	5,631,054.01	9,215,108.33	3,584,054.32
5	分包成本	557,218.49	621,018.94	63,800.45	4,247,319.98	7,540,356.48	3,293,036.50
二	间接费	706,318.88	42,895.12	-663,423.76	18,081,763.36	1,702,549.02	-16,379,214.34
1	标后预算四块费用	662,909.33	0	-662,909.33	16,970,478.73	575,785.15	-16,394,693.58
1.1	临时设施费	0	0	0	0	0	0
1.2	经理部管理费	594,197.67	0	-594,197.67	15,211,460.39	575,785.15	-14,635,675.24
1.3	现场安全生产费	47,006.88	0	-47,006.88	1,203,376.02	0	-1,203,376.02
1.4	文明施工费	21,704.78	0	-21,704.78	555,642.32	0	-555,642.32
2	财务费用	43,409.56	36,223.73	-7,185.83	1,111,284.63	1,012,279.60	-99,005.03
3	税金	0	0	0	0	0	0
4	企业所得税	0	6,671.39	6,671.39	0	114,484.27	114,484.27

偏差内容

本月	
材料费	-950876
机械使用费	-35835.8

开累	
经理部管理费	-1470876
安全生产费	-35835.8
文明施工费	-5556
财务费用	-99050

偏差分析

主要原因：标后预算中上述部分预计成本偏小

图7-22　各类数据看板示意图

4）数据提炼

前面数据的应用、展示等都是一些常规的数据应用方式。下面讲解对数据更高层次的应用。企业积累了大量的数据后，就形成了所谓的企业“数据资产”，接下来就要对这些数据资产进行发掘、升华，实现数据→信息→知识→智慧的转化。然后将此过程中获得的想法、措施分别应用到信息系统中不同的流程和处理节点上，对系统的运行进行优化、改善，形成一个良性循环，带来更多的优质数据，让生产过程中产生的原始数据可以为企业带来更大的价值，如图7-23所示。

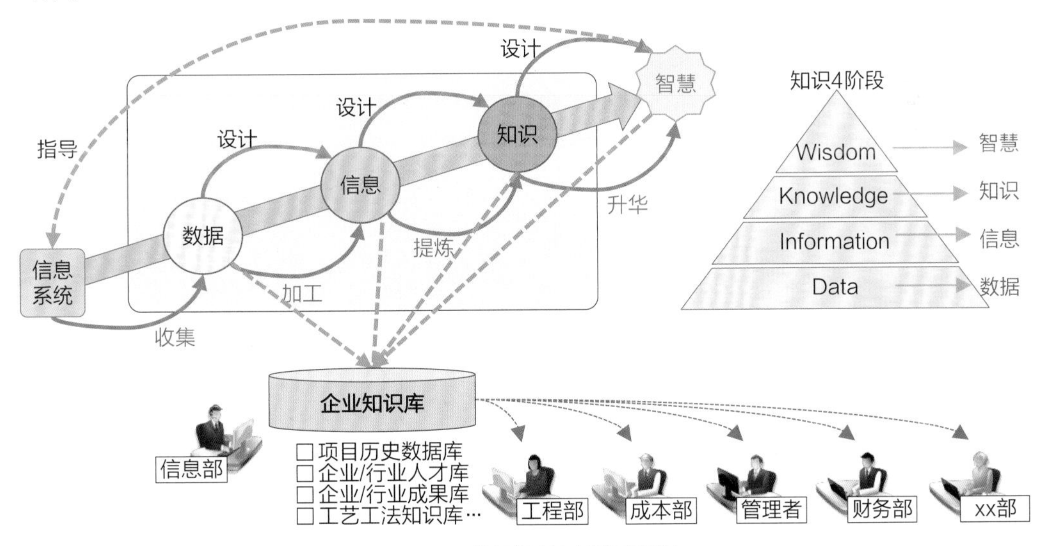

图7-23　数据提炼过程示意图

例如，对大量的数据进行统计分析，找出对成本的控制、风险的预防、进度的管理措施，然后制定目标值和管理规则，放到流程的管控点上，为下一个循环提供服务支持。

2. 数据标准的确立

在系统中要建立数据的输入标准，这个标准使系统中的数据可以无障碍地被共享，同时确保同一个数据不会发生重复输入。这个标准也是确保日常系统在不断扩展时不会发生信息孤岛问题的重要措施。

系统中几乎所有的业务数据都来源于业务功能中的“活动功能、字典功能”，这些数据的第一次记录是从这两个功能界面录入的，而这些数据是在这两个功能的规格书（4件套）中“字段定义”栏中确定的。因此这个4件套的字段定义标准也是系统中的数据标准，所以在编写规格书前一定要做好约定条件，参见图7-24。

	字段名称	类型	格式	长度	必填	数据源	定义&说明	变更人	变更日
工具栏									
1	上传资料	按钮					按下按键，弹出上传资料的对话框		
主表区									
1	合同编号	文本框	0000-00	14	Y	自动发号	编码规则=年月+2位流水号，例如：1811-01　18年11月第1号		
2	合同签订日期	日历	yyyy-mm-dd	10	Y	系统日历	规则：不能跨月，违规提示		
3	到货验收日期	日历	yyyy-mm-dd	10	Y	系统日历	规则1：不能跨月，违规提示 规则2：且，必须>合同签订日期，违规提示		
4	合同名称	文本框		50	Y		全角25个字，中间不能有空格，违规提示		
5	供应商	文本框		40		供应商字典	弹出供应商选择对话框，选择后复制		
6	货物保险	选择框		2	Y		内容=空/有/无，初值=空		
7	工程分类	文本框		14		建筑分类	弹出建筑分类选择对话框，选择后复制		
8	合同总价(元)	文本框	##,###.##	9			算式：=Σ（细表_小计） 规则：合同总价≤ 1,000,000，超标提示， msg = “总金额必须≤1,00,000！”		
9	总数量(t)	文本框		10			=Σ（细表_数量)，不使能		
10	运输方式	选择框			Y		选择范围=空/自提/送货/第三方		
细表区									
1	材料编号	文本框	0000000	7		材料字典	弹出材料选择对话框，选择后复制		
2	单价(t)	文本框		7			规则：材料单价≤ 4000元，超过提示		
3	小计	文本框		9			=Σ（数量x单价）		

图7-24　业务规格书（4件套模板2：字段定义）

★解读：关于数据标准的制定，不但要考虑数据格式，还要考虑业务规定。

数据标准，并非仅仅是确定数据的格式，如成本数据的格式定为#.##0.00。数据能够共享的前提还要包括数据的业务规定，这个规定也是构成数据标准的一部分。例如，

- 生产部门在4月份向采购部门提出了购买1000万元材料的申请。
- 采购部门在5月份与供应商签订了合同。
- 材料仓库在6月份收到了材料。
- 财务部门在7月份支付了1000万元的材料费。
- 生产部门则在8月、9月和10月分3次将相当于300万、300万和400万元的材料领取出库，并在本月内消耗掉了。

财务部门在7月份一次性地支付了1000万元，而生产部门分3次消耗了这批材料。这里就牵扯到成本数据标准的定义问题。

① 定义1：支付后成为成本，则7月份的成本数据为1000万元。

② 定义2：材料消耗后成为成本，则8月、9月、10月这3个月的成本分别为300万元、300万元、400万元（7月份成本数据为0）。

从上述例子可以看出，成本数据标准的定义不同，统计的结果完全不同。

3. 主数据的确定

主数据是指可以在不同的计算机系统之间共享的数据，如客商编号、产品型号、处理编码、组织机构等。主数据的价值在于它在不同的业务领域、不同的业务部门、不同的系统内保持唯一性，且与技术无关。主数据具有以下特征，参见图7-25。

- 唯一性：长期有效性和业务稳定性。
- 有效性：长时间都是有效的数据，该业务对象贯穿整个生命周期甚至更长。
- 稳定性：一旦录入系统中就很少被改动，就像人的姓名、身份证号一样。

主数据体系的建立通常需要做4方面的工作，即采集/集成、共享、数据质量、数据治理。业务设计师的工作重点就是将主数据识别出来，建立主数据一览，然后交由技术设计师，技术设计师按照主数据的标准完成后续工作。

图7-25是收集不同系统中主数据的一览表，设计师在数据的规划设计过程中可以参考，帮助识别和设计本系统的主数据。

No	功能名称		主数据名称								
	系统名	功能名	客商编号	工程分类	组织机构编号	项目编号	客商名称	发票种类	银行账户	资产名称	…
1	公共字典	客商库	○								
2		工程库		○							
3		组织机构			○						
4	A系统	项目信息	○	○		○					
5		成本归集									
6		资产分类								○	
7		…									
8	B系统	合同拟定	○	○	○	○	○	○	○	○	
9		合同结算			○	○	○	○	○		
10		合同审批			○	○	○	○	○		
11		银行账户			○	○	○	○	○		
12		…								○	

图7-25 主数据表示意图

4. 基础数据的准备

企业的基础数据原则上需要由客户企业自己收集、梳理，但是软件公司需要提供给客户相关的方法和模板，确保这些基础数据在导入信息系统时符合系统数据库的标准要求。

同时，企业基础数据也是两大“企业标准化”之一，因此，准备这些数据的同时也是企业业务标准化工作的开始。特别是像材料编码类的数据标准化，需要很长时间的梳理才能完成。

1）企业基础数据

企业基础数据包括系统中作为“字典”使用的全部数据，如员工信息、客户信息、供应商信息、材料编码、机械编码、成本编码等，基础数据由客户企业中相关部门按照企业规则预先编制好，这些数据必须在系统启动运行前准备好，没有这些数据系统无法启动运行。

2）企业知识库数据

为了与前面的基础数据进行区别，将构成企业知识库的数据单列出来，因为企业基础数据与企业知识库数据的作用是不同的，前者是直接参与业务处理的必备数据，后者是业务处理时的参考信息，如作为企业知识库的常见数据：企业规章制度、（合同）菲迪克条款、历史上方发生的重大风险记录、国家的法律法规等，这些数据是辅助的参考信息。

3）数据管理制度

要建立一套数据管理制度，针对每个数据库（不论是企业基础数据，还是企业知识库的数据），都必须由指定的部门、岗位进行管理，变更时要有变更流程、规则。

特别是企业的基础数据，这些数据通常与企业标准、商业机密等有关，所以对基础数据的变更要有严格的规则和流程。

★解读：对数据管理的认知误区。

在软件开发前，业务人员（需求分析、架构等）往往不会从数据层面关注数据的规划，这是因为需求工程师等业务人员通常认为这是技术人员的工作，自己不必管，这是非常错误的，所谓业务人员的“业务”在系统中指什么呢？在系统中“业务”指的是“架构、功能和数据”这三者构成的业务，业务不仅仅是界面，把业务人员的工作仅仅理解为就是做出界面内的字段是极为不对的。

建立数据标准、主数据等，是业务人员要为客户未来信息系统制定的重要规则，它的制定正确与否，直接影响到未来的系统中是否会发生信息孤岛问题。

是否制定了企业的数据标准决定了未来系统中大量存在的是“数据资产”还是“数据垃圾”。

7.5 其他规划

在对系统的规划设计中，对业务的规划是核心，从业务视角做规划是系统成功的**必要保证**。但是仅用简单的业务架构模型对业务进行表达是不够的，面对复杂业务时，还需要掌握更复杂的建模方法来帮助理解和表达。另外，除去对业务层面的规划外，还要从管理、价值、用例、技术等不同的视角对系统进行规划，这些内容是系统成功的**充分保证**。做成一个完美的信息系统，必要保证和充分保证都是必不可少的。下面就建模方法、管理规划、价值规划、用例规划和技术规划5方面的内容进行说明。

7.5.1 业务建模

在面对高层领导提出的目标需求、非常专业的业务需求或复杂的管理模式时，常常会发生这样的现象：

- 提出者或介绍者表达不清楚自己想要说明的事项。
- 听者也不明白怎么去理解对方的目的、含义。

特别是经验不多的业务人员，在每个新开项目的初期几乎都会发生这样的问题，主要原因可以列举如下3点。

（1）介绍者与听者双方的知识和信息是不对称的（有一方是外行）。

（2）介绍者的分析能力不足，分析不到位。

（3）介绍者的表达能力不足，表达不出自己想要说明的内容。

消除由于这3个原因带来的理解和沟通问题，可以利用建模的方式先将**“抽象的事物”转换为“具象的表达”**，然后**再转换为逻辑的表达**。这种方式既直观、又高效，通过建模的方式进行交流，可以有效地提升工作质量，提高工作效率。

为使读者更好地理解关于业务建模的内容和方法，特将业务建模相关的内容单独地列为一章进行详细讲解，参见第8章。

7.5.2　管理规划

根据分离原理，在需求分析时先将业务和管理进行分离，然后在业务设计时再进行组合。前面从业务的视角进行了业务架构的规划，后面还需要从管理的视角进行管理规划。管理的规划要基于企业领导的目标需求、部门领导的业务需求、设计师对系统的理解，并基于业务架构的规划成果。

信息系统构建的是一个虚拟企业，不要把管理仅仅看成一个预警功能。管理的规划需要有一个全局的、整体的视角，这个规划就相当于**利用管理设计方法编制一个“安全网”**，让业务按照企业制定的规则安全地运行在“人—机—人”环境中，这是实现让信息化为企业正确地运行提供“保驾护航”的重要措施。

为使读者更好地理解关于管理规划的内容和方法，特将管理规划相关的内容单独地列为一章进行详细讲解，参见第9章。

7.5.3　价值规划

确保业务处理正确、管理设置正确，是确保信息系统具有基本的客户价值的前提。通过以价值为导向的设计，充分调动IT技术与客户业务的融合，是确保系统可以获得最高客户价值的方法。这就需要设计师从一个新的高度和广度去理解客户的需求，最大限度地调动信息化手段来实现客户需求。

信息系统构建的是一个虚拟企业，不要把价值仅仅看成增加了某个操作方便的功能。价值的规划需要有一个全局的、整体的视角。用管理设计的方法编制一个“安全网”，还可以**利用价值设计的方法编制一个“服务网”**，利用信息化手段为每个用户提供精准服务，以确保他们在“人—机—人”的环境中可以顺利、正确地完成工作，这是用另外一套信息化的方法为企业正确运行提供“保驾护航”的重要措施。

为使读者更好地理解关于价值规划的内容和方法，特将价值规划相关的内容单独地列为一章进行详细讲解，参见第10章。

7.5.4　用例规划

为了确保需求调研充分、需求分析正确，并且业务设计（概要、详细）和应用设计的结果满足客户需求和规划要求，在完成了业务设计和应用设计之后需要编写用例来验证设计成果，验证用例包括两部分：业务用例和应用用例，其中，

- 业务用例：利用业务场景编制业务数据表，对业务设计成果进行推演、验证。

参见第11章和第13章的业务用例相关部分。

- 应用用例：利用应用场景设定操作流程，对系统的使用效果进行推演、验证。

参见第12章和第13章的应用用例相关部分。

属于一阶段的概要设计工作到此就完成了，下一步就要基于一阶段的设计成果进行二阶段的技术设计。

7.5.5 技术规划

完成了对业务、管理、价值、用例等的规划后，开始进入技术层面的概要设计，选择最佳的技术实现方案。充分理解了前面的规划内容后，就可以感受到，如果没有搞清楚前面的内容就确定技术层面的规划、架构，是难以顺利完成系统开发的，只有将前面的内容充分规划好，后续的实现路线、方法才好确定。

技术规划要考虑的内容包括语言、技术框架、接口、部署方式、安全、性能等。由于技术不属于本书的范畴，所以在这里就不展开了。

7.6 《概要设计规格书》的编制

《概要设计规格书》是对前面概要设计成果的集成，它是后续设计（详细、应用、技术）、编程和测试工作的指南，与后面的《详细设计规格书》《应用设计规格书》以及《技术设计规格书》4个文档共同构成蓝岛集团企业管理信息系统的《设计规格书》。

7.6.1 规格书的结构

编写《概要设计规格书》就如同做一个系统设计，规格书的目录就如同是系统的“架构图”。因此，建立规格书的目录就是做架构。

1. 建立规格书的目录

系统的整体规划需要符合工程化设计的要求，即文档的传递与继承。

- 作为传递的文档是①《需求规格说明书》，作为继承的文档是②《概要设计规格书》。

关于《需求规格说明书》，参考6.5节。

- 在①《需求规格说明书》的基础上，根据概要设计的内容和特点给出②《概要设计规格书》的目录（结构）。

因为①和②之间具有传递和继承关系，根据两者的不同对目录结构进行调整，调整部分如下。

- 文档的总结构不变，但②中增加了新内容，如第6～10章的内容（建模、管理、价值、用例）。
- 内容名称的变化，例如，

①的“第3章 项目总体需求”→②的“第3章 系统总体规划”。

①的“第4章 业务领域需求”→②的“第4章 业务领域规划”。

①的“第5章 功能需求规格书”→②的“第7章 业务功能规格书”，等等

要注意表达用语发生了变化，在需求工程中大量使用的是“功能需求”，但在概要设计中基本上换成“业务功能”。以下为《概要设计规格书》目录结构的参考模板。

第1章 引言

1.1 编制目的：编制本文档的目的（设计工程阶段的成果）

1.2　文档范围：说明文档包括哪些内容

1.3　文档结构：用框架图形式给出文档的结构，表明各部分内容的关系

1.4　文档导读：说明本文档的阅读和使用方法

1.5　用语定义：对文档中使用的专用词汇进行标准定义（面对所有相关人）

1.6　编制约束：包括格式规范、图标规范、编码约束、编写约束等

第2章　项目概述

2.1　项目背景：描述现在客户的生产、管理环境（为建设信息系统做铺垫）

2.2　项目概述：概要说明本项目的内容

2.3　项目目的：说明客户建设信息系统要达成什么目的（承接背景信息）

第3章　系统总体规划

3.1　总体规划思路：对系统整体进行规划、说明（文字说明）

3.1.1　总体规划：系统的理念、价值、目标需求和业务需求的落地方法等

3.1.2　业务功能规划：全部涉及哪些客户的业务

3.1.3　非功能性需求对策

3.2　规划资料：完成业务架构，并用标准的架构图表达

3.2.1　业务功能规划：业务功能一览表、功能数量统计表等

3.2.2　业务架构图：全部架构图（拓扑图、框架图、分解图、流程图等）

第4章　业务领域规划

4.1　材料管理：对材料管理模块的设计进行详细说明（见7.6.2节）

4.1.1　业务架构图：包括功能框架图、业务流程图等

4.1.2　业务功能一览表：本模块内经过分类、完善后的业务功能

4.1.3　业务功能说明：用文字说明对材料管理业务的设计结果、运行逻辑等

4.2　合同管理：对合同管理模块进行详细说明

4.3　成本管理：对成本管理模块进行详细说明

4.×　××管理：同上。对全部模块进行说明

第5章　管理规划（新增，详见第8章的内容）

第6章　价值规划（新增，详见第9章的内容）

第7章　业务功能规格书（参见第10章）

第8章　非功能性设计（对非功能性需求的设计，省略）

第9章　集成设计（对集成需求的设计，省略）

第10章　待解决问题（对待解决问题的响应，省略）

---

2. 内容说明

以上为一份标准的《概要设计规格书》中的主要结构部分，读者可以根据自己正在开发项目的特点，对内容进行增减。

《概要设计规格书》除去第4章外，其他章节基本上都已做了说明，下面就以《概要设计规格书》中第4章和7.6.2节的内容为例，说明第4章的编写方法。

这里要注意《概要设计规格书》和《需求规格说明书》在第4章的继承关系。

7.6.2 规格书的编写

有了《概要设计规格书》的目录后，下一步的工作就是逐条完成目录中的内容。对业务领域的规划至少要包含以下3类文档。

（1）业务架构图（框架、分解和流程图，详见7.2.2节）。

（2）《业务功能一览表》（功能分类，详见7.2.2节）。

（3）业务领域规划的说明（从具体的业务、管理层面进行）。

由于《概要设计规格书》中的业务领域规划的内容较多，这里以其中的一项“4.1 材料管理”为例（它与《需求规格说明书》中的“4.1 材料管理”有继承关系），说明利用上述3类文档对业务领域进行规划的方法。

材料管理是施工企业项目管理中非常重要的一部分，这部分主要是对施工过程中所需要的材料进行计划、采购、入库、出库、盘点、成本核算等过程的管理。通过材料管理最终达到保证材料及时供应、降低材料费成本、提升账务处理效率等目的。

在概要设计阶段进行的“第4章 业务领域规划”，是基于需求分析阶段完成的《需求规格说明书》中“第4章 业务领域需求”进行规划的。在下面的说明中，会指出每个规划是参考《需求规格说明书》中的哪个文档进行的。

1. 业务架构

首先从业务架构开始，7.4.1节完成整体的架构，此处需要对“4.1 材料管理”的功能进行详细的规划设计。下面分别梳理框架图、分解图和流程图。

1）框架图

在需求分析阶段，已经对材料管理模块的功能进行了初步规划，参见图6-16，此处根据概要设计的要求，对材料管理的框架图进行最后的架构设计，结果如图7-26所示。

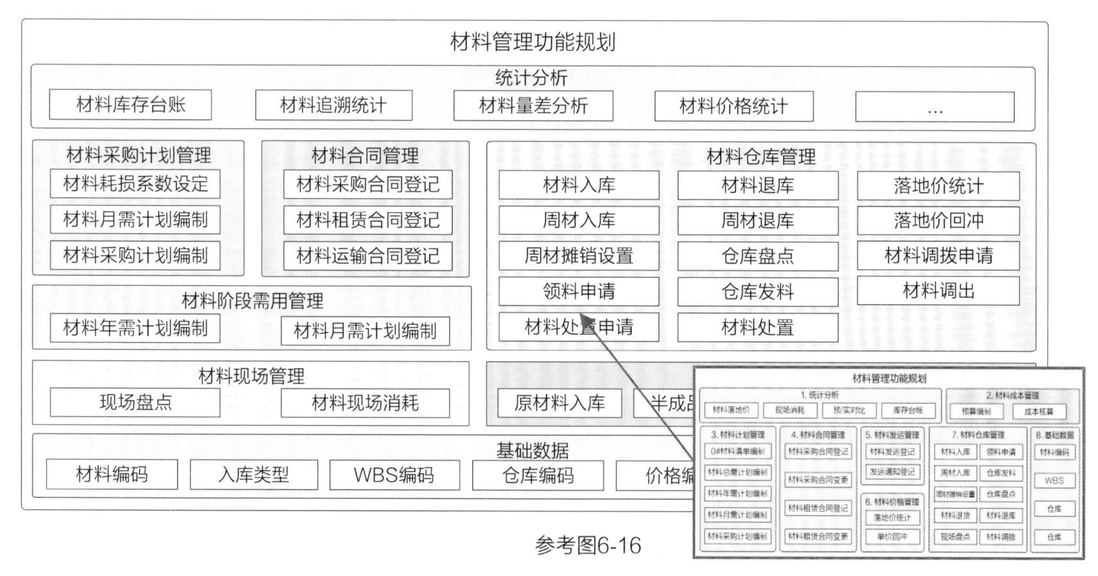

图7-26 材料管理功能规划图

图7-26的材料管理的规划经过了几个阶段的不断改进、完善，图7-27表达了材料管理的改进路径，为方便理解，对①～④进行倒序观察。

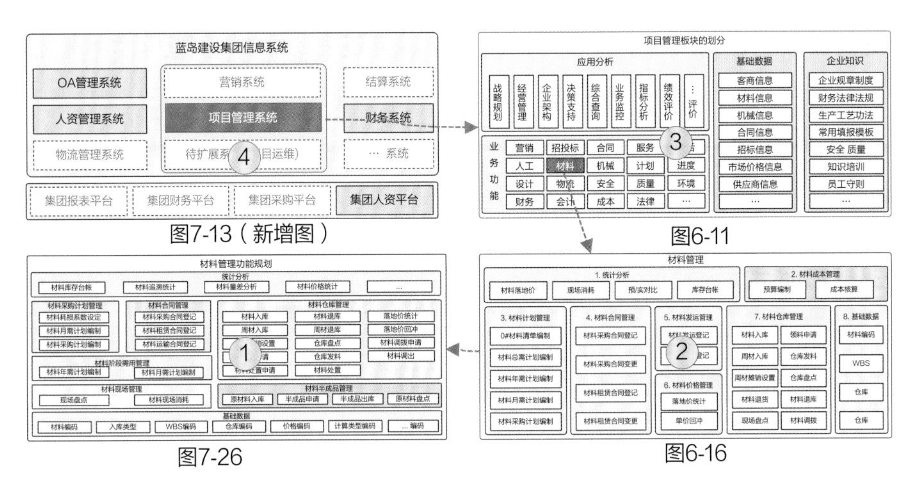

图7-27　业务领域规划的关系示意图

图7-26①是对图6-16②进行细化。

图6-16②是对图6-11③中“材料”模块的展开。

图6-11③是图7-13④“蓝岛建设集团信息系统”中“项目管理系统”板块的展开。

可以看出，图7-26是按照不同的阶段（需求分析、设计）、不同的要素粒度，分多次、多层进行改进、完善化后获得的。

2）分解图

用分解图的形式表达业务细节有一定的局限性，参见图7-28，右下角是图7-15成本构成分解图，如果继续利用分解图向下分解图7-15的内容，由于细分的层级多，内容也很多，非常不利于展现数据和维护数据，因此将下一层的“成本核算定义”内容改为用二维表的方式。

序号	资源大类	资源	标后预算			施工预算（未完工）			成本核算					
			资源明细	预算依据	数据结构	资源明细	预算依据	数据结构	归集时间	资源明细	成本发生节点	成本计算	计算说明	数据结构
01	分包成本	工程分包	分包费用	分包策划	WBS结构	分包费用	结算余工程量，分包合同单价	WBS结构	21日—20日	分包清单结算	分包结算	分包结算金额		WBS结构
02								单列，不分摊。费用分类汇总	21日—20日		结算其他款项			
03	直接工程费	人工	当地人员费用	人工策划(量)人工单价(价)	WBS结构	当地人员费用	量余额（量），人工平均单价	WBS结构	26日—25日	当地人员费用（不含操作手）	工资结算			WBS结构
04			中方人员费用	人工策划(量)人工单价(价)	WBS结构	中方人员费用	量余额（量），人工平均单价	WBS结构	26日—25日	中方人员费用（不含操作手）	工资结算			WBS结构
05		材料	采购材料	前期策划	WBS结构	采购材料	实际工效，平均单价	WBS结构	26日—25日	主材（不含混合料）	物资现场消耗	落地价*消耗数量		WBS结构
06			租赁材料	前期策划	WBS结构	租赁材料	实际工效，平均单价	WBS结构	26日—25日	辅材等	物资现场消耗	落地价*出库数量		WBS结构
07		机械	自有设备费	前期策划	WBS结构、分部	自有设备费	实际工效，平均单价	WBS结构	26日—25日			单机单车成本*		
08			租赁设备	前期策划		租赁设备费	实际工效，平均单价	WBS结构	26日—25日					
09	其他	监理	监理营地	同直接费		监理营地			1日—31日					

参考图7-15

图7-28　成本核算定义表

分解图与二维表可以表达同样的内容，当需要表达的内容很多且需要的分层也很多时，可以转为用二维表，不但效果好，而且维护的效率也高。

3）流程图

最后再完成流程图，参见图7-29，此图是在需求阶段获得的“图6-18 材料采购管理流程图”的基础上进行了材料采购过程的补充、完善，最后形成的材料采购与管理的流程图。从前后两张流程图的对比可以看出变化。

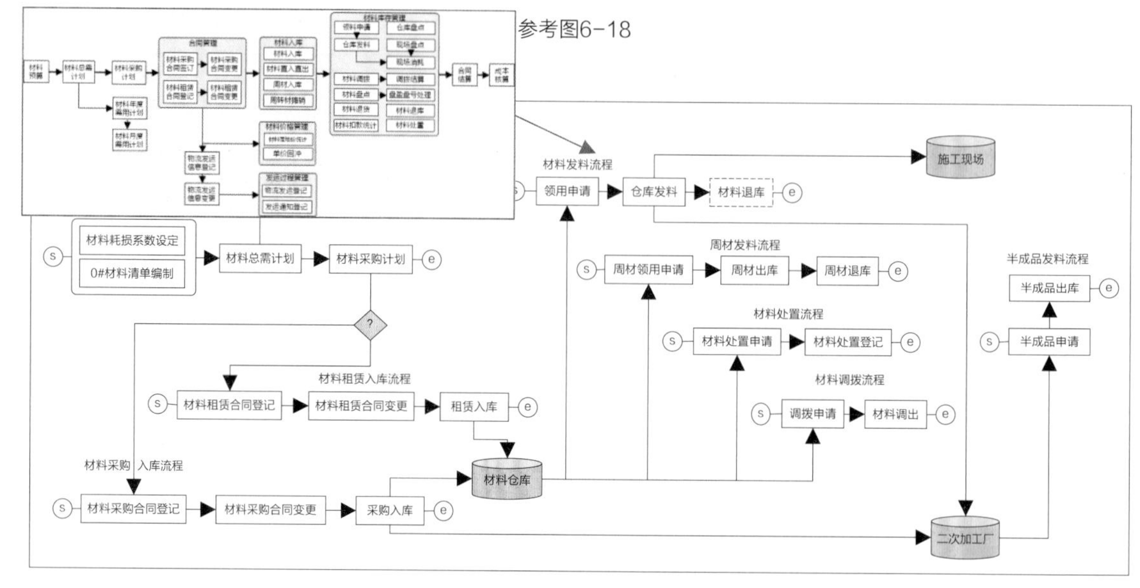

图7-29　材料采购与管理流程图（优化后）

- 图6-18：在需求分析阶段梳理的流程图，此时业务流程的形式基本上还是一个粗略的工作步骤图，而不是一个经过严格、规范设计的流程图（无起止点、分歧判断等）。
- 图7-29：到了概要设计阶段，在经过了严格、规范的设计之后，材料采购管理流程图有了明确的起点和终点，设置了分歧条件的判断等，流程已经变得非常详细，接近于可以在信息系统中运行的形式了。

2.《业务功能一览表》

架构完成后，最重要的就是将全部功能需求转换为业务功能，形成《业务功能一览表》。这个表中已经不是“需求”了，而是已经确定要进行编码开发的“功能”。详细内容参见图7-18《业务功能一览表》，形式完全一样。

《业务功能一览表》对待开发的功能属性进行详细描述，包括名称、功能分类、与管理目标的相关性，以及是否有设计参考等。

3. 规划说明

前面已经将材料管理包含的业务功能名称、数量、相关的采购流程等表达清楚了，下面要对材料管理整体进行说明，以下为说明的正式内容。

- 材料管理纵向贯穿，实行从公司层到项目层的多组织模式，分层实现项目部对材料业务的具体处理，以及公司管理层对项目材料的监督与管控。通过材料相关数据的录入，实现公司对所属各项目部材料计划、采购、出入库、消耗等环节的处理和控制，具备材料分类管理、统一编码、材料需求计划的制订、材料采购计划的制订、合同管理、材料收发存等的管理，按照需求提供材料收支存等相关报表的自动获取、材料明细查询等。

材料管理子系统包括材料统计分析、材料采购计划、材料合同、材料仓库、材料阶段需用、材料现场、材料半成品以及基础数据等8个管理模块。材料管理模块涉及的交互系统有人工模块、机械模块、成本模块、风险管理模块等。

下面对材料管理模块中的子模块进行详细介绍（案例）。

- 材料采购计划管理：包括材料耗损系数设定、周转材总需计划、材料总需计划、材料年度需用计划、材料月度需用计划和材料采购计划。材料耗损系数依据项目WBS，设置每个WBS各项材料的损耗系数，用于材料总需计划编制；周转材总需计划依据工序，梳理出各类工序所需用的周转材，周转材的总量依据各WBS的工程量分摊至各WBS上，允许手工调整；材料总需计划依据0#材料清单和周材总需计划，汇总所有需用的材料，依据施工进度，系统自动展示每项材料的进场时间，手工设置材料的进场批次和来源；材料年度需用计划和材料月度需用计划依据是材料总需计划，按进场时间汇总材料年度需用量和材料月度需用量；材料采购计划是依据材料总需计划，根据时间汇总材料的采购量，指导材料采购和租赁。
- 材料合同管理：包括材料采购合同登记、变更、结算；材料租赁合同登记、变更、结算，材料运输合同登记、变更、结算。材料采购合同和材料租赁合同受材料采购计划量管控。材料采购合同和租赁合同为材料提供落地价的一部分，同时需要把材料的运输费用分摊至具体运输的材料。
- ××××管理：此处内容省略。

对材料管理模块中各子模块逐一进行说明，直至完成所有子模块的说明，此处省略。

以上就完成了用“业务架构图、业务功能一览表、业务领域规划说明”3类文档对业务领域规划的说明。

7.6.3　规格书的摘要

概要设计完成后，对未来要开发的系统就有了全面、清晰的认知，包括业务方面和技术方面。通常当项目规模比较大时，需要做《概要设计规格书》的评审，评审时需要从《概要设计规格书》各章中抽提出重要的、关键的、客户和软件公司的领导最为关心的内容合成一份“概要设计规格书摘要”，以方便参评人快速、准确地了解《概要设计规格书》的核心内容。

7.7　《概要设计规格书》的评审

《需求规格说明书》完成后，确定了“做什么”。

《概要设计规格书》完成后，确定了“怎么做”。

《概要设计规格书》是信息系统的顶层设计，用于确定信息系统开发的理念、主线、框架、标准、规范等具体的要求和指标，后续的所有设计、编程、测试等都要以此为依据，所以进入后续的工作前必须要对《概要设计规格书》进行评审。通常可以分3次进行：项目组内的自评、软件公司内部的评审、客户及第三方的评审。

7.7.1 项目组内部的自评

项目组内要由项目经理牵头，参考《工作任务一览表》《需求规格说明书》以及《概要设计规格书》等，对概要设计的成果，从系统整体和每个业务领域进行架构层、功能层和数据层的评审，并确保《概要设计规格书》完全覆盖《需求规格说明书》的内容。

【交付】《概要设计规格书》评审报告（项目组自评）。

7.7.2 软件公司内部的评审

项目组自评完成后，按照软件公司内部对《需求规格说明书》评审的规则，组织专门的评审小组，评审的主要内容如下。

- 业务方面：基于《需求规格说明书》《概要设计规格书》、项目组自评报告等。
- 技术方面：（省略）。
- 合同方面：从合同管理视角，成本管理和交付时间是否有保障。
- 配置方面：需求文档的编写、归集是否合乎公司要求等。

【交付】《概要设计规格书》评审报告（软件公司）。

7.7.3 客户及第三方的评审

客户评审，除去客户的主管、信息中心、相关业务部门等的参与，可能还会邀请第三方的专家或机构参与。评审的主要内容如下。

- 《概要设计规格书》是否满足《需求规格说明书》的要求。
- 系统规划、架构的合理性与企业未来IT规划是否吻合等。
- 业务处理是否正确、是否能够提升企业的工作效率、经营效益等。
- 数据规划、数据标准等的处理是否能够满足未来企业的发展需求等。

评审通过后，就会按照《概要设计规格书》的内容进行全面的详细设计。下一次的评审对象是交付后的信息系统。

【交付】《概要设计规格书》评审报告（客户）。

第8章
概要设计——建模

本章为概要设计4章中的第2章：建模，重点是通过建模的方法，进一步理解客户业务和业务需求，并利用建模的方法找到合适的业务架构。

无论做什么系统，第一步都要先搞清楚"业务"和"业务需求"。

在需求阶段，对客户介绍的业务、业务需求等在文字层面上、业务知识层面上清楚了，但这并不代表在进行业务架构设计时就没有问题了，因为做好信息系统中的业务架构，需要对业务和业务需求有更深层次的理解，**不但要知道业务逻辑，而且还要能够从整体上、规律层面上理解**，只有如此构建出的业务架构才能够支持灵活应变的系统设计。这一点不但对定制系统有利（方便系统的日常维护与升级），而且在未来将其转换为标准产品时也同样具有重要的意义（标准产品比定制系统对应变能力的要求更高）。

看到客户需求就能直接做出架构的系统，大多属于小型的或简单的系统。需求复杂的、机制复杂的系统则必须通过中间的建模分析、理解，才能找出合适的架构方案。

如何深入地搞清楚业务和业务需求，给出可以支持随需应变的系统架构设计，是大多数项目经理、产品经理以及业务人员头痛的一项工作。看到好的架构设计，他们就会想：别人在设计架构图时是如何思考的？架构图中的逻辑是什么？自己如何才能产生同样的想法和成果呢？

本章的目的是帮助读者跨界思维、开拓思路，用不同模型来理解业务构成和系统架构。

在对本书蓝岛建设的项目管理系统案例进行详细的设计解说前，先通过借助建模的方法来开拓读者的思路，为架构设计做好准备。本章按照分离原理的要求，分3步介绍建模方法。

（1）进行"业务"的建模说明。

（2）进行"管理"的建模说明。

（3）进行"业务+管理"的整合说明，并以"成本"为例完成业务架构。

8.1 准备知识

在进行"概要设计——建模"前，首先要理解建模的目的和需求，建模的思路和方法，对建模者的能力要求以及培训的方法。

8.1.1 建模需求的解读

为什么要通过建立模型的形式来研究和理解业务、业务需求呢？前面已经讲过，这个项目除去业务方面的需求外，还有两个重要的需求。

（1）作为蓝岛建设的个性化定制项目，也要支持系统上线后的维护和升级的改造。

（2）定制项目完成后，将其转为行业的标准产品，可以满足同行业内不同企业的需求。

可以看出上述两个需求的背后有一个共同点，用一个字表述就是要支持“变”，也就是系统要能够应变。这就要求精准地理解业务的运行规律、管理变化的特点等，依据规律和特点建立业务、管理的模型，据此进行设计和编码，完成的信息系统才能满足上述要求，否则按照需求直接去做设计和编码，开发出来的系统就很难做到支持应变。

建立了模型后，由于模型表达的是经过从业务、管理中抽提的运行规律，这个模型可以经过不断实践→验证→修改→实践，最终成为系统设计的依据。

8.1.2 建模思路与方法

面对简单的研究对象，不需要进行抽提、建模，就可以理解。稍微复杂一些的研究对象可以直接画出一条业务流程作为模型，就可以理解了。但是面对规模大、内容复杂且要素众多的研究对象时，往往就不能直接用一个分解图或一条流程图来表达，需要有应对复杂对象的分析方法。

1. 不同模型的区分与用途

经常被提到的模型有很多种，按照表达的内容可以将模型粗分为4类，即具象模型、抽象模型、概念模型和逻辑模型，如图8-1所示，其中，

①具象模型

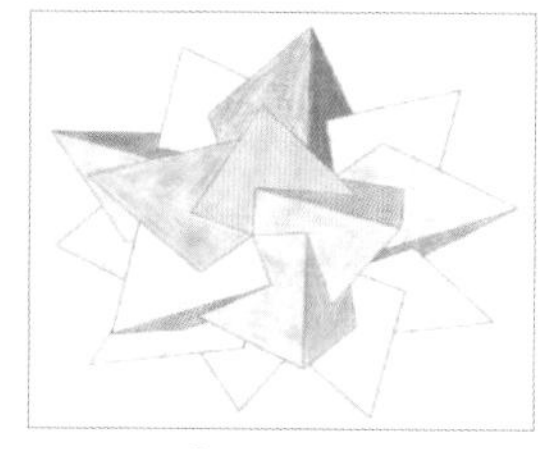

②抽象模型

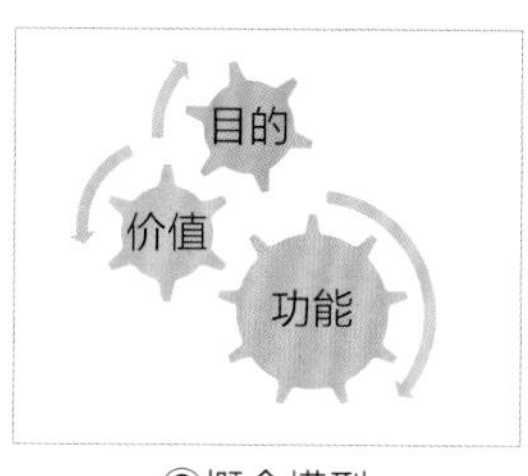

③概念模型

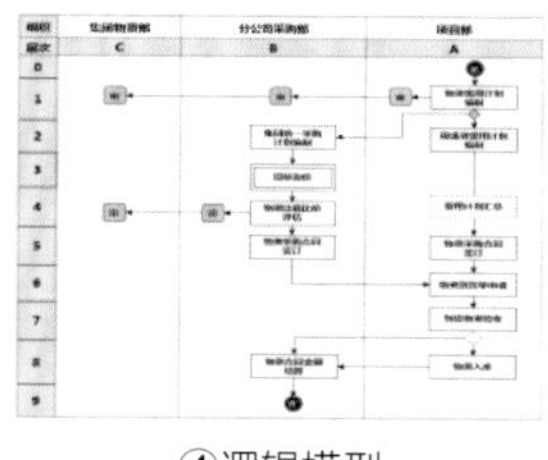

④逻辑模型

图8-1　4类模型的示意图

① 具象模型：用于表达与**实物**相似的图形。

② 抽象模型：用于表达**抽象的事物**。

③ 概念模型：用于表达某个**主张**、**理念**等。

④ 逻辑模型：用于表达事物之间的**逻辑关系**。

在对复杂对象进行分析时，会借用①、②来做比喻、说明，利用③做归纳、总结，利用④表达正式的分析、设计结果。当然，最后还需要用“界面原型”的形式来表达具体的操作界面。下面主要借用①来说明建模的方法和效果。

2. 借助比喻，找到思路

面对一个复杂的业务对象，如成本管理，要求一个知识和经验都不足的软件工程师同时给出成本管理的架构设计理念、业务过程和管理方式是非常困难的，他可能无从着手，如何认知这个从未见过面的成本管理呢？应该怎么去寻找成本管理的思路呢？

【例1】成本管理涉及企业运营的方方面面（因为企业运营的方方面面都要花钱），对成本的管理是一个非常复杂的体系。这里借助一个“水箱”的具象模型作为例子，说明成本管理的思路，如图8-2所示。水箱模型说明了水从①未用水箱流入⑧已用水箱的过程。

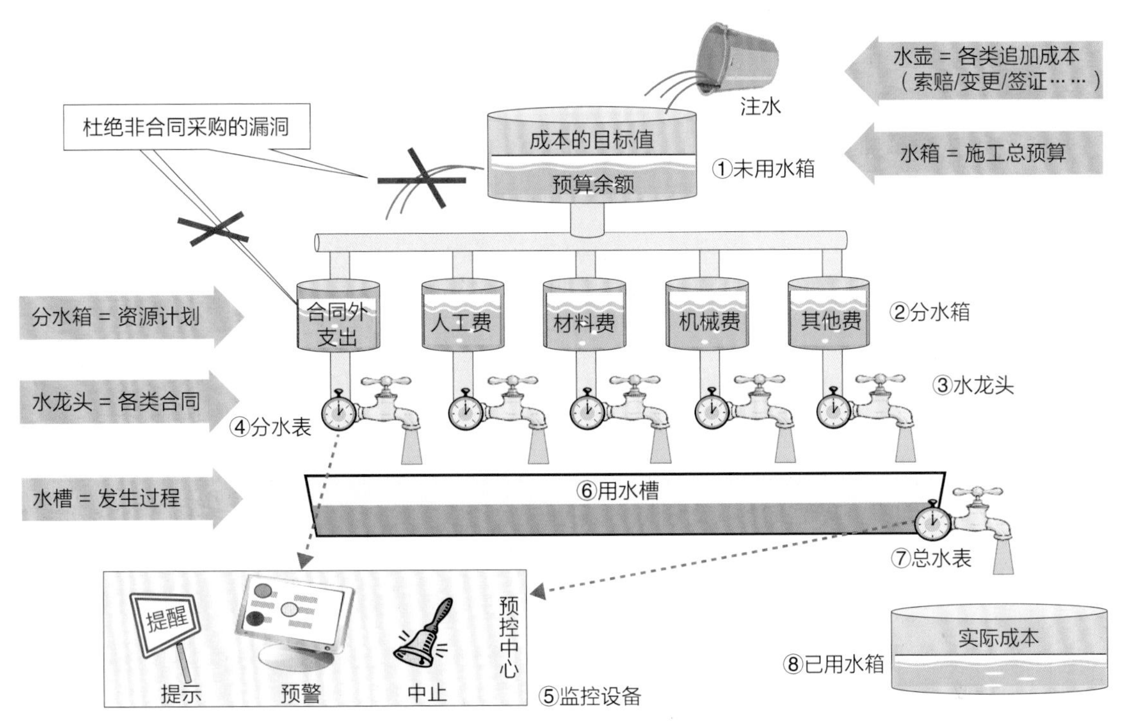

图8-2　水箱模型示意图（具象模型）

水箱模型的说明如下。

① 未用水箱：流经管道的水都要先倒进这个水箱里。即所有未来要使用的费用都要先计入施工总预算中，作为项目成本的目标值。

② 分水箱：将未用水箱的水分流到不同的分水箱中。即将施工总预算分配给购买人工、材料和机械等各单项的资源计划上。

③ 水龙头：用于对每个分水箱流出的水量进行控制。即按照资源采购计划，控制各类资源采购所需资金的支出。

④ 分水表：可以检测通过水龙头的水量。即通过成本监控功能，查看成本是否超标。

⑤ 监控设备：一旦发现用水量超额，就会由检测设备发出提示、预警和中止。即资源采购的成本超出资源计划时就要提示、预警和中止。

⑥ 用水槽：使用水的过程。即资源在使用过程中，由“人工”利用“机械”去消耗“材料”，完成工作量。

⑦ 总水表：计量总共流过了多少水量（包括人工、材料等所有分水箱流过的水）。即核算实际上消耗了多少资源（=换算为成本）。

⑧ 已用水箱：留存了所有已经使用过的水。即项目累计消耗的资源数量（=核算为总成本）。

从图中可以看出，针对每一条水管建立相应的检测、控制机制，严谨的系统让水箱不会出现“跑、冒、滴、漏”的问题，如此就可以实现对水的控制。

同样，从图中可以看出，企业将收入的资金通过生产运营过程转换为被消耗掉的成本，最终产生价值的过程，就如同将水注入①未用水箱中，然后按照需要的过程，流入不同的管道中，在通过不同的管道时会被各种的监控器（水表）监督、开关（水龙头）控制，最后按照要求流入最后的⑧已用水箱中。上述对水箱中流动水的控制机理就称为“**水箱原理**”。软件工程师也希望能够建立与“管水”过程相似的“管成本”的体系，对成本发生的全过程进行监督、控制，以确保在成本的发生过程中不会超标。

水箱原理借用对水的管控方式说明如何从整体上、规律上找到对成本管理的大思路。当然，借用的水箱原理和实际的成本管理系统还是有差异的，这里重点关注的如何获得对成本管理的“思路”，有了思路之后，再去建立合乎实际的成本管理架构。关于水箱原理的详细解说和应用案例，参考9.4节的内容。

3. 借助比喻，梳理层次、条理

前面借助水箱，比较粗粒度地说明了借鉴建模来理解事务的思路，下面再借助另外一个形象的比喻“建筑”来理解建模的思路，这个例子的重点在于如何深入、细致、有层次地进行分析和理解。举一个盖楼房的规划例子，同时对比一个项目管理信息系统的规划。

【例2】盖楼房前，先要确定盖几层？各层用来做什么？每层的房间怎么分配？等等。可能很多读者不熟悉建筑物是如何进行规划的，如果理解了对一栋建筑物的规划思路和路线，也就容易理解怎么对一个软件系统进行规划了，下面就建筑物的规划和系统的规划做一个对比，通过对比来摸索建模思路，规划对比分为4个层次进行：分层规划、分区规划、分线规划和分点规划，即按照“层→区→线→点”的顺序规划。

1）分层规划

假定要盖一栋5层的建筑，下面对建筑和系统同时进行规划。首先要进行**分层规划**，第一步的规划采用三维（3D）的思考方式，规划内容参见图8-3。

- 建筑：见图8-3（a），各层设置了大厅、会议室、食堂、办公室等。
- 系统：见图8-3（b），系统在进行业务架构时也可以利用**分层图**的方法，对需要架构的业务对象进行拆分，放置到不同的层上。

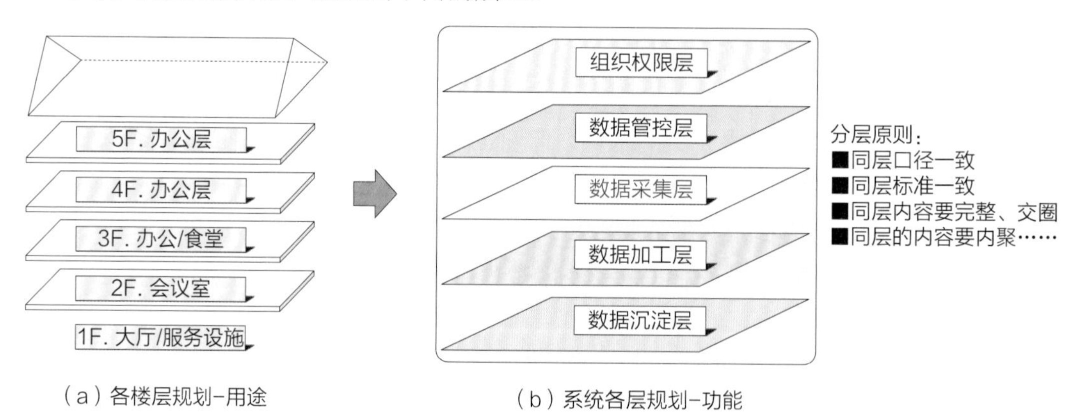

图8-3 分层规划的示意图

分层是架构最主要和最基本的手法，它将具有相似目的的内容置于同一层，每层处理不同的任务，最终由各层协作完成软件的目标。**层是一种弱耦合的结构**。

2）分区规划

各层已经确定，下面对建筑物/系统的每一层内部进行**分区规划**，对一个区域进行规划是二维（2D）的思考方式，规划内容参见图8-4。

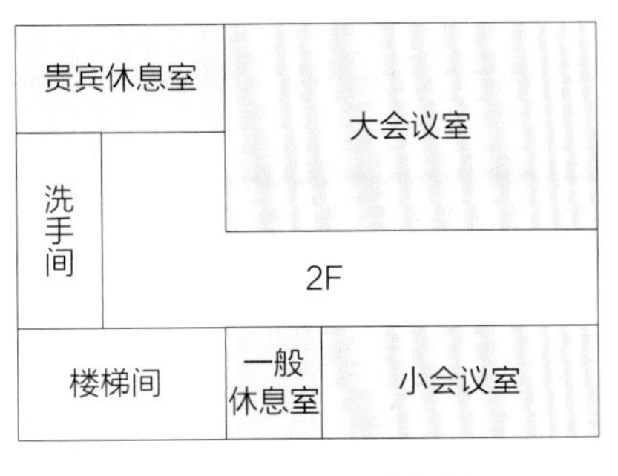

（a）楼层各区块的规划

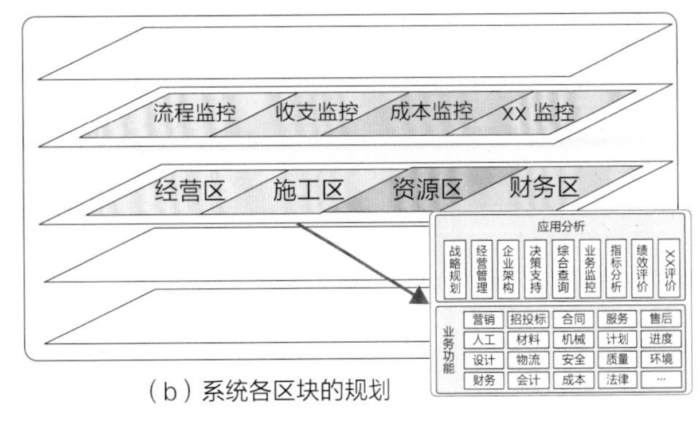

（b）系统各区块的规划

图8-4　分区规划示意图

- 建筑：见图8-4（a），第2层为会议室层，划分为大会议室、小会议室、一般休息室、贵宾休息室、洗手间、楼梯间等。
- 系统：见图8-4（b）。
  - 分区是将同一层的内容根据目的不同划分为更小的区，以利于系统的处理。
  - 有时为了设计的方便，还会将每个已经划分为区的内容再细分一次，在一个区里再划分出更小的“块”。将每层的图立起来看，就是**框架图**。

3）分线规划

下面对建筑物/系统中的每层进行**分线规划（=流程）**，对一条线进行规划是一维（1D）的思考方式，规划内容参见图8-5。

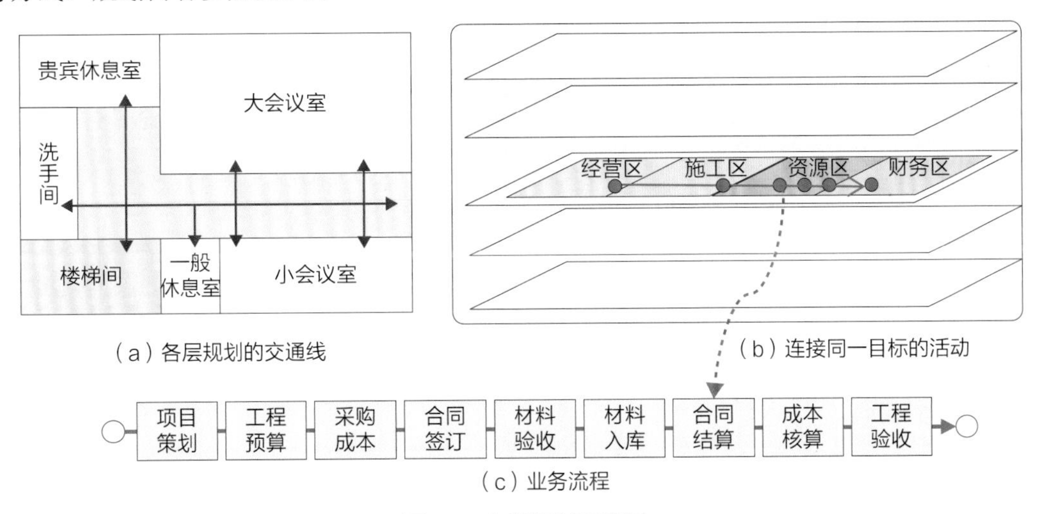

（a）各层规划的交通线

（b）连接同一目标的活动

（c）业务流程

图8-5　分线规划示意图

- 建筑：见图8-5（a），在每一层上布置行走路线，是连接楼梯间、各房间的交通线，交通线既要方便快捷，还要考虑安全避难。
- 系统：见图8-5（b），将同一层内和不同区块中为完成同一工作目标的活动连接起来并形成一条线，这条线就是要设计的**流程图**，如图8-5（c）所示。

4）分点规划

下面对建筑物/系统中的线（流程）上的每个**节点进行分点规划**，对一个点进行规划是0维的思考方式，规划内容参见图8-6。

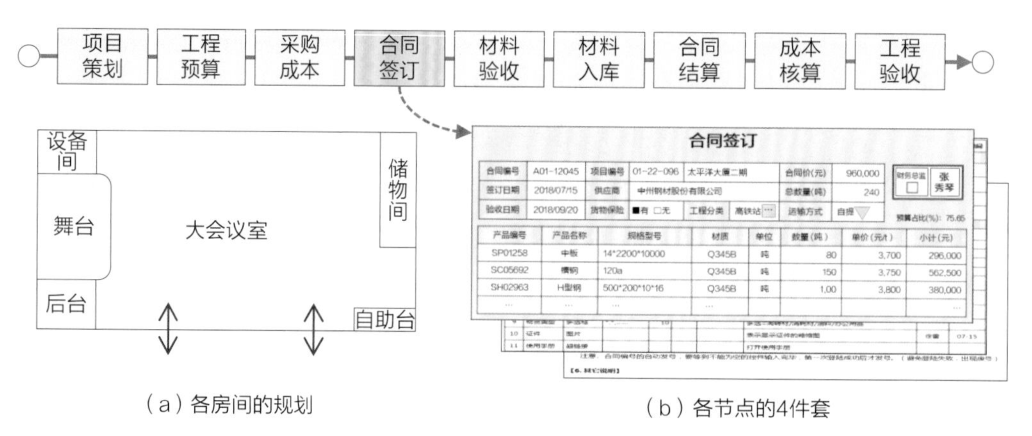

（a）各房间的规划　　　（b）各节点的4件套

图8-6　分点规划示意图

- 建筑：见图8-6（a），对建筑物做整体设计时，只会规划在哪层、设置什么用途的房间（如大会议室），但不会对房间的内部进行详细设计（如颜色、灯具等）。内部设计要在详细设计阶段进行。
- 系统：见图8-6（b），节点是架构中能够划分的最小单位，在做架构的流程图时对节点内部是不会做过多关注的，将节点看作一个黑盒就可以了。对节点内部的界面设计要在详细设计阶段进行，采用4件套方式表达和记录。

通过对上面建筑和系统两个不同例子所做的对比，说明要做好一款软件，一定要对研究对象做有层次的、细致的、准确的分析，要能够扎扎实实地理解业务和业务需求，对复杂的、抽象的研究对象（如例1：水箱原理），可以借助具象的比喻来理解，然后再建立符合软件设计的模型；对于规模大的研究对象（如例2：建筑规划），可以将对象拆成不同的层、区、线、点进行分析、规划。使用类似的方法就可以彻底搞清楚业务和业务需求。为后续业务设计、管理设计等奠定基础。

★解读：关于利用建筑作为软件架构设计的比喻方法。

从事软件行业的读者或多或少都接触过用建筑物的建造过程来比喻软件的架构过程，我们仅用概念词汇的表达是看不出建筑物的内部构造的。从前面的案例可以体会到，两者在规划上的思路、路线、方法等都是有相似之处的，通过对建筑的理解，可以建立起一套对软件的观察、理解和表达的方法。

从这里也可以看出一个道理：软件也是一个产品，产品的开发过程与其他行业的产品制造过程有相似的规律，因此同样作为“工程”，从事软件行业的人有必要向传统行业学习并借鉴其有效经验。

8.1.3　建模的能力要求

做好建模工作，软件工程师必须具有**跨界思维**的能力和很强的逻辑表达能力，对于复杂的业务，做不到直接就能理解时，开始可以先用具象的事/物打个比喻，绕个圈子多走几步，从侧面或借助其他的事和物来帮助理解，这样可能效果更好、更准确、效率更高，而且在传递给他人时，使用打比喻的方法可能会更快地获得共鸣，特别是软件工程师要与各行各业的人打交道，大家的专业、信息、知识都是不对称的，打比喻是一个非常有效的交流方法。

★Q&A：怎么做才能建立一个理想的模型？

项目经理马晓明问："我总是做不好模型，建立的模型往往不能表达我的想法，经常被客户推翻，搞得我都不好意思拿出来了，怎样才能做好建模工作呢？"

李老师回答说："影响建立好模型的原因有两个：一是你对研究对象理解得正确与否，二是你对建模表达的方法掌握与否。对于大多数的人来说，差不多同时存在这两个问题。因此，由于个人的知识、经验及表达能力等原因，仅做一次可能做不到位，特别是对复杂对象的认知。我们对复杂对象的认知是需要有一个过程的，如图8-7所示。

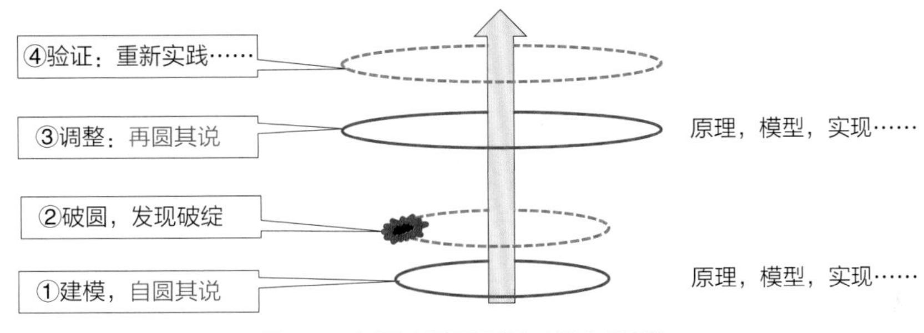

图8-7　建模过程示意图（概念模型）

① 建模：首先建一个可以**自圆其说**的模型，即利用已有的知识和经验，先给出一个表达对象的模型，并以自己目前的能力判断这个模型是正确的（首先要能说服自己）。

② 破圆：在后续的应用实践中发现了问题，模型不成立了，因此不能自圆其说了。

③ 调整：变更条件、修正模型，让修正后的模型可以**再圆其说**。

④ 验证：再次进行实践、验证、破圆、再圆，如此反复循环，直至正确为止。

循环多少次才能找到正确的结果，取决于建模人的知识、经验、验证效率等。越是经典的模型，需要重复上述的验证循环次数就越多，这样得到的模型就具有普遍意义，不但应用范围广，而且生命周期也会很长。

8.1.4　作业方法的培训

培训资料来自《大话软件工程——需求分析与软件设计》一书，培训内容如下。

（1）第4章　分析模型与架构模型

- 架构模型——分层图的画法。
- 分层图、分解图、流程图等的应用方法。

（2）附录A　能力提升训练

- 观察能力训练：绘画式、多角式、系统式。
- 软件设计师的三字经：拆、组、挂。
- 三维空间表达方法的训练。

8.2 业务分析的建模

一个项目管理系统的内容是非常复杂的，大型的项目管理系统动辄有上千的功能（界面），如何做到整体且全面地观察、理解项目管理系统中的业务过程、业务模块之间的关系呢？

首先就要**从“业务层面”对项目管理系统有一个总体的把握**，这是最基础的，掌握了业务层面的内容（业务内容、业务需求、业务逻辑），这样后续的各部分的规划设计就会非常顺畅，否则如果设计师只关注一个个独立的局部功能，就像盲人摸象一样，容易造成系统整体脉络的混乱，它将会严重地影响系统未来的升级、改造。

下面以蓝岛建设的工程项目管理系统为例，借用实施方法论中提供的思路和方法，说明如何通过建立各种模型来对项目管理的不同阶段、不同要求进行分析、规划。

8.2.1 项目周期的规划

我们知道，项目管理是对一个过程的管理，因此按照从上到下、由粗到细的原则，首先利用一维线形图形，沿着项目发生的过程绘制一张**全生命周期图**，这张图是一个用最粗粒度表达的模型，如图8-8所示。

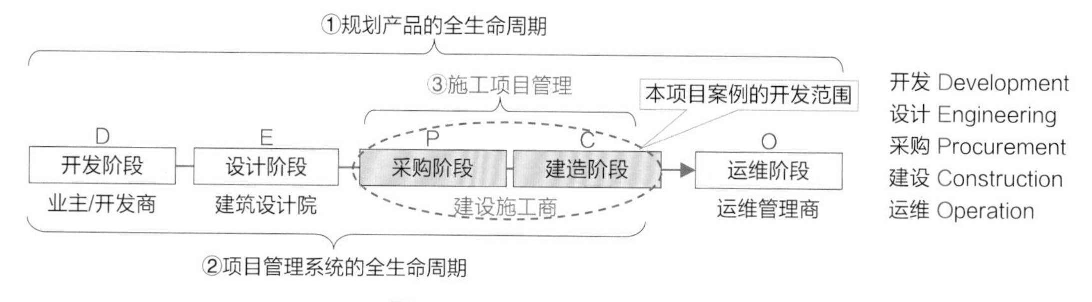

图8-8 项目全生命周期的示意图

一个完整的建筑项目，从投资者（业务主/开发商）所做的工作开始，直至建筑投入使用和维护，一般可以划分为5个阶段，各阶段的主角和工作内容如下。

- D开发阶段：是业主或开发商（投资者）在项目开工前进行的前期运作工作，可以开发出一套“业主管理系统”，其主要用户为开发商。
- E设计阶段：是建筑设计院对设计过程进行的管理工作，可以开发出一套“设计管理系统”，其主要用户为建筑设计院。
- P/C阶段：是物资采购、施工建造的工作，可以开发出一套“施工管理系统”，参见本书的案例，因为施工过程采用的是项目管理的方式，所以也称为施工项目管理系统，其主要用户为施工企业。
- O阶段：是建筑交付使用后，由运营商对建筑物进行运维的阶段（这个阶段的管理不属于项目管理），可以开发出一套“运维管理系统”，其主要用户为对该建筑物进行管理的物业管理公司。

另外，还可以并行开发“施工监理系统”，主要用户为监理公司。如果建设施工企业具有设计部门，可以将E设计、P采购和C施工3种功能整合为一个系统，称为EPC系统。

8.2.2　项目功能的规划

8.2.1节利用一维图像对产品的全生命周期进行了建模，下面针对图8-8中的“③施工项目管理”部分进行进一步的具体规划。举两个不同表达方式的建模例子，说明如何在企业整体的信息化布局中规划项目管理系统。这两个例子用二维（2D）的图形来表达。

1. 通过俯视，确定项目管理系统的位置

在客户企业信息化建设中，项目管理系统的位置与其他部分的关系可以采用二维的“俯视”图形表达，这样视角和画法容易获得整体、全局的概念，如图8-9所示，此图是从企业信息化建设的**整体规划图中看项目管理系统的位置**。

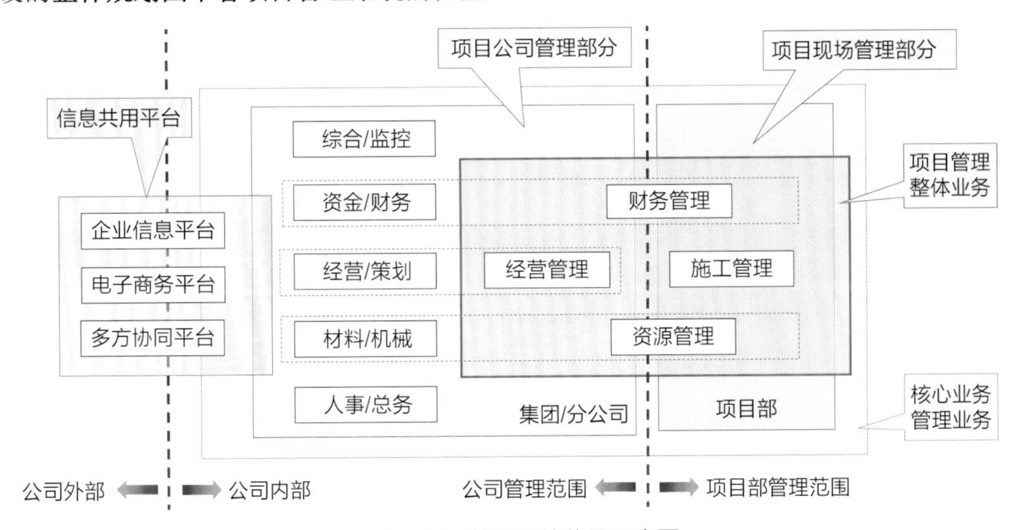

图8-9　项目管理系统位置示意图

将公司既有系统和新建系统以及其他待建系统的业务覆盖内容全部排列出来，然后找出它们相互叠加的部分和独立的部分，这样就可以从整体对未来的企业信息化建设有一个全面认知。当然，如果有需要，还可以将计划在第二期、第三期准备建设的部分也标识出来，这样做整体规划时掌握的信息就会更全面。

★解读：在软件企业中被称为是“架构师”的岗位，最被看重的就是他可以站得高，**具有“俯视”能力**，能够看清楚系统架构的脉络，在规划系统时具有把握全局的能力。而非架构师的岗位，通常的视野比较窄，比较关注局部、细节。

2. 建立圆心，确定项目管理系统的关系

以项目管理系统为圆心，通过同心圆模型观察项目管理系统与其他系统之间的关联关系，如图8-10所示。

因为施工企业的主营业务就是建设施工，所以企业的所有部门、所做的工作都是为施工项目提供支持和服务的。而从组织结构上看，施工建设的主要承担单位（组织）就是“项目部”，项目部的管理采用的是“项目管理”方式，企业的运营管理、组织架构全部都是以工程项目为中心构建的，所以要表达出来以施工项目为中心的工作关系，采用同心圆的形式，这个形式可以用俯视的视角查看各系统之间的协作关系。

- 环①是单项目内容，单项目是由4部分构成的：经营、施工、采购和财务。

图8-10中间4部分的划分是示意性的，可以根据具体情况划分为不同的构成，但是多划分出一个分支，就要多关联一个相关的上级部门。

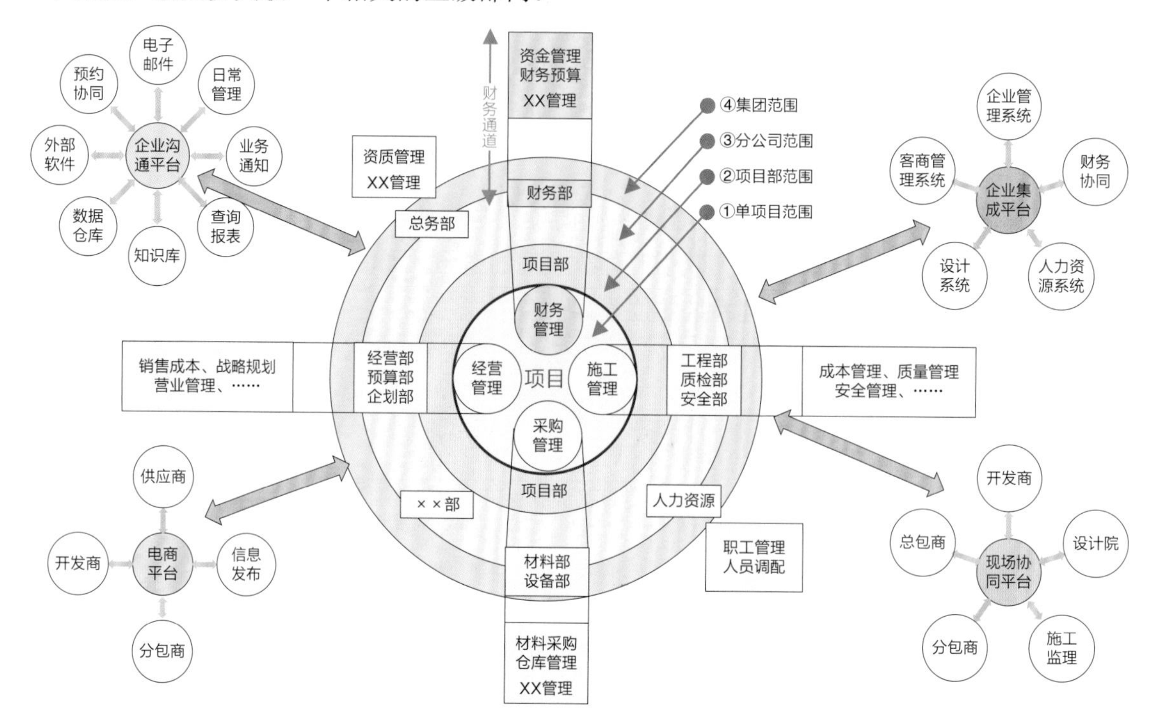

图8-10　以项目管理系统为中心的示意图

- 环②是项目管理部的管理范围，管理着一个项目。
- 环③是分公司的管理范围，它同时管理着若干项目。
- 环④是集团的管理范围，它同时管理着若干分公司。

与此同时，可以看到财务管理的通道联结着集团、分公司和项目部的财务部门，同理，工程管理部门、经营管理部门、物资管理部门等也都有从上到下贯穿的专项通道。

另外，项目管理系统与其他的既存系统以及各类关联平台也有交互，这样就形成了以项目管理为中心的蓝岛建设信息化整体的架构。

★解读：业务架构与技术架构的区别。

这里以“项目管理”为中心的含义是业务架构层面的，是概念上的、逻辑上的，这是在理解客户业务和业务需求，是从业务出发进行架构的指导思想，但这不是说系统的技术架构也必须是以“××××”为中心的，技术架构可以是去中心化的架构，以数据为中心进行。

再次理解业务架构的理念与技术架构是不相同的，业务架构必须要符合客户的视角、客户业务的逻辑。

3. 多项目管理系统的规划

前面用线型、俯视的3个例子表达的是针对**单项目**的业务规划，下面举例说明如何表达**多项目**的业务规划。

每个建筑企业都会同时管理若干工程项目（蓝岛建设同时正在施工的工程项目有近300个）。一般来说，用二维平面图表达一个项目是没有问题的，但是同时表达多个项目就不方便了，因为多个项目中有相同的要素和相同的流程，此时可以考虑用三维的分层图形来表达，参见图8-11，归集的方法如下。

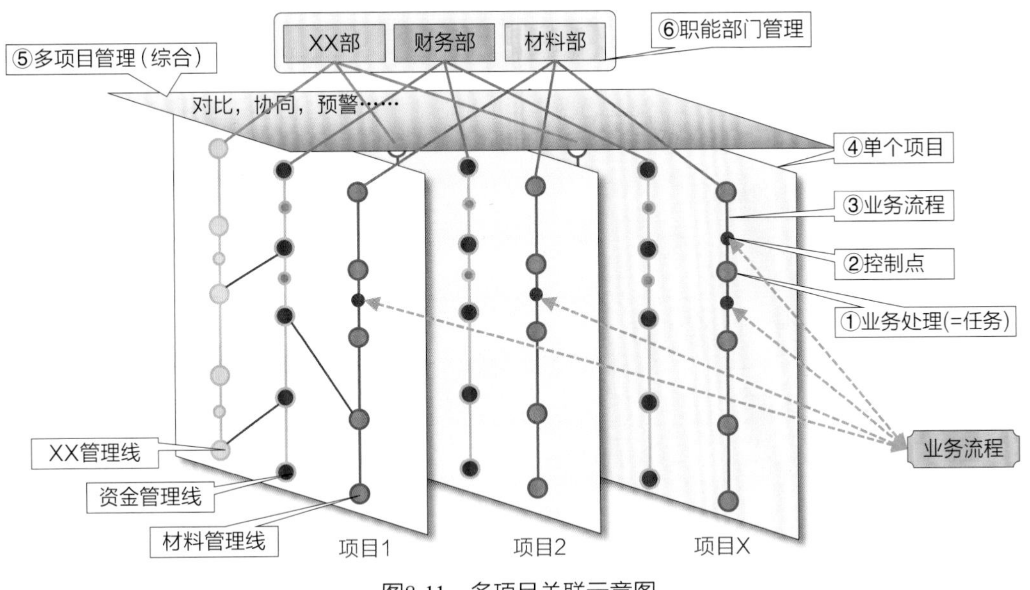

图8-11　多项目关联示意图

- 项目1～项目X，每个项目的内容基本上都是相同的，如有相同的物资管理流程、资金管理流程等。
- 对所有相同流程的管理都会有对应的公司职能部门，当然复杂的流程可能同时受到数个职能部门的共同管理。

以上就是从业务视角，通过建模，对多项目管理系统进行分析、理解、规划。

8.3　管理分析的建模

8.2节对项目管理系统从**业务方面进行了建模分析**。业务建模相对还是比较容易理解的，因为建立的业务分析模型与客户日常工作的表达习惯（如流程）是相似的，但是管理的表达就比较隐蔽，因为通常在业务流程图上或系统的界面上是不能直接看到管理要素的。下面讲解怎么进行**管理方面的建模**。

8.3.1　过程管理的规划

前面提到过，从管理的角度看，系统设计方式有两种：一是数据填报类型，二是过程控制类型，前者的“数据填报”很容易做到，只需要做好用于输入数据的界面就可以了。后者的“过程控制”如何理解呢？和前面的思考模式一样，在遇到复杂的、不好理解的对象时，还是采用先打比喻的方式，做个具象的模型来帮助理解。

【例1】这里举个铁球在滑道上滚动的例子：在一个平滑的平面上，让大、中、小3个尺寸的铁球从平板的左侧开始，滚动进入平板右侧的大、中、小3个洞口内，滚动方式可以设定为两种：无约束和有约束，参见图8-12。

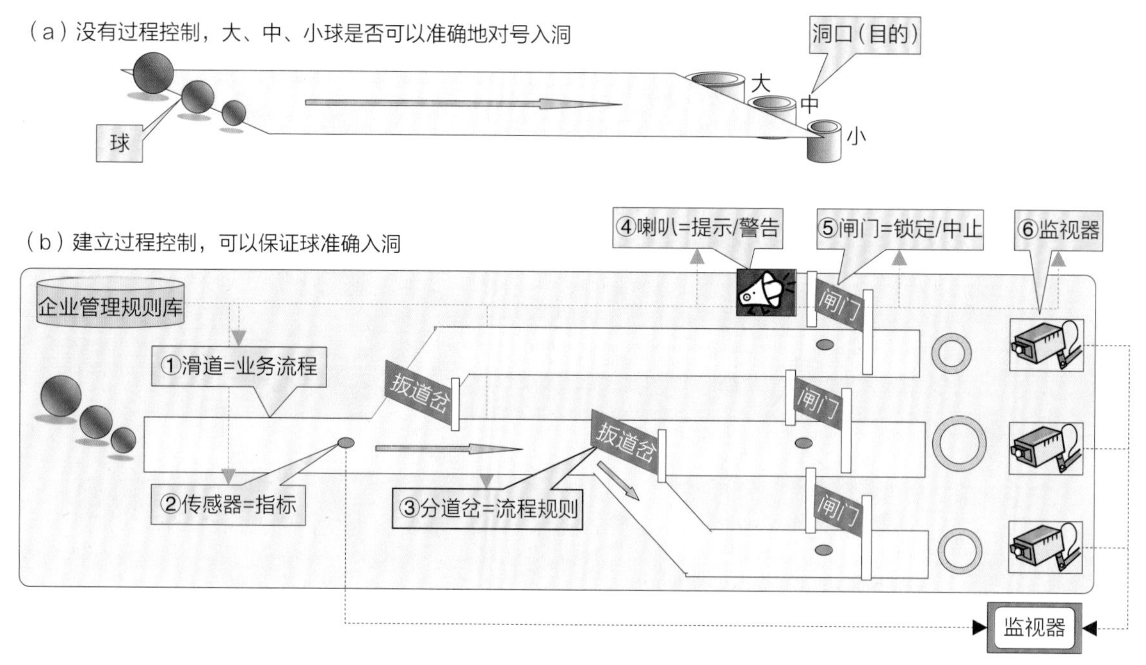

图8-12　滑道原理示意图

1. 数据填报类系统：无约束条件的运行

如图8-12（a）所示，从左边开始滚动铁球，由于滚动的过程中没有约束的措施，所以3个球是否能够按照尺寸的不同分别准确地进入相应的洞口中是不确定的、没有保证的。

对比一个企业来看，企业的全部员工都非常自觉、守纪律，一丝不苟地按照要求去做是可能做到的，但是大多数的企业员工由于各种各样的原因，是不可能做到全员完全自觉、守纪律的。如果在系统中没有设置约束条件，用户按照个人理解去输入数据，则输入的结果中一定会存在不正确的数据，这就是数据填报类系统的弱点。

2. 过程控制类系统：有约束条件的运行

如图8-12（b）所示，再来设想另外一种场景：为了不出现图8-12（a）的情况，在平板上铁球通过的路段设置以下的装置（仅供参考）。

① 设置滑道，并在滑道的两边设置护栏，避免方向错误（=业务流程）。

② 在滑道上设置传感器，探知铁球通过了哪条路（=设置目标值）。

③ 在滑道上设置用于改变方向的扳道岔（=流程的分歧点、分歧规则）。

④ 在滑道的终端处设置喇叭用于通知（=提示、警告）。

⑤ 在滑道的终端处设置闸门用于拦截（=流程终止，等候上级判断）。

⑥ 在每条滑道的尽头设置监控器查看各类情况（=看板，显示各类数据），等等。

当铁球从左边出发，如果发生了没有按照尺寸选择滑道的情况，就会由传感器、扳道岔、喇叭、闸门以及监控器等装置帮助纠偏。

如果设计的管理系统中也有类似的机制（装置），是不是同样也可以对业务全过程进行有效的管控？这就是过程控制类系统的设计思路，可见在滑道上滚铁球与过程控制类系统对数据的控制过程道理是相似的。

8.3.2 协同管理的规划

滑道模型说明了过程控制类系统的规划思路，下面再来讲解如何使用这类系统。做企业管理类系统的读者都知道，在企业内，不同的部门、不同的业务、不同的岗位会有不同的管理工作，系统中的管理效果是通过设置规则实现的。这些管理规则会随着领导的要求、外部市场的变化等不断进行调整，以适应这些变化。如果每次发生类似的变化时需要由软件公司的工程师来应对，那么就可能会影响客户的系统使用效果。

【例2】下面假定信息系统已经开发完成，在使用过程中发生管理规则的变化时，系统可以实现下面的运行方式，如图8-13所示。图中的含义说明如下（部门名称仅作参考）。

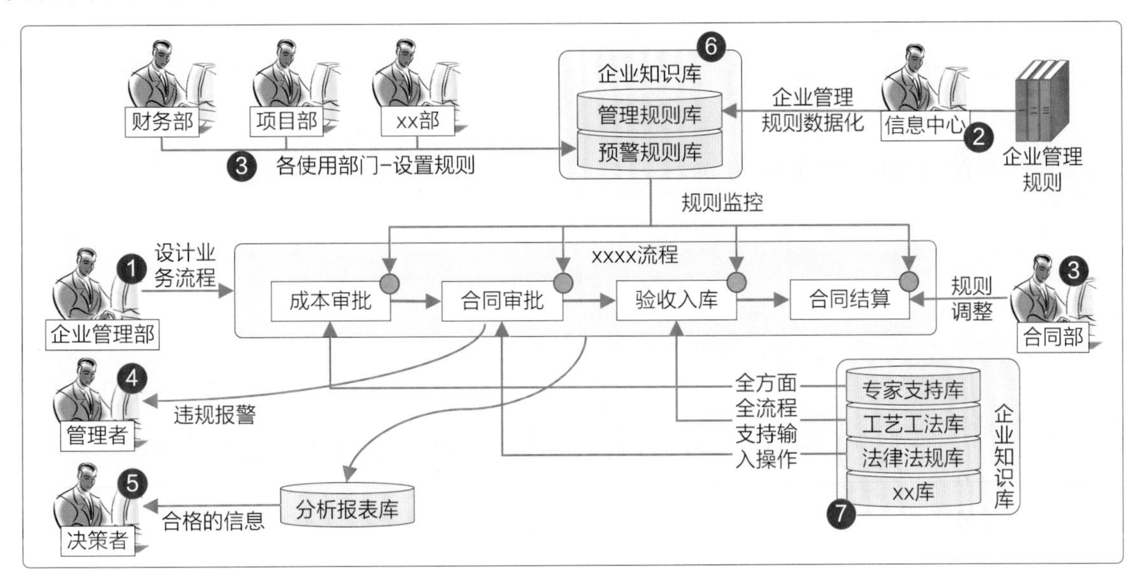

图8-13 多人协同管理示意图

① 由企业管理部门做业务流程的设计。

② 由信息中心将业务流程调整后的标准、规则等输入到系统中。

③ 由各系统的使用部门在自己所管的系统部分中维护管理规则。

④ 当流程中发生了违规的情况时，自动将违规信息推送到相应的管理者处。

⑤ 收集业务流程中各节点的数据，然后加工成信息，推送到企业相关的领导处。

⑥/⑦ 为企业知识库的相关数据。

要想实现这样的效果（=管理需求），规划的初期就需要按照分离原理的要求将业务和管理进行分别设计，然后再组合。

强化过程管理并不是说要设计出一套万能的流程，让它可以应对所有可能发生的变化，因为无论软件公司有多少经验的积累，都无法打造出一套可以同时满足不同企业、不同项目需求并响应不同时期需求变化的项目管理系统。实践证明，开发一个固化的、大而全系统的做法不但会束缚客户企业的成长，也会让软件公司为维护和响应需求变化而疲于奔命。解决此类问题的方法之一，就是软件公司在系统中为企业构筑一套符合项目过程管理规律的“管理机制”。我们对项目管理的认知和应对方法会随着时间而变化，但是建立了这套管理机制就可以使企业随着项目管理研究的进步而进步，使项目管理系统随着企业的成长而成长。

8.3.3 管理强度的规划

前面举例说明的是如何对一个项目过程进行管理的规划和架构，下面再来看一下如何对项目的“管理力度”进行建模表达。管理与业务不同，业务的领域和目标只要是一样的，那么业务的处理步骤就是一样的，但是管理有另外一个维度：“强”与“弱”之分。

客户的企业分为三级管理：集团、分公司、项目部，每个项目部都要受到三层管理，那么根据管理对象的特点，可以对管理的粒度进行调整，适合于集团/分公司管理的内容，其主要的监控由集团/分公司负责，例如财务支付、大宗材料的采购等，仓库管理、进度管理等内容就可以主要放在项目部内等。

将项目的管理对象分为4组，如图8-14所示①～④，通过调整各组管理对象的位置，理解企业对管理对象的管理力度要求。

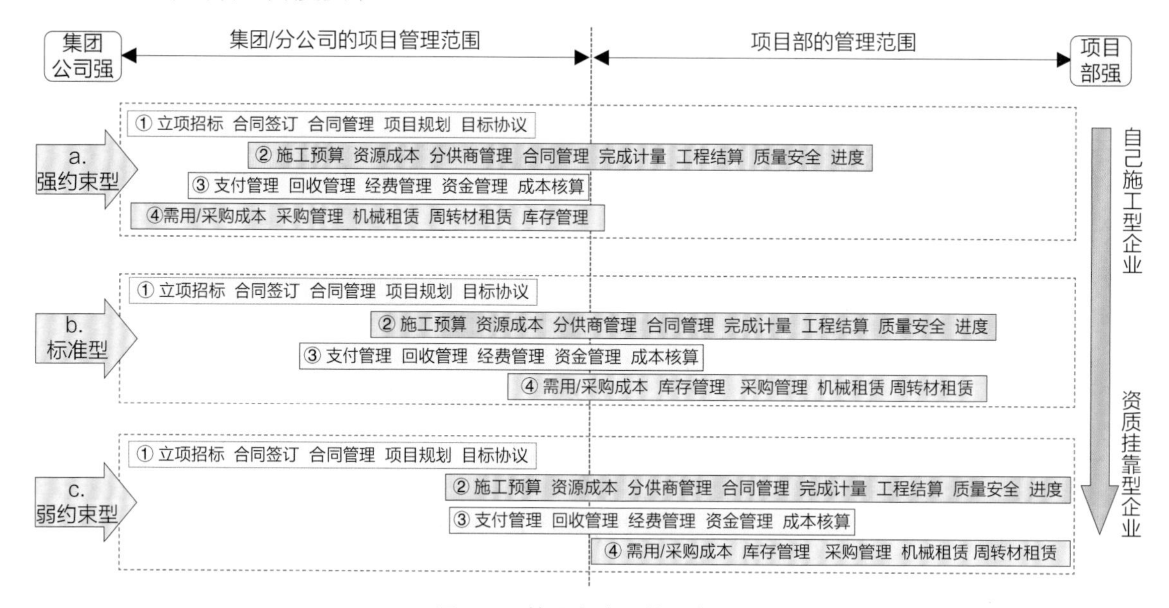

图8-14　管理力度调整示意图

1. 横向：项目分管区域的划分

项目管理系统是跨越管理职能部门（集团/分公司）和项目部的，根据项目内容、规模、难度等一系列的原因，有些管理对象要由上级的职能部门来管理（图8-14左侧部分），有些是由项目部自己来管理（图8-14右侧部分）。例如，

- 立项、招标、合同、目标等工作，主要以上级的职能部门为主来完成。
- 计划、库存、质量、安全等工作，主要以项目部自己为主来完成。

2. 纵向：项目管理力度的划分

可以将项目的管理力度分为3个等级，在不同的等级中可以看到管理要素①～④的位置是不一样的。

- 强约束型：强约束型的项目重心偏向集团/分公司一层，是高度集中管理的形式，多为政府主导、规模大、技术难度大、影响大的工程项目。
- 标准型：居于强约束型和弱约束型之间，管理力度和范围适中。
- 弱约束型：弱约束型项目除去必须由上级部门管理的对象以外（如招投标），尽可能地将管理对象下放到项目部，多为小型的或外包给其他公司承接的项目。

通过这个管理模型，可以理解公司与项目部之间的管理分工和管理强度之间的关系，对于做好管理系统、把握管理设计粒度有着重要的指导意义。

由于本章主要介绍的是如何通过建立不同形式的模型来理解业务和管理，所以案例中的业务场景、管理划分等仅作参考，不是建模的关注重点。

8.4 业务+管理的建模

前面各节讲解了用建模的方法理解和分析业务、管理，下面以“成本管理”为对象，将前面分别建立的业务和管理建模整合在一起（如此才能在系统中实现“项目管理”）。

前面采用了具象的建模方式和概念方式分别对业务和管理进行了深入研究，在前面研究成果的基础之上，针对具体的成本管理采用逻辑图形（包括排比图、分解图、流程图等）和界面原型来表达建模成果。

成本是企业管理系统中占比最大的部分，也是项目管理的三大目标之一（质量、进度、成本）。成本发生过程的层次非常复杂，几乎与一个企业管理系统中的所有部分都有关联（因为每部分都需要花钱），要想开发出一款好的成本管理系统，且这个成本管理系统还要具有一定的应变能力，那么对成本的构成、内在逻辑的理解和把握就是非常重要的基础。如果这个基础没有打牢，想要实现成本管理就很难，更不要提还需要具有应变能力了。

下面举4个案例，按照从粗到细、从上到下的原则沿着成本的发生过程进行拆分、建模。

（1）用排比图建立成本的发生过程。

（2）用分解图建立成本的构成结构。

（3）用流程图建立成本的管控过程。

（4）用原型图建立成本的数据管控。

8.4.1 用排比图标出成本构成

因为成本是业务研究对象的一部分，因此仿照图8-8建立项目生命周期模型的方法，首先对成本发生的全过程进行建模。下面用排比图将成本发生过程中的主要节点表示出来，形成一个成本发生过程的模型，仔细地研究这些主要节点所起的作用和价值，全面、准确地掌握成本发生的要因，以及在这个过程中应该加以管理控制的节点，并在相关节点上赋予的管理规则。

一个项目的成本全过程从哪里开始到哪里结束取决于设定项目的开始与结束的位置。这里给出了一个从项目投标前做准备、至项目完成后的成本变化过程，对成本值的变化用排比图作一个示意图，在示意图上成本在各阶段的名称和定义如图8-15所示。

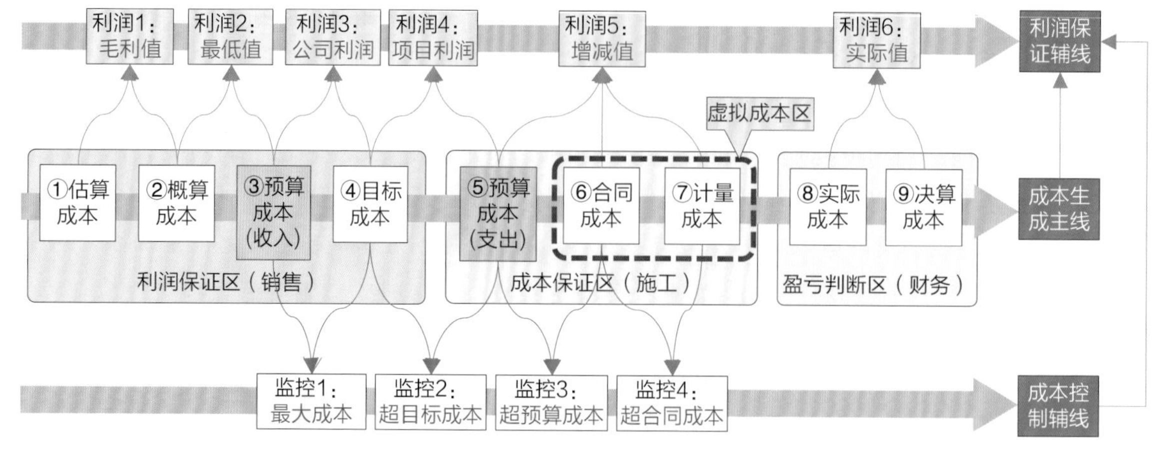

图8-15　成本发生过程的示意图

在图8-15中，利用两个节点成本数据之间的差值设计了三条数据线，包括成本生成主线、成本控制辅线、利润保证辅线，这3条线有如下的关系。

- 成本生成主线：是产生成本数据的过程。
- 成本控制辅线：是为了监督、控制成本生成主线不会出现成本超标。
- 利润保证辅线：是为了监督、控制成本生成主线可以留下预定的利润。

其中，成本生成主线是载体，它的数据是原始的，成本控制辅线和利润保证辅线都是由成本生成主线衍生出来的，有关说明可以参见7.3.2节的项目管理设计。

此模型的重点在于说明如何对成本的过程进行分解、定义成本以及建立成本之间的关联关系的方法，因为企业的成本管理非常复杂，场景非常多，因此对模型内划分的区域、成本定义等仅作为建模方法的说明参考，读者需要根据自己工作对象的特点建立相应的成本管理模型。

1. 成本生成的主线

前面已经讲过了，在系统中是不存在一条实际的成本流程的，为了方便研究成本，图8-15中的成本生成主线是由资源消耗线中各业务活动产生的成本数据构成的“虚拟线”，成本生成主线的构成情况如下。

1）主线的全过程划分为3个区

为了更加容易理解成本生成主线上各节点的作用，将图8-15的9个节点划分为3个区，每个区的名称与该区内各节点的业务内容相一致。各区的含义分别如下。

- 利润保证区（市场经营）：此区内由估算、概算等活动产生了成本数据，这些数据是投资方可以给施工方的最高价钱，因此这个区中的数据决定了项目利润额的最大值。
- 成本保证区（项目执行）：此区由预算、合同等活动产生了成本数据，这些数据决定了项目成本额的大小。其中的“合同成本、计量成本”是虚拟成本，它们不是客户财务的成本概念，是管理系统为了掌握和监督成本的发生过程而设置的虚拟成本数据。
- 盈亏判断区（财务）：此区内产生的成本数据是综合了所有发生的成本数据后计算出来的，因此可以判断项目的盈亏。

2）主线上设置9个成本节点

成本生成主线上共设置了从“①估算成本”～“⑨决算成本”9个节点。需要设置几个节点，是根据成本管理内容确定的。这9个节点的成本数值表达了成本发生的过程，简单定义如下。

① 估算成本：也可以叫作投资估算，是在**决策阶段**对待建项目进行总投资时全方位的估计，这个估计成本就是估算成本。

② 概算成本：概算指进入设计阶段时，以初步设计或者施工图纸、各类的指标、定额及计算标准等作为依据，计算出总投资成本，这个投资成本就是概算成本。

③ 预算成本（收入）：在投标阶段，按照招标方给出的条件和要求，并根据企业情况编制预算，这个投标成本额就是预算成本（投标）。

④ 目标成本：企业为项目部制定的指导成本指标，即项目部要在这个成本指标内完成项目，这个目标指标就是目标成本。

⑤ 预算成本（支出）：以建筑图纸为对象，依据现行的计价规范、定额、市场价格、费用标准等编制出来的成本预算就是预算成本（施工）。

⑥ 合同成本：是一个虚拟的成本，为了进行成本过程管理而设定的。假定签订合同的价值为A，则签约后预算成本中的预算余额就会减少A，那么A额度就会暂存在合同内，待材料到货入库后，A就会再次转移到库存额度中。

⑦ 计量成本：是一个虚拟的成本，为了进行成本过程管理而设定的。与合同成本的定义相似，完成工程量对应的成本就是计量成本。

⑧ 实际成本：指实际发生的耗费代价，实际成本是指已经发生、可以明确确认和计量的成本。

⑨ 核算成本：根据一定时期内企业生产经营过程中所发生的费用，计算出每个项目的实际成本和单位成本，这个成本就是核算成本。

在成本管理的过程中，设置“①估算成本”～“⑨核算成本”这么多的成本节点建立成本过程模型，其目的就是要掌握从项目的启动到收尾，成本是如何发生、变化的，这些成本数据在不同的环节变换着不同的形态，有着不同的定义，起着不同的作用，掌握了成本一系列变化的状态就可以实现对**成本的精细化过程管理**。

- 关于成本过程管理的思路：参见8.1.2节。
- 关于成本过程管理的计算：参见《大话软件工程——需求分析与软件设计》14.5.4节。

另外，设置合同成本、计量成本这样的“虚拟成本”，其目的就是要追踪每一笔出自预算的金额在最终变为成本之前，暂时处在成本过程的哪个位置上。如果没有设置“⑥合同成本”和“⑦计量成本”两个虚拟成本作为控制点，那么对“⑤预算成本”的处理完成后，直接就到了“⑧实际成本”，由于在“⑤预算成本”和“⑧实际成本”之间缺乏过渡，成本的中间控制是不能实现的。可见“⑥合同成本”和“⑦计量成本”两个虚拟成本是构成成本管理的中间过程，“⑥合同成本”和“⑦计量成本”分别承担了“预算超额”和“合同超额”两个重要的监控任务。没有这两个中间点加载管理，就无法对成本进行过程管理。

2. 成本与利润的辅线

图8-15中成本生成主线上下两端的辅线是从成本和利润的维度来管控成本的。

1）成本控制辅线

成本控制辅线在成本生成主线的下方，是监控成本是否超过目标值的。其作用就是让后者≤前者，从而保证成本不超标，如“③预算成本（收入）”是预计的最大成本值，“④目标成本”则是为项目执行设置的控制目标值，如果施工过程中可以做到“④目标成本”小于“③预算成本”，那么这个目标值就是可能发生的最大成本值，控制最大成本值就可以确保项目成本不超标。成本生成主线共给出了4个典型的成本监控点，它们是利用成本生成主线上的节点间差值，通过计算对比实现监控的。

- 监控1——最大成本：最大成本是公司下达给项目部的“④目标成本”，它必须要小于“③预算成本（收入）”（如果两者相等，就意味着没有“利润3”了）。
- 监控2——超目标成本：要确保“⑤预算成本（支出）”小于“④目标成本”，如果超过，则“利润4”不保（意味着项目部没有利润了）。
- 监控3——超预算成本：要确保“⑥合同成本”小于“⑤预算成本（支出）”，否则意味着“⑤预算成本（支出）”不保（就是通常所说的“超预算”了）。
- 监控4——超合同成本：要确保采购的资源（人、材、机）在工作完成后做计量时，不能超出签订合同的范围，否则就是超过合同成本（间接地等于超过预算）。

从上述的解读中可以知道未来在建立成本业务线时，在哪个节点上加载什么样的管理规则、想要管控什么目标，以确保成本管理的全过程不出现管理失控的问题。

2）利润保证辅线

利润保证辅线和成本保证辅线的作用是一样的，只是两者采用了不同的指标值来做监控的对象：一个用成本值来确保成本不上升；另一个用利润值来确保利润不下降。利润保证辅线是利用成本生成主线两个节点数值之间的差值来控制利润值的高低。

例如，“利润3”=“③预算成本（收入）”–“④目标成本”

- 如果“④目标成本”越小，则“利润3”就越高。
- 反之，“④目标成本”超支了，则公司预留的“利润3”就不保了。

利润保证辅线设置了6个利润观察点，可以检测成本发生全过程的利润值变化。

8.4.2 用分解图标出成本层级

图8-15中成本主线的模型是成本构成的最顶层规划，接下来需要对成本主线上的每个节点进行逐级分解，以理解成本的详细构成。

以图8-15中的节点“⑤预算成本（支出）”为例，利用分解图向下展开预算成本的详细构成内容，如图8-16所示。

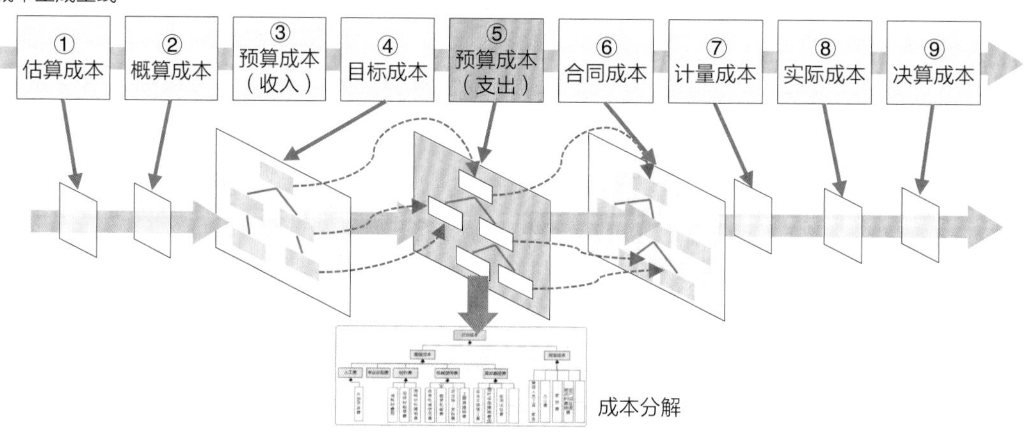

图8-16　成本生成主线分解示意图

利用分解图可以对成本的构成进行拆分，形成成本的层级结构，如图8-17所示，通过这个分解模型可以了解“⑤预算成本（支出）”的构成内容、分层结构等。

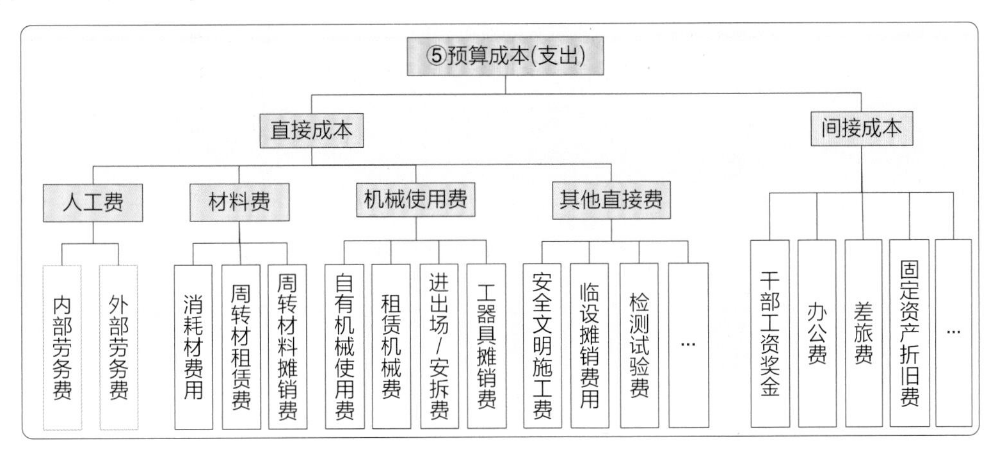

图8-17　预算成本（支出）构成示意图

利用分解图还可以对不同层的成本设置不同的监控管理，如图8-18所示。

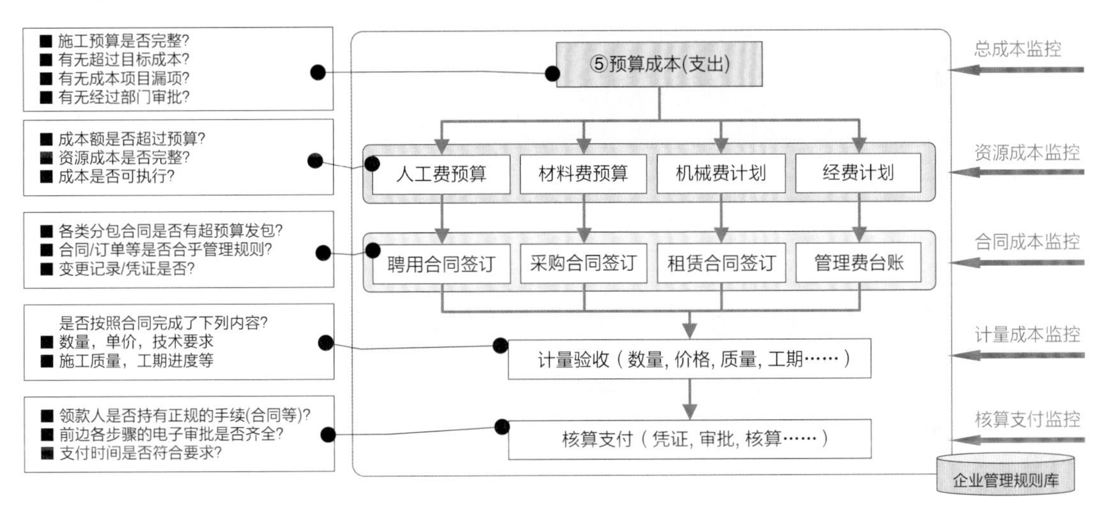

图8-18　成本生成过程的5层监控示意图

这个模型表示在成本的发生过程中可以设置5层管控措施，以确保成本发生过程不会超出预算成本，这5层管控措施分别是总成本监控、资源成本监控、合同成本监控、计量成本监控和核算支付监控。

分解图的最大特点是可以清晰、直观、结构化地表达各成本分类之间的关联关系。有了这个关系，就可以进行数据的汇总或分解，在汇总或分解的过程中对成本数据进行管控。

在这5层监控中，第三层**合同成本监控是确定实际成本的重要依据**。

8.4.3　用流程图标出流程控点

前面的排比图、分解图等都是采用静态的方式表达成本的关系，下面采用动态流程图的方式表达成本的发生过程，参见图8-19。

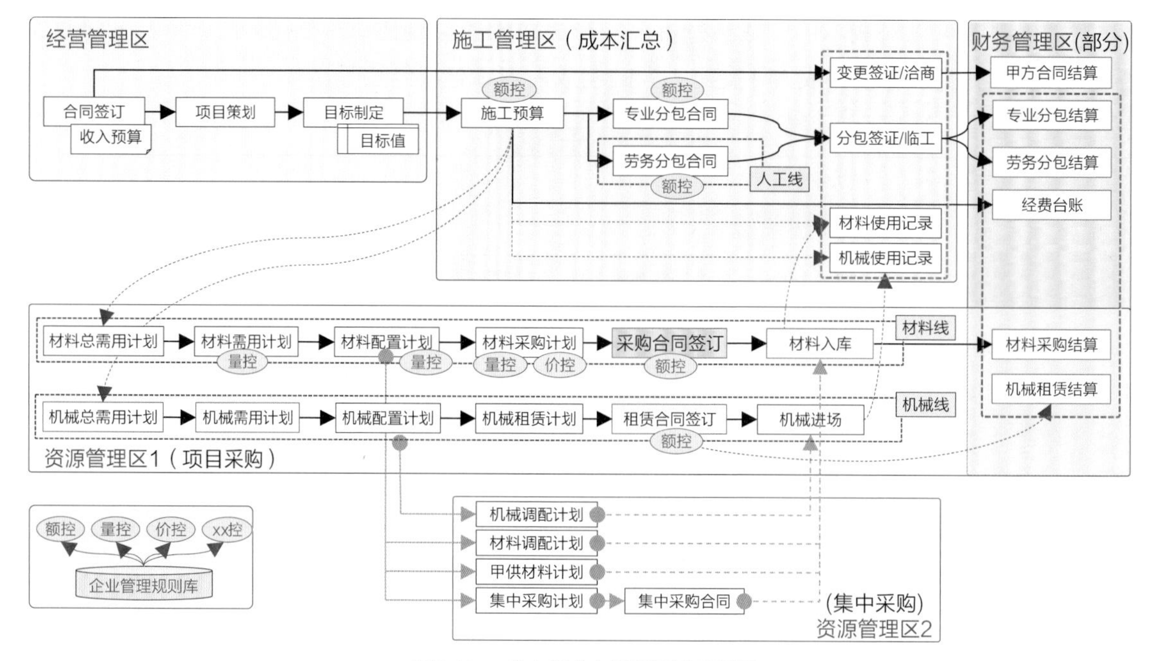

图8-19　成本发生过程流程示意图

建立这个模型是为了搞清楚在成本发生的过程中需要哪些必要的节点，这些节点与成本管理的关系，需要在哪些节点上设置何种管控措施等，这一张图表达了业务部分、管理部分、管控点的位置等信息。

1. 业务部分

- 分区：参考图8-19中项目管理4个分区的规划，按照流程的不同阶段标出这4个区域：经营管理区、施工管理区、资源管理区、财务管理区。
- 分线：建立不同目的的业务线，如人工线、材料线、机械线等。

2. 管理部分

管控：根据节点的内容不同设置不同的管控内容，例如，

- 需要加载“审批流程”的节点，标注“审”字。
- 需要加载“金额管控”的节点，标注“额控”。
- 需要加载“数量管控”的节点，标注“量控”，以此类推。

8.4.4　用原型图标出业务管理

前面用逻辑图形（排比图、分解图、流程图）给出了成本分析的架构。下面利用“原型图”进一步给出流程上每个节点（界面）处的业务处理内容和相应的管理规则。

1. 业务原型

以图8-19的“采购合同签订”功能为例建立界面的原型，如图8-20所示。对于界面的业务内容，包括界面的形式、字段定义、内部的业务处理标准、计算公式等，这些内容的细节在详细设计阶段决定。

图8-20 界面原型示意图

2. 管理设置

从管理的视角出发，根据界面上不同控件（字段、按钮）的功能内容，在控件上链接相应的管理检查规则，如图8-20所示。如果在流程上每个节点对应的界面都进行了相似的检查，那么全部功能界面都可以确保数据的正确输入和记录，这为后续数据的利用（统计、分析等）奠定了基础。

★解读：从整个建模分析过程来看，“界面原型”应该是系统设计中的最后一个环节。如果接到需求后，没有按照上述过程去做，而是立即着手做界面设计，可能是以下两种情况。

- 第一种情况：项目规模非常小，且非常简单，所以就直接做界面设计了。
- 第二种情况：规模不小，也不简单，但是未做充分的研究分析就进入界面设计了。这样做可以肯定，结果不会太理想。

3. 界面审批规则的设定

下面举个具体的管理模型的设置案例，“采购合同签订”界面上的电子签章是一个小模型，如图8-20所示。电子签章的模型是为了建立合同成本的判断依据。电子签章的内置的管理功能如图8-21所示，图中表达的信息如下。

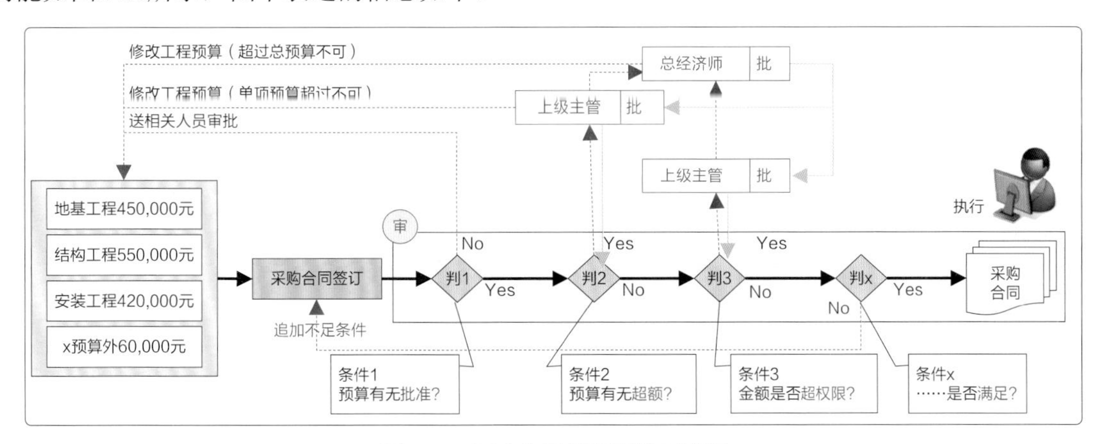

图8-21 采购合同签订审批示意图

- 合同中的内容、数量、价格的来源。

- 合同签订过程中需要有哪些检查条件，检查的标准是什么。
- 出现了超出条件的情况，应该先通报谁等。

★Q&A：培训中有的学员问："老师，为什么设计要搞这么多步骤，太复杂了吧？"

李老师回答说："把软件设计与其他行业的产品设计做个横向对比，可能就比较容易理解了，没有对比就没有伤害。

- ○ 研发一台飞机发动机，需要花费十几年甚至是数十年的时间，如果没有准确地吃透它的工作原理，是不可能造出优秀的发动机的。
- ○ 设计一栋大楼，不但要做很多的立体模型（包括实物版、CG版）来帮助理解，而且为了表达清楚设计内容，完成的图纸数量需要以'立方米'为单位计量。

有些从事软件开发的人，把一个晚上就搞出一个成果当成'想当然、能力强'的样板，这是错误的概念，这种概念会让人逐渐产生错觉，分析设计不重要，能做出来就是好样的，这种思想是不可能做出高质量的好产品的。

现在软件行业为开发一款具有规模的系统所做的分析和设计工作不是太多了，而是远远不够。要想打造一款优秀的、高质量的信息系统，必须想尽一切办法把需求吃透，设计表达清楚，只有如此才有可能获得客户期望的效果。"

8.5 建模方法的总结

通过前面的案例，相信读者已经体会到了建立图形类的模型可以帮助理解复杂业务和业务需求，对完成系统的分析和设计起着非常重要的作用。掌握业务分析和建模的方法毫无疑问对所有从事一阶段工作的业务人员都是非常重要的。建模使用的方法可以包括图形类、文字类和数据类等，下面对建模的方法进行归纳和总结。

8.5.1 图形类建模

利用图形可视化的特点建立模型，毫无疑问是最佳的建模方式，可以使用不同的图像逐步解开复杂对象的内在逻辑，如图8-22所示，先从具象图形开始打比喻，如图8-22（a）所示；然后过渡到用具象+逻辑图形的方式，如图8-22（b）所示；然后使用逻辑图形说清楚内在逻辑，如图8-22（c）所示；最后给出系统原型，达到确定开发对象的目的，如图8-22（d）所示。下面总结一下使用图形建模的优点（不限于此）。

- 逻辑表达清晰、直观，不易产生无歧义，易于交流。
- 逻辑意图表达快捷，信息量大，理解效率高，沟通效率高。
- 不论有无IT知识，看了模型都可以理解。
- 表达方式丰富，可以用三维、二维、一维等图形多层次、结构化地表达，等等。

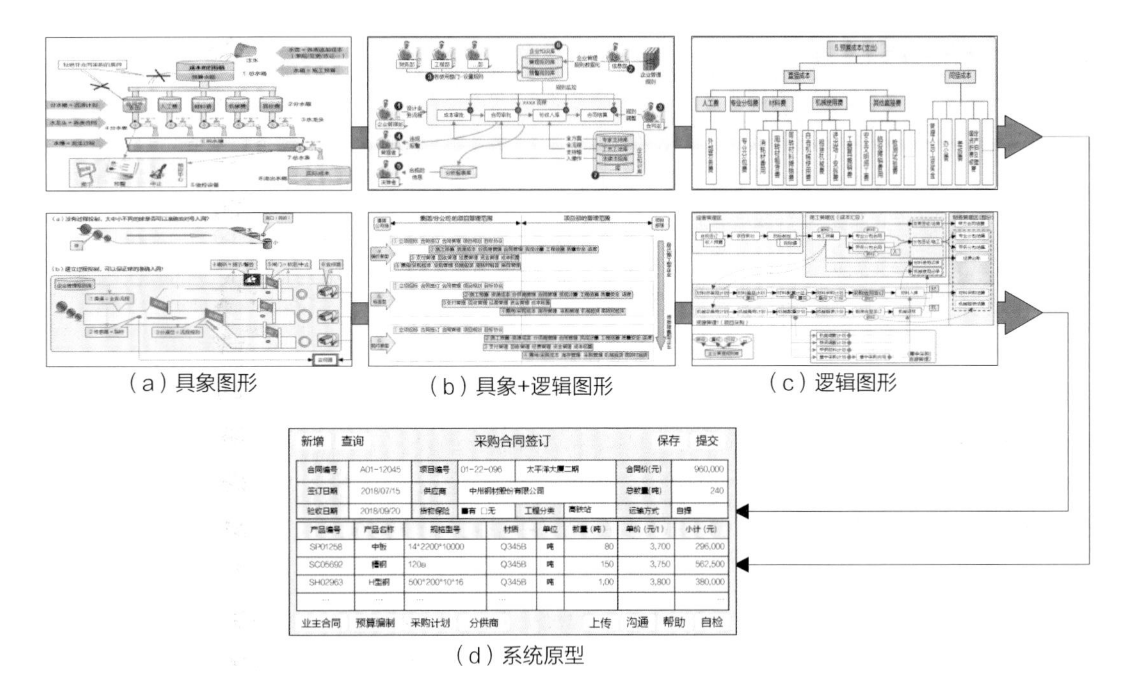

（a）具象图形　（b）具象+逻辑图形　（c）逻辑图形

（d）系统原型

图8-22　具象思路向逻辑图形转换示意图

另外，将具象图形和逻辑图形融合在一起具有不同的表现效果，如图8-23所示。管理易于变化，所以需要将管理与业务分离，然后将管理与业务按照需求组合在一起。

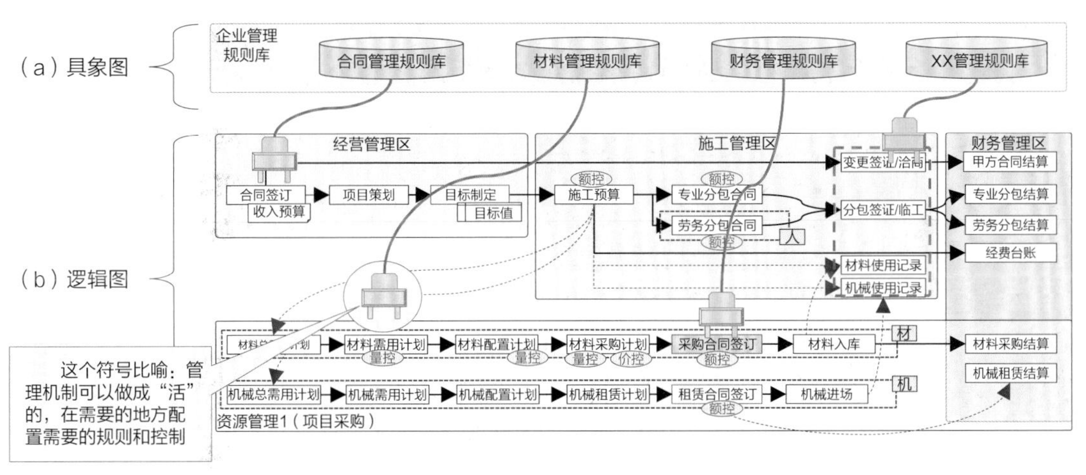

图8-23　具象图形和逻辑图形融合后示意图

建立模型的主要目的之一是理解对象、说明对象，最终可以支持设计。前面介绍的很多模型并不是正式用来做设计交付物的，它们的作用除去帮助业务人员自己理解业务外，在向客户提出解决方案、向技术人员做概念说明时通过这样的模型交流会比较顺畅，当然，这个比喻的背后需要有非常强的设计和技术知识作支持。

跨界思维、空间想象、虚实结合，对于一名高水平的设计师来说都是非常重要的基础能力，越是复杂的系统越需要设计师具有多维度思考、表达的能力。

8.5.2 文字类建模

前面讲述的内容都是用图形的方式进行建模，其实，并非只有图形可以用来建模，文字描述也同样可以达到建模的效果，而且有些内容用文字建模反而不容易表达清楚。经过了长期用图形建模的训练后，逻辑思维和逻辑表达的能力（用文字、语言等）一定会有大幅提升，此时当你看到下面的文字时，大脑是否会立即做出反应，将文字转换为图形，下面举4个例子来说明。

- 图8-24：图中的文字描述得比较直接，仅从文字上直接就可以读出来业务架构的形式、管理设计的要点、设计需要注意的事项等，如**提前、连续、到位、可视、可控**，根据上述内容可以想到以一条业务流程为载体，在这条流程上应该如何设置各类管控点和管控规则，以及这些管控点要放在流程的什么位置上。参见前面各章中讲过的业务流程图。

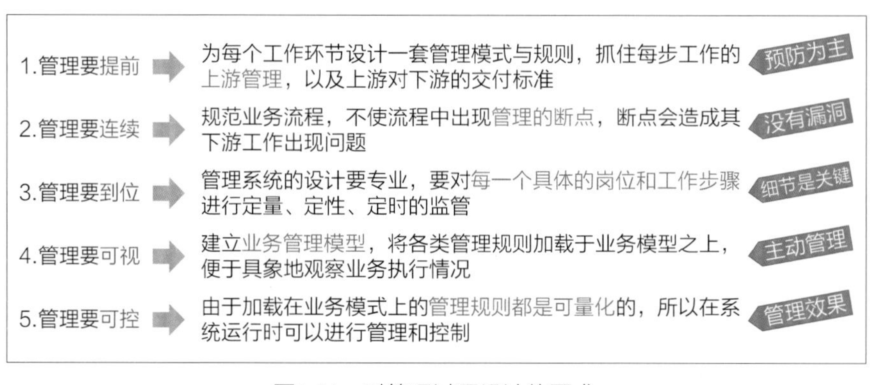

图8-24　对管理过程设计的要求

- 图8-25：此图中关于成本管理的文字描述要比图8-24更加直接、具体，如源头、投标、预算、合同等，给出了具体的对象和要求，直接就可以想到成本过程管理的流程，以及在流程上的哪个节点需要加载什么样的管理措施。

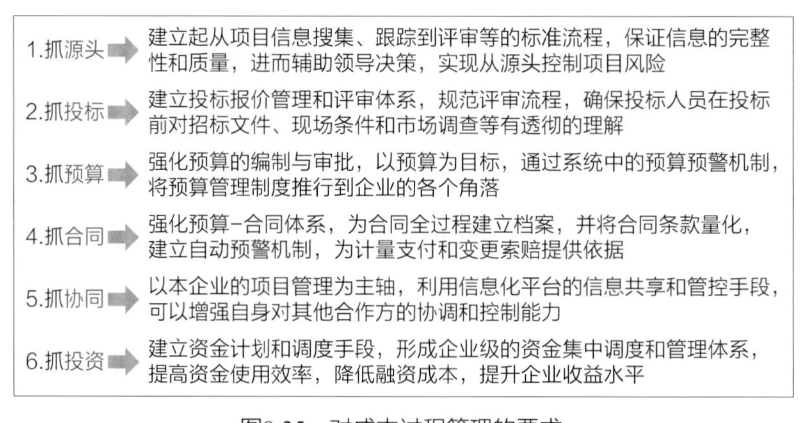

图8-25　对成本过程管理的要求

- 图8-26：图中文字描述的内容较图8-25更加抽象，但格局要更大一些，从文字可以读出主旨是要将信息系统与日常工作相结合，信息系统不能脱离实际，要融入日常的操作中，根据这些内容可以在编写解决方案时描述未来系统的特点。

■没有信息化环境作支持的企业管理规则是难以执行的
——纸质管理规则大多被束之高阁，形同虚设

■没有融入日常业务处理中的管理规则是难以生效的
——管理规则没有详细到能够指导明天的具体业务

■没有充分研究信息化环境下的应用方式是难以生存的
——仅用软件方法模拟现实的管理方式，生搬硬套

■没有快速响应需求变化对应机制的管理是难以长久的
——不能随需而变，系统难以适应变化的企业管理要求

图8-26　对管理信息化认知的要求

- 图8-27：回过头来再看一遍蓝岛建设在调研需求时提出的目标需求，你是否对图8-26的内容在大脑中已经有了图像感？

1. 以项目策划为纲领
2. 以进度计划为抓手
3. 以成本达标为中心
4. 以风险控制为保障

（a）本书案例

1. 将企业管理信息化转化为企业的生产力
2. 企业管理信息化。为经营管理保驾护航
3. 信息化带来的不仅仅是提高了工作效率
4. 信息也是生产力，它可以增加经济效益

（b）信息化与经营管理

图8-27　对管理信息化应用价值的要求

在阅读企业编写的信息化规划、策略时经常会看到类似的写法，在这些写法中隐含着非常多的信息，这些文字也是一种模型，它们是客户经过精心构思、细致打磨出来的文字模型，与我们用图形模型表达的想法是一样的。

通过需求工程、概要设计——总体以及本章的建模训练方法，看到上述的这些文字后，是否已经不会再简单地认为它们就是个形式，是个宣传口号了？也不再感觉它们都是“空虚无物”了？相反，会感觉到这些文字的后面有非常重要的高价值需求吗？阅读这些文字是否直接可以在大脑里形成模型？如果已经有感觉了，那么祝贺你，你的段位升高了。

8.5.3　数据类建模

除去图形、文字以外，使用最多的就是数据建模，数据建模是发掘企业积累的数据资产的最有效的方法之一，与图形和文字建模仅在软件开发期间使用不同，数据建模不但在开发期间使用，而且更多的是在系统的运行期间使用，包括建立各类看板、分析报表等。

关于数据建模的方法、案例，参见11.5节中关于工程验收的数据建模应用。

第9章 概要设计——管理

本章为概要设计的第3章，重点讲述系统中有关“管理”部分的规划方法。

分离原理中谈到了要将“业务”和“管理”分离，分别进行各自的规划和设计，然后再合为一体，协同完成业务目标。概要设计的前两章（第7章“总体”、第8章“建模”）已经对业务规划进行了充分的说明，下面来看如何规划管理（在第8章中也对管理建模给出了方法和案例）。

在系统中增加一个管理控制功能就算是做了管理设计吗？反之，如果没有设置管理控制的功能就不算做了管理设计吗？本章借助客户领导对项目管理提出的4个目标需求（项目策划、进度计划、成本达标和风险控制），详细介绍管理信息化的思路、规划和落地方法。

项目管理的应用非常广泛，不同的行业、不同的业务领域有各自不同的理解和落地方式，本章的重点不是讲解项目管理本身的知识和经验，而是研究如何分析和理解管理的需求，给出利用信息化手段解决管理课题的思路。

9.1 准备知识

在进行“概要设计——管理”前，首先要理解对系统进行管理设计的目的和内容，需要哪些重要的理论和方法，以及从事这项工作的人需要有哪些基本的能力。

9.1.1 管理需求的解读

本书的案例是开发一款工程项目管理信息系统，项目管理类系统的主要需求来源有3个：项目管理知识、客户的需求、设计师的知识和经验。

1. 需求来源1——项目管理知识

要想做好项目管理系统，就必须具有一定的项目管理知识和经验，这些属于**项目管理的标准需求**。因为项目管理是一套完整的、科学的管理体系，包括项目管理知识体系、项目管理在信息化环境中的应用模式，以及在工程项目实施过程中的管理特点等。建议至少要掌握项目管理中的以下知识点。

- 项目管理过程：包括项目的5个过程组：启动、规划、执行、监控和收尾，如图9-1（a）所示。参见第1章 相关内容。
- 项目时间管理：定义活动、活动排序、资源估算、进度计划等。
- 项目成本管理：估算成本、制定预算、控制成本等。
- 项目人资管理：制订资源计划、组建项目团队、管理项目团队等。
- 项目风险管理：风险规划、风险识别、风险分析、风险监控等。

上述内容，不论客户是否提出了需求，作为一个项目管理系统都是想要考虑的基础内容，缺少这些内容就不能构成一个完整的项目管理系统。

项目管理的特点是，对图9-1（a）的整体项目管理系统进行拆分后，可以得到若干项目管理系统的子模块，参见图9-1（b），如经营管理模块、施工管理模块、采购管理模块等，这些子模块的架构与其上级的项目管理整体架构是一样的，仍然按照项目管理的5个管理过程组去架构、设计，如果子模块足够大，再向下拆分时依然可得到更小的5个管理过程组。只有如此架构、设计，才能得到真正的项目管理系统。

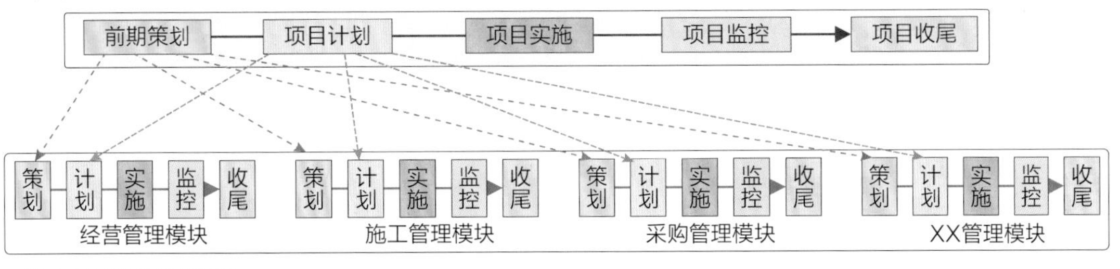

图9-1　项目管理架构示意图

2. 需求来源2——客户的需求

项目管理知识体系是通用的，放在哪个业务领域或客户中，就要与该领域或客户的需求相结合，形成**项目管理的客户需求**。蓝岛建设基于实际工作经验，提出了对本次开发项目管理系统的要求，特别是针对项目管理过程中存在的问题，提出了以下4个急需强化的目标需求。

① 以**项目策划**为纲领，为项目各步骤制定管理目标值，即目标管理。

② 以**进度计划**为抓手，建立进度计划与资源计划的关联，即进度管理。

③ 以**成本达标**为中心，建立过程监控，确保成本不超标，即成本管理。

④ 以**风险控制**为保障，确保项目过程不出现失误，即风险管理。

这些内容是指导项目管理系统顶层设计的指导方针，是系统业务架构的核心。本章就是以落实这4个目标需求为主体进行说明。另外，在需求调研时还有很多是来自管理层面的业务需求，如采购透明化、数据要合乎财务规章制度等，在管理规划思路上与这4个目标需求是一样的。

3. 需求来源3——设计师的经验

蓝岛建设的项目管理系统与其他竞争对手的系统不一样，有差异，有个性，这些不同之处都来源于设计师，设计师的思想和理解是**项目管理的设计需求**。在需求调研过程中，大部分的需求是用户根据日常工作提出来的，但是也有部分需求是设计师综合自身知识和经历、行业最佳案例、IT最新技术、最新管理理论等提出来的，所以一名优秀设计师的个人能力对最终系统的水平高低和价值大小有非常大的影响。无论客户提出什么样的需求，最终对这些需求给出的解释和落地方法都会融入浓厚的设计师个人色彩。

根据客户领导提出来4个项目管理要求，再结合软件公司领导提出的要利用信息化手段为企业运行“保驾护航”的要求，总架构师（=本项目管理系统的设计师）提出来用“人设事、事找人”的设计理念来应对，这个设计理念带来的需求分为两部分考虑：管理设计和价值设计。

（1）体现在管理设计上，建立一套可以适应管理需求变化的机制（第9章）。

（2）体现在价值设计上，建立一套可以提供信息化服务的机制（第10章）。

这两个概念的讲解分别在第9章和第10章，是管理和价值设计的核心指导理念。

本章就以客户提出的4个目标需求为基础，设置4个案例，讲述在信息化环境中的管理思路和规划方法，4个案例分别是目标管理（项目策划）、进度管理（进度计划）、成本管理（成本达标）和风险管理（风险控制）。这4个案例结合了项目管理的基本知识以及设计师在信息化管理设计方面的经验，供读者参考。

这4个案例的思考方式、架构形式等，不论针对什么领域的项目管理（如工程项目管理、软件项目管理、科研项目管理、展会项目管理等）都具有普遍的参考意义，也是项目管理信息化中主要的4个管理对象，这4个管理对象的设计方法搞清楚了，以它们为参考，其余的项目管理对象（资金、组织、质量等）就很容易理解和设计了。

9.1.2 信息化管理的思路

理解了管理的需求之后，下面再来看一下信息化管理的基本思路和方法。在计算机、网络构成的信息系统中进行管理，其所需要的理论、方法与传统管理方式一定会发生非常大的差异，很多在“人—人”环境中用传统管理方式无法做到的管理效果，在“人—机—人”环境中利用信息化管理方式可以轻松实现。本章重点介绍传统管理理论在“人—机—人”环境中的落地实现方法，只有充分理解“人—人”与“人—机—人”环境不同、管理实现的方法也不同，才能做好信息化管理的规划和设计，让客户充分感受信息化管理带来的价值。在前面已经介绍过了，构建信息系统就是构建一个虚拟企业（数字化企业），管理就是在虚拟企业中建立一套“防护网”，这个防护网可以确保业务的正确运行。下面从5方面介绍“人—机—人”环境中管理设计的特点，以帮助做好管理的规划工作（不限于此）。

（1）管理方式在线下与线上的区别。

（2）业务标准化是实现信息化管理的基础。

（3）业务标准与管理规则的关系。

（4）管理方式的分类：标准化方式与控制式方式。

（5）管理系统的分类：数据填报系统与过程控制类系统。

1. 管理方式在线下与线上的区别

首先，要搞清楚传统的管理方式（线下）和信息化的管理方式（线上）有什么区别，图9-2是这两种管理形式的示意图。

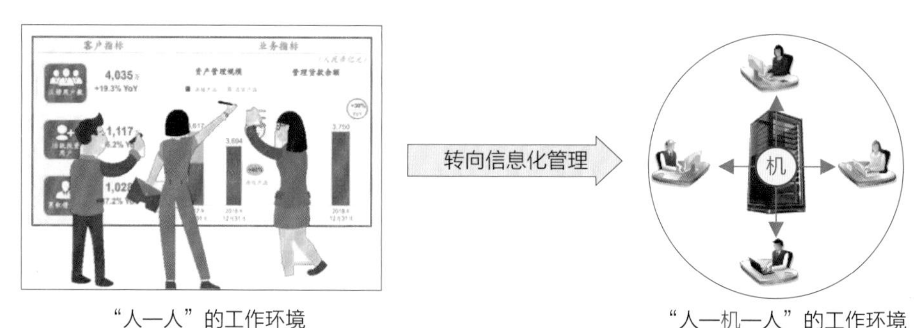

图9-2 线下与线上管理示意图

1）线下——传统的管理方式

管理的依据是企业制定的规章制度、管理规则等，管理方式主要是通过人对人进行直接的面对面管理，简称为**“人—人”的管理方式**。这种管理方式有以下两个特点。

（1）遵守规则主要靠个人的自觉性（无法实时监督）。

（2）管理大多发生在事后（即出现了问题再去管理），无法实现事前和事中的管理。

2）线上——信息化管理方式

将企业的规章制度、管理规则等设置在信息系统中，管理的方式是通过计算机、网络进行间接的非对面管理，简称**“人—机—人”的管理方式**。这种管理方式有以下两个特点。

（1）管理不靠人的自觉性，而是将管理规则预置在信息系统的操作中。

（2）管理是实时的，可以实现事前、事中的管理（事后管理=传统线下管理方式）。

在构建信息系统时，不论是企业级的信息系统，还是项目级的信息系统，都是在用信息化的方式构建一个与实体企业不同的“虚拟企业（数字化企业）”，如图9-3所示。

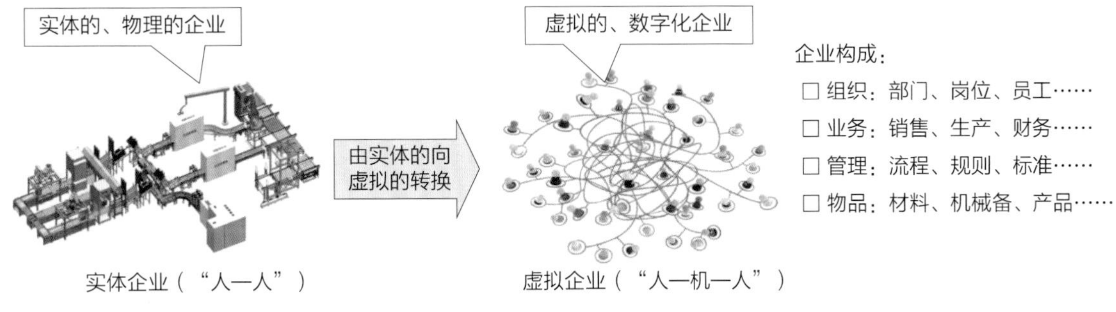

图9-3 实体企业与虚拟企业示意图

虚拟企业来源于实体企业，但要高于实体企业，现在积累的大量有关管理的理论、知识、方法等都是在“人—人”的工作环境中积累的，它们必须要经过改造，以适应“人—机—人”的环境，这**两者不是简单的映射关系**。

2. 业务标准化是实现信息化管理的基础

在前面的讲解中多次提到过这样的概念：没有标准化，就无法实现有效的管理，所以在进行管理的设计时，首先就是要解决标准化的问题。

1）将线下的“规矩”转换为线上的“程序”

导入信息化的管理方式，简单地说就是将在线下工作时遵守的“规矩”，转换为由计算机执行的“程序”。在“人—人”环境中，“规矩”可能是定性的说明，也可能是定量的规则，但由于规矩的执行者是人，所以常常会发生管理走形的现象。但在“人—机—人”环境中就不一样了，由于规矩变成了系统的“程序”，系统一旦运行后，就会完全按照程序运行，在系统运行时人就没有解释权了。所以要想让线下的规矩正确地转换为线上的“程序”，就必须做到使规矩定量、标准化。

2）标准化的前提，业务的定性与定量

将线下的规矩搬到线上，客户企业内部的业务要预先做到标准化，而实现标准化的前提是要求业务处理过程可定性、可定量。

- 定性表达：是指通过非量化的手段探究事物的本质。手段可以包括文字说明、图形等方式。定性分析是定量分析的基本前提，定性分析可以帮助找到解决问题的大方向，没有定性的定量则容易迷失方向，不能快速收敛。

- 定量表达：是指通过量化的手段探究事物的本质。手段包括数据、结构、模型、计算等方式，定量分析使成果更加科学、准确，它可以促使定性分析得出广泛而深入的结论。没有定量就没有标准化，没有标准化就不存在有效的信息化管理。

3）业务定量可以确保系统逻辑的正确

业务定量后，业务设计的各层面就可以用清晰的逻辑进行表达，因为业务是载体，因此管理设计就能做到准确、到位，业务定量对3个逻辑（业务、数据、管理）的影响如下。

（1）架构层面，确保业务逻辑正确。

- 业务流程：流程的起、止合理，前后的工作顺序正确。
- 界面衔接：模块中界面之间的流转关系正确。

（2）数据层面，确保数据逻辑正确。

- 数据的来源、数据结构、数据格式等。
- 数据字段的定义、计算公式等。

（3）管理层面，确保管理逻辑正确。

- 流程上各节点之间的管控关系等。
- 界面内数据、按钮间的管控规则等。

3. 业务标准与管理规则的关系

前面讲过了业务标准化是信息化管理的前提条件，根据分离原理的定义：业务是创造价值的过程，管理是确保业务按照标准执行的保障措施。业务是按照业务的标准运行的，管理是按照管理的规则进行的。这里的业务“标准”和管理“规则”之间是对应的关系。

- 业务标准：是由生产技术等要求决定的，如指标、尺寸、各类参数等。
- 管理规则：是根据企业管理要求、针对业务标准制定的保障措施。

这两个概念容易混淆，这里以建筑砌砖为例，说明业务标准和管理规则之间的关系，参见图9-4，其中，

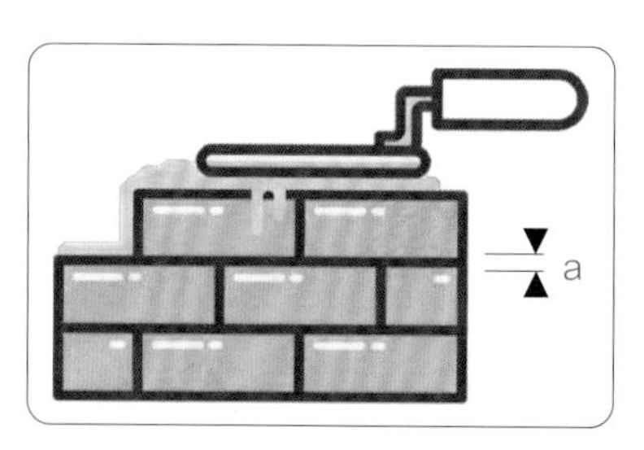

图9-4 砌砖的标准与规则

- 业务标准：两层砖之间使用的砂浆厚度为 a=10mm±1mm。
- 管理规则：根据业务标准，制定相应的管理规则。

如9mm≤a≤11mm，合乎业务标准，根据管理规则→检查通过。

如a＜9mm或a＞11mm，超过业务标准，根据管理规则→拆除重砌。

可见**业务标准是制定管理规则的依据，管理规则是为确保业务达标而提供的措施**。

4. 管理方式的分类：标准化方式与控制方式

在“人—机—人”环境中如何实现管理呢？利用信息系统带来的约束，让企业全员形成

“标准工作习惯”是最佳的管理方式（高效）。利用警告、通报、红绿灯等强制方法作为补充管理（低效）。

图9-5表达的是管理方式的分类，主要有两类管理方式：一是标准化方式，二是控制方式，通常希望利用“标准化”的手段解决大部分的管理问题。

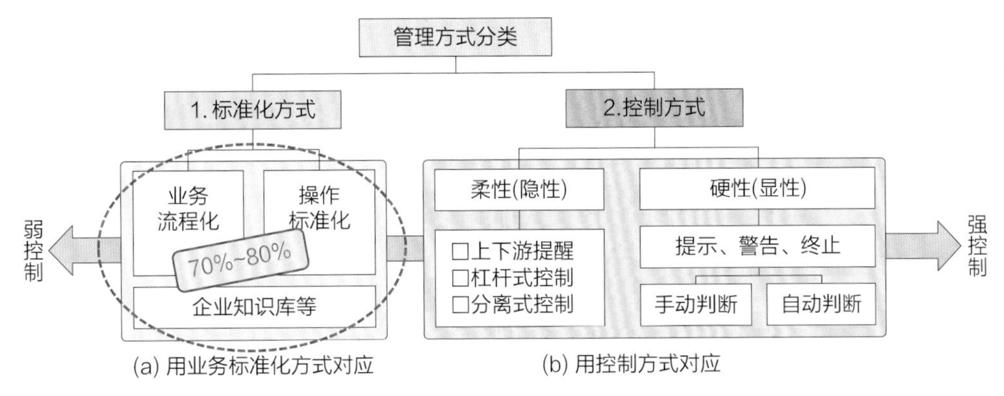

图9-5 管理方式分类

1）标准化方式

将前述的业务标准融入信息系统中，只要用户使用系统进行业务的处理工作，则业务工作的成果就一定是合规的，不需要再施加任何管理控制的措施，通常用这种方式可以解决70%～80%的企业业务处理工作，参见图9-5（a）的内容，标准化的工作方式是效率最高的。这里就回答了本章开头的提问“没有管理控制功能就不算做了管理设计吗？”，当然算，因为标准化是最重要的管理设计。

2）控制方式

除去可以进行标准化作业的部分外，还存在需要人工干预（判断、解决）的部分工作，一旦发生了不符合业务标准的行为，管控规则被激活，按照预先的约定，由系统自动判断或停止运行等待人工处理，参见图9-5（b）的内容。

【参考】《大话软件工程——需求分析与软件设计》第19章和本书第16章。

★解读：“管理”就等于监督、控制和报警的误解。

在信息系统设计中要避免一个误解：“信息化管理”就等于利用系统的功能进行控制、监督、报警（红、黄、绿灯）。这样的理解是不全对的。利用系统的这些管控机制进行控制、监督、报警等处理是管理，但这些属于强制性管理部分的设计，而**更高级的管理系统设计理念，应该是使用最低限度的管控机制，让用户在最自然的状态下，流畅地、不出错且无间断地完成数据的处理工作**。

不要让用户时时刻刻感到被人监督、控制是很重要的（因为设计师本人也一定不喜欢）。所以提倡在管理设计中，应尽量广泛地采用“标准化方式”，仅在不得已的位置上使用“控制方式”。

5. 系统的分类：数据填报系统与过程控制类系统

具体设计信息系统时，可以根据对管理的目的和强度要求将系统分为两个大的类型，即数据填报类系统（简称“数据填报系统”）和过程控制类系统（简称“过程控制系统”）。图9-6

为两类系统的示意图。

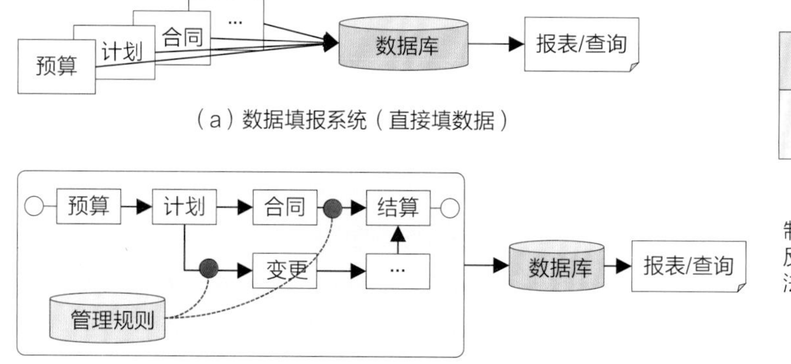

（a）数据填报系统（直接填数据）

（b）过程控制系统（按流程填数据）

过程控制系统

数据填报系统

两个系统是相对概念，过程控制系统中也会包含数据填报部分，反之亦然。按照核心部分的处理方法和所占比例来划分。

（c）包含关系

图9-6　管理系统分类示意图

1）数据填报系统

所谓数据填报系统，即在信息系统中没有设置业务流程，因此在系统中也就没有数据的产生过程，此类系统的主要作用就是用界面帮助**输入结果数据**，输入的数据直接被送到需要者那里（用于报表、查询等），参见图9-6（a）。

- 长处：这样的系统简单易行，数据填报系统的作用就像“快递”，没有过程控制。
- 短处：由于没有数据产生的过程（业务流程），直接就得到了结果数据，因此数据存在可信性问题，且由于没有业务流程做载体，所以也无处加载管理规则。

数据填报系统是典型的利用业务标准化进行管理的形式。

2）过程控制系统

所谓过程控制系统，就是要设置业务流程，然后将必要的管理规则加载到业务流程的相应节点上，让全过程产生的**数据受监管，确保数据的正确性**，见图9-6（b）。

- 长处：过程监管确保数据正确，客户可以信赖这些数据并据此做出经营管理的判断。
- 短处：这样的系统从设计到实现，难度都比前者要大很多，对需求工程师、设计师以及编码工程师的要求都比较高，开发实现的成本也相对较高。

当然在一个系统中也可以按照不同业务处理的需要，配置不同类型的系统。另外，两类系统是包含关系，过程控制系统包括数据填报系统的所有功能，见图9-6（c）。

★解读：管理系统如同人体的构造。

理解信息化管理的概念和作用非常重要，特别是在和客户企业的领导交流时，要能够说清楚什么是信息化管理，在信息系统中是如何实现管理的，实现了信息化管理的系统将会给企业的工作带来什么样的变化和效果，利用信息化手段如何对资金、成本等进行管理，等等。对信息化管理的描述可以借鉴人体的机制来比喻，如图9-7所示。

人的①身体如同企业，人的②肌肉如同企业的生产活动，人的③神经如同企业的通信线路，人的④指令如同信息系统中通过通知等机制传递的管理规则。人的实体是通过肌肉、神经和指令完成运动的，企业也是通过生产、系统和规则实现运行的。

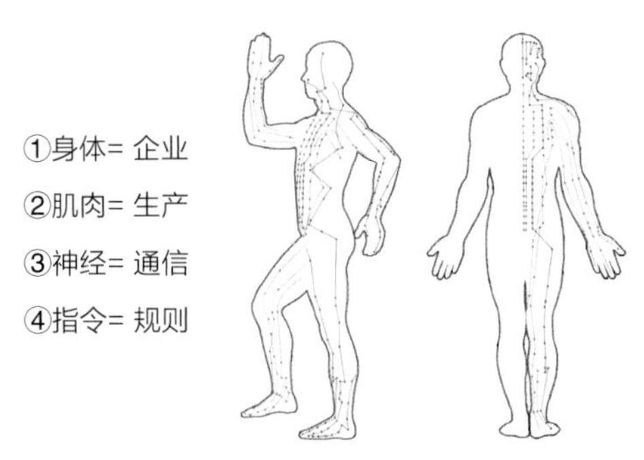

图9-7　管理系统与神经系统示意图

9.1.3　项目管理信息化的思路

前面讲了信息化管理的一般分类和特点，下面结合第7章给出的项目管理业务主线（图7-9），具体说明对一个工程项目如何设计它的信息化管理架构。

首先确定要采用过程管理的系统设计方法，在“项目策划”环节针对所有要管理的对象设定可量化的目标值，以业务主线（资源消耗）为载体，以成本和进度两条辅线为主要管理抓手，从进度、资源和成本3方面监督指标数据的完成情况。特别要发挥信息化管理的优势，强化**事前**、**事中**的监督和管理，确保全过程风险最小，参见图9-8。

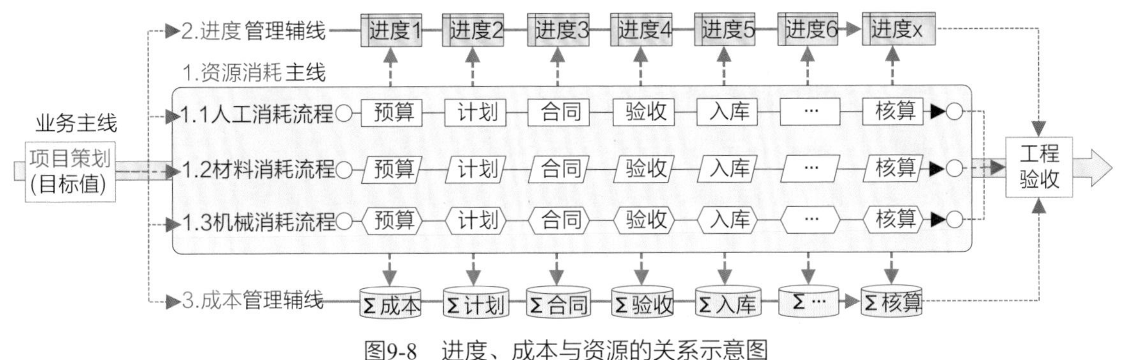

图9-8　进度、成本与资源的关系示意图

要充分利用“人—机—人”的环境特点，研究在“人—人”环境中无法实现的信息化管理模式，结合“人—机—人”的特点，建立一套“人设事、事找人”的机制：设立定量的业务标准，匹配相应的管理规则，建立标准与规则的联动机制，形成可以完成随时监控、提示和预警的系统。当然，项目管理除资源、进度、成本外，还有质量、安全等诸多管理对象。

本章从蓝岛建设的4个目标需求对应的案例入手，详细地说明进度、成本等的业务概念，然后采用比较专业的方法进行规划和设计，让读者从这4个案例中体验设计一个高水平的系统时，是如何进行分析、找出理论支撑、再确定最佳落地方式的。

9.1.4　作业方法的培训

培训资料来自《大话软件工程——需求分析与软件设计》一书，培训内容如下。

（1）第2章　分离原理

- 分离原理的构成。
- 业务与管理的分离概念。
- 业务设计和管理设计的概念。

（2）第17章　功能的应用设计

- 界面按钮的设计方法。
- 界面管理的设计方法。

（3）第19章——管理设计

- 理解管理在“人—人”和“人—机—人”环境中的不同表现方法。
- 管理方式的分类、定义和作用。
- 管理的实现方法（单项规则和复合规则）。
- 管理建模的方式，包含哪些建模要素等。
- 管理设计的流程等。

9.2　目标管理（项目策划）

目标管理对应的是客户提出的4大目标需求之一：项目策划。

本节通过用“项目策划”的形式实现目标管理，**重点掌握两个内容：一是如何建立管理的“目标值”，二是如何利用目标值做管理设计**。

在分离原理中讲过，管理存在的目的就是为了确保业务能够按照业务标准达成目标。这里所谓的“业务标准”，指的就是在项目策划中确定的各类业务要达到的目标值，这些目标值就成为了后续项目过程中各环节管理的对象。

9.2.1　需求分析

1. 需求来源

目标管理的需求来自客户企业领导对项目管理系统的要求：**以项目策划为纲领，为项目各步骤制定管理目标值**。

2. 需求分析

由于目前蓝岛建设的管理水平所限，在工程项目开工前，没有很完整地为项目过程中各阶段建立标准，设定管理目标值，即使有个别管理好的项目建立了标准，也因为缺乏有效的监管手段而未能收到预期的效果。因此造成了在项目推进过程中执行标准不统一，也缺乏明确的检验标准。所以客户企业领导希望新的信息系统能够提供在项目开工前做周密策划的功能，为项目过程中各阶段设置管理目标值。所谓“项目策划”的功能，就是要设定和管理项目执行过程中要遵守的目标和目标值，所以也称为目标管理。

项目策划的主要工作是在项目启动前，选择项目实施过程中需要监管的目标，为其设定目标值及相应的管控规则，在项目实施时如发生了业务处理结果与目标值不相符的情况，则启动相应的管控规则进行处理。因此在项目策划中要约定项目需要管控哪些目标，设定的目标值是多少，对应的管控规则是什么，管控的力度是多大，等等，待系统运行后，一切都按照项目策划中的约定进行处理。

客户提出了对项目管理的4个目标需求：①项目策划、②进度计划、③成本达标、④风险控制，仔细研究会发现这4个目标需求实际上是密切相关的，其中，

① 项目策划：作用是为项目实施过程中所有需要管理的目标设定目标值。

② 进度计划、③成本达标和④风险控制：正式实施过程中需要管理的三个目标。

因此，①项目策划功能的设计需求为：**建立一套“机制”，这个“机制”要能够对需要进行管理的目标（②、③、④）设置目标值和管控规则**。

当然，项目管理需要确定的管理目标不仅仅是这3个需求，客户只是根据实际情况提出了对这4项的特别关注，对这3个以外的内容也需要进行监控，如资金、质量、安全等。

9.2.2　目标管理的思路

项目策划功能的设计必须要做好两件事。

（1）管理**目标值的量化**。

（2）管理**过程的结构化**。

只有量化和结构化的配合才能实现项目策划的效果和价值。

1. 管理目标值的量化

在“人—人”环境中，项目在实施前同样也要进行策划，只是由于没有信息化管理手段的加持，所以项目策划中设立的很多目标值都是用文字叙述的，如做检查表、制定规则或给出原则性的要求等。即便有些目标值是用数字给出的，但在实施过程中是否达标主要由人来通过对比进行判断，不易做到及时、公正、正确，所以难以收到预期的管理效果，常常流于形式。

在“人—机—人”的环境中则完全相反，最有效的信息化管理手段就是设定数字型的目标值，由系统自动与实际完成的数据进行对比和判断。由于系统只能对数字型数据进行判断，这符合管理的常识“没有量化，就不存在有效管理”，反过来也可以说“只要量化，就能做有效管理”。

对于本身用数字表达的对象，如成本、进度、资金等，很容易设定目标值，这些目标值大多来源于项目的计划、预算、合同等。

对于本身用文字表达的对象，如质量、安全、风险等，要尽可能地将检查的内容由文字型数据转换为数字型数据，这样才有利于发挥信息系统的特长。

2. 管理过程的结构化

不但要做到管理目标值的量化，还要做到管理过程的结构化。所有在过程中需要管理的要素都必须在项目策划中为其设定量化的目标值，通过在实施过程中设置管控点对目标值进行监督，如图9-9所示。在管控的设计中，要遵循“量入为出”的原则，也就是后面的“支出”必须要小于或等于前面的“收入”。举例如下。

- 工程预算：工程预算的合计（数量/金额）要小于或等于项目策划的目标值。
- 采购计划：多个采购计划的合计要小于或等于工程预算的合计值。
- 合同签订：同一个采购计划下签订的合同金额要小于或等于该采购计划值。

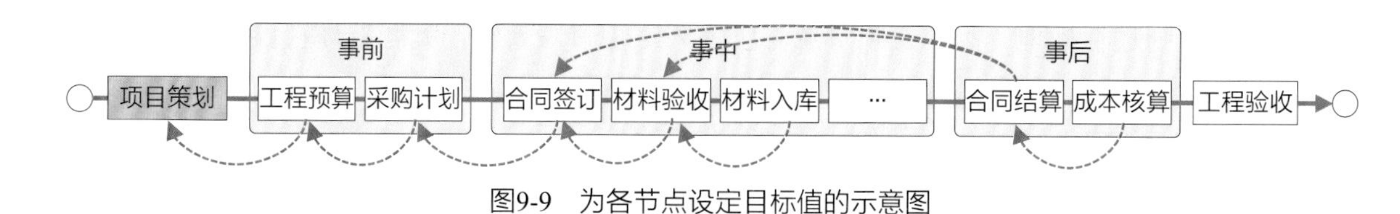

图9-9 为各节点设定目标值的示意图

- 材料验收：材料验收的合计数量要小于或等于对应的合同数量。
- 以此类推。

设定了对每一个管理目标的目标值/管理规则后，就可以形成如图9-10所示的结构。展开“项目策划”节点后，可以看到在项目执行流程中需要管控的节点，在“项目策划”中为这些需要管控的节点设置了目标值，在后续的项目执行过程中，系统会自动地针对它们各自的目标值进行对比、判断、预警等处理，如项目策划中对“人工策划”项进行目标值的确定。

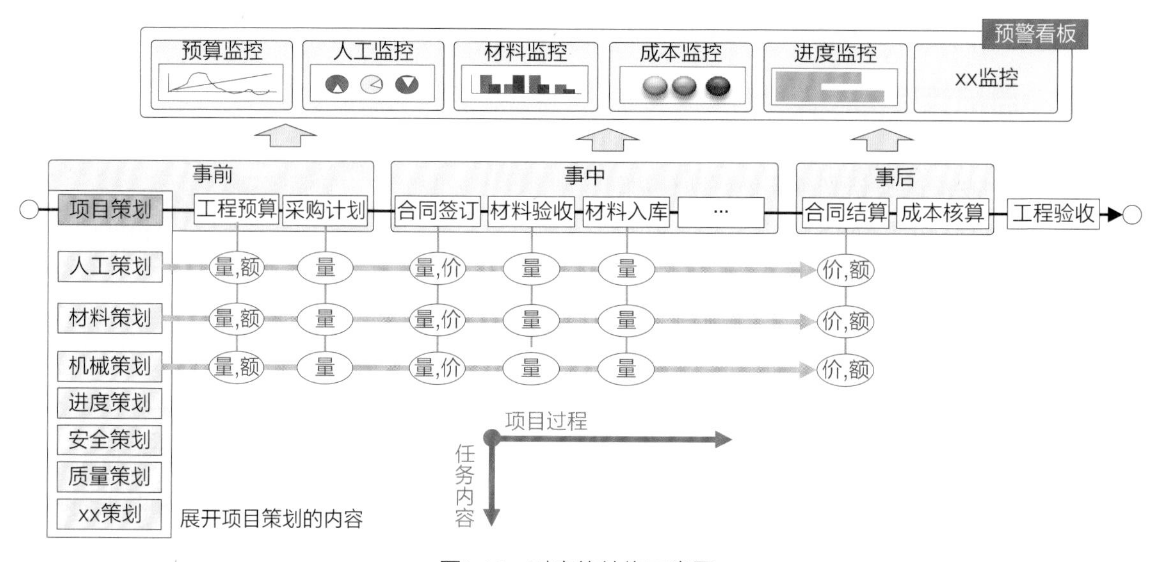

图9-10 对应的结构示意图

- 在“工程预算”处设置了“数量控制和总额控制”。
- 在“合同签订”处设置了“数量控制和价格控制”等。

如果在业务流程的运行过程中发现有管控不足的地方，可以在对应的项目策划中追加相应的目标值。

9.2.3 目标管理的方法

理解了前述的思路，那么在项目策划中要做的重要工作就是设置目标值和对应的管控规则，不同管理对象设置的目标值和形式都不一样，在项目策划阶段设置的目标值按照系统中流动数据的形态，可以分为4种主要形式，分别是数字型、文字转数字型、有无判断型、上传资料型。下面针对这4种目标值的形式进行重点讲解。

1. 数字型的目标值

在信息系统中，可以进行自动对比、提示和控制的对象必须是数字型的数据，因此首先对已经是数字型的管理对象设置明确的目标数据，包括进度、资源、成本、资金等，这些是标准的数字型管理对象，例如，项目成本总额=10 000万元、材料总量=4000吨、人工费总额=1500万元等。

这里设定的目标值就是项目实施过程中每一项的上限值。这是进行精细管理的最有效、最精准的目标值。

2. 文字转数字型的目标值

因为文字型数据不容易用信息化手段进行管控，所以要尽可能地将原本用文字型数据记载的目标值，通过一定的方法转换为数字型目标值，例如，安全类数据、质量类数据、风险类数据、环境类评估数据等。转换方法参见9.5节中“控点约束”的说明。

由文字型转换为数字型数据后，就可以和其他数字型目标值一样进行有效的管理了。

3. 有/无判断型的目标值

还有大量用文章体描述的管理目标，对这种类型的管理目标要尽可能地将一篇“长文”拆分成若干“条文”，在条文的前面设置选择框，进行□/☑的判断，这类判断至少在信息处理时，可以设置□=0、☑=1，进行统计、判断。

【例】设计一张对施工现场的安全隐患检查一览表，检查合格情况，如合规→☑，结果=1，如不合规→□，结果=0，然后系统自动对合格数据进行统计，对比标准给出检查的评估。

这类内容虽然无法进行更精细的评估，但是相对于将一篇用纯文字表达的纸质资料上传到系统中，还是可以发挥一定作用的。

4. 上传资料型的目标值

最后剩下的就是完全无法进行转换的管理资料，包括各类法律法规、纸质/电子文档、音频、视频资料等，这些资料只能作为参考资料上传到系统中，由于无法建立模型，所以系统对它们的内容和实际发生情况无法直接进行对比，因此系统只能做“有/无”上传此资料的判断。

从上述4种设置目标值的形态上看，显然作为目标值，数据型形态是最合适的。这也是为什么要尽量将管理对象做成数据型的原因。

9.3 进度管理（进度计划）

进度管理对应的是客户提出的4大目标需求之二：进度计划。

本节通过用“进度计划”的形式实现进度管理。**重点掌握内容：理解进度管理的概念以及进度管理与其他管理等的区别。**

对项目的进度管理，是通过采用科学的方法确定进度目标，编制进度计划和资源计划（人、材、机），并在与质量、费用目标协调的基础上实现工期目标。项目经理主要通过进度计划掌握工程项目的进度目标。

9.3.1 需求分析

1. 需求来源

进度管理的需求来自客户企业的领导对项目管理系统的要求：**以进度计划为抓手，建立计**

划与目标值的关联，以进度为项目推进的总括。

2. 需求分析

虽然蓝岛建设现有的信息系统尚未覆盖全部的业务，但进度计划部分已经实现了用单体软件编制。虽然有了进度计划编制软件，但问题是其他的资源计划（人、材、机）、实际资源的消耗数据等都是手工编制的，所以进度计划系统和资源计划、实际消耗数据三者是脱节的，造成了企业领导和项目经理不能直接、即时地掌握项目的进展情况，无法判断进度计划是正常还是滞后。这样不但工作效率非常低，而且由于滞后使得很多问题出现之后才被发现，给管理带来了很大的隐患。所以希望通过这次信息系统的建设，**打通进度计划、资源计划和实际资源消耗三者数据关联**，让领导和项目经理可以实时获得项目的实际进展数据，实现进度管理的目的。

9.3.2 进度管理的思路

进度管理系统以时间为主轴，并在主轴上标注时间刻度，在每个时间刻度上把预计完成的目标值与实际完成值进行对比，参见图9-11。

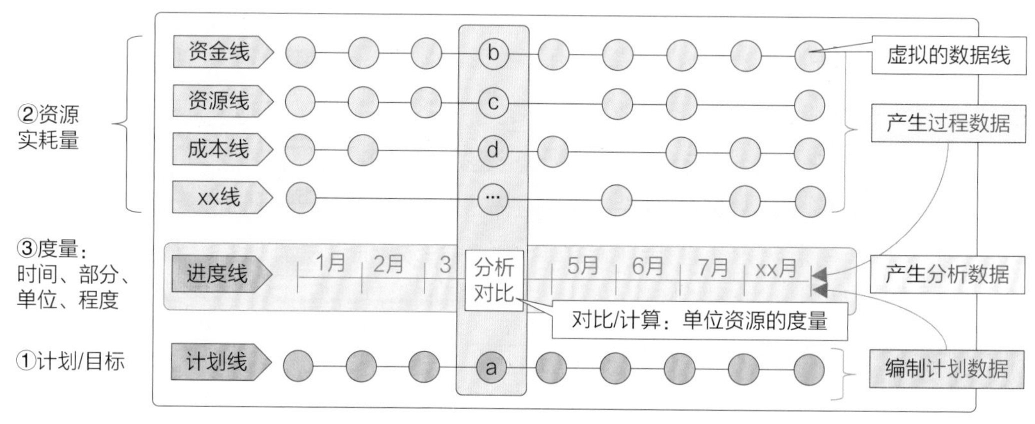

图9-11 进度管理示意图

① 计划/目标：编制计划，在计划中标出各时间段预期完成的目标值，a=目标值。

② 资源实耗量：收集实际发生的资源消耗数据，b、c、d都是实际消耗数据。

③ 度量（=进度）：在每个时间段上做“实际值/目标值”的对比，如b/a、c/a等，判断进度计划是正常、超前还是滞后。

进度管理比较特殊，通常只会设置进度计划的监控功能，观察进度是否有滞后，如果发生了进度滞后的情况，只会做出提示、预警，然后在线下解决进度滞后的问题。在信息系统中所谓的“进度管理”，实际上并不存在如同成本管理一样的管控机制（提示、警告、中止），因为进度滞后了可以提示但不能中止。进度管理的主要作用是对比计划，检查是否实际完成有差异，如果有就提示、警告。

9.3.3 进度管理的方法

在本案例中，进度管理是将既有的进度计划系统与未来要开发的资源计划、资源消耗计量等模块功能联动起来，通过资源消耗的计量数据与进度计划的目标数据进行对比，判断项目的进度情况。资源计划和消耗模块是本书的设计内容，参见后续的说明。进度计划系统如图9-12所示。

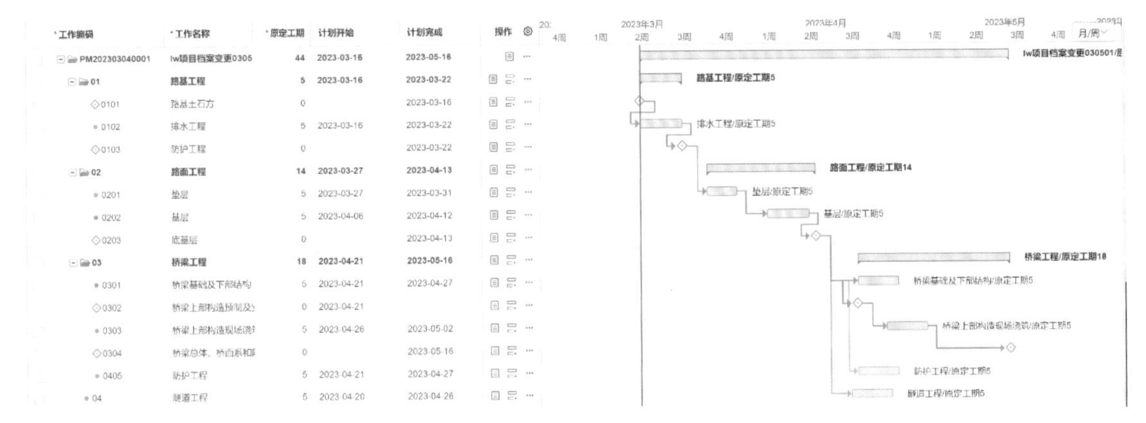

图9-12　进度管理软件示意截图

关于编制进度计划用的软件已有很多成熟产品，这里不对其具体的设计方法做过多说明，有需要了解进度管理软件的读者可以参考专门的设计书籍或资料。

★解读：进度是项目经理推进项目的最重要抓手，进度计划是将每个时间段应该交付的成果、对应的工作量、需要的资源（人工、处理、机械等）等信息全部关联在一起，项目经理通常每日都要对进度计划进行维护，将所有变动的数据加以调整，以确保关联数据之间的关系正确无误，信息都是最新的。

9.4　成本管理（成本达标）

成本管理对应的是客户提出的4大目标需求之三：成本达标。

本节通过对项目“成本达标”的规划设计，**重点掌握内容是如何进行“成本管理的建模”**，成本管理建模的内容要包含如何获取成本、核算成本、监控成本等内容。

在项目管理中，成本管理不但是最重要的管理对象之一，而且也是业务逻辑和数据逻辑最复杂的对象。成本部分涉及的内容广、关系复杂、计算环节多，因此要精准地进行成本管理就需要建立模型来帮助理解它的生成逻辑。虽然做过成本管理系统的人很多，但是能够给出清晰、精准的管理模型却不是一件容易的事，本节通过建立成本模型来帮助读者理解在“人—机—人”环境中如何进行高效、精确的成本管理。

9.4.1　需求分析

1. 需求来源

成本管理的需求来自客户企业的领导对项目管理系统的要求：**以成本达标为中心，对项目成本动态监控保达标。**

2. 需求分析

由于蓝岛建设现有的信息系统没有覆盖成本管理部分，所以成本管理使用的是线下管理方式，手工统计、上报的管理方式不能及时地对成本运行情况给出及时的信息，成本数据统计出来时通常要比实际发生日滞后1、2个月的时间，待统计结果证明成本超支时，已经过去很久了，完全达不到对成本进行有效管理的目的。客户领导希望成本管理不但能够做到及时，而且还可以做到**对成本的事前、事中和事后三段管理**，确保成本不超标。

做一个对成本超支的预警功能并不难，难在要研究如何在信息化环境中建立一套成本监控"机制"，通过这个机制来帮助实现"人—机—人"环境中的成本管理，这个机制与采用什么样的成本管理理论无关，不论采用什么样的成本管理理论都可以利用这个机制达成预期的成本管理目标。

为什么要先提出这样的前提呢？这是因为成本管理是一个非常专业的领域，在不同的行业内、同一行业内的不同企业中、同一个企业内的不同业务领域中，它们各自的成本定义、成本核算方式等都有可能不一样，如果完全按照蓝岛建设的特点去做成本管理系统，那么这个成本管理系统可能就不具有普遍性了（这里要同时考虑软件公司的董事长做标准产品的需求），因此对成本管理的研究重点是要做到与特定企业无关的"信息化成本管理方法"，通过建立成本管理模型，寻找成本管理的规律，设计出成本的管理机制等，按照这个思路做出的系统，不论在什么行业、企业或领域中，不论怎么编制、计划、核算成本，这个成本管理系统都是通用的（当然，前提是必须要满足蓝岛建设信息系统的个性化需求）。

因此，**成本管理的需求是：建立一套成本管理的"机制"，这个"机制"要能够对成本发生的全过程进行处理、监督和管控。**

★解读：这里多次提到了"机制"一词，这是因为软件公司的董事长提出的任务之一就是在开发项目完成后，要将该系统改造成为一款可以满足行业内不同企业的标准产品，所以在项目的规划、架构设计过程中就要考虑标准产品所具有的特性，要将信息系统设计成可以按需组合的架构形式。此时若不考虑周全，待系统完全按照蓝岛建设的个性化要求开发完成后，再改造成通用的标准产品就非常困难了。

另外，任何个性化定制的系统上线后，也会发生客户需求变化的现象，如果系统具有一定的应变能力（机制），那么就可以有效地减少系统的变更成本和风险。

9.4.2 成本管理的思路

成本管理系统是典型的数字型数据系统，由于处理的内容都是用数字型数据表达的，在建立成本管理的模型前，先要掌握几个基本的成本管理要点。

1. 成本数据的形成

在工程项目管理中，用消耗资源的方式进行施工建设，购买资源的费用就转为成本。在工程项目管理中通常购买了资源的费用并不是立即转换为成本，而是按照资源被实际用掉的数量来计算成本。以材料采购为例：购买了100 000元的材料（沙子、水泥等），第一个月消耗了相当于30 000元的材料，那么该月发生的成本就是30 000元。第二个月消耗了50 000元的材料，那么第二个月发生的成本就是50 000元。一般来说，建筑工程使用资源量大，通常资源是按月、按季分批次计划购买，因此资源消耗的流程要反复运行多次才能完成工程项目。

当然，前面已经谈到了成本生成的定义有很多种，为说明如何建模而举了一个典型的工程项目的成本生成例子，下面就以这个例子进行成本管理的展开，这里要强调一下，不论成本的生成方式如何，都不影响后面所讲述的成本管理的思路和方法。这里要使用“业务数据线”的概念，参考图9-13。

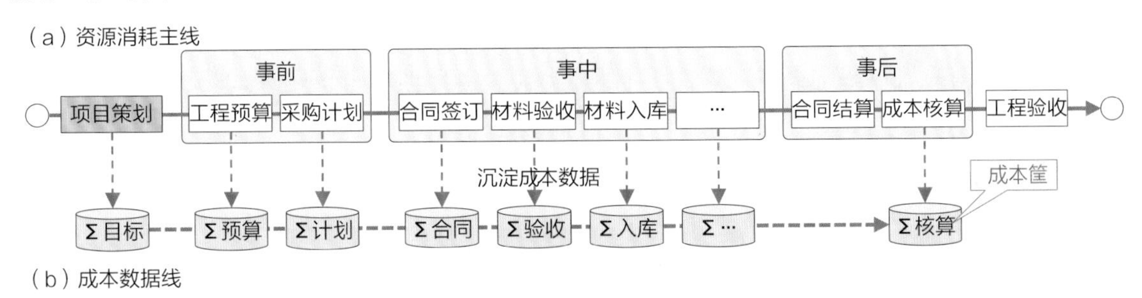

图9-13 成本数据线示意图

成本数据是项目实施过程中随着资源的不断消耗、转换、积累而成的，可以把成本数据看成是不断地从资源消耗量转换而成的，转换后的数据就“沉淀”到对应的“成本筐（数据库）”中，这个资源消耗流程反复不断地循环，成本数据就一点一点地积累，最终积累了项目过程中产生的全部成本数据。

业务数据线可以表达任何有过程的业务数据，如成本数据（成本数据线）、资金数据（资金数据线）、物资数据（物资数据线）等。关于业务数据线的概念和说明，请参考《大话软件工程——需求分析与软件设计》14.5.5节。

2. 成本管控的依据

以图9-13（a）资源消耗主线上的某个节点为例，该节点的成本管控依据就是排在其前面的项目策划，或以其他节点处理的结果数据为目标值，监控本次处理的结果数据不要超过前面的目标值，例如，

- 项目策划：制定了材料采购的总成本，假定材料采购数量的目标值=10 000 000元。
- 工程预算：在编制材料部分的预算时，采购材料（如水泥、钢材等）的数值合计不能超过项目策划给出的目标值。
- 采购计划：材料采购计划分为若干次，但多次采购的合计值不能超过工程预算。
- 采购合同：每个采购计划可分为n份合同执行，但n份合同的数值合计不能超过对应采购计划的数据合计。
- 材料验收：验收根据合同进行，验收的数量必须要与合同约定的数量相同。
- 以此类推。

目标值中包含金额和数量两种数据，从材料验收开始，后续的材料入库、材料出库的环节就用数量代替对应的金额，将**已消耗材料的金额作为成本值记录到成本中**，用消耗量对应的成本值与计划成本值进行对比，可以判断成本值是正常、不足还是超额。

3. 成本管控建模的思考

在第8章已经详细地给出了各种成本管理建模的方法，这里再将整个过程中的主要环节简单

地复述一下，参见图9-14。

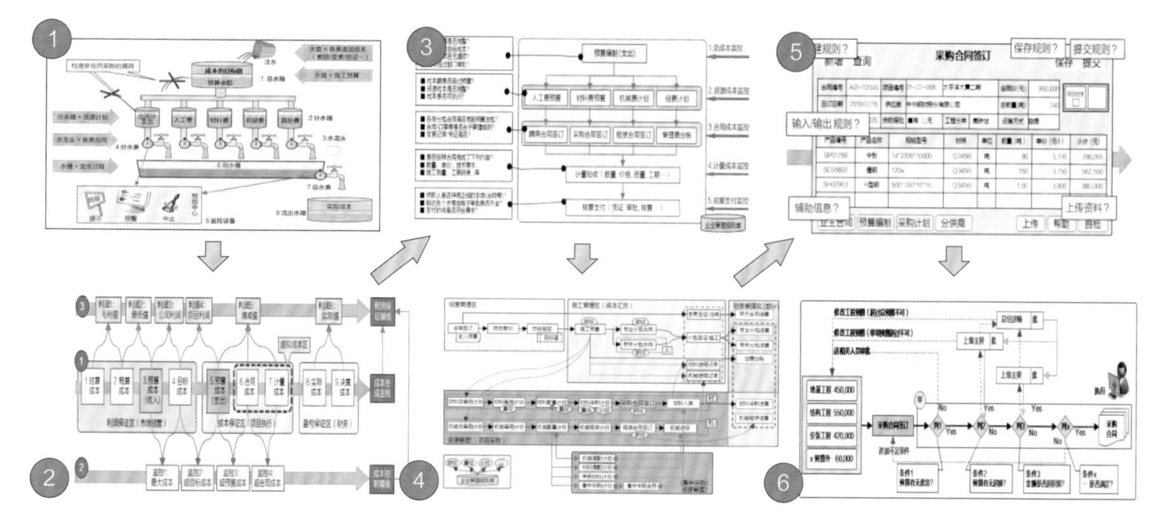

图9-14　成本管理建模过程示意图

① 提出水箱原理，利用具象的建模方法给出水路系统的概念，通过对水流量的过程监督、控制，形成对成本管理的思路，这里“成本数据”类似于水路系统中的“水流”。

② 利用分析用的排比图，建立成本发生过程的关键步骤，以及基于成本数据产生的对成本和利润的监控点。

③ 针对成本发生的过程，建立对成本的5层监控，以确保成本发生过程中每一步设置的目标值都不会被超过。

④ 绘制与成本相关的业务流程图，在流程的节点上标注要设置何种管控，如价格控制、数量控制等。

⑤ 以流程图上的“合同签订”节点为例，说明如何对一个具体的功能（界面）进行详细设计，在界面上要施加哪些与成本管理有关的规则等。

⑥ 对“合同签订”界面完成的数据输入结果发起审批，检查完成的工作是否符合预先设定的各项成本管理规则。

9.4.3　成本管理的方法

通过前面成本管理的建模、分析，获得了成本管理过程的思路、逻辑和架构，下面就要依据前面的建模成果规划具体的成本管控系统。对成本管理的规划是通过两条流程的协同工作来进行的：业务流程和成本数据线。其中，

- 业务流程：成本管控的概要设计，说明位置和管控内容及业务逻辑的关系。
- 成本数据线：成本管控的详细设计，说明数据的来源、中间变化以及逻辑关系。

1. 成本管理控制点的设置

首先要建立成本发生的业务流程，这里以材料采购流程为例，参见图9-15，在业务流程图上设置带有“审、量控、额控、价控”字样的管控点，代表在此处要对该节点内的数据进行上级审批、数量的控制、总额的控制和价格的控制。

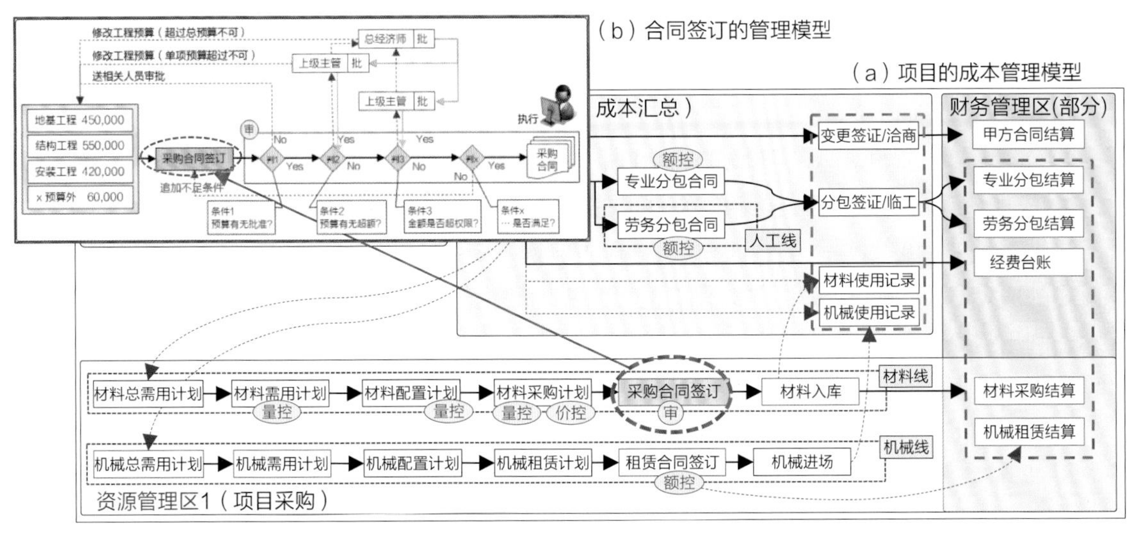

图9-15　成本管理控制点的设置示意图

例如，在流程中的“采购合同签订”节点上进行了“总金额”的控制。控制的依据是上游阶段“材料采购计划（量控、价控）”中为本合同约定的上限值，这个上限值就是业务标准，也就是说这一单合同如果数量和价格没有超标，那么就符合业务标准了。在“采购合同签订”的节点上也设置了管控规则，如果数量、价格或总额（=数量×价格）超出了上限值，那么管控规则就会启动，按照预先的约定给出“提示、警告或终止”的处理。

经过了这样的管理架构，最终系统运行后可以实现以下效果。

- 看得见：有了业务流程，所有的业务活动、活动之间的关系都是看得见的。
- 摸得着：活动的结果数据可以抽取、统计、分析，没有隐藏的问题。
- 控的住：业务标准与管理规则相关联，出现问题就会提示、警告、中止，并按预先制定的规则进行处理。

2. 成本管理的数据计算

有了成本流程（载体），设置了管控点（监控），然后就要通过建模来对成本数据进行计算，判断有无超标。前面利用“业务数据线”的概念采集了成本数据（图9-13），下面利用“数据钩稽图”的模型对数据进行计算，如图9-16所示。把图9-13（b）的成本数据线立起来，放置在图9-16的左侧。

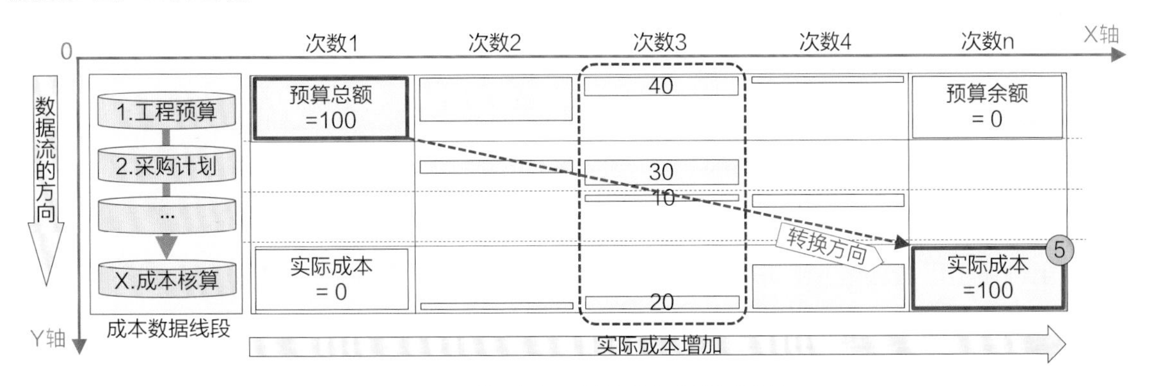

图9-16　目标成本与实际成本关系示意图

Y轴：是数据流动的方向（成本数据线与数据流动的方向一致）。

X轴：采购的“次数”。因为工程预算的总金额需要分n次采购才能用完。

图9-16表达了如下信息。

- 工程预算在次数1时，预算总额=100%（未使用）；在次数=n时，预算余额=0。
- 成本核算在次数1时，实际成本=0；在次数=n时，实际成本=100%。

这里重点要理解的是，虽然计划、合同、验收、入库等各节点的数据只是过程数据，而不是正式的成本数据（只有成本核算值是正式的成本数据），但它们都表达了成本的某个“状态值”。利用这个方法可以对成本发生的过程进行事中管理的数据跟踪、计算、提示、预警、终止等。利用数据钩稽图，可以做到让系统时时刻刻都能抓取到如下信息。

- 准备花多少钱（总预算数据）？
- 准备买多少资源（计划数据）？
- 已签了多少钱的合同（合同数据）？
- 预算还有多少余量（预算的余量、余额）？
- 采购了多少材料（入库数量）？
- 已消耗了多少资源（出库数量）？
- 累计实际成本有多少（核算数据）？

利用业务数据线和数据钩稽图的概念，可以把成本变化的过程数据表达出来，这为实现对成本过程的精细管理（=事中管理）奠定了基础。利用数据钩稽图的数据可以有效地避免仅靠最终的成本核算来确认成本是否超标，因为成本核算进行的成本管理是“事后管理”，不符合信息化管理的要求。

除去进行计算，还可以利用数据钩稽图表达某个时间点的成本静态分布，如图9-17所示。用此法可以将成本过程进行精细的拆分、分析、设计。

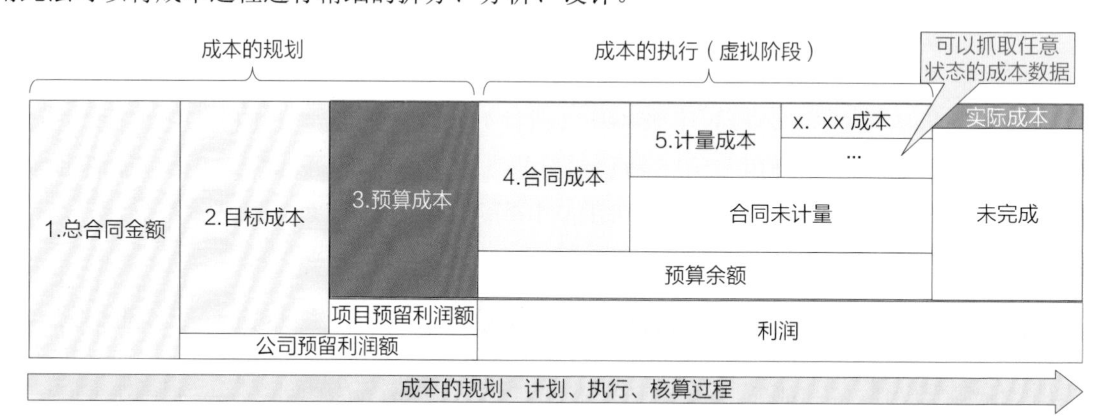

图9-17　成本的静态分布示意图

【参考】《大话软件工程——需求分析与软件设计》14.5.4节。

以上讲述了用信息化方法进行成本管理的方法，这个方法与传统的成本管理理论是不冲突的，它是在信息化环境中成本管理理论的落地方法，它的效果更加科学、精准，带来的信息化管理价值更加明显。

9.5　风险管理（风险控制）

风险管理对应的是客户提出的4大目标需求之四：风险控制。

本节通过对“风险控制”的规划设计，**重点讲解两个内容：一是对“文字型数据”的处理方法，二是用信息化方式进行风险控制的方法**。

风险管理和安全管理、质量管理等一样，都是企业管理中非常重要的管理对象，是企业经营管理者非常重视的内容，但是由于这些管理对象大多是非数字型的（多用文字型描述），不太容易用信息化方式进行处理，所以完成的系统也难以让客户感受到信息化管理带来的价值。因此在“人—机—人”环境中如何让这些非数字型管理要素带来价值是本节讲解的重点。

9.5.1　需求分析

1. 需求来源

需求来自客户企业的领导对项目管理系统的要求：**以风险控制为保障，确保项目顺利完工，无大的失误**。

与目标、进度、成本等管理对象相比较而言，风险管理不容易理解，下面对“风险”和“隐患”的概念进行对比，帮助读者理解什么是风险。

1）风险

风险具有不确定性，可能出现与业务标准和管理规则不相符的活动结果，这个结果会给企业和个人带来危害，使进度管理、成本管理、质量管理都可能出现问题。

2）隐患

隐患具有确定性。隐患是客观存在的，是确定的，隐患是已知有可能出现问题的事、物。

【例1】用工地安全防护网的例子来说明风险和隐患的区别，参见图9-18，用绿色网格代表建筑工地用的安全防护网，风险和隐患之间的关系如图9-18（b）、图9-18（c）所示，下面来对比一下风险和隐患的异同之处。

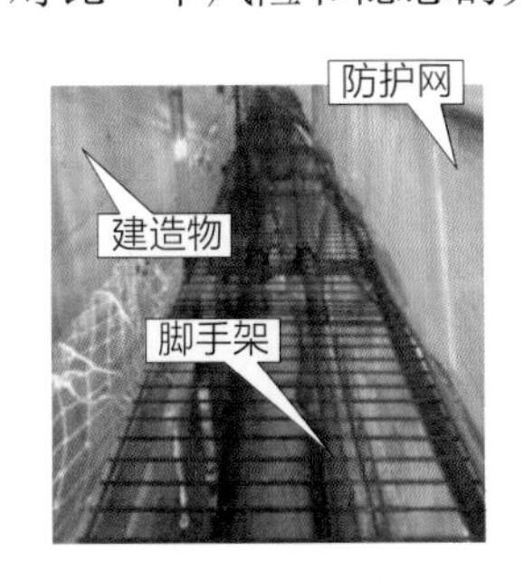

（a）现场脚手架

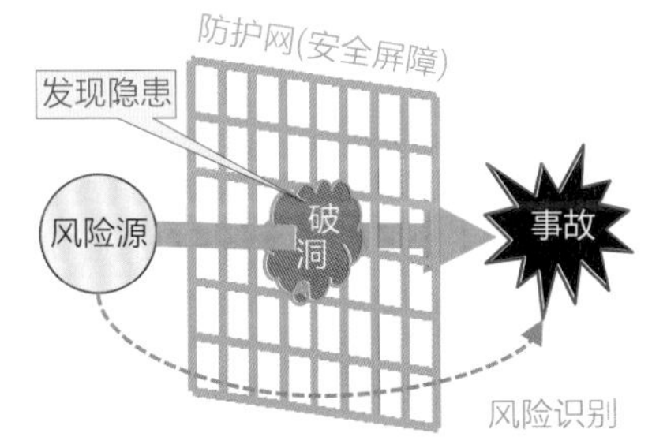

（b）防护网有隐患

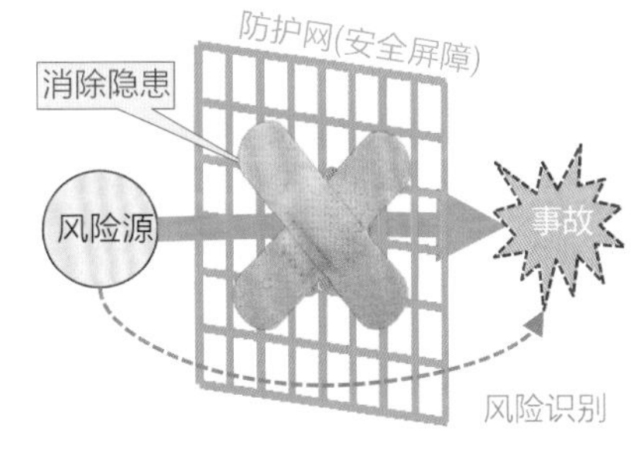

（c）消除防护网隐患

图9-18　风险与隐患的概念示意图

在高层建筑施工现场，为了方便施工人员作业，通常会在建筑的四周设置脚手架，为了保证施工人员的安全，还会在脚手架的外侧架设防护网，如图9-18（a）所示。

- 风险源：施工人员站在脚手架上作业，他们使用的工具和材料堆放在脚手架上。
- 风险识别：防护网上**如果**出现了破洞，那么工人掉下去**可能**会出现伤亡，工具掉下去**可**

能会砸伤下面的人等。

- 隐患：如果出现以下问题都是隐患，如防护网的材料**不合格**，防护网上**有破损**，工人在高空作业的操作**不合规范**等，如图9-18（b）所示。

从上面的分析可以得出以下结论。

- 风险源：哪里有风险源是可以预先知道的（脚手架、高空堆物等）。
- 风险识别：根据多年的经验、教训、专家培训等，早已知道了**防护网会存在风险**。
- 隐患：为了防止风险的发生（事故），预先设置了防范措施（防护网），如果防范措施出现了问题，就是隐患，如图9-18（c）所示。

风险与隐患的区别在于：在有风险之处，未加小心也不一定会发生事故（因为风险不确定一定会发生），但是存在隐患之处不加小心就一定会出事。

2. 需求分析

风险管理通常包含4个标准的步骤：①风险识别、②风险分析、③风险监控和④风险应对。但在项目管理系统中，所谓的风险管理，并不是去预测、识别项目实施过程中可能会发生什么“未知风险”，因为项目管理是重复一个已知的业务过程，上述的①～④的过程已经进行过无数次的循环了，可能存在什么样的风险基本上已识别清楚了，针对这些可能出现的隐患企业早就有了应对措施（只是监管方法采用了“人—人”环境的方法），所以从结论上说：在信息系统中，要做的是**利用信息化手段对“隐患”进行控制，而不是对“风险”进行识别**。通过周密的检查，确保管理措施中不存在“隐患”，即**风险管理的核心是“排除隐患”**。

这里隐患可以广义地定义为：在项目管理所涉及的业务中，所有可能发生的与预定标准不相符的后果都是隐患。例如可能发生的成本超过预算值、进度滞后于计划值、产品质量不达标准、发生违反安全条令的事故等问题，都属于隐患。

从上面的分析可以看出，搞清楚风险和隐患的概念非常重要，因为预估风险和排除隐患是两种完全不同的设计方向。

① 预估风险：通过经验、大数据等**寻找未来可能发生**的风险（不确定、未知的）。

② 排除隐患：**检查已知的**防护措施是否有漏洞（确定的、已知的）。

做风险管理系统的规划时，首先搞清楚要管控的是①类还是②类，本书的案例设定是针对②类的风险。因此，**风险管理的需求是建立一套隐患的设定“机制”，这个“机制”要能够对所有可能发生的隐患设置业务标准和相应的管控规则**。

后面尽管要做的是排除“隐患”规划和设计，但为了和客户的目标需求用语保持一致，所以还继续使用“风险管理”一词。

★解读：风险管理，是指如何在一个肯定有风险的环境里，把风险可能造成的不良影响减至最低的管理过程。

设计师要理解：客户是不可能在需求调研时将所有可能发生的风险列出一个清单交给需求工程师的，同时软件公司也不掌握某个业务领域所有可能发生的风险。所以风险管理的需求并非仅仅来自客户提出的确定风险和需求工程师的经验。

要想避免未知风险的发生，最佳的解决方案是向客户提供一个“风险应对机制”，通过建立这个机制，可以让客户自行进行各类风险条件的设定、增加、调整，使得这个机制可以覆盖和预防任何在项目推进过程中可能出现的风险。

9.5.2　风险管理的思路

在企业的各类管理中，风险管理是典型的以文字型描述为主的管理对象，通常企业制定的有关风险管理的内容都是用文字型数据为主，例如，要注意××、要防止××、要关注××等，与数字型数据为主的管理对象（如成本、进度等）相比，文字型数据不容易进行架构、设计，同时对文字型数据也难以进行常见的统计、分析、判断和预警等处理，因此对文字型数据就不能采用一般处理数字型数据系统的设计思路。

虽然文字型管理对象不容易分析和设计，但是它们对企业和经营管理者来说是非常重要的，因为不论从事多么有利可图的业务，一旦出了安全、质量或环境等问题，都会给企业带来巨大的影响和损失，甚至从正常业务运行获得的利润都不足以弥补事故带来的损失。所以企业是非常重视风险管理的。下面就来讲解针对文字型数据的规划和设计思路。在传统的"人—人"环境中与"人—机—人"信息化环境中，风险管理的方式会有什么不同呢？根据这些不同之处采用何种风险管理方式呢？

首先，在"人—人"环境中进行风险管理，主要通过经验的积累找出常见的隐患点，然后编制一系列的针对可能出现隐患的预防措施，这些预防措施通常是写在文档上，然后通过人对人的宣贯、检查来实现对风险的管理。这个方法通常要靠人的组织管理或个人的自觉性来实现，而且管理的实施往往都是滞后的，即在隐患造成了损失之后才进行处理，以弥补损失。

在"人—机—人"的信息化环境中进行风险管理的方法就不同了，利用信息化的方法，在系统中建立一套消除隐患的体系，通过这套体系将所有可能出现隐患的行为在项目实施前（事前）或项目实施中（事中）消除掉。

风险管理的思路可能跟很多读者想象的不同。风险在项目管理系统中并不是简单地用一个计算公式或一个检测预警功能就可以解决。风险管理是利用信息化手段建立一套防范体系，这个体系要融合在整个业务的运行过程中，从而可以实现对风险事前、事中的管控。下面讲解如何建立这套体系。

9.5.3　风险管理的方法

在信息系统中建立风险管理的体系，这个体系一定要采用符合"人—机—人"环境的方法，这个体系绝对不是"人—人"环境工作方法在系统中的映射。

1. 风险管控的分类

前面已经定义了什么是隐患：在项目管理所涉及的业务中，所有可能发生的与预定标准不相符的后果都是隐患。所谓风险管理，是指在企业管理中或项目管理中，把风险（隐患）可能造成的不良影响减至最低的过程。用通俗的语言来解释，就是把所有可能出现管理漏洞（隐患）的地方都堵上。根据这个思路，按照从上到下、从粗到细的原则，提出5种具体防止隐患发生的管控方式，并将这5种管控方式分为3个区域：事前、事中和事后，如图9-19所示。

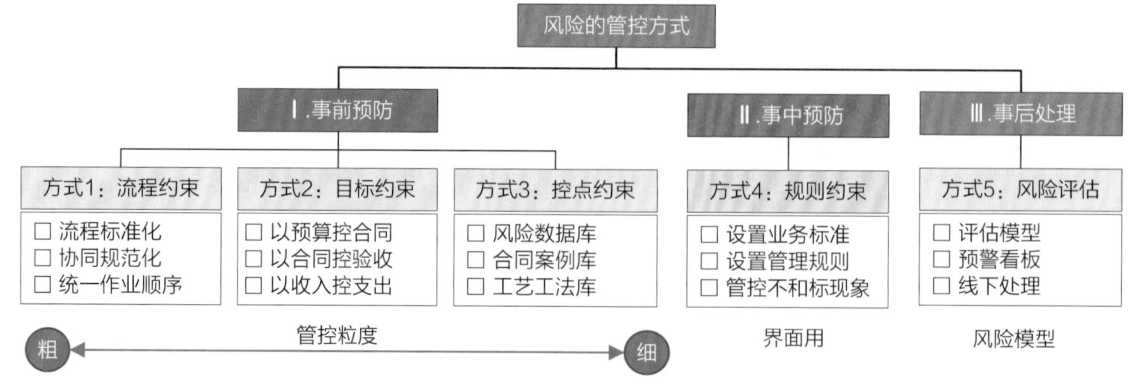

图9-19　分析管控的5种方式

1）3个控制区域

将风险管控的方法划分到3个不同的区域（事前、事中和事后），其目的是为了更好地理解风险管控发生的目的和方法的应用效果。

（1）事前区域：指的是在某个活动开始前就对该活动所需要的标准进行检查，确保不能执行没有做好准备的工作，例如，在项目管理流程启动前，必须要做好项目策划、预算编制等工作，这些工作未完成则项目流程不能启动。这些策划和预算工作的成果是后面流程上各节点的检查标准。

（2）事中区域：根据事前设置的标准（策划、预算等），对各节点的操作内容进行实时检查，例如，对刚输入的数据进行检查，对比标准（价格、数据等约束条件），确保数据无误，否则不能进行下一个数据的输入等。这些检查具有实时的效果。

（3）事后区域：通常指的是活动已经完成，根据活动的结果数据进行建模计算，以判断本次工作有无失误。这个判断的结果也可以用于指导下一次的工作（但对本次工作已无纠正作用）。

下面对5种约束形式的风险管控方法进行说明。

2）5种管控方式

5种管控方式被分别划分到事前、事中和事后3个区域中，分类如图9-19所示。

这5种管控方式分别采用了不同的约束方法，通过这5种约束方法的联动可以堵住所有的隐患（线上可以做到的部分）。

（1）事前预防区域包括：

方式1：流程约束，让完成所有的业务目标都有明确的流程和规则。

方式2：目标约束，让所有的数据处理都有标准值可参照。

方式3：控点约束，将文字型标准转化为数字型标准，进行量化管理。

（2）事中预防区域包括：

方式4：规则约束，在界面的操作过程中，让每一个动作都符合相应的管理规则。

（3）事后处理区域包括：

方式5：风险评估，利用历史数据建模计算，对未来可能发生的风险进行评估。

2. 风险管控方式的说明

下面分别对图9-19中的5种风控方式做详细的说明。

1）方式1：流程约束

对需要多人协同，并由多个活动串联才能完成的工作，由于人、活动之间的衔接不当，是最容易产生不遵守企业规则的隐患之处（不守规，是隐患）。因此，通过建立一条业务流程，将所有的活动用这条流程关联起来，使每个人、操作的每个活动都要符合流程的规则。通过建立流程进行约束，是所有风险管控方式中最上层的管控方式，也是管控粒度最大的一种。

【例2】资源消耗主线中的材料采购流程，是由跨部门、跨岗位用户协同完成的工作，流程的内容参见图9-20。

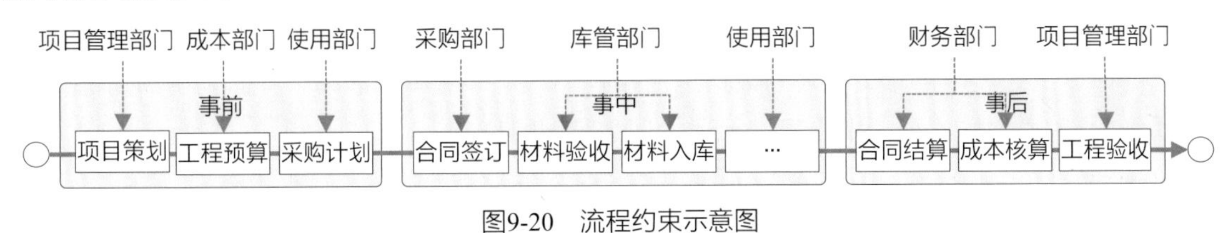

图9-20 流程约束示意图

通过建立材料的采购流程，要求项目管理部门做项目策划、成本管理部门编制预算、使用部门提出材料的使用计划、采购部门签订合同、由仓库负责到货验收、财务部门进行核算和支付等，所有相关部门的行为都要受这条流程的约束（监督、控制）。完成规划这条流程约束条件的步骤如下。

- 调研：研究采购流程包括哪些部门、岗位、工作以及相应的管理规则等。
- 分析：明确业务的划分和功能，规范工作步骤、前后关系、协同内容、流转条件等。
- 作用：消除岗位不明、职责不清、相互推诿等隐患，将目标、职责确定到岗。
- 管控：用建立和优化流程的方法将隐患去除，因此在系统中就不需要管控机制了。

2）方式2：目标约束

流程约束确定了业务流程中节点之间的顺序关系。下面确定流程中每个节点的目标值，用目标值来约束每个节点内的活动。对于每个数字型数据的处理（如成本、进度、资金等）工作，都要为其设置一个可控的目标值，约束处理的结果不要与目标值发生偏差。这是在流程中不同节点之间建立风险管控的方式。

【例3】“合同签订”的金额，不能超过之前“采购计划”的约定，见图9-21。

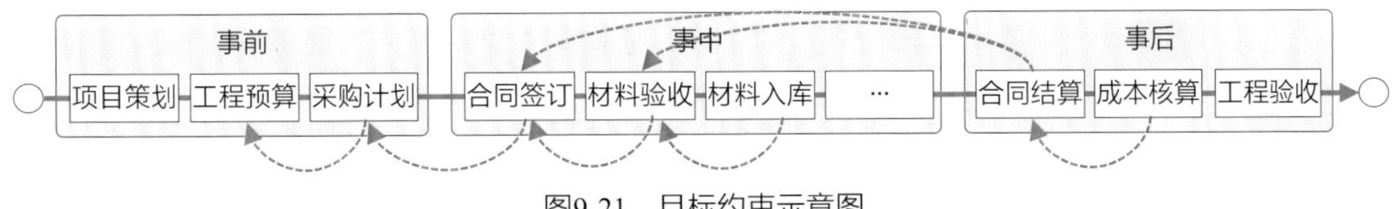

图9-21 目标约束示意图

利用“合同签订”可以签多少金额已在其前面的“采购计划”中被约定好了，如果超出就给出提示、预警等。同理，“材料验收”的数量也不能大于“合同签订”中约定的数量，“材料入库”的数量也必须小于等于“材料验收”的数量等，以此类推。即所有位置处于下游的节点，在实际数据的处理上要以某个上游节点的输出结果为目标值。这是数字型数据在管理设计时常用的方法，也是数字型数据容易建立管理模型的原因。完成目标约束的设计步骤如下。

- 调研：研究每条流程上节点之间的业务逻辑和数据逻辑关系（引用、参照等）。
- 分析：清晰节点间的目标值，建立“目标值”与“实际数据”之间的约束关系。
- 作用：通过实际数据与目标值的对比，监督并防止出现“超额”的隐患。
- 管控：建立“目标值/实际数据”的计算模型，通过对比给出差距值，可以显示在该节点对应的界面上或专用的监控看板界面上。

3）方式3：控点约束

前面在谈到风险管理时说过，风险大多数是用文字型数据表达的，例如，安全风险可以用“××注意事项”的文字方式表达，由于文字型表达必须由人来判断是否有隐患，难以发挥出信息系统自动计算并判断的优势，所以需要对文字型数据进行“量化转换”的工作，也就是尽可能地将文字型的“××注意事项”转换为用数字型的“控制点数”来表达，即对定性的风险要素先进行量化处理，再对量化后的数据进行检查。这是针对单独活动（界面）内部的检查。

【例4】对“项目策划”中内容进行评估，参见图9-22。

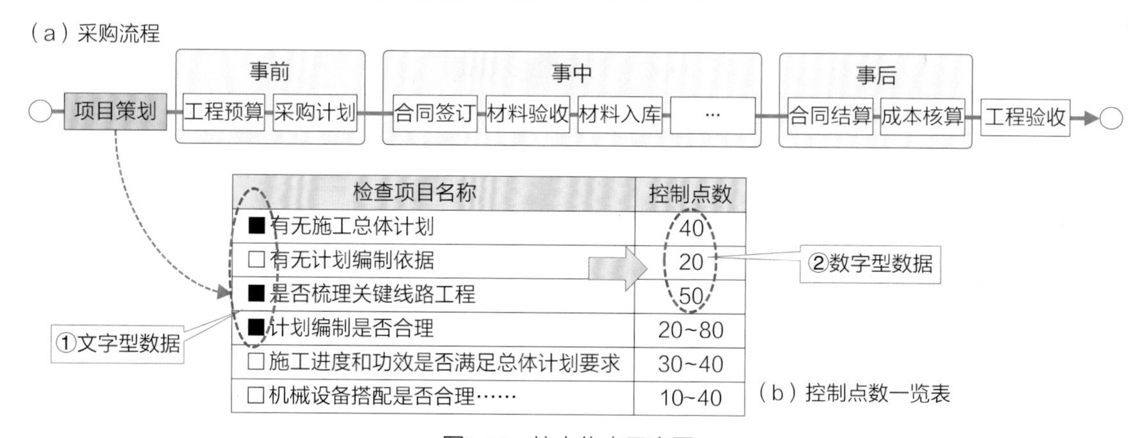

图9-22　控点约束示意图

① 文字型数据：在线下使用文字型数据进行评估时，只能判断“有/无（■/□）”。

② 数字型数据：在利用信息系统进行评估时，通过将文字型数据转换为数字型数据，将原来用文字表达的内容按照权重分配设置“控制点数”，这样就可以利用“控制点数”对结果进行自动判断。

- 调研：确认所有需要检查、但检查项尚未量化的内容。
- 分析：建立每个检查项相应的控点分数。
- 作用：通过检查项的量化，做到自动统计、通知的预警机制，实现事前管理的目的。
- 管控：将超过约束限度的项，展示在公共看板上或推送给相关管理人进行督查等。

也可以将控点约束看成目标约束的一个特例。

【参考】《大话软件工程——需求分析与软件设计》18.4.2节。

4）方式4：规则约束

对界面上的每个字段、按钮逐一进行检查，让所有的数据和操作背后的业务逻辑、数据逻辑和管理规则都是正确的，不存在隐患，这是**及时止错（事中管理）**的最佳方法。

一个字段的错误也可能带来巨大的损失，例如，合同金额小数点差一位，或是多加了一个0等，要对界面上的每个字段进行检查。

【例5】对“合同结算”界面上的关键数据进行检查，参见图9-23。

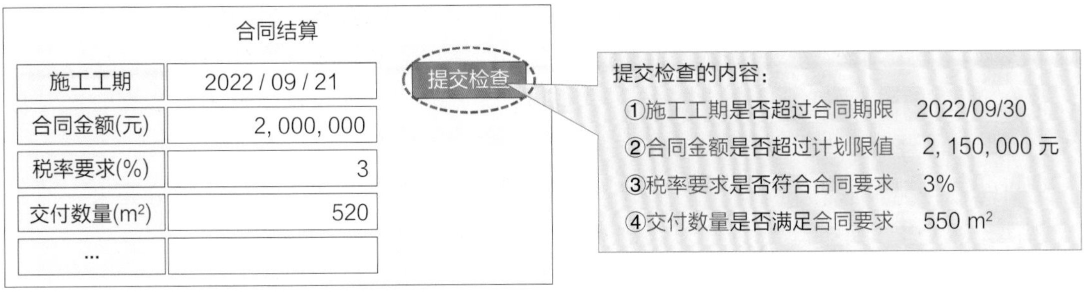

图9-23　规则约束示意图

单击“提交检查”的按钮后，系统根据预先的约定自动检查该界面上的数据是否满足其上游功能给出的目标值，如施工工期的限制、合同金额的限度、交付数量的要求等，这样就可以实现“事中管理”，其中，①、③、④来自合同签订的数据；②来自采购计划的数据。

- 做法：确立每个节点的业务标准（目标值），建立与业务标准对应的管理规则。
- 内容：建立每个字段与上游目标值之间的关联关系。
- 作用：在完成每个字段的处理时进行实时检查，确认数据是否有违规的隐患。
- 管控：通常发生违规时的预警形式是弹出提示框，要求按照提示内容进行调整。

5）方式5：风险评估

在本次流程结束后，利用已发生的实际数据建立风险评估模型进行计算，得出对本次流程结果的评估，但是作为风险管控的措施，本次的评估结论只能用于对下次工作的指导。

这种方式多用于不能进行实时监控的场景，或判断需要用大量的、多维度的数据通过复杂的计算才能做出判断的情况。

【例6】对100个已完工的项目数据进行统计、分析，发现由于进度管理的问题造成的成本影响最大，而影响进度的最大因素是劳务分包管理的失误造成的（如能力、责任心、信任度等），得出这样的结果后，在分析劳务分包的工作流程的每个节点内加入相关的风险控制方法。

事后评估的结果一定要反映到前面的内容中，以期在过程中进行事前管理，支持未来大数据的应用。可以看出，它是一个由“线上取数据、计算，线下做分析、处理，选择合适的风险控制方法应对、改进”的过程。

3. 风险管理方法的总结

从前面介绍的5种风险管控方法可以看出，风险管理是一个大的系统工程，其防范隐患的措施可以大到一条业务流程，也可以小至界面上的一个字段。这套由粗到细、由大到小的**风险防范措施与具体的业务无关**，因此就有了普遍性。建立了这样的风险监督体系后，不论遇到了什么样的隐患，都可以通过使用其中的一种或数种防范措施来协同解决。

风险管理的案例就是充分调动了信息化管理的设计手段，建立一张“防护网”，将所有可能发生的隐患（如财务、采购、施工、质量、安全等方面）在项目策划中都预设相应的目标值，然后在对应的活动实施过程中进行检查（提示、控制、警告等），如此可以事无巨细地将隐患全部排除掉。如果在工作过程中发生了新的隐患，既有的防护网没有保护住，那么在系统中追加相应的措施，补上“防护网上的漏洞”，通过这样实施→检查→完善实施的不断循环，最终可以让系统做到万无一失。

以上讲述的方法并不需要高超的编码技术，也不需要大幅增加成本就可以实现。再回顾一下概要设计中提到的“保驾护航”的设计理念，如果在信息系统中实现了前述的风险管理形式，那么它可以管控进度、资金、安全、质量等全部风险，这样是不是就可以为企业运行提供保驾护航服务了呢？

建立这些模型需要有分离原理作支撑，也就是要将“业务”和“管理”拆分开来，然后进行组合，才能产生这样的建模效果。

这套风险管理系统要与后面的“人设事、事找人”的设计内容联动起来，形成完美的风险管理系统，有关内容请参见第10章。

★业务专家钱晓飞说：“我们以前做风险管理都是做一个风险识别的模型或上传一堆的文档资料，实际上这些做法在工程项目管理系统的运行过程中基本上不起什么作用。尽管客户企业的领导都非常重视风险管理，但是信息系统却不能提供什么有效的措施帮助解决风险管理的问题。从这次的风险管理设计，了解到了用信息化手段做管理设计的思路和方法，开拓了视野。”

李老师说：“风险管理就是要调动一切信息化手段，在业务运行的过程中加装各式各样的‘防护栏’，如图9-24所示，确保系统中每个环节的工作、每个用户的操作都不出错，这是风险管理应用的价值所在。”

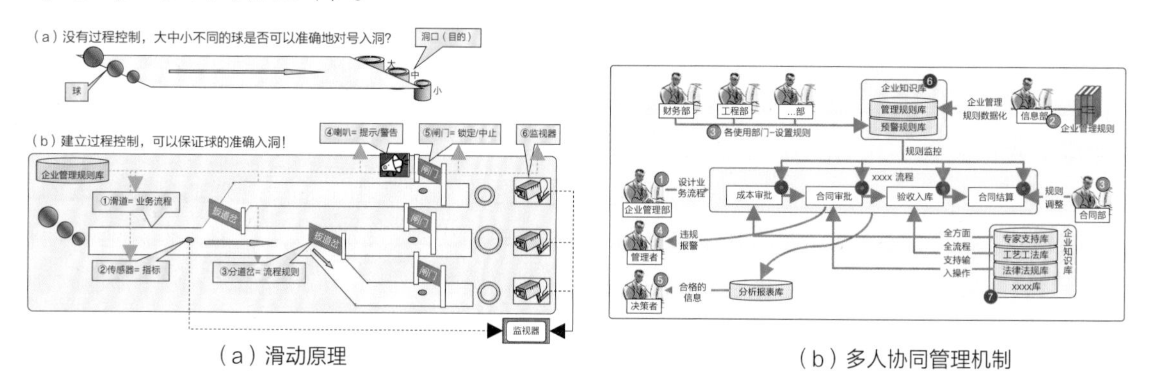

（a）滑动原理　　　　（b）多人协同管理机制

图9-24　为确保业务正常运行加装防护栏

从风险管理的过程可以看到，作为架构师，始终要从整体以俯视的视角进行思考、架构、设计，如果没有这样的思维，可能就会考虑用几个监控功能或计算的功能来完成风险管理的需求了。这样做的结果就不能达到“保驾护航”的目的，因为实现保驾护航，就要做到可以应对各类风险以及随时出现的风险变化。

9.6　管理规划的总结

通过上述一系列管理规划和设计的思路，读者是否已经理解了在“人—机—人”环境中进行信息化管理的思路？提到“信息化管理”，它既不是照搬“人—人”环境中积累的传统管理模式，也不是仅仅在操作界面上放置一个预警功能，它是一套综合的、有信息化特点的管理模式，理解了上述案例的做法，就容易理解为什么在“人—机—人”的环境中可以做到用信息化手段为企业运行“保驾护航”，因为**在“人—机—人”的环境中，是利用信息化手段打了一套“组合拳”来实现保驾护航**。

所谓的组合拳，就是利用信息化手段，建立一个“人—人”环境无法实现的管理机制，这个机制是由建立业务流程、设置业务数据线、设置管理目标值、关联业务标准与管理规则、让系统进行自动监控等一系列方法来实现的，再与第10章的方法相结合，就可以在“人—机—人”环境中形成一个完美的“防护网”，这个“防护网”可以确保在其中工作的各个角色在每个工作环节上都不出现违法的行为。

在分析4个管理案例的需求时，都提到了管理需求是要实现××机制，这里使用“机制”一词也是基于管理特点而言的，在分离原理中讲过，“业务”与“管理”存在相对的稳定性与易变性关系，指出管理具有易变性，因此在信息系统中针对管理的设计就不能采用固化的功能模式，应该采用一套可以快速适应管理需求变化的“机制”模式，当管理需求发生变化时，这个机制可以通过最少的调整来适应新的管理需求。

第10章 概要设计——价值

本章为概要设计的第4章，重点讲述系统中有关“价值”部分的规划方法。前面各章重点讲解的内容如下。

- 第7章“概要设计——**总体**”，重点讲述对信息系统的总体规划以及业务规划的方法，这是信息系统中最基础的内容。
- 第8章“概要设计——**建模**”，重点讲解如何通过建模理解复杂业务和业务需求的思路。
- 第9章“概要设计——**管理**”，重点讲解用信息化的规划方式对业务进行管理规划，确保业务目标的达成。

以上3章完成了对系统业务和管理的理解与规划，既有了业务作载体，同时又有了对业务的管理方法，这就完成了对信息系统的概要设计。作为设计师，做好业务和管理的概要设计就是合格的，但是用更高的标准来看只做这些还不够，完成了业务和管理的设计，就如同体操比赛中只完成了前半部分的“规定动作”表演，更出彩的“自选动作”部分还没有做。那什么是软件设计的“自选动作”呢？

完成了业务和管理的基本规划后，往往还不足以获得较高的客户满意度，因为参加投标的软件公司都可以做到这些，为了做出差异化的设计，还需要设计师从客户价值的视角规划、架构系统。本章继续完成设计师提案的“人设事、事找人”第二部分的内容。

- 第一部分：体现在管理设计上，建立一套可以适应管理需求变化的机制（第8、9章）。
- 第二部分：体现在价值设计上，建立一套可以提供信息化服务的机制（第8、10章）。

如果设计师没有以价值为导向的设计理念，那么本章的内容可能是不存在的，当然即使不做本章提倡的价值设计内容也不会影响信息系统对业务和管理的处理。但是如果考虑价值设计理念，增加由于价值设计带来的功能，那么可以明显地看出对企业高层领导所提目标需求的响应程度给客户带来的信息化价值感受度是完全不同的，同时通过价值设计，也可以拉开与其他同类竞争产品的距离。

10.1 准备知识

在进行“概要设计——价值”前，首先要理解系统的价值设计目的和内容，需要哪些重要的理论和方法，以及从事这项工作的人需要哪些基本能力。

10.1.1 价值需求的解读

价值设计的需求从哪里来？这些需求可能来自客户/用户或软件公司的设计师，一般来说主要来自有丰富经验的软件设计师。这里谈到的价值，不是通常在需求调研时由用户提出来的业务需求、功能需求所带来的价值，用户提出来的需求一般与他们的日常工作紧密相关，是比较直观、简单的业务处理功能，目的主要是手工替代。这里提到的价值设计，是指设计师结合客户业务知识、IT知识、最新的管理知识等，用信息化表达方式提出来的综合功能，这些功能不是一个普通用户基于自己的日常工作就可以提出来的（这是他们无法想象的）。

提出这些需求的设计师，不但需要掌握客户的业务知识和设计知识，并且能够站在客户的立场上，特别是站在企业经营管理者的立场上为客户着想。

关于价值设计，在软件工程的几个阶段中都有涉及，如图10-1所示。

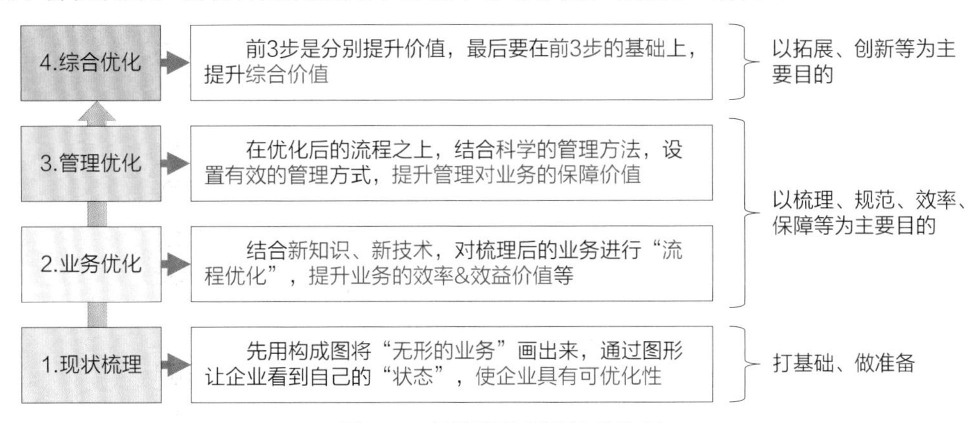

图10-1 各阶段价值设计的作用

（1）现状梳理：首先是在需求阶段，对现状进行梳理。

（2）业务优化：在业务设计阶段，对业务流程、业务处理等进行优化设计。

（3）管理优化：业务设计阶段——管理设计环节，为确保业务处理可以满足企业要求，用管理措施对业务处理进行保障。

（4）综合优化：最后，综合优化就是客户价值为导向的设计，这个设计既不是为了某个业务处理，也不是为了某个管控，它是利用一套机制，从为客户带来信息化价值的角度进行综合设计，这个综合设计既包括业务、管理的内容，也包括利用信息化方法进行机制方面的设计，关于机制的设计详见以下各节的案例。

10.1.2 信息化价值的思路

在第9章中主要讲解的是建立业务标准与管理规则的关联关系，当实际情况与业务标准不同时，激活管理规则进行管控，通过用管控的方式建立一套“防护网”来避免隐患的发生。

1. 变管理为服务的理念

但是还可以有另外一种不同的设计理念：**变“管理”为“服务”的思路**。对于需要由多人合作才能完成的业务处理，管理手段当然是不可或缺的，但管理落地的方式可以从提供“控制功能”转换为提供“信息化服务”，用提供服务的方式同样可以达到用管理控制想要达到的目的，而且可能效果更好。也就是说不要用管理控制的方式与系统的用户“为敌”，尽量不要采用监督、警告、控制的手段去管理用户，而是要利用信息化技术特有的方式，让用户们在操作系统时可以不断地接受辅助服务，帮助他们尽量做到**“在提升工作效率的同时，少出错甚至不出错”**，达到减少管控规则被激活的目的。前面已经介绍过了，构建信息系统就是构建一个虚拟企业，价值设计就是要建立一套“服务网”，这个服务网可以辅助支持每个用户正确处理业务，避免隐患发生。

例如，从用户打开系统门户开始，每一步操作都有系统自动提供的信息化服务，包括：

- 今天该做哪些新的工作？
- 昨天还有哪些工作没有完成？
- 要做的工作在哪里？
- 做完的工作是否正确？
- 需要参考的资料在哪里？
- 所做的工作需要和哪一位同事沟通？
- 哪些采购合同需要上级的审批，等等。

2. 以价值为导向的设计

由系统辅助用户安排好属于他的每一步工作。为了说明以价值为导向的设计方法，本章选取以下5组容易做到的，且有很高附加价值的系统功能作为案例（参见以下各节），包括：

（1）门户的设计方案：门户设计带来的客户价值。

（2）时间管理方案：对时间管理带来的客户价值。

（3）界面操作方案：在界面设置各类服务带来的客户价值。

（4）自检/帮助方案：利用企业知识库提供实时信息带来的客户价值。

（5）信息展示方案：为企业各级用户提供实时信息带来的客户价值。

提供这些案例的解说可以让读者感受到：从客户价值视角出发进行设计，可以获得很多高级的“设计需求”，这些需求一旦实现了，可以为客户带来很多非常有意义的功能，并大幅提升客户对信息化管理的认同和满意度。可以显示信息化价值的设计方法很多，只要设计师能够站在用户的视角想问题、看问题，那么有价值的好想法就会涌现出来。

★解读：关于价值导向的设计带来的“价值”。

对于投资信息化建设的客户企业经营者来说，对投入与回报有不同的理解：

- 购买的系统如果带来了**可以评估的价值，就是“投资”**。
- 反之，如果资金的投入**没有明确的回报，就是“成本”**。

对客户企业来说，为购买外部软件公司提供的信息系统所花费的资金当然是成本了，但是如果通过信息系统的运行可以为投资者带来明显的收益，包括提升工作效率、降低运营成本、增加经济效益等，都可以直接或间接地看成为企业带来“回报”，企业的经营者就可以认同这是一个成功的“投资”。

工作在一阶段的所有业务人员都要明白这一点，理解了这一点的意义，那么接下来所做的规划设计工作就有驱动力、工作的成果就会带来更好的客户体验。

10.1.3 作业方法的培训

培训资料来自《大话软件工程——需求分析与软件设计》一书，培训内容如下。

（1）第13章　功能的详细设计

- 看板功能的概念与作用。
- 门户的规划设计方法。

（2）第16章　架构的应用设计

- 流程机制1：事找人的设计方法。
- 流程机制2：人找事的设计方法。

（3）第17章　功能的应用设计

- 界面按钮的设计方法。
- 按钮与规则关联的设计方法。

（4）第20章　价值设计

- 需求阶段的客户价值的获取方法。
- 业务设计阶段的客户价值设计方法。
- 应用设计阶段的客户价值设计方法。
- 客户价值的检验方法。

10.2 系统门户方案

系统的门户可以说是信息系统中一个最重要的界面，它不仅仅是信息系统的功能入口，更是一个展示信息、提供系统功能的导引，是各类服务的重要窗口。门户的规划设计要做到针对每个用户的个性化（至少要做到部分内容的个性化），为每个系统用户提供与个人工作相关的信息、功能、服务等。

10.2.1 整体规划

按照信息化价值的设计思路，给出了蓝岛建设信息系统的标准门户规划，如图10-2所示。

这个门户可以根据登录的用户不同，推送给其专属信息和每位用户自己设置的信息。下面参考图10-2（a）的门户内容，以打开材料导航中“合同签订”界面为例，列举3种不同的打开方法，说明系统门户的规划思路和意义。包括：

（1）功能查找：门户功能的利用方法。

（2）待办事项：待办事项的利用方法。

（3）通知推送：通知推送的利用方法。

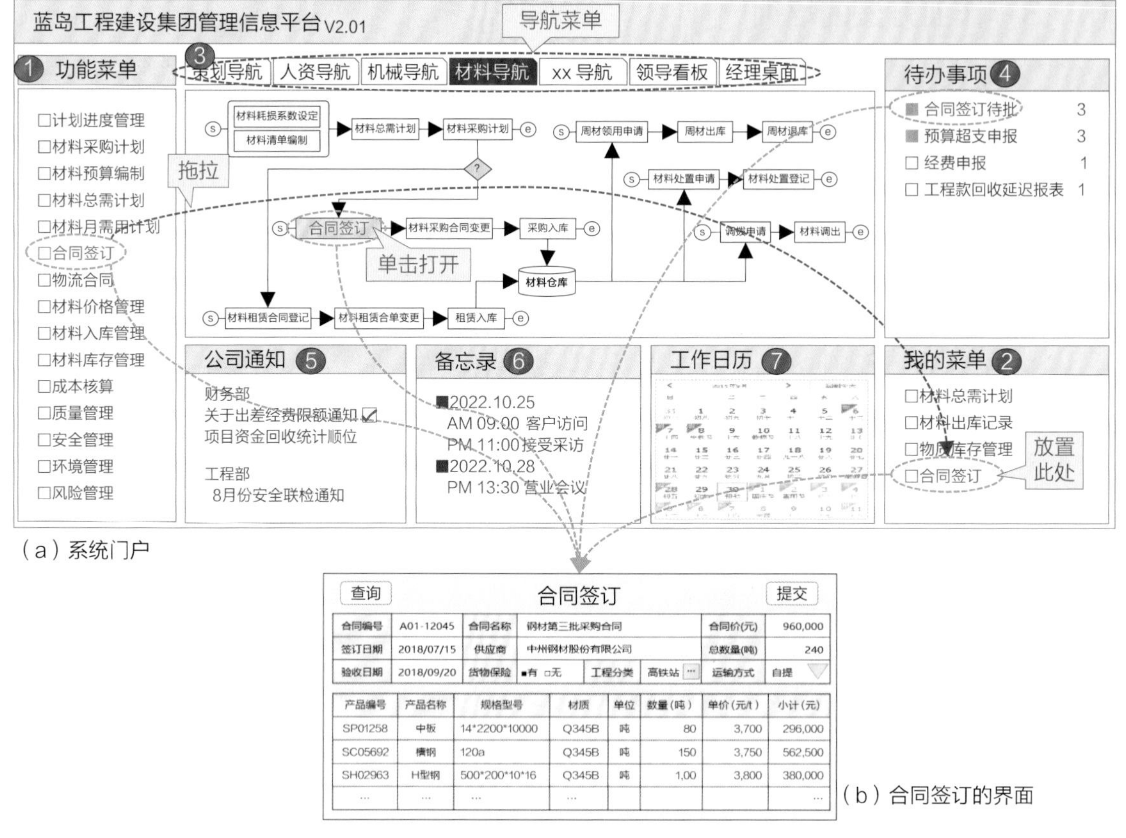

图10-2　系统门户示意图

10.2.2　功能查找

菜单是用户理解系统构成、查找作业界面的重要功能。从价值设计的思路上看，将传统的静态菜单功能一览改变为用户处理业务工作的引导功能，让菜单与业务流程融为一体可以带来更多菜单功能以外的客户价值。菜单给出了3种打开“合同签订”界面的方式，即功能菜单、我的菜单和导航菜单，参见图10-2（a）中的①、②和③。

1）功能菜单

设置在门户界面左侧的①功能菜单是最常见的静态菜单形式，通常用户进入门户后，第一件事就是进入功能菜单寻找需要的作业界面，这是典型的“人找事”的作业形式。功能菜单是系统门户最基本的功能，但是这个界面的打开方式有很多不足，如需要用户很熟悉菜单，当功能比较多时菜单的打开层级就越多，功能查找的效率低（功能菜单有3级或更多）。

2）我的菜单

为了解决功能菜单查找效率低的问题，门户增加让每个用户可以设置个人常用菜单的功能，方法是通过拖拉的方式，用户可以从功能菜单中将本人常用的功能“合同签订”拖到“我的菜单”栏中，形成自己常用的一组功能。由于直接单击就可以打开所需要的功能界面，这个方法可以大幅提升用户查找界面的效率。

3）导航菜单

导航菜单是利用业务流程图作功能的导引，当用户单击业务流程图上的某个节点框时，就可以直接打开该功能对应的界面，即使是不熟悉功能菜单的领导，也可以在门户上端切换导航菜单的页签（人资导航、材料导航、机械导航等），通过查看不同的业务流程，找到对应的功能，参见图10-3。

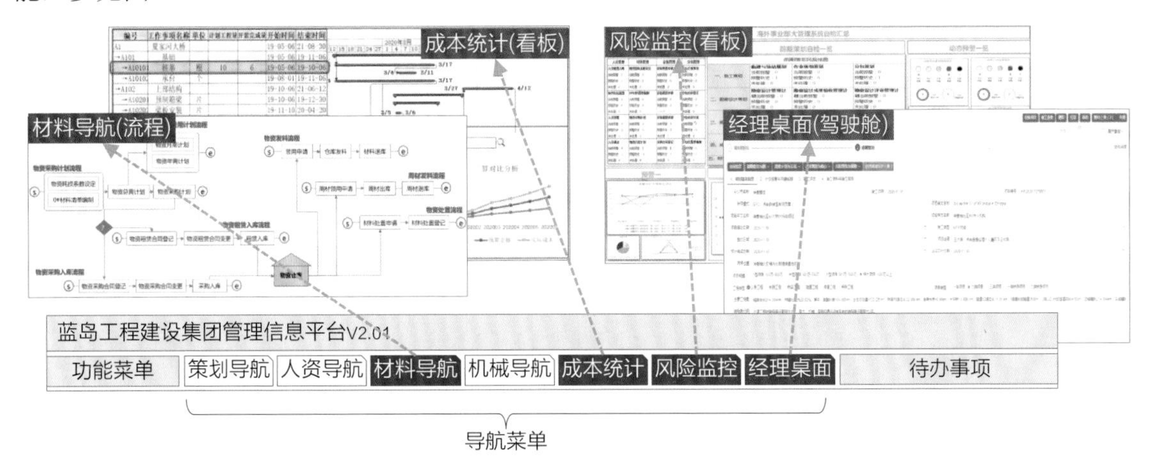

图10-3　导航菜单的页签示意图

设立导航菜单不但可以快速找到所需界面，而且更大的优点在于将使用的界面与业务流程关联起来，它可以让所有的用户在查找界面的同时熟悉且记住了业务流程，由于所有人每天都在重复着这个过程，这比设置单独培训流程的效果更好，同时还可以获得额外的收获。

- 渐渐地部门间和岗位间的隔阂、不同业务板块之间的隔阂会消除。
- 所有的用户都知道流程上游的岗位是谁，上游岗位工作的内容是什么。
- 用户自己的工作结果将会影响下游的哪些岗位，向下输出哪些数据和信息，等等。

显然，由于价值设计的思路，使得菜单不但可以引导查找功能的位置，而且还可以引导企业全体员工熟悉信息系统，了解业务流程，统一认知是推广业务标准的最佳方式。这个方法也间接地实现了客户领导提出的“消除壁垒强化沟通”的需求。价值设计带来了超过预期的效果。

★解读：从严格的意义上看，这3种功能查找的方法都属于“人找事”的方式。但是有了价值设计的思路，这3种查找形式一种比一种更加积极。

○ 第一种功能菜单：是最传统的形式，静态地等待用户的查找。

○ 第二种我的菜单：积极地为用户减少查找的时间和操作步骤。

○ 第三种导航菜单：不仅最大限度地减少查找时间和步骤，而且融入了业务架构。

从上面的设计思路看，如果采用了客户价值导向的设计，即使是传统的沿着“人找事”的方式做设计，也可以给出更加积极的设计方案。

10.2.3　待办事项

待办事项是最典型的“人设事、事找人”的做法。在图10-2（a）门户的右上角设置④待办事项，是所有信息系统的通用做法，但是如果仅仅是设置一些公司通知，则价值不高。从价值设计法的思路看，通过待办事项窗口的设置为每个用户提供信息服务，让每个用户每天都知道自己应该做什么，还有哪些工作没做完，而不必用大脑或纸张去记忆。待办事项的内容设计可以分为两类：新增未办事项和已办未完事项。

1）新增未办事项

这是从上游岗位推送过来的尚未处理的新事项。在所有需要设置推送功能的界面设计中，都会设置一个“提交”功能按钮，单击该按钮后，会向系统的通知中心发一个通知：我的工作已完成，告知下游岗位接受新的事项，通知中心接受后，就会向下一个岗位的用户推送通知，参见图10-4。

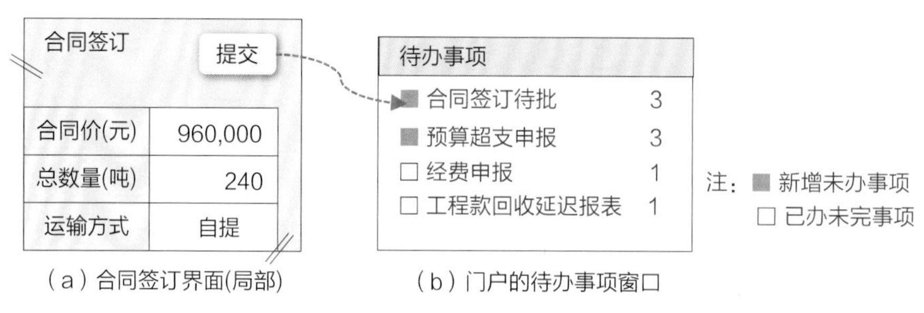

图10-4　发起新增未办事项

例如，合同签订界面的操作已完成，且提交成功后，就会向合同签订审批者发出通知，在通知接收人的“待办事项”窗口就会显示这个通知，接受人单击通知后，就会直接弹出对合同签订审批的操作界面，待处理完成后，该通知就会从待办事项的窗口中消失。在待办窗口显示的通知，除去由流程节点推送的新增未办事项，还可以将下面的信息也推送过来（不限于此）。

- 各类计算超标通知：检测到预算成本、进度计划、材料消耗等监控对象发生超标。
- 风险评估超标通知：风险管理的监督对象出现了隐患，如安全违规操作增加。
- 库存基数不足通知：仓库存有的材料低于设定的最低库存量。
- 提交后的审批通知：界面操作工作完成后，通过了上级领导的审批流程，等等。

所有需要通知用户本人的信息，都可以链入到待办事项窗口。

2）已办未完事项

每个用户除去要掌握有哪些新增事项外，还需要知道有哪些事项已经开始处理、但由于各种原因尚未完成。同样可以利用界面上的“提交”按钮来实现检出已办未完的事项，参见图10-5，方法如下。

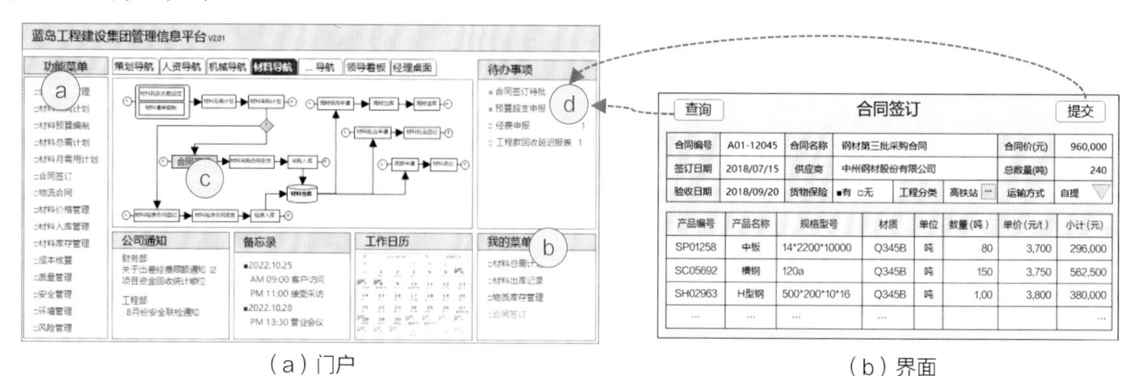

图10-5　4种打开合同签订界面的方式示意图

- 从待办事项窗口单击了新增事项（新增事项的标志为■）。
- 新增事项的标志由原来的■形转变变为□形，□表明该事项是处于已办未完的状态。
- 待该事项处理完成，并单击了界面上的“提交”按钮后，待办事项窗口上的□标志就消失了，表明该事项处理完成。

待办事项和功能查找方案加起来，对门户的设计可以给出a～d 4种不同打开合同签订界面的方式，包括功能菜单、我的菜单、导航菜单以及待办事项。虽然仅仅是一个简单的菜单打开功能，但如果从客户价值设计的视角看，可以有很多不同的设计方案。

10.2.4 通知汇总

从价值设计的思路看，可以考虑将用户的门户作为他在系统中处理所有工作的主桌面，因此有必要将所有的通知都汇总到用户个人的门户上。

1）公司通知

将公司各部门的通知汇总到图10-2（a）中的⑤公司通知的窗口中，并增加“已读”的标志功能，避免用户遗漏重要通知。

2）其他通信软件

将用户分散在不同系统中的信息（如OA、邮箱、即时通信等）引入到图10-2（a）中的⑤公司通知的窗口中，减少用户每天打开不同系统进行信息处理的次数，缩短回信时间，提升工作效率。单击通知后，可以自动跳转到该系统中继续进行处理。

此处用到了单点登录的知识，关于单点登录的知识请参考相关的说明。

3）备忘录

图10-2（a）中的⑥备忘录作为该用户个人的记事便签，记录在此处的活动，系统会按照时间将其联动到图10-2（a）中的⑦工作日历中，单击工作日历可以看到每个记录的内容，详见10.3.2节的说明。

10.3 时间管理方案

时间管理也是典型的“人设事、事找人”的做法。在进度管理的规划时讲过，项目经理最重视的就是进度计划，他希望每个成员都要在规定的时间计划内按时完成工作，不要出现遗忘工作的现象。

因此，可以考虑在信息系统中将个人的时间管理与系统的工作相关联，随时提醒用户，从侧面支持进度管理。下面从时间管理出发，介绍两个与时间相关的价值设计。

10.3.1 时限设定表

时限设置是预先设定在日后某个时间段上必须要做完的工作。

实现这个功能的方法很简单，在系统中提供一张可以填写的表格，形式如图10-6（a）

所示。

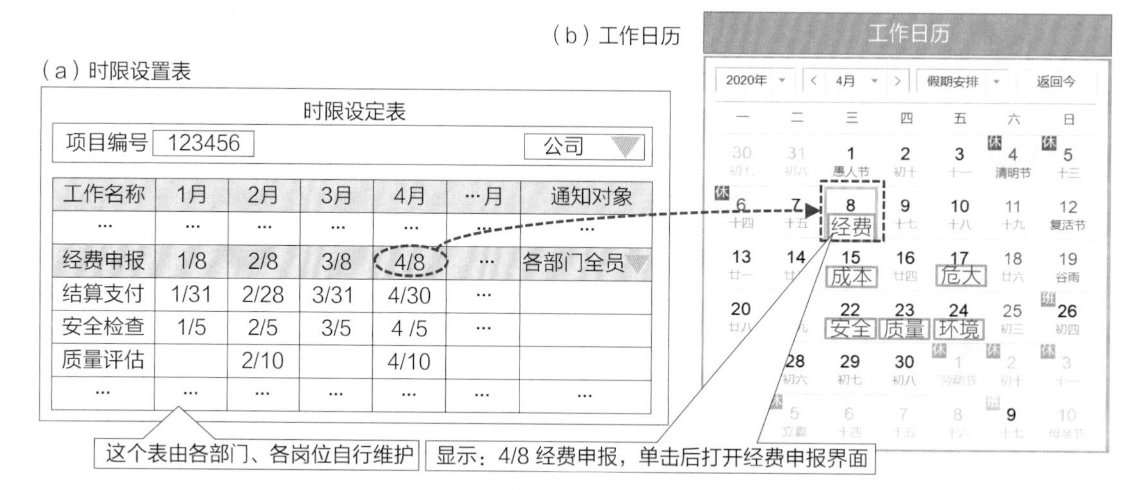

图10-6　时限设定表与工作日历关系示意图

- 时限的设定可以分为个人、部门、公司等不同的类型。
- 在时限设定表的左侧“工作名称”栏中填入需要设定时限的活动，如经费申报。
- 在时间栏中“1月、2月……”栏中填入需要提醒的限制日期，如4/8。

设定的日期“4/8”会自动地与图10-6（b）的工作日历的对应日期联动，并在工作日历的日期下面显示活动内容“经费”，当然还可以将这个信息推送到即时通信App中，提醒用户。单击“日历”中的该日期后，就会弹出编辑经费的界面窗口。

时限设定表可以用于公司的各部门发布定期要做的事，在下一个年度开始前提前填入，这样就无须再用手动的方式发布通知了，而且每个用户也可以利用工作日历将自己未来要做的工作预先计划好，一目了然地知道自己每年、每月、每日要做的工作，强化个人管理。

时限设定表的作用非常多，它也是构成“人设事、事找人”机制的主要构成部分，特别是可以作为公司、部门以及个人3个层级的时限设置表，这将大大减少工作遗漏的问题。

10.3.2　工作日历

图10-2（a）中的⑦工作日历的内容来自图10-6（a）时限设置表以及图10-2（a）中的⑥备忘录等。工作日历可以将全部有时间约束的信息归集于一处，当日有约定的活动时，就在日期的数字下端的红框中显示信息，如“经费提示：今日为经费的申请截止日”，参见图10-6（b）。

单击工作日历中有通知信息的项，则会自动打开相关的界面，可以直接进行业务处理，如单击8日的“经费”，则经费申报的界面就会打开，可以直接进行经费数据的填写。

至此，由图10-2（a）中的④待办事项、⑤公司通知、⑦工作日历等功能，可以将该用户所有的未完成工作全部找出并显示在门户上。这就如同为每个系统用户配置了一名“电子助手”，让用户可以做到：

- 上班打开计算机后，知道今天需要做哪些工作。
- 下班关闭计算机前，知道今天还有哪些工作尚未完成。

严格地说，如果下班时所有的未完工作数量显示都为0，那么在信息系统中该用户的工作就全部完成了，可以安心回家休息了。

★解读：关于对“机制”的理解。

工作日历、时限设定表等，这些界面的背后有一个复杂的“机制”：一边接受各功能推送过来的通知、日期等，另一边待到日期一到，就向指定的担当者发送提示的信息，在担当者处理完成后，就消除日历上的通知。

实现这样的一个工作逻辑，所需要的“功能”就是一个“机制”功能。读者是否理解了“机制”的概念？是否可以尝试设计“机制”运行的逻辑图？

10.4　界面操作方案

下面从界面操作的层面讲解可以进行哪些与客户价值有关的规划设计。因为日常工作用到最多的就是操作界面，因此可以增加附加价值的地方也一定是最多的。这里给出3个参考案例：规则检查、参考信息、沟通确认。

10.4.1　规则检查

可以将图10-2（a）材料导航图中流程中的每个界面都看成完成一个工作“任务”，如流程中的合同签订界面，参见图10-2（b），调动系统中可以使用的信息化手段，为合同签订“任务”的正确完成提供帮助、检查，以避免出现违规的结果。通常每个界面上都会设置一些用于处理界面内容的功能按钮，根据这些按钮的使用目的和使用顺序，可以在这些按钮上链接规则检查用到的功能，帮助完善业务处理。常用的按钮有“新增”“保存”以及“提交”等，下面就以这3个按钮为例说明做法，参见图10-7。

图10-7　界面功能与检查功能的关联

- “新增”按钮：单击“新增”按钮后，检查与新增工作相关的规则是否都满足，如合同签订界面是否满足新增要求等。只有在满足要求的情况下才允许进行新增。

- “保存”按钮：单击“保存”按钮时，检查合同签订界面上已处理部分的数据是否满足保存的标准和规则。如有不符合要求的内容，发出提示（这里指业务标准，而非数据库规则）。
- “提交”按钮：单击“提交”按钮时，确定该界面的所有内容没有违规，如合同金额是否超过了上游计划的目标值？是否有遗漏信息？等等。完全没有问题后才能关闭该界面，向门户推送待办事项。

单击界面上的每个按钮时，系统会自动地按照预先的约定进行规则检查，这样就可以大幅度避免用户由于检查不周而出现违规的问题。读者可以根据自己设计的界面内容，在不同的按钮上设置不同的管理规则。

10.4.2 参考信息

为了支持合同签订的编制，可以将与合同签订相关的其他界面信息链接起来，让用户可以在不切换界面的情况下随时参考，在界面左下端，配置与合同签订相关的其他界面信息的链接按钮，参见图10-8，帮助用户节省查找时间。

新增　查询　　合同签订　　保存　提交

合同编号	A01-12045	项目编号	01-22-096	太平洋大厦二期		合同价(元)	960,000
签订日期	2018/07/15	供应商	中州钢材股份有限公司			总数量(吨)	240
验收日期	2018/09/20	货物保险	■有 □无	工程分类	高铁站 …	运输方式	自提

产品编号	产品名称	规格型号	材质	单位	数量(吨)	单价(元/t)	小计(元)
SP01258	中板	14*2200*10000	Q345B	吨	80	3,700	296,000
SC05692	槽钢	120a	Q345B	吨	150	3,750	562,500
SH02963	H型钢	500*200*10*16	Q345B	吨	1,00	3,800	380,000
...	...	...	...				...

业主合同　预算编制　采购计划　分供商　　沟通　帮助　自检

图10-8　在合同签订上设置辅助信息按钮

- 业主合同：打开与投资商确定的业主合同（只展示与采购合同相关的信息）界面，检查业主对材料采购有无特别的约束条款。
- 预算编制：打开工程预算的界面，了解预算余额还剩多少。
- 采购计划：打开采购计划界面，查看已完成的采购数量和尚未完成的计划余量。
- 分供商：打开分供商的管理界面，参考供应商的详细信息等。

利用合同签订界面上的项目编号，可以将同一项目的其他界面关联起来，随时调用，这样就不需要在合同签订界面上显示过多的信息，需要时再利用其他界面展示就可以了，这样的设计既可以让界面显得干净整齐，又不增加界面打开时的等待时间。

10.4.3 沟通确认

如果合同签订的界面设置有界面锁定的功能，那么在处理内容时要小心，别出错，否则按下提交按钮后界面会被锁定。如果出现错误需要修改时，要先解除界面的锁定功能才能进行，这会使界面处理逻辑的设计变得非常复杂。因此用户在处理界面内容时，如果发现有问题，要尽可能地先与上下游相关岗位或领导进行沟通、确认，确保处理没有错误后再锁定界面（=提交）。

为了避免出现输入错误，增加了“沟通”的功能，参见图10-9。这个功能可以让沟通双方在观看同一个界面时进行文字沟通，还可以将交流的内容保存在该界面的下面以备追溯。这比使用截图再用社交软件上传的工作效率高很多，而且还不会丢失交流信息。

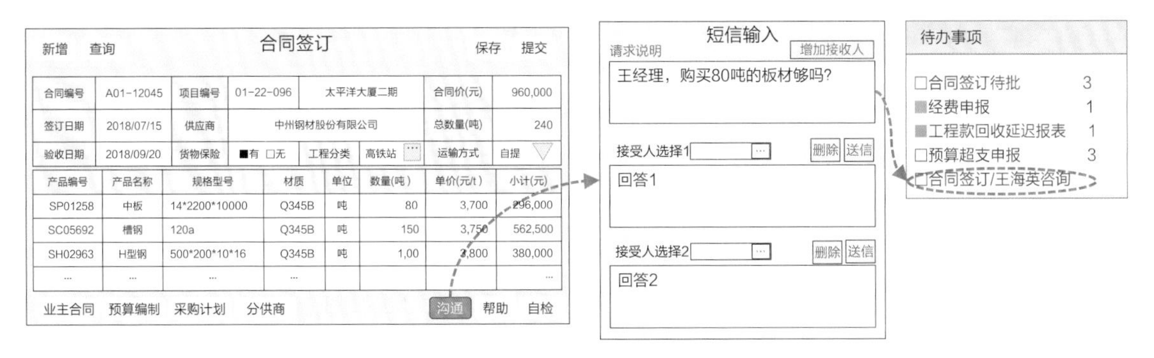

图10-9　“沟通”界面的原理示意图

发起提问的通知可以放到门户的待办事项窗口中。

★解读：初入行的读者很可能想当然地认为界面上的按钮就是一个操作功能，其实不然，界面上的按钮可以链接管理规则以及各类信息源，为本界面的处理提供“支持服务”，它是增加用户附加价值的重要载体。

10.5 自检/帮助方案

从工作效率上看，与其增加上级的检查次数来确保不出错，不如让每个用户养成自检的习惯，效果更好。将每个界面与企业知识库关联，可以帮助用户从操作界面上直接链入企业知识库来获取相关信息，这是“人—机—人”环境带来的重要客户价值，这在“人—人”环境中是不可能获得的。**“预防出错”永远比“出错后及时纠正”更重要**。

10.5.1 企业知识库的建立

构建企业管理信息系统的同时建立企业知识库，其目的是运用管理和信息技术手段，将社会、企业、个人积累的知识和经验充分地应用到企业的生产活动中。下面对企业知识库对构建信息化工作环境带来的价值做简单的描述，主要有3点（不限于此）。

1）积累、沉淀、结构化

建立企业知识库，对企业运营相关的资料和经验进行收集、整理，并按照一定的方法和标准进行分类和结构化。这不仅方便了资料和经验的积累、查找，还为以后对企业知识库的有效使用打下了基础。要建成一个收集、维护知识的“机制”，以便在使用过程中不断地更新、完善。

2）提炼、升华，从经验到知识

特别要将经验进行提炼、升华，使其可以转化为知识，因为知识具有更广泛的普遍意义。特别要重视对企业的规章制度、管理规则、经验做法等的数字化，因为这些信息只有数字化后才能更好地应用到信息系统中（第9章中的风险管理就提出了这样的需求）。

3）企业知识编码化，即时应用

存入企业知识库的知识一定要尽量地进行编码化，知识的编码与系统中界面的编码相对应，可以通过两者的联动实现快速的定点检索。

10.5.2 企业知识库的应用

在用界面进行业务处理时，经常需要同时参考国家、企业、业务等相关的信息和资料，如果能够将该界面的编号与企业知识库中相应的知识进行匹配，那么在操作界面处理的同时，单击“帮助”按钮后，系统就可以自动地将相关的资料调出来。

例如，在处理“合同签订”界面的内容时，需要参考“菲迪克条款（国际通用的承包商合同）”的内容，由于预先在企业知识库中将“菲迪克条款”的编号与“合同签订”界面的编号A01做了关联，因此单击“帮助”按钮后，系统弹出新窗口并将相关信息展示出来，参见图10-10（a）。

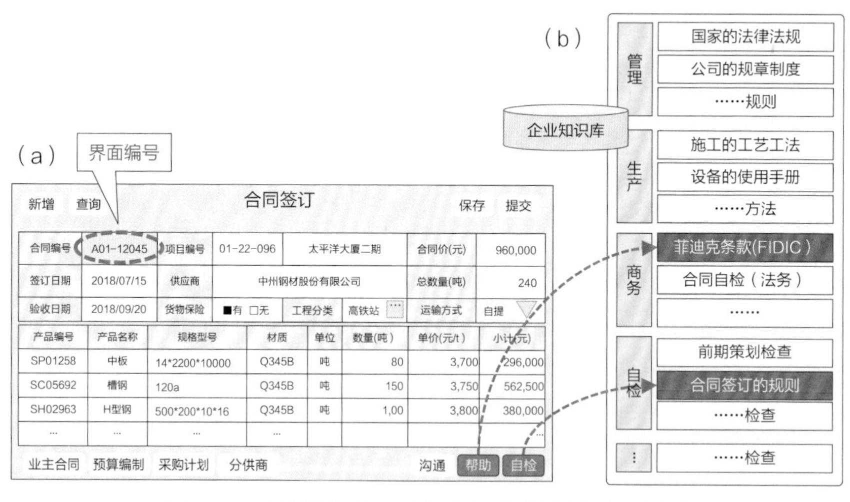

图10-10 功能界面与企业知识库的关联关系示意图

随着系统的使用，不断地将新产生的知识、信息等输入到企业知识库中，并进行相应的链接，系统对用户的支持就会越来越周全。

10.5.3　自检功能

利用企业知识库，不但可以获取相关的参考信息和资料，还可以让用户不断地通过“自检”的通道，将个人对“合同签订”的检查内容、处理方法、注意事项等内容输入到企业知识库中的相应栏目中，既可以在下一次编制合同时提醒自己，也可以与其他编制合同的人分享经验，参见图10-10（b）。

由于是从合同签订的界面上打开的自检界面，所以系统会将合同签订界面的编号输入到企业知识库中，并自动建立合同签订界面与企业知识库相关条目的关联关系。

10.6　信息展示方案

信息系统的重要作用之一就是将积累的数据加工成有用的信息展示给相关人，这个展示信息的功能就是看板，针对特殊用户，仅靠门户展示信息是不方便的，也是不充分的，因此要为这些特殊用户设计专用的信息展示看板。下面介绍3种看板的规划思路，包括领导看板、项目经理看板、专门岗位看板，从中感受客户价值设计的作用。

10.6.1　企业领导的看板

通常企业领导都不是系统数据处理功能的直接用户，他们进入信息系统的主要目的是查看信息，领导判断对信息化的投入是否收到了预期效果，主要的判断标准之一就是能够从信息看板获得多少有价值的信息。

因为看板展示出来的信息是合同、出库单、支付等大量数据的汇总后，再对这些汇总的原始过程数据进行统计、加工而来的。这些信息反映了企业的业务运营和管理现状，企业领导据此做出经营管理方面的判断。因此，为企业领导设计满足他们要求的看板是具有非常重要价值的工作。

看板可以设计成从独立窗口打开的专用看板，如从功能菜单中打开；也可以从门户的导航窗口打开，如图10-11所示。

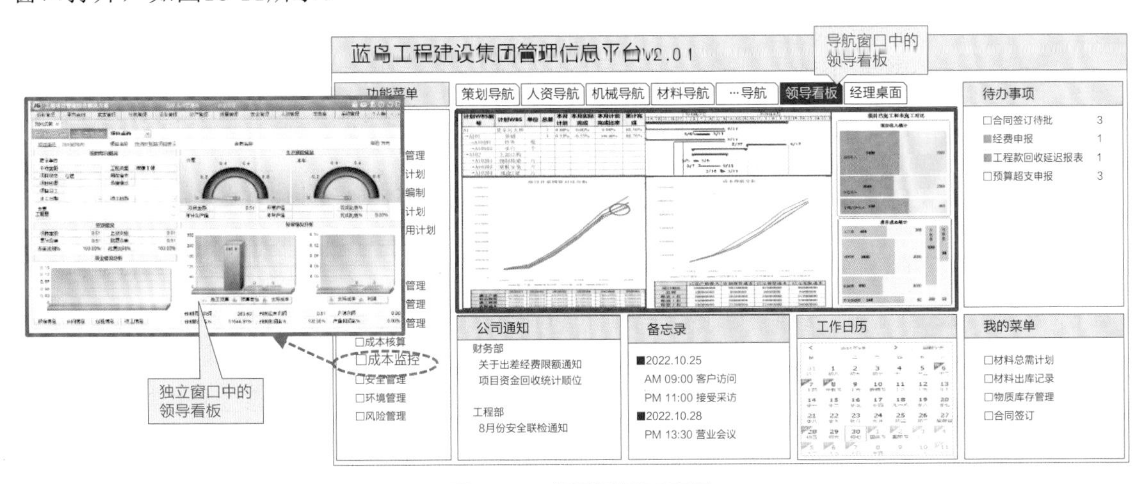

图10-11　领导看板示意图

不论从哪里打开，设计时都要注意以下原则。

- 要考虑操作人员是否容易找到“打开”按钮。
- 展示的内容是否与观看者想看的内容一致。

10.6.2 项目经理的看板

可以为中层领导岗位设置看板，例如，项目经理的专用看板，部门经理的专用看板。

以项目经理为例，项目经理专用的看板可以将项目经理必须要处理的工作、所关心的项目信息、公司对项目管理相关的制度规则以及各类待办事项等，都集中到一个项目经理的专用界面上，这会极大地提升项目经理的工作效率，便于项目经理实时掌握工程信息，不遗忘任何重要的工作和通知等，这是非常重要的“保驾护航”的功能和措施。

可以按照项目发生的过程提供项目经理的看板，如图10-12所示。看板设计可以有以下内容。

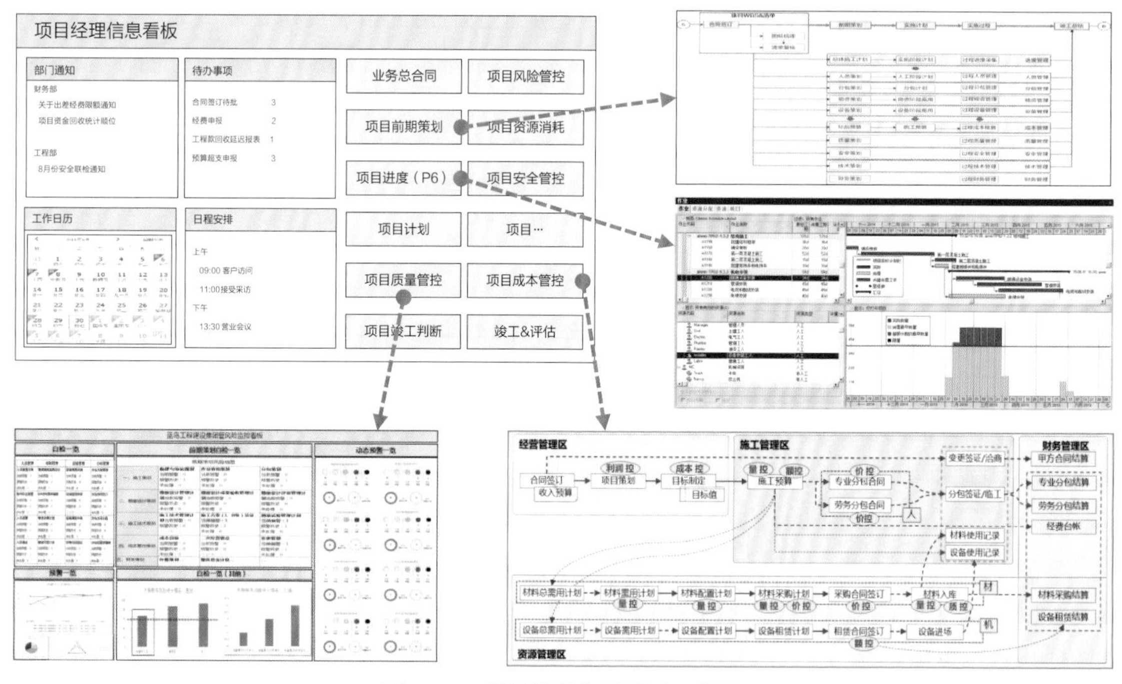

图10-12 项目经理专用看板示意图

- 前期策划信息：项目开始前的各项准备工作、项目目标值的设定等。
- 进度计划信息：编制、维护项目计划，查看项目进度等。
- 资源消耗信息：项目所需的各项主要资源的计划、在库、消耗信息等。
- 风险控制信息：展示所有与风险相关的数据、警告的信息，等等。

内容可以根据项目经理的要求设置，让项目经理始终对自己管理的项目有一个完整的、实时的现状把握，这会非常有效地减轻项目经理的负担，提升他的工作效率。

10.6.3 专业岗位看板

除去为公司领导、项目经理等管理者设计看板之外，还可以为系统中的一些专业岗位配置专用的看板，这些岗位的工作特殊，影响面大，参见图10-13。

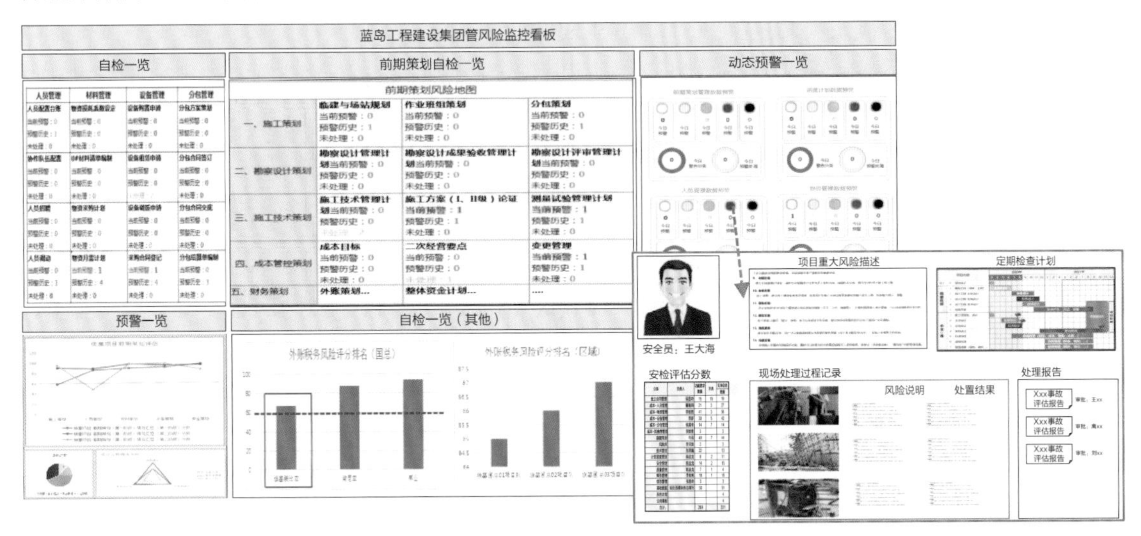

图10-13　风险监控看板示意图

- 为仓库管理员设置材料库存量的监控看板。
- 为成本管理员设置成本监控的看板。
- 为安全风险管理员设置风险监控的看板等。

图10-13就是围绕安全风险岗位设置的看板。这类看板可以极大地提升项目组成员的工作效率和工作质量。

10.7　价值设计总结

下面来总结一下有关价值设计的思路，从第7章以及第10章中可以看出，想要获得明显的企业管理信息化的价值，要抓住以下两个重点。

- 一是要清楚价值来源于对客户的**业务理解和设计**。
- 二是将企业管理信息化从以管理控制为主，转换为**以支持服务为主、管理控制为辅**。

1）价值来源于业务设计

业务设计以客户业务价值为最终目标，用软件架构和设计的方法，构建出在信息化环境中最佳的业务处理形式。在设计阶段只考虑如何设计可以得到最佳的业务效果，暂不考虑软件的技术实现方法。

可能有读者会问，“业务”在客户那里每天都在重复进行，照着转化为系统就可以了，为什么对业务还要进行一次“再设计”呢？

因为在客户那里所处理的“业务”不是在信息化环境中进行的，我们在业务设计中要做的是设计出在“信息化环境”中的业务应该怎么处理（因为客户是不知道的）。

由于不同环境下的管理方式不同，设计管理系统不但要理解客户提出的需求，而且还要充分地理解信息化环境中的管理方式，设计出新的需求。也就是说，业务设计中有一个非常重要的环节就是“设计需求”，这些需求在“人—人”环境中是不需要的（或者说是不可能实现的）。这些设计需求是为确保在“人—机—人”的工作环境中获得更高的客户价值。

2）从管理控制转向支持服务

本章列举了若干有关价值设计的例子，从表面上看都是一些方便用户的功能，但结果却具有防止出现违规操作、减少风险隐患的管控作用，可见达到管控的目的并不一定要采用管控的方式。价值设计采用了与管理设计不同的理念和方法，却达到了同样效果。

- 价值设计：**用软的“服务”方式**解决问题，用价值设计方式建立“**服务网**”。
- 管理设计：**用硬的“控制”方式**解决问题，用管理设计方式建立“**防护网**”。

管理设计和价值设计的成果组合起来，就是一套完美的组合拳，这套组合拳可以确保项目管理系统正确、无误地顺利运行。利用信息化手段构建的这两张网，形成了一个“人—机—人”的工作环境，这个工作环境为企业的正常运行提供了所谓的“保驾护航”作用。

★解读：上面介绍的各类功能，可能很多的读者都做过类似的设计，关键在于是否是在价值设计的引导下进行的设计。没有价值设计作为引导，可能就是一些零散的功能，而有了价值设计的理念作引导，那就可以将价值设计中的功能点构成一张“服务网”，将“管控”置换为“服务”，将原本按管控的方式进行架构的系统，改为用服务的方式进行架构。在获得同样效果的前提下，采用服务的方式提供的功能更加人性化、更加友好、工作效率更高，最终也会获得更高的客户满意度。

价值设计的内容有很大部分属于“人设事、事找人”的理念（如待办事项、时间管理、自检、帮助、信息展示等），这些功能都是按照设计师的设计理念，充分地调用各类信息化手段，构建一套“机制”，让用户在处理自己的工作时，可以在不离开工作界面的状态下，将各类有用的信息推送、链接给他。即使是传统的“人找事”的设计方式，由于有了价值设计的理念作指导，也会变得不同（如我的菜单、菜单导航等）。

是否能做到这样的设计？可以设计多少内容？主要还是看设计师本人是否具有从客户价值出发看待设计的能力。对前面所做的内容进行汇总，从整体上再看一下，就会感觉到那个无形的“服务网”的存在，参见图10-14。

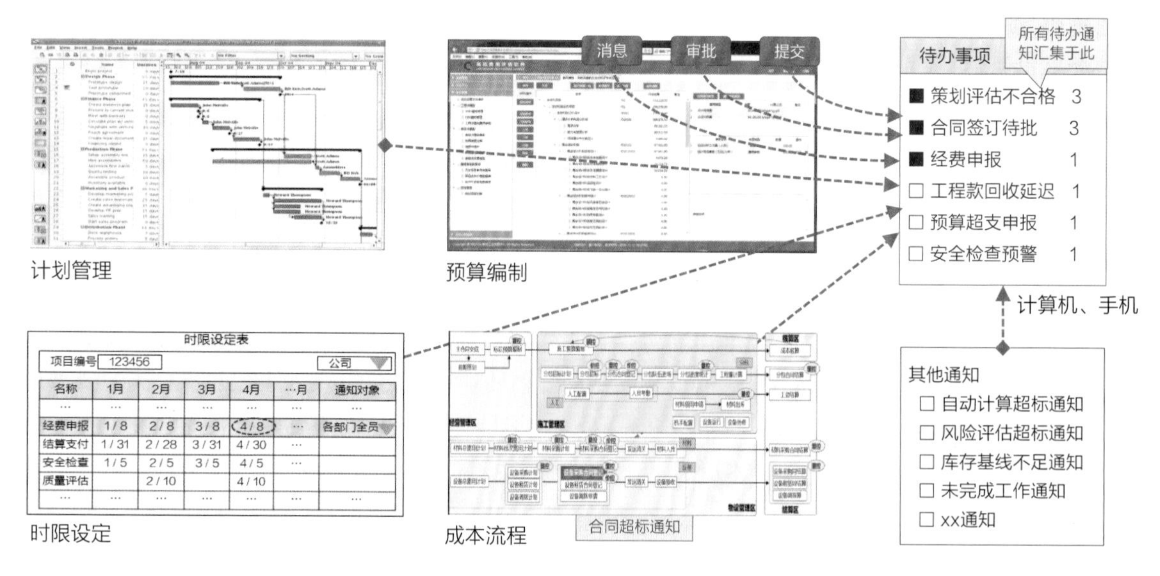

图10-14　价值设计汇总

通过这样的设计，你还能得出其他可以为用户提供服务的功能吗？如果有就接着设计，不断地积累这样的功能，完成的信息系统就会让客户感受到非常高的信息化价值，同时设计师也会获得客户的高满意度。

从前面的价值设计内容可以看出，只要设计师心存客户价值的理念，并不一定需要有很高的设计水平、编码技术，或需要增加大量的额外开发成本，价值设计的方法加上少量成本投入，就可以为客户带来很高的满意度。

★Q&A：怎样才能做好以客户价值为导向的设计？

测试转行的鲁春燕问："李老师，你是怎么想出这样的价值设计方案的？"

李老师回答道："回答这个问题其实很简单，这些方案不是凭空想出来的，而是在做项目时参与咨询、开发、上线和培训的全过程，在这个过程中不断地进行实践、观察、改进，逐渐积累出来的。如果有机会也希望大家尽可能地在客户现场与用户一起工作一段时间，通过一起工作可以很容易地发现：

○ 系统用户的操作过程是否与设想一致？如果不一致，就要找出原因。

○ 客户领导如何应用数据？为领导提供的服务是否发挥了预期的作用？等等。

如此坚持做几个项目，就会自然而然地形成站在客户/用户的视角，审视自己的设计是否合乎需求、是否带来了客户价值等习惯。形成了这样的习惯后，就会感受到自己的设计能力有了明显的提升，这个提升是从客户/用户的体验过程中感受到的。

这也就是为什么在书中一直强调，软件工程师不但要做好需求分析和设计工作，而且有机会一定要参加开发完成后的上线、培训等实施工作，因为分析和设计是与客户接触的开始，实施培训是与客户接触的结束，开始的预想一定要用结果来检验和评估，如果没有参与结束的工作，那可能永远都不知道自己的构想是否符合客户的需求。

一次完整的开发经历，胜过数次不完整的开发经历。"

第11章
详细设计

前面完成了概要设计并编制了《概要设计规格书》，下面就以《概要设计规格书》为依据进行详细设计。详细设计是针对概要设计规划的内容做进一步的落实和细化设计。本章以“材料采购流程”的设计为案例，讲述三层（架构、功能和数据）的详细设计方法，最终形成《详细设计规格书》，作为第12章应用设计的输入。

本章位置参见图11-1（a）。本章的主要工作内容及输入/输出等信息参见图11-1（b）。

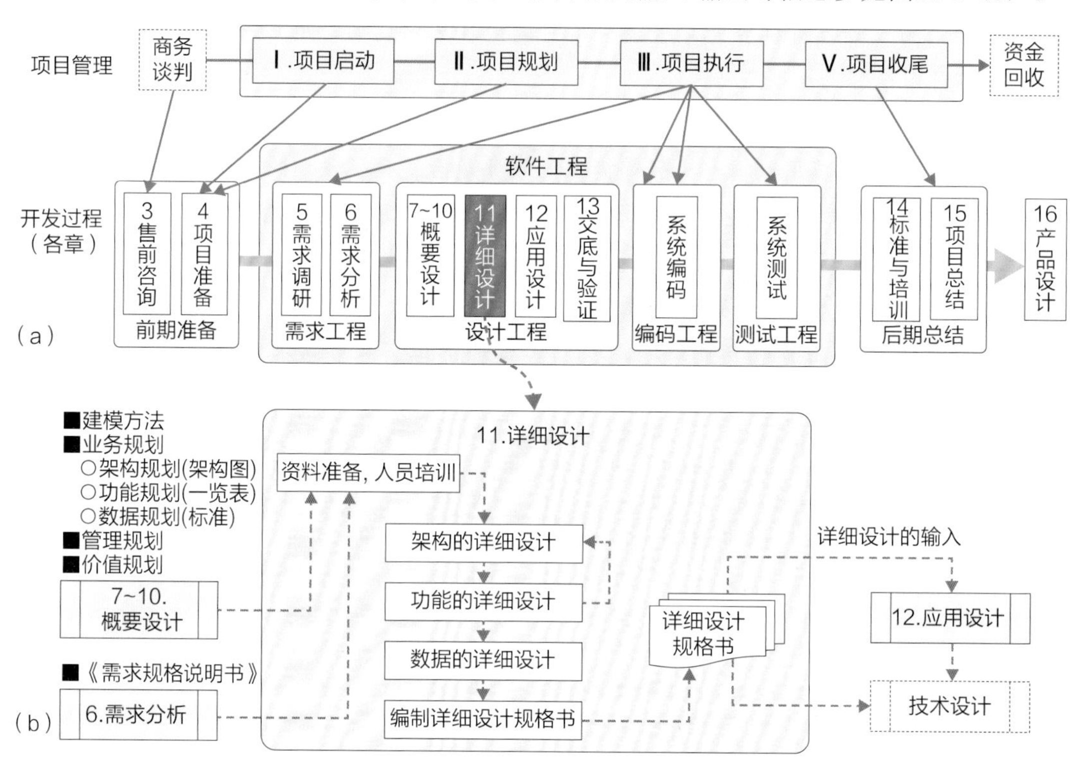

图11-1　本章在软件工程中的位置、内容与输入/输出信息

11.1 准备知识

在进行详细设计前，首先要理解对系统的详细设计的目的和内容，需要哪些重要的理论和方法，以及从事这项工作的人需要哪些基本能力。

11.1.1　目的与内容

1. 详细设计的目的

常言道，细节决定成败。概要设计对系统的整体进行规划、架构，详细设计就是在概要设计成果的基础上，对客户业务处理的细节进行精打细磨，确定相关业务的所有细节，业务的详细设计完成后，原则上就不可以再改动业务设计的结果（除非得到设计者本人的同意）。

2. 详细设计的内容

详细设计也要分为3层进行：架构、功能和数据。

（1）架构层面：对业务流程继续完成长度的设计、分歧点和判断规则的设置、管理模型的设计和规则的设置等，最后将设计结果用流程5件套进行记录。

（2）功能层面：对界面进行的业务进行优化、字段布局、字段定义、规则说明以及计算公式设置等，最后将设计结果用业务4件套进行记录。

（3）数据层面：对复杂的数据关系进行分析、建立数据模型、给出计算结果等。

11.1.2　实施方法论

用户是通过详细设计的细节感受和操作信息系统的，同时软件设计师也是借助对架构、功能和数据的细节设计将自己对业务的认知、管理思想等传递给用户，让用户在操作过程中体验信息化管理的不同，感受信息化带来的价值。本章的实施方法论再重复强调一遍架构、功能和数据的设计思路和方法。

1. 架构层的设计思路

架构层的工作大部分在概要设计阶段完成，对架构层的详细设计主要是针对业务流程图（因为框架图和分解图无须详细设计），因此下面主要介绍业务流程的详细设计。在概要设计中，已经基于信息化环境、行业最佳案例、新的管理技术等对业务流程进行了优化设计，在业务层面上流程已经没有问题了。在详细设计阶段对流程的设计主要有两个细节点。

（1）流程分歧：根据业务需求在流程上设置分歧判断。

（2）流程管控：以流程为整体设置管理规则。

2. 功能层的设计思路

3个设计对象中，毫无疑问用户直接感受最深的是功能（界面）的设计，因为用户对信息系统的体验优劣主要是通过操作界面感受到的，详细设计阶段的大部分工作都是做界面设计。

在概要设计时，给出了针对系统整体的设计理念、业务主线等的概念，内容比较抽象，主要是因为它们是针对系统整体的规划。在详细设计时，是否也需要有类似的设计指导呢？仅仅完成数据输入的界面设计是很容易的，如合同签订、工程验收等，把需要的字段排列出来就可以了，但是要想设计出一个优秀的界面，还需要有相应的设计理念引路。由于进入详细设计后一个功能界面就是一个单独的业务，因此需要具体问题具体分析。

那么用什么思路和视角去指导界面设计呢？由于每个功能（界面）都独立地完成一个特定的业务目标，虽然每个界面处理的业务内容不同（字段、计算式等），但是从管理的视角看都是有一定规律的，参见图11-2（a），设计师可以将业务流程上的每个界面要处理的业务看成要完成的一个“任务”，为了让界面的任务可以正确地完成，不出差错，积极地调动各种信息化手段来为“任务”进行“保驾护航”，参见图11-2（b）。为此，要建立一套保障措施，按照界面的操作顺序，在每个按钮上设置不同的管理规则进行检查。

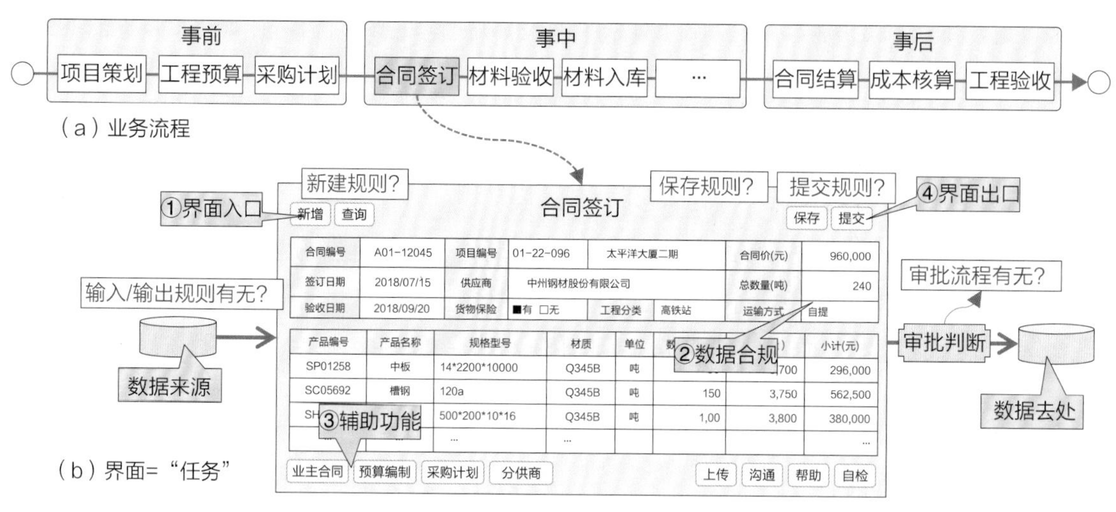

图11-2　界面设计的管理方式示意图

① 界面入口——新建：打开界面后，检查是否可以建立新的合同，数据来源是否做好了准备。

② 数据合规——检查：各字段内设置规则，检查输入的数据是否符合标准要求。

③ 辅助功能——查看：提供可以参考与合同签订任务相关的辅助资料等。

④ 界面出口——提交：界面内容处理结束，检查合同整体是否满足相关标准和规则，等等。

界面内的数据处理属于是业务设计、①、②和④的规则属于管理设计，③的作用属于价值设计。这里将业务设计、管理设计和价值设计的内容合在一起进行详细设计。

对界面设计建立的这套体系，是与界面内表达的业务内容无关的。

【参考】第9章、第10章中有关界面的设计案例。

3. 数据层的设计思路

在数据层的规划中，有关数据标准、主数据等内容已在概要设计阶段确定了。谈到数据的详细设计，仅对界面输入的数据进行简单的加、减、乘、除处理是很容易的，但是如何利用输入的数据建立数据模型，进行更高阶的数据应用则比较考验设计师的能力了。利用已经输入、积累的数据建立模型，然后再利用这些数据模型的处理结果支持下一步的业务处理，可以为用户带来很多意想不到的信息化价值，如支持招投标、编制工程预算、确定合同的采购价格、分析工程成本的盈亏、资金收支平衡等。

相对于架构和功能的设计来说，数据设计的难度比较高，因为流程和界面的设计是表面的、直观的、有规律的，且需求大多直接来源于用户，因此业务逻辑也比较直观，容易理解，但是数据的建模设计和应用就没有那么直观，且需要有深厚的业务知识和经验。

11.1.3　角色与能力

相对于前面的需求调研、分析和概要设计阶段的能力要求来说，详细设计阶段的工作对能力的要求相对会低一些，这里要求的是对概要设计的成果继续细化，熟悉详细设计部分相关的业务知识和数据逻辑，掌握流程、界面的设计方法即可。

11.2 准备工作

在正式进入详细设计阶段前要做好的准备工作包括对参与调研的相关人要进行以下培训，准备好相关的流程、模板、标准、规范等。

11.2.1 作业方法的培训

培训资料来自《大话软件工程——需求分析与软件设计》一书，培训内容如下。

（1）第12章　架构的详细设计

- 流程的分歧设计。
- 流程的5件套记录方法。

（2）功能的详细设计

- 功能界面的业务设计，包括规划、布局。
- 功能界面的管理设计。
- 业务功能4件套的记录方法。

（3）第14章　数据的详细设计

- 数据逻辑的表达（主/外键、数据表）。
- 复杂数据计算的表达（数据钩稽图、算式关联图等）。

（4）第17章　功能的应用设计

- 按钮的分类与作用。
- 按钮加载管理规则的设计方法。

（5）第19章　管理设计

- 管理的分类。
- 管理的设计方法。

（6）第20章　价值设计

- 价值设计的目的和作用。
- 价值设计的方法。

（7）第21章　用例设计

- 业务用例的分类。
- 业务用例的设计方法。

进入详细设计阶段后，项目组成员可能感觉没有什么需要再进行培训的了，这是因为详细设计的主要内容就是界面设计，而软件公司已经形成了标准的界面风格，甚至有专用的界面画图工具，只要使用了工具，大家画出来的界面形式都是一样的。这其实是认知上的偏差，详细设计的重点并不是“界面绘制”，对界面的业务内容进行高水平的“业务设计、管理设计、价值设计”才是重点，怎样站在用户的视角设计界面的业务和管理内容是非常重要的，这是确保系统客户价值中“业务价值”部分的最重要环节（客户价值的另一部分是“应用价值”，在应用设计阶段完成）。

由于软件设计没有其他行业在设计时用“数据”表达“尺寸”的要求，因此在概要设计阶段基本上只能定性地判断正确与否，而无法用数据定量地判断设计的结果是否准确，衔接是否有问题等，只有进入了详细设计时才能看到“数据”，此时才能通过对数据之间的关联关系判断设计结果的正确与否。

★Q&A：如何把客户好的建议转换为有价值的功能？

做了4年需求工作的吕德亮问：“李老师，我在调研时收集到了很多用户提出的好建议，我想在详细设计中把它们融入到系统中，该如何设计才能做好呢？”

李老师回答说：“关于如何做设计大家已经学习了很多的理论和方法，你的问题关键在于如何识别需求。

- 首先，利用分离原理对客户的建议进行判断，你想要加入到系统中的建议属于业务方面、管理方面还是其他？
- 假定判断结果属于业务方面。
- 其次，判断是业务设计3层中的哪一层，即架构层、功能层、数据层。
- 假定判断结果属于功能层。
- 再判断它属于功能分类中的哪一类，即活动、字典、看板、表单。
- 假定判断结果为活动功能。
- 进入4件套的设计中，将用户的建议用以下方法进行实现（不限于此）。

增加字段、自动检查、链接企业知识库、发送通知等。

确定了设计的对象后，可以将概要设计中讲过的内容（管理和价值）运用到设计中，实现用户的建议。”

11.2.2 作业模板的准备

准备架构层、功能层和数据层进行详细设计的模板，这里对这些模板做一个简单的介绍。

【参考】《大话软件工程——需求分析与软件设计》第22章。

1. 架构层的模板

首先，第一套模板是架构用模板。架构层的详细设计主要是针对业务流程图的设计，所以要重点准备对业务流程的记录规格书（简称流程5件套）：内容包括5个模板，参见图11-3，5个模板的简介如下。

模板1——流程图形：绘制业务流程图。

模板2——节点定义：对流程上各节点进行定义、说明。

模板3——分歧条件：详细说明流程上的分歧点定义、规则等。

模板4——规则说明：对流程的目的、作用等进行说明。

模板5——流程回归：用泳道式流程，将设计完成的业务流程与客户组织结构进行关联。

通过这5个模板的联合应用，可以对一条业务流程进行完整的、唯一的、无歧义的描述。

模板1-流程图形

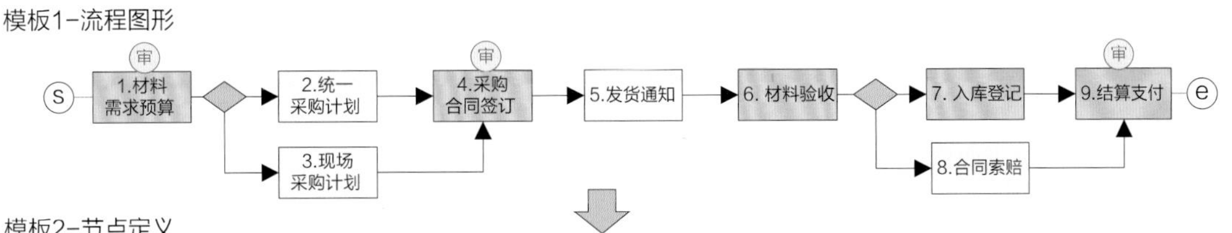

模板2-节点定义

	节点名称	节点描述	处理结果（实体）	处理部门	省略	备注	追加日	追加人
1	材料需求预算	全工程所需材料的需求计划	材料需求计划书	项目部	不可	要审批		
2	统一采购计划	集团指定的大宗材料，各项目部上报计划，由集团汇总，进行统一采购	统一采购计划书	集团材料部				
3	现场采购计划	非集团指定大宗材料，由工程现场自己计划、采购	现场采购计划书	项目部				
4	采购合同签订	采购合同，统一格式（不分项目用还是集团用）	采购合同书	集团材料部/项目部	不可	要审批		

模板3-分歧条件

	本节点	下游节点	流转规则	通知部门	岗位	通知内容	变更	日期
1	材料需求预算	2..统计划	如果材料=钢材且数量≥100t	材料部	采购部长	项目部采购申请		
		3.现场采购计划	如果材料=钢材且数量＜100t	项目部	预算员	需求计划核对		
2	统一采购	采购合同签订	如果……，且……	项目部	采购员	采购通知		
3	现场采购	采购合同	如果……，且……	项目部	采购员	采购通知		
	...	...	...	...				

模板4-规则说明

说明项目	内容说明
一、材料采购流程说明	本流程是“材料管理”系统中的材料采购流程
1.关于大宗材料由集团统一采购的规则	根据客户提供的“关于大宗材料采购的管理规定”，凡符合下述条件的材料均要求上报，并由集团统一采购： 1. 钢材(≥100t)、水泥(≥1000t)、木材(≥50m³) 2. 根据需求量以及市场价格，集团有权随时调整统购对象以及相应的数量
2.采购合同可以直接使用的条件	采购数量少于1t且金额少于10 000元的临时采购，可以不做预算，直接编制采购合同
3.材料验收的补充说明	材料验收数量少于订单数量1% 可以通过，必须附注说明

模板5-流程回归（泳道）

组织	集团	分公司采购部	项目部
层次	A	B	C
0			s
1	审	审	审 材料需用预算
2		统一采购计划	现场采购计划
3		采购合同签订	采购合同签订
4			发货通知
5			材料验收
6		合同索赔	
7		审 结算支付	入库记录
8		e	

图11-3 业务流程规格记录（流程5件套）

2. 功能层的模板

第二套模板是界面设计用模板。功能层的详细设计主要是针对功能界面的。详细设计阶段的界面设计使用《业务功能规格书》（简称业务4件套），这套规格书包括4个模板，参见图11-4。

模板1——业务原型：给出业务内容的界面布局。

模板2——控件定义：对界面上的每个字段进行详细定义。

模板3——规则说明：对界面整体有关的规则进行说明。

模板4——逻辑图形：对界面内复杂的数据关系等用图形方式进行说明。

这里要注意，“业务4件套”是由第6章中汇总的“需求4件套”转换、继承而来的，所以这里用的不是全新的设计文档格式。

模板1-业务原型

合同签订　　上传资料

合同编号	A01-120	名称	钢材第三批采购合同		总价(元)	960,000
签订日	18/07/15	供应商	中州钢材股份有限公司		总量(吨)	240
验收日	18/09/20	保险	■有 □	分类 高铁	运输方式	自提

编号	名称	规格型号	材质	单位	数量	单价	小计
SP012	中板	14*2200*10000	Q345B	吨	80	3,700	296,000
SC056	槽钢	120a	Q345B	吨	150	3,750	562,500
SH029	H型钢	500*200*10*16	Q345B	吨	1,00	3,800	380,000
...	...	...	...				...

模板2-控件定义

编号	控件名称	类型	格式	长度	必填	数据源	定义&说明	变更	日期
工具栏									
1	上传资料	按钮					按下按键，弹出上传资料的对话框		
主表区									
1	合同编号	文本框	0000-00	14	Y	自动	编码规则=年月+2位流水号， 例如：1811-01　18年11月第1号		
2	合同签订日	日历	yyyy-mm-dd	10	Y	系统	规则：不能跨月，违规提示		
3	到货验收期	日历	yyyy-mm-dd	10	Y	系统	规则1：不能跨月，违规提示规则 2：且，必须>合同签订日期，提示		
4	合同名称	文本框		50	Y		全角25字，中间不能有空格，违规提示		
5	供应商	文本框		40		供应商	弹出供应商选择对话框，选择后复制		
6	货物保险	选择框		2	Y		内容=空/有/无，初值=空		
		单选框			Y		内容=有/无，　初值=空	王铭	18/5
7	工程分类	文本框		14		分类	弹出建筑分类对话框，选择后复制		
8	总价(元)	文本框	##,###.##	9			算式：=Σ（细表_小计） 规则：合同总价≤ 1,000,000，		
9	总量(t)	文本框		10			=Σ（细表_数量），不使能		
10	运输方式	选择框			Y		选择范围=空/自提/送货/第三方		

模板3-规则说明

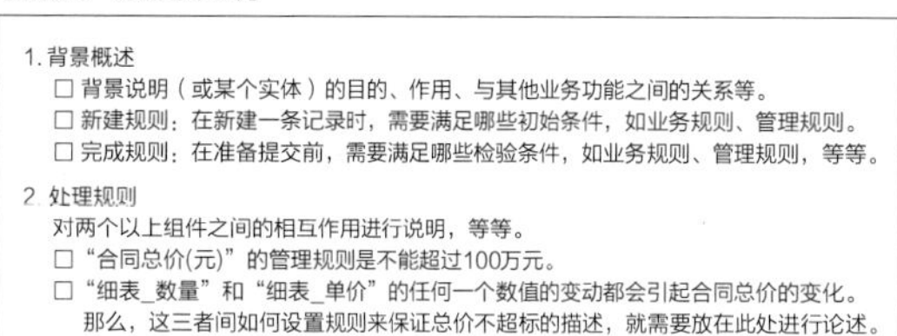

1. 背景概述
 □ 背景说明（或某个实体）的目的、作用、与其他业务功能之间的关系等。
 □ 新建规则：在新建一条记录时，需要满足哪些初始条件，如业务规则、管理规则。
 □ 完成规则：在准备提交前，需要满足哪些检验条件，如业务规则、管理规则，等等。

2. 处理规则
 对两个以上组件之间的相互作用进行说明，等等。
 □ "合同总价(元)"的管理规则是不能超过100万元。
 □ "细表_数量"和"细表_单价"的任何一个数值的变动都会引起合同总价的变化。
 那么，这三者间如何设置规则来保证总价不超标的描述，就需要放在此处进行论述。

3. 其他说明
 更加复杂的规则甚至还会包括与外部功能实体的字段之间的关系，即本功能内部的字段处理需要有外部功能的数据或规则的参与，如字段"供应商"的选择，需要哪些规则、输入者可以看到哪些供应商、哪些单价、哪些不可以看，等等。

模板4-逻辑图形

L-021 采购
S　A 表a　B 表b　…　Q 表q

表b b1=24 b2=54
表a a1=11 a2=22
表q q1=32.23 q2=45.05
计算结果=yyy
成本核算
计算过程
① y1 = Σ(a, b)
② y2 = Σ(b, q)
③ y3 = Σ(m, n)
基础数据 m=345
过程数据 n=345

图11-4　功能4件套模板示意图

3. 数据层的模板

第三套模板是对数据设计的模板。这些模板用于对界面上有关数据来源、复杂数据逻辑关系等内容的表达，这里推荐以下3个图形模板。

（1）算式关联图：表达复杂的数据来源、关系、计算公式等。

（2）数据钩稽图：表达数据过程变化的计算方式，如成本过程。

（3）业务数据线：表达数据来源、数据建模的方法。

另外，还有主数据表等模板。

4. 业务用例模板

除去前面的三套模板（架构、功能、数据）以外，还有一套模板是用于业务验证的。这套模板用于详细设计完成后编写业务验证的用例，以检查业务详细设计的结果是否正确，业务用例的模板主要包括两种。

（1）用例导图：表达用例的逻辑。

（2）用例数据推演表：记录用例数据。

5. 详细设计规格书模板

最终由架构、功能和数据3个详细设计的成果汇总成《详细设计规格书》作为详细设计阶段的交付物。

★Q&A：程序员喜欢看什么样的文档？

由互联网公司转行来的需求工程师崔小萌问："我以前没有接触过流程模板5件套和功能模板4件套这样的模板，有必要将文档写得如此详细吗？"

从程序员转岗做需求的吕德亮回答说："以前我做程序员时，进入编码前，为搞清需求要反复地与需求工程师进行沟通，程序员只是觉得他们写得不清楚，但是也说不出要他们怎么写才算清楚，虽然花费很多时间在沟通上，但是结果还是不清楚，有时直到开发完成后才清楚双方哪里出错了，但已造成了开发返工。

第一次接触了用4件套编写的需求文档后，感觉用这个形式表达比以前用文章体表达的形式要清楚很多，因为是结构化的文档格式，所以容易读，很多时候在读需求文档时，脑海里已经出现了该怎么编程的想法：字段定义可以直接看出数据关系，逻辑图形给出了数据逻辑关系等。这种形式极大地提高了编程效率，大幅缩短了理解需求、确认沟通的时间，所以程序员非常愿意看用4、5件套形式编写的结构化的需求文档。

如今我也做需求工程师了，感觉使用这套结构化的标准模板做设计，不但容易看得懂，而且用不了多少时间就可以上手使用，写文档要比传统的文章体效率高得多，易维护、易复用，而且更重要的是设计完成后感觉让用户签字、确认时也比较容易。”

11.2.3　作业路线的规划

详细设计阶段的主要工作就是做功能（界面）的设计，这部分的工作可能占全部详细设计工作的80%～90%，因此这部分的作业安排主要是针对界面设计的内容。作业路线的注意事项有以下几点。

- 因为业务逻辑和数据逻辑间的主从关系，所以作业要按照架构→功能→数据的顺序进行。
- 功能（界面）设计必须要在业务流程图的框架下进行，要注意上下游的业务逻辑关系。
- 功能（界面）设计时，还要注意与上游功能之间的数据逻辑关系。

11.3　架构层的详细设计

首先从架构层面开始进行详细设计的说明。为了说明方便，这里的详细设计也按照概要设计分为3层进行。

（1）业务层面：流程的起止点、分歧判断等。

（2）管理层面：对流程不同节点的整体管控。

（3）价值层面：由于价值设计在架构层面上不易体现，所以省略。

因为架构层的详细设计主要是针对业务流程的设计，因此下面以“材料采购流程”为例，做架构详细设计的说明。

11.3.1　业务层面

先从业务层面看如何进行流程的设计，对于流程详细设计的基本内容主要如下。

- 标准线型流程分歧判断、记录设计结果5件套等。

- 泳道式流程的设计（流程回归判断）。
- 审批流程的设计。

以上的设计内容都属于标准的设计内容，已经在《大话软件工程——需求分析与软件设计》中进行了详细介绍，在本案例中省略。

本节重点介绍关于线型流程长度的设计。流程的长度对于系统架构的复杂程度、系统维护难度等有很大的影响。在概要设计中，对材料采购流程给出了概要的架构规划，下面对这条流程的长度做分析和详细设计，参见图11-5。

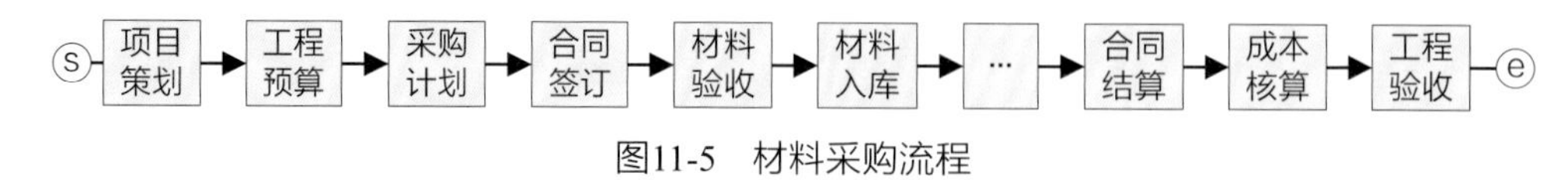

图11-5 材料采购流程

1. 流程的详细设计

假定材料采购流程为一条可以执行的业务流程（即流程的节点为活动功能），在对该流程进行标准的详细设计时，主要设计内容如下（不限于此）。

- 设置流程业务目标：每条流程都有一个明确的业务目标，这个业务目标是确定该流程上需要设置哪些节点（功能）的重要依据。
- 确定流程起点终点：根据业务目标，设定流程的起点和终点。
- 确定流程分歧条件：确定分歧点的位置、分歧的判断标准。
- 流程的节点定义：对流程上各节点上的活动进行定义。
- 流程节点之间的关系：确定流程上节点之间的关系（包括业务逻辑、数据逻辑）。
- 流程设计规格书：流程5件套，记录上述流程设计的内容（定义、规则等）。
- 泳道式流程回归：利用泳道式流程图对业务进行回归检查，等等。

如此反复，完成在概要设计——总体中规划的全部流程，包括人工费、机械费等。

【参考】《大话软件工程——需求分析与软件设计》第12章。

2. 流程长度的设计

对流程的详细设计除去上述的标准设计部分外，还有一个比较重要的设计就是关于流程的长度确定。

1）流程长度的影响

一条业务流程的合理长度在系统中很重要，这里涉及流程设计的耦合问题，需要对过长的流程进行拆分。

在由专业管理咨询公司交付的咨询成果上，常常可以看到梳理完成的业务流程图上有非常多的内容，如节点数多、分歧判断多、标注说明多等，且每条流程很长，节点之间的关联关系非常复杂，如图11-6所示。

在指导线下的工作时，设计这样的业务流程是没有问题的，因为无论业务流程设计得多长、关系多复杂，流程中节点之间的流转是发生在“人—人”之间的（由人来推动流程运转）、流程的标准和规则是写在公司规章制度里（纸面上）的，工作时不存在严格的、强制性的关联关系（业务耦合）。所以在系统的需求发生变化时，对流程的调整不存在牵一发而动全身的影响，也不会发生由于调整影响到了流程正确流转的问题。

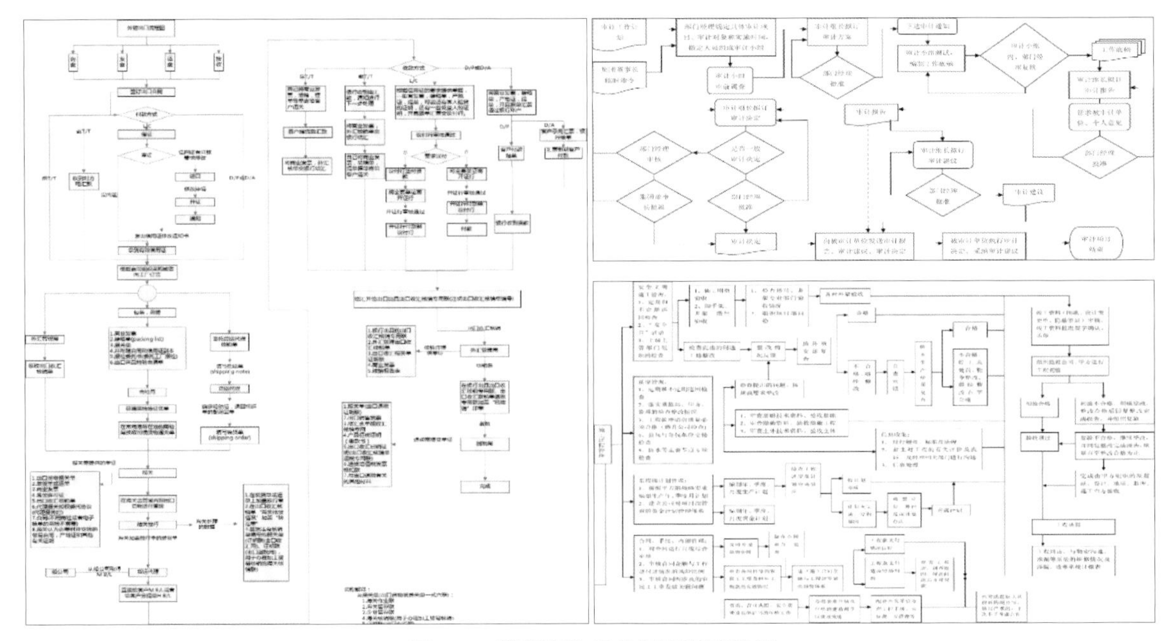

图11-6　管理咨询用业务流程图样板

但是具有这么多节点且逻辑关系复杂的流程是不适合构建在信息系统中的，因为在信息系统中做如此长的流程会存在以下一些问题。

- 业务目标不明确，在一条流程中设置了过多的业务目标。
- 流程的分级过多，高层级的节点不是活动功能，因此不能在系统中运行。
- 因为业务耦合度高，当某个节点的需求发生变化时，一旦修改就容易产生“牵一发而动全身”的影响。这对系统的稳定性来说是非常不利的。
- 流程中存在很多不能在系统中运行的无效节点（即没有对应的数据）等。
- 不利于系统的升级换代，等等。

设计在信息系统中运行的业务流程，必须考虑既要使业务流程保持其业务逻辑的正确，又要在需求发生变化时易于改造。在系统中可以运行业务流程的节点必须是由活动功能构成的，这些活动功能会由于客户需求的变化而不断地变化，有时增加，有时减少，有时需要调整活动功能的内部数据，还有某些节点处于业务处理的中心位置，如果对其进行了修改，则会由于该节点与很多节点在业务逻辑、数据逻辑上有密切关联（业务耦合），会对流程上的很多节点造成影响，如果以前的设计资料不够详细，甚至遗失了，那么系统上线后的修改难度、成本和可能带来的风险就会大大地增加。

2）流程长度的确定

考虑到业务流程的维护、升级问题，设计在信息系统中运行的业务流程时，一定要将业务流程进行合理的拆分、在不影响业务逻辑的正确性且处理效率不下降的同时，尽量将流程设计得短一些，也就是遵循**“化繁为简，用简单方法的组合完成复杂的业务处理”**的原则。流程设计时要注意：

- 将每条流程的业务目标设置得单一、清楚，长度设置得比较简单、短小。
- 将短小的流程通过“组合、协同”的方式，形成可以处理复杂业务的组合流程。

如此设计带来的好处是，当系统上线后发生需求变化时，对该流程进行的调整、升级不会对流程上的节点产生大幅度影响，同样也不会对其他的流程产生大的影响，避免了由于客户需求变动带来的系统不稳定。

例如，由于图11-7（a）所示的材料采购流程过长，因此需要在材料采购流程的中间m处进行拆分，形成图11-7（b）+图11-7（c）的形式，拆分是利用增加的“库存管理”节点实现的，仓库前端的流程为材料的入库，仓库后端的流程为材料的出库。这样的拆分带来了如下优点。

- 首先在流程发生需求变更时容易处理，且拆分也不影响前后数据之间的逻辑关系。
- 新入库的材料，容易与在库的材料进行统计以及盘库的处理。
- 在材料出库设计时，可以不用继承材料入库时的顺序和要求，在设计上会非常简洁。
- 由于流程变短，设计上也不容易出现死循环的现象等。
- 由于入库和出库的业务逻辑不同，因此易于业务的拓展，如图11-7（d）所示。

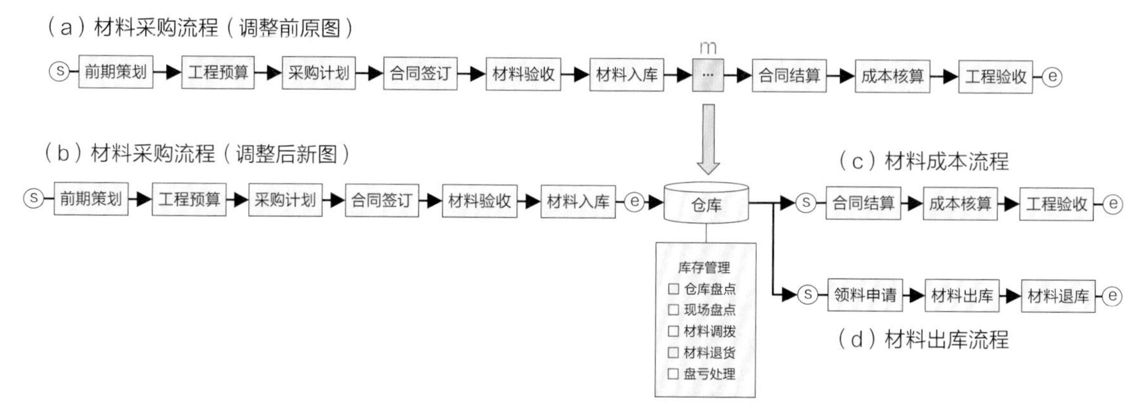

图11-7　材料采购流程拆分示意图

另外，还有很多从图中看不出来的特殊需求，对流程的这种拆分方式也使得这些特殊需求的详细设计变得容易进行，例如，材料采购的其他方式：

- 由甲方（业主）进行代购的材料（甲供材），它们不走客户采购流程而是直接进入仓库。
- 采购大宗材料的结算每年一次，不走采购流程，也是可以直接进入仓库的，等等。

通过对流程长度的分析和设计，可以看出对于架构的详细设计，特别是针对流程的详细设计，一定要考虑从“人—人”到“人—机—人”的环境转变，不能将“人—人”环境中常用的流程直接照搬到“人—机—人”中使用。这样不但可以减少在维护方面的困难，而且提升了对特殊需求的应对效率。

【参考】《大话软件工程——需求分析与软件设计》9.8.3节。

★解读：线下和线上，不是简单的“映射”关系。

在前面流程相关的讲解中反复提到过，在“人—人”和“人—机—人”环境中使用的业务流程工作原理是不一样的。设计信息系统不是简单对客户现实业务的复制、映射，而是基于“人—人”环境得到的知识和经验，根据“人—机—人”环境的特点、IT新技术、新的管理理论、行业最佳经验等，**对企业的业务工作进行的数字化再建**。

所以对包括业务流程、界面等在内的设计，不要简单地复制原来的形式，而是要考虑未来环境和使用方法。

11.3.2　管理层面

前面对架构层做了业务方面的详细设计（流程长度的确定），下面介绍如何对流程做管理层面的详细设计。参考第8章、第9章，利用这两章给出的模型和结论进行流程的管理设计。对流程的管理设计主要是将作用在各节点上的管理规则整合在一起，从整体上设计管理的预期效果。下面还是以“材料采购流程”为例进行说明，对流程采用3种管理方式。

- 方式一：标准流程的管控。
- 方式二：数据对比的管控。
- 方式三：审批流程的管控。

1. 方式一：标准流程的管控

在管理设计中已经提到过，让用户按照业务流程进行工作处理本身就是一种管理方式，它是通过业务处理过程的标准化、结构化来实现管理目的，不需要任何的显性“控制”手段，仅仅按照流程步骤操作就实现了对用户的基础管理，这是最基本的管理设计。一条标准的采购流程可以参考以下方法进行设计，包括流程主体（L1）和阶段划分（L2），如图11-8所示。

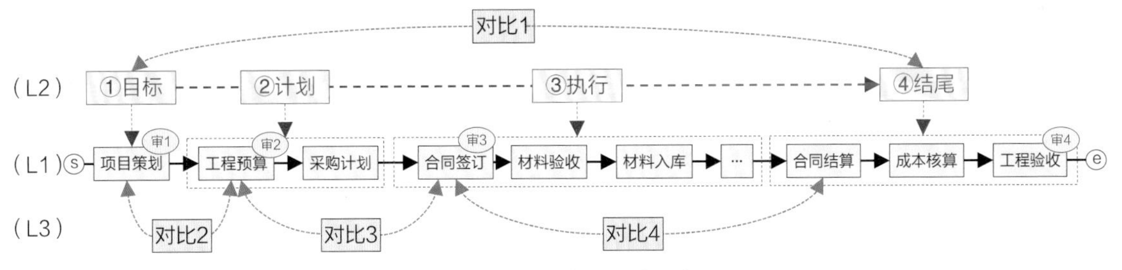

图11-8　流程的管理设计示意图

- 流程主体（L1）：业务流程要完整，包括起点（项目策划）～终点（工程验收）的各节点。
- 阶段划分（L2）：将业务流程划分为不同的阶段，每个阶段处理不同的采购工作。
- 阶段①目标：制定采购的目标值（数量、金额等）。
- 阶段②计划：编制使用计划（何时、使用多少数量的材料等）。
- 阶段③执行：材料采购合同的签订、到货、验货、出库、消耗等。
- 阶段④结尾：对消耗的材料进行结算、支付等。

对流程进行了这样的设计后，就依靠流程自身的约束确保采购过程按照计划执行。当出现超标的情况时，加载了“对比判断”的节点就会从窗口中弹出提示、警告。

2. 方式二：数据对比的管控

如果仅靠流程自身的约束还不足以确保流程正确运行，可以考虑加入管控，下面利用节点内具体的数据来进行管控设计，当业务数据不符合标准时激活管理规则，参见图11-8（L3）。

- 对比1=成本核算/项目策划：对比最终的实际成本是否超过项目策划的目标值。
- 对比2=工程预算/项目策划：对比工程预算是否超出了在项目策划中确定的目标值。
- 对比3=合同签订/工程预算：对比合同签订是否超出了在工程预算中确定的额度。

- 对比4=合同结算/合同签订：对比合同结算是否超出了在合同签订中确定的额度，等等。

3. 方式三：审批流程的管控

在业务流程上，还可以通过设置审批流程来进行监督和管理。从流程整体上或划分的每个阶段（目标、计划、执行和结尾）中，找出关键的业务处理节点，在此节点上设置审批流程。每个阶段至少要设置一处审批（审1～审4），以确保每个阶段的工作都是正确的（不会偏离目标值），这为下一个阶段工作的正确完成做好了铺垫，参见图11-8（L1）。

针对架构层（主要是流程）的管理设计，一定要从全局观察、思考，将数个节点的管控整合起来，这才是对架构层的管控。如果仅仅把注意力放在对某个功能节点上的管控，那是对功能的管控设计。

【参考】《大话软件工程——需求分析与软件设计》9.8节和19.2.3节。

11.4 功能层的详细设计

完成了对架构层的详细设计，下面就要进入功能层的详细设计。功能层的设计主要是对界面的设计，为方便说明，这里也按照概要设计的规划，对界面设计分3层进行。

（1）业务层：界面上的业务字段、布局等。

（2）管理层：对界面输入内容的管控。

（3）价值层：赋予界面设计更多的附加价值。

本节以图11-5中“合同签订”节点为例进行设计说明。

11.4.1 业务层面

由于功能的界面设计主要是在业务4件套上完成的，所以功能的设计主要是以业务4件套的形式展开。业务层面设计时按照分离原理，只考虑界面上与业务相关的内容，暂不需要考虑管理和价值层面的内容。下面逐一对比需求4件套和业务4件套的变化，并对设计文档的变化进行说明。

1. 复制需求文档

基于软件工程各阶段之间文档的继承性，所以第一步工作就是从需求4件套文档中找出合同签订的原始需求资料，对合同签订的需求4件套文档进行复制，作为后续对合同签订界面详细设计的模板。这里要注意，不要在需求4件套原件上直接进行编辑，最好保留原始资料，以方便进行需求的追溯、检查。这样做可以确保需求文档原本的真实性，避免发生需求失真时无法反向追溯。在4件套中，除“需求原型”变为了“业务原型”以外，其余名称不变。下面给出两个文档名称的对比表，左侧为需求分析阶段的名称，右侧为详细设计阶段的名称。

（1）**需求**原型→**业务**原型。

（2）控件定义→控件定义。

（3）规则说明→规则说明。

（4）逻辑图形→逻辑图形。

这里只变更需求原型的名称，是因为需求调研阶段获取的需求原型可能仅仅是一张纸质的合同书扫描件，在详细设计时需要将其改成合乎要求的业务界面原型。

2. 业务4件套的设计

由于在需求调研阶段记录了合同（原名“采购合同”）的需求4件套，所以详细设计阶段就基于“需求4件套”的资料进行“业务4件套”的设计。

1）模板1——业务原型

第一步是基于需求原型“采购合同”进行业务原型“合同签订”的设计，其中，

图11-9（a）：需求原型，来自需求调研收集的表单原件。

图11-9（b）：业务原型，在业务设计阶段进行的界面设计。

由于原件是在需求调研现场收集的合同打印原件，所以这里要从零开始设计系统用的合同签订界面。

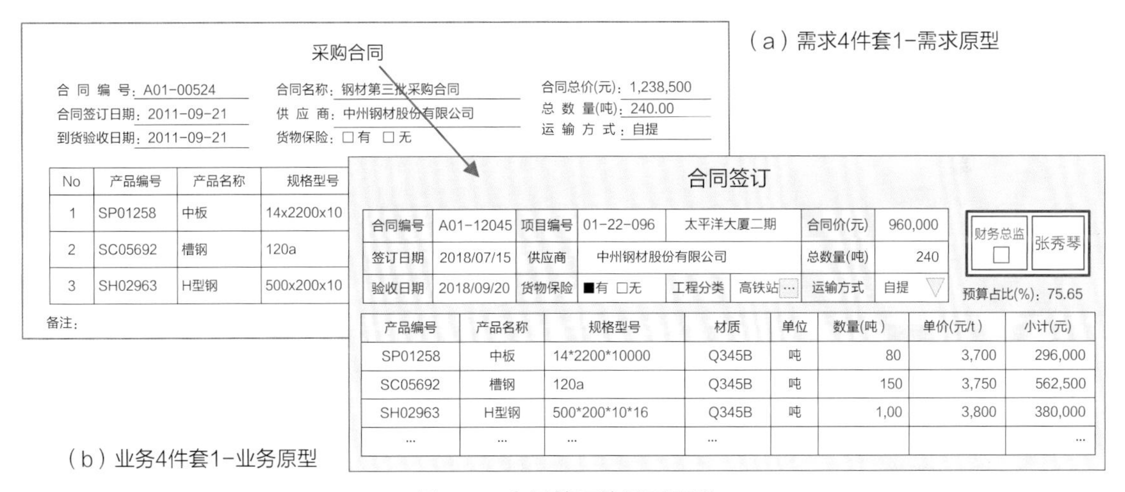

图11-9　合同签订的界面原型

这里要补充一点：按照功能界面命名的约定：界面名称要使用动词或名词+动词，因此将“采购合同”改名为“合同签订”（采购合同是一张资料的名称，而“合同签订”是流程上的一个活动功能）。但是在用纸打印合同时，如有必要可按原名称“采购合同”输出。

界面形式选择了主-细表形式，从前后两个界面原型的变化可以看出，两者的内容虽然是一样的，但新界面合同签订的形式更适合数据输入，例如，工程分类、运输方式等字段采用了下拉框的方式，便于建立字典库。为了便于用户的领导进行确认，在合同签订的界面右上角处增加了电子签章的功能。

另外，现在这个阶段是做业务设计，设计的核心工作集中在业务字段上，因此在界面上没有布置操作按钮（如新增、保存、提交等）。

2）模板2——控件定义

第二步就是要对业务原型上的字段进行逐个定义，总地来说，在需求调研阶段获得的“需求4件套”（图11-10），与业务设计阶段设计的“业务4件套”（图11-11），两者的控件定义表内容基本一样，后者只做了少许的调整。业务4件套的变化要点如下，参见图11-11。

编号	控件名称	类型	格式	长度	必填	数据源	定义与说明	变更人	变更日
主表区									
1	合同编号	文本框	000-00000	9	Y	编码	编号规则=类型-5位流水号”，例如：A01-00001		
2	合同签订时间	日历	yy-mm-dd	10	Y		指签约日期，默认为当天日期，可调整，不能跨月		
3	到货验收时间	日历	yy-mm-dd	10	Y		指验收日期，默认为当天日期，可调整，不能跨月		
4	合同名称	文本框		30	Y		手工输入		
5	供应商	下拉框		30	Y	客商数据库	注意不能跨地域选择		
6	货物保险	选择框		9	Y		空/有/无		
7	合同总价(元)	文本框	##,###.##	12			合计=细表_Σ（小计）		
8	总数量(吨)	文本框	##,###.##	10			合计=细表_Σ（数量）		
9	运输方式	选择框			Y		自提、代运		
细表区									
1	产品编号	下拉框	0000000	7		产品名称库	选择		
2	产品名称	文本框		20		产品名称库	选择		
	...								

图11-10　需求4件套2——控件定义

编号	控件名称	类型	格式	长度	必填	数据源	定义&说明	变更人	变更日
主表区									
1	合同编号	文本框	000-0000-00	11	Y	自动	编码规则=类型+年月+2位流水号， 例如：A01-1811-01　A01类的2018年11月第01号		
2	签订日期	日历	yyyy-mm-dd	10	Y	系统	规则：不能跨月，违规提示 msg=日期不能跨月		
3	验收日期	日历	yyyy-mm-dd	10	Y	系统	规则1：不能跨月，违规提示 msg=同上 规则2：且，必须>合同签订日期，提示		
4	合同名称	文本框		50	Y		全角25字，中间不能有空格，违规提示		
5	供应商	文本框		40		供应商	弹出供应商选择对话框，选择后复制		
6	货物保险	选择框		2	Y		内容=空/有/无，初值=空		
		单选框			Y		内容=有，将保险税计入到合同总价中	王铭	22/5
7	工程分类	文本框		14		分类	弹出建筑分类对话框，选择后复制		
8	合同总价(元)	文本框	##,###.##	10			算式：=Σ（细表_小计） 规则：合同总价 ≤ 1,000,000 违规提示 msg=单笔合同不能超过1,000,000元		
9	总数量（t）	文本框	##,###.##	8			=Σ（细表_数量），不使能		
10	运输方式	选择框			Y		选择范围=空/自提/送货/第三方		
11	领导签章				Y		打钩后，显示财务总监的名字（=用户名称） 具体的签字逻辑，详见规则说明		
12	预算占比（%）	文本框				多个数据源	由于计算复杂，详见规则说明和逻辑图形		
细表区									
1	产品编号	下拉框	0000000	7		产品名称库	选择		
...	...	...	...	...	...	...	...		

变更插入行

图11-11　业务4件套2——控件定义

- “签订日期”和“验收日期”的名称发生了变化。
- 增加了“工程类型”的字段，这是对业务类型标准化的要求。
- 定义和说明栏的内容发生了变化，新表比旧表在规划描述方面更加详尽了，例如，对输入有误的数据，给出了提示规则和内容。这种编写形式更接近于程序员编码的表达形式，因此不但可以缩短业务和技术两者之间的沟通时间，更可以减少分歧和失误。

另外，在图11-11中，有一行带黄色底纹的内容，这表明在详细设计完成后发生了设计内容的变更，所以在第6行和第7行之间插入了一行，针对第6行“货物保险”给出了变更的内容，并在变更行的右端标明了变更人和变更日期。这样的变更可以进行多次，变更时按照变更顺序向下插入新行即可。

注意“控件定义”与“字段定义”的区别：在界面上不只有字段，还有按钮、电子签章等内容，因此将字段、按钮和电子签章等统称为控件，“字段定义”仅指对字段的定义。

3）模板3——规则说明

关于规则说明的内容，在需求调研时仅仅记录了一些线下对编制合同的要求，但是在信息系统中处理合同时就不同了，需要增加很多满足系统要求的内容，参见图11-12。

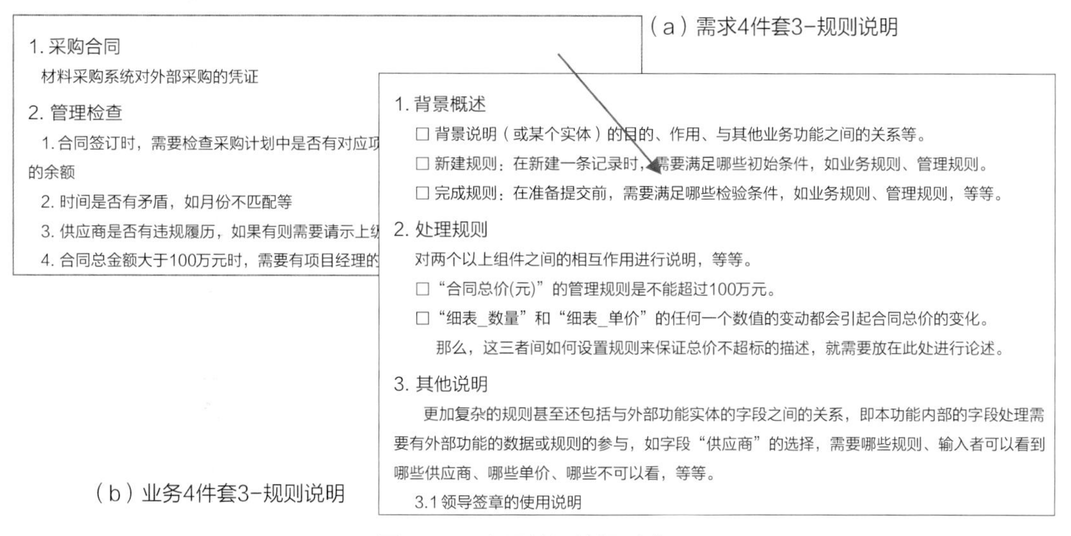

图11-12　合同签订的规则说明

- 首先增加了合同签订功能的整体背景说明。
- 增加了诸如“新增”“完成”之类的工作说明，这是使用系统才有的处理规则。
- 增加了对字段之间的关系说明，这部分在调研时难以做得很细，所以在此要补充等。

4）模板4——逻辑图形

用于表达逻辑关系的图形，在业务的详细设计中的位置是非常重要的，特别是遇到有非常复杂的数据逻辑关系时这个模板的作用尤为重要。

通常在需求调研阶段，由于还没有进行整体设计，用户也说不出太多的内容，因此这个阶段的逻辑图形内容会比较简单，如图11-13（a）所示，仅仅是记录合同签订的操作步骤而已，甚至没有逻辑图形在理解方面也不会存在问题。

但是在进入业务详细设计阶段时，对界面内部细节数据的逻辑关系描述就变得非常重要了，特别是针对复杂的界面设计，利用逻辑图形可以大幅减少设计师和程序员之间的沟通时间，越是复杂的界面，使用了逻辑图形表达数据之间的关系，就会带来越好的效果和越高的工作效率，如图11-13（b）所示。

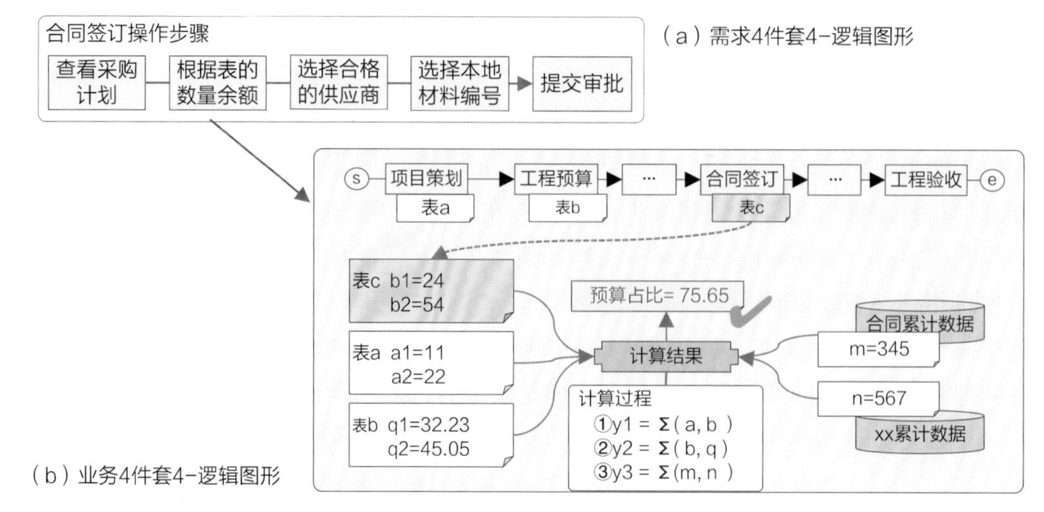

图11-13　合同签订的逻辑图形

【例1】 这里以合同签订界面电子签章下面的“预算占比”的计算关系为例说明图形的用法，参见图11-14。即用户的上级在用电子签章进行确认时，需要参考一下该合同签订后已经积累的合同额占总预算的百分比（防止对超标的合同签字）。

新增　查询　　合同签订　　保存　提交

合同编号	A01-12045	合同名称	钢材第三批采购合同			合同总价(元)	960,000
签订日期	2018/07/15	供应商	中州钢材股份有限公司			总数量(吨)	240
验收日期	2018/09/20	货物保险	■有 □无	工程分类	高铁站 …	运输方式	自提 …

财务总监 □　张秀琴

预算占比(%)：75.65

图11-14　预算占比的计算示意图

预算占比是个监控值，是合同签订界面上的“合同总价”与来自其他功能的工程预算总额、合同签订累计额等数据进行计算和对比，用于检查签订本次合同是否会造成预算总额出现超支的风险。由于涉及本界面外部的数据源，计算关系比较复杂，因此就利用了数据关联图的方法，对所有计算相关的数据进行了关联。

以上就是对界面详细设计的说明。

【参考】《大话软件工程——需求分析与软件设计》13.3节和14.5.2节。

11.4.2 管理层面

对界面的业务设计完成后，界面上要处理的数据（录入）就确定了。接下来从管理的层面做设计，按照分离原理的定义，管理是为了确保业务按照标准达成预定的目标。下面就来看看通过管理设计是如何确保业务达标的。在架构层的设计中讲过，管理可以分为标准化方式和控制方式两种，对功能的设计也同样存在这两种设计方式。

1. 标准化管理方式

通过对业务流程、功能界面等的标准化，对用户大部分的操作行为进行约束。当用户熟悉了业务流程和界面操作步骤之后，就会日复一日地重复这个操作过程，用户自然而然地就遵守了操作过程中的相关标准和规则，不再额外需要人进行干预（管理），这种方式的效果最好，效率最高。

由于在前两节中已经完成了材料采购流程和合同签订界面的详细设计，所以利用标准化方式的管理就不再赘述了。

2. 控制管理方式

对用标准化也不能解决的场景则使用控制的方法，这个控制行为通常是加载到功能界面上，主要利用在按钮上加载业务标准和管理规则来实现。以合同签订界面为例，这里重点介绍在其中的3个按钮上加载管理规则的设计方法：新增、保存和提交，参见图11-15。

新增　　合同签订　　保存　提交

合同编号	A01-12045	项目编号	01-22-096	太平洋大厦二期		合同价(元)	960,000
签订日期	2018/07/15	供应商	中州钢材股份有限公司			总数量(吨)	240
验收日期	2018/09/20	货物保险	■有 □无	工程分类	高铁站	运输方式	自提

财务总监 □　张秀琴

预算占比(%)：75

产品编号	产品名称	规格型号	材质	单位	数量(吨)	单价(元/吨)	小计(元)
SP01258	中板	14*2200*10000	Q345B	吨	80	3,700	296,000
SC05692	槽钢	120a	Q345B	吨	150	3,750	562,500
SH02963	H型钢	500*200*10*16	Q345B	吨	1,00	3,800	380,000
...	...	...	...				...

图11-15　合同签订的界面原型

对每个按钮从两方面说明：基本功能和管控功能。

1）新增按钮

- 基本功能：清空界面数据、导入上游数据、获取业务编号等。单击“新增”按钮是记录一条新数据的第一步。
- 管控功能：主要管控功能是判断此时是否符合新增条件，当判断为符合时才会呈现空白的界面。新增条件与下述管理功能相关（不限于此），如用户是否具有操作权限？上游数据是否满足导入要求？影响新增功能的因素有很多，需要根据具体情况做具体分析和设计。如果不满足新增条件，则会弹出提示窗进行说明。

2）保存按钮

- 基本功能：用于将输入的数据存储到计算机内部或外部存储介质上。
- 管控功能：可以链接管控规则，保存时检查是否有违反管控规则的现象，如单价是否超过规定的平均价，总金额是否超过预算总金额，等等。

3）提交按钮

- 基本功能：用于界面的业务处理全部完成后发出处理完成的信号（关闭界面）。
- 管控功能：按钮上加载了该界面业务必须遵守的全部规则，提交如果获得通过，则表明这个界面内的数据输入和处理全部符合“提交”按钮上链接的规则，可以提供给下游的界面使用（同时向门户的“待办窗口”发出通知信息）。

上述关于管理设计的内容也需要记录到对应的业务4件套中。在详细设计的图11-16的“主表区”的上方，增加一个“按钮区”，在此区域内对每个按钮进行说明，但是要注意，原则上只对按钮背后有管理规则链接的按钮进行说明，按钮的基础功能（如何新增一条数据、如何保存界面数据等）不需要进行描述，因为一般软件公司对按钮的基础功能有标准的描述和文档说明，因此不需要在每个控件定义表中再重复地描述一遍。

	编号	控件名称	类型	格式	长度	必填	数据源	定义&说明	变更人	变更日
新增按钮说明区域	按钮区									
	1	新增	按钮	000-0000-00	11	Y	自动	新增记录，检查新增条件、清空界面等。 详见模板3 -规则说明-新增		
	2	查询	按钮					历史数据查询，查询方式包括：精准、范围、模糊。 详见模板3 -规则说明-新增		
	3	保存	按钮					保存界面数据，检查不为空、其他规则等。 详见模板3 -规则说明-新增		
	4	提交	按钮					完成界面输入，检查全部规则。 详见模板3 -规则说明-新增		
	5	…	…							
原有字段说明区域	主表区									
	1	合同编号	文本框	000-0000-00	11	Y	自动	编码规则=类型+年月+2位流水号， 例如：A01-1811-01 A01类的2018年11月第01号		
	2	签订日期	日历	yyyy-mm-dd	10	Y	系统	规则：不能跨月，违规提示msg=日期不能跨月		
	3	验收日期	日历	yyyy-mm-dd	10	Y	系统	规则1：不能跨月，违规提示 msg=同上 规则2：且，必须>合同签订日期，提示		
	4	合同名称	文本框		50	Y		全角25字，中间不能有空格，违规提示		
	…	…	…	…	…	…	…	…		

图11-16　业务4件套中增加按钮的说明示意图

另外，还需要对电子签字进行业务功能方面的说明，此处省略。

【参考】《大话软件工程——需求分析与软件设计》17.3节。

11.4.3　价值层面

对于功能层面的价值设计在第10章中已经介绍了很多，下面就举其中的系统门户界面的“待办事项”中的“已办未完事项（合同签订待批）”的例子来说明价值的详细设计内容，如图11-17所示。

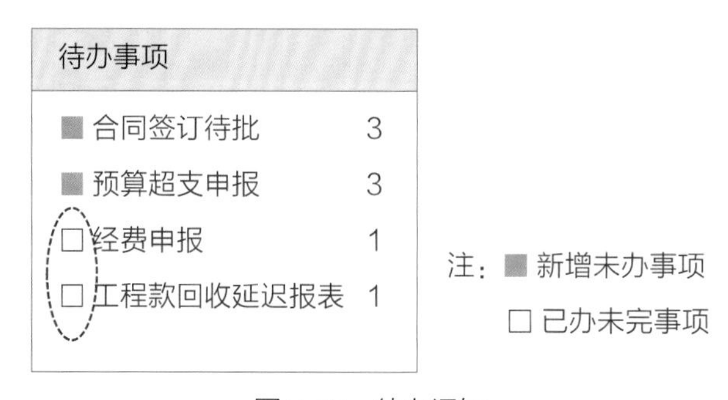

图11-17　待办通知

举的例子是“查询功能”的设计方法，可能读者会有些诧异，查询功能是最基本的操作功能，谁还不会做查询功能的设计？这个功能甚至都不需要进行设计，因为程序员自己就可以完成。这么常规、简单的功能真地需要再从价值设计的视角做一番设计吗？

当然，如果仅仅是从功能的视角看确实没有必要单列一节进行介绍，不同的是这里要从客户价值设计的视角来看，这个最常见的操作功能还有什么价值可以挖掘，并给用户带来什么不同的效果和感受。

【例2】所有的界面都会设置查询功能，以方便用户查找从该界面输入的历史数据。当按下查询按钮时，会给出3种不同形式的结果。参见图11-18中的（a）、（b）和（c）。

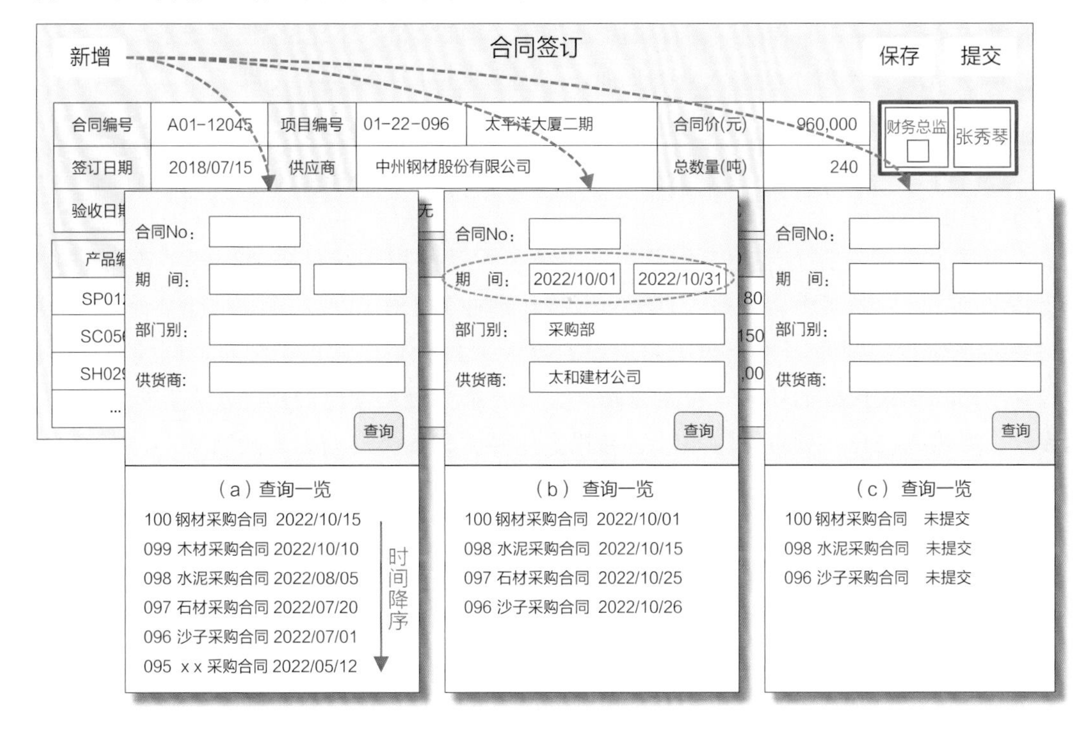

图11-18 查询的不同方式

1）按输入的倒序进行查询（a）

弹出一个新的窗口，系统默认按照输入的倒序进行查询并显示，显示的合同数据是最新输入的，并根据网络环境，可以设定一次查询并显示50条数据，或不限数据量。

2）按照查询条件进行查询（b）

弹出一个新窗口，需要用户先输入查询条件，如查询某个期间内签订的合同，系统按照给出的期间条件去收集数据，然后显示全部合乎条件的合同数据。

3）按未完成合同查询（c）

弹出一个新窗口，默认自动显示该用户未完成的数据（即界面的提交按钮=0），如果没有未处理完成的合同，则显示空白，等待用户输入查询条件，此时没有资源和时间的损失。

4）3种查询方式的差异

（a）最常见的查询和显示方式，缺点是在不知道用户查询内容的前提下，直接就从输入的数据中按照倒序显示数十行数据，如果用户想要的数据不在其中，则不但浪费资源，而且还浪费时间，用户不得不等待显示完成后，才能再次查询。这种方式既浪费时间，也浪费资源。

（b）如果是查询某个合同，则可以用合同编号去查，效率最高，如果忘记了合同编号再使用期间去查，有一定的资源和时间损失。

（c）打开查询时自动列出未完成工作一览。如果没有未完成的工作，则与方式（b）相同，没有资源和时间的损失。

这3种查询方式中（c）的效率最高，为什么呢？首先分析合同签订界面的业务特征，这样的合同界面使用频率很高，数据的记录条数也很多（参考：一个工程项目可能会签订数百份、甚至上千份的合同），因此使用方式（a）会很浪费资源和时间。

按照用户的工作习惯去做分析：一般来说，用户打开合同签订界面有3个目的：①签订新的合同，②继续完成未提交的合同，③查找历史合同，下面分析一下这3个使用场景。

- 如果是①：显然就不会进入查询界面了，因为直接按新增键就可以了。
- 如果是②：查询界面会自动查出未完成合同，效率最高（方式c）。
- 如果是③：输入条件后再查询，不浪费资源和时间（方式b）。

5）查询功能的设计思路

最后再通过查询设计方法的案例总结一下价值设计的思路，首先要理解“查询”功能不是一个技术问题，它是每个用户每天都要重复操作的业务工作，所以查询设计是纯粹的业务设计，只有站在用户的视角，才能想明白用户的需求。其次要注意每个细节，即使是微小的优化，也会给用户带来很好的体验，特别是每天、每时都在频繁使用的功能，尤其要注意细节的优化设计，如进入门户、处理待办事项、寻找工作界面、各类自动提醒功能等，将很多的细节优化的成果串联在一起，就形成了一个既可以帮助减少用户工作失误，又能提高用户工作效率的信息化工作环境。

站在客户角度还是技术的角度，查询功能就会设计出不一样的结果。

通过这个查询的例子希望读者可以领会到，包括第10章的内容，信息系统最终的客户价值都是从一个一个的具体设计积累而成的，作为设计师一定要注意细节，优秀的软件设计往往就体现在细节的设计中。

上述关于价值设计的内容也需要记录到对应的业务4件套中。

★解读：业务、管理与价值的设计。

本书为了让读者清楚地看到业务、管理和价值的设计方法不同，所以将这3个对象分成了3个独立的章节进行讲解，但在实际的详细设计过程中，是否分开设计要看具体的情况。

- 如果你有能力，且需求分析得很清楚，可以一次完成3种类型的设计。
- 如果你感觉自己的功力还不足，或需求分析得还不透，看不清楚需要设计的内容，也可以分为两次或三次进行。

分开进行设计的好处在于可以充分地思考、摸索，经过3次的规划和设计后，再将这3个独立设计的内容进行融合。

11.5 数据层的详细设计

完成了对架构层、功能层的详细设计，下面就要进入数据层的详细设计。数据层需要的业务逻辑、数据定义都已在前面两层的设计中完成。数据层的详细设计主要内容有3类：数据关系、复杂计算、数据建模等。

（1）数据关系：建立数据表之间的关系（利用主键/外键等）。

（2）复杂计算：在对数据定义的过程中会遇到很多复杂的数据逻辑和计算公式，解决这些复杂计算就会用到很多算式表达模型，如算式关联图、数据钩稽图、业务数据线等，如图11-19所示。

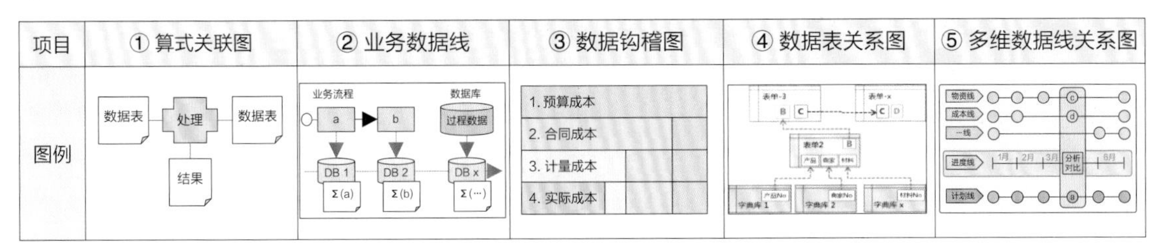

图11-19 复杂数据关系表达方法示意图

（3）数据建模：利用已经积累的数据建立模型，使其在业务处理过程中指导后续的工作，可以带来非常多的实用价值。对已积累数据进行价值的挖掘和设计是比较难的工作，如果找到了方法，就可以让这些数据成为可以给客户持续地带来信息化投资回报的宝库。

由于“（1）数据关系”和“（2）复杂计算”的表达方法等内容已在《大话软件工程——需求分析与软件设计》的相关章节中进行了详细说明，这里就不再重复。

本节重点介绍“（3）数据建模”的方法。下面利用一个“完工判断”的实际案例讲解如何通过数据建模让系统自动判断结果的思路。

11.5.1 需求来源

需求来自现场调研会，在闲聊时客户领导抱怨说：“在工程项目收尾时需要项目部上报各种数据来判断该项目的完成情况，我们知道收集上来的数据中一定存在不合规的问题，但目前也无法搞清楚数据中存在着什么问题、怎么解决，所以至今也无法依靠这些数据来判断该项目的完成情况，不知道用信息化管理方法能否解决这个问题？”

在场的需求工程师很敏锐地抓住了这个信息，向客户领导进行确认。

- 需求工程师问：“这是一个‘完工判断’问题，您希望如何解决这个问题呢？”
- 客户公司的领导说：“判断项目是否完工的确是个很复杂的问题，至少需要从两方面得到确认：实物完成和数据完成的情况。”

① 实物：实物指的是施工完成的建筑物，建筑物是否盖完需要到现场进行实地考察，包括观察实物、检查质量等是否按照图纸要求完成（没有实物是不可能完工的）。

② 数据：数据指的是施工产生的过程数据，包括预算、成本、合同、验收、支付等数据，从表面上是看不出这些数据与建筑物实体的直接关系的（即便有了实物，如果没有及时输入应该处理的数据，那么从数据上也是看不出来的）。

需求工程师回来后，就与设计师们一起讨论如何解决“完工判断”问题，其中①实物观察是比较容易做到的，如上传各类照片和视频等，这里的重点是②数据，利用已积累的数据怎样为领导做判断进行支持呢？大家一致认为这个需求很有价值，可以利用积累的数据，通过建立数据模型给出判断的参考数据，让客户感受到信息化管理的作用和价值，这样的要求在非信息化管理的环境下是无法做到的。探讨利用已积累的数据进行项目完工自动判断的设计方法，就是典型的数据设计案例。

11.5.2 建模思路

简单来说，完工判断的需求就是利用已经积累的资源消耗数据建立一个计算模型，通过这个模型的计算结果，可以判断该项目是否满足完工的判断标准。现实中判断一个工程项目是否完工的条件很多，这里不进行过度的专业知识的讲解，而是把重点放在如何进行数据建模和详细设计上，为读者做个参考示范。

材料采购流程图中的最后一个节点是“工程验收”，将判断的模型设置在这个节点上，工程验收的界面原型设计参见图11-20，基本思路如下。

图11-20 工程验收界面示意图

在工程验收的界面上为项目经理设置了完工检查专用的电子签章功能，当项目经理单击电子签章时，系统会做如下处理。

（1）启动对相关数据的收集、计算、检查、处理，给出是否可以完工的判断结果。

（2）结果如能满足要求，则可以在电子签章上显示项目经理的名称（=登录的用户名称）以及签章的日期等，表明该项目在数据层面上已经通过验收标准，可以进行线下的完工收尾工作了。

（3）如结果不能满足要求，则弹出一个完工问题一览界面，一览界面上罗列还有哪些验收标准尚未达标，单击问题则可以直接进入关联界面进行处理。如此循环，直至完工问题一览中的全部问题得到解决。

（4）再次单击电子签章，如果没有问题了，则显示项目经理名称、日期并通过。

11.5.3 建模计算

知道了数据设计的需求和建模的思路，下面就来进行具体的建模设计。建模计算分为两步：

（1）数据建模的条件设定。

（2）数据建模的计算过程。

1. 数据模型的条件设定

设计师和业务专家商量了一个检查的模型，然后与客户的业务骨干进行协商后，确定了4个完工时必须要检查的条件：查1～查4（不限于此），参见图11-21，这4个条件是按照由大到小、由粗到细的原则确定的，可以全面、客观地评估工程的状态，如果这4个条件达到标准，就可以认定为完工通过，通过后该工程就可以按照完工处理，包括开展线下具体的项目收尾工作等。

图11-21　完工判断模型示意图

将上述4个条件链接在工程验收界面的电子签章上，并形成如图11-22所示的完工判断逻辑关系图。

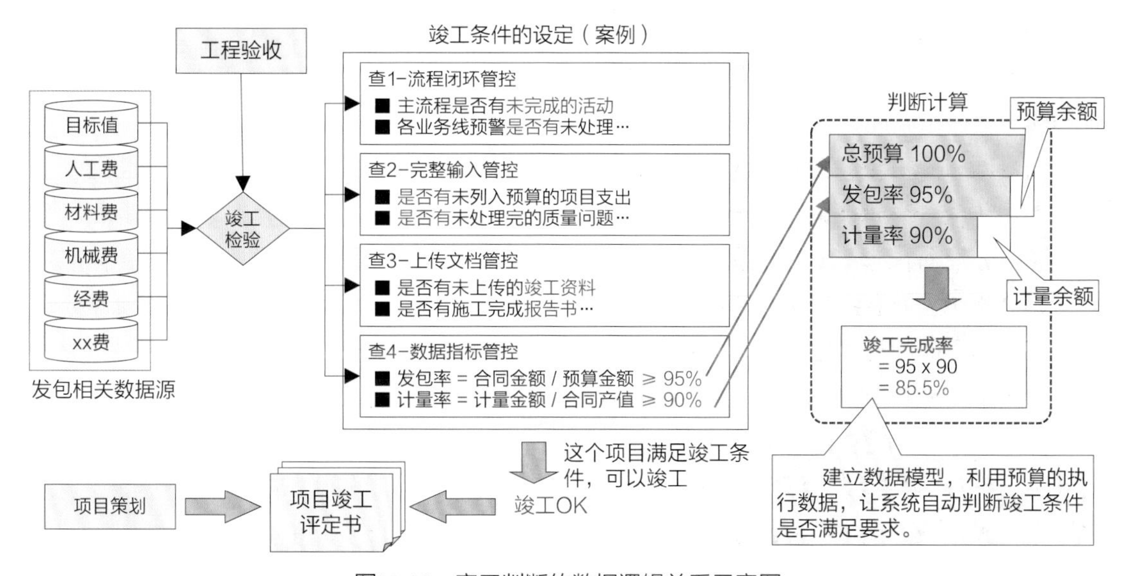

图11-22　完工判断的数据逻辑关系示意图

当单击工程验收界面的电子签章时，电子签章会显示项目经理的名称。在实际的设计过程中，选择几个条件做项目完工的判断指标，是根据所设计系统的规模，采集到的数据种类、数量，以及领导的主要关注点等确定的。下面逐一对这4个条件的内容和目的进行说明。

这里要注意："数据"是个广义的概念，包括数字、文档、图片、音频和视频等内容。

1）查1-流程闭环管控

按照由大到小、由粗到细的检查原则，首先对流程级别的检查对象设立判断内容。

- 自动检查各业务流程节点上的活动是否都已完成操作（提交=1→完成、提交=0→未完成），如有未完成的活动，则再判断是否属于完工前必须要完成的工作，如果不是，则通过，否则不通过。

- 所有已发出的预警类信息是否都得到了处理，如质量、安全等，如果都已处理完毕则可以通过，如果还留有未处理的预警，则必须先处理完该预警后才能通过。

2）查2-完整输入管控

是否还有合同变更、追加支出、各类赔偿损失等信息没有输入系统中，这些内容会影响后续的计算，例如，

- 追加合同金额未计入，则可能出现由于收入不足成本超额的结果。
- 各类损失未计入，则可能造成利润大增的虚假结果等。

所以这些在项目执行过程中增加的内容也必须在完工判断前完成输入工作，避免误判。这类内容比较松散，不一定能建立相应的模型进行自动判断，需要根据具体情况具体分析。

3）查3-上传资料管控

很多不能用数字化形式输入的资料，如加盖印章的合同书、各类证明文件、关键施工部位的照片、视频资料等。这类内容必须要用上传资料的形式完成，需要系统自动检查约定：必须上传资料的内容是否都已完成上传？上传的数量是否合乎要求？是否需要专人检查？等等。

这类内容比较容易，只要在相应的界面上设置上传按钮，并在按钮中加入可以自动判断的标准，例如，是否有上传文件？上传文件的名称是否含有规定的文字？是否有上传图片？图片的数量是否符合要求？等等。

4）查4-数据指标管控

利用已积累的数据建立计算模型，模型中包括业务标准和管理规则，通过计算结果与标准及规则的对比做出判断，这是本节介绍数据详细设计的重点内容。

当项目经理单击了完工检查专用的电子签章后，如果要检查的事项全部按照标准完成了，则判断该项目符合完工条件，在电子签章处显示项目经理的名称，如果存在未完成事项，则弹出“完工待处理问题一览表”，如图11-23所示，例如，从查1～查4各有一些条款不合标准，同时发包率（≥95%）和计量率（≥90%）未能达标，只有相关部门将所有未完成事项都处理完毕并且合格，才能获得通过。

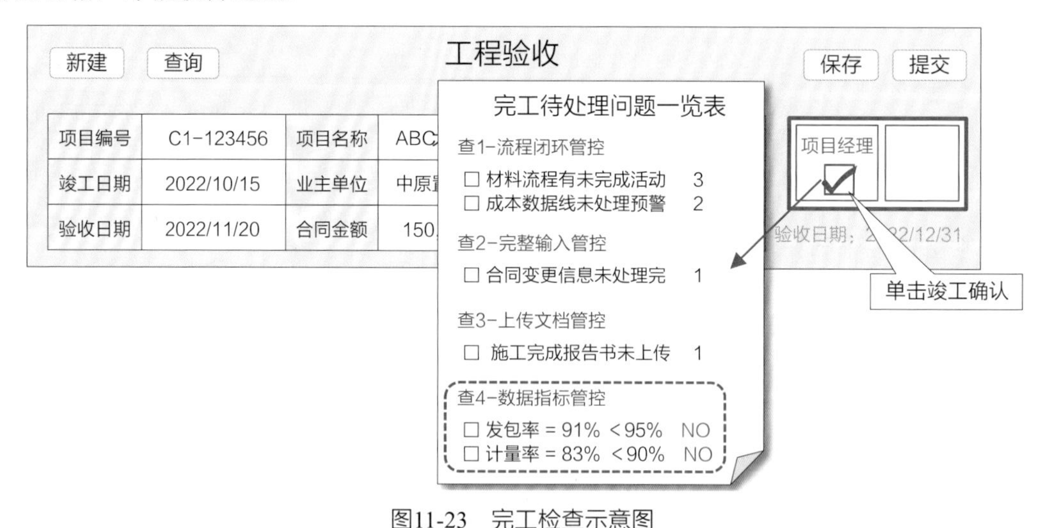

图11-23 完工检查示意图

发包率和计量率就是两个利用已知积累数据建立的完工判断模型，下面对这两个模型的使用方法进行说明。

2. 数据建模的计算判断

使用发包率和计量率的检查方法参见图11-24（a）的内容，可以利用数据钩稽图建立一个计算模型，如图11-24（b）所示，这个模型是利用项目所使用的各项资源费用间存在的关联关系建立的。判断完工时所使用各项费用的定义和金额如下。

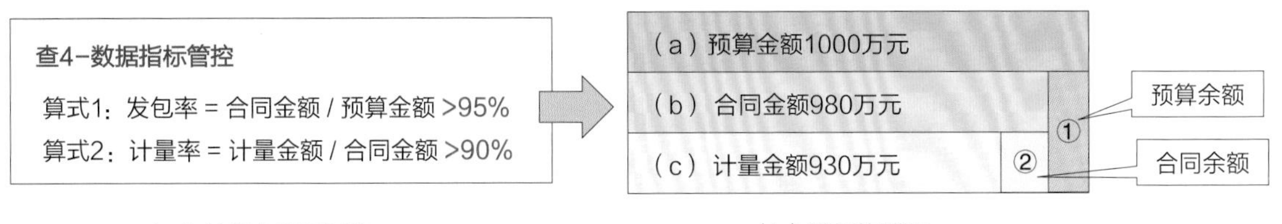

（a）检查内容和标准　　（b）数据钩稽图

图11-24　完工计算模型示意图

（1）预算金额：项目整体预计需要花费的总金额，如果全部用完（则预算余额=0）意味着这些钱都转化为合同金额购买资源了，假定总的预算金额=1000万元。

（2）合同金额：通过签订合同购买资源花出去的费用就是所谓的支出，合同金额=预算金额时，就意味着所需的资源全部采购完成。假定目前已签订的合同金额=980万元（说明预算余额还剩下20万元）。这里资源=人工、材料、机械。

（3）计量金额：为了易于计算和对比，将已完成的工作量用其购买资源时所用的金额来表达，假定此时已完成的工作量相当于计量金额=930万元（与签订的合同金额980万元相比，还有50万元的未计量）。

下面通过发包率和计量率2组数据的计算讲解如何利用已经积累的数据进行建模，并得到需要的结论。

1）发包率：算式1=合同金额/预算金额

（1）发包率计算。

发包率指的是已向承包商发出去的合同金额占总预算金额的百分比，百分比越大，说明已使用的预算金额越多，当两者之比为100%时，说明预算金额全部用完。

假定预算金额为1000万元，合同金额为980万元（由合同签订的数据合计而来），则发包率=合同金额/预算金额=980万元/1000万元=98%。

说明发包率已经达到了98%，可以使用的预算金额还剩下2%（20万元）。

（2）判断标准。

下面确定发包率的企业标准。因为任何一个工程都不可能在完工检查前就将预算额度全部用光，至少要留下一部分作为修补、收尾等不可预见的花费，因此企业规定发包率的标准为≥95%，只要超过95%的标准就可以确定发包率是合格的。

结论：由于目前发包率的计算结果是98%，98%＞95%，满足企业制定的标准，所以判断发包率这一项是合格的。

2）计量率：算式2=计量金额/合同金额

（1）计量率计算。

计量率指的是针对已发包的合同金额与已完成工程量的百分比，工程量是用消耗的资源所对应的金额计算的。计量率越高，说明合同完成量所占的百分比越大。假定完成的工程量相当于930万元，则计量率=计量金额/合同金额=930万元/980万元≈94%。

说明用980万元购买的资源已经消耗了94%。

（2）判断标准。

下面确定计量率的企业标准。企业规定计量率的标准≥90%，只要超过这个标准就可以确定计量率是合格的。

结论：由于目前计量率的计算结果是94%，94%＞90%，满足企业的标准要求，所以判断计量率是合格的。

3）结果判断

对上述计算的业务逻辑做进一步的说明，帮助读者理解为什么要选择发包率和计量率这两个计算式做判断。

（1）发包率的作用。

如果预算使用的很少（签订的合同金额少），则发包率就会很低，发包率低说明工程还没有购买足够的资源，没有资源就无法开工，所以发包率低显然不能够判断为可以完工。

（2）计量率的作用。

如果已签订的合同金额很大，说明购买了很多的资源，但是购买了资源不等于消耗了资源（有可能买了资源但还没有开工），而资源没有被消耗就不会有工程量（=没有实体），因此计量金额就会很小，很小的计量率是不能判断为可以完工的。

从设计的这两个参考数值（分包率和计量率）可以看出，施工工程在数值上现在处于什么状态。如果有必要，可以设计更多的参考值。

上述所举的例子比较简单，主要是为了说明建立数据模型的方法，实际的完工判断模型则会很复杂，其涉及的要素数量、要素之间的关系可能会更多，例如会有合同金额的变更，预算超支或预算有剩余，以及跨完工前后的处理等不同的场景，这些都要考虑到模型内。要理解这些就需要更多的业务知识，所以这里就不再进行更深入的探讨了。

【例】作为参考，附上一张实际判断完工情况的计算模型（数据钩稽图），参见图11-25。从图中可以看出，当计算要素越多、判断的模型越复杂时，越要建立类似可视化的图形模型作为辅助，仅靠数据模型不容易理解，而且有逻辑错误时不容易被发现。

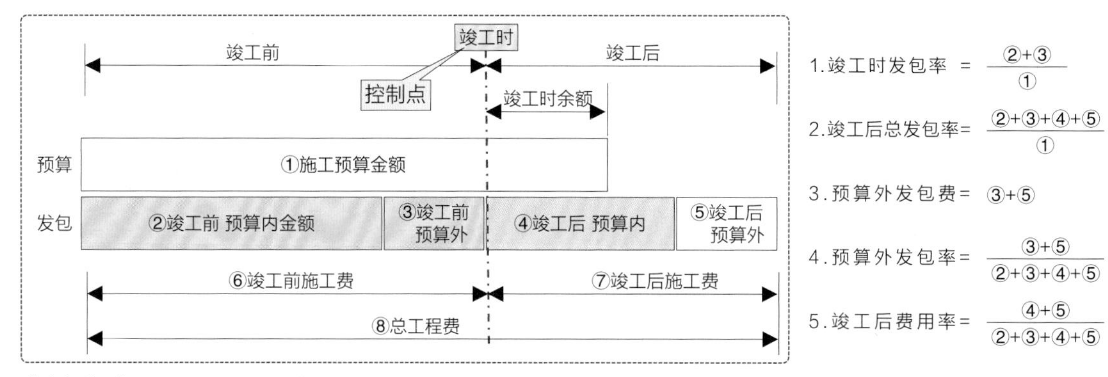

【定义说明】

1. 竣工时发包率：竣工时已发包金额占“施工预算”总金额的比率，“竣工时发包率”越接近100%，则竣工时的实际完成率越高。
2. 竣工后总发包率：竣工后已全部发包金额占“施工预算”总金额的比率。“竣工后总发包率”大于100%，说明有预算超标。
3. 预算外发包费：预算外发包金额是“施工预算锁定后追加的预算费用。
4. 预算外发包率：预算外发包金额占全部发包金额的比率，“预算外发包率”大，则施工预算编制精度不高。
5. 竣工后费用率：竣工后的施工费用占全部施工费用的比率，“竣工后费用率”大，则竣工时的实际完成率不高。

图11-25　复杂的完工判断计算模型示意图

【参考】《大话软件工程——需求分析与软件设计》14.5.4节。

【总结】

从上面的案例可以理解，输入到系统中的数据之间都是有着非常密切的业务逻辑关系的，通过深入地理解这些业务逻辑关系，可以建立不同的判断模型。理解了这个思路并掌握了方法后，读者可以根据自己项目的需要，在模型中引入更多的计算条件，例如建立与支出金额、收入金额、验收金额、出库金额等数据的关系，设定的判断条件越多就越接近实际情况，让完工判断更全面、客观、正确。

从前述的计算案例也可以感受到：越是积极地扩大已积累数据的应用价值，对获取数据的正确性要求就越高，正确性要求越高，则对业务标准和管理规则的制定就要求越细致，只有如此才能建立起客户企业领导对利用数据做经营管理判断的信心。这样读者就会更加理解为什么书中一再强调业务与管理的分离、信息化管理的设计方法、过程控制类系统的架构方法等概念，因为这些管理方面的设计可以确保系统中**积累的数据具有可信性，有了可信性才有可用性，有了可用性才有数据价值**。一个纯粹的数据填报系统是无法保证上述要求的。

举这个案例的目的是要使读者理解，做系统不是简单地按照用户（员工）的需求做出界面就可以了，还要积极地响应客户（领导）的目标需求，如用信息化的方法为运营保驾护航，使用了上述方法，用户感觉不到需要多输入数据，而是系统利用已有数据建立模型，并通过模型计算得出结论，这才是真正需要设计师贡献自己的知识和经验的地方，也是设计师发光的地方。这个案例也是积极利用积累的数据为管理提供服务的案例。在架构、功能和数据的3层设计中，无疑数据是最难的，同时也可以带来最大且最长久的客户价值。

上述关于数据设计的内容需要记录到对应的业务4件套中。

★解读：业务逻辑与数据逻辑的关系。

业务逻辑是来自客户的业务，在绘制业务流程时需要搞清楚业务逻辑，才能正确绘制业务流程图，业务逻辑是理解客户业务事理的重要依据。

数据逻辑是数据之间关联关系的表达，业务逻辑也是数据逻辑表达与设计的重要依据。在表达业务逻辑的业务流程图上，因为粒度原因是不能直接看到数据的（更不知道数据的关系），因为数据在业务流程图节点之间的逻辑关联线中流动，所以数据的表达和设计会受到业务逻辑的影响。数据的逻辑关系图要单独在另外一个层面上绘制。

另外，数据逻辑与业务逻辑并不是完全重合的，数据的数量多，且关联关系比业务逻辑复杂，两者之间的关系参见图11-26。

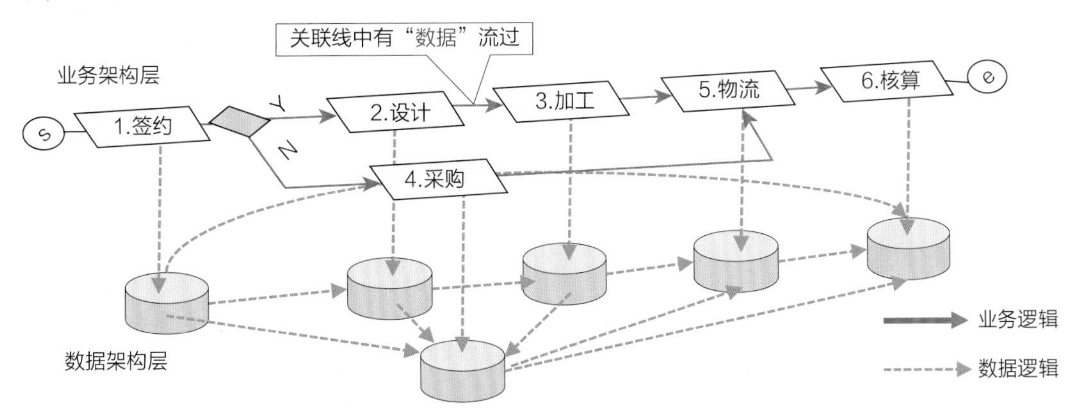

图11-26　业务逻辑与数据逻辑的关系示意图

11.6 业务用例的设计与验证

详细设计完成后，得到的界面数量超过了千个，由于一个系统中有多个业务模块，一个业务模块中有若干功能，一个功能中有若干界面，一个界面中又有几个、十几个数据（字段），且由于各功能界面是由不同人设计的，那么如何确保这么多的界面设计、数据设计都是正确的呢（包括业务逻辑正确和数据逻辑正确）？按照详细设计的结果编程后能否确保系统正确地运行呢？为了确保准确无误，就需要对详细设计的结果进行验证，验证的方法是通过编写业务用例的方式进行的。

业务用例的设计包括4个步骤：用例场景、用例导图、用例数据和用例验证。下面以“资源消耗”主线的业务为例，说明业务用例的设计和验证方法。

11.6.1 用例场景

这里假设这样一个场景：在工程项目施工进行到6个月的时候，资源消耗主线上的各项（人工费、材料费、机械费）已发生的金额数据如下所示。

（1）预算金额。

开工前编制了施工预算，其中总预算金额=26 600万元，其他各项主要数据如下。

- 总预算金额=26 600万元，准备用于采购资源的总费用。
- 各分项的预算金额：

人工费=2600万元（≈10%）、材料费=18 500万元（≈69%）、机械费=5200万元（≈20%），临时费=300万元（≈1%）。其中%为该项费用占总预算金额的百分比。

（2）合同金额。

工程进行了6个月时，已经发生的各项支出数据如下。

- 已签订的合同金额=6900万元，这是已经支出的资源采购费用。
- 其中各分项已签订合同金额为：

人工费=400万元、材料费=5400万元、机械费=1100万元，临时费=0万元。

这里要注意，在工程上，人工费不是用合同的方式确定的，但此处为了保持数据的结构化，设置了人工费的“虚拟合同”节点。

（3）核算成本。

在施工进行到6个月时，完成的成本核算数据如下。

- 已核算总的成本金额=5070万元，统计时点的总成本数据。
- 其中各分项已核算成本金额为：

人工成本=350万元、材料费=4000万元、机械费=720万元，临时费=0万元。

11.6.2 用例导图

利用11.6.1节的用例场景和假设数据绘制了用例导图，参见图11-27。

从图中可以看出各阶段的人、材、机的合同金额和成本金额，以及它们之间的位置关系。用例导图是用图形的方式，将场景内容按照操作流程的顺序详细地呈现出来，它包含了系统中的主要节点。

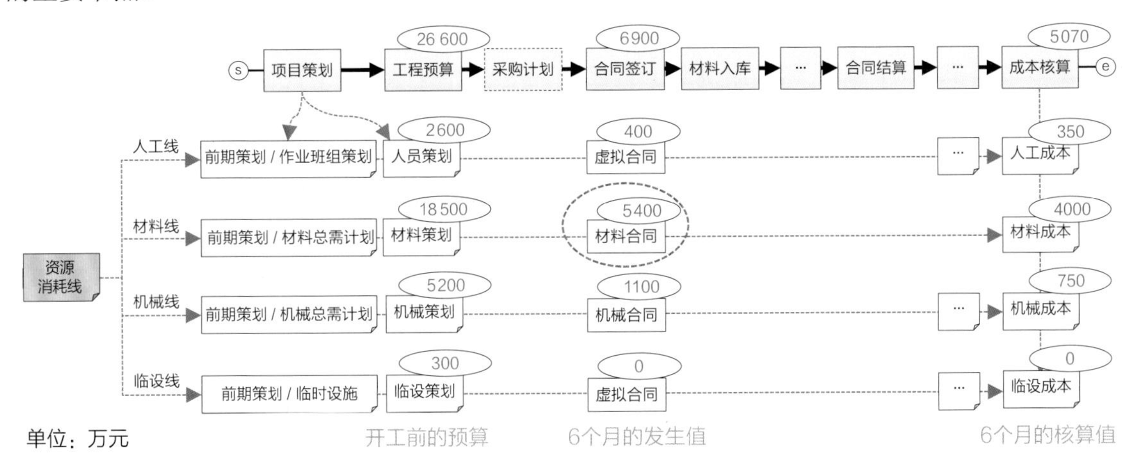

图11-27　用例导图示意图

11.6.3　用例数据

有了用例场景的数据和用例导图的位置，下面再用数据推演表将用例导图上的每个节点数据展开，说明它的构成内容，图11-27中6个月时点的合同签订列——材料合同的金额为5400万元，如图11-28所示。

WBS编码	wbs名称	类型	数量	单价	总计	已完数量	未完数量	已完金额	未完金额	合同总金额	计划金额
300-010-080-010-01	透层K10+000~K15+000	分项	125000.00	3.50	125000.00		125000.00	0.00	437500.00	437500.00	437500.00
300-010-080-010-01	透层K10+000~K15+000	分项									
300-010-080-010-01	透层K10+000~K15+000	分项									
300-010-080-010-01	透层K10+000~K15+000	分项									
300-010-080-010-02	透层K16+800~K21+000	分项	105000.00	3.50	105000.00		105000.00	0.00	367500.00	367500.00	367500.00
300-010-080-010-02	透层K16+800~K21+000	分项									
300-010-080-010-02	透层K16+800~K21+000	分项									
		清单	600000.00	2.21	600000.00		600000.00	0.00	1326000.00	1326000.00	1326000.00
300-010-100-010-01	黏层K10+000~K13+000							0.00	331500.00	331500.00	381500.00
300-010-100-010-01	黏层K10+000~K13+000										
300-010-100-010-01	黏层K10+000~K13+000										
300-010-100-010-02	黏层K13+000~K16+000							0.00	331500.00	331500.00	331500.00
300-010-100-010-02	黏层K13+000~K16+000										
300-010-100-010-02	黏层K13+000~K16+000										
300-010-100-010-03	黏层K16+000~K19+000							0.00	331500.00	331500.00	331500.00
300-010-100-010-03	黏层K16+000~K19+000										
300-010-100-010-03	黏层K16+000~K19+000										
300-010-100-010-04	黏层K19+000~K21+000							0.00	331500.00	331500.00	331500.00
300-010-100-010-04	黏层K19+000~K21+000										
300-010-100-010-04	黏层K19+000~K21+000										
								0.00	1972200.00	1972200.00	1972200.00
300-010-050-010-01	沥青混凝土下面层K10+000~K13+							0.00	4930500.00	4930500.00	4930500.00
300-010-050-010-01	沥青混凝土下面层K10+000~K13+										
300-010-050-010-01	沥青混凝土下面层K10+000~K13+										
300-010-050-010-01	沥青混凝土下面层K10+000~K13+										
300-010-050-010-01	沥青混凝土下面层K10+000~K13+										
300-010-050-010-01	沥青混凝土下面层K10+000~K13+										
	~K16+							0.00	4930500.00	4930500.00	4930500.00
	~K16+										
	~K16+										
	~K16+										
	~K16+										
	~K16+										
	~K19+							0.00	4930500.00	4930500.00	4930500.00
	~K19+										
	~K19+										
	~K19+										
	~K19+										
	~K19+										
300-010-050-	~K21+										

编号	名称	型号	单位	数量	天数	单价	合同金额
JQJ01	架桥机		台	1	10	1,000	10,000
YLJ01	运梁车		台	1	15	1,100	16,500
DC01	吊车		台	3	20	1,200	72,000
LMD01	龙门吊		台	2	25	1,300	65,000
ZNZLYJJ01	智能张拉压浆机		套	2	30	1,400	84,000
TD01	塔吊		台	1	35	1,500	52,500
CQTC01	衬砌台车		台	1	40	1,600	64,000
LQTPJ01	沥青摊铺机		台	3	45	1,700	229,500
SGLYLJ01	双钢轮压路机		台	6	50	1,800	540,000
JLYLJ01	胶轮压路机		台	9	55	1,900	940,500
DGLYLJ01	单钢轮压路机	22t	台	6	60	2,000	720,000
SSC01	洒水车		台	2	65	2,100	273,000
LQSBJ01	沥青撒布机		台	2	70	2,200	308,000
HD01	桁吊		台	1	75	2,300	172,500
LQBHZ01	沥青拌合站		套	1	80	2,400	192,000
ZJJ01	装载机		台	4	85	2,500	850,000
ZXQC01	自卸汽车		台	8	90	2,600	1,872,000
HNTBHZ01	混凝土拌合站		套	1	95	2,700	256,500
GC01	罐车		台	6	100	2,800	1,680,000
ESPSJ01	颚式破碎机		台	1	105	2,900	304,500
FJSPSJ01	反击式破碎机		台	1	110	3,000	330,000
PSC01	破碎锤						713,000
WJJ01	挖掘机						768,000

工种编号	工种名称	数量	单价	日数	小计
FBFZR01	分包负责人	1	600	520	312,000
GZ01	工长	2	500	520	520,000
PG01	普工	2	300	520	312,000
GJG01	钢筋工	2	280	520	291,200
MBG01	模版工	3	300	520	468,000
HNTG01	混凝土工	2	240	520	249,600
YYLG01	预应力工	6	230	520	717,600
CZS01	操作手				
CZS01	操作手				

人工费用例数据表
合计：4 000 000

机械费用例数据表
合计：11 000 000

材料费用例数据表
合计：54 000 000

图11-28　数据推演表示意图

图中的用例数据表中给出了材料合同的5400万元材料费的明细（计算过程）。同理还可以编制出人工费、机械费合同金额的明细。

每个节点都对应一张上述的用例数据推演表，虽然用例数据推演表编制时的工作量很大，但正是有了翔实的用例数据，才能确保业务详细设计的正确性。业务的详细设计是保证系统可用的最基础的要求。用例数据不但可以用于验证设计结果，而且还可以用于后面的测试开发完成的系统，以及作为上线培训、验证的资料，让一套数据获得多次的使用价值。

从一名业务设计师（或需求工程师、业务专家）是否具有编写业务用例的能力，可以看出他在业务方面的专业水平。从一个项目设计完成后是否进行过业务用例的验证，可以判断该项目完工后是否具有一次上线成功的可能性。

【参考】《大话软件工程——需求分析与软件设计》第21章。

11.6.4 验证结果

业务用例的设计者会通过编写用例导图和数据推演等，将自己设计的全部内容，包括流程、界面和数据串联起来，第一次完整地感受设计的整体效果，并搞清楚业务的逻辑。这项工作对于确定复杂系统的设计结果是否正确有着非常重要的作用。

一般来说，业务验证使用的是业务原型（使用各类界面设计工具），数据是不会自动计算的，虽然数据并不能自动计算，但由于在设计和验证时，必须要将所有的界面关联起来，上下游界面之间的数据要能够吻合，因此就要求业务人员必须将上下游界面关联起来检查：数据是否吻合、交圈。因此如果设计上存在业务逻辑不合理或数据逻辑不合理，很容易就会被发现。

通过这样的用例验证后，强化了设计师对业务逻辑、数据逻辑的认知，可以说每个模块的负责人都增强了对自己设计内容的把握。

做过了业务用例的验证后，设计师基本上就可以看清楚系统完成后的业务处理效果（完成应用用例的验证后，就对系统全貌有了确定的把握）。业务用例和应用用例的联合使用，可以彻底解决软件设计师在开发完成前不知道设计效果的问题，可以和其他行业（建筑、制造等）一样，在设计完成时就知道建造/制造完成后的效果。

【参考】《大话软件工程——需求分析与软件设计》21.2节。

★Q&A：李老师问由测试转岗的鲁春燕：“你这次做业务用例的感受如何？”

鲁春燕回答说：“以前由于没有做过成体系的、有过程的、并将相关业务串联起来的业务用例，测试时都是测试人员自己编写测试用例，更多是从单个‘功能’的视角，而不是整体‘业务’视角进行测试，所以测试结果如果没有Bug，基本上就通过了。通过这次编写业务用例，第一次感受到了站在用户视角，用一个完整的业务场景去验证业务设计的作用，在用例验证过程中，在自己的设计模块中发现了很多设计不交圈的问题，这些问题如果不用数据进行验证是不可能发现的。

提前进行的纸上推演，确实减少了系统编码完成后的返工。”

11.7　详细设计规格书

详细设计阶段的交付物《详细设计规格书》主要包括3层内容：架构、功能和数据，以及业务用例。

（1）业务架构：主要是业务流程的详细设计（流程5件套）。

（2）业务功能：业务功能的详细设计（业务4件套）等。

（3）业务数据：包括数据关系表、数据模型（关联图、钩稽图、数据线）等。

（4）业务用例：对概要、详细和管理设计成果的验证用例。

【参考】《大话软件工程——需求分析与软件设计》22.4节。

★Q&A：工程化设计过程的迭代次数很多，可以简化步骤吗？

培训时学员经常会问类似的问题：是否可以减少迭代次数？是否可以一次就做到位？人手少无法分为多个步骤进行等。

回答是当然可以。举个流程的例子，在本案例中，参见图11-29，在现场调研时使用手绘的一维排比图进行收集（图11-29（a）），然后经过了流程的统一（图11-29（b）），流程分析（图11-29（c））、概要设计的优化（图11-29（d）、图11-29（e））等一系列的处理，这些步骤处理的内容都是不一样的。如果你有能力一次就完成这些步骤的工作，就不要做两次。如果一次完成不了（不论是因为个人能力差，还是客观条件不充分），那就如同本书的案例一样，分成若干步骤，逐步完成流程的设计。

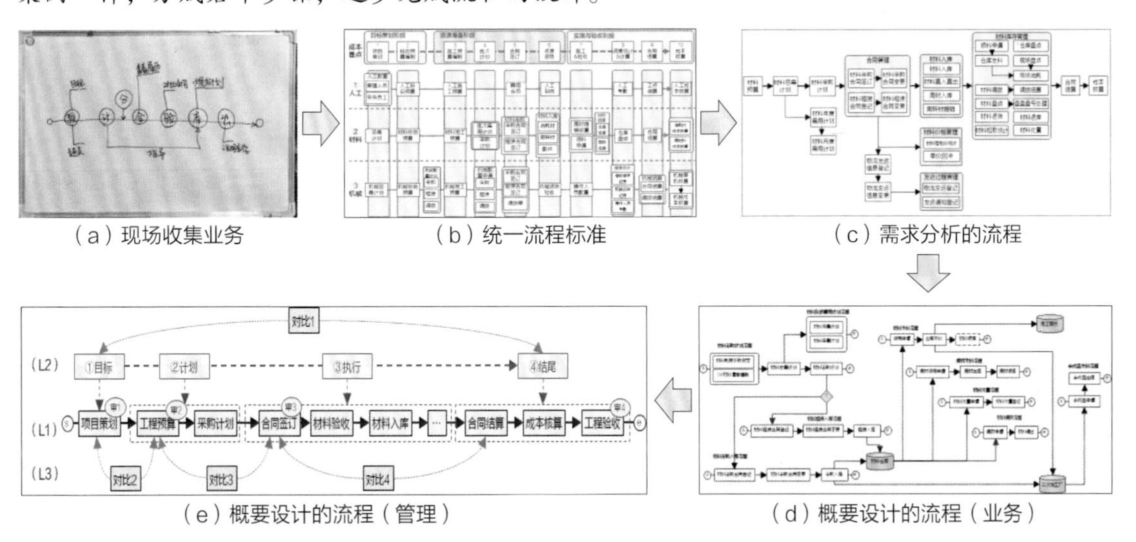

（a）现场收集业务　（b）统一流程标准　（c）需求分析的流程

（e）概要设计的流程（管理）　（d）概要设计的流程（业务）

图11-29　流程收集、标准化、优化设计过程示意图

同理，对界面的设计也是一样，如图11-30所示，在本案例中，在调研现场收集到了原始表单（图11-30（a））、业务设计的优化（图11-30（b））、应用设计的系统原型（图11-30（c））。如果可以一步到位，那么设计一次就可以。

（a）现用表单（原始）　（b）业务设计（优化）　（c）应用设计（系统）

图11-30　原始表单→业务原型→系统原型的转换过程

具体要将设计划分为多少个步骤，是由项目的规模、复杂程度、资源安排以及设计师个人的能力等客观条件决定的。

第12章 应用设计

设计工程已经完成了概要设计和《概要设计规格书》、详细设计和《详细设计规格书》，下面就进入到应用设计。应用设计是针对概要设计规划的内容做应用方面的设计，设计的重点是机制、系统等方面的内容，是业务人员在一阶段承担的最后工作，应用设计完成后形成《应用设计规格书》，作为后续技术设计部分的输入。

本章位置参见图12-1（a）。本章的主要工作内容及输入/输出等信息参见图12-1（b）。

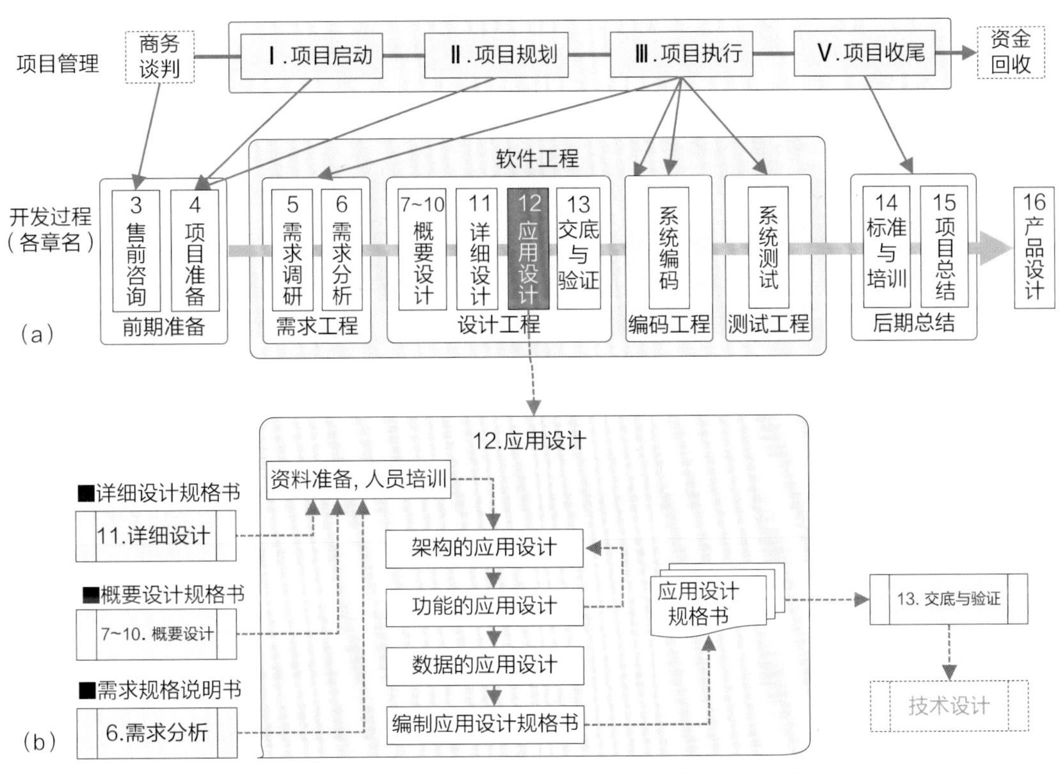

图12-1　本章在软件工程中的位置、内容与输入/输出信息

12.1 准备知识

在进行应用设计前，首先要理解系统应用设计的目的和内容，需要哪些重要的理论和方法，以及从事这项工作的人需要有哪些基本的能力。

12.1.1 目的与内容

1. 应用设计的目的

定义：应用设计可以看成“业务设计部分”与“技术设计部分”的接合部，它给出了系统运行机制与开发完成后使用时的效果。最终的企业管理信息化价值主要体现在这部分的设计成果中。

业务的详细设计完成了，确保优化后的业务处理和运行逻辑都是正确的，但是处理和逻辑的正确是否可以确保在“人—机—人”环境中是最佳的运行方式呢？是否体现出信息化的最大价值？这还不一定，所以应用设计的作用就要充分地将业务和IT技术相结合，最大限度地发挥信息化价值。

从应用设计开始，关注的重点就不是业务了，而是“机制、系统”等内容，应用设计是从业务设计向技术设计转换的重要中间环节，这个环节处理的优劣，将会极大地影响产品价值和交付后的客户满意度。概要设计提出的“人设事、事找人”“为企业正确运行保驾护航”等的设计理念等，要由应用设计给出实现方案。

在业务设计过程中，是站在客户的业务视角来看待设计对象，进入应用设计阶段，就要站在系统的视角把业务设计完成的功能看成系统“构件（或是零件）”，此时的关注点就已不在业务方面，而是放在构建“人—机—人”的信息化工作环境方面，重点是实现企业管理的信息化、自动化、智能化的设计。对于各类设计的目的和作用，已在《大话软件工程——需求分析与软件设计》中进行了详细介绍，归纳如下。

- 业务设计：确保了系统的“**业务正确性**”，业务设计的对象是纯业务内容。
- 技术设计：确保了系统的“**技术可用性**”，技术设计的对象是纯技术内容。
- 应用设计：确保了系统的“**易用应变性**”，应用设计的对象是业务+技术的内容。

应用设计所处的位置是业务与技术的交接处，参见图12-2所示的软件工程框架图。这个交接处的设计结果会产生以下影响。

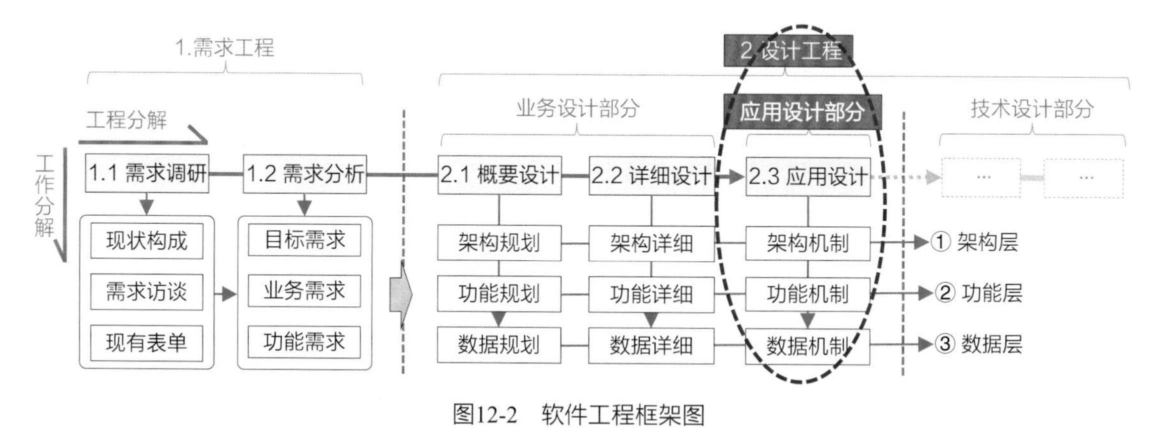

图12-2 软件工程框架图

- 对用户：操控性的优劣会极大地影响系统用户对信息系统的满意度。
- 对软件公司：灵活性的设计是展示与其他竞争对手产品差异的最佳方式。
- 对开发者：需求工程师和程序员之间的顺畅传递，是两者间待解决的难点之一。

★解读：业务人员和技术人员之间沟通难，难在哪里？

在给软件公司做培训时，每次都会重复地遇到这样一个问题：业务人员和技术人员之间的“沟通难”。

○ 业务人员抱怨说：“给程序员讲需求非常难，他们总是听不懂。”

○ 技术人员也抱怨说：“向业务人员确认实现方案很费劲，他们总是不理解。”

尤其是在新产品或新项目开发时，需要花费更多的沟通时间，而且花了时间往往还不能确保开发结果是正确的。当需求是纯粹的业务需求时（普通的流程或界面开发）沟通还容易，如果遇到了类似“人设事、事找人（见概要设计——价值的相关内容）”这样的机制型需求时，就更加困难了，业务人员不知道该如何表达和说明自己的主张，技术人员也找不出应对的方法，而这些内容恰好有高附加值，是与竞争对手产品拉开距离的关键。

问题出在哪里了呢？其实就是双方缺乏共同的“沟通语言”，业务人员用业务用语说明业务需求，结果技术人员听不懂；技术人员用技术用语说明实现方案，结果业务人员也搞不清楚。双方在没有彻底理解、确认对方意图的情况下就把系统做出来了，那这个系统不出问题才怪。所以在业务人员和技术人员之间，还需要掌握一个共同的“沟通语言”，就是应用设计，它的关注点在“机制、系统”，它的工作目的就是融合业务+技术。掌握了应用设计的方法，就会完全消除双方的沟通障碍，提升双方的能力水平和工作效率，最终达到开发的结果与预期相一致。

2. 应用设计的内容

应用设计的核心是将业务设计成果（架构、功能、数据、管理、价值等）与技术实现方法融合，或者说是给出融合的方法。之所以要进行应用设计，就是想通过应用设计，在业务设计成果上体现信息化手段的优越性。如果仅仅是用编码的方式模拟业务的详细设计，那就不需要进行应用设计，直接进行编码实现就可以了。顺便说一句，如果采用直接模拟业务详细设计的方式，完成的系统大概率是不具有随需应变能力的。可以将应用设计的内容分为两个层面。

（1）系统的表面：决定系统操作的易用性（友好、人性化等）。

（2）系统的内部：决定系统响应需求变化的能力。

操作表面的易用性和系统内部的应变能力是密切关联的，所以做好应用设计需要设计师具有业务知识和技术背景的支持。应用设计主要是在业务设计的三层成果（架构、功能、数据）之上，再加入应用设计的内容。

这里要注意：管理设计和价值设计不是独立的设计，只是为了讲解方便将它们分为了两个独立的章，因此概要设计中讲到的管理设计和价值设计的内容要在架构、功能和数据的三层设计中同时完成。

下面根据图12-2的工作分解（纵向），说明架构、功能和数据三层的设计内容。

（1）工作分解1：架构层面的设计内容。

- 架构机制：设计业务流程在系统中的运行机制。
- 系统功能：在业务架构上增加系统功能、数据库等规划内容。

（2）工作分解2：功能层面的设计内容。

- 功能机制：将业务功能转换为组件，为业务处理设计机制。

- 系统功能：增加按钮控件（新增、保存）和非业务性功能（权限、时限）。

（3）工作分解3：数据层面的设计内容。

- 数据机制：建立数据复用、共享的机制。
- 系统功能：增加对数据的查询、调用、链接等系统功能。

★解读：关于登录、审批流程、权限、规则配置方法等。

这些基本属于“机制”功能的设计问题，解决这样的问题需要有很强的系统架构和设计能力，最好还有技术设计方面的知识，显然，解决这样的问题不是一般仅做过需求分析师的业务人员能够完成的，当然没有业务背景、设计经历的程序员也是难以胜任的，从这里可以看出，应用设计不是简单地由“需求分析师+程序员”就能搞定的。

3. 应用设计与产品设计

应用设计的内容大部分可以应用到产品设计上，因为产品设计的原则是：用有限的功能应对无限的需求。能够达到这个要求的重要原因就是产品设计需要有很强的应变能力，需要很多“机制”的协同才能做到。

★解读：“机制”与“平台”概念上的区别。

“机制”是一个广义的概念，是一个可以灵活组合、配置的功能，例如，在界面的按钮后面链接一个可以按照需要配置管理规则的功能，此时“机制”是一个小的单体机制。如果在一个系统内建立一套可以灵活配置各类应用的功能，“机制”就是一个由复数机制组合在一起的“机制组”，或称为平台。在本书中没有提到平台的概念，是因为平台本身又是另外一个大的体系（本书的重点是讲述“企业信息化管理系统”的研发方法）。

这里重点讲的是“机制”，主要是想让读者建立起“机制”的概念，掌握了“机制”的思路、设计和应用方法后，未来无论是做一个小的、独立的机制，还是参与大型的平台开发，都会很容易理解。可以把一个“平台”看成一组“机制”的集成。

【参考】本书第16章。

12.1.2 实施方法论

完成了业务设计（概要、详细）后，对系统中有关业务视角的架构、细节的处理等就全部确定了，在前面已经讲过多次，业务确定不意味着系统易用、好用，因此还要从系统使用的视角，在业务设计的基础上进行应用设计。本章的实施方法论重点讲解以下两点。

（1）设计存在的问题。

（2）应用设计的作用。

通过对这两点的讲解，使读者充分理解应用设计存在的意义，以及该如何提升应用设计的水平、积累应用设计的经验和知识。

1. 现实存在的问题

有无必要设置应用设计环节？应用设计环节的内容和作用到底是什么？可以从软件公司和客户的经验和反应来回答这个问题。

1）软件公司存在的问题

在实际的软件开发过程中，经常会出现两个现象。

一是在前面提到过的业务人员和技术人员进行需求交接时容易出现沟通不畅的问题。

二是如果完成的系统需要具有随需应变的“机制”时，设计开发就很困难（开发一般的系统是没有问题的）。

对这两类问题进行仔细分析后发现：第一个问题出在双方缺乏一个中间交流的用语。第二个问题出在业务人员不能准确地给出系统所需的机制设计资料，而技术人员除去编码也不清楚如何建立应对机制。

2）客户存在的问题

客户导入了信息系统后，经常会出现这样两类问题。

① 用户在使用软件时会经常抱怨客户体验不好、界面设计不友好、操作逻辑不清楚、系统处理不够智能、操作效率低、没有感受到预期的信息化价值等。

② 当需求发生变化时，需要花费很长时间进行修改，有时还因为系统过于复杂，修改起来很麻烦，甚至修改也无法满足客户的需求变化。

对软件公司和客户双方存在的问题进行仔细分析对比后会发现：它们既不属于纯业务问题（因为业务逻辑、数据逻辑等有问题是不可能上线的），也不属于纯技术问题（因为编码有问题也是不能上线的），当然也不是美工/UI的问题（他们的影响很小）。

那么这些属于什么样的问题呢？是应用设计方面的问题，这些问题不解决，将会严重地影响客户体验和系统的客户价值。

2. 应用设计的作用

从上述软件公司和客户问题的综合分析上看，如果需求是常规不变的业务界面设计和实现，直截了当地按照需求用代码固化系统（写死）也是没有问题的。但如果涉及构建可以灵活应对需求变化的“机制”时，在设计和编码两方面就会出现问题，**所谓的“机制”问题，本质上就是业务人员和技术人员双方都缺乏“系统概念、系统思维、系统架构”造成的**，所有的软件工程师都要理解：“系统≠技术”，如图12-3所示。

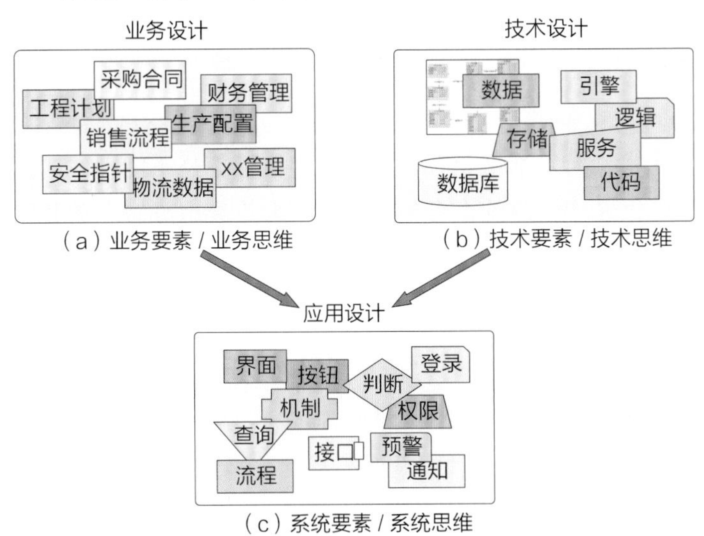

图12-3　不同设计要素构成示意图

从图12-3可以看出，3种设计的对象（要素）都是不一样的。而应用设计的对象是介于业务设计和技术设计之间的。

业务设计见图12-3（a），内容是纯客户业务要素（在屏幕上只能看到字段，看不到逻辑）。

技术设计见图12-3（b），内容是纯技术编码要素（从屏幕上直接看不到）。

应用设计见图12-3（c），内容是介于业务和技术设计之间（可在屏幕上看到、感受到）。

三者的关联关系是：业务的需求是通过技术做出系统来实现的，系统需要的灵活性通过应用设计来实现。这就要通过界面层面和系统层面建立一套“支持应变的机制”来实现。

1）界面层面

作为系统的用户（操作者），感受到系统的优劣是从界面的易操作性开始的。包括界面布局、友好性、智能性（参考价值设计的内容），其次才是业务设计的成果，包括业务逻辑、业务数据等。如果应用设计的效果不好，操作费时费力，那么再好的业务设计成果也体现不出来（因为用户不愿意使用）。

为了获得用户的高满意度， 作为应用担当的设计师最好能有机会到客户的培训现场（当然，UI设计师/体验设计师最好也能参加体验），观察用户是如何使用系统的，他们的使用方式与设计师的预想是否一致。例如，在应用设计中提到的“事找人的流程设计方法”“待办提醒的通知设计方法”“按照任务进行功能设计的方法”等，这些鲜活的应用需求来自设计师在现场观察用户的使用或与用户交流得到启发后提出来的。观察用户的实际应用，可以为应用设计师带来非常大的能力提升。设计师要不断地在现场进行实践，应用设计做得有多好，系统用户的感受就有多好。

2）系统层面

作为系统的客户（投资者），判断系统的优劣是根据需求发生变化时的响应速度。客户企业由于需要快速地对外部市场的变化做出反应，并不断地调整业务和管理方式，因此会产生需求的频繁变化，如果信息系统能够快速地、低成本、高效地进行修改以响应需求的变化，甚至做到不用修改代码或不用程序员就可以完成，将会受到客户的高度赞扬。

现在各软件公司都在研究产品的标准化、模块化、可配置化、无码开发、各种架构平台（应用、数据等）等，其目的都是在研究如何实现快速的需求应变能力。

系统的机制设计需要设计师具有跨界的思维方式，更多地从“系统”的视角思考，而不是从“编码”的视角思考，这样才能获得更多的设计灵感。

往往**两个软件公司在竞争时**，最终决定胜负的既不是业务设计水平，也不是技术开发能力，而是**应用设计的优劣**，因为不论业务和技术哪个错了都是不能上线的，所以两家公司不会有多大的差异。如果应用设计不好是不影响上线的，但是会造成客户的体验不好，会使客户的满意度降低。

★解读：应用设计决定信息系统的应用价值。

客户的项目管理总监提到了这样的需求，在现场需要手机端来处理业务数据和拍摄工程节点的照片，这对手机端的设计要求非常严格，因为在施工现场，工人可能站在脚手架上，一只手扶着钢柱以确保自身安全，另一只手进行拍照，这就需要将界面设计得非常人性化，用一只手就可以进行简单的拍照，另外由于工人的手指比较粗，页面上设计的功能按钮之间的距离要足够大，避免误操作，等等。如果没有非常贴心的应用设计，系统中的业务处理得再正确、完美，也没有好的客户体验，因为操作界面不友好、不简洁。

12.1.3　角色与能力

应用设计对设计师的知识和经验要求高，看重的是设计师的综合能力，做出优秀软件设计的前提是要激发出设计师的灵感，让设计师将“业务、应用和技术”融合在一起，为客户带来最佳的信息化体验和最高的信息化价值。

处于业务和技术的设计过渡阶段，应用设计需要综合的知识和技能（业务、技术、UI、美工等），角色对产品的应用价值起着很大的作用。这样的人才比较缺乏，也比较难培养，因此为了强调其重要性以及与其他传统角色的不同，在本书中暂将这个角色称为“应用设计师”。

应用设计需要的知识和能力，对比建筑行业的建筑设计师（=软件的业务设计师）就知道，应用设计师要掌握的知识一定是复合型的，不但要熟知自己的专业，而且还必须要了解和掌握一定的其他专业的知识，一个仅掌握某个很窄的专业知识的设计师是很难设计出好产品的。

虽然对在一阶段工作的业务人员来说做应用设计可能有些难度，但这部分的内容对后续实现设计师的理念、构想和价值是非常重要的，设计师如果不能理解这部分的内容，就很难在系统的设计阶段预想到未来系统完成后的效果。

★Q&A：应用设计应该由谁来做呢？

培训过程中，大家在了解了应用设计的内容和作用后，都非常认同它的价值，但是有一个问题困扰着大家：鉴于应用设计对能力要求较高，那么该由哪个岗位来做呢？

如图12-4所示，需求工程师不掌握应用设计需要的知识，程序员也缺少做设计的经历。实际上这就是困扰很多软件公司的问题：软件开发=需求+编码，销售的软件产品千篇一律，交付给客户的系统并没有做出信息系统应有的信息化价值。

图12-4　该由哪个岗位来做应用设计

应用设计的岗位需要软件公司从具有业务和技术两方面知识与经验的人员中聘用，并有意识地去培养，使他们能够成为业务与技术中间的桥梁，并为提升系统的信息化价值发挥特殊的作用。

12.2　准 备 工 作

在正式进入应用设计阶段要做好的准备工作包括：对参与应用设计的相关人员进行培训，准备好相关的流程、模板、标准、规范等。

12.2.1 作业方法的培训

培训资料来自《大话软件工程——需求分析与软件设计》一书，培训内容如下。

（1）第15章　应用设计概述

- 理解应用设计的目的和作用。
- 基干原理的概念。
- 业务流程的运行机制设计概念等。

（2）第16章　架构的应用设计

- 架构的应用设计。
- 机制的概念和设计思路。

（3）第17章　功能的应用设计

- 功能的应用设计（界面）。
- 管理的设计（按钮链接规则等）。

（4）第18章　数据的应用设计

- 数据的复用、数据的共用等。
- 文字型数据向数字型数据的转换等。

另外，还可以参考本书第8～10章。

★Q&A：如何才能体会到应用设计的存在？

在培训时有很多学员对此表示比较困惑，由于大家多为从事需求调研工作的业务人员，所以搞不清楚应用设计到底要设计什么内容。

关于这个问题，李老师向大家提了一个问题："你们作为软件的设计者，开发完成后自己会录入几遍数据来体验设计的效果吗？"回答是几乎没有人这么做，多数人都说是由测试工程师来做录入检查的，但是测试工程师输入的目的不在于测试易用性，易用性需要设计人员做出应用用例并亲自动手测试才能体验到。软件的易用性是"试"出来的。对比一下飞机的试飞员就清楚了，他们的工作就是帮助设计师测试飞机（很遗憾飞机设计师不能亲自测试）。

李老师给大家提了一个建议，每个人从自己设计的系统中挑出一个内容最复杂、操作步骤多且使用频繁的界面，假定用户每天要利用该界面录入20条数据，那么大家也要练习20遍，然后说出自己的感受，如果自己是这个界面的用户，在使用了20次之后会不会因为工作效率低、操作烦琐而吐槽、骂人？如果你吐槽了、骂人了，就说明你知道了这个道理：不论业务设计得多么正确，界面的应用设计效果不好，用户并不会夸赞业务设计有多好，他们只会抱怨系统不好用。如果你能从20遍的输入中找到可以优化的地方，并给出优化方案，那么你就能够理解什么是应用设计了。

关于这个问题，还有的学员问："我们公司有专职的'客户体验师'岗位，他们是否可以代替我们去做这个输入20遍的检查工作呢？"

李老师回答说："这个体验师是否参加了需求的调研和分析？是否非常熟悉客户业务及业务逻辑？如果你的回答是否定的，那么就不行。因为体验师不了解整体的业务、业务需求、业务逻辑，他是难以提出具有综合性的应用方案来提升应用价值的。‘体验’不可能在不熟悉业务的前提下进行，体验也不仅仅是对界面的表面操作顺序做出评估。”

12.2.2　作业模板的准备

下面准备应用设计的模板。在软件工程的框架图上（图12-2）可以看出，应用设计的对象也分为三层：架构层、功能层和数据层，因此应用设计的模板也分为三类。下面介绍各设计层需要的主要模板。它主要由设计师根据需求和业务设计成果，考虑采用什么样的形式来融合业务和技术，以取得最佳的应用效果。

1. 架构层的模板

架构层的应用设计重点是从业务设计成果转换为应用设计成果，所以这里不需要特别的模板，它的框架图模板与业务设计中的框架图表达是一样的。

2. 功能层的模板

功能层的应用设计主要准备的是组件4件套模板，如图12-5所示。4件套的内容如下。

模板1－应用原型

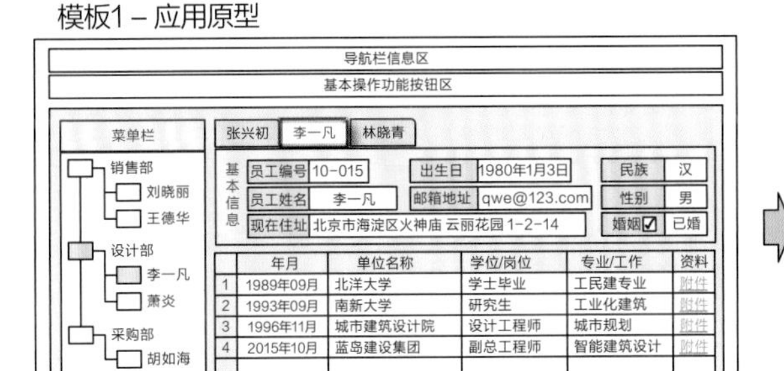

模板2－控件定义

名称		类型	格式	长度	必填	数据源	定义&说明	变更	日期
工具栏									
1	上传资料	按钮					按下按键，弹出上传资料的对话框		
主表区									
1	合同编号	文本框	0000-00	14	Y	自动	编码规则=年月+2位流水号， 例如：1811-01　18年11月第1号		
2	合同签订日	日历	yyyy-mm-dd	10	Y	系统	规则：不能跨月，违规提示		
3	到货验收期	日历	yyyy-mm-dd	10	Y	系统	规则1：不能跨月，违规提示 规则2：且，必须>合同签订日期，提示		
4	合同名称	文本框		50	Y		全角25字，中间不能有空格，违规提示		
5	供应商	文本框		40		供应商	弹出供应商选择对话框，选择后复制		
6	货物保险	选择框		2	Y		内容=空/有/无，初值=空		
		单选框			Y		内容=有/无，　初值=空	王铭	18/5
7	工程分类	文本框		14		分类	弹出建筑分类对话框，选择后复制		
8	总价(元)	文本框	##,###.##	9			算式：=Σ（细表_小计） 规则：合同总价 ≤ 1,000,000，		
9	总量(t)	文本框		10			=Σ（细表_数量），不使能		
10	运输方式	选择框			Y		选择范围=空/自提/送货/第三方		

模板3－规则说明

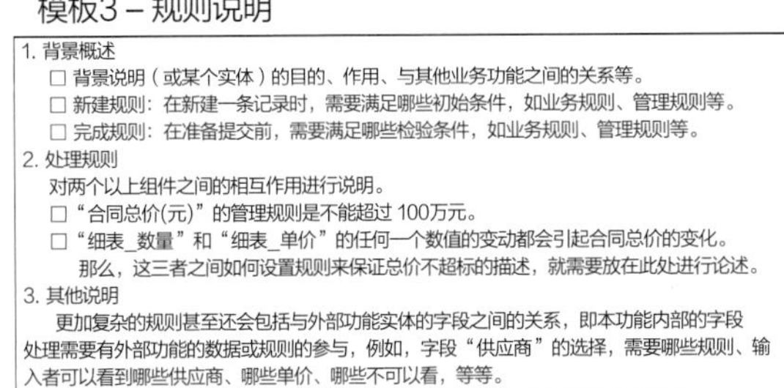

1. 背景概述

□ 背景说明（或某个实体）的目的、作用、与其他业务功能之间的关系等。

□ 新建规则：在新建一条记录时，需要满足哪些初始条件，如业务规则、管理规则等。

□ 完成规则：在准备提交前，需要满足哪些检验条件，如业务规则、管理规则等。

2. 处理规则

对两个以上组件之间的相互作用进行说明。

□ “合同总价(元)”的管理规则是不能超过 100万元。

□ “细表_数量”和“细表_单价”的任何一个数值的变动都会引起合同总价的变化。

那么，这三者之间如何设置规则来保证总价不超标的描述，就需要放在此处进行论述。

3. 其他说明

更加复杂的规则甚至还会包括与外部功能实体的字段之间的关系，即本功能内部的字段处理需要有外部功能的数据或规则的参与，例如，字段“供应商”的选择，需要哪些规则、输入者可以看到哪些供应商、哪些单价、哪些不可以看，等等。

这些复杂的说明甚至需要一些逻辑图来做辅助，所以需要一个较大的空间来容纳。

模板4－逻辑图形

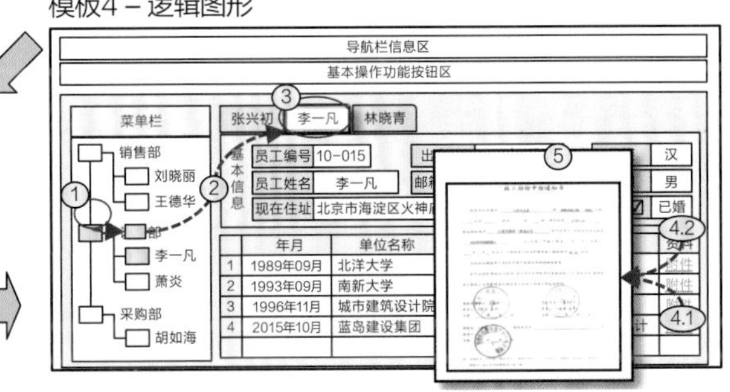

图12-5　组件4件套模板

（1）模板1-应用原型：确定的最终系统界面形式，是编码的依据。

（2）模板2-控件定义：只对界面上按钮等控件进行定义（业务字段不可改动）。

（3）模板3-规则说明：对界面整体的运行规则进行说明。

（4）模板4-逻辑图形：对界面内复杂的操作关系等进行说明。

这里要注意，“组件4件套”是由第11章中的“业务4件套”转换、继承而来的，所以这里用的不是全新的设计文档格式。组件4件套与业务4件套的区别如下。

- 业务4件套模板：只涉及业务的内容，不涉及系统的功能。
- 组件4件套模板：不涉及业务的内容，只涉及系统的功能，如增加按钮、预警控制、界面操作步骤等系统的功能。

注意，只有模板1的**业务**原型改为**应用**原型。

3. 数据层的模板

数据层的应用设计主要是针对数据复用、共享等的设计，因此不需要特别的模板。

12.2.3 作业路线的规划

在实际的开发过程中，应用设计是否有必要设置为一个独立的阶段，还要看项目的规模、复杂程度，以及工程师数量多少及能力，当项目小且不复杂时，应用设计的内容可以和概要设计、详细设计一起完成。如果系统复杂，且需要做大量的系统机制类的设计工作，那么就有必要将业务设计和应用设计分开，由具有不同知识和能力的设计师分别担任，例如，对设计理念中“人设事、事找人”系统机制的整体构想、规划和设计工作，就需要上述具有复合型能力的设计师来完成，又如在管理设计、价值设计中提到的一些机制的设计，如时限设置、预警系统、通知系统等，再有就是每个系统都会存在的权限设置、流程中心等也属于应用设计的范畴，在本案例中是单独设计的。

这类功能的分析和设计难度较大，需要由知识、经验都比较丰富的设计师来担任，所以需要单独地列出他们的作业路线规划，并调整相应的计划安排。

12.3 架构层的应用设计

架构层的应用设计主要是承接概要设计中涉及的架构、流程机制等。

架构层的应用设计需要做很多的工作，这里重点介绍3项内容。

（1）架构图的应用设计：继续完成框架图、流程图的应用设计部分（分解图不需要）。

（2）机制的设计思路：满足概要设计中提出的各项随需应变的机制设计思路。

（3）基线系统的设计思路：满足随需应变要求的系统架构方法。

其中，（1）和（2）已在《大话软件工程——需求分析与软件设计》中进行了详细说明，此处仅做简单介绍。（3）参考《大话软件工程——需求分析与软件设计》第5篇以及本书第16章。

12.3.1 框架图的设计

框架图的业务功能已经在概要设计中完成，此处需要增加应用功能的部分，参见图12-6。

在概要设计中框架图中只表达了与业务功能相关的内容，例如，销售管理、材料管理、合同管理等。在应用设计时，需要在业务功能的基础上再加入必需的应用功能，如各类数据库、企业知识库、系统运维功能、外部联通功能等。业务功能与应用功能相结合后，才能形成为客户带来全部价值的系统功能，图12-6中各部分说明如下。

图12-6（a）：业务设计的成果——业务功能框架图，参见图7-14。

图12-6（b）：应用设计的成果——辅助功能。

图12-6（c）：将图12-6（a）与图12-6（b）相结合，形成应用阶段的功能框架图，见图12-6（c）。

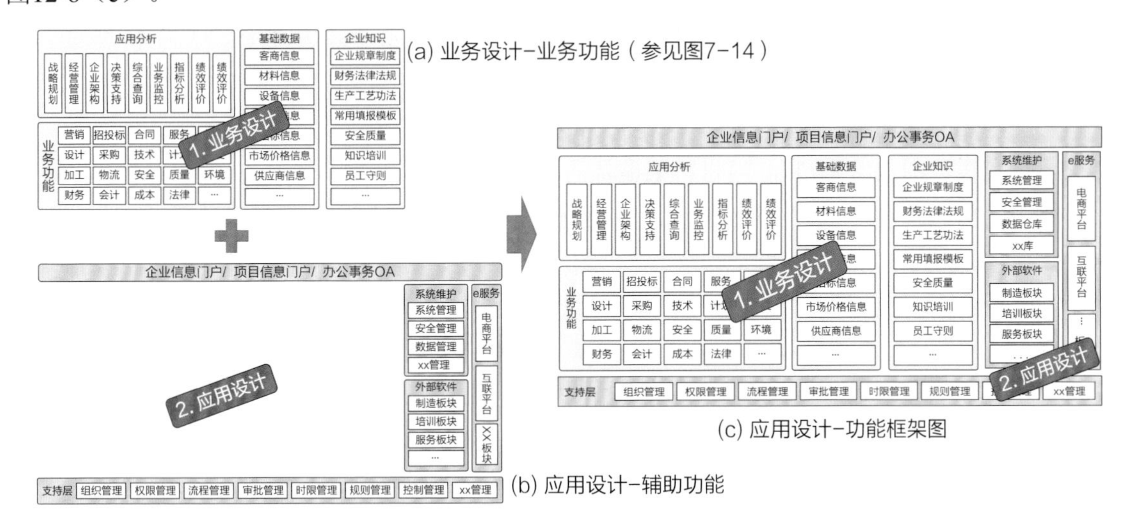

图12-6　业务功能与应用功能的结合示意图

补充说明：在后续进入技术设计阶段时，在图12-6的基础上还会再增加技术方面的功能，最终形成蓝岛建设系统的完整功能框架图，如图12-7所示。

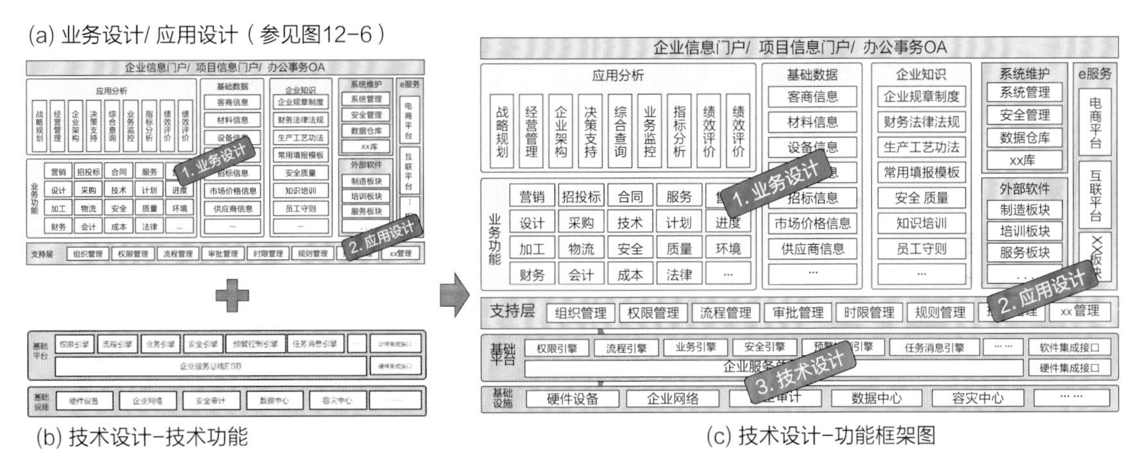

图12-7　蓝岛建设功能框架图

★解读：通过这样一层层的叠加，可以在不同阶段把注意力放在不同的设计对象上。但是有不少设计还处在业务讨论的初期时，就把整个框架图（图12-7）完成了，用图12-7（c）所示的框架图是不利于与系统的用户进行讨论的（除信息中心外），因为这些用户可能并不关心应用功能和技术功能部分。提前加入应用功能和技术功能会分散他们对框架图中的部分内容的理解。

12.3.2　流程图的设计

业务设计要优化业务流程、要确保优化后的业务流程必须符合用户视角的业务逻辑。但是运行在信息系统内的业务流程不一定与业务设计时的业务流程在架构形式上保持一致。因为信息系统中运行的业务流程需要同时满足的条件比较多，例如（不限于此），

- 业务逻辑一致。
- 应对小的需求条件的调整，如分歧条件的调整等。
- 应对大的需求条件的变化，如流程节点的增减。

下面举两个例子进行说明。

【例1】参见图12-8（a），当材料采购流程的中间需要删除某个节点或在该处增加一个新节点时，就造成了该处原来上下游节点之间数据关联关系的变化，此时为满足需求变化，就需要修改该系统流程。

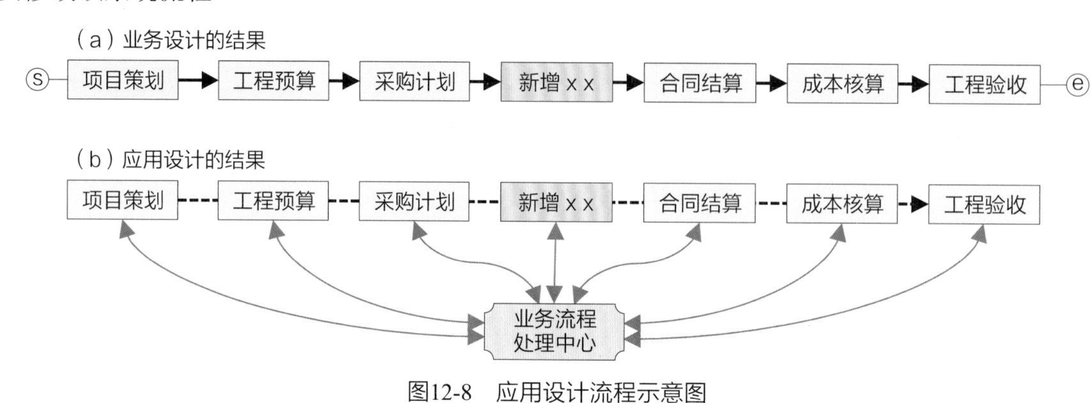

图12-8　应用设计流程示意图

【例2】蓝岛建设集团下属有20个分公司，集团领导要求统一所有公司中处理相同业务的流程，如材料采购流程。每个单位原本都有自己的采购流程，由于各单位的业务不同，使得材料采购流程确实存在一定的差异，很难完全用同一条流程取代。极端地说，20个分公司可以画出20条不同的采购流程，无法用一条报销流程来覆盖各分公司的不同流程（从流程图上看，就是流程的节点个数不同），该怎么应对这个问题呢？

仔细研究例1和例2后发现，实际上两个案例的需求是一样的，即当业务流程上的节点发生了需求变化时就会产生节点的增减。下面来讲解如何应对流程节点变化的问题。

业务设计时是按照实际的业务逻辑、节点处理顺序绘制业务流程图的，见图12-8（a）。

应用设计要解决的是从用户工作层面看，业务流程要符合用户的工作习惯，他们看到的业务流程图必须和图12-8（a）是一样的。从应用设计的层面看，系统中的流程架构方式是图12-8（b），在图12-8（b）的架构中，流程上的任何一个节点都不与其前后的节点直接关联，所有的节点都通过“业务流程处理中心”来关联节点。这个架构形式就不会受流程节点增减的影响了。“业务流程处理中心”就相当于一个“流程处理机制”。

12.3.3　流程机制的设计思路

建立了这样的流程处理中心，就相当于建立了一套应对业务流程需求变化的机制，不论业务流程的原始形状如何，也不论在运行中发生怎样的需求变化，有了这套机制都可以获得快速的响应。也就是说，从用户的工作目的看，绘制出来的业务流程可以千姿百态，但是在系统中流程都是一样的，用同一种机制来实现不同业务流程的运行。图12-9是实现图12-8的机制方

案，表现的是多条业务流程在系统中的运行机制示意图。

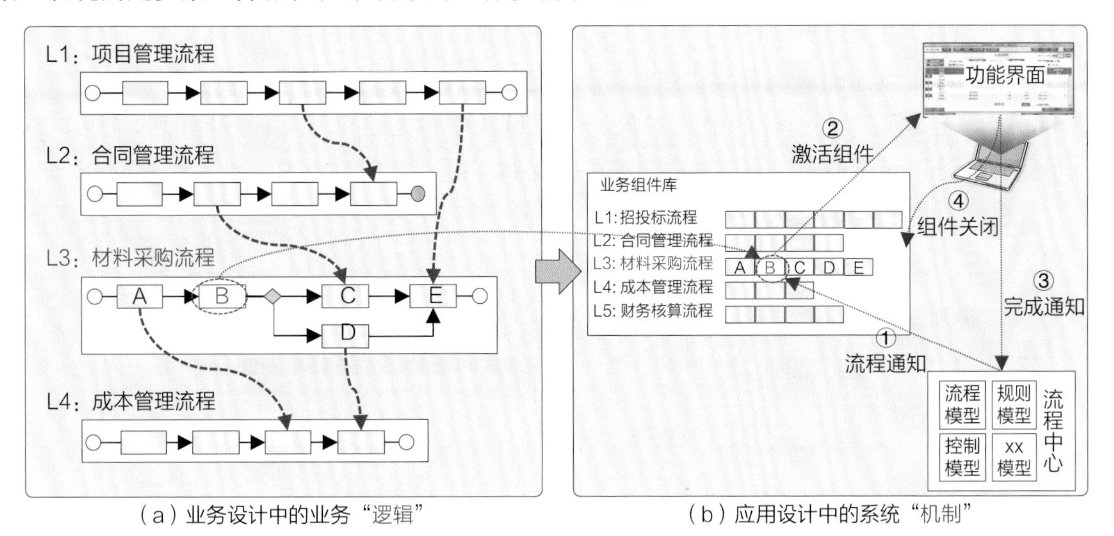

（a）业务设计中的业务“逻辑”　　（b）应用设计中的系统“机制”

图12-9　由“逻辑”转换为“机制”示意图

- 图12-9（a）表达的是没有“机制”的处理方案，节点之间表达的是业务“逻辑”。
- 图12-9（b）表达的是设置“机制”的处理方案，业务“逻辑”为“机制”所替代。

通过这个案例，读者可以看出：针对同一条流程，业务设计和应用设计思考的内容不一样，需要的设计能力也不一样，但是两者都是非常重要的设计，缺一不可。

当然，如果开发的系统中业务基本不变，或者即使有些变化也不需要进行特殊的应对（直接用修改代码的方式应对），那就不需要进行这样的应用设计了。

【参考】《大话软件工程——需求分析与软件设计》15.2节和第16章。

12.4　功能层的应用设计

功能层的应用设计主要是对组件、窗口等的设计。

在业务设计阶段（功能的详细设计），已经用业务4件套的表达方式给出了业务的详细设计，包括业务原型、布局、字段定义、规则说明以及逻辑图形，但业务设计阶段并不关注作为业务功能载体的“组件、接口、界面”等的细节设计，因为它们不属于业务设计的范畴。通常在软件公司内部，会对界面设置标准模板，规定一些界面设计必须要遵守的标准和规则，事实上界面设计已经标准化了，也就是说有了软件公司自己的界面风格约束，使得接到新开发的软件项目时，可以把工作重点放在业务设计上，只有当客户有特殊要求时，才会对界面的标准进行相应的调整或重新定义。

由于本章的重点在于介绍设计“机制”的思路，以实现可以随需应变的系统，所以实施方法论主要讨论机制设计的两个基础：界面层面和系统层面。

（1）界面层面：指界面的应用设计，包括组件设计、接口设计和界面设计。

（2）系统层面：指系统机制的设计（见图12-9，详见第16章）。

12.4.1 组件设计

首先讲解应用设计的最小单位“组件”的概念。在业务设计时，将功能分为活动、字典、看板和表单，它们是业务设计的最小对象，应用设计中也要给出与功能相匹配的构件，称为“业务组件”。下面简单介绍一个独立组件的定义和标准，参见图12-10。

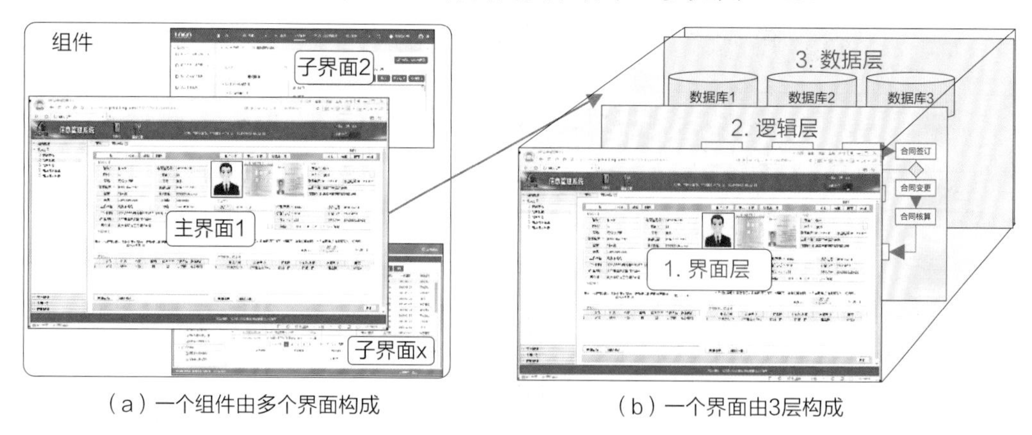

（a）一个组件由多个界面构成　　（b）一个界面由3层构成

图12-10　组件的建模示意图

- 一个业务功能对应一个组件，业务功能具有一个明确的业务目标（如合同签订的处理、合同支付的处理、合同变更的处理等）。
- 一个组件是由若干界面构成的，其中有一个主界面（用于主要数据的输入）和若干子界面（用于查询、参照等），由主/子界面协同工作来共同完成了一个业务目标，如图12-10（a）所示。
- 一个界面从技术上又可以分解成3层：界面层、逻辑层和数据层，如图12-10（b）所示。

建立组件的模型是建立业务功能标准化设计的基础，有了组件模型做基础，就可以建立一套设计、开发组件的体系，不论业务功能如何变化，通过简单的组合或调整，都可以响应需求的变化，大幅度提高软件设计和开发的效率（前面已经讲过，业务功能的设计和开发工作量几乎占到整个信息系统开发工作量的70%）。

12.4.2 接口设计

有了组件的概念后，将组件看成一个“黑盒”，组件是通过接口与外部进行交互的。

接口是组件内外相互联通的桥梁，在机制设计中的作用非常重要，设计接口时可以暂时把界面看成一个黑盒，只能利用接口实现内外的联通。按照接口中传递内容的不同分为两类。

- 一类是规则接口，专门用来处理“管理规则”。
- 另一类是数据接口，专门用来处理“业务数据”。

1. 规则接口

先来看一下规则接口，顾名思义，这个接口是连接管控规则的。每个规则接口中设置的管控规则都与该接口的名称相关，例如新增接口，该接口中连接的规则都与该界面是否可以发起一条新数据输入的条件相关，如图12-11所示。

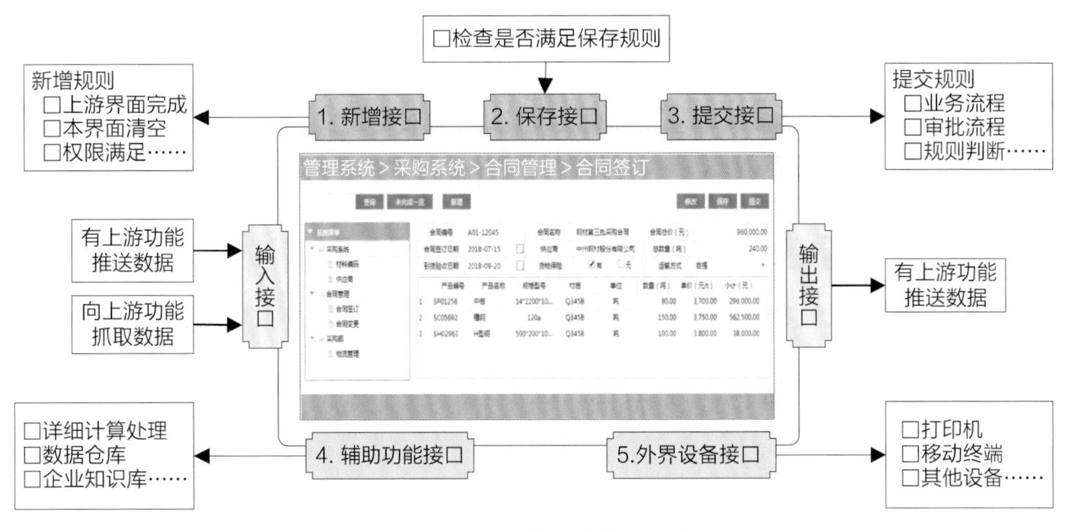

图12-11　界面操作功能接口示意图

这里要为每个规则接口设置一套“机制”，当该接口的需求发生变化时，可以通过接口快速调整或修改，每个规则接口都可以设置若干管控规则。如果设计到位，很多管理规则的变更都可以通过调整参数的方式进行，这也是“人设事”的一个落地案例。

2. 数据接口

第二类的接口是数据接口。在一个界面上处理的业务，通常需要有若干外部数据支持，这些数据为该界面处理的业务规定了标准值。这里也要为这些数据设置接口，这些数据可以分为以下几类（不限于此），见图12-12。

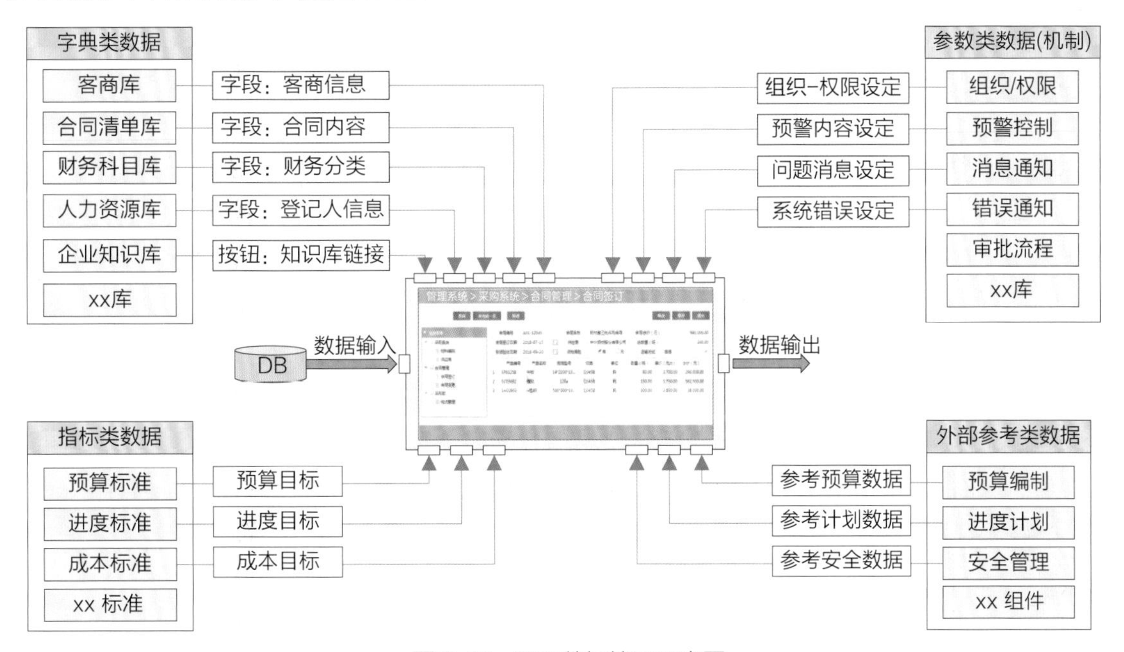

图12-12　界面数据接口示意图

- 输入/输出类数据：来源于上游的数据，这些数据参与本界面业务的处理，同时向下游界面输出的数据。
- 字典类数据：用于本界面内的业务处理，包括支持快速输入、限制输入数据的范围等，常见的有财务科目库、材料编号库、人力资源库、客商库、企业知识库等。

- 指标类数据：来源于上游规定的各项业务指标，这些指标影响本界面的业务处理结果，如在“项目策划”中给各类业务处理规定的目标值：材料采购不能超过的总预算、施工计划设置的总工期、每份合同签订规定的支付合同金额、仓库管理规定的在库预警值等。
- 外部参考类数据：在本界面处理业务时，需要参考其他界面的相关数据。
- 参数类数据：本界面的权限、通知等相关的参数类数据。

对与本界面相关的数据进行抽提、分类，是建立界面标准接口的基础工作。同时本界面处理完的数据也是其他下游界面的输入数据。

12.4.3 界面设计

应用设计阶段对界面的设计主要体现在机制方面。在第9、10章中介绍的大部分功能，如成本达标、风险管控、人设事事找人等，这些功能的实现都离不开对界面机制的设计。

1. 界面的布局

完成了组件对外连接的接口设计，下面就进入组件内部的界面设计。界面设计以组件内的主界面为例。首先要对主界面内的布局做一个通用标准，然后所有设计师都要遵循这个标准进行设计，如此才能使同一家软件公司销售的产品具有相似的风格和操作习惯。制定的标准见图12-13（仅作参考）。

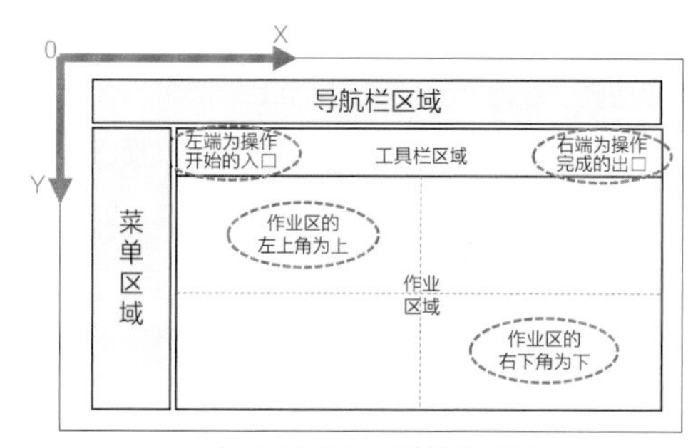

（a）界面的区域划分规则

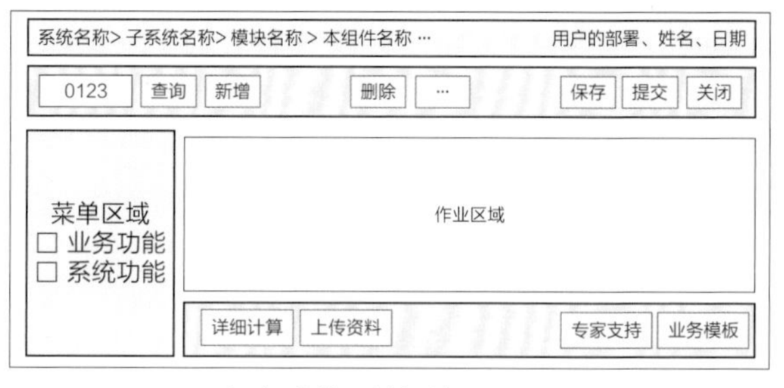

（b）功能区按钮的设置原则

图12-13　界面的划分示意图

- 对界面进行整体划分，分成导航栏区、工具栏区、菜单区和作业区。
- 导航栏区域：表注数据的该界面的来源及相关信息。
- 工具栏区：布置按钮的区域，这些按钮是操作本界面的通用功能，可以分为上下两个区，上区布置常用的操作功能，如新增、保存等，下区布置辅助功能，如专家支持、企业知识库等。
- 菜单区域：可以选择系统中的全部功能（界面）。
- 作业区域：是布置字段、直接输入数据的区域，这部分内容在详细设计中已完成。

2. 按钮设计

界面上的按钮设计，除去按钮的基本功能外（新增、保存等），大部分对界面内容的管控规则是链接到按钮上的（因为用户的工作是通过界面来完成的），当按钮被单击后，除去完成它们各自规定的基本功能外，主要是执行管控功能。下面举例说明各按钮的管控功能。

1）“新增”按钮

单击“新增”按钮后，基本功能是新增一条数据，管控功能是系统自动检查是否有操作权限、上游数据是否已完成可复制、本界面数据是否可以清空等。

2）“保存”按钮

单击“保存”按钮后，基本功能是保存数据到数据库，管控功能是系统自动检查是否有为空的字段、是否有不合乎输入规则的字段、字段的数据是否满足业务标准等。

3）“提交”按钮

单击“提交”按钮后，系统自动检查是否已完成全部输入数据、是否有不合乎输入规则的字段、是否需要走审批流程等，满足全部检查结果后，关闭界面（=锁定界面），然后通知业务流程中下一个节点的用户。

按钮管控设计的重点也是将管控部分的内容设计成一个机制，这样不论链接在按钮上的管控规则有多少，或需求发生变化时需要进行增减，都可以快速地应对。

3. 界面业务设计

最后对界面内的业务内容进行设计，由于界面的基本构成形式和字段的定义等已在业务的详细设计中完成（参见该界面的业务4件套），在应用设计阶段将业务设计的原型调整成符合界面设计标准的形式后，直接复制粘贴在此即可，见图12-14。

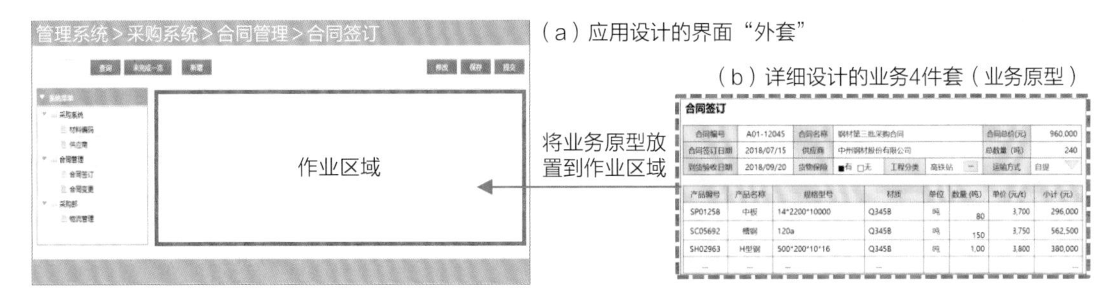

图12-14　界面的业务设计示意图

当然，如果业务的详细设计阶段就采用了界面设计标准做业务原型，则此处就没有必要调整了。

【参考】《大话软件工程——需求分析与软件设计》第17章。

4. 应用设计文档

基于软件工程各个阶段之间文档的继承性，所以应用设计的第一步就是从业务4件套中找出对应的业务设计资料原件（如合同签订），对其业务4件套进行复制，作为后续应用设计的记录模板。这里要注意不要在业务4件套上直接进行编辑，要保留原始资料。

相对于在详细设计阶段的界面设计内容，应用设计增加的内容较少，主要变化体现在有关机制的设计上。如果内容较少，且与某个界面紧密相关，就追加在该界面的4件套上，如果内容很复杂且涉及很多的界面，就可以单独编写一份文档放在应用设计规格书中。

12.5　数据层的应用设计

数据层的应用设计主要是对数据的共享、复用等。

架构层、功能层的设计完成了，下面进入到最后对数据层的应用设计。架构层和功能层的设计可以用流程图、界面原型来直观地表达，很容易从逻辑上看懂设计意图。相对来说数据的设计就比较抽象，它们是存储在数据库中的单体数据，表面上看不出它们之间的业务逻辑，所以对数据的应用设计尤为重要。

对数据层的应用设计，主要是数据的共享、数据的复用、数据的转换3方面。

（1）数据的共享：实现共享要做主数据、数据标准等，建立共享的机制。

（2）数据的复用：将历史数据进行处理，作为下一轮生产开始的参考数据。

（3）数据的转换：将文字型数据转换为数字型数据，以利于系统处理。

关于（1）的内容在《大话软件工程——需求分析与软件设计》中已有说明，这里不再重复。

关于（3）的说明在第9章以及《大话软件工程——需求分析与软件设计》第18章中给出了详细说明，这里不再重复。

本节将“（2）数据的复用”作为重点。这里举例说明如何利用积累的历史数据，支持新的材料采购合同的签订。目的是利用信息化手段帮助减少采购风险，确保采购价格透明化，以及提升企业在市场上的竞争力，这是一个典型的对历史数据的复用案例。

本案例主要介绍如何建立“机制”实现数据的复用。

12.5.1 数据需求

信息系统运行一段时间后，就会积累大量的数据，如何通过信息化手段建立一套机制来方便地利用这些积累的历史数据，显然不是一个纯业务人员能够解决的问题，如何让历史数据有效地为下一次合同签订提供精准的辅助服务，防止判断错误，显然也不是一个纯技术人员能够解决的问题。这里就要利用应用设计的方法建立一套机制来利用历史数据。

【例】企业签订一份材料的采购合同时，需要考虑很多的因素，举例如下（不限于此）。

- 建筑的种类、规模等：种类可以确定需要哪些材料，规模可以判断采购数量等。
- 材料采购地点：国内的东、西、南、北或国内、国外，地点不同价格也会不同。
- 采购时间、数量等：采购的时间（旺季）、数量（量大可压价）。
- 采购条件：客户与供应商在何种条件下约定的价格。
- 供应商：供应商规模的大小、以往合作的履历有无污点、合作年限等都会影响到价格。

以上种种因素都会影响价格的高低，客户会将上述数据在每项工程建造的过程中都做记录并积累下来，这些信息对于下一次采购合同的签订有着非常重要的指导和借鉴意义，特别是在建筑行业中，每个建筑物的造价都非常高，且建筑的总成本中材料采购费用大约占总造价的70%，材料采购哪怕是仅仅节省1%的费用，都是非常有意义的工作（假定建筑总造价为1亿元，那么节省1%的材料费就是70万元）。

假定需求为建立一套机制，将积累的与签订材料采购合同相关的数据汇总起来，当用户在合同签订界面上编制合同文件时，系统可以自动地提供智能化的帮助和检查，确保签订的合同内容正确、价格合理，确保用户不会发生简单的输入和判断错误。

12.5.2　机制设计

清楚了数据的应用设计需求，下面就来考虑如何建立可以让数据循环使用的机制。

1. 数据的来源

如图12-15（a）所示，历史数据是从业务流程上的相关节点处采集而来的，需要建立一套机制，该机制可以自动地从指定的节点处采集规范的数据并存储到历史数据库，如图12-15（b）所示，在历史数据库中保存诸如项目名称、工程地址、合同编号等数据。

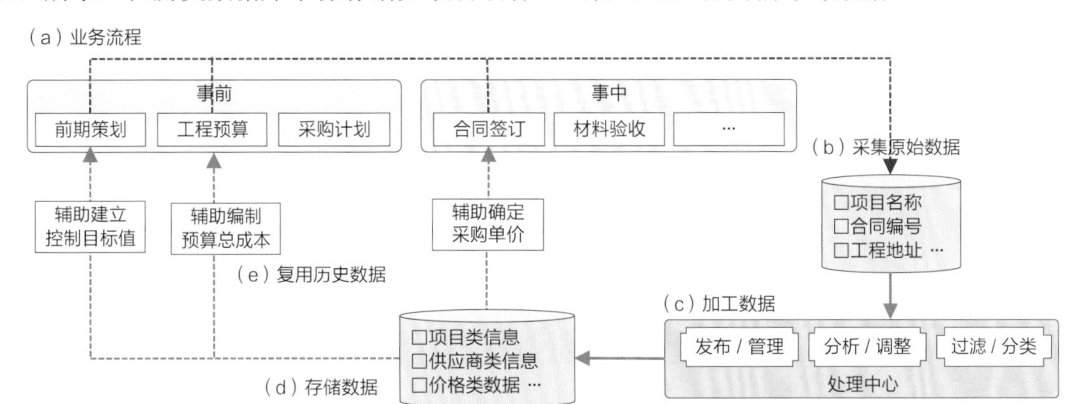

图12-15　历史数据复用机制示意图

2. 数据的加工

在系统中建立一个数据处理中心，如图12-15（c）所示，对采集来的原始数据进行清洗、加工，并将这些数据按照方便使用的形式存储下来，见图12-15（d），加工后的数据如下。

- 项目信息：是从客户企业与建筑投资商所签合同界面获得的（不在采购流程上），包括项目编号、项目名称、规模、形式、建筑地域等信息。
- 供应商信息：从供应商库获得基础信息（分类、规模、资金、信誉）、从合同签订获得交易履历（有多少次、有无失信）等信息。
- 价格信息：从合同签订、供应商及合同签订处，可以获得同一类材料在不同的地域、时间、条件下的采购价格等信息。

这个机制可以保证在信息系统运行时，按照预定的程序自动进行循环。

3. 数据的应用

有了加工完成的数据后，下一步就是设计如何应用这些信息，以及链接需要这些信息的界面。本案例选定的是流程上“合同签订”界面，因此需要在合同签订的界面上链接这些信息，链接的方式有很多种，可以考虑使用双击界面上的字段“标题栏”的方法去链接参考信息，如图12-16所示，参考方法如下。

- 项目信息：可以通过双击界面上的“项目编号”标题栏，打开项目类型信息界面。
- 供应商信息：可以通过双击界面上的“供应商”标题栏，打开供应商类信息界面。
- 价格类信息：可以通过双击界面上的“单价（元）”标题栏，打开价格类信息界面。

参考辅助数据的方式有很多，主要还是看界面的设计形式以及参考数据的多少，这里仅仅是一个参考示意图。

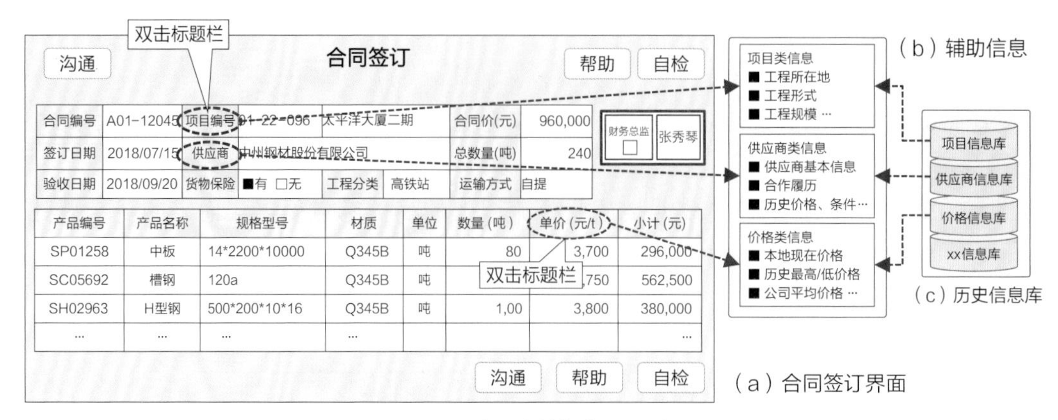

图12-16　对历史数据复用示意图

这类复杂的、涉及很多界面和数据库的机制型设计，可以单独形成一份文档，放在应用设计规格书中。

12.6　应用用例的设计与验证

如同业务的详细设计完成后要进行业务用例的验证，应用设计完成后，也需要对应用设计的成果进行“应用用例”的验证。前面已经多次提到过，用户首先是从界面操作开始了解系统的，界面操作的友好性、易用性决定了用户是否喜欢使用该系统。为了方便管理、提升系统价值而设置的机制是否能像设计构思的那样顺利运行，关系到客户企业的投资者和用户对信息系统价值的评价。因此应用设计完成后，一定要对设计成果进行推演，以确认信息系统是否达到了设计要求。

对应用设计结果的验证需要用到应用用例，与前面所讲的业务用例目的是不同的。

- 业务用例：用业务数据、管理规则等验证业务处理得正确与否，重点在“内”。
- 应用用例：通过操作过程来验证系统的操作性、运行效果等正确与否，重点在“外”。

应用用例的设计包括4个步骤：用例场景、用例导图、用例数据和用例验证。

★解读：关于测试与验证的区别。

在多数软件公司以及软件工程师中间，或多或少都有些不太重视测试环节的工作，即使是从事测试工作的人，也大多认为“只要系统能跑、没有Bug，就可以说是测试完成、开发完成了”。对比一下建筑业，在房屋交付给业主前所做的检查，绝对不是不漏水、可以通电就行了，他们需要一个工序接一个工序、一个部位接一个部位地“对照着设计图纸”进行检查，看看每一步完成的工作是否符合“设计要求”，只有符合设计要求才能签字通过。而“没有漏水是必需的，不是设计要求”这个概念在软件行业没有彻底地贯彻，造成了出厂后的产品经常被客户吐槽说“这不是自己要的东西”。

要记住，没有Bug是软件公司自身的最低质量要求，对客户来说出厂的产品本来就应该没有Bug、没有质量问题，软件行业要改变意识：不是没有Bug产品就可以出厂了，而是产品符合了设计且无Bug才能出厂，这两个概念不在同一个层次上（即使达到了没有Bug的程度也不会提升客户满意度，客户买的是信息化价值）。

确保产品符合设计的要求与一阶段的主角业务人员有非常大的相关性，因为检查是否符合设计要求的用例必须由业务人员编写，测试工程师是无法编写业务用例和应用用例这两个文档的，当然也不是UI设计人员、客户体验师等岗位人员可以做到的。

12.6.1　用例场景

下面以材料采购流程为例，说明应用用例的设计和验证方法。

1. 编写路线

应用用例可以有两个编写路线：一是按照事的处理过程编写，二是按照不同的角色编写，两者的目的不同。

1）流程导引

按照某个业务流程从启动到终止的全过程推演操作过程，这是最基本的应用用例验证，可以检验所有的流程运行是否通顺。

2）角色导引

前面讲过，信息系统是在信息化环境中构建的虚拟企业，每个企业中的岗位（董事长、总经理、部门长、各种工作的员工等）在信息系统中都有一个对应的角色，这个角色不一定与现实中的企业岗位一一相对应，因此要测试其中的重要角色在信息系统中的操作全过程是否可以在系统中正确地运行，其与其他角色之间是否可以顺利地协同完成工作。因为在现实企业中，人与人之间是容易沟通的，规则也没有那么死板，但是在信息系统中都是预先设计好的，设计是否有误，就必须依靠应用用例来检验。

2. 检验对象

弄清楚了应用用例的编写流程，下面看一下主要验证的对象是什么，重点有两个，一是验证界面的易用性，二是各类机制按照设计是否可以顺畅运行。

关于界面的易用性验证属于基本的验证，在《大话软件工程——需求分析与软件设计》中已做了大量说明，此处不再重复。本节将检验运行机制作为用例场景。

12.6.2　用例导图

1. 界面验证的导图

需要针对每一个界面用导图的形式绘制它的操作路线图。如系统门户，系统设计时根据不同的角色设计了不同的功能（如董事长、一般员工等），验证时需要根据不同的角色设计不同的操作过程来检验界面的操作性是否友好、高效、不容易出错，是否达到了设计的预期效果。

2. 机制验证的导图

系统的业务设计、管理设计和价值设计，增加了很多需要设置“机制”的功能，一般来说，属于“机制”功能都是比较复杂的，在编码前一定要把相关的界面、功能组合起来进行推演，才能确保开发完成后这些功能可以正确运作，图12-17所示为系统门户示意图。

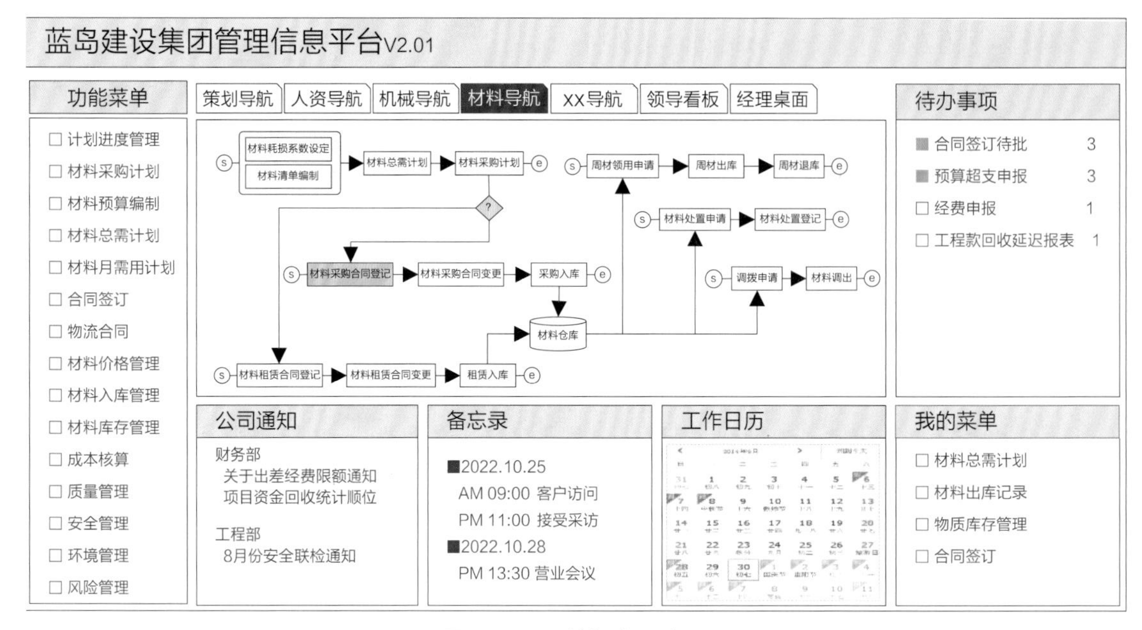

图12-17 系统门户示意图

如“人设事、事找人”的机制，以业务流程的逻辑关系为依据构建一个可以“自行驱动”的流程机制，采用信息“推送”的方式形成一个可以让业务流程的上游组件完成处理后，自动通知下一个组件的用户，以此类推，从而形成“事找人”的流程形式，参见图12-18。

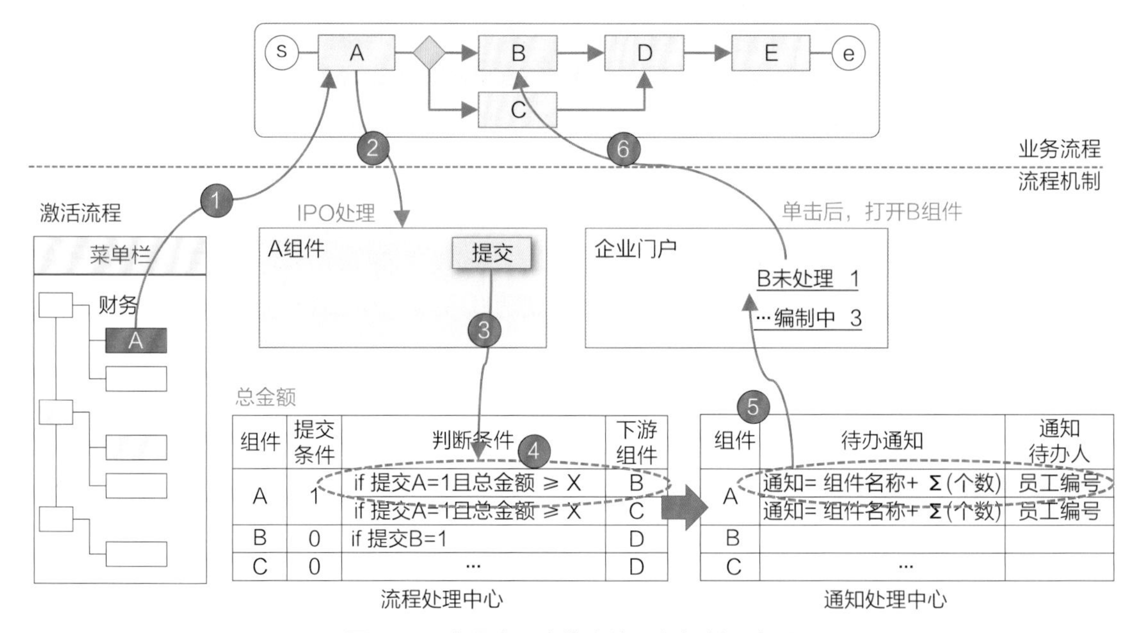

图12-18 人设事、事找人的运行机制示意图

由“启动、处理、提交、通知、接收”等构成的运转过程就称为“事找人的业务流程机制”，以下“流程”均指“业务流程”。

这个“事找人”的机制是由流程上的组件、菜单控件、流程中心、通知功能、门户（待办事宜）等构成的。

12.6.3　用例数据

按照导图编写用例数据，如对“人设事、事找人”的导图编制用例数据，以材料采购流程为例，编写流程上的全部节点操作，包括数据输入、提交、流程判断、通知用户等。

另外，还可以对有数据的用例编制用例数据表，如价值设计中：

- “时限表与门户上的工作日历”的联动。
- 门户上的待办事项的通知数据。

12.6.4　验证结果

通过上述应用用例的验证，确认系统门户的运行机制、每个界面的操作及多界面操作的正确性，通过验证可以最终确认应用设计是否达到了预期效果。

当然在验证过程中一定会发现可以改进的地方，下面举例说明如何改进。

【例】在采购流程上当某个下游界面需要新增一条数据时，就利用查询功能搜索上游界面，然后选择数据并复制粘贴。以采购流程上的“合同签订”节点为例，参见图12-19（a），当用户打开“合同签订”界面进行合同数据的输入时，这样的操作方式有以下不足之处。

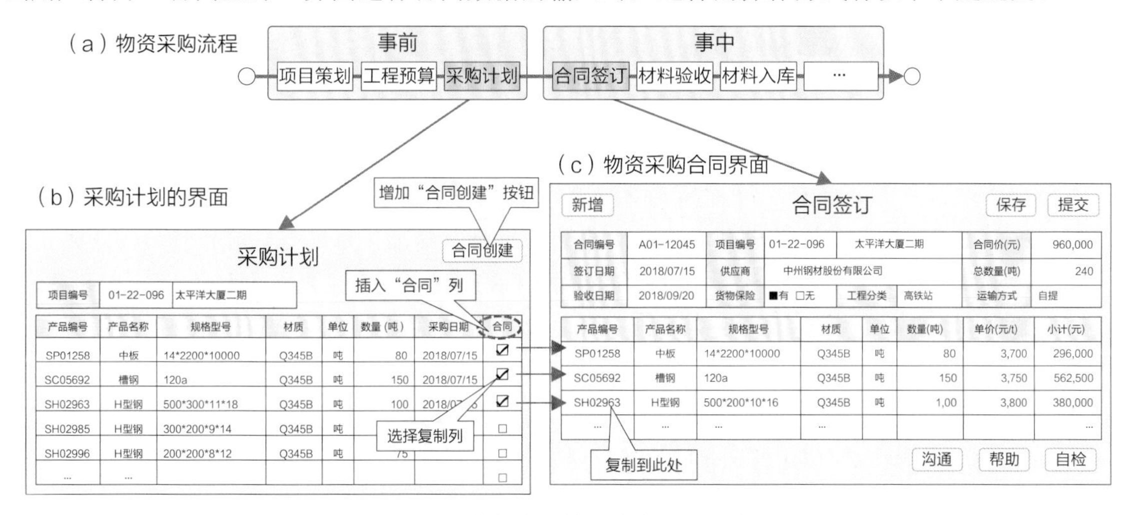

图12-19　优化合同签订的应用设计效果

- “合同签订”界面的用户没有全局观，不清楚上游界面“采购计划”中已采购多少，未采购多少（通常一份计划的内容需要分成若干合同来执行）。
- 从“合同签订”界面去寻找上游界面和数据（采购计划），需要从很多的数据源来选择数据，这样容易出现选择错误。

根据上述的不足之处，在“合同签订”的上游节点“采购计划”界面的右侧，增加如下内容，如图12-19（b）所示。

- 在“采购计划”主界面的右上角增加“合同创建”按钮。
- 在“采购计划”的细表最右端插入一列“合同”，合同列内容为□，是可选项。
- 在细表中勾选要复制到“合同签订”界面的内容对应的复选框，然后单击“合同创建”按钮，自动弹出新的“合同签订”界面，同时将“采购计划”细表右端标记为☑的数据复制到新增的“合同签订”界面，如图12-19（c）所示。

由于采购计划界面上有“项目编号”，所以项目信息（项目名称、供应商等）就会一同复制到新的“合同签订”界面上。

这样的设计带来了从事合同签订工作的用户工作习惯的改变。

- 改变前：用户是从“合同签订”界面开始编制。
- 改变后：“合同签订”界面的工作是从“采购计划”界面开始的。

这种改变，可以让用户在采购计划界面上边确认采购计划的内容（已完成量、未完成量等），边选择尚未发包的材料，养成总是从计划（整体）看合同（局部）的习惯，这样做的结果不但可以有效避免和减少发包错误（发包数量不会多也不会少），同时还可以提升工作效率（不需要再做检查了）。

上述优化设计同时为用户领导和用户带来了附加价值。用户领导：通过这样的方式可以确保合同按照计划的要求签订，不会出错，符合“下游工作必须满足上游标准”的设计理念。用户：在不增加操作量的前提下，可以减少检查和确认的时间（因为只能对采购计划中的剩余内容进行合同签订）。

对于一款优秀的软件来说，**业务设计是成功的必要条件，应用设计是成功的充分条件**。

★Q&A：软件进入编码前，是否能够知道系统完成的效果？

在一次周例会上，测试转行的鲁春燕就谈到了软件交付的话题，她说自己做测试也有8年的时间了，那时感觉每次交付工作都需要花费数周或数月的时间，甚至还有夸张到数年都交付不了的项目，每个项目交付时都非常费心，已开发完成的系统不是与客户的预期不符，就是和自己的设计预期不符，辛辛苦苦完成的开发结果总是让大家都不满意，很少体验过“交付一个完美产品”的喜悦感和成就感，为什么很难做到交付系统与事前预想的一致呢？

李老师回答：“在软件设计和开发的过程中，不论软件公司设定多少标准规范，如果没有人用数据级的方法进行验证，只看流程和界面设计是不可能知道完成的软件是否合格的。这里可以借鉴一下建筑行业的做法，在图纸设计完成后，完成的图纸要用‘尺寸’进行相互的‘碰撞’检查，即要用包括建筑图、结构图、设备图、上下水图、电路图等各类图纸的‘尺寸’进行相互对比检查（因为这些图纸都是基于建筑图分别设计的），确保所有图纸之间的尺寸是吻合的，如果这些图纸的尺寸都吻合了，就可以确保施工完成的建筑物与设计时的预期结果是一致的。大型、复杂的建筑物还要利用专门的碰撞检查软件来确认完成后的效果。

同理，软件在进入编码前，也应该采用‘数据’验证的方法检验各个界面之间的数据是否吻合，数据逻辑是否正确，它与建筑设计用‘尺寸’检验是一个道理，都是用‘数字’的吻合来确保设计的正确，从而确保开发完成后的产品是正确的。同时，应用用例可以用来检查系统运行后的使用效果，系统是否满足易操作性等。”

12.7 应用设计规格书

应用设计阶段的交付物《应用设计规格书》主要包括3个层面（架构、功能和数据）的有关机制设计的资料以及应用用例。

- 应用架构：主要包括各类机制的架构设计。
- 应用功能：界面功能的机制设计以及应用4件套。
- 应用数据：针对数据所做的机制类设计等。
- 应用用例：对上述设计成果的验证。

详细说明和模板参见《大话软件工程——需求分析与软件设计》第22章。

第13章
交底与验证

在完成了应用设计之后，一阶段的业务人员就完成了所有需求工程与设计工程的工作。后面就进入了以技术人员为主的二阶段工作。在二阶段工作的开始与结束两个时间点，业务人员与技术人员还有两次密切的合作。

（1）技术设计前：向技术人员进行一阶段成果（需求和设计文档）的交底。

（2）编码完成后：与测试工程师一起利用一阶段成果（业务/应用用例），检验完成的系统是否满足一阶段的设计要求。

本章重点介绍业务人员和技术人员的这两次交集工作：设计交底与设计验证。

由于本书不涉及具体的技术设计、编码工程以及测试工程的内容，因此将交底和验证两个不在同一时间点的工作内容合为一章进行说明。

本章位置参见图13-1（a）。本章的主要工作内容及输入/输出等信息参见图13-1（b）。

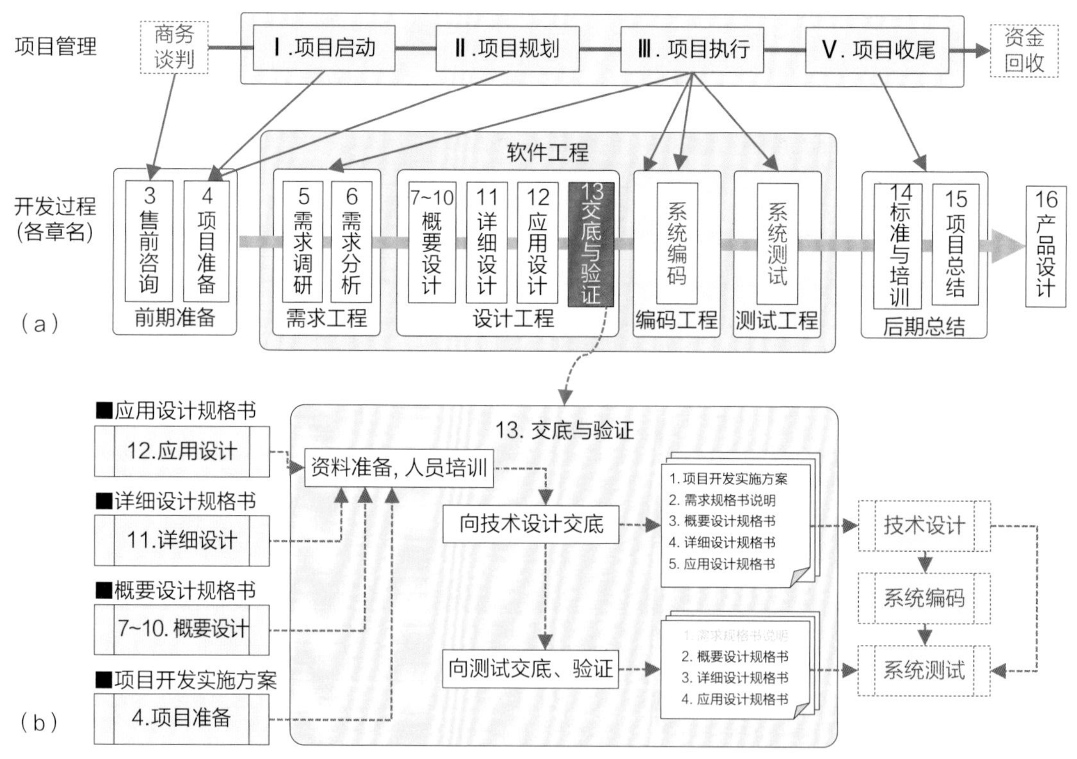

图13-1　本章在软件工程中的位置、内容与输入/输出信息

13.1 准备工作

一阶段成果的交底分为两部分：一是给技术设计师，二是给测试工程师。交底前要做好的

准备工作包括对参与交底人员进行培训、准备好相关的文档、确定好交底标准等。

13.1.1　作业方法的培训

因为要保持业务团队和技术团队在沟通时的效率，所以要对双方在用语、方法、标准、文档格式等方面进行统一，这里培训的对象主要为从事二阶段工作的技术人员（以下技术人员包括技术设计师、开发工程师、测试工程师等岗位），培训资料来自《大话软件工程——需求分析与软件设计》一书，培训内容包括（不限于此）。

（1）第7章　需求分析

- 需求资料的使用方法、售前的解决方案《需求规格说明书》的构成等。

（2）第9章　概要设计

- 概要设计的基本方法及《概要设计规格书》。
- 详细设计的基本方法及《详细设计规格书》。
- 应用设计的基本方法及《应用设计规格书》。

（3）第21章　用例设计

- 业务用例设计方法及业务用例。
- 应用用例设计方法及应用用例。

13.1.2　交底文档的准备

这里需要将前面各阶段完成的文档归集起来，形成完整的交底文档，交底内容粗分为两部分：技术设计师用和测试工程师用。

1. 设计交底——针对技术设计师与测试工程师

首先是对技术设计阶段交底用的文档，包括从售前咨询的解决方案一直到应用设计的完整文档，这些文档都是对技术设计的输入。

① 售前咨询：解决方案（对客户高层的承诺等）。

② 项目准备：《项目开发实施方案》（含《工作任务一览表》、实施路线图、各类计划等）。

③ 需求调研：《需求调研资料汇总》（客户的原始需求文档）。

④ 需求分析：《需求规格说明书》（客户确认后的需求签字文档）。

⑤ 概要设计：《概要设计规格书》（含业务规划、管理规划和价值规划等）。

⑥ 详细设计：《详细设计规格书》（含业务4件套）。

⑦ 应用设计：《应用设计规格书》（含应用4件套）。

当技术设计完成后，形成《技术设计规格书》，与⑤、⑥和⑦一起构成了本项目完整的《设计规格书》。

2. 设计验证——针对测试工程师

① 业务用例：用于对完成系统进行业务设计相关的验证。

② 应用用例：用于对完成系统进行应用设计相关的验证。

★解读：在交底工作中没有提到程序员（编码工程师），是因为按照严格的软件开发流程来说，一阶段的文档是交给二阶段的技术设计担当者（而不是直接交给程序员），由技术设计担当人按照技术要求设计后，再由他们根据需要选择后交给程序员，这里为了保持与软件工程标准一致，使用了技术设计师的名称。

13.1.3 作业路线的规划

在编码工程开始前要进行**一阶段成果的设计交底**，测试工程结束时要参与**一阶段成果的设计验证**，参见图13-2。

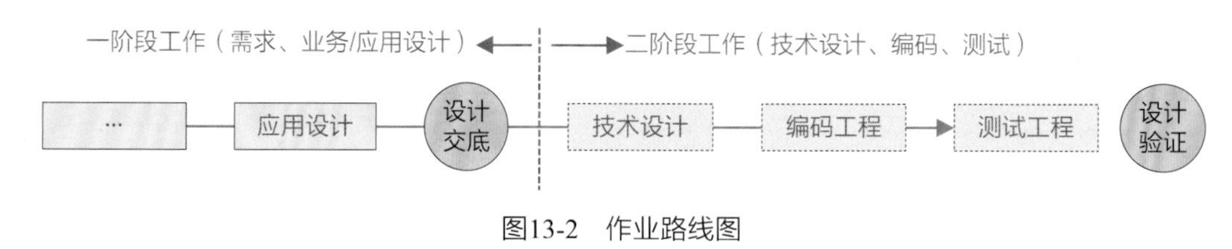

图13-2 作业路线图

1. 设计交底

向技术人员进行设计交底主要包括（不限于此）13.1.2节中“1.设计交底”的全部文档①～⑦，可以将交底文档①～⑦按照用途分为两部分。

- ①～④：这些文档中包含特别针对技术方面提出来的需求，因为一阶段的工作主要是业务人员所做的业务方面的分析和设计，所以尚未对客户提出来的有关技术方面的需求做出应对，需要由技术人员对这些需求进行技术分析。
- ⑤～⑦：是业务和应用方面的设计，必须要完整地向下一步的技术设计进行传递，并作为技术设计的主要输入，技术设计必须要继承前面的业务和应用的设计成果。如果发现前面的业务和应用设计有问题，需要更改，必须要与前面的设计人员协商，取得他们的认同，更改的内容必须要反映在前面的业务和应用设计的文档中。

测试工程师主要根据设计阶段的⑤～⑦文档编写测试用文档，原则上测试阶段不能直接以需求阶段的①～④文档作为测试依据，因为它们是尚未最终确定的需求文档（只可以作为参考资料进行阅读）。

测试的依据必须是设计文档，测试工程要证明的是“完成的系统与设计要求一致”。

2. 设计验证

业务人员在测试阶段，向测试工程师进行验证用例文档的交底并同时参与验证，参见13.1.2节中“2.设计验证”的内容⑧和⑨，验证的方式是以业务用例和应用用例文档为参考，对完成的系统进行验证，检验系统是否完全符合设计要求，是否可以正确、顺利地完成这些用例的输入，得到与用例完全一致的结果。

★解读：客户需要的是业务用例和应用用例的验证结果。

测试工程师编写的测试用例是不能代替业务人员编写的业务用例和应用用例的，因为用户感受的是业务用例和应用用例的效果，而非测试用例的效果，主要的理由如下。

○ 测试用例的结果可以确认编码的结果是否正确（系统可用），系统有无Bug是软件公司的问题，不是客户的关心点，因为有Bug就不能交付上线。

○ 业务用例和应用用例的结果可以确认业务和应用的设计是否得到正确实现，是否易用和好用。系统是否能正确、高效地完成业务处理才是客户关心的事情。

关于测试用例与业务用例、应用用例的区别，参见《大话软件工程——需求分析与软件设计》第21章。

13.2 设计交底

首先进行二阶段的第一项工作：向技术人员说明一阶段的成果，并交付相关文档。

业务人员向二阶段的技术人员进行交底，包括客户提了什么需求，一阶段人员如何理解需求，如何将需求转化为设计，二阶段的技术人员应该交付什么样的成果等。下面分3方面说明如何进行设计交底。

（1）交底的作用：交底好坏对结果的影响，如何做好交底。

（2）交底的内容：一阶段需要向二阶段做哪些资料的交底。

（3）交底的方法：对业务人员的要求及对技术人员的要求。

13.2.1 交底的作用

在开始编码前，由业务人员将一阶段的成果向二阶段的技术人员进行交底，毫无疑问，这个交底工作能否顺利进行，是关系到软件开发能否成功的重要一环，怎么去理解交底的重要性呢？这里用4个百分比来做定量的比喻，交底的好坏有两种结果。

1. 双方交底顺利进行

假定双方交底进展顺利，如图13-3（a）所示。

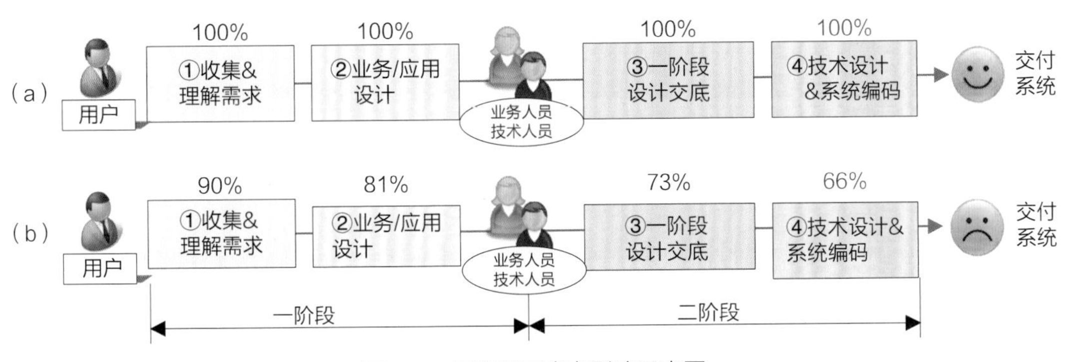

图13-3　各阶段正确率影响示意图

① 业务人员百分百正确理解了客户需求（100%）。

② 业务人员百分百完成了符合①客户需求的业务/应用设计（100%）。

③ 业务人员百分百准确无误地将②业务/应用设计结果传递给技术人员（100%）。

④ 技术人员百分百实现了技术设计要求，系统准确率100%。

如果做到了上述4个百分百，那么就可以获得一个高质量的系统，同时也可以获得客户高满意度的评价。

2. 双方交底进行得不顺利

假如双方的交底工作进行得不顺利，正确率逐步递减，如图13-3（b）所示。

① 业务人员对客户需求的理解只达到了九成，则总正确率为90%。

② 业务人员所做业务/应用设计仅符合①客户需求的九成，则总正确率为81%。

③ 业务人员向技术人员交底，双方认知的一致性仅为②设计的九成，则总正确率为73%。

④ 技术人员实现了技术设计要求的九成，则系统准确率为66%。

每一次的正确率如果只达到90%，则4次累计后的总正确率仅为66%。假设将每次的正确率提升到95%，则4次累加的正确率为81%。可见，每一阶段即使只有5%的理解或做法的误差，累计的总误差也会达到20%左右，非常影响最终的结果，这会造成客户对业务人员不满、业务人员对技术人员不满的恶性循环，用户、业务人员和技术人员的关系如图13-4所示。

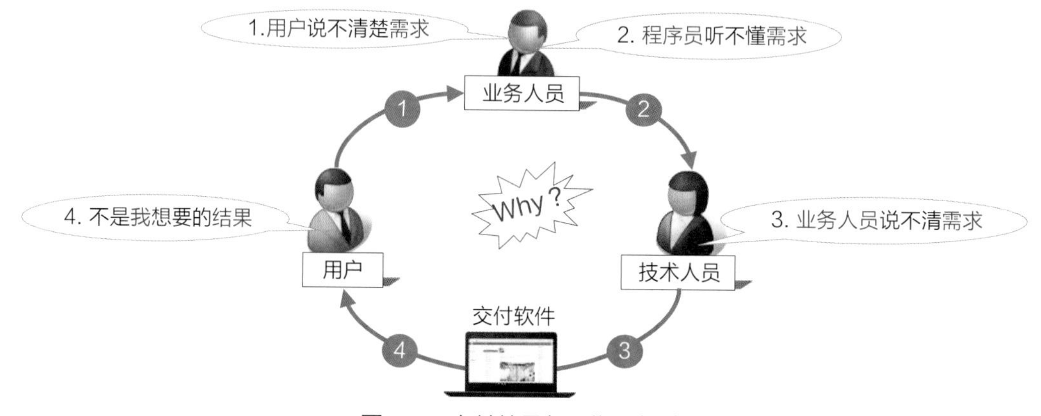

图13-4　交付结果与预期不相符

再分别看一下每个阶段工作成果的影响。

- ①～③这3个百分百，是保证最终的④百分百达到设计要求的前提条件。
- 如果①和②都可以达成百分百，那么③的百分百就比较容易达成。
- 如果前面的①和②做得非常粗糙，那么无论怎样努力，③的百分百都难以达成。
- 如果③的百分百做不到，那么系统④的百分百就没有可能达成了。

也就是③是连接环节，前面是一阶段，后面是二阶段，交底如果不成功，则无论技术团队有多么优秀，都会造成最终完成的系统达不到100%，轻者是需求失真带来不断的修正，重者可能造成系统的返工。

★解读：有读者可能会问：交底③不顺利，为什么把前面一阶段①和②的正确率也给降下来呢？如果将①和②设定为百分百，只降低③和④，这样总正确率不就提升了吗？事实上，交底做不好其本质上是一阶段的工作（分析和设计）做不好所造成的。也就是说，不可能有①和②做得非常好，仅仅是③没有做好这样的场景。

那么如何才能让交底工作③可以百分百地正确、顺利地完成呢？条件就是要求从事一阶段工作的业务人员按照工程化方式完成需求调研、分析、设计各阶段的工作，所谓工程化的方式就是符合软件工程流程和标准要求，完成的设计文档用结构化的、图形化的方式表达，满足了这个要求，交底的工作就会很顺畅，同时也是一个可以让业务人员有成就感的愉悦过程。但是如果没有按照前面所讲的工程化方式完成设计，就很有可能是一个很痛苦的过程，要花费大量的时间、精力，交底过程不但效率低，而且可能会充满激烈的争论，甚至会发生不愉快的相互指责，这样的结果会造成业务人员对自己的工作失去自信感，同时也会对未来要完成的系统没有把握。

★解读：软件研发过程中，设计师和程序员到底谁说了算？

在实际的开发过程中、培训过程中经常会听到上述提问，我的回答是："在原则上、在管理机制上，毫无疑问，百分百应该由设计师做最终决定，这与任何其他行业的做法都是一致的（可能只有软件行业是模糊不定、责任不清的）。"

怎么理解这个问题呢？因为最终的产品是要向客户（企业客户、软件公司）负责的，设计师是将业务和技术整合在一起，最大限度地体现客户和软件公司价值的负责人，而程序员并不直接接触客户，也不直接向客户和软件公司负责。

两者之间可以有正常的争论和方案协调，但是软件公司应该建立起明确的管理机制，确定哪个岗位是负责人。当然建立了**设计师负责制**后，当出现了客户不认同的问题时，承担主要责任的也是设计师，而不是程序员。

13.2.2　交底的内容

业务团队向技术团队交底的文档要包括需求阶段和设计阶段的成果，参考13.1.2节的内容（不限于此）。

1. 售前阶段的文档

前面提到过，由于本书的案例没有包括技术需求方面的内容，因此为了避免有遗漏，要将前面准备期间的文档也一并交给技术团队。

- 售前咨询阶段：向客户提出的解决方案，包含软件公司对客户高层的承诺等信息。
- 项目准备阶段：作为合同副本的《工作任务一览表》、实施路线图、推进计划等给出了整个开发项目的内容规划和执行计划的信息，后面的技术团队要据此继续推进。

2. 需求阶段的文档

需求调研阶段的文档主要是《需求调研资料汇总》和《需求规格说明书》，前者主要是作为参考资料，交付的主体是后者，其中，

- 业务方面的需求：业务方面主要包括架构、功能和数据等具体需求。
- 非业务方面的需求：包括接口、硬件、环境、平台等。

★解读：这里要注意的是，有关业务的需求都已经反映到了业务设计和应用设计之中了，除与技术相关的需求文档外，原则上技术团队的设计、编码、测试等工作均要**以业务和应用的设计文档为正式依据，需求阶段的文档仅作参考，不能直接做技术设计与编码的依据**。

3. 设计阶段的文档

设计阶段的文档主要是概要设计、详细设计和应用设计3部分，这些文档是二阶段工作必须要继承的内容。

★解读：所谓“继承”，即在一阶段有设计要求的内容，在二阶段的技术设计中必须要给予响应，不可遗漏，因为一阶段的内容都是与客户进行过详细的确认，如果在二阶段发生了遗漏，将来在系统交付时就会引起麻烦。

1）概要设计文档

（1）概要设计——业务：主要交底文档是《概要设计规格书》中的业务部分，这个文档给出了对业务的整体规划、理念、主线、业务架构。这个文档可以让技术人员对系统的业务有整体的理解。

（2）概要设计——管理和价值：主要交底文档是《概要设计规格书》中的管理和价值部分，这两部分的内容由于不是简单直观的业务处理功能，存在着大量的所谓“机制”设计，一般来说与业务的说明分开为好，这样容易引起技术人员的重视。

由于大多数项目组中的业务人员不具备应用设计的能力（参考前面应用设计中的案例），这样业务人员在交底中主要以说明管理和价值方面的需求为主，具体的应用设计由后面的技术人员和业务人员协同完成，因此参加交底的技术人员需要具有业务和技术两方面的知识和经验，通常这些内容也是业务和技术交底中的交流重点，花费时间也最长。

概要设计中的建模部分，是为了理解其他3章概要设计的内容：业务、管理和价值。

（3）概要设计——验证：主要交底是“业务用例/应用用例”，关于这部分的内容，主要交底对象是测试工程师，参见13.3节。

2）详细设计

主要交底文档是《详细设计规格书》和“业务用例”。

（1）《详细设计规格书》给出所有业务功能的细节设计。这个文档不但让技术人员理解了设计的细节、需要的技术以及开发难度，而且给出了准确的、可计量的功能部分的编码工作量。

虽然功能部分的文档数量是最多的（约占总文档数量的70%以上），但是如果按照工程化的要求完成文档，那么这部分文档交底所需要的时间可能远少于总交底时间的70%。反之，如果没有按照工程化的要求编制文档，那么这部分的交底工作可能会需要远大于70%的交底时间。主要原因就在于工程化的文档（标准化、结构化、表格化）无须解释，大部分技术人员自己就能看懂。

（2）业务用例：给出需要向测试工程师单独介绍业务用例的内容和使用方法，业务用例有助于测试工程师理解业务、设计内容和编写测试用例。参见13.3节。

3）应用设计

主要交底文档是《应用设计规格书》和“应用用例”。

（1）《应用设计规格书》：这部分文档涉及有关机制类的设计，项目组中业务人员的能力高低决定了有关机制类设计文档的多少，如项目组的应用设计能力很强，则应用设计的文档多。如果项目组应用设计方面的能力弱，则应用设计的文档少，应用设计就会交给后面的技术设计师来完成（或是双方联合完成）。

（2）应用用例：给出需要向测试工程师单独介绍应用用例的内容和使用方法，应用用例有助于测试工程师理解机制的概念、价值设计内容的目的和使用方法，有助于测试工程师编写测试用例。

★Q&A：程序员是按照用户需求进行开发的，这个说法正确吗？

在软件的研发过程中，在二阶段的程序员和一阶段的业务人员之间经常会发生纠纷，这里面存在由于管理模式而造成的问题，我们与传统的工程行业做个比较。

“需求”顾名思义是用户需要改善、优化业务而提出来的一个“想法”，通常这个想法不一定使用符合软件开发的形式提出来，而且提需求的用户也未必清楚这个需求是否会与周边的业务相吻合，因此收集到需求后，交给程序员之前，必须要通过“设计”环节，最终交到程序员手中的是“设计文档”（包括业务设计、应用设计和技术设计等），程序员开发是依据设计文档进行的，而不是根据“可能的需求”进行的。

打个比方，你问一名建筑工程师：建筑工程公司是按照“业主需求”盖房子的吗？他一定回答说：“不是，我们是按照设计院的‘设计图纸’盖房子的。”设计院的设计师是参考业主需求进行设计的，但是到了施工公司，他们只是严格地按照设计院提供的设计图纸去施工，并不关心业主的需求是什么。

由于很多软件项目没有进行很好的设计，而是直接将需求转给了程序员，所以才会经常发生按照用户的需求开发完成后，用户却说“这不是我想要的”的现象。

按照设计文档进行的开发如果出现了问题，原则上是与用户没有直接关系的，都是设计师和程序员之间的问题，与用户无关就等于与需求无直接关系（用户提的是需求，不是要求）。程序员按设计开发，出现了问题都是由设计师负责。

用户需求只是一个“想法”，如果直接按照需求开发，结果出问题了，提出需求的用户是不承担责任的，需要承担责任的是传递需求的业务人员；设计师的设计资料是“要求、命令”，是编码开发的依据。**按照需求开发错了，是设计师的责任，没有按照设计要求编码，出了错是程序员的责任**。这在工程行业是常识。

- 只有需求调研、没有设计，那么业务人员的作用就是“**需求的搬运工**”。
- 如果有需求且还做了设计，那么业务人员的作用就是“**价值的创造者**”。

13.2.3 交底的方法

知道了交底的内容，也有了规范的交底文档，还必须有规范的交底方法，这样才能获得准确、高效的交底效果。下面讲解具体的交底方法。业务人员的交底对象是后续的技术设计/测试团队，如果是小规模的项目则直接向程序员交底。

交底的方法从业务人员和技术人员两方面进行说明。

1. 对业务人员的要求

业务人员是文档的编制与交付者，是交底的主动一方，因此需要在交底前做好充分的文档准备工作。

1）交底信息结构化

首先要对交底的文档进行收集、梳理、检查，建立起**结构化的文档**档案，文档的目录就是结构的框架，同时也是交底顺序的指南，这个结构化目录是业务人员和技术人员之间沟通的基础，也是双方对文档管理、运用的统一标准。

2）建立全局观

向技术人员交底的第一步是介绍项目的总体内容，让技术人员可以快速地形成整体的概念，交底的内容可以分为3部分，如图13-5（a）中①、②和③所示。

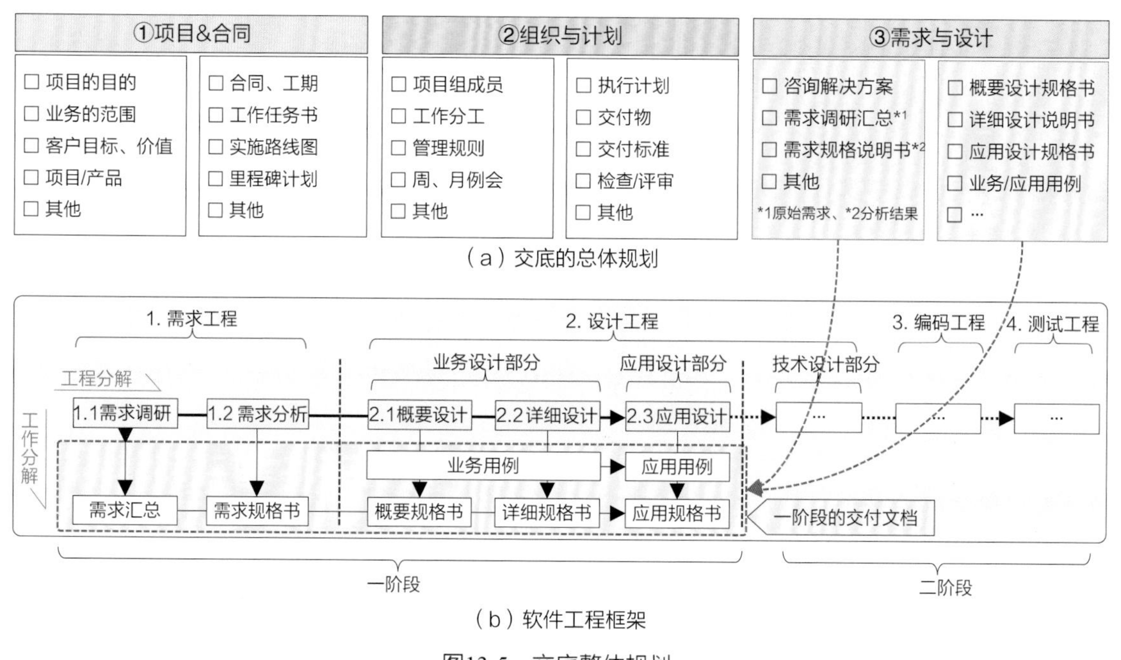

图13-5　交底整体规划

① 项目与合同：介绍项目的背景、范围、目的、价值等。合同的相关内容包括工作任务书、实施路线图以及里程碑计划，让技术人员知道将要做什么、做事的顺序、关键节点的交付物和时间等。

② 组织与计划：介绍项目组成员的构成、分担说明等，此处需要加入新的组员（大型项目需要将主要技术人员报备给客户的信息中心）。详细介绍项目的执行计划，这个计划需要加入二阶段的详细内容（投入资源、交付物等）。

③ 需求与设计：介绍软件工程的内容，是最主要的交底部分，沿着软件工程的分解方向，按照需求分析、概要设计、详细设计和应用设计顺序，对每个阶段的交付文档进行介绍，参见图13-5（b）。

交底时一定要注意，绝对不能直接就讲功能需求、具体做法、细节等内容。沿着软件工程的工作分解方向讲解，首先要让技术人员对系统有全局的认知。有了这个认知做基础，既可以帮助他们理解业务的分析设计成果，也容易在做技术分析、设计的过程中找出业务人员的设计错误。这点非常重要，**如果没有全局观，技术人员对系统的认知都是碎片化的，无法指出分析与设计方面存在的问题，而且也会造成技术人员不能独立地进行后续的工作，时时刻刻都要向业务人员求助，使得工作效率低下。**

3）交底逻辑清晰

交底时要用业务逻辑作引导，这种交底方式条理清晰、效率高，如在介绍某个功能时（界面），一定要先用业务全景图或某条业务流程图说明该功能的位置、作用，然后再对界面的具体内容进行细节说明。可以使技术人员先理解业务逻辑，然后以业务逻辑为依据去理解具体功能的内容和作用，理解了业务逻辑的技术人员，在设计和编码过程中就会时刻地利用业务逻辑来检查自己工作成果正确与否。

表达业务逻辑的最佳方式就是以图形化文档为主体进行说明。用图形表达逻辑有利于快速地形成一致意见，**图形表达方式可以让技术人员“看懂”复杂的业务逻辑，而文字表达方式是让技术人员去“领悟”复杂的业务逻辑**，两种方式在工作效率和结果正确率上有极大的差异。

4）业务细节无师自通

如果业务人员所做的设计文档是满足工程化要求的，在做好前面1）～3）项的工作后，对详细设计文档（业务4件套）的交底不需要花费太多的时间和精力。这里再说明一下文档工程化的两个主要特征。

（1）信息描述的条目化：如果交付文档中70%以上的内容都是用长篇文字进行描述的，那么表达得效率低、分歧多、隐患多、效果差。如果内容必须要用文字描述，尽可能地将文字条目化（条目化表达：通常用■符号作为描述的开头），且表达的内容中尽量不使用形容词、副词，避免发生理解上的歧义。

（2）表达要定性和定量：对内容进行分类（定性），在细节上尽可能地用无歧义的方式描述（定量），如业务流程图、界面原型、字段定义、规则说明等就是典型的定量设计表达方式。所以采用本书中推荐的工程化做法（如流程图的画法、设计记录模板4件套等）会大幅减少交底的工作量、沟通的次数和时长。

设计文档做到了上面的这些要求，简单地介绍后，技术人员就可以自行阅读、理解。

2. 对技术人员的要求

交底的工作虽然是业务人员唱主角，但是技术人员也不能是纯粹的听众，也必须熟悉交底的流程、承接文档的流程以及阅读文档的方法等，这样才能高效地完成交底工作，否则交底的工作效率和效果都会很差。要想做好业务与技术的交底，作为承接业务设计成果的技术人员，也必须了解和掌握业务人员的基本知识。

- 软件工程框架、工程分解、工作分解、二阶段的定义和作用、方法和交付物。
- 分析设计的理论：分离原理、组合原理、“人—机—人”环境的概念等。
- 架构设计的内容：设计理念、主线，常用业务架构图、业务逻辑的表达方式等。
- 功能设计的内容：组件、界面的概念，设计的方法、标准，记录4件套等。
- 数据设计的内容：业务人员的数据设计的方法、标准，这是技术设计的依据。
- 掌握用业务逻辑快速理解业务的构成、从业务逻辑推导数据逻辑的方法等。
- 作为更高的标准要求，技术人员也需要掌握一定的应用设计知识，以支持对“机制”的理解、设计需求，等等。

交底工作做得好不好，还有一个关键点就在于技术人员必须要理解业务人员的“用语”、掌握业务人员的基本常识，如此才能高效地进行交底工作。各自用自己擅长的用语进行交流是造成交底效率差的主要原因，这里就需要参与交底的技术人员“向前迈一步，理解一阶段”的用语，因为让业务人员掌握技术用语是不容易的，因此只能是技术人员多学些一阶段所需要的知识，当然这些知识对技术人员的成长也是一个促进。

★Q&A：每次培训都会有人问：交底要交到什么程度才算交完了呢？

李老师的回答是："很简单，如果程序员不再提问题了就算交完了。"每次大家听完都哈哈一笑。李老师接着说："我说的是实话，因为程序员如果不明白就一定会不停地问，直到他搞清楚了怎么做才会停止提问。我们可以将业务人员在开发过程中主要花费的时间分为三段：需求时间+设计时间+交底时间（包括造成返工时的再交底时间），下面给出两种不同的开发管理方式：A方式和B方式，采用不同管理方式的公司对三段时间的安排不同，从而带来不同的结果，参见图13-6。"

- A方式（=工程化方式）：按照工程化方式的要求去做，在需求和设计方面（①+②）花费的时间相对较多，分析和设计做得充分，文档细致，且符合工程化的标准要求，其结果是用于第一次交底③的时间会相对比较短，且后面编码④返工的次数少，整体开发的效率高。

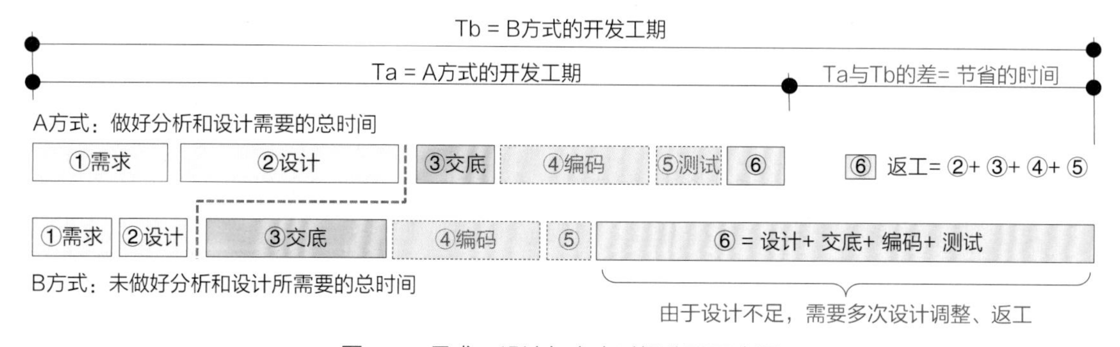

图13-6 需求、设计与交底时间分配示意图

- B方式（传统方式）：按照传统的方式去做，特点是前期极大地压缩需求分析和设计的时间（①+②），看似为后面编码工作节约了时间，但由于分析和设计工作严重不足，文档做得粗糙且不严谨，其结果一定会导致交底③的时间非常长，而且不但会在编码开始前要交底，还会由于多次返工而造成需要反复地进行②→③→④→⑤的循环。
- 结果，B方式花费的时间Tb可能要远超A方式花费的时间Ta，本想要节省设计时间快速交付，其结果完全相反。同时多次返工修改也会造成项目组两个阶段人员间的协作氛围变差，矛盾增加，多次的修改使得设计文档变得难以识别。最终与A方式相比，B方式完成的系统质量和效果差是大概率事件。

现实中，可能经常遇到开发一个软件项目需要返工数次、甚至数十次，最终的开发工期是合同工期的数倍，成本也是数倍。

结论：要想快速开发企业管理类信息系统，采用工程化方式是最可行的。一定不要为了增加编码时间而去节省必要的分析设计时间，这样做的结果一定是付出更大的时间代价来弥补分析设计的不足，得不偿失。

13.3 设计验证

在系统编码完成后，业务人员要与测试工程师合作，利用业务用例和应用用例来验证完成的系统是否满足业务设计和应用设计的要求。这里要讲解的验证工作，不是指软件公司中测试工程师所做的工作内容（测试工作有专门的书籍）。

13.3.1 验证的作用

系统上线前，最后的检查工作不是技术测试，而是业务验证和应用验证。验证是在测试结果确保系统合格后才进行的。

1. 验证的目的

业务人员对系统进行的验证工作，与测试工程师对系统进行的测试工作内容是不同的。系统开发完成后需要进行两个层次的检查：一个是从软件编码的视角进行的测试（包括功能测试、性能测试、可靠性测试等），**以确保系统是可用的，这是最基本的保障**。另一个是从客户的使用视角进行的业务和应用验证，以确保完成的系统是**符合业务与应用的设计，是好用、易用的**系统。通常所说的测试工程指的就是前者（技术视角的），是由测试工程师利用测试用例完成的。后者是由业务人员利用业务用例和应用用例完成的。一个正常开发的系统，只有前面的测试，没有后者的验证是不能出厂的。作为软件工程师，一定要理解以下事实。

- **系统是否可用**（性能好、安全可靠、没有Bug等）**不是客户投资导入信息系统的目的，**也不是他们追求的信息化价值。
- **系统必须要好用、易用**才能满足客户需求，**实现客户对信息化投资的价值**。

系统做到了可用是基础要求，但客户不会因此而赞扬你的工作，客户认为这是理所当然的，系统若不能用客户根本就不会付钱。但是系统不好用、不易用，客户一定会抱怨、吐槽，因为好用和易用是客户付钱的目的。测试工作师用测试用例确保的是前者，业务人员用业务用例和应用用例确保的是后者。

2. 验证的担任者

本节重点介绍由业务人员主导的、对系统进行的验证工作。最终的检查工作不能完全由测试工程师来担当，主要有以下3个原因。

1）测试工程师偏重技术方测试

测试工程师进行的测试工作，不仅仅是检查业务和应用的设计是否正确，他们要确保技术设计层面、编码层面的工作成果得到了正确的执行（参见测试工程有关“单元测试”和“集成测试”的定义）。

2）测试工程师写不出业务用例和应用用例

业务用例与应用用例是符合客户业务需求和工作习惯的用例，这两类用例是偏用户使用视角的，不但要验证业务设计的结果是否被正确实现，还要验证管理设计和价值设计的内容是否被正确实现，这些验证是确保最终用户满意度的关键。测试工程师编写的用例不能确保满足全部的设计要求。

3）测试工程师缺乏调研和设计信息

测试工程师代替业务人员进行业务用例和应用用例的检查也是可行的，但这与业务人员编写用例的细度、深度和覆盖范围有关。如果编写足够全面、细致，测试工程师代行检查也会达到一定的效果。但测试工程师的检查只能是照葫芦画瓢，完全参照用例的文档进行，验证过程中是否出现了用例中没有涉及的问题，测试工程师是不知道的。

由于最清楚客户需求和设计全过程的是业务人员，所以最终的把关由业务人员来完成是最合理的。由业务人员使用自己设计的两种用例来检查系统，不但可以检查系统是否满足用例的要求，而且还会在检查过程中发现更多的没有反映在用例中的问题，检查的效果会非常好。

最终的验收由“测试用例+业务用例+应用用例”来完成，可以确保交付的系统具有非常高的完成度。由业务人员做验证还有一个优势，如果该业务人员后面还要参与对用户的实施培训，那么他就可以把验证的经验带到培训现场，向用户进行说明和指导。

当然，由于业务人员和测试工程师的分工不同，用例之间可能会出现部分内容的重合，如果能够实现两者的工作合二为一，则是效率最佳的工作模式。

★Q&A：由业务人员进行用例验证是必需的吗？

有10年需求工作经验的王杰出不解地问李老师：“一般软件公司都是由测试工程师做测试工作，然后就交付了，很少由业务人员做验收工作呀？”

李老师回答：“测试和验证的目的不同，工作内容也不同，软件公司通常只做测试工作。你们有没有注意到这样的现象：软件公司在系统出厂前都要做系统的测试，原则上测试合格后就可以上线交由客户使用了。明明是测试合格的系统，但客户使用后会暴露出大量的问题，这里暂且不讨论使用时系统出现的Bug问题（因为造成Bug的多是程序员的问题，与业务人员没有直接关系），用户会指出大量的业务不正确（业务设计）问题，操作不友好（应用设计）问题，业务人员也会认为开发出来的系统与自己的设想不同（与技术人员的认知矛盾），为什么只有系统上线后才会发现这么多的问题呢？而且糟糕的是这些问题大部分是由用户指出来的。这样的问题在制造业、建筑业是不可想象的，它会让企业面临巨额罚款，甚至从此以后再也不能参与客户的投标了。上线后出现上述问题还会给客户企业带来一系列的连锁麻烦。

- 上线前，客户企业要中断正常的业务工作，以协助软件公司对用户进行操作培训，如果培训过程中使用的系统出现业务问题或应用问题，培训工作将不得不中断，给客户的工作安排造成混乱。
- 上线后，如果因为系统存在的业务设计、应用设计的问题过多，需要暂时中止运行并对系统进行改造，会给客户企业带来很大的麻烦，新系统已输入的数据无法正常使用，每天要处理的成千上万的票据无法流转，这会极大地损害软件公司的声誉和信用，以及客户对最终系统的满意度等。

所以在信息系统出厂上线前，从业务设计和应用设计两个视角对系统进行验证是极为重要的工作。”

顺便说一句，在建筑行业，建筑物交付前的验证，必须要建筑设计师（也就是软件的业务设计师）的最终确认才可以通过，仅由施工企业的内部质量检查员（也就是软件的测试工程师）的检查是不行的。建筑和软件的最终验收都是遵循同样的道理，**即完成的交付物要得到设计者的认同**。

13.3.2　验证的内容

业务人员主要是利用业务用例和应用用例对完成的系统进行验证。

1. 业务用例

主要验证文档是“业务用例”，包括3类内容：用例场景、用例导图和用例数据表等，内容如图13-7所示。

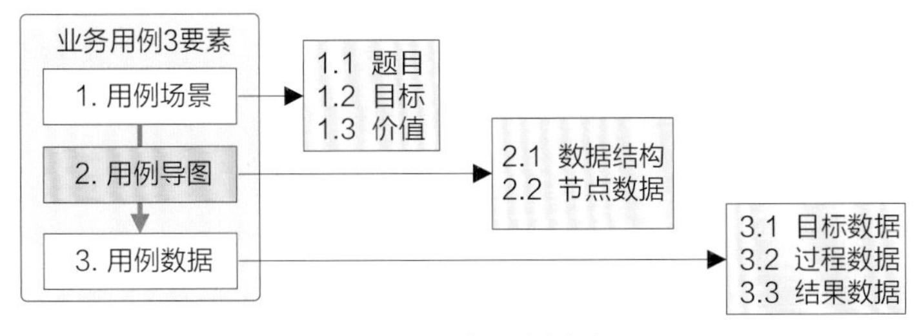

图13-7　业务用例内容

把用例数据输入到系统后，可以检查系统是否能够正确地进行业务流程的流转、运算，并得出与用例数据表中合计值一样的结果，这些合格了，就可以确定如下内容。

- 全部的业务流程是正确的。
- 全部界面的处理结果是正确的。
- 数据来源是准确的。
- 业务逻辑是正确的。
- 数据逻辑是正确的。
- 管理逻辑是正确的。
- 审批流程不会陷入死循环，等等。

【参考】《大话软件工程——需求分析与软件设计》21.2节。

2. 应用用例

主要验证文档是“应用用例”，主要包括3类内容：用例场景、用例导图和用例数据表等，内容如图13-8所示。

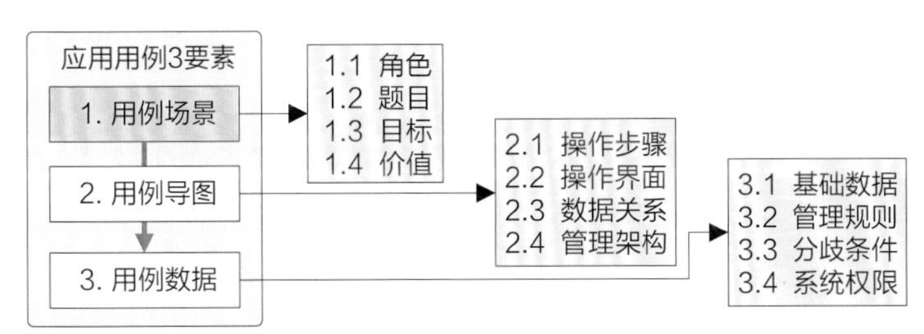

图13-8　应用用例内容

通过界面的操作，检查系统操作的设计是否友好、快捷、方便，是否能够正确获得“人设事、事找人”等机制效果，是否能够让用户感受到信息化带来的工作效率的提升。这些合格了，就可以确定如下内容。

- 操作路径是最佳的，操作步数是最少的。
- 各类机制的运行是正确的。
- 各种角色设计是正确的，等等。

【参考】《大话软件工程——需求分析与软件设计》21.3节。

★Q&A：通过业务用例和应用用例，测试工程师可以获得长足的进步。

测试员转行的鲁春燕说：“通过做业务用例和应用用例，我清楚了为什么需要做这两种用例。不但验证了业务设计和应用设计的结果，而且因为有了这两种用例的帮助，使得测试工程师编写的测试用例更完整，时间也缩短了很多，对最终交付系统的质量也更有信心了。做过业务用例和应用用例的验证后，测试工程师本人的能力也会有很大的提升，对业务的理解有了整体的、体系化的认知，特别是对功能的目的、作用，以及业务逻辑和数据逻辑方面有了全面的理解。这对于从事同一个业务领域研发的测试工程师来说，可以快速地在专业知识方面获得明显的进步。”

李老师补充说：“是的，在其他行业里，如建筑行业、制造业等，验收和质量检查工作都是由专业知识强、有丰富实战经验的人来做的，他们都是‘内行、高手’。软件行业要想获得相同的效果，起着相同作用的测试工程师也应该向业务和应用方面的高手靠近。”

13.3.3 验证的方法

知道了验证的内容，也有了规范的验证文档，还必须要有规范的验证方法，这样才能获得准确、高效的验证效果。下面谈一下验证的方法。这里主要以业务人员本人利用业务用例和应用用例进行验证为例。由测试工程师代为验证的过程可以参考此例。

1. 业务验证

1）验证准备

在进行验证前，先要做好以下准备（不限于此），参见图13-9。

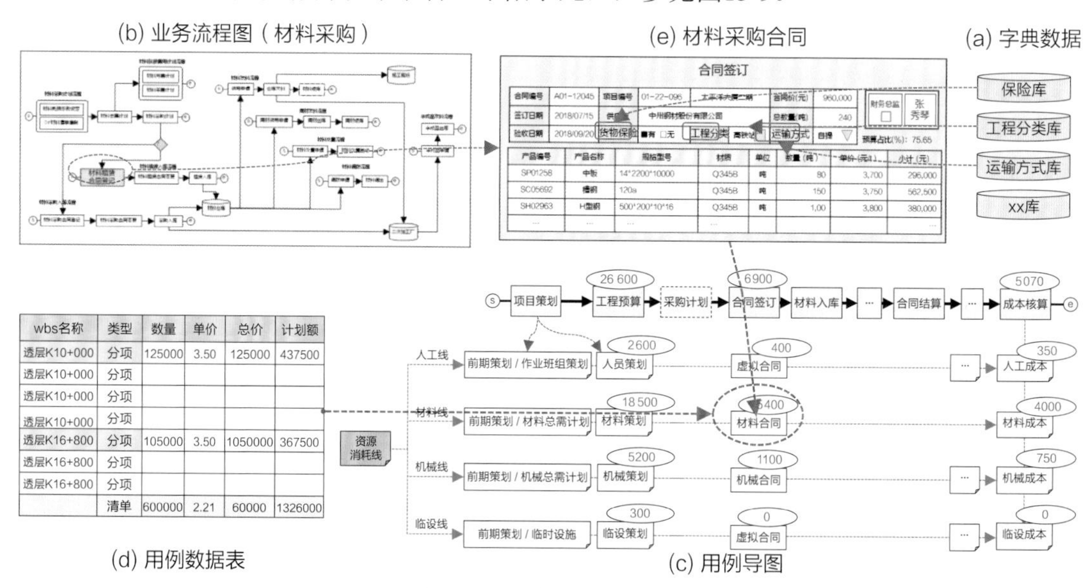

图13-9 业务验证示意图

（1）准备字典数据。

先行准备好系统运行所需的全部字典数据（企业基础数据），如图13-9（a）所示，包括人力资源、组织结构、材料编码、客商库、企业知识库等内容（可以使用测试数据）。通常编制的业务用例中不包括这些数据。

（2）准备业务架构图。

准备好业务全景图和业务流程图（概要设计、详细设计阶段已绘制），如图13-9（b）所示，验证工作必须要严格地按照这些业务架构图的顺序进行，不可有偏差，按图输入，可以验证整个系统是否按照业务架构图进行建设的。

（3）准备验证文档。

准备好业务用例文档，如图13-9（c）用例导图、图13-9（d）用例数据表，都是做验证的依据。

这里要注意业务流程与用例导图的关系：一个完整的业务用例，可能会涉及多条业务流程。

2）数据输入

下面按照准备好的文档进行数据输入。

- 参照业务全景图，从全景图中确定第一条业务流程图。
- 单击第一条业务流程图上的第一个节点（界面），材料的合同签订界面如图13-9（e）所示，对照图13-9（d）用例数据表开始输入。
- 按照用例导图完成全部的数据输入。

由于这个验证采用的是真实系统界面和符合业务事理的用例数据，因此这是在系统出厂前进行的最接近客户日常工作形式的验证，如果这个推演能够使用一套客户的历史数据，效果会更好，这个推演完成后，可以基本上确定业务设计的正确性是没有问题的，这为系统最终的成功奠定了最坚实的基础。

2. 应用验证

1）验证准备

在进行验证前，先要做好以下准备（不限于此），参见图13-10。

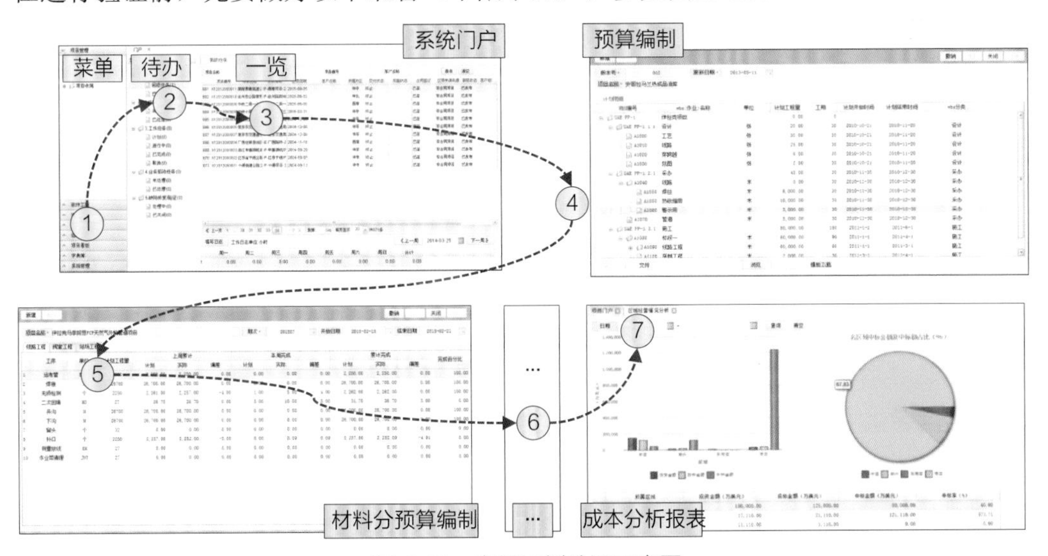

图13-10　应用用例验证示意图

准备好应用用例文档（用例导图和用例数据表），这是验证的依据。

2）操作执行

下面按照准备好的文档进行界面操作。应用用例的验证重点不是界面内的数据（已在业务用例验证中完成），重点是对所有界面的操作、流转、通知、警告、审批、权限等内容。应用用例完成后，系统中所有界面被至少打开过一次。

另外，由于应用设计的重点之一是检查机制的运行效果，而管理设计、价值设计中的很多内容也利用了机制设计的成果，所以它们的内容也可以和应用用例一起进行验证，例如，

- 管理设计：界面上各类按钮链接的管控规则如何被激活、运行，字段输入时违规提示信息的处理等。
- 价值设计：门户的机制（待办事项、导航菜单等）、各类通知、自检/帮助的机制、时间管理、领导看板等内容。

3. 角色验证

上述验证都是按照通用的操作过程进行的，除去这些验证以外，还需要进行一个非常重要的验证，就是按未来“虚拟公司（数字化企业）”中的角色进行验证。可以挑选重要的角色进行验证，如董事长、项目经理、物资采购员、仓库管理员等，用这些角色的视角，全面模拟他们在系统中可以做哪些工作、工作的流程以及操作的界面等。这些验证是对售前咨询、需求调研、高层访谈中对企业的承诺（参见相关章节）。

【例1】董事长作为用户，他在信息系统中的角色：

- 可以在系统中看到的信息，如查看统计报表、专用看板等。
- 必须要做的工作，如审批、待办事项中的工作等。

【例2】项目经理作为用户，他从信息系统中可以得到的帮助：

- 可以把握工程的进度信息、出勤信息等。
- 可以利用“工程验收”的界面获取信息、判断项目是否可以竣工等。

【例3】仓库管理员作为用户：

- 可以收到物资出入库的通知、各类物资的在库数量等。
- 可以收到某类物资的在库数量已到达下限值、需要补充等通知。

可以看出，如果在前面的设计过程中用例准备得充分、全面、细致，则验证工作会非常顺利，如果准备不足，则在验证中会发现有很多断点。验证的结果越完整、正确，对后面系统上线后的运行就越有信心。

★解读：设计验证，软件工程师职业发展道路上的一个里程碑。

在一名优秀设计师的成长过程中，亲自参与自己设计的系统验证工作是一个不可或缺的重要环节，这可以帮助设计师全面确认自己在需求调研、分析、设计等一系列过程中的想法是否正确，选择的做法是否合理，运行结果是否与自己的预想相吻合等，这个认识对设计师的成长极为重要，他会在下一个软件开发项目中进行有效的调整。可以肯定地说：有了这个锻炼机会，设计师每做一个项目就会有一个明显的提升。而缺少这个环节的锻炼，设计师每做一个项目的进步是有限的，甚至做了多个项目后也难以成为一名优秀的设计师（因为理论不联系实际）。

目前非常遗憾的是，在现实中大多数的设计师（业务人员）在向技术人员交底之后，就被调去参加下一个项目的调研或设计了。所以希望有条件参加验证工作的设计师，绝对不要认为这是测试工程师的事，是麻烦的工作。没有条件的设计师要创造条件，至少争取一次参与验证的机会，一定会受益匪浅。

第5篇　其他综合

第14章
标准与培训

前面各章介绍了从售前咨询到测试验证等软件开发过程的主线工作。另外，伴随着主线的推进，还有3项重要的辅助工作需要由业务人员协助完成。

（1）标准：协助客户内部建立符合信息系统运行要求的标准（流程、数据等）、规则等。

（2）培训：培训企业的系统用户（决策层、管理层和执行层），确保信息系统的正常运行。

（3）交付：交付软件开发的成果（包括文档、软件、数据库等）。

其中，（1）和（2）都是确保全部的信息系统可以正常运行的基本工作，没有这两项工作的完美准备是不可能获得预期效果的。（3）是系统上线后可以实施正常的维护、升级的基础保障。

本章位置参见图14-1（a）。本章的主要工作内容及输入/输出等信息参见图14-1（b）。

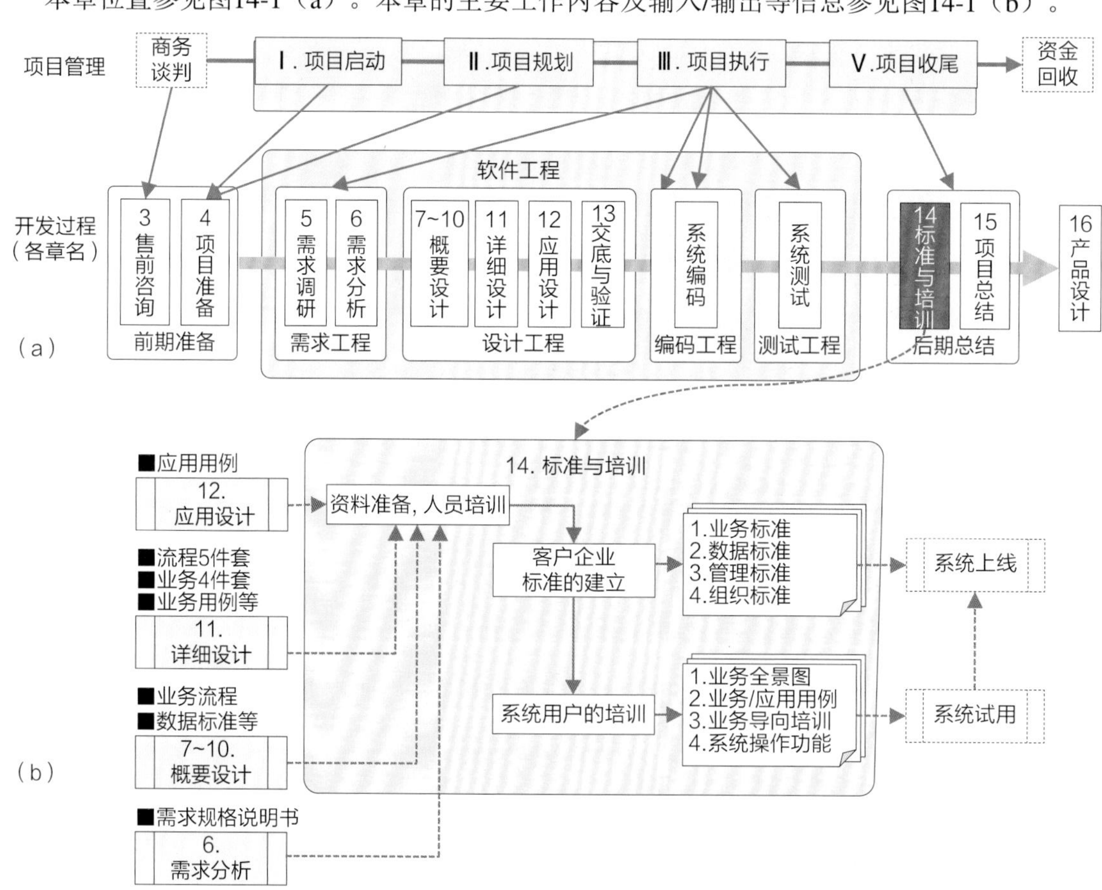

图14-1　本章在软件工程中的位置、内容与输入/输出信息

14.1 准备知识

在进行“标准与培训”前，首先要理解这些工作的目的和内容，需要哪些重要的理论和方法，以及从事这项工作的人需要有哪些基本能力。

14.1.1 目的与内容

在企业中导入新的企业级管理系统，与在某个部门内安装一个单体的专业软件是不同的（影响范围有限），由于是企业级的行为，为了确保信息系统的正常运行，上线前业务人员要协助建立标准、培训用户、接收交付软件和文档资料。

1. 标准的建立

在需求工程给出了《需求规格说明书》后，基本上就清楚了企业信息系统的需求，在软件公司进行系统设计的同时，客户方也需要启动公司内部的标准化工作，以使企业在“人—人”环境中制定的各类现行标准，都要调整到与未来“人—机—人”的工作环境相适配，需要标准化的对象主要有4项内容：业务标准、数据标准、管理标准和组织标准（不限于此）。

由于企业内部的标准化工作涉及的业务范围广、内容复杂，牵扯的部门多、岗位也多，特别是企业基础数据必须要与设计、编码同时进行，企业标准化工作必须要在新信息系统上线前准备完毕（因为系统运行前要输入相关的基础数据、管理规则等）。

2. 用户的培训

新信息系统运行后，要想让信息系统早日产生预期的信息化价值，系统的所有用户（包括决策层、管理层和执行层）都要尽快、熟练地掌握系统的“操作方法”和“运用方法”，这两种方法的目的是不同的。

（1）操作方法：是指对界面、功能、输入数据、查看数据等的操作方法，是最基本的。

（2）运用方法：是指综合运用信息系统的功能，提升工作效率、节约成本、增强竞争力。

这些工作是从“人—人”环境向“人—机—人”环境转移的前期准备工作，关系到现实工作向信息系统的顺利转移，是信息系统与企业管理能完美结合的重要基础。上述两项工作做得是否到位，直接影响信息系统是否能够顺利运行，以及信息系统能否发挥出预期的价值。

本章重点说明如何做好信息系统运行前的标准制定和用户培训工作。

3. 成果的交付

最后就是向客户移交系统开发的成果了，除去一般用户看得见的系统、数据库等软件成果外，还有非常重要的“设计资料”，这是未来系统进行维护、升级必不可少的参考资料。

★**解读**：有了信息系统，为何还要做企业标准化工作呢？

读者可能会问，既然已经设计了系统，为何还要再组织人进行标准化的工作呢？这主要有两个理由。

首先，系统中的标准化约定不是单方面由软件工程师确定的，它是与企业的相关部门一同确定的，而大多数的企业原本就没有统一的标准（即便有也是不完整的），因此需要借助这个机会收集、梳理、制定相应的标准，以便和系统内的标准统一。

其次，在设计和开发中植入到系统中的标准用户是看不见的，还有部分标准散落在不同的设计文档中，因此有必要将这些标准抽提出来，归集成一套标准的纸质文档或电子文档，以供培训参考或日常工作的检查等。再者，在系统进行升级改造时，也需要这些企业标准作为参考，否则改造可能出现系统错误。

14.1.2 实施方法论

本章的实施方法论重点介绍两种工作方法：如何建立企业标准与如何进行用户培训。

1. 企业标准的建立

将信息系统在设计时确定的有关规定与客户现在使用的标准和规则进行对接、调整，使原来"人—人"环境中使用的标准和规则可以满足"人—机—人"的工作环境。

1）标准化

实现各部门的运作标准化，是构建"人—机—人"环境中信息化管理模式的基本前提。主要建立的企业标准有4个（不限于此）。

（1）业务标准和（2）数据标准：这两个标准是用来支持业务运行的。

（3）管理标准和（4）组织标准：这两个标准是用来支持业务管理的。

下面对这4个标准进行说明。

（1）业务标准：业务标准主要包括业务流程、功能处理（表单）等，由于系统中的业务流程已经发生了变化，与线下实行的流程不同，流程上增加了很多的新节点或全新的流程，所以必须要梳理系统覆盖范围内的全部业务流程，确保各部门员工对未来系统中的流程有相同的认知，没有歧义。如材料采购流程、合同管理流程、成本的发生流程等。

同时，系统中的界面设计已经与需求调研收集到的原始表达有所不同，同时也增加了很多的功能，因此要对业务流程上的每个日常工作环节确定其模板标准、使用方法和相关规则，如前期策划的内容、每个具体的需求总计划、材料清单的格式、风险检查项等。

（2）数据标准：数据标准是标准化工作中内容最多、工作量最大的部分，对所有在系统中使用的数据都必须建立唯一的标准，这个标准是支撑系统运行的基础，也是防止发生信息孤岛问题的保证。如前期策划检查事项、WBS（工作分解结构，是项目管理的工具）、材料编码、组织编码、客商编码等。

（3）管理标准：由于在系统设计过程中增加了很多对业务处理的管控机制，包括标准、规则、判断等，这些内容要与现行的企业规章制度、管理规则相匹配。

（4）组织标准：建立新的企业信息系统，就如同建立了一个"数字化的虚拟企业"，其中的组织结构、"角色（岗位）"与现实中的企业组织并不完全相同，它可以比现实企业的组织具有更大的自由度，因此需要制定相应的标准。

2）量化指标

前面已经多次讲过，因为只有量化的对象才能实现信息化管理和精细管理，因此为了有效地利用信息系统，对大量的非量化管理对象要进行量化处理，如前期策划、风险管控、质量管理、安全管理等。对传统的编写文档、上传资料的工作方式，改为将主要内容进行量化处理，将文字描述转换为相应的数值，从而使信息系统可以实现自动监控、提示、报警。

2. 系统用户的培训

可能有的读者会说：做好系统用户的培训还不是一件简单的事吗？编制一份系统操作手册，照着操作一遍不就可以了吗？如果仅仅是培训用户的系统操作方法，自然也就不需要再谈什么方法论了。这个培训要求培训者化身为“虚拟企业”中的指导者，用信息化管理的方法来做这个培训。这里的用户包括客户企业的董事长、总经理、部门领导、各部门员工等，帮助他们从“现实企业（人—人）”走进“虚拟企业（人—机—人）”，帮助他们熟悉虚拟企业中的业务流程、业务操作、业务标准、管理规则等。

所以，培训用户的目的是系统功能的**操作方法**还是要建立**虚拟企业中的工作模式**，目的不同则培训的内容和方式不同（当然，后者的内容包含前者）。

本案例的目的是后者，因此**这个培训是“业务导向”的，功能操作是为业务服务的**。

★**解读**：客户培训是设计师向客户传递设计成果的最佳途径。

事实上，在业务的规划、架构和设计过程中，设计师是有着非常多的思考、理念和设计技巧的，但是这些内容不一定都反映在完成系统的表面上，即使有表达，但也不是每个用户都能看得出或感觉到，因此就需要通过用培训的方式，向用户体系化地介绍设计的理念和做法，否则这些费尽心思做出的好设计，由于没有被用户感受到、使用到，对设计师来说就是时间和价值的浪费了。

例如，关于项目管理架构的资源消耗线、成本管控线和进度管控线三者之间的关系，参见图7-9，可以让企业的业务骨干、领导充分地理解在信息系统中的项目是如何进行管理的，如何通过调整这些数据之间的关系来提升项目管理水平。

所以要把培训作为一个非常重要的向用户宣传信息化管理理念的机会，而不仅仅是一个系统操作功能的培训过程。

14.1.3 角色与能力

参与培训工作的业务人员，必须满足以下基本条件。

- 掌握培训内容相关的业务知识，如施工企业的项目管理知识等。
- 熟知系统的业务规划、架构（包括全景图、管理业务架构图等）。
- 熟知系统所有功能之间的业务逻辑，包括各条业务流程图、流程节点之间的关系。
- 熟练地掌握系统操作，并能够从业务、管理的角度解释用法。

14.2 准 备 工 作

在进入标准与培训的工作前，对参与标准制定和人员培训的相关人要进行以下培训，并准备好相关的流程、模板、标准、规范等。

14.2.1 作业文档的准备

（1）标准制定用文档。

参见《大话软件工程——需求分析与软件设计》一书的相关内容。

- 业务流程的架构方法和标准参考第8章。
- 企业基础数据标准的制定方法参考第10章。
- 业务标准与管理规则的制定方法参考第18章。

（2）用户培训用文档。

主要以业务设计和应用设计的文档为主，包括：

- 业务全景图、业务架构图等：理解业务整体规划、业务流程等。
- 业务规格书（业务4件套）：理解每个界面的业务含义。
- 业务用例、应用用例：按照用例进行操作，理解系统的构成。
- 另外，根据需要可编制其他必要资料，如对系统整体的理解、业务模块的理解等。

（3）培训手册。

另外，对于大型和复杂的系统来说，可能还需要同时编制两本专用的培训手册：《业务管理培训手册》和《功能操作培训手册》。

①《业务管理培训手册》：从不同业务场景的处理方法学习信息系统的操作，如成本管理，这本手册要说明完整的成本管理包括哪些流程、功能、管理等，要能够让用户沿着成本管理的业务流程图完成与成本相关的全部业务处理操作，知晓成本管理出现问题应该如何应对等。

②《功能操作培训手册》：给出信息系统中每个界面的具体操作说明。这里要注意，操作说明书中一定要以业务流程图作为导引，将操作界面串联起来，这样用户在学习界面功能的操作过程中，同时可以熟悉系统的业务逻辑。顺便说一句，功能操作培训手册可以根据业务用例和应用用例编制。

★**解读**：业务培训与功能培训的区别如下。

○ 业务培训是与用户的日常工作相关联的，这是培训的主体。

○ 功能培训是纯粹的系统操作说明，是培训的辅助。

以业务培训为主导进行培训后，用户对未来在“人—机—人”环境中的工作方式有了理解，以功能培训为辅进行的培训，主要是为了支持对业务培训的理解和执行。

14.2.2 作业路线的规划

由于工作的内容不同、担当者也不同，所以需要制定两条不同的作业路线，即企业标准的制定路线和用户培训路线。

1. 企业标准制定路线

企业标准制定需要由企业的生产管理部门主导，多部门的业务骨干参与，各自负责本部门相关标准的制定，主要包括：

- 制订标准编制的里程碑计划、执行计划，确保在上线前按照要求完成。
- 编制符合信息系统要求的企业标准方法，包括业务流程、基础数据、作业模板等。
- 按照需要标准化的工作分类，协助客户企业建立各领域工作的标准组，如流程标准组、基础数据标准组（再细分为材料标准组、客商标准组等）。
- 分别对各标准组进行培训，讲解作业模板的设计方法。
- 定期检查各标准组的工作成果，确定成果评估会，等等。

这里的作业模板，指的是日常业务处理用的“标准表单”格式。这些表单的形式会与需求调研时收集到的原始表单有所不同。

2. 用户培训路线

培训路线要按照客户的业务领域、业务流程进行划分，分别进行培训，也就是说不能按照功能一览去培训，而是沿着业务的走向去培训，参考《业务管理培训手册》。这是因为按照业务走向进行培训，容易让用户理解，而且容易记忆，在培训业务的同时就记住了功能的操作方法，同时也容易向培训师进行咨询。这样的培训方式效率最高。

而以《功能操作培训手册》为主进行的培训，用户接收的知识是散乱的、无体系的。

★**解读**：前期工作的标准化，提升培训的工作效率。

可以看出来，如果在前期做了如下工作，培训准备工作就容易进行。

- 售前咨询、需求调研前，培训用户用流程图、4件套模板，做各部门内部的业务标准化梳理，并采用流程图和4件套的形式向软件公司提出需求。用户掌握了与培训师相同的“表达用语和文档格式”。
- 在详细设计完成时用业务用例做业务验证，在应用设计完成时用应用用例做应用验证。

这些验证让用户与培训师双方对业务处理和应用方法有了共同的认知和标准。

另外，进行了这两次的验证工作后，也使得培训员对系统的构成非常有底气，可以从业务角度流畅地回答用户的提问，而不仅仅是作为系统功能操作的培训员。

14.3 标准制定

软件公司在需求调研阶段，培训客户参与了需求的调研和分析工作，在设计阶段参与了业务用例的验证和应用用例的验证，在系统正式运行前，还要帮助客户做好系统运行前的准备工作，这项准备工作包括客户对未来工作环境（人—机—人）的认知，制定匹配这个环境的业务和管理标准、规则，以及调整组织结构、岗位角色以适应新的工作环境等，这些内容需要软件公司提前辅导客户企业的相关部门来做准备。这些准备工作的成果也是后续实施培训的最佳教材。标准制定工作主要包括以下3方面的内容（不限于此）。

（1）统一认知：统一标准制定者对建立标准的认知。

（2）统一方法：统一建立标准的方法。

（3）统一标准：业务标准、数据标准、管理标准及组织标准。

14.3.1 统一认知

标准制定首先要做的工作就是统一参与标准制定相关人的思想，告知大家未来信息系统上线后，企业运营将会发生什么样的变化。有了这样的统一认知后，才能高效率地进行标准化的工作。

1. 环境的变化

导入信息系统前后，企业的管理方式发生了完全不同的变化。

1）“人—人”的管理方式

传统的管理方式是由“人”对“人”进行直接的管理，即“人—人”的管理方式，如上级对下级、领导对员工等，利用语言、纸质资料等传递管理意图，其优点是管理方式灵活，缺点是不严谨、效率低，且管理效果会因人而异。

2）“人—机—人”的管理方式

相对于传统的管理方式，信息化管理方式是“人—机—人”，在“人—人”中间加了一个“机”，这里的“机”指的是计算机，用计算机建立信息系统，将流程、业务标准、管理规则等输入计算机，然后计算机按照预置的标准和规则对人在系统中的行为进行管理，相当于借助机器间接地管理人。特点是管理方式严谨、高效，且不能通融。

因为信息系统是一个建立在信息化技术之上的“虚拟组织机构和虚拟工作空间”，现实中的组织结构、岗位、流程、规则等，都需要移转、融入这个信息系统中，并且要在这个信息系统中重构虚拟的“组织、角色、流程、标准、规则等”。在信息系统中运行的组织、工作方式等都不是简单地复制原来在传统工作环境中使用的方式（如果复制成一样的，就不会有客户价值的提升了）。

在“人—机—人”环境中构建的信息化管理方式可以是非金字塔形式的，在这个环境中信息可以快速抵达所有相关人，但节约出来的时间是否能够用于提升工作效率、产生效益等就看企业的应对方式了，也就是说最终想获得什么样的信息化价值（回报）是企业自身要思考的。

企业要根据自身的特点和信息系统的特点等，摸索在信息化环境中的最优工作模式。

2. 信息系统的定位

构建了信息系统，就要将企业的经营管理目标转化为用信息化的语言和方式表达，因此，企业各层级的管理者必须要熟知在信息化的环境中如何实现上述目标，要熟悉信息化的语言和表达方式，要精准地知晓每个目标是采用什么系统功能和指标来支持的。系统上线运行后，企业运营管理活动、各种标准与规则等的制定必须要以系统的内容为参照物进行（系统覆盖的部分），绝对不能制定与系统约定相违背的做法，否则一旦线上线下采用不同的管理形式后就很难再统一。还要注意遇到线上线下意见不一致时，就绕过系统中约束的现象，其结果会造成信息系统的价值越来越小，最终走向失败的可能（出现所谓线上线下“两层皮”的现象）。

★**解读**：什么是解决方案提供商？

很多的软件公司在给客户进行售前咨询时会特别强调：我们不仅仅是一家软件公司，而且是一家解决方案提供商。当你在与客户商量如何建立企业的各类标准时，你就会体验到给客户提供“解决方案”和提供“系统功能”在广度和深度是完全不同的，企业管理信息系统对企业的业务、管理、组织以及方方面面带来的影响。所以，做企业信息管理系统，业务人员一定要尝试在企业管理的高度来进行分析并设计系统。

14.3.2　统一方法

统一了参与建立标准的相关人的认知后，下一步就是确立建立统一标准的方法。建立企业的标准要分为4步（不限于此）。

（1）成立编制标准的组织。

（2）确定编制标准的依据。

（3）确定编制标准的范围。

（4）确定编制标准的方法。

1. 成立编制标准的组织

由于这里提到的标准都是企业级标准，所以必须由企业中具有权威性的部门牵头进行，通常由客户的信息化主管或业务主管组织内部的相关部门（如企管部、信息中心、财务部等）成立标准制定小组，另外由软件公司的业务人员（最好是全程参与了需求、设计和验证的人）参与，共同完成信息化环境的标准编制。

2. 确定编制标准的依据

建立企业标准的参考依据主要来源有两个，一个是企业的既有标准（线下用），另一个是信息系统的设计文档（线上用）。

（1）既有标准：企业在“人—人”环境中针对不同业务积累的标准。

（2）设计文档：设计文档给出了未来“人—机—人”环境的工作标准。

建立的信息化企业管理标准就是要以设计文档为主体进行整合，形成一套既符合信息化环境要求的业务标准既，又保留了传统的好经验。

另外，关于表达用语要使用信息化用语，表述的内容要与信息系统的定义、用语等保持一致，因为以前的标准和用语已经不适合在新环境中使用，为了避免发生理解歧义，所以不要再使用以前在“人—人”环境中的标准和用语，而改用“人—机—人”的标准（大部分内容可能是一致的）。

3. 确定编制标准的内容

企业需要建立多少标准，根据信息系统覆盖的内容不同而不同，但是以下4类标准不论在什么样的系统中都是基础（不限于此）。

（1）业务标准：包括业务流程、各领域的业务处理标准（表单）等。

（2）数据标准：企业基础数据（与生产过程等相关）和企业知识库（与规章制度等相关）。

（3）管理标准：与业务标准相对应的管理规则和决策判断。

（4）组织标准：与信息化工作环境相匹配的组织结构、角色、权限（系统内虚拟组织）。

4. 确定编制标准的方法

建立企业标准需要做的工作主要有两个。

（1）培训参与者：由于参与者还不清楚未来“人—机—人”环境的具体内容，所以先由软件公司的业务人员利用设计中的业务架构图（全景图、流程图等）、完成的信息系统和业务用例等文档和软件，边演示边说明，让大家理解信息系统并统一认知。

（2）建立标准：新的标准主要参考来源有二，一是企业原有的管理标准，二是本次信息系统的设计文档中的相关标准要求，将这两个参考逐条进行对比、修改（包括删除、调整、新增等），完成的标准要覆盖信息系统中全部的业务领域。

对照在“人—人”环境中所有的业务，制定在“人—机—人”环境中所对应业务的标准，形成的文档必须采用图形、表格和文字3种形式表达。将这些文档汇总后就形成了企业新的业务标准。

14.3.3 统一标准（业务）

完成了统一认知、统一方法后，下面就开始进行标准的统一。

业务标准是4个待建标准之首（业务、管理、组织和数据），是统一其他3个标准的基础，业务标准就是所有业务进行正确处理的准则。建立业务标准分为两个层次（按照粒度）：

第一层是**系统整体业务**的标准。

第二层是**各业务领域**的标准。

在系统中，与标准相关联的主要业务对象有两个，一是业务流程，二是操作界面，统一线上线下的业务标准也主要是针对这两部分进行的。

（1）业务流程：所有需要在系统中运行的业务流程，与其线下流程相统一。

（2）操作界面：所有需要在界面上进行操作的工作，与其线上操作相统一。

由于所有的数据全部借助于系统的界面操作直接输入系统中，所以关于界面操作就不存在线上线下业务标准不统一的问题了。下面关于业务标准统一的问题重点讲解业务流程。

1. 系统整体的业务标准

首先进行企业的业务整体划分，建立企业的业务全景图。如果信息系统尚未覆盖企业的全部业务内容，可以绘制全部的业务全景图，然后标出哪些部分已经在信息系统中，哪些部分将会在未来的2期、3期信息系统建设时覆盖。

完成了业务全景图后，再用表格、文字对业务标准进行详细的解释说明。

2. 各业务领域的标准

建立了对整体业务的标准后，下一步就是针对每个业务领域、业务模块、业务功能制定具体的业务标准。为了说明业务标准的建立方法，下面以图14-2所示的材料采购流程（流程）作为案例。

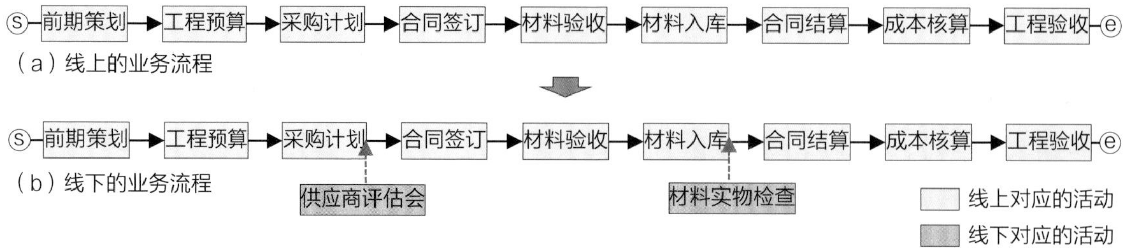

ⓢ—前期策划→工程预算→采购计划→合同签订→材料验收→材料入库→合同结算→成本核算→工程验收—ⓔ

（a）线上的业务流程

ⓢ—前期策划→工程预算→采购计划→合同签订→材料验收→材料入库→合同结算→成本核算→工程验收—ⓔ

供应商评估会　材料实物检查

（b）线下的业务流程

线上对应的活动

线下对应的活动

图14-2　标准材料采购流程示意图

新的企业流程标准是以信息系统中的标准为基础建立的，由于有些工作是不能在线上完成的，所以加到线下的流程中。也就是说，企业线下的流程标准与系统中的流程可能有差异。

【例1】以信息系统设计时的线上材料采购流程为依据，见图14-2（a），绘制线下的材料采购流程，见图14-2（b），这两个材料采购流程图不一定完全一致，但是图14-2（b）必须要包含图14-2（a），图14-2（a）是系统中固化了的流程，只能在信息系统中运行，而实际上企业可能会在图14-2（a）的采购流程基础上增加一些必要的线下活动（这些活动系统不能应对），如增加线下的“供应商评估会”、对现货的确认“材料实物检查”等工作。

这里回忆一下在需求调研时的情况，收集的客户业务现状图中原有的一些特殊的步骤，如召开对供应商的评估会、现场材料检查等（非系统内的工作），在对流程现状图进行梳理时把它们去掉了（因为系统不能对应）。但是在建立新的线下材料采购流程图时，需要恢复被去掉的必要步骤（实现线上线下的工作整合），这样就得到了实际的企业标准材料采购流程。

建立了材料采购流程的标准后，再设定流程中“前期策划～工程验收”中每个节点（界面）处理时的业务标准，如针对“采购计划”节点处理的标准可以考虑如下内容。

- 确定**何时**进行采购计划的编制、编制的**依据**、编制的**内容**等。
- 采购计划对后续的哪些工作起到**指导、约束**作用等。

待系统开发完成且系统尚未运行前，把这些标准设置到系统上（通过机制）。

14.3.4 统一标准（数据）

统一数据标准是标准化工作中量最大的部分。需要统一的数据标准主要有3类。

（1）基础数据：在前面已经介绍过，企业的基础数据准备工作要在设计阶段就开始，数据的标准化是企业最重要的两个标准化之一（另一个是流程标准化），企业的每个部门都有自己特有的基础数据，特别是财务部门、材料部门等的标准化会影响其他的部门。基础数据的重要作用之一是作为字段功能在界面上辅助输入。

（2）过程数据：是在界面设计的4件套（模板2：字段定义）上被定义的。

（3）加工数据：与基础数据和过程数据相比，是需要复杂条件定义的数据。

【例2】建立成本数据计算的标准——成本数据。

不同于过程数据和基础数据是直接录入到系统中的，成本数据是通过复杂的定义和计算得到的，以材料为例，不同材料计入成本的条件不同，有采购时计入、出库时计入、使用后计入等多种计算方式，所以要建立一套定义成本的标准，这是成本管理的基础。

有关成本的计入条件，必须在业务设计开始后、编码工作开始前就准确地确定下来，因为这些条件要反映到系统中的计算公式中，例如，

- 确定成本的定义、构成及条件（如材料出库为成本，或使用后为成本）等。
- 确定成本生成的流程、分歧点、管控点、管控规则等。
- 生产成本与财务成本的转换条件、标准等。

图14-3就是说明成本数据在不同阶段的不同定义条件。

序号	大类	资源	标后预算			施工预算（未完工）			成本核算					
			资源明细	预算依据	数据结构	资源明细	预算依据	数据结构	归集时间	资源明细	成本发生节点	成本计算	计算说明	数据结构
01	分包成本	工程分包	分包费用	分包策划	WBS结构	分包费用	结算余工程量，分包合同单价（价）	WBS结构	21日～20日	分包清单结算	分包结算	分包结算金额		WBS结构
02								单列，不分摊。费用分类汇总	21日～20日		结算其他款项			
03	直接工程费直	人工	当地人员费用	人工策划（量）人工单价（价）	WBS结构	当地人员费用	量余额（量），人工平均单价	WBS结构	26日～25日	当地人员费用（不含操作手）	工资结算			WBS结构
04			中方人员费用	人工策划（量）人工单价（价）	WBS结构	中方人员费用	量余额（量），人工平均单价	WBS结构	26日～25日	中方人员费用（不含操作手）	工资结算			WBS结构
05		材料	采购材料	前期策划	WBS结构	采购材料	实际工效，平均单价	WBS结构	26日～25日	主材（不含混合料）	物资现场消耗	落地价*消耗数量		WBS结构
06			租赁材料	前期策划	WBS结构	租赁材料	实际工效，平均单价	WBS结构	26日～25日	辅材等	物资现场消耗	落地价*出库数量		WBS结构
15		机械	自有设备费	前期策划	WBS结构、分部	自有设备费	实际工效，平均单价	WBS结构	26日～25日	施工机械、生产动力单机成本	设备成本核算	单机单车成本*该部位运行时长/总时长	是否所有设备都能填运行时长?	WBS结构
16			租赁设备	前期策划		租赁设备费	实际工效，平均单价	WBS结构	26日～25日	施工机械、生产动力单机成本	设备成本核算	单机单车成本*该部位运行时长/总时长	是否所有设备都能填运行时长	WBS结构
17	其他	监理营地	监理营地	同直接费		监理营地			1日～31日	监理营地	同直接费			

图14-3　成本计算的标准条件示意图

软件工程师就要向客户提供进行数据标准化的培训和模板，进行数据的标准化工作。由于数据的量很大，牵涉客户企业的很多部门，所以这项工作可能会持续很长时间（如材料数据），基础数据的标准化必须要在系统上线前完成，所以需要早做准备。

【参考】《大话软件工程——需求分析与软件设计》第11章。

14.3.5 统一标准（管理）

前面已经介绍了业务标准和数据标准的建立方法，有了业务标准和数据标准做载体和基础，下面介绍管理标准的建立方法。

由于使用信息系统进行企业业务的运行管理，所以很多在“人—人”环境中积累的管理经验、规则、处理应对方式等都已不适应了，所以需要按照信息化管理的方式、基于信息系统的设计结果重新调整企业相关的管理方式，建立新的管理规则。

1. 管理模型

按照分离原理的要求，要建立与业务标准相匹配的规则，业务标准、管理规则和决策判断三者共同构成管理的标准。管理模型如图14-4所示，利用这个管理模型，针对业务流程上的每个节点建立业务标准、管理规则和决策判断的关系。

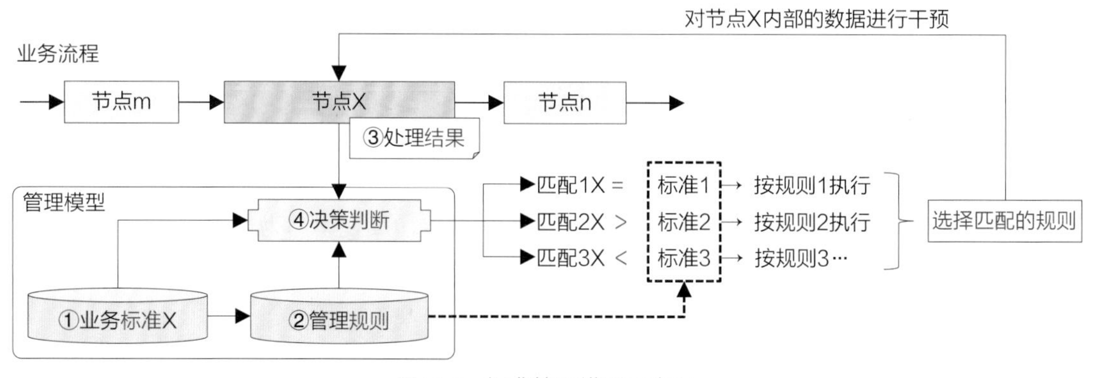

图14-4　标准管理模型示意图

管理需要按不同业务领域、业务线或控制点来设定，针对不同的业务线（进度、成本、资金、材料等），都要指定相应的管理方法和具体的规则，常见的有进度管理、成本管理、资金管理、材料管理、合同管理等。

【参考】《大话软件工程——需求分析与软件设计》第19章。

2. 管理方式

这里以风险管理为例，说明需要制定的相关管理标准内容，具体的风险说明可以参考9.5节。

1）确定风险管控形式

在第8章对风险管控方式进行了规划，企业相关的管理部门要掌握在信息系统中对风险管控采用的5种约束形式以制定相应的措施，5种约束形式如下。

- 流程约束：疏通企业上下、前后的工作关系，打破部门间隔阂带来的风险（流程梳理）。
- 计划约束：检查是否所有重大的工作步骤都有相应的计划并建立了约束关系。
- 规则约束：每个操作步骤是否都设置了与公司规章制度相对应的管理规则。
- 控点约束：管理的量化，特别是针对安全、质量这样的风险管控重点。
- 分析评估：利用积累的历史数据，通过建模进行计算，得出对本次工作的评估。

针对项目中识别出的每个可能发生的风险，都要对比这5种约束方式，从中找出一种最合适的约束方式加载到易出风险的地方，实现对风险的管控。

2）风险发生后的应对措施

完善系统中关于风险发生时的应对措施，措施有线下和线上两种处理方式。要特别注意完善线下处理结果在线上的反馈，这样做才能逐步积累“预判”与“处理”方法的数据积累，为后续建立风险预警、评估模型储备基础数据和方法。

系统的全部用户都要知道每天看什么，预警在哪里，哪个预警看板归谁管理，要演练系统，并制定相应的规则，如系统出现了什么预警，需要通报谁，如何处理，等等。

3. 管理分界（线上线下）

由于任何一个信息系统都不可能完全覆盖或替换企业原有的线下工作（按照二八法则，也没有必要全部整合到系统中），在系统设计时，就要确定：

- 哪些内容可以在线上进行管理（在系统中设置了管理相关的内容）。
- 哪些内容可以在线上进行提示、预警，但实际的管理处置还是需要在线下进行。

需要在线上进行管理的内容，按照系统的管理模型在需要管理处加载管理机制。需要在线下进行管理的部分，确定线下管理的方法，包括向谁发出通知、如何处理等。

上述内容都要记录下来，以备在日后需要对风险管理约束条件进行调整时，提供给软件公司和客户进行讨论，如果没有记录作参考，像这样的风险约束条件是难以从界面操作上获得的，没有这些记录就会影响对风险管理系统的升级改造。

14.3.6 统一标准（组织）

业务、数据和管理3个标准化的方法都确定了，最后一步就需要用组织（岗位）的形式将上述标准整合在一起。

1. 建立系统中的组织结构

在系统中可以建立一套与现实企业完全不同的组织结构和岗位，这些组织和岗位是利用系统的“权限”功能建立的。在系统中建立的组织和岗位要适用于“人—机—人”的工作环境，每个系统中的角色要比现实中的岗位可以做更多的工作和贡献（因为一个岗位在系统中可以赋予数个角色）。要了解现实组织中的“岗位”与系统中“角色”的不同，如何让系统中的角色发挥更大的作用，是让信息化产生更大价值的关键。

2. 建立系统中的岗位责任制

在现实的企业中，不同的岗位有不同的工作标准，在虚拟的企业中（=信息系统中），也需要为不同的角色（=信息系统中的岗位）确定具体的工作内容和相应标准，例如，

（1）项目经理：在信息系统中设置专用界面、确定必须关注的看板等。

- 项目竣工定义、竣工标准（竣工时必检的科目）等。
- 系统出现何种风险及预警形式，应该如何处理，处理依据是什么等。

（2）材料采购部长：在信息系统设置专用界面、确定必须关注的看板等。

- 采购计划、采购规范、采购与消耗的对比看板。
- 公正透明的价格设定标准、选定采购厂家的规则，等等。

系统运行前，要把原来在线下执行的组织管理规则等，重新按照信息系统的设计要求进行梳理、明确、量化，然后将各类标准导入系统中。

14.4 用户培训

除去制定标准外，在系统上线前另一项重要的工作就是用户培训。培训工作由哪个岗位的人做，各软件公司的做法不同。考虑到参与分析和设计的业务人员最了解信息系统，由他们培训的效果最好，所以本节案例以参与过需求和设计的业务人员作为培训员进行说明（完全由实施工程师来做培训工作的可以参考本案例的说明）。

上述的准备工作成果只有通过培训才能传递给每一名用户并发挥作用。

14.4.1 培训目的

软件做完了，让实施工程师培训一下操作功能就可以了，这样的想法是不对的。由参与过分析和设计的业务人员参与培训是非常重要的，为什么呢？ 一般培训师只能利用《功能操作培训手册》给用户做功能操作级的培训，而使用《业务管理培训手册》给客户做业务管理的培训则必须是有能力且最好参加了需求和设计的业务人员。两个培训的内容和目的是不同的。

（1）业务管理培训：是建立信息化环境下的运用模式和管理模式。

（2）功能操作培训：是掌握界面操作的方法及要遵守的业务标准和管理规则。

（1）包含（2）的内容，下面从被培训者和培训者两方面来讲解做好培训的意义。

1. 被培训者

通过调研、分析、设计、编码、测试及验证等一系列工作后，信息系统终于上线了，业务人员剩下的最后一项重要工作就是让系统用户理解他的设计思路和设计内容。软件公司给客户提供了一个“人—机—人”的工作环境，要让客户知道在业务处理、管理控制等方面发生了什么变化。这些工作如果做得不到位，千辛万苦做出来的系统就发挥不出应有的作用和价值。培训的目的绝对不是简单地教会用户界面操作那么简单。

前面收集客户需求以及设计软件时都是从客户的3个层面考虑的，那么培训时还是按照3个层面进行，除去对他们各自在需求调研时提出的需求进行回答外，各层共同的培训重点如下。

- 决策层：理解企业经营、管理模式的转变，思考如何利用数字做好企业的数字化转型。学会在信息系统中使用各类看板、表单获取信息并指导工作。
- 管理层：理解信息化管理模式，积极提升工作效率和经济效益。学习在信息系统中利用各种管理机制规避风险，对管理指标的达成进行监控和指导。
- 执行层：理解信息系统的构成，正确掌握系统的操作方法，准确高效地完成日常的业务处理工作。

从上面的要求来看，没有参与过需求分析与系统设计的人，不容易将系统内的方方面面联系起来，形成一个体系向客户和用户讲述，特别是决策层和管理层的培训，一般的培训人员是写不出来匹配的培训资料的。

2. 培训者

再来看培训工作对培训者本人有什么意义。对于从事过需求分析和业务设计的业务人员，不论是软件工程还是项目管理，都是从别人那里学来的理论和方法。这些理论和方法是否有用，按照这些理论和方法做出的成果是否达到了预期的目标，是否收获了预期的价值，则必须用自己的眼睛去看，在用户现场去感受、确认才知道。

业务人员（需求分析师、软件设计师、产品经理等岗位）参与用户培训，目的是亲自检验自己的成果是否符合预期目标，用户是否满意。这是最终判断系统是否给用户带来价值的重要步骤，也是通过检验调整、修改系统的重要阶段。

按照图14-5所示的内容进行一次完整的循环，特别是有无⑤和⑥的实际体验，对一名业务人员的成长是完全不同的。有了⑤和⑥的体验后，并经过若干次⑦的调整循环，业务人员将对自己学习的知识、积累的经验、自信心都会有质的提升。而没有做过，可能就永远处于“知其然、不知其所以然”的状态。

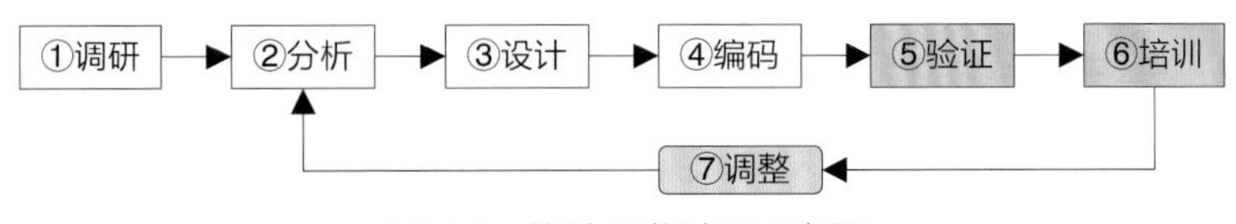

图14-5 软件开发过程示意图

在现实中，大多数的需求分析和设计担当人都没有机会直接参加系统的上线和培训工作，这是非常遗憾的。完整地走过一遍如图14-5所示的从需求调研到上线培训的全流程，胜过十次只做需求调研和设计。因为不直接体验一次用户的实际感受，业务人员对自己的需求和设计结果永远都停留在想象的层面上。

当然，这样的训练机会带来的好处也不仅仅限于业务人员，培养一名优秀的、高水平的软件工程师，这项工作也是绝对不可缺少的环节。在软件公司内部，虽然因为岗位的分工和任务的紧张程度不同，通常难以自己决定做什么，但是如果遇到这个机会一定要抓住，不要错过。

14.4.2 培训内容

要通过培训建立起用户对系统整体的、有层次的认知，从系统整体到每个业务领域、每条业务流程、每个功能界面。例如，

- 业务全景图。
- 不同领域的业务流程图。
- 各功能界面的操作方法（业务）。
- 各功能界面的管控规则（管理）。
- 不同岗位的工作范围、界面名称、管理工作等。

在培训中使用的指导资料主要来源于在设计过程中编制的设计文档以及用例资料（如果没有就需要另行编写），例如，

- 业务流程图的5件套、业务功能4件套等。
- 详细设计的业务用例（用于培训业务数据的输入）。
- 应用设计的应用用例（用于培训系统的操作方法）。
- 企业建立的各类标准（业务、管理、组织等），参见14.3节。
- 《业务管理培训手册》《功能操作培训手册》等。

★**解读**：系统开发完成，必须要推广到位。

开发完成的信息系统要推广到各分公司，集团领导希望全集团上下使用统一的系统，这样不但可以做到数据通，而且可以做到业务流程通、管理规则通。但现实是有些分公司自己已经开发了类似的系统，且运行了多年，对集团公司推广的新系统有抵触情绪，不愿意使用。他们主要担心集团提供的系统与自己的业务、管理不符合，信息中心和培训人员很难推进，遇到这种情况该如何应对呢?

除去由集团领导发出通告，做行政上的支持和要求外，企业信息中心和软件公司的培训人员也可以积极地帮助用户消除担心。第一件事就是将新系统的业务和管理方式与各分公司的现状进行对比，方法是将新系统的全景图、各业务领域的架构图展开（成本管理、采购管理、进度管理等），与分公司的部门领导、业务骨干一起进行对比，找出相同和不同之处，针对不同之处再进行甄别。针对不同点，确认是分公司必须要做出改变，还是分公司的流程不能改。最后针对不能改的地方再讨论：是集团的系统有问题，还是该分公司从事的业务特点要求这样做，最终可以根据分公司的特点额外增加功能点进行处理。

这种方式就是“以理服人”，只要业务和管理没有本质上的区别，就可以推广，功能操作习惯上的不同可以要求分公司服从，如果确实是有特殊性，则可以用额外的功能加以调整。

14.4.3　培训方式

培训的方式有两种：基于《功能操作培训手册》的**功能导向培训方式**和基于《业务管理培训手册》的**业务导向培训方式**。

1. 功能导向的培训方式

功能导向的培训是最基础、常规的培训方式，利用业务4件套以及《功能操作培训手册》等进行以功能操作方面为主的培训。这种培训方式对小型的、业务逻辑不太复杂的系统足够用了。但如果是规模大且业务逻辑复杂的系统，可以先利用功能导向的培训方式，将系统的功能构成、基本操作规律、操作方法培训一遍，待用户基本上理解了系统的构造后，再进行下一步业务导向的培训。

2. 业务导向的培训方式

业务导向的培训方式是功能导向的培训方式的升级版。

当系统的规模大、业务逻辑复杂，且需要企业的决策层、管理层和执行层都参与系统的运行时，就需要增加业务导向的培训方式。这种培训方式需要利用详细设计的业务用例、应用设计的应用用例，使用用例场景、用例导图、用例数据表等在内的资料，最大限度地模拟真实的业务处理场景。经营层、管理层和执行层的企业成员都参与系统的运行，因此他们都是系统的用户。业务导向的培训有以下3个重点。

（1）按**岗位协同**的业务处理。

（2）按**业务领域**的业务处理。

（3）按**管理目标**的业务处理。

下面就这3个重点进行说明，读者根据自己的项目情况，还可以增加更多的业务处理场景。

1）按岗位协同的业务处理

重点培训不同岗位的协同工作，培训可以安排用户按照他们各自实际从事的工作，在信息系统中赋予他们岗位对应的角色，按照用例进行操作演练，通过这个培训可以让每个用户都清楚在系统中大家是如何进行系统作业的，例如，

- 你的岗位在业务流程中的哪个位置？具体需要操作哪些功能（界面）？
- 你的上游岗位是谁？你从哪里接收数据？数据是否合格？
- 你的下游岗位是谁？谁使用你推送的数据？
- 你操作的界面将会受到什么规则的管控？等等。

2）按业务领域的业务处理

按照业务领域进行培训，如目标策划管理、成本管理、材料采购管理等，这种培训方式完全是以业务为导向。以成本管理为例，成本管理涉及系统中大部分的功能，需要特别编制有关成本管理的用例，例如，

- 编制成本管理用例，这个用例需要涉及信息系统中所有与成本相关的业务流程、功能界面、管理规则、基础数据等。
- 绘制成本管理的导图，从成本管理的起点直到成本管理完成的全过程，要保证培训符合客户的实际业务场景。

- 沿着成本管理导图进行业务的数据处理、管理规则的启动和处理，既要有成本的正常处理过程，也要含有成本超额的异常处理方法等。

当然，在实际的培训过程中，根据情况，也可以将上述所讲的培训方式融合起来（功能导向、岗位协同、业务领域），一次性全部培训完，也可以分为两次或三次。

3）按管理目标的业务处理

按照设定的管理目标进行处理，这是综合管理题目，也是整个培训中难度最高的培训，例如，

- 如何将全年的材料消耗成本降低1%？
- 如果发生了××风险事故，该如何快速响应？
- 工程项目进行到一半时，发现成本有可能超预算，该如何处理？等等。

针对这些内容的培训和演练，可以明显地提升客户企业整体（三层）的信息化管理水平。通过这样的训练，可以强化企业中不同层级、不同部门、不同岗位之间的联系和沟通，有效地消除隔阂，大幅提升企业的工作效率和整体竞争力。

★**解读**：上述培训对于已经考虑要进行数字化转型的企业是非常重要的，也是基础能力，数字化转型的企业与现在进行信息化构建的企业不同。

- 信息化企业：其重点是将生产过程中产生的数据尽可能全面地、及时地、正确地进行采集并上传，以供经营者和管理者参考。
- 数字化企业：除去也要采集数据外，更重要的是利用数字化体系（流程、管控机制等）直接管理、指挥实际的生产过程。

因此，从上述的培训内容可以看出，培训将会为企业更高水平地运用信息系统培养人才并奠定基础。

14.4.4 培训效果

按照前面的要求进行了培训，培训完成后应该获得什么样的效果呢？下面从被培训者和培训者两个角色的视角进行讲解。

1. 被培训者

首先来看被培训者的收获。因为培训思路不仅是对“功能”的掌握，而且增加了“业务”导向的内容，因此培训完成后，用户就会感受到“人—机—人”环境比“人—人”环境的整体协同好、逻辑通顺、工作效率高，用户不但掌握了操作方法，而且掌握了信息化的业务处理方法和管理方法。特别是以前困扰企业高层领导的“部门间不通、岗位间不通、上下级间不通”的现象将会完全消除。

★**解读**：以业务场景为引导的培训，非常容易引起用户的兴趣，顺着业务逻辑用户可以非常主动地进行操作，对功能的记忆也会非常准确，培训的效率会比较高，反之以功能为导向的培训，用户需要努力去记忆功能的用法、位置，培训效率比较低，而且效果也不太好。

2. 培训者

再来看参加过用户培训的业务人员有什么收获。通过在现场观察用户的操作，业务人员可以得到很多的启示和经验，例如，

- 设计的界面、流程，用户操作了数十次后是否感到麻烦？使用信息系统是提升了工作效率，还是降低了效率？
- 设计是否能够更人性化一些？是否能增加可以自动输入或智能输入的功能？
- 系统是否能自动检错？出现了错误怎么跳出来避免陷入死循环？等等。

通过对用户的培训，业务人员可以搞清楚从书本学到知识以及别人传授的经验是否正确，是否适用于本次软件项目的开发要求。

★**解读**：信息系统如同快速培养骨干的“人才复印机”。

有了信息系统后，客户企业可以单独建立一个环境用于对新人的培训，利用信息系统的各种设定功能，可以让信息系统如同一台“人才复印机”，如图14-6所示，在信息系统中进行如下设定（不限于此）。

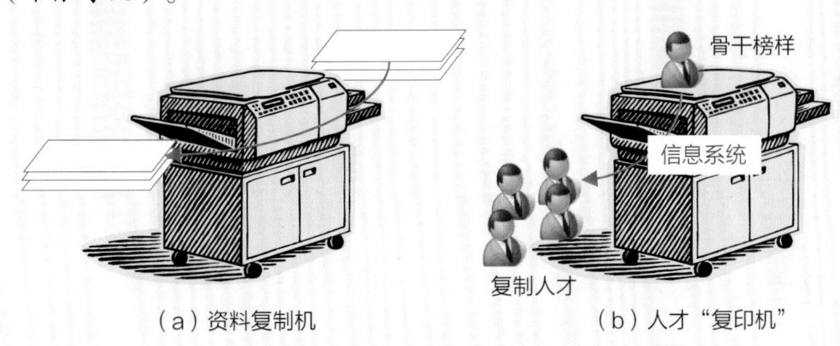

图14-6　信息系统是人才“复印机”

○ 将企业的经营理念与管理规则编入管理系统中，使它们融入全体员工的日常工作里（系统操作中）。

○ 通过信息化可以强化管理规则的执行力度，不按照规则形式，就不能执行下一步。

○ 利用系统的“人设事、事找人”的功能和企业知识库的功能等，为用户提供了一个可以积累、传播、应用企业知识的平台。

如果系统进行了上述设计，那么这个系统不但可以训练一般输入操作，还可以训练管理、指标控制等，例如，

○ 掌握各类业务处理的流程和数据输入的操作方法。

○ 掌握企业各类管理规则在生产过程中的应用。

○ 掌握各类异常情况的处理方法，如进度慢了如何处理、成本超标如何处理等。

○ 如何让企业运行中的各类风险降到最低。

○ 如何让企业的成本降低1%、利润增加1%，等等。

按照这样的方法进行训练，就可以快速培养新的管理人员和新入职的员工。因为在信息化环境中，人们工作在虚拟企业中（“人—机—人”），不论是否在工作现场，通过这个信息系统提供的虚拟环境都可以快速培养出满足不同业务领域需要的人才。

在现实中，**一个优秀的项目经理，可以带出一个优秀的团队和工程项目**。

在系统中，**一套优秀的管理系统，可以培育出一个优秀的企业**。

14.5 交 付 物

构建的企业管理信息系统完成后，要向客户提交3个重要的交付物（不限于此）。

（1）信息系统（软件）。

（2）数据库。

（3）设计文档。

因为（3）是本书的重点，因此本节将重点介绍（3）的内容。

14.5.1 信息系统（软件）

第一个交付物就是信息系统（软件部分），对这部分就不必多说了，因为整个开发过程最终的、也是最大的交付物就是信息系统本体，本体包括门户、材料管理、成本管理、进度管理等各功能模块。

系统上线后，要交付给客户功能一览清单、上线运行的评估报告等。

14.5.2 数据库

第二个交付物是数据库。系统上线时，完成企业的基础数据的准备也是信息系统正常运行的基础条件。企业的基础数据标准化，是企业标准化的两项工作之一（另一项是业务流程的标准化）。

经过了近二十年企业管理信息化的推广，软件公司和客户双方都受到过一个令人头痛问题的困扰：信息孤岛，也都明白企业管理信息化中的重要工作：数据的标准化。消除信息孤岛的困扰，确保企业数据资产的持久性，实现这两个目标的核心都在于数据的标准化，而数据标准化工作的重点，就是梳理并标准化企业的基础数据和过程数据。

- 基础数据包括客户信息、客商信息、人员信息、材料编码、价格信息等。
- 过程数据包括项目信息、材料采购数据、交易数据、成本数据、质量数据等。

★**解读**：基础数据和过程数据是输入的原始数据，一旦输入后就不能再改变，所以这两者的非标准化是造成信息孤岛的重要原因。加工数据在系统中可以随时定义，所以它不是引起信息孤岛的原因。

14.5.3 设计文档

最后一个交付物是设计文档，开发完成后向客户进行交付时，除去软件、数据库外，最重要的就是文档。

1. 交付文档内容

下面给出与本书内容关系密切的文档，设计文档中也包括开发过程中产生的3类主要文档。向客户交付的文档主要如下（不限于此）。

（1）需求工程产生的《需求规格说明书》。

（2）设计工程产生的《设计规格书》，其中包括以下4个文档。

- 《概要设计规格书》，详见第7～10章，包括总体、建模、管理、价值。
- 《详细设计规格书》，详见第11章业务用例。
- 《应用设计规格书》，详见第12章应用用例。
- 《技术设计规格书》，省略。

（3）测试工程产生的《测试验收报告书》。

2. 交付文档的价值

这些交付物不仅是软件开发过程中指导编码的文档，也不仅是当需求变化时修改系统的参考文档，这些文档本身就具有非常重要的客户价值，它们是未来指导企业在信息化环境中的运营和管理、制定业务和管理标准的依据。为什么这样说呢？下面以交付物中的两个重要文档——业务架构图和业务4件套为例进行说明。

1）业务架构图

业务架构图包括业务全景图和各领域的业务架构图（框架图、分解图、流程图等）。

由于企业管理涉及的业务种类非常多，而且业务逻辑也非常复杂，在构建信息系统前，基本上没有一个人敢说全公司的业务他都熟悉。构建了信息系统后，业务处理的内容更多，业务之间的关联也更加复杂，面对信息系统就更没有一个人敢说什么都清楚了。此时不但理解信息系统中的业务构成、业务逻辑需要这些图作指导，而且未来企业的业务应该如何优化、改进、提升，以及更进一步地进行企业数字化转型等工作，都需要在这个图上进行推演、模拟。

因此，对企业的经营管理者来说，这些业务架构图就是企业经营管理的“作战地图和推演沙盘”，如图14-7所示。

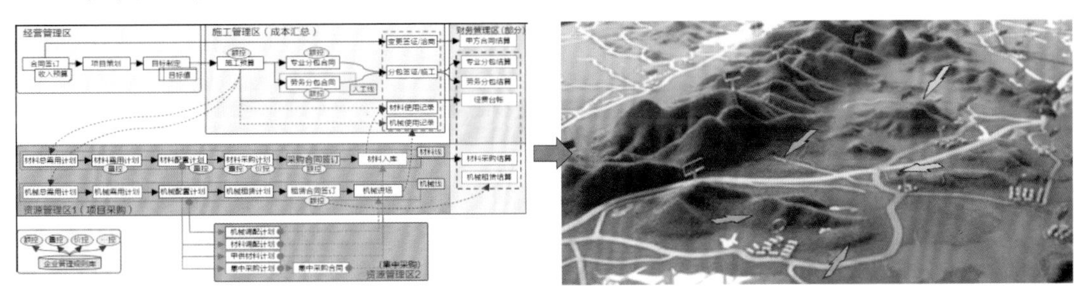

（a）成本管控示意图　　（b）军事作战沙盘

图14-7　管控示意图与作战沙盘

所以对客户企业来说，交付的信息系统（软件）是重要的，同时这些业务架构图也是非常重要的，是领导理解现在、推演未来不可或缺的好帮手。

业务架构图是企业两个标准化工作之一：流程标准化的成果（另一个是数据标准）。

2）业务4件套

另一个设计文档就是业务4件套（界面设计的规格书），它的重要性在于，这个规格书实际上是企业的业务处理标准，在信息系统中绝大部分的业务标准是通过这个业务4件套来定义和固化的。这个业务4件套解决了一个很大的难题，即在企业中没有一个人能说清楚企业每天处理的数十个、数百个业务的工作标准是什么。有了业务4件套就相当于企业将业务全部精确地进行了梳理和定义，所有的工作都有标准，做过的工作都是符合公司要求的。

以后企业做任何的标准化工作，都必须基于这个业务4件套的内容进行。同时，客户掌握了业务4件套的格式，也就等于掌握了信息化环境中的企业标准化工作方法。

通过这两个例子，说明了为什么要在前期分析设计时花费那么多的时间，因为分析设计文档本身也是客户价值的一部分，对于客户来说，设计文档和软件系统是同样重要的。

以上就是系统完成后必须要交付给客户的3个重要的交付物，这3个交付物的客户价值都是非常高的，缺一不可（当然还有网络环境、硬件等，因不属于本书的范畴故省略）。

★解读：设计资料是系统交付的重要组成部分。

在现实中，软件开发完成后，软件公司向客户交付的设计文档做得很粗糙、质量差、数量不足，甚至没有设计文档（只有需求调研的资料），这是屡见不鲜的事情，这也是日后造成客户在系统维护、升级时遇到麻烦的主要原因之一。

这种现象在工程建筑行业是不可想象的，没有完整、准确的设计图，客户是不验收的，甚至施工建造时修改的地方没有及时地反映到设计图中都是不行的。因为建筑物要长期使用，要不断地进行维护、更新，完整无缺的设计图纸是绝对必要的。

软件和建筑物是完全一样的道理，软件也是一个企业重要的基础建设，是要长久使用和维护的，因此在完成系统建设时如果没有获得正确、完整的设计图，当需求发生变更或系统升级时都是非常困难的，甚至是危险的。

就对待“工程”的态度这一点，**从事IT行业的软件企业，要向工程企业学习，从事开发工作的软件工程师要向建筑业和制造业的工程师学习**。

第15章 项目总结

蓝岛建设的开发项目，从售前咨询、设计开发直至上线培训的工作已经全部完成，软件公司向客户交付了软件、数据库和设计文档，并通过了客户的最终验收。本章作为项目总结篇，对以下项目开发过程中的3部分总结如下。

- 第一部分：重点是项目收尾，主要是对项目成果进行总结，并介绍项目的相关方（客户、软件公司）通过项目开发过程获得了哪些收获。
- 第二部分：重点是项目开发过程中的资料归档，通过对这些文档的共享、复用，可以为软件公司提升工作效率和效益。
- 第三部分：答疑，重点回答在项目开发和培训过程中经常遇到的问题或误解，这些问题和误解涉及咨询、调研和设计的各阶段，作者结合自身的经验，并利用本书和《大话软件工程——需求分析与软件设计》提到的理论和方法给予回答，提供给有类似疑问的读者作参考。

本章的位置参见图15-1（a）。本章的主要工作内容以及输入/输出等信息参见图15-1（b）。

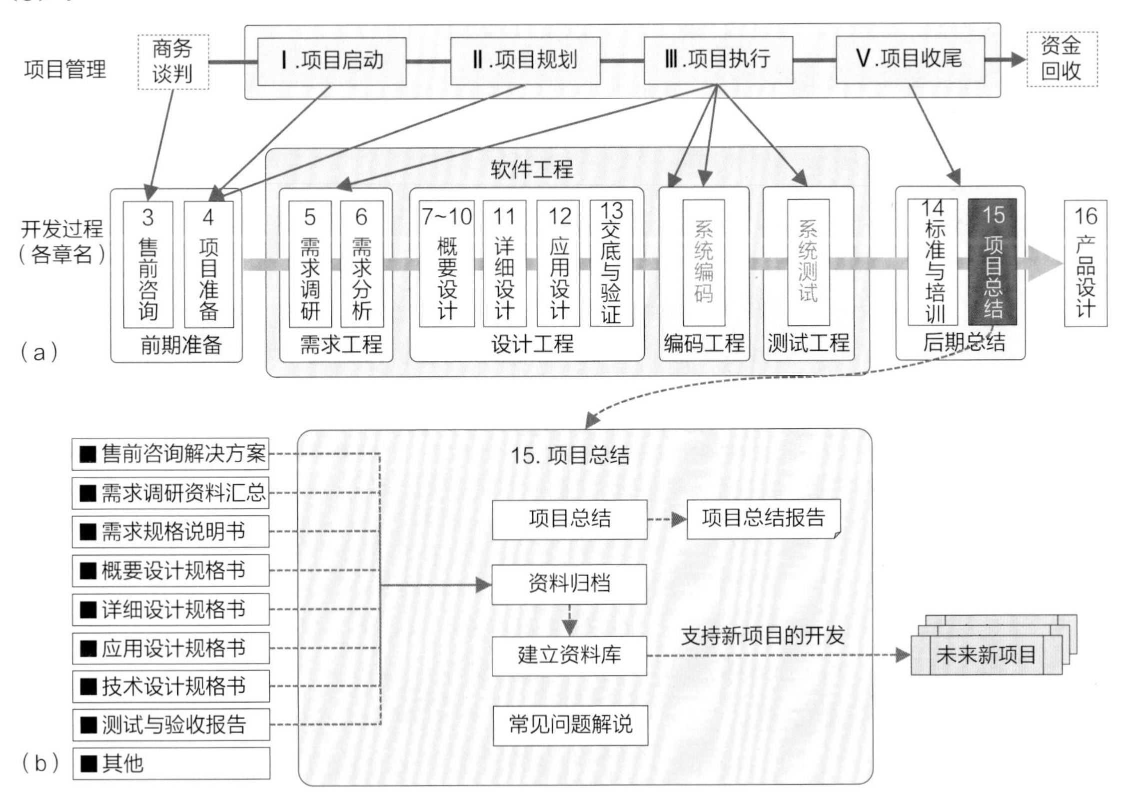

图15-1　本章在软件工程中的位置、内容与输入/输出信息

15.1 项目相关方的收获

经过宏海科技和蓝岛建设双方2年多的协同合作，终于完成开发合同约定的全部内容，并在系统上线试运行3个月后，客户确认了系统满足合同要求，软件公司宣布本项目结束。下面从3个视角对项目开发相关方（客户、软件公司）的收获做较为全面的总结。

（1）客户方面的收获。

（2）软件公司方面的收获。

（3）项目组成员的收获。

总结的内容可以帮助读者在给下一个客户做解决方案时作参考，除去给客户提供常规的业务处理功能以外，还可以为客户带来哪些有价值的信息化提案呢？

15.1.1 客户方面的收获

客户是软件开发项目的投资者，所以先从客户的角度来梳理一下他们有哪些收获。

这次蓝岛建设在引入新的信息系统的同时，也对企业自身进行了一次全面的调查、梳理，并以各条业务线的标准化作为梳理的最终成果。这次的梳理相当于**对企业进行了一次“大体检”**，这个**体检是用信息化手段并以信息化标准为依据**进行的，在体检过程中找出问题、分析问题、给出对问题的解决方案，并将解决方案融入新的信息系统中。蓝岛建设方面的收获可以从以下4方面来看。

（1）信息系统的开发上线。

（2）企业运行标准的建立。

（3）未来发展基础的奠定。

（4）企业员工能力的提升。

其中，（1）的收获主要是看得见的软件，（2）～（4）虽然是表面上直接看不到的收获，但绝对是企业信息化建设非常重要的基础。当然客户的收获不限于此，这里主要是结合书中案例所涉及的内容来总结的，实际收获读者可以根据自己的经验和成果加以补充。

1. 信息系统的开发上线

毫无疑问，直接**看到的最大收获**就是信息系统（软件），经过新系统的开发、上线试运行以及最终通过开发合同的验收，客户在软件方面的收获主要有两个。

- 一是建立了新的信息系统，如企业级管理系统、项目级管理系统（PM、本书的案例）等，这是客户信息化投资的主要目的。
- 二是打通了新信息系统与既有信息系统（如财务、人资等）之间的数据关联，解决了信息孤岛问题，实现了企业信息系统之间的数据共享。

2. 企业运行标准的建立

构建信息系统可以为企业带来的另一个明显的价值就是企业的标准化。可以确定地说，如果没有引入信息系统并建立“人—机—人”的工作环境，企业的标准化工作很难真正地在“人—人”环境中实现并带来效果。信息化给企业带来的3个最大的标准化成果是业务标准化、管理标准化和数据标准化（不限于此）。

1）业务标准化

业务标准化的主要对象有两部分：业务流程（架构）和业务处理（功能）。

- 首先是以业务全景图、各类的业务架构图（框架图、分解图和流程图）为代表的标准化业务过程。
- 其次是业务处理的标准化，主要体现在用系统处理各类业务数据上。

这两个业务的标准化使得集团公司以及全部分公司对相同业务的处理方式变得一致。同时因为有了这些全景图、流程图等作标准，使得企业的经营管理变得可视化、透明化了，在这些图的指引下，企业全员的认识得到了统一，可以说它们是企业运营管理过程中不可或缺的**“作战指导地图”**。

2）管理标准化

从大分类上的划分看，管理标准化应该算作业务标准化的一部分。

由于业务处理的过程实现了标准化，因此管理也可以实现标准化。在引入信息系统前，企业的业务没有做到标准化，因此很多工作结果不能量化。由于业务没有量化，也就造成了管理无法标准化，所有管理都是采用“差不多就行”的粗放式标准，管理无法量化带来了诸多的风险（隐患）和漏洞。

实现了业务的量化标准，基于业务的量化标准就可以建立匹配的管理规则，从而在“人—机—人”环境中真正地实现精确管理。例如，在界面上进行数据的输入操作时，系统时刻对比预定的标准值，如果有违规，立即会按照规则进行提示、警告，甚至人工干预。极大地减少出现风险、隐患的概率。让客户感受到信息化带来的价值，让企业的经营者可以安心、放心，信息系统发挥出为企业运营“保驾护航”的作用。

管理标准化让长年放置在书柜中的纸质企业管理规则、制度等第一次与实际的业务和管理整合在一起，并融入信息系统中，真正发挥出管理的作用和价值。

3）数据标准化

建立数据的标准可以说是为企业未来的信息化发展（企业数字化转型等）奠定了极为重要的基础。通过企业的数据标准化，主要取得了以下4个有代表性的成果。

（1）对企业基础数据进行了梳理、标准化，如材料编码、客商编码、业务分类编码、价格编码等。数据的标准化极大地提升了数据的复用频率。

（2）企业知识库收集企业各类业务的相关知识、经验、法律、法规等，建立结构化的数据库，与业务操作工作相关联，实时为用户提供信息支持。

（3）数据的标准化为今后企业新建、改建信息系统制定了标准，此后不会再发生信息孤岛的问题。有了数据标准之后，积累的大量数据就真正成为了企业的数据资产。

（4）信息孤岛问题：梳理了既有数据，建立了主数据、数据转换标准等，实现了新旧系统数据的共享，解决了长期困扰企业领导的数据共享问题。

3. 未来发展基础的奠定

有了信息系统（软件），员工掌握了信息化知识，生产过程实现了标准化，为企业未来的发展奠定了基础。下面从企业竞争力和数字化转型两方面说明信息化对未来发展的影响。

1）企业竞争力的提升

有了可以在系统中进行管理的信息系统（数据填报类系统不可），除去实现了业务流程的规范化和历史数据的复用外，还具备了可以随需应变的系统能力。有了这些信息化能力的支持，企业可以对外部市场的变化做出快速的、正确的、全面的反应，在信息系统的加持下确确实实提升了企业的竞争力。

2）数字化转型的基础

企业信息化的建设为日后蓝岛建设推进企业数字化转型奠定了非常坚实的基础。本次信息系统的开发成果包括信息系统（软件）、企业标准（业务、管理、数据）、人员培训（领导、骨干）等，都是未来企业数字化转型所必须要进行的基础建设工作。

4. 企业员工的能力提升

构建信息系统的过程也给企业带来了人的变化。下面来看一下客户企业中3个有代表性人群的变化：企业领导、业务骨干和信息中心。

1）企业领导

首先来看客户企业领导的变化，在信息系统的售前咨询和需求调研过程中，软件工程师与企业的领导进行了多次的交流、沟通，内容从企业运营管理的目标需求到详细具体的业务需求，经过讨论、论证、提出方案，最终达到了相互理解，客户领导也对自己以前不清晰的企业目标、不落地的战略决策有了清楚、具体的理解，并对未来应该如何利用信息化手段来指导、运行自己的企业有了全新的认知，特别是针对高层经营者提出的目标需求，通过转换为业务需求、再转换为信息系统的功能需求，在系统中有了很好的体现，下面再次重复一遍企业领导提出的针对企业级和项目级的信息系统需求。

对企业信息化建设的目标需求有4点。

（1）快速反应提升竞争力。

（2）完善风险管控能力。

（3）消除壁垒强化沟通。

（4）系统要能随需应变。

对项目级管理系统的目标需求有4点。

（1）以项目策划为纲领。

（2）以进度计划为抓手。

（3）以成本达标为中心。

（4）以风险控制为保障。

通过在信息系统中建立了“人设事、事找人”的机制，利用信息化手段完美地实现了上述客户企业领导的目标需求，为今后企业高效的运行管理奠定了基础。

★**解读**：书中多处复述了企业领导对信息系统建设提出的目标需求，其目的就是要启发读者在阅读的过程中时刻“不忘目标”，在发生疑问“为什么要这么做”时，可以马上联想到软件开发的目标，书中提到的所有设计理念、业务主线、建模分析、架构设计以及标准等，都是为了实现这些目标而选择的。

2）业务骨干

其次，软件公司为客户培训了一支初步掌握了信息化管理方法的业务骨干团队，这些骨干们的收获无疑是最显著的，因为他们从调研前就开始接受标准化工作的培训，而且参加了需求调研、分析结果的确认、业务验证/应用验证、系统开发的验收以及上线培训指导等工作。信息系统上线后，他们马上就适应了在“人—机—人”环境中的工作（因为他们是流程和规则的参与者和制定者），这对客户企业早日收到信息化投资回报是非常重要的保证。他们主要掌握了业务处理3方面的方法。

（1）架构：用业务流程正确地表达业务关系的方法，是企业最重要的业务标准之一。

（2）功能：用4件套的形式正确地表达所有的日常业务处理工作，包括业务处理和管理规则两方面的内容。

（3）数据：全面梳理了企业的基础数据，并实现了标准化（包括材料、客商等）。

掌握了这3种工作量最大、也是最基本的工作方法后，以这些业务骨干为核心推动企业信息化运行，可以获得比由企业领导强制推行信息化更好的效果。

3）信息中心

信息中心的最大收获是通过积极、全面地参与这次信息系统开发的全过程，不但熟悉了系统的构造，而且非常**体系化地、深入地理解了本企业的核心业务**，包括业务流程、业务管理规则等，结合他们已经具有的IT知识，在企业信息化的整体管理、企业数据资产的灵活应用方面发挥出了一般业务骨干难以替代的作用。通过这次开发活动，重新确定了信息中心在企业信息化方面应有的定位和话语权，初步感受到了**“信息中心，是掌握了IT技术的业务人员”**这个定义的价值，在需求调研现场和实施培训现场，亲身体验到了从业务出发讨论信息化、从业务出发指导信息系统建设带来的好处。信息中心接收的交付物主要有两类。

（1）软件系统、数据库：主要包括企业信息系统、项目管理信息系统，主数据库、企业基础数据库、企业知识库，以及为消除信息孤岛建立的标准转换数据库等。

（2）软件开发过程文档：主要包括需求阶段文档、设计阶段文档、上线培训文档等，这些文档是未来系统改造升级不可或缺的参考依据。

★解读：由于软件行业现在还没有形成交付系统时必须交付设计文档的习惯，因此信息中心必须在签订合同时就明确规定交付系统时需要同时交付设计文档，以供系统维护和升级时使用。规定中还要说明文档的格式、内容等，最后还要标明：如果没有合格的文档，系统不能验收。

15.1.2　软件公司方面的收获

经过了这个开发项目后，和客户一样，宏海科技也有非常大的收获，除去软件系统和财务收益这样的直接收获外，宏海科技还有3方面的间接收获（不限于此）。

（1）过程管理的标准化。

（2）方法和文档的标准化。

（3）人员能力的提升。

通过项目的开发，建立了开发过程、软件开发方法和交付文档的标准化，不断地对项目组成员进行培训，并将培训内容立即运用到开发过程中，快速提升人员的能力。完成了软件企业领导对本项目的第一个期望收获（第二个期望收获是开发标准产品，详见第16章）。

1. 过程管理的标准化

软件开发的过程管理标准化，主要是由软件工程和项目管理两套体系相结合达成的。

建立软件工程的框架（图1-5）、项目管理框架（图1-8）以及软件工程和项目管理的整合框架（图1-6），是过程管理标准化的最明显收获。

建立这样的框架图，就如同客户企业获得的业务全景图、业务流程图一样，这些框架图也起到了软件开发的“作战指导地图”的作用。软件公司可以在以后的开发过程中不断地对这些框架图进行完善和优化。

标准化的开发流程是软件设计工程化、软件开发工业化的基础（关于软件开发工业化的说明，详见第16章）。

2. 方法与文档的标准化

1）方法的标准化

建立了售前咨询、需求过程、设计过程等的相关理论和方法，并将这些理论和方法按照软件工程框架的构成进行拆分，将这些理论和方法分别挂接在相应的节点上，支持软件工程中每个节点的工作，例如，

- 售前咨询的工作内容、顺序、能力要求以及交付物等。
- 需求调研的对象分类、调研方法、分析方法以及相关的模板等。
- 设计的划分，概要设计、详细设计及应用设计，设计方法、模板、交付物等。

2）文档的标准化

各阶段的文档实现了标准化，这个标准化是用模板的方式体现的，每项工作都有对应的模板，并将设计需要的标准融入模板中，例如，

- 架构：业务流程设计的规格书（流程5件套）。
- 功能：业务功能设计的规格书（业务4件套）。
- 数据：复杂数据设计的模型（数据关联图、数据钩稽图、业务数据线），等等。

通过人员能力的提升、过程管理的标准化以及方法和文档的标准化，使得软件公司更容易得到以下收获。

- 提升达成软件项目管理三大目标（质量、进度和成本）的概率。
- 提升软件自身的水平、客户价值和客户满意度。
- 提升软件公司自身的工作效率和经营效益。

根据软件公司方面的收获，可以考虑建立支持软件开发的企业知识库、软件开发管理平台等系统，有关说明请详见15.2节。

3. 人员能力的提升

项目按照软件工程的实时路线推进，在每个阶段、关键节点前对项目组成员进行相应理论和方法的培训，项目组每个成员的背景、经验以及接受能力不同，这里将他们共同的主要收获归集为以下3点（不限于此）。

1）开发过程的掌握

首先，全员对一个标准的软件开发全过程有了共同的认知，这一点对于一个需要协同工作的项目组是非常重要的，它是建立一切标准的基础，也就是说大家先要清楚做哪些事以及做事的顺序，这个做事的顺序同样是架构（流程）、功能和数据。要清楚不论做什么事，先要搞清

楚理念、目标、大框架、主线等概念，具体做事的细节和方法放到后面做。

有了对开发过程的统一认识后，就可以避免对不同层问题进行无效的沟通。

2）基本理论和方法的掌握

其次，项目组成员掌握了一定的需求分析和设计的理论及方法。例如，

- 分离原理、组合原理、基干原理等。
- 各类分析和架构模型的作用和使用。
- 架构、功能和数据的作用、规划和设计方法等。

通过培训，大幅消除了对客户企业高层的需求不明、需求分析失真、设计资料逻辑不清、数据不闭合等常见问题。除去完成基础的分析和设计外，全员不同程度地掌握了一定的管理设计、价值设计等高级设计方法，并给出了设计成果。

3）交付内容和标准的掌握

第三是工作成果的交付，在培训过程中，由于重点对全员进行了模板培训，使用了标准流程、标准模板、统一的验收标准等。每个人都知道自己所做的工作处在软件工程框架上的哪个位置上，在这个位置上需要使用什么模板，完成什么内容以及验收的标准是什么，等等。

项目组成员在上述3个基本方面有了明显的进步，项目结束后，参加项目总结会的每个人都发表了自己的感受，详情参见15.1.3节的个人感想。

15.1.3　项目组成员的收获

项目完成交付后，宏海科技举行了项目总结会，项目组成员讲述了各自在项目开发过程中的成长变化，这里将各自感受最深的部分摘录如下。

- 钱晓飞（15年业务专家，5年造价师）：利用业务建模发掘新的客户价值。

通过这个项目，我的最大收获是将软件工程的方法和业务知识相结合后，对业务内容的表达能力有了很大的提升。采用信息化的表达手法表达业务和业务需求时，表达得更加清楚，逻辑性更强，向客户解释时也显得更加有条理。通过学习建模的方法，使自己积累的业务知识和经验可以发挥出更大的价值。

给我印象最深的是关于项目管理建模和成本建模的方法。通过这样的建模让业务处理和管理表达得非常清楚，也搞清楚了各类要素之间的关联关系，深刻体会到**用业务建模的方法可以发掘出更多的客户价值**。

- 马晓明（3年软件项目经理，6年工程项目经理）：标准化让进度计划可控。

作为项目经理，通过这个项目深刻地体会到了必须要掌握软件工程和项目管理两方面的知识。以前制订的项目管理计划，由于没有软件工程的内容作支撑，计划的每个步骤都缺乏量化的方法、模板和标准的支持，结果是制订了计划也不能按照计划执行，项目收尾时必定会出现很多问题。和大家分享我的两个收获。

  - 一是有关计划的编制和使用，项目经理的主要抓手是进度计划，掌握了软件工程知识后，在评估工作量方面有了非常坚实的基础依据，如阶段的划分、功能的分类和难易度的定义等，这样分配工作就可以和每个人的能力相匹配。清楚了需求阶段和设计阶段各自的内容，我个人觉得在对工作量的评估方面增强了信心。

- 二是对项目管理和软件工程的联合应用，以前以为作为项目经理，有了项目管理方面的知识和经验就可以算是专业的，但是通过学习和理解分离原理，清楚了仅仅懂得“管理”而不懂“业务”是不行的。因为业务是管理的载体，业务指的就是软件工程，**不懂软件工程的管理是不专业的管理**，只有两者结合才能做好软件开发。

我的最大收获是可以**用科学的、工程化的方法**来指导项目开发了。

- 王杰出（10年需求分析师，5年建筑工程师）：掌握方法论，让自己的能力倍增。

以前做工作大多是凭经验，做需求分析师的时间比较长，积累的经验也比较多，自己还是感觉比较满意的，每次遇到新项目都是先去查以前是如何做的。但是经过了蓝岛建设的项目后，我感觉自己积累的经验有点像用笔记本记录的流水账。

我从这个项目中获得的最大收获是，以前做事是凭经验，遇到熟悉的项目就会做得好一些，遇到自己不熟悉的项目时，往往无从下手，因此以前做的项目总是忽好忽坏，非常不稳定。现在我找到不稳定的原因了：没有找到做事的方法。

我的最大收获是**利用方法论中的框架作指导**，就再也不怕新项目了。

- 吕德亮（4年需求分析师，10年程序员）：真正体验到了应用设计的内容和价值。

原来做程序员时，实际上不清楚什么是设计，设计分为几类，设计什么，用什么方法做设计等，通过参加这个项目，解决了以前一系列的疑惑和问题。

由于自己是程序员出身，以前在和业务人员进行开发的交底时，要花费很多的时间沟通，特别是针对稍微复杂一点的有关“机制”的功能，业务人员用业务效果做介绍，程序员用技术实现方法做解释，各用各的专业用语，双方无法准确地传递自己的想法，中间的“沟”很深。这次自己作为业务人员掌握了应用设计的方法后，才知道业务和技术中间的过渡设计是应用设计。采用了应用设计的方法后，绘制了很多与“人设事、事找人”的机制相关的应用设计图形，发现后续与技术人员的沟通变得非常顺畅了，工作效率提升了，无效的抱怨也自然而然地就消除了。

我的最大收获是掌握了基本的设计方法，明显地提升了表达自己的想法或接受他人说明的效率和正确性。感觉在**逻辑思维和表达方面都有进步**。

- 鲁春燕（3年需求分析师，8年测试工程师）：通过业务验证增强了软件交付的信心。

以前的测试交付，大多是从**功能视角的测试**，不会从用户**业务视角进行验证**（因为测试工程师不是业务专家，也没有直接参与需求调研），这次体验了从客户视角编写业务用例和应用用例，感觉如果使用这样的用例对完成的系统进行验证，将会大幅提升业务逻辑的正确性和完整性，增强对完成系统的信心。特别是体验到使用同一份用例，不但可以在设计完成后、编码开始前进行纸上的业务和应用推演，在编码完成后进行系统验证，还可以在上线培训时当作教材再度发挥作用，实现“**一例三用**”。对相关人理解系统、检查系统起到了非常重要的作用。

我的最大收获是**利用验证用例，做到了知其然，也知其所以然**。

- 徐晓艳（2年需求分析师，3年财务人员）：掌握了利用逻辑推演，快速理解客户业务的方法。

大学毕业后做了3年的财务工作，对企业的财务数据、数据之间的逻辑关系比较熟悉，但是对建筑行业的业务和相关数据的知识几乎是零，刚进入软件行业做需求调研和分析时，由于不懂客户业务，所以工作非常被动，自从听了李老师介绍的**利用逻辑关系推演快速掌握客户业务**

的方法后，如同打开了一扇可以快速掌握和学习客户业务的窗户，我在每次和客户调研时，都积极地利用排比图、流程图等向客户确认业务，通过这些图每次都可以把业务逻辑搞清楚（尽管不一定每次都知道业务为什么要这样做），业务逻辑清楚了，功能需求的作用、关系、顺序等也就清楚了，需求调研的成果就可以保证没有逻辑上的错误了。通过在工作中不断地进行尝试和总结，收到了很好的效果，经过2年的工作，现在已经可以完全独立地进行需求的调研和分析工作了。

我的最大收获就是找到了**“以图说事、以理服人”**的方法。

- 崔小萌（1年需求分析师，5年互联网研发人员）：理解客户业务，是一切的基础和开始。

刚进入这个行业时，感觉需求很难理解和确定，通过这个项目，我知道了互联网系统和企业管理类系统的差异，感受到了企业管理系统中业务逻辑的复杂性，感受比较深的有以下两点。

  - 做好一个系统的**第一步不是理解客户的系统功能需求，而是要理解客户的业务和业务需求**，理解了客户业务和业务需求后，再来理解客户的功能需求很容易了，没有客户业务和业务需求做基础是搞不好功能需求的。
  - 作为需求工程师，不但要理解与客户生产相关的业务，还要理解用户企业的工作环境、客户企业中三层（决策层、管理层和执行层）各自的想法、做法，三层之间的利益与协同关系等。做完这个项目确实感受到企业管理系统的需求是很复杂的。

显然，上述的这些感受都与之前所做的互联网系统有着非常大的不同，简单地想利用互联网系统的研发经验做企业管理信息化是不合适的。有关两者的差异对我的启发不仅限于对管理信息系统的理解，而且找到了对不熟悉问题的认识方法。

我的最大收获是**开拓了获取需求、理解需求、分析需求的思路**。

- 刘长焕（6个月需求分析师，软件工程专业毕业生）：感受到了软件工程的作用和价值。

大学是软件工程专业的，虽然在校学习过很多的知识，但都不能够帮助我确定未来要做什么。我很庆幸自己有机会参加这个项目组的工作，通过这个项目，让我重新认识了软件工程的目的和价值，我有两点感触很深。

  - 一是我们学习软件工程的人，毕业前都很彷徨，不知道将来做什么工作，大家想到的岗位不是程序员，就是测试员，很少有人想到去做需求分析师或架构设计师，这个项目扩大了我的视野。
  - 二是原来对做一个软件的过程是模模糊糊的，一切都是不确定的，但是做了这个项目后，我感觉**有了“工程”的意识**，有了“抓手”，体会到了软件工程是一个实在的、看得见、摸得着的过程，它的每一步都有相应的理论、知识和模板作支撑，同时它的每一步也都有相应的交付物和交付标准。通过每一步的作图和设计，真正地理解了它和建筑业、制造业生产过程的相似与不同。

我的最大收获是通过这个项目**找到了自己未来的发展方向**。

15.2 标准与文档库的建立

项目收尾，有一项非常重要的工作就是资料归档。从售前咨询开始，经过需求调研分析、概要设计、详细设计和应用设计，直至后期的实施培训等，积累了大量的过程资料，包括解决方案、实施路线图、里程碑计划、《工作任务一览表》《需求规格说明书》《设计规格书》《测试验收报告书》、各类培训手册等，由于整个开发过程都是严格地按照标准化、工程化的要求进行的，所获得的资料当然也是符合“传递与继承”的工程标准要求的，因此可以考虑建立软件公司级的标准文档库（可以看成企业知识库的一部分），以确保下一个项目可以快速、正确地利用本次的所有文档。作为参考，这里重点讲解文档标准的建立和文档管理系统的开发。

（1）文档标准的建立：建立标准的文档结构，主要有3类，即知识体系结构、开发过程结构和文档归集结构，另外再给出参考模板和模型的案例。

（2）文档管理系统的开发：这个系统可以将（1）中的各类标准文档整合在一起进行管理、查询、应用，以支持软件的开发过程。

文档和设计管理系统可以作为软件公司内部的企业知识库的一部分，让新项目在开发前尽可能多、尽可能快地查询、复用历史项目的文档和经验，从而提升交付物的质量和效率。

下面重点说明3个结构和1个系统的建立方法。

（1）知识体系的结构。

（2）开发过程的结构。

（3）文档归集的结构。

（4）文档管理的系统。

15.2.1 知识体系的结构

根据《大话软件工程——需求分析与软件设计》一书中提供的内容，将相关的理论、方法和标准等进行归集，简单地建立一个标准化知识体系的模型，以帮助软件公司更好地理解和利用这些内容，并以这个模型的结构为参考建立企业的知识库。模型如图15-2所示，根据这些内容的不同，粗分为4类：基础原理、辅助体系、工程方式、交付物。

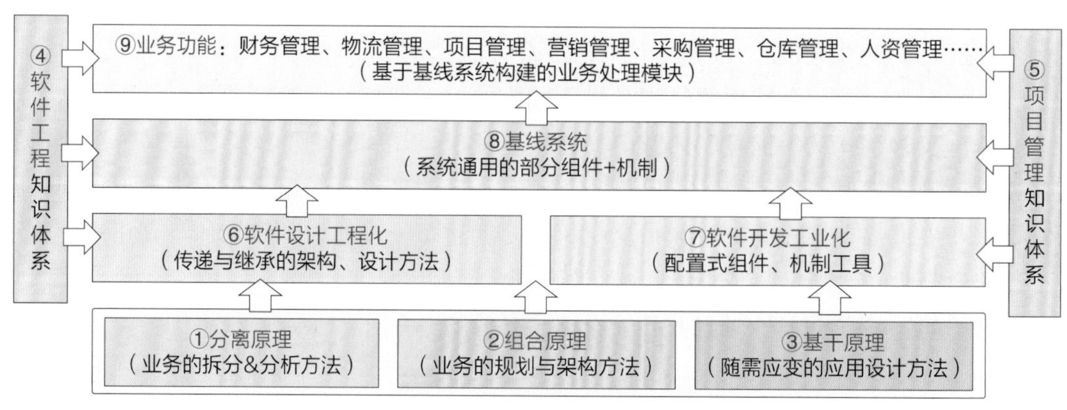

图15-2 软件开发知识体系结构

1）基础原理

① 分离原理：给出了拆分研究对象的方法。经过拆分后可以“化繁为简”，提升分析的精度和效率，如将客户企业拆分为业务、管理、组织和物品4部分。

② 组合原理：给出了架构研究对象的方法。利用架构图表达业务的架构及各种属性，如对象、要素、分层、逻辑、系统等。

③ 基干原理：表达系统架构的基本原理，如组件+机制、基线系统的架构等。

2）辅助体系

④ 软件工程：软件开发过程（需求、设计、编码和测试）所需理论、方法、工具和标准等。

⑤ 项目管理：软件项目实施过程（启动、规划、执行、监控和收尾）所需要的管理方法、流程、规则等。

3）工程方式

⑥ 软件设计工程化：按照工程化的要求，将软件设计过程的各项工作进行量化和标准化，并在实施工程中实现各阶段成果的传递与继承。

⑦ 软件开发工业化：按照工业生产的方式，利用少码、无码的软件开发技术，从构件形成组件，再由组件形成模块和系统。

⑧ 基线系统：将系统的通用部分（机制与部分组件）形成一个核心系统，然后按照每个项目的特点增减个性的功能，这样构建的系统就称为基线系统。

【参考】有关③基干原理、⑦软件开发工业化和⑧基线系统的详细说明，参见第16章。

4）交付物

⑨ 业务功能：基于①～⑧提供的支持，实现满足客户各类需求的业务功能，如财务管理、物流管理、采购管理等。

通过①～⑨的原理和方法的联合应用，共同构成一个**可以全面支持软件开发的知识体系结构**，可以在使用过程中不断地增加新内容。

15.2.2　开发过程的结构

通过开发蓝岛建设项目管理系统的案例，完整地实践了一次软件工程和项目管理的协同过程，这两门知识之间的关联关系如图15-3所示。

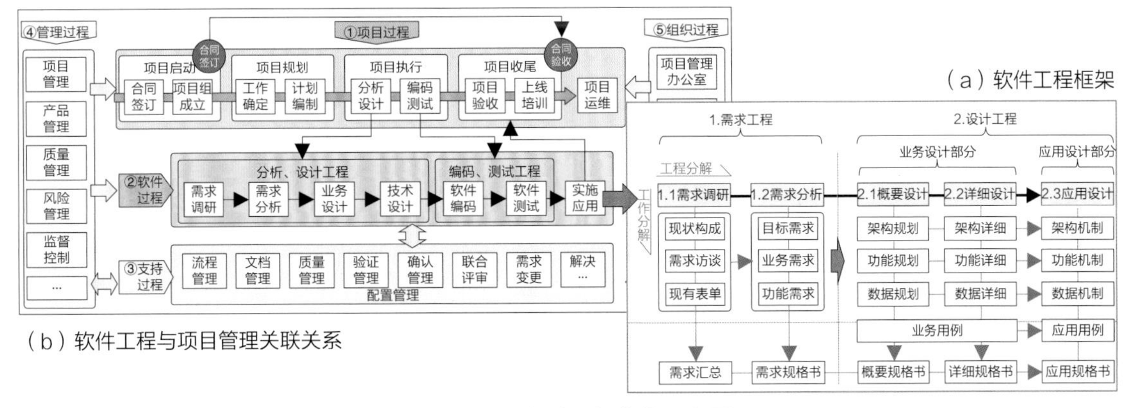

图15-3　开发过程标准化示意图

软件工程和项目管理的关系也是符合“分离原理”定义的，通过这个开发过程，明确了作为“业务”指导的软件工程知识与作为“管理”指导的项目管理知识两者之间是如何协同工作的。只有深刻地理解了这两套知识以及它们之间的相互关系，才能建立起符合工程化要求的、科学的软件开发管理流程。

【参考】软件工程参考《大话软件工程——需求分析与软件设计》第1章。

项目管理参考《项目管理知识体系指南（PMBOK指南）》（第六版）。

项目管理与软件工程参考本书第1章。

15.2.3 文档归集的结构

前面介绍了知识体系结构和开发过程结构，下面来建立具体的文档归集结构，文档归集结构是用来归集已经积累的模板和文档。下面以图15-2中的④软件工程知识体系为例，说明文档结构的建立内容和方法，这部分的主要内容是需求与设计两部分（与本书相关）。

1. 文档结构的确立

这个结构可以按照软件工程的结构进行分类：需求工程、设计工程、编码工程以及实施工程等，如图15-3（a）所示，作为参考这里仅说明其中需求工程和设计工程的文档归集结构。

1）需求工程文档的结构

需求工程文档的结构主要包括售前咨询、合同签订、需求调研和需求分析几个阶段收集到的文档资料，如图15-4所示。

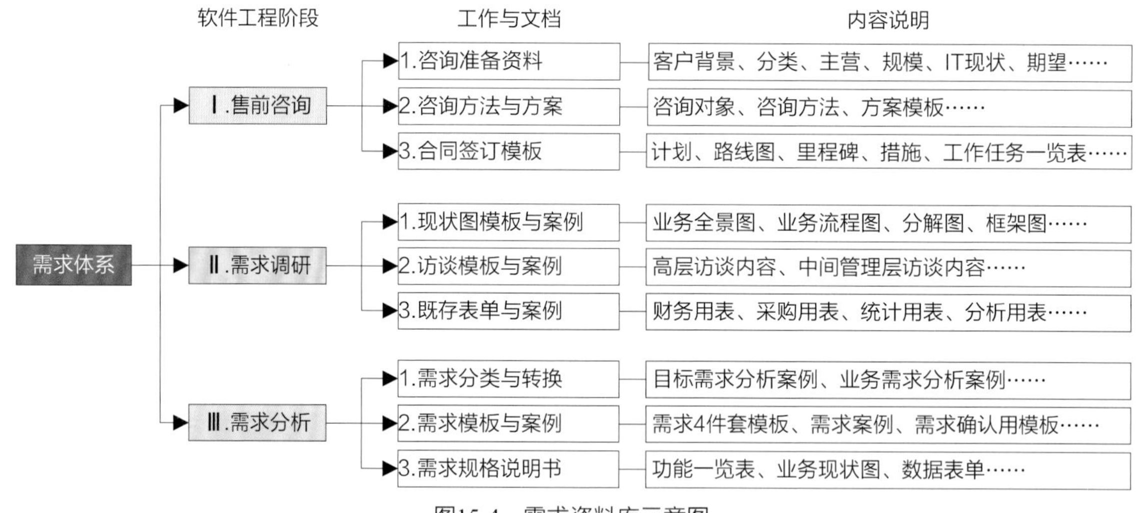

图15-4　需求资料库示意图

2）设计工程文档的结构

设计工程文档的结构与需求文档的结构设计思路相似，都是以软件工程框架和内容为依据进行规划，这里以业务设计的内容为例给出文档结构。

由于设计阶段的内容更多也更加详细，有以下两种搭建方法。

（1）按照工程分解：按照软件工程的3个子工程（概要设计、详细设计、应用设计）搭建文档结构，这样的划分比较细致。

（2）按照工作分解：不再区分软件工程的子工程，而是直接按照设计工程中的3个工作分解（架构层、功能层、数据层）搭建结构，如图15-5所示。

图15-5 设计资料库示意图

采用哪一种形式搭建，主要由软件公司的规模、文档的多少而定。

以上是本书中一阶段业务人员常用模板和文档的案例结构。当然，读者还可以参考需求和设计的结构，尝试构建技术结构、测试结构等，基本思路和方法是相似的。

2. 归集文档的划分

建立了结构后，再来看具体的文档归集内容，文档主要包括两类：一是作为**参考的标准模板/模型**，二是**实际项目产生的文档**。

1）标准的模板/模型

“标准”指的是空白的模板/模型，这些模板/模型尚未填写内容。关于模板和模型的区别如下（并非绝对，这里的定义仅供参考）。

（1）模板：主要指的是“表格”形式、“文体”形式的参考文档，如售前咨询的解决方案、合同附件的《工作任务一览表》、《需求规格说明书》、业务规格书（4件套）等。

（2）模型：主要指的是“图形”形式的参考文档，如具象模型（水箱原理、滑道原理等）、分析模型（鱼骨图、排比图等）、架构模型（分解图、流程图等）。

2）实际项目的文档

这类文档是指已经开发完成的项目过程资料，这些文档利用上述标准空白文档记录具体的业务内容，如利用流程模型绘制项目管理的成本流程；利用4件套的模板记录项目管理系统的界面设计结果等。

实际项目的文档是由模板和模型两类内容混合构成的。由于软件公司大多建立了模板类的文档库，而对模型类的文档库做得比较少，所以下面简单介绍一下模板类的文档库，重点介绍模型类的文档库。

15.2.4 文档归集1：模板类

从项目启动到项目收尾，模板类文档的种类和数量非常多，这里最重要的是：每个阶段前后产生的文档都必须做到可以传递与继承，各阶段比较常见的模板包括如下。

（1）售前咨询：调研问卷、解决方案等。

（2）项目准备：工作任务一览表、实施路线图、里程碑计划、执行计划、项目组结构等。

（3）需求调研：访谈记录、现用表单一览、调研资料汇总等。

（4）需求分析：功能需求一览、需求4件套、需求规格说明书等。

（5）概要设计：业务架构一览、业务功能一览（活动、字典等）、概要设计规格书等。

（6）详细设计：业务流程5件套、业务功能4件套、数据标准、主数据、业务用例、详细设计规格书等。

（7）应用设计：应用功能4件套、应用用例等。

【参考】《大话软件工程——需求分析与软件设计》第22章。

15.2.5 文档归集2：模型类

对模型类的相关文档，可以根据软件工程的工作分解（架构层、功能层和数据层），进行如下划分（不限于此）。

（1）模型标准的制定。

（2）架构层模型：架构的分类、分析与架构用模型。

（3）功能层模型：功能的分类、界面设计用模型。

（4）数据层模型：数据的分类、数据分析与设计用模型。

1. 模型标准的制定

首先建立所有模型的绘图标准，包括绘图的要素（图标），标准模型的画法、尺寸、用语等，如图15-6所示，其中图15-6（a）是绘制架构图的要素和标准绘制方法等；图15-6（b）是绘制界面原型的布局和尺寸等标准要求。

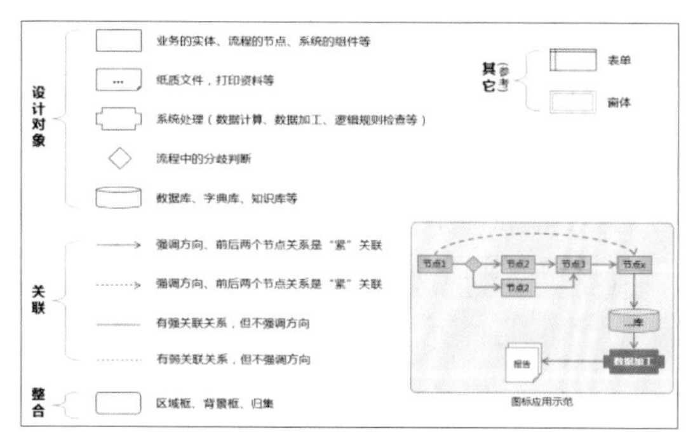

（a）架构图的标准要素

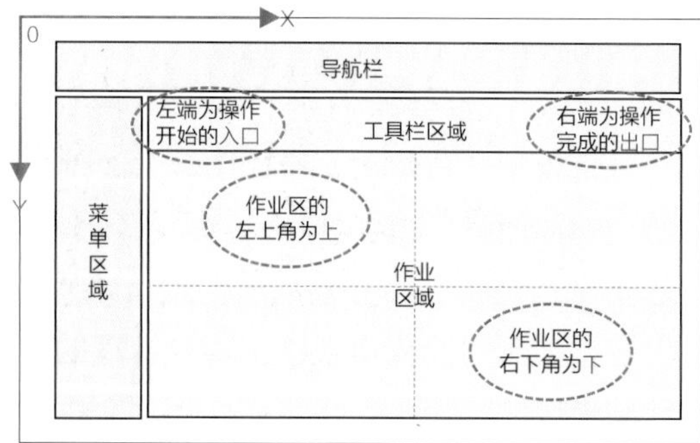

（b）界面设计的标准

图15-6 架构、设计等的通用标准模板

【参考】《大话软件工程——需求分析与软件设计》第4章和第17章。

2. 架构层模型

业务的分析与架构模型的数量非常多，可以按照不同行业、不同业务领域、不同功能模块、不同管理要求等进行分类，然后将相似的模型归集到同一个结构下。

（1）具象分析用模型：用于参考、比喻、对照等。

（2）整体规划用模型：业务整体规划、项目管理规划、业务财务一体化规划等。

（3）业务架构用模型：进度计划、工程投标、项目策划、工程成本、项目竣工等。

（4）管理控制用模型：成本管控、风险管控、安全管控、质量管控等。

这4组架构模型按照由具象到抽象、由上到下、由粗到细、从业务到管理的顺序安排，这与实际的软件分析和架构设计的顺序是一样的。下面分别对这4组模板进行介绍。

1）具象分析用模型

具象分析用模型用于对客户进行解决方案的介绍，以及对各类具体的业务场景、业务需求进行分析和效果表达。这样的模型需要反复地进行使用、修改、验证的循环，才能最终成为具有很强的通用性和说服力的模型。参见图15-7，其中，图15-7（a）水箱原理表达对成本发生过程进行管控的思路，模拟水箱的控制过程；图15-7（b）滑道原理表达对过程控制类系统的设计思路，模拟铁球通过滑道的过程。

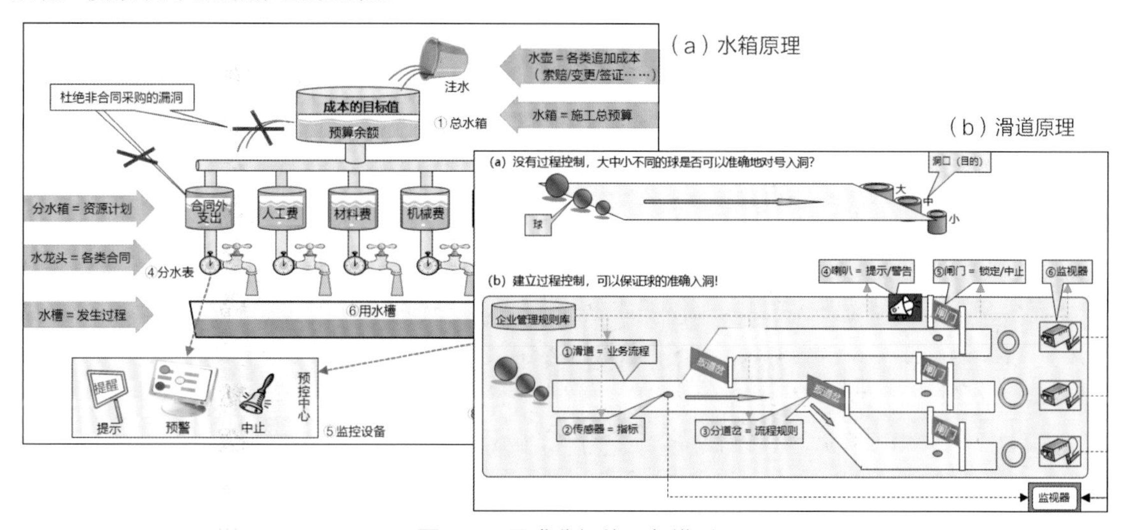

图15-7　需求分析的具象模型

【参考】本书第8章。

2）整体规划用模型

对系统覆盖业务的整体架构是全面了解和规划业务对象的重要手段，对业务整体进行规划是比较复杂且对能力要求比较高的工作，不是每个业务人员都具有这样的能力。因此软件公司在公司层面上进行总结，给出通用的参考模型是非常重要的。这些模型可以提升每个软件项目的规划设计水平，参见图15-8，其中，图15-8（a）表达的是新建的项目管理系统与既有的信息系统之间的位置关系；图15-8（b）表达的是新建项目管理系统的内部与其他互联网平台之间的关联关系。

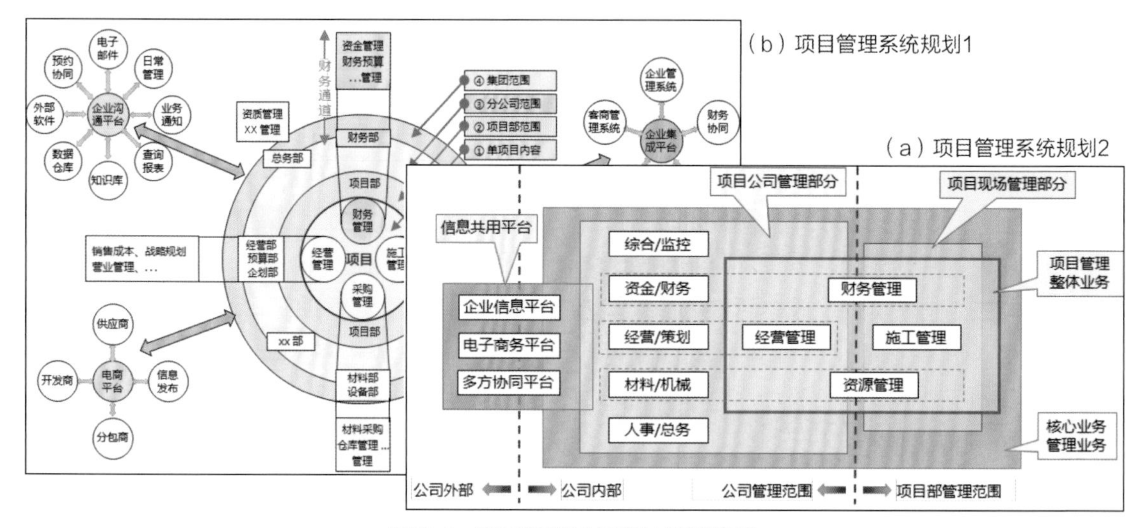

图15-8　项目管理系统整体规划模型

【参考】本书第8章。

3）业务架构用模型

对某个具体业务领域进行业务分析和架构用的模型数量最多，建立这些模型需要掌握比较多的客户业务知识，这类模型的参考价值非常高，参见图15-9，其中，图15-9（a）表达的是成本标准基线，采用此法可以将客户企业内不同的流程进行统一；图15-9（b）表达的是成本发生过程模型，给出了各步骤间成本、利润的关联关系。

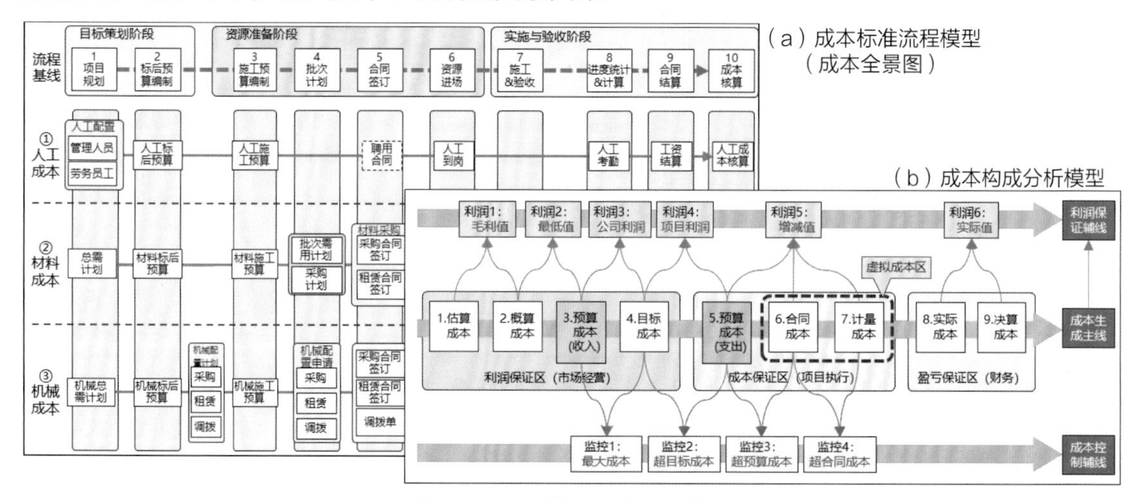

图15-9　项目管理领域分析模型

【参考】图15-9（a）参考第6章，图15-9（b）参考第8章。

4）管理控制用模型

有了业务架构后，下面就以业务架构为载体，加载各类管理控制的规则。加载的管控规则可以是对价格、数量或总额等对象进行监控，参见图15-10，其中，图15-10（a）表达的是成本管理的标准基线，它将企业内不同流程的管理规则进行了统一；图15-10（b）表达的是成本发生过程的模型，给出在同一流程的不同节点上的管理规则。

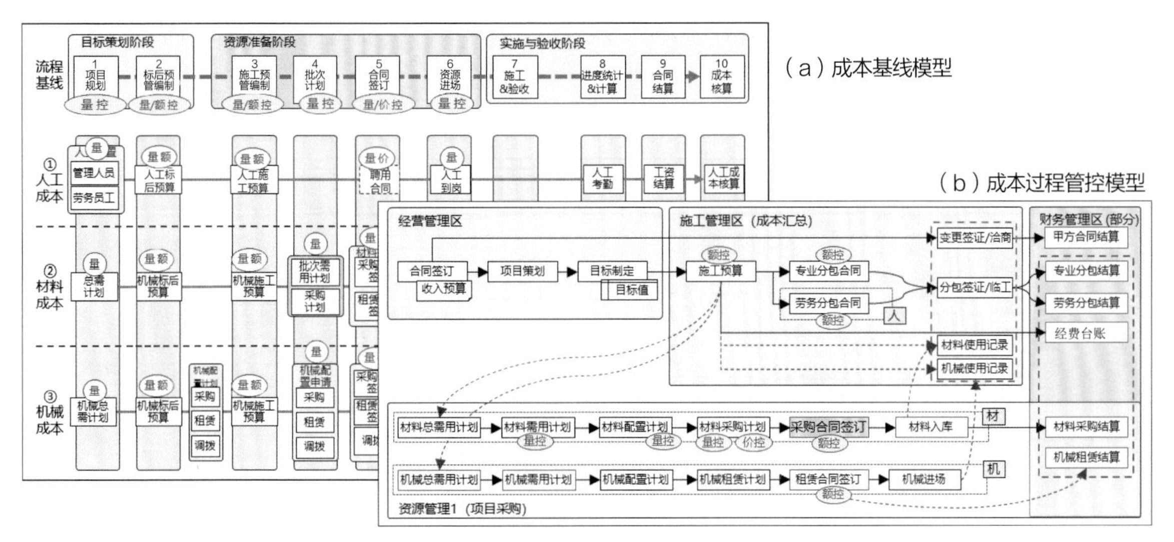

图15-10　项目管理的管控模型

【参考】图15-10（a）参考第6章，图15-10（b）参考第8章。

3. 功能层模型

功能层模型主要是界面设计用模型。界面设计用模型分为两类：一类是将组件看成一个黑盒，表达的是组件与外部交互的接口模型；另一类是将组件打开，对组件内部的界面进行设计的模型。

1）组件接口用模型

先把组件看成一个黑盒，绘制组件对外的接口模型，它表达的是组件内部与外部的组件或数据库等进行数据、规则（管理的规则也是一种数据）的交换，包括各类管控信息、业务数据、通知信息以及对外部硬件的操控信息等，参见图15-11，其中，图15-11（a）表达的是组件规则的接口，负责与外部的规则进行交互；图15-11（b）表达的是组件数据的接口，负责与外部的数据进行交互。

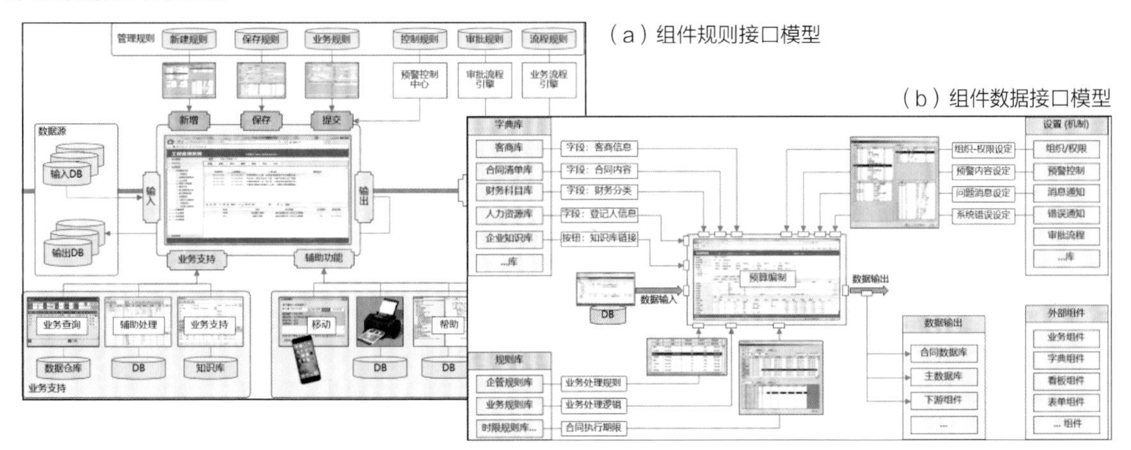

图15-11　界面数据模型

【参考】《大话软件工程——需求分析与软件设计》第17章。

2）界面布局用模型

下面来看组件内部的界面模型，主要有两部分：一是界面上的字段（业务数据）和按钮的排布方式，二是按钮上管控规则的排布方式，参见图15-12，其中，图15-12（a）表达的是界面上字段、按钮的排列要求，包括如何划分区域、操作顺序等；图15-12（b）表达的是界面上与按钮相连接的管控规则以及管控规则的联动作用。

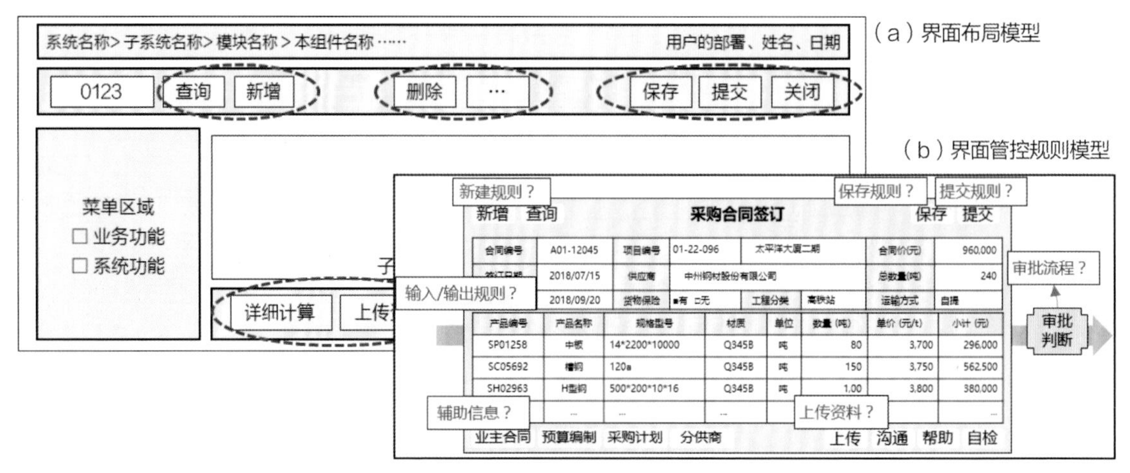

图15-12　界面设计4件套模型

【参考】《大话软件工程——需求分析与软件设计》第17章。

4. 数据层模型

数据层采用的模型包括表达数据关联关系的模型和表达数据计算关系的模型，如图15-13所示，其中，图15-13（a）表达的是数据表上主键与外键的关联关系；图15-13（b）表达的是界面上复杂数据之间的计算关系，包括数据来源与计算规则等。

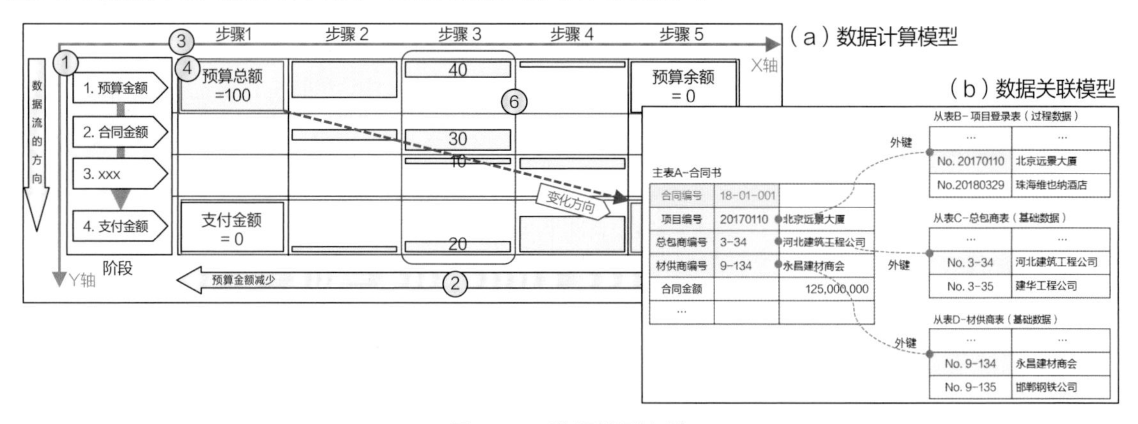

图15-13　数据模型文档

【参考】《大话软件工程——需求分析与软件设计》第14章。

通过对以上各类模型、模板的收集，特别是对架构用的模型收集后进行详细的分类、归集，积累的数量越大，涉及的业务领域越广泛，对新项目的支持效果就越好、越快捷。

15.2.6　文档管理的系统

由于在规划上述方法和文档时很重视工程化的要求，所以从需求到培训各阶段的文档都被设计为标准化、结构化的样式，如界面设计4件套、流程设计5件套等，采用表格式的记录模板非常容易用软件开发的界面代替，且易于和界面设计用工具进行联动，在绘制界面的同时能自动记录4件套的大部分文字内容，提升设计的效率和质量。

利用文档的结构化特征开发设计管理系统，通过记录、查询、复用、维护等，可以大幅提升文档的共享率和复用率。下面就设计管理系统的思路做个示意说明，供读者参考。

1. 确定设计管理对象

首先要确定哪些内容可以做成系统进行处理，按照软件的全部开发过程，将可以软件化的功能找出来，形成一个功能框架图，如图15-14所示。

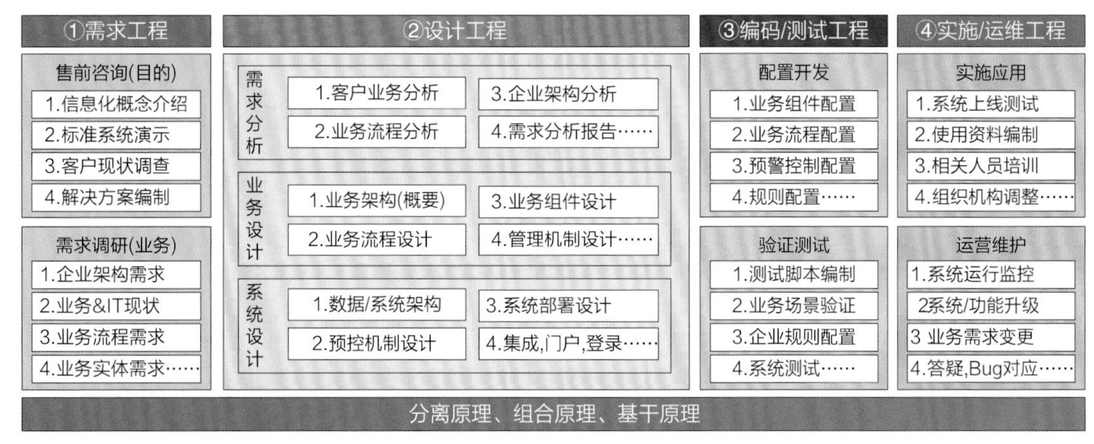

图15-14 设计管理系统内容

2. 记录与查看过程的机制

以界面设计为核心，将与该界面设计相关的过程文档关联起来，做到在设计界面的同时，可以通过链接关系，及时查看与该功能相关的所有过程文档资料，如图15-15所示。

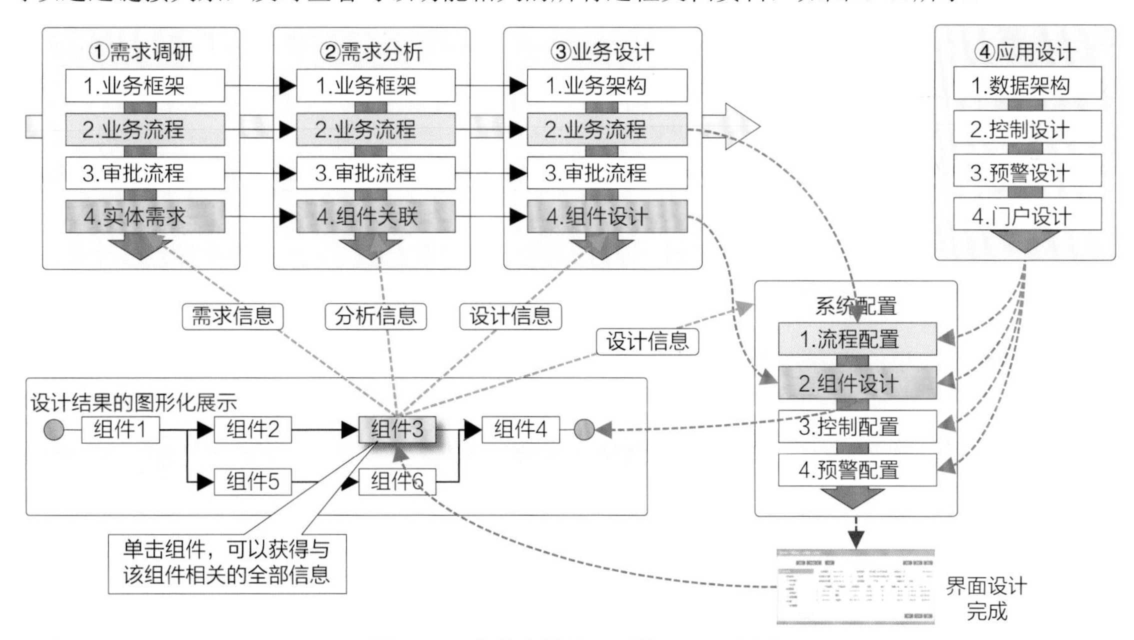

图15-15 软件文档管理系统原理示意图

① 需求调研：查看需求调研阶段的资料，如访谈记录、原始表单等。

② 需求分析：原始的需求4件套等。

③ 业务设计：业务设计阶段的4件套、数据逻辑计算等。

④ 应用设计：应用设计阶段的4件套、操作要求等。

可以看出，只要在开发过程的资料上设置了链接的编号，就可以实现对所有相关信息的查看。

【参考】本书图16-35 设计文档自动生成的示意图及相关说明。

15.3 基础知识相关的问题

在项目开发、培训讲课的过程中，经常被问到有关软件工程的问题，下面就一些有代表性的相关问题结合作者自身的经验进行讲解，供读者参考。

15.3.1 软件工程有实用价值吗

经常有培训学员问："软件工程有实用价值吗"？还经常听到："我学的是计算机专业，在大学里学的有关软件工程的内容已经记不起来了"，等等。在互联网上经常看到软件工程专业的毕业生比较有代表性的提问，包括：

- 怎么学习编码成为程序员？
- 怎么学习成为测试工程师？

毫无疑问，如果没有软件工程的存在，软件的开发过程将会是一盘散沙。软件工程是完成软件开发工作的核心主线，是质量提升、进度可控、成本可降低，以及顺利完成软件生产过程不可或缺的支撑。软件工程将需求、设计、开发、测试等子工程科学规范地串联在一起，高效地驱动各环节传递与继承。

就需求分析和设计来说，要想改变软件工程没有实际作用的印象，确立软件工程在软件研发过程中的核心地位，就必须要改变意识和做法，要**改变软件工程就是一套实现软件的技术**这样的印象。软件工程包含软件开发的全过程，软件工程必须包括需求和设计，软件开发的过程是从需求、设计开始的。

要虚心地向传统行业学习，从传统行业的工程化中获取有用的经验，软件工程的构成不但要注重"软件"知识的内容，而且还要注重"工程"知识的内容，只有把这两种知识结合好，才能称为"软件工程"。

软件工程**不但要讲"技术"**，同时**也要讲"工程、系统"**。

15.3.2 设计是不可或缺的环节

在软件开发过程中，通常会提到**需求、编码**和**测试**3个环节，但是很少会提到**设计**环节，在软件行业中普遍存在缺乏设计环节和设计方法的现象，设计体系的有无会对最终的软件质量和价值带来极大的影响。用木桶效应来表达设计欠缺的问题，如图15-16所示。

将软件工程的各阶段看成构成水桶的木板，从图15-16中可以看出，最短的业务/应用设计决定了这个水桶的最大装水量。

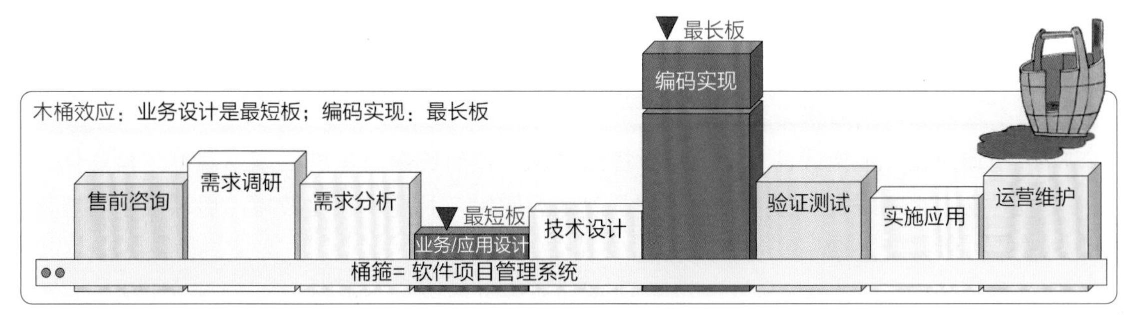

图15-16 软件工程与木桶效应

在软件行业内，一谈到“设计”二字，大多数人马上联想到的是界面、接口、调用关系、数据关系等内容，这些都是偏技术的设计，这是非常不完整的。谈到软件设计首先应该想到的是“业务设计、应用设计”，可能有人会强调说：“已经做过需求的调研和分析工作了，也做了技术方面的设计，还不够吗？”回答是当然不够，理由如下：**①需求≠设计，②设计≠技术设计**。

首先讲解需求不等于设计。调研来的需求是由客户提出来的原始“想法、要求”，“按照客户的要求去做”不是一个正确的软件开发方法，客户的需求只是提供了“原始素材”，要经过设计师的理解、思考，并利用信息化的特点进行充分的设计后，才能最终确定客户需求对应的系统功能。只有如此才能获得最大的客户价值和最佳的客户体验。

其次讲解设计不仅仅包括技术设计。一提到“设计”，不能认为仅有“技术”方面的设计，技术方面的设计解决的是如何实现的方法，业务、应用和技术3种设计的关系如下。

- 业务设计：设计首先要从业务设计开始，对业务进行优化，决定如何满足客户的业务需求，给出在“人—机—人”环境中的最佳工作方式。
- 应用设计：其次是应用设计，应用设计决定信息化环境下如何好用、易用（人性化），给出“人—人”环境中得不到的信息化效果。
- 技术设计：最后是技术设计，技术设计决定采用什么方式、方法实现业务设计和应用设计中确定的设计要求。

这三者的关系是：业务设计和应用设计决定系统的业务价值和应用价值的高低（=客户价值），技术设计决定是否能够实现设计的效果。只有技术实现的水平高，系统总体的客户价值不会高。当然，业务设计和技术设计很高，但是技术设计很低（技术实现的水平差）同样也无法体现业务设计和技术设计的最大价值。

15.3.3 瀑布与敏捷，孰优孰劣

关于开发方式使用瀑布式还是敏捷式的讨论已在2.4.4节和4.1.2节中做了一些说明，但由于很多读者和培训学员询问此事，所以对这个问题再多做一些讲解。

读者和学员中普遍存在一种观念，即瀑布式开发=落后，敏捷式开发=先进，这是一种完全错误的结论。

- 瀑布式开发：简单地说就是按照已知的软件开发规律，科学地、有组织地、按部就班地进行软件的开发，在开发过程的每一步都必须详细地进行分析和设计，编码工作是严格

地基于这些设计进行的。对于**大型的、复杂的项目，如企业管理系统、企业资源计划（ERP）、工程项目管理系统**等，这样的开发方式是非常正确的，且必须要这样做。**如果不这样做，其后果必定是灾难性的**。

- 敏捷式开发：敏捷式开发更适用于探索型的、没有约束对象的、或小规模频繁变化的开发对象。它的研究对象大多没有非常复杂的逻辑，且逻辑线比较短，通过快速的迭代方法是可以开发出系统的基本形态的。

与敏捷开发适用的场景不同，企业管理类型的系统是以一个**已经存在的企业实体为对象**进行分析设计的，这类系统的业务逻辑非常复杂，有严格的做事顺序，所以在动手编码前，必须要先彻底地对这个实际对象进行详细的调研，听取客户的想法，然后进行严格的分析、架构和设计，并基于这个设计结果进行编码。很难想象用敏捷式开发完成一个企业信息管理系统，这样做的结果是系统一定存在很多错误，以至于无法运行，最终越改越乱，难以收场。

软件行业是年轻的行业，大多数的软件工程师缺乏工程意识，也不清楚工程为何物，甚至不清楚何为设计，设计什么。有很多人推崇“一个技术大咖，忙三天就可以搞定一个复杂的程序”这样的场景，用这种方式开发一个小项目或逻辑不复杂的网站是可以的，但是开发企业管理信息系统是行不通的。

对比其他行业，如建筑一栋现代化的大厦、制造一架飞机、研发一台机器等，都要做长时间的分析和设计，绘制成千上万的图纸（图纸数量多到要以**立方米**或以**吨**计），因此，一个复杂的大型企业管理系统的设计资料产生数千张、甚至上万张的设计文档应该是很正常的（软件设计用A4纸，而建筑设计用0号纸，一张0号纸是A4纸面积的16倍），如果没有产生这样多的设计文档，反而是令人不安的。

- 这样开发出来的系统能够正确无误地运行吗？
- 没有精确设计的系统可以做到随需应变吗？
- 缺少设计文档作依据，在将来系统升级改造时不担心吗？等等。

不是严格按照要求设计开发出来的系统，其生命周期不会太长，客户价值也不会太高，至于期待高的客户满意度也是不太可能的。

这里要清楚一个概念：不是软件行业用的分析和设计时间太多了，而是相反，与其他制造行业相比较，软件行业花在分析和设计上的时间太少了。整个行业（包括软件公司、客户）都还没有对软件开发所需的工期形成一个科学、正确的认知，即如同建筑和制造业一样，高水平的软件系统也是需要充分的设计时间的。毫无底线地压缩开发工期（特别是分析和设计部分），这是造成国内软件行业产品的低质量、低水平、低价值的主要原因。

瀑布式开发和敏捷式开发的区别在于应对不同的开发对象和场景，而不存在孰优孰劣的问题（如果存在，也是选错了开发对象的问题）。**两者的思路不是对立的，采用工程化的方式可以扩大两者的长处，减少两者的短处**。

- 瀑布式开发：通过标准化、模块化、平台化的建模方式，增加开发的灵活性，实现可以多头并举的开发方式，缩短开发周期，设计文档的标准化也促进了资料的复用率。
- 敏捷式开发：由于分析、设计全过程的标准化，有了大量的积累后，通过复用的方式极大地缩短了分析和设计的时间，增加了分析和设计成果的正确率。

【参考】关于工程化设计参见第1章，关于工业化生产参见第16章。

★Q&A：为什么很多的互联网系统、物联网系统可以用敏捷式开发做得很好呢？

常有学员问这个问题，李老师回答说：“因为它们有一个很明显的优势：需求可量化、成果可立验。”

举个例子，开发一个**电商的平台系统**，从需求调研、架构、设计、编码到测试，参与开发的全员都可能是该平台系统的用户（即使不是直接用户，从常理上也可以理解），所以可以做到边开发、边优化、边完善、边检验，经过快速迭代数次就完成了。物联网的系统也如此，由于对象是物理的、可测量的，因此完成的代码立刻就可以验证，做到有错立即就可以修改。

但如果是一个**企业的管理系统**，则可能从需求到开发的参与者都不熟悉这个业务，而且大家以前不是、未来也不可能是该系统的用户，因此需要反复地向客户进行调研、分析、理解需求的含义。由于**需求不可量化**、业务的**逻辑复杂**且**数据种类非常多**，所以需要非常多的时间进行规划、架构、设计和推演，才有可能给出支持正确编码的设计文档。

15.3.4　业务的连续性与功能的碎片化

在设计过程中存在一个错误的认知，将系统设计中要实现的“功能碎片化”概念错当成“业务碎片化”概念，如图15-17所示。

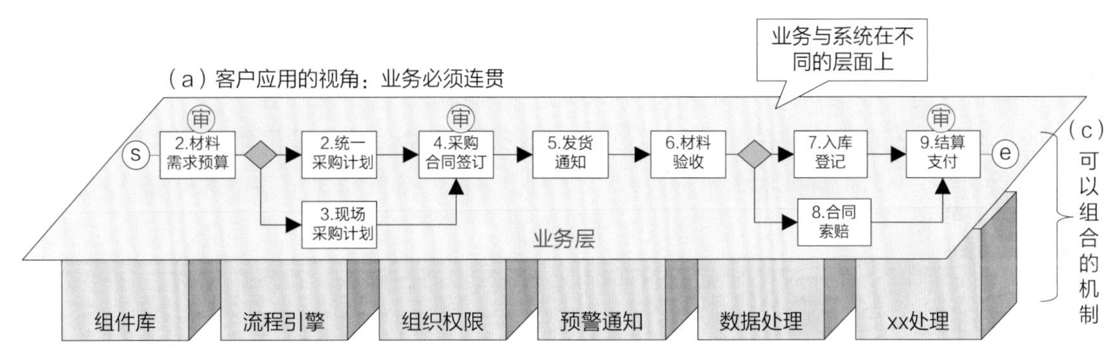

图15-17　客户视角与软件工程师视角的区别

- 功能碎片化：这个概念的实现在对系统的设计上，如常见的平台化设计就是支持功能碎片化的方式，功能碎片化可以让系统具有更好的应变性。
- 业务碎片化：这个概念是不存在的，业务必须是“连贯的、完整的”，处理业务的功能要由业务流程（如流程图）串联起来。企业的业务碎片化了就无法进行管理了。

业务设计的重点之一就是对业务逻辑的设计，业务逻辑强调的是对功能的关联关系。而实现功能碎片化的需求要采用系统思维，要将业务功能转换为“机器零件”，用机器零件组合的思想来找到解决方法。软件工程师要做的是将如图15-7（a）所示的具有业务逻辑关系的业务内容做成可以拆分的系统图，见图15-7（b），最终形成可以通过机制进行组合的系统图，见图15-7（c）。

【参考】第16章。

15.4 项目前期的Q&A

下面对项目在前期准备阶段常见的问题进行讨论和回答，这个阶段包括售前咨询、合同签订前后等，尚未进入需求调研。

15.4.1 关于售前咨询

Q：如何与客户的高层进行交流？

学员问：与客户高层交流时紧张，提不出问题，听不清需求，很尴尬，该怎么办？

培训时经常遇到这样的提问，造成这个问题有两个重要的原因（不限于此）：一是主观上个人的知识和能力不足，二是客观上双方的地位不平等。如何消除这些问题呢？

1）关于个人的知识和能力不足

与客户领导交流时感到紧张的第一个原因，主要还是知识和经验的不足，就是常说的"肚子里没有货"。通常客户的领导会用"目标需求"的表达方式提出自己的看法、要求，强调目标、战略、价值、期望等，大多数经验不足的软件工程师听到这样的内容，不能马上反应出领导说话的重点在哪里，领导想要的需求是什么。解决这类问题除去积极地学习知识和积累经验外，事前做好充分的准备无疑也是重要的措施，下面给出3点建议供读者参考。

① 做好事前准备，包括背景调研、基本信息（领域、规模、行业地位）、客户领导意图等。

② 了解企业的业务内容、业务现状、导入信息系统要解决什么问题等。

③ 收集客户建设信息系统的相关文件，特别是**新系统与企业未来发展相关的信息**等。

由于这些信息大多数可以提前进行收集、整理、分析，所以相对不是很难做到。有了这些信息作支撑，对于理解领导的讲话内容有极大的帮助。基于对这些信息的理解，可以在现场向客户领导提出询问，以加强对领导意图的理解。在现场询问、确认，比事后理解、分析要重要得多。

2）身份上的不平等

第二个原因是对方的身份既是客户，又是企业高管，而你的身份可能仅是软件公司的一名普通咨询师或需求工程师，所以自然会感到紧张，一时提不出问题。

解决这个问题**要强化自信心："我是信息化管理方面的咨询专家，在信息化方面我要比你有发言权"**。同时，在交流过程中要能够迅速地找到与领导发言相关的业务场景，利用这个业务场景与领导的发言进行关联，快速地找到可以和领导进行沟通的"交点"。因为一旦与具体业务场景有了关联就可以展开互动，这样就避免了单向听取客户领导"指示"的尴尬处境，通过双向沟通，建立起平等交流的氛围。

Q：为什么专业咨询公司和软件公司的调研资料不一样？

常常遇到客户邀请专业咨询公司做咨询，然后由软件公司进行信息系统的开发，这样的协同方式最近很常见。但是软件公司的工程师们发现，专业咨询公司调研结果的表达形式与软件公司使用的开发文档形式不同。作为软件工程师了解这个差异很重要，因为**这个差异就是软件**

公司做咨询工作的价值所在，理解了这个差异软件公司就可以更加强化自己的优势。两者的差异从图形上可以看出来，参见图15-18。

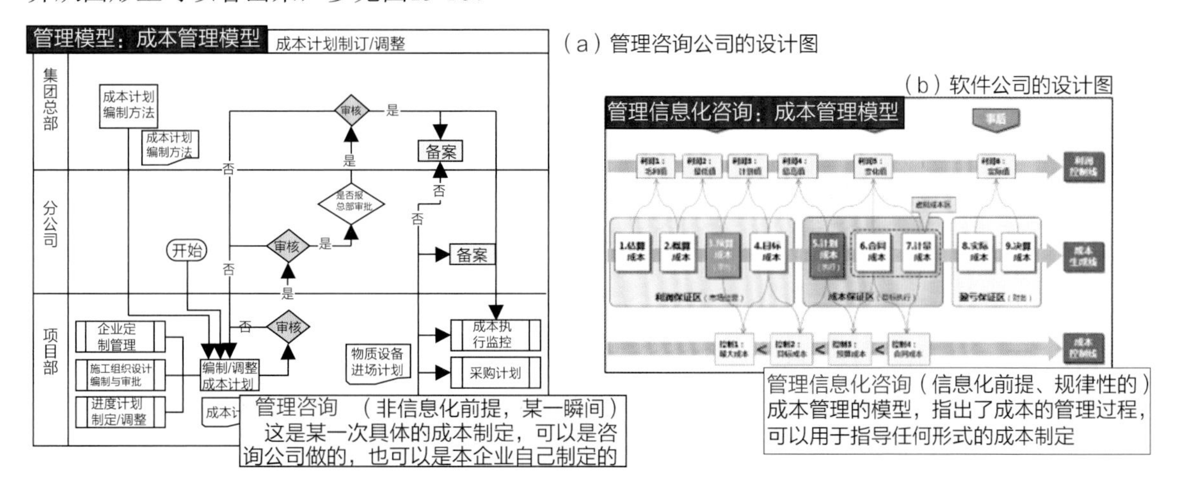

图15-18　咨询公司与软件公司设计图的不同

1）专业管理咨询公司

通常采用基于“人—人”的管理经验和知识，为企业做出一套“客户现状的总结报表”，这份报告总结了客户到某一时期为止的现状（方式、规则），给出的是调研期间的“现状片段”。这个图形没有指出业务的变化规律、报告结果应该如何信息化、调研的状况变化之后该如何应对等，如图15-18（a）所示。

2）软件公司

基于未来管理是在“人—机—人”的环境中进行，除去要做客户的业务现状流程图，还要建立可以支持**需求变化的模型**，通过建立模型指出业务的变化规律，确定最佳的业务处理模式，**这个变化规律是未来系统建模的依据**，如图15-18（b）所示。

当然，现在也有一些二者合作的项目，但是因为二者的目的、手法不同，所以即使合作，最终的交付物还是不同。

Q：售前咨询可以分为几种类型？

可以从咨询的交付物来对咨询分类，根据交付物的内容分为3类（仅供参考）。

1）交付一份诊断报告书

这是咨询师对客户进行的一个初步咨询，主要是通过交流的形式，经过简单的听取需求和对关键问题的询问，向客户提出一份对需求的初步诊断报告书，指出客户存在的问题，提出一个大体的思路，为今后争取正式的咨询、调研合同做准备。

2）交付一份解决方案

相较于1）的做法，更加深入地对客户企业的现状、需求进行了解，对客户的业务与需求进行初步梳理，给出一个基于软件公司知识和经验的解决方案，这个解决方案指出客户的问题，针对需求给出大体的做法。

3）交付一份分析与设计文档

按照未来在“人—机—人”环境中的工作标准编制，对未来客户企业的信息化进行全面的调研和规划，是3种形式中规模最大、内容最复杂的形式。这个交付物不但分析了客户的现状，而且给出了未来信息化的实现方法，包括需求调研和分析、业务的概要、详细和应用设计等。

本书的案例采用的就是2）和3）的形式，这3种形式的内容是包容的：3）＞2）＞1）。

15.4.2 关于开发合同

Q：签订合同中预留的开发时间不够怎么办？

这是培训中经常被问的问题之一：项目的开发时间实际需要6个月以上，但是签的合同工期仅有3个月，该怎么办？

我的回答是，除非是策略性地签订了这个合同（先拿下项目，然后再延长工期），否则一旦签订了这样的合同，就没有办法可救了，只能等着项目亏本或是成为烂尾项目，别无他法。

为什么会常常发生这样的问题呢？这是一个体系的问题，软件公司和客户对开发系统所需要的工作量、时间、资源、技术难度等还没有形成一个合理的、共同的认知。其结果对软件公司来说：如果不接受，就失去一份合同；如果接受，就注定要承担赔本的后果。

怎么解决这个问题呢？这个问题的解决方法不是在接受了合同后再考虑（因为无解），而是在接受合同之前要做以下的事情（不限于此）。

- 软件公司要彻底地进行软件的模块化开发，只有如此才能大幅缩短开发时间。
- 向客户进行说明，如果按3个月的工期做，其后果一定是烂尾工程，赔了时间、投资，最后得不到需要的结果（当然，客户不一定听）。
- 坚决不签这样的合同（销售部门需要业绩，可能不愿意放弃）。

客户比软件公司强势，不按科学规律行事，虽然这绝对不是一个正常的现象，但想要真正地解决这个问题，还需要软件公司自身强化专业方面的能力，让客户信任你、认同你的说法（必须要6个月的时间），并觉得这个项目非你不可。

Q：如何让项目干系人了解软件开发的具体工作量？
工作量评估偏差大、任务计划频繁变更、超期交付，怎么办？

这是项目经理最头疼的事情，由于客户不熟悉软件开发工作的内容和流程，总认为开发软件的工作不难，坐在计算机前敲敲键盘，复制粘贴，实在不行就加加班，总能完成开发工作。这个问题不但存在于客户的各部门领导和业务骨干身上，而且连信息中心也存在这样的误解，怎么说服客户呢？这里提出几点建议供参考（不限于此）。

① 首先要掌握工程化设计的方法，向客户展示用量化方法计算出来的工作量，包括架构的数量、功能（界面）的数量、难易度、数据设计的数量等。此时不可以用含混不清的工作量来说明需要很多的时间，一定要用量化的实际内容来说明。

② 在①的基础上再向客户说明：软件的开发过程和房屋建筑、机械制造是一样的，如果没有充足的时间进行规划、架构和详细设计，那么完成的系统就可能出现很多问题，如需求调研不充分，造成需求不完整、真伪判断不足、需求传递失真等问题，而且设计不到位，将来系统难以实现随需应变、升级改造等工作。

当然，最终是否能说服客户按照实际工作量给出合理的开发工期，还要看售前经理和项目经理的表达能力，以及与客户之间的相互信任程度等。

15.5 需求工程的Q&A

因为在需求调研阶段面对的是不特定的客户，所以需求调研阶段被反复提问是最多的，这些问题都是比较常见的问题，由于问题提出者的背景不同，读者所从事的业务领域也不同，所以感受不一定相同，回答仅作参考。

15.5.1 与用户的沟通

Q：需求调研人员怎样与用户进行高效的沟通？

如何顺利地与用户进行高效的交流、沟通，是做好需求调研工作的基础，这里的用户指的是未来系统的操作者以及数据的利用者。

在前面已经多次强调过：由于用户与需求工程师在信息化方面的知识是不对称的，因此需求工程师要尽量地使用用户容易理解的语言进行沟通，也就是要通过业务场景、业务需求来理解客户提出的系统功能需求，然后需求工程师根据业务场景和业务需求来判断需求的真伪，决定对需求功能的舍取。这样双方不但沟通效率高，而且沟通质量也高。

尽量不要使用IT用语去调研和确认需求，因为用户不熟悉这些内容，为了避免不理解提问的尴尬，用户常常会给出不置可否的回答，如果基于这样的回答进行后续的系统开发，就很容易出现误差，甚至在系统交付后出现用户不认可的严重后果。

Q：怎么判断客户各部门在调研时参与的深度是否合适？

这个问题需要根据系统的内容来判断，试举3个例子来说明。

1）企业领导

在项目的前期准备过程中，必须要求客户企业的领导对项目的目标、方向、成果等给出明确的要求和指示，这是项目成功的重要保障。仅与企业的生产管理者或是操作用户进行沟通后就直接进入开发，后面可能会遇到很大的麻烦，如不被企业领导认可、延误付款等。

2）业务部门

业务部门包括与系统业务相关的所有客户企业的部门，如财务部门、销售部门、采购部门等。业务部门必须深度参与需求的调研、分析和确认工作。具体要做到：由业务骨干参与具体的详细调研和文档编制，**部门领导要参与对问题的解决和对结论的判断**。特别要制定与业务部门合作的规范、条文，避免出现扯皮的现象。最后与业务部门调研的结果，一定要**用会议纪要的形式交予客户签字确认**。

3）信息中心

因为信息中心是最终的签字者，所有重要部门的调研、功能的最终判断等工作，最好要求信息中心全程参与，避免由于信息中心没有参加，在最终签字时，他们不愿意签字或拖延签字时间，最终影响进度。

15.5.2　有关需求的表达和识别

这是需求调研中最常见的问题，客户方和软件公司，一方说不清楚需求，另一方听不明白需求。下面列举几个比较典型的问题。

Q：客户说不清楚需求，该怎么办？
客户自己还没有想清楚需要什么需求，该怎么办？

首先要先搞清楚客户不清楚的是什么样的“需求”？我们将需求分为目标需求、业务需求和功能需求3种，通常客户不清楚的是：要用什么样的“功能需求”来帮助他解决“目标需求和业务需求”的问题。用什么样的功能需求，解决目标需求和业务需求的问题恰恰应该是需求工程师的特长。

所以在遇到客户说不清楚功能需求时，可以采用先确认客户打算用这些功能需求来解决什么目标需求和业务需求，例如，业务需求来自客户的日常工作，从此处入手双方都容易理解，当需求工程师搞清楚了客户的业务需求后，就可以判断客户提出的功能需求的正确性（因为功能需求是为业务需求提供服务的），或直接告诉客户解决这些业务需求问题的最佳功能需求是什么。

Q：客户需求多变，如何判断客户需求的真伪？
如何正确引导出真实需求？

在本书的正文中已经多次谈到如何判断需求真伪的问题，包括采用逻辑推演法、价值判断法以及多角度判断法，这3种方法都是**基于客户的业务需求进行判断**，因此对判断需求的真伪和如何引导真实需求的回答也是如此。

- 首先搞清楚客户业务和业务需求。
- 然后基于业务和业务需求，判断需要什么样的功能需求。
- 最后确认功能需求是否与业务需求匹配，如果功能需求的结果可以实现业务需求，就正确。

【参考】第6章。

15.5.3　有关快速理解业务

Q：如何快速理解业务、掌握业务？

书中反复强调，理解客户业务是做好需求调研的基础。在需求调研过程中如果出现了不熟悉的新业务时，首先要做到的就是理解业务，然后再做需求调研和分析。

对于如何快速理解和掌握不熟悉的业务，书中给出了一套简单易行的方法，即用**分离原理**和**逻辑推演**的方法相配合，化繁为简地进行，拆分过程如图15-19所示，以企业管理信息化为例，方法如下。

（1）拆分：利用分离原理，对研究企业进行拆分，得到业务、管理、组织和物品4要素，参见图15-19（b）。

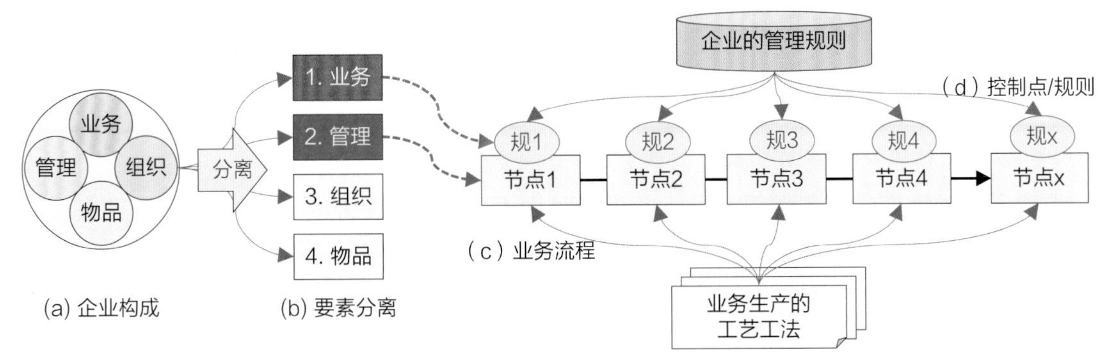

图15-19　快速理解业务的方法

（2）业务：用排比图或流程图，按照逻辑对业务的处理过程进行推演，快速搞清楚业务的内容、关系、顺序等，参见图15-19（c）。

（3）管理：再以业务流程为载体，加载控制点和管理规则，快速地搞清楚在流程的什么位置上、采用什么管理规则进行管控，参见图15-19（d）。

初步搞清楚了业务和管理的逻辑关系，对业务就基本上清楚了，由于组织和物品不是理解业务逻辑的核心内容，所以在理解主体业务之前，可以暂时不去关注它，待后面进行组织和物品的需求调研时，再做详细的调研。

【参考】《大话软件工程——需求分析与软件设计》第3章。

Q：不同层级、不同部分的客户想法不一致，不知道以谁为主怎么办？

这是没有区分目标需求、业务需求和功能需求带来的典型问题，因为客户分为三层，不同层级的作用、关注点、任务本来就不是一样的，一般来说这三层的关系如下。

（1）决策层：提出的需求大多为“目标需求”，目标需求对其他需求具有指导性。

（2）管理层：提出的需求大多为“业务需求”，业务需求对其他需求有承上启下的作用。

（3）执行层：提出的需求大多为“功能需求”，功能需求是为实现业务需求而存在的。

所以遇到客户想法不同、需求混乱时，要先将提出者和其提出的需求进行分类，不论提出需求者的岗位职称是什么，重点要先看哪些是“业务和业务需求”，当业务和业务需求理解后，再看哪些是“管理需求”，并以业务为载体，判断管理需求与业务需求是否匹配、合理。

【参考】第6章的相关内容。

Q：在不熟悉客户业务的前提下，是否能快速、正确地获取需求？

不熟悉客户的业务，还想要快速且正确地获取需求，这是不可能实现的。

在书中反复地提到，**理解和判断需求的顺序是：①业务→②业务需求→③功能需求**，理解业务是获取功能需求的前提，同时业务需求也是判断功能需求真伪的基础，可以说，在正确地获取需求的过程中是没有捷径可走的，走了所谓的捷径，其结果一定是最终出现需求不正确、不全面、需求失真等问题。

【参考】5.1.2节。

15.5.4 关于需求的变化

Q：客户的需求频繁变更，影响项目计划，该怎么办？
如何说服客户尽量不要变更需求？

造成需求频繁变动的问题很复杂，简单地可以不让客户变更的方法是没有的。且造成需求变更的原因也并非全是客户的责任，也有不少由于软件公司不专业而造成的需求变更，下面举例说明由双方的原因造成的需求变更怎么应对。

1）造成变更的原因

（1）因客户的原因造成的变更，

- 客户表达不清楚自己的需求，待设计完成后才明白，于是推翻原始的需求。
- 客户尚未确定自己到底要做什么样的信息系统。

（2）因软件公司的原因造成的变更，

- 需求分析的缺失，将客户需求照单全收。
- 项目组的管理措施不完备，缺少规范的需求变更管理制度和流程。

2）减少变更的对策

减少需求变更的主要责任应由软件公司方面承担，反复强调客户是造成变更的主因是没有用的，事实上变更是不可能消除的，因为双方对开发对象的认知都有一个过程，需要在项目的交付进度、质量和成本之间保持一个相对平衡。下面重点讲解软件公司应该采取的3个重要措施（不限于此）。

（1）强化需求分析：书中反复提到了需求工程师的抱怨：客户不清楚怎么表达，客户尚未想好要做什么，等等。这个问题主要应由软件公司负责任，因为在签订合同前的接触过程中，通常软件公司已经知道了客户不清楚需求的情况，因此在需求调研过程中要使用**“客户业务→业务需求→功能需求”**的调研方法，以及**“目的→价值→功能”**的需求真伪判断法，充分地了解、启发和确认客户的需求，这样能大幅缩小双方对需求的理解差异，并减少需求的变更数量。

（2）反复确认需求：缺乏需求确认的方法也是造成需求变更的重要原因，需求工程师对客户提出的需求如果“照单全收”，就没有尽到责任，只是一个“传声筒”。必须要强化在分析与设计过程中的业务逻辑与数据逻辑的推演，以及完成分析和设计后的业务用例和应用用例的验证。这些推演和验证可以确实减少突发性的需求变更。

（3）制定变更规则：要从项目管理的层面上进行需求变更的管理，包括制定变更的规则，并在项目启动会上当着双方的高层领导确定需求变更的制度和流程，“丑话说在前面”是非常重要的。另外，一般来说软件公司担心的不是需求的变更，而是无偿的需求变更，如果有条款的约束和保障，且变更是有偿的，那么合理的需求变更是可以接受的。

15.5.5 关于需求文档

Q：对完成的需求文档，如何判断它是否做完了、做好了？

毫无疑问，需求文档是软件开发过程中最重要的文档，只有需求文档是正确、完整的，后续的开发才有可能正确、完整；反之，则后续的开发一定是错的或不完整的。“做完、做好”必须要有标准和流程作支撑，参考如下。

1）需求是否做完

如何判断需求是否做完，不能仅仅用定性的方式，也要用定量的方式来判断什么是“完”，这个问题可以从两个层面做判断：软件工程和业务逻辑。

（1）软件工程：主要是**按照需求工程的程序进行**，这样就不会漏项，包括调研的3种方式、需求的分类、需求的转换等。

（2）业务逻辑：主要**按照业务的逻辑进行调研、分析、确认**，这样不容易漏项，因为如果有缺项、错误等问题，就可以从业务逻辑的分析上找出漏项。如果在规定的业务范围内，所有的业务从架构和功能上都是交圈的，那么就证明需求文档做完了。

2）需求是否做好

如何判断需求做得“好”还是“差”，这个判断比较难，有主观的判断，也有客观的判断，这里给出以下两个参考建议。

（1）主观：主要看在需求调研过程中是否获得了客户对信息系统的目标和期望、调研结果与客户期望的匹配度、按照需求进行开发是否会给客户带来价值等。

（2）客观：主要看是否完成了需求工程的全部步骤，是否利用业务逻辑在业务范围内进行了全面的推演，是否可以确保正确地进行业务处理。

Q：如何让不懂信息化的客户看懂需求文档，并顺利确认签字？

这也是一个需求方面的常见问题，每个软件项目经理和需求工程师都遇到过：需求调研完成了，文档也提交给了客户，但是客户迟迟不签字，影响了项目的开发进度。造成不能顺利签字的原因可以从客户与软件工程师两方面寻找。

1）双方的看法

客户与软件工程师从事的工作不同，且站在不同的立场上，所以他们对同一个问题的看法也是不一样的。

（1）从客户的视角看，提出需求的客户不是软件方面的专家，他是从自己熟悉的业务视角提出的需求，但他可能不清楚这个需求实现后的使用效果，担心自己考虑不周，待开发完成后与设想不同时要担责任，所以迟迟不肯签字（人之常情）。

（2）从软件工程师的视角看，已经理解了需求、给出了方案，甚至做出了原型给客户演示，每个功能都是和客户确认过的，不明白客户为什么还要担心而不敢签字呢？

2）解决的对策

需求文档有两个基本用途。

（1）需求文档是对用户提出需求的记录、分析、设计（业务）结果，是向客户确认需求和设计成果的依据，也是最终客户验收系统的依据。

（2）需求文档是向技术开发工程师做系统需求交底的资料，是后续设计（技术）、开发、测试的依据。

也就是说这份文档需要同时满足两方面的要求，客户及编码工程师。既要让客户看得懂（偏向客户业务的表达），还要让编码工程师能作为依据（偏向软件专业的表达）。这就产生了表达形式的矛盾，怎么解决这个矛盾呢？

可以根据客户业务的复杂程度，采用3个步骤向提出需求的客户进行说明。

3）确认的步骤

（1）文档记录形式的结构化：首先，“需求规格书”的记录要采用结构化、标准化的形式，这个记录要做到对原型界面上的字段进行一对一的说明，由于是“一个字段对应一条说明”，不存在有含义隐蔽的、难以理解的大段文字说明，这样客户就容易理解、确认，图15-20是一组结构化地记录需求规格内容的模板样例（需求规格书，简称4件套）。

【参考】《大话软件工程——需求分析与软件设计》7.6.1节。

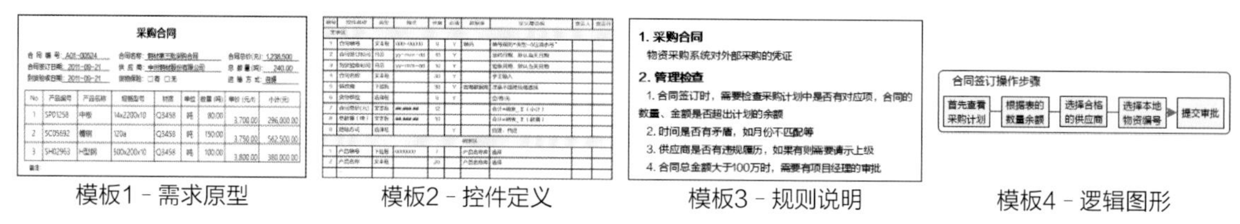

图15-20　需求规格书（4件套）

（2）业务逻辑的验证：第一步的方法是对每个原型内的字段、规则等进行独立的描述，当业务逻辑、多原型之间的关系、业务场景等非常复杂时，仅仅给出单独的原型说明不足以让客户放心，这时可以增加“业务用例”的方式，进行多原型的联合验证，以证明多原型间数据逻辑关系的正确，图15-21（a）为业务用例的验证示意图。

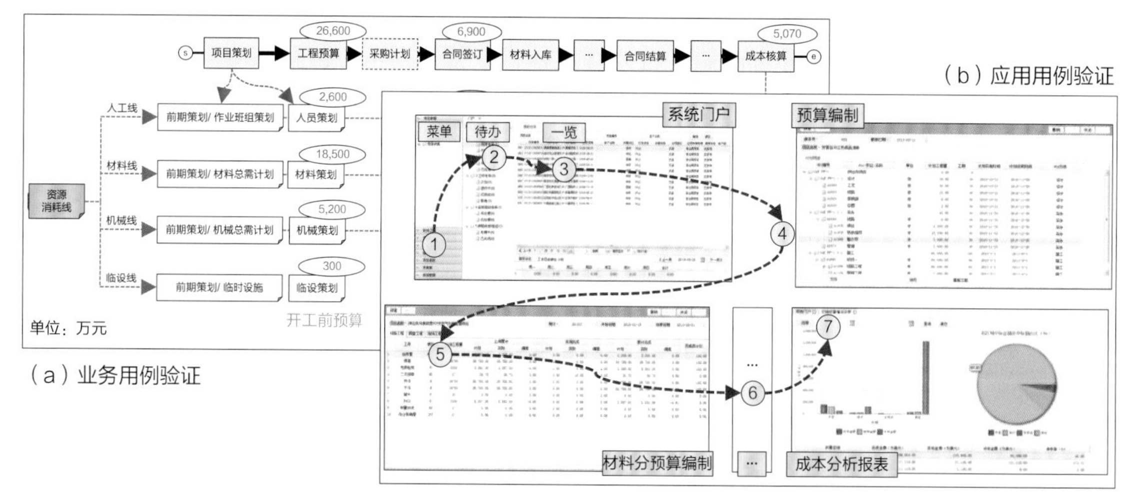

图15-21　业务与应用的验证用例

【参考】《大话软件工程——需求分析与软件设计》21.2节。

（3）应用场景的验证：需求记录的格式标准化了、原型间的逻辑关系清楚了，如果客户还不能完全放心，可以在最后进行“应用用例”的验证，应用用例可以向客户展示完成的系统外观是什么样、怎么操作、系统怎么运行，以及系统的易用性是否可以让不同岗位的用户满意等，图15-21（b）为应用用例的验证示意图。

【参考】《大话软件工程——需求分析与软件设计》21.3节。

上述3个步骤的内容说明，对复杂的系统仅仅有文字说明、原型展示等还不足以让客户放心，还需要注意需求记录格式的可确认性、系统对复杂业务场景以及系统操作的适用性等。按照上述3个步骤的要求做出的需求文档，把原型的功能从里到外都表达清楚了，客户就可以放心签字了。在调研初期如果接受了培训，并用标准的格式提出需求（界面、流程）的客户，签字就更不是问题了。这样的记录形式不但满足了客户的签字要求，同时也符合后续开发工程师对需求文档的编写粒度和质量的要求（根据软件项目的复杂程度，确定是否使用业务用例和应用用例的验证）。

15.6 设计工程的Q&A

因为多数的软件公司缺乏设计阶段和设计岗位的设置，所以对设计阶段的工作提出的问题也非常多，下面就一些典型的问题进行回答，仅作参考。

15.6.1 如何与技术人员沟通

Q：技术人员不懂业务，业务人员不懂技术，相互难以说服，该怎么办？

遇到对客户业务不熟悉的技术人员（主要是程序员）时，业务人员在交底时不需要讲述太多的业务知识，因为技术人员为了顺利地进行编码工作，他更想知道的是既正确、又准确的“逻辑关系”，而不是“业务知识”，这里逻辑关系包括业务逻辑（框架、分解、流程）、数据关系（数据关系图）以及管理逻辑（管控架构图）。最有代表性的是业务流程图，技术人员通过业务流程图了解了业务逻辑，理解流程图上各节点（功能界面）的功能、作用，以及节点间的关系等，在理解了业务逻辑后再去理解数据逻辑和管理逻辑等，技术人员就基本清楚了该如何做。相反，如果业务人员只讲业务知识或介绍更多的业务场景，但是表达不清楚业务逻辑，那么技术人员是无法正确地完成编码工作的。

最大限度让技术人员完整地、正确地、清晰地理解业务逻辑、数据逻辑和管理逻辑等关系，即使不能完全理解客户的业务，技术人员也可以正确地完成编码工作，这就是通常所说的技术人员可以“知其然，不知其所以然”，这里的“然”就是逻辑（当然程序员可以理解业务是最好的），以图形为主的设计文档表达逻辑的效果最好。

Q：如何判断技术人员是否完全理解了需求和设计方案？

交底时，双方都以为理解了，但最终成果还是出现了偏差，该怎么办？

在开发现场经常会发生这些问题，造成这些问题的原因是**双方缺乏共同的标准参照物**，如果交底的需求和设计文档是以文字表达为主，就非常容易发生以下问题。

- 表达者与解读者的用语会有误差，如没有经历过的场景，仅靠文字难以想象。
- 仅用文字描述，逻辑表达不清楚、不充足，包括业务逻辑、数据逻辑、管理逻辑等。
- 用文字难以形象地表达设计处理的细节，仅靠想象一定会出偏差，等等。

为了减少或完全避免这样的问题，业务人员必须要以图形为主编制需求和设计文档，这是绝对不能含糊的问题，虽然这里用了“业务人员”的称呼，但是每个从事这项工作的人都必须将自己看成一名“软件工程师”。用图表达想法是工程师的必备技能。

Q：当业务与技术的意见有分歧时，由谁最终拍板？

回答这个问题，首先要设定一个前提条件：业务人员和技术人员双方都对讨论的问题有相当的经验，而不存在哪一方是新手。有了这个前提条件后，那么答案就非常简单，通常情况下，**二阶段的技术实现必须要按照一阶段的设计要求去做**。理由如下：

- 一阶段（业务人员）的工作目的是搞清楚客户需求，进行业务设计和应用设计，这些设计是直接满足客户需求的。
- 二阶段（技术人员）的工作目的是承接一阶段的设计要求，并以一阶段的设计要求为依据实现信息系统。

当然，如果一阶段文档的设计有错误或不易实现时另当别论，双方可以讨论，找出最佳的实现方案。按照上述的原则去做，当然出了问题主要由业务人员负责。

15.6.2 业务与技术的差异

Q：客户业务用图、业务设计用图以及技术设计用图的区别？
　业务设计和技术设计的主要区别是什么？

客户业务用图、业务设计用图和技术设计用图三者的差距很大，表达方式完全不同，表达的逻辑内容不同，逻辑表达的方式也不同，参见图15-22。

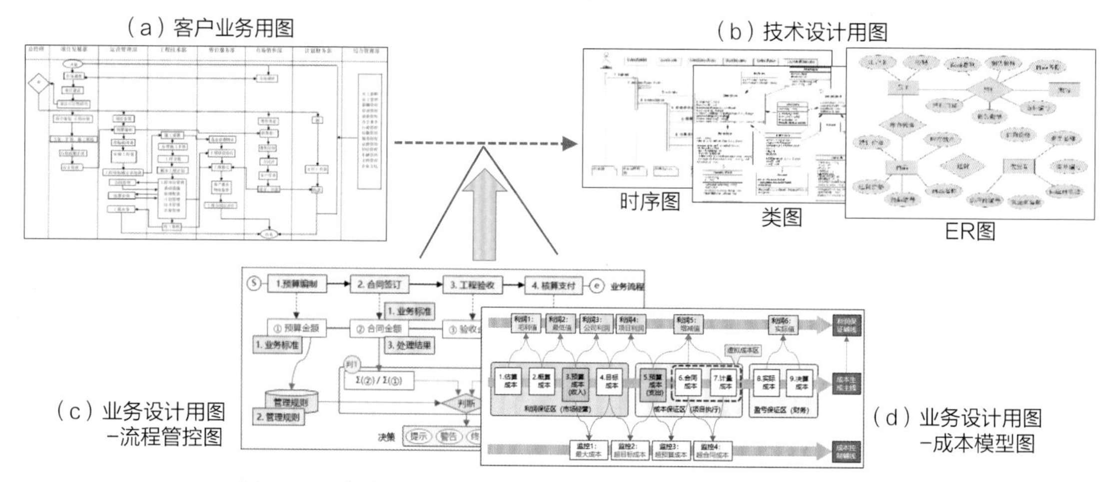

图15-22　客户业务用图、业务设计用图与技术设计用图的区别

图15-22（a）是常见的客户表达业务的泳道式流程图。图15-22（b）是技术设计用图（ER图、类图、时序图等），此图说明了客户的需求，在未经业务设计时是不能作为技术设计依据的。这3种图的目的、内容都是不一样的，从这3种图可以看出它们的区别（不限于此）。

- 客户业务用图：泳道图，表达客户的组织岗位与工作流程之间的表面关系，是客户业务运行的现状。
- 技术设计用图：ER图、类图、时序图等表达了技术设计时给出的实体联系模式、模型的静态结构、表示用例的行为顺序等内容，它们都是未来进行具体编码的依据。
- 业务设计用图：对客户的业务现状进行优化，给出在“人—机—人”环境中成本发生的过程模型（图15-22（c））和管理控制的模型（图15-22（d））。

从上述3种图的内容可以看出，它们之间最大的差异就在于图15-22（c）和图15-22（d）给出了业务优化、业务变化规律、管理架构等的要求。很显然，如果没有经过业务设计就直接从客户用图转换为技术设计图，那么完成的系统是无法满足客户需求和随需应变要求的，没有业务设计用图，系统的客户价值也会大大地降低。

15.6.3　程序员需要什么样的文档

Q：程序员希望看到什么样的设计文档？

程序员希望文档是非常标准且结构化的，不但形式上格式化，而且说明方式也是标准的（按照模板），整个文档的描述方式最好“千篇一律”，如首先用①**架构**图描述业务逻辑（框架图、流程图等），然后用界面原型描述②**功能**、阅读字段定义、规则说明，最后再做③**数据**逻辑的设计等，作为结构化文档的典型代表，参见图15-23所示的业务功能4件套。

模板1 - 业务原型

模板2 - 控件定义

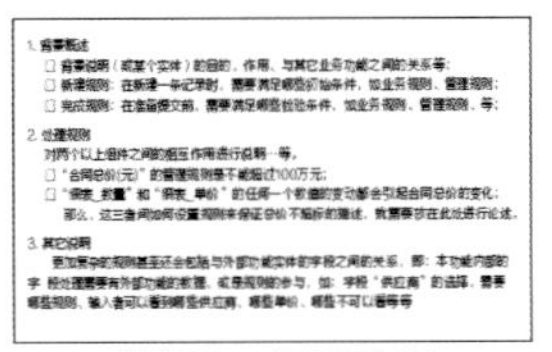

模板3 - 规则说明

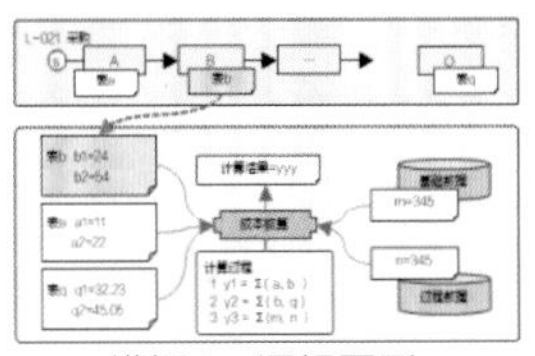

模板4 - 逻辑图形

图15-23　业务功能规格书（4件套）

业务功能4件套的表达有明显的结构化形式，例如，

- 首先是4个模板的内容，唯一地表达了一个功能界面的全部设计内容。
- 4个模板的使用顺序符合设计逻辑。
- 每个模板的内容都是结构化的、统一的，且文字描述方法都是一致的，等等。

这样做可以让程序员看了上句就知道下句应该是什么，有经验的程序员看着文档的同时在大脑中已经形成了代码，而且非常明显地减少了业务人员与程序员之间的交底、沟通、确认所需要的时间，在接受文档介绍前，程序员自己就可以读懂大部分内容，这样不但缩短了交流时间，同时也提升了工作效率，这样的文档格式也非常利于进行维护。其他行业如建筑业、制造业等的设计文档都是如此。

顺便提一下，这样的结构化的文档也非常有利于设计文档的复用。

15.6.4　标准模型与架构方法的区别

在进行系统的架构时，经常会有人问企业架构模型的运用与本书提倡方法的区别是什么，目前在行业内有很多种企业架构的标准模型，如TOGAF、Zachman、IAF等，关于这些模型与本书所讲述的内容的不同如图15-24所示。

TOGAF等是描述**企业架构的专用模型**，或称为一个解决方案，如图15-24（a）所示。这些模型展示了现代企业的构成，将企业架构描述为由不同的子架构组成，包括业务架构、IT架构，各子架构又是由各自的下一级构件构成。

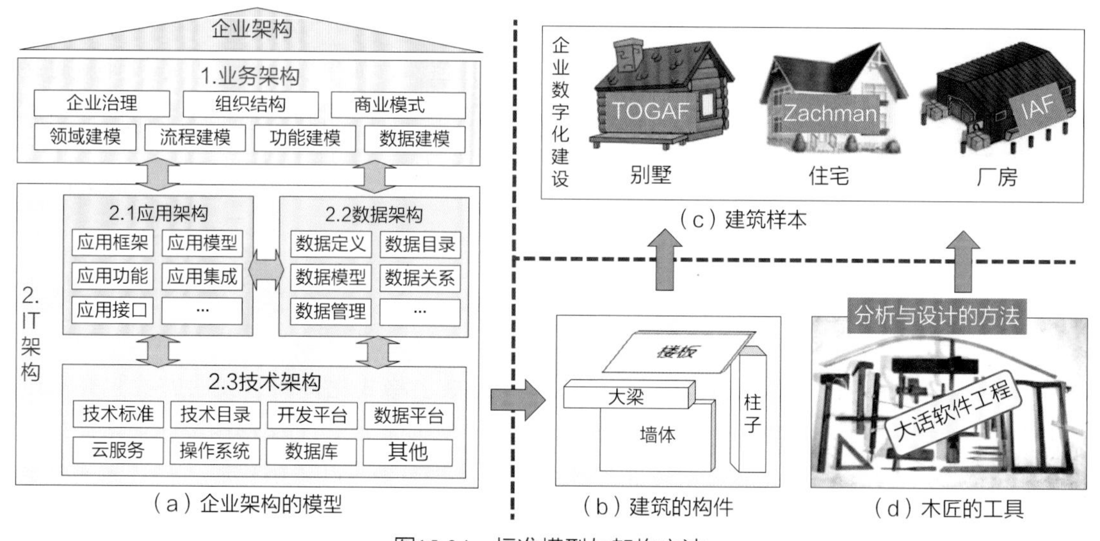

图15-24　标准模型与架构方法

这个企业架构模型就如同一个建筑的结构，建筑的结构可以描述为由不同的构件构成，如梁、板、柱等，如图15-24（b）所示，说明任何建筑物都是由这些构件构成的，用这些构件可以搭建出不同用途的房屋，如别墅、住宅、厂房等，如图15-24（c）所示。

企业可以根据自己的条件从TOGAF、Zachman、IAF等选择最为适用的一种。建筑房屋也是一样的，房主根据自己需要的条件选择建别墅、住宅还是厂房。

而《大话软件工程——需求分析与软件设计》与本书提供的内容不是某个结果架构模型，也不是一个解决方案，它是一套支持实现上述架构的**方法和工具**，就如同木匠的工具，如图15-24（d）所示，不论建造何种木质房屋（解决方案），都需要使用这些工具。《大话软件工程——需求分析与软件设计》与本书给出理论、方法、模板等是工具或工具的用法，不论企业采用哪种企业架构模型，在进行具体的企业架构、系统开发时都会用到这些方法和工具。

上述提到的企业架构模型的来源如下：TOGAF：企业架构标准，The Open Group的标准之一。Zachman：企业架构框架，美国Zachman公司创立的标准。IAF：集成架构框架，凯捷公司创立的标准。

15.6.5　企业的数字化转型

在信息系统的开发过程中，经常会听到关于企业要进行数字化转型的问题。那么这些数字化转型与现在进行管理信息化建设有冲突吗？回答是没有的，现在进行的信息化建设成果是未来构成数字化企业的一部分，而且还是非常重要且复杂的部分之一，在未来数字化企业的核心部分之一依然是信息管理系统，因为这些系统是指导企业运行的核心、中枢，是指挥系统中的“大脑”。

（1）传统：向上收集数据。

目前大多数企业进行的信息化建设，其最大目的是自下而上地收集、汇总数据，这些数据除去用于制作日常工作所需的各类表单外，主要就是提供给企业的管理层做统计、分析的报表以及制作监控看板等，如图15-25所示，在线上采集数据，在线下进行管理。

- 图15-25（a）为产生数据的过程（业务流程）。

- 图15-25（b）收集发生的过程数据，并进行加工处理。
- 图15-25（c）向企业的各部门提供所需的报表。

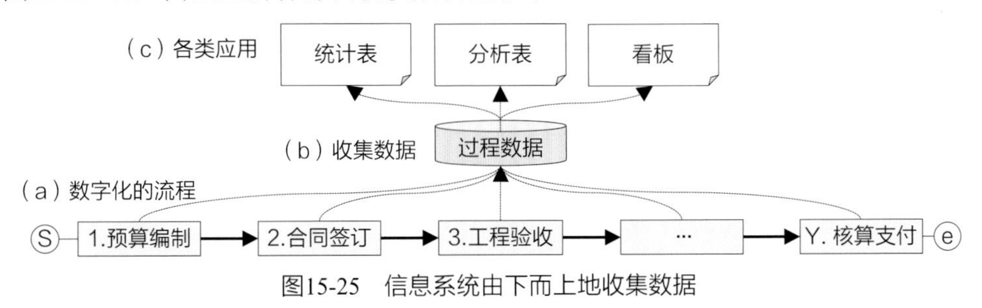

图15-25　信息系统由下而上地收集数据

（2）未来：上下打通。

在未来的数字化企业中，不但**要进行由下而上的数据采集**，还要利用信息系统对企业进行**由上而下的指挥、管理**。采用数字孪生技术，针对现实中物理的企业实体，通过数字化手段构建一个数字世界中的“完整分身”，能够和物理实体保持实时的交互连接，借助历史数据、实时数据以及算法模型等，通过模拟、验证、预测、控制物理的实体企业的全生命周期过程，实现对物理实体企业的了解、分析、优化、监控、指挥、控制，具有过程管理功能的信息系统是这个分身的一部分，如图15-26所示。

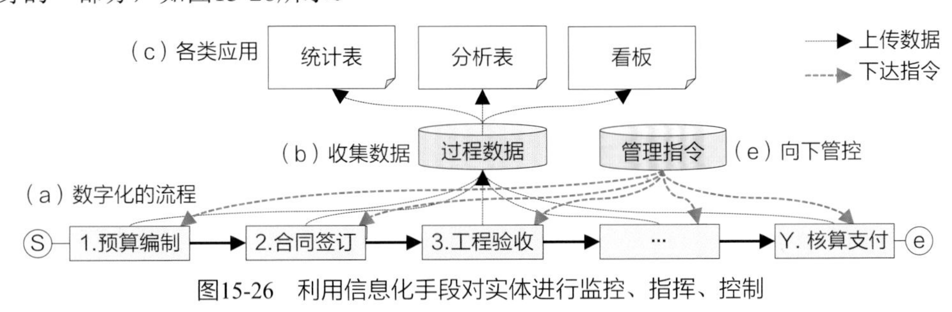

图15-26　利用信息化手段对实体进行监控、指挥、控制

实现了企业数字化后，在系统内同时实现向上的数据采集和向下的指挥管理，就不再有线上和线下的分工了。

【例】通过信息系统降低企业成本。

体验数字化企业除去收集数据做报表外，还可以在系统中进行企业管理的战略、措施落地，参见图15-27。

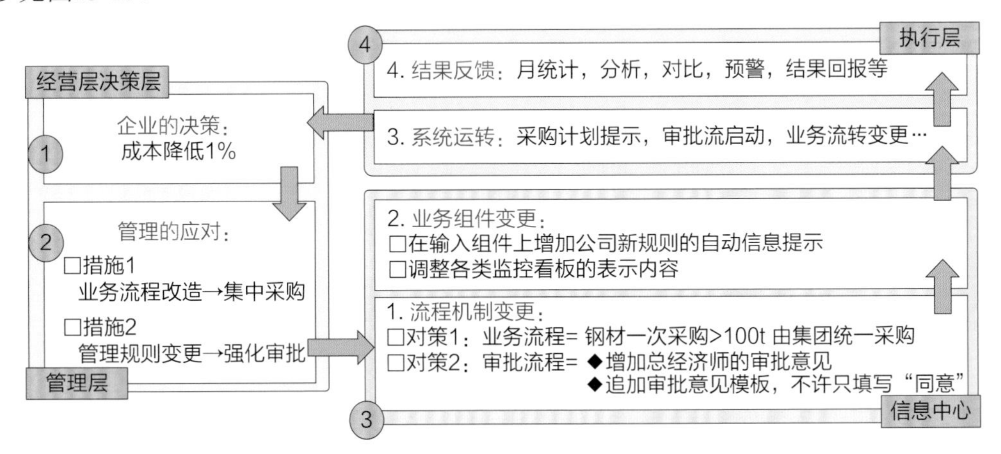

图15-27　企业的管理目标在系统中落地

① 经营层决策层：提出要在下一个年度借助信息化管理的手段，协助企业将成本降低1%，并且要在月报、季报及年度的统计资料中反映出来。

② 管理层：针对公司提出的任务目标，作为管理对策略，提出了两点措施：

措施1集中采购，措施2强化审批。

③ 信息中心：针对管理层的措施给出系统的调整对策。

④ 执行层：按照调整后的系统运行，并将系统的执行情况按照月度、季度和年度分析报表上报给相关部门，由经营层决策层及时监督、指导。

【参考】《大话软件工程——需求分析与软件设计》20.5节。

第16章 产品设计

完成了蓝岛建设的信息系统开发项目后，按照软件公司宏海科技董事长的要求，项目组转为产品组，将为蓝岛建设开发的**个性化信息系统**改造为可以**满足行业共性需求的标准产品**，因此下一步工作就是以蓝岛建设的信息系统为蓝本，进行标准化的产品改造。

本章的核心内容是启发从事产品开发的产品经理和软件工程师，为了实现随需应变的产品该如何思考、设计，理解标准产品与定制项目有哪些不同之处。

产品设计的输入信息参见图16-1。

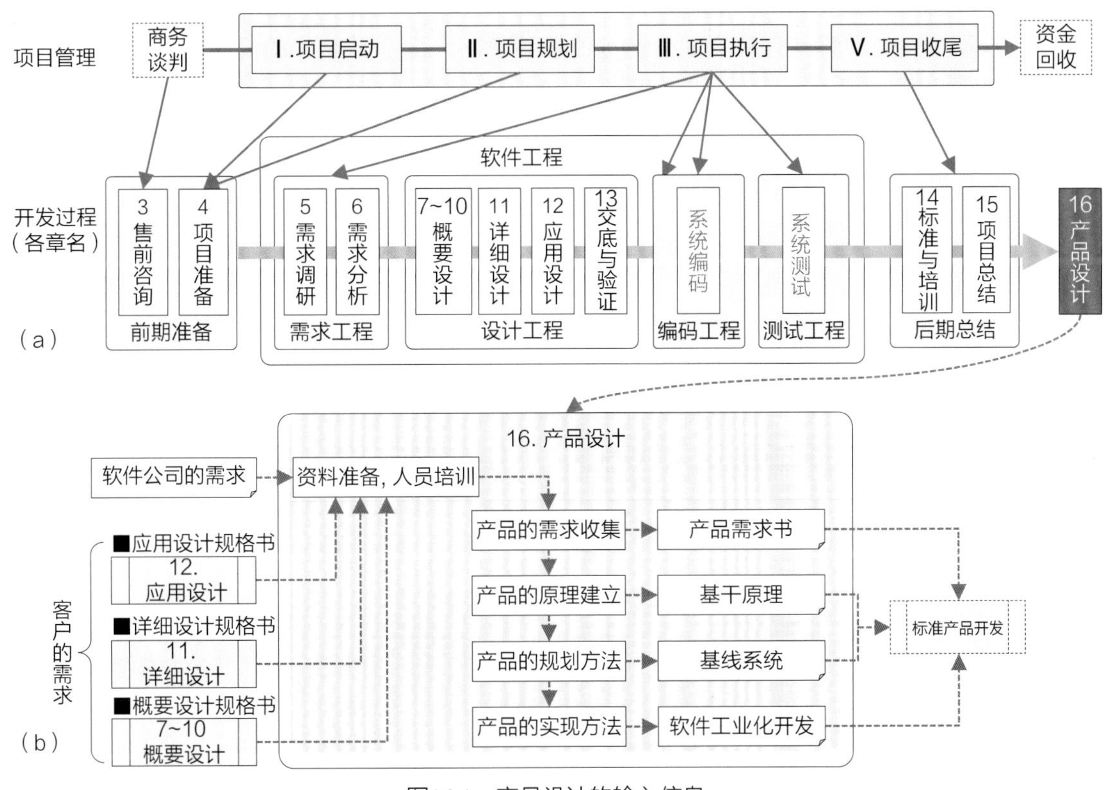

图16-1　产品设计的输入信息

16.1 准备知识

在进行产品设计前，首先要理解产品设计的目的和内容，需要哪些重要的理论和方法，以及从事这项工作的人需要有哪些基本能力。

16.1.1 目的与内容

1. 产品设计的目的

未来的标准产品必须要具有这样的特征，即要能够做到配置化的开发，用同一款产品最大限度地满足不同客户的需求，同时让产品具有可以快速响应客户需求变化的能力。由于不同的软件公司从事着不同的业务领域，采用的不同技术路线，可以达到这个目的的路径会有很多条，所以本章不讨论与某个具体业务相关的产品做法，而且将重点放在满足上述目的的标准产品该如何思考，特别是在研发这样的标准产品时，与业务人员（市场、咨询、需求、设计/架构）的工作有什么关系？为了满足标准产品的要求业务人员该做什么？满足要求的标准产品有什么特点？等等。期待通过本章的讲解能够给读者在产品设计上一些思路和启发。

在以下的说明中，如无特殊说明，“产品”同“标准产品”。

2. 产品设计的内容

由于本章重点是讲解具有应变能力产品的设计思路（而不是具体的产品详细设计），所以本章重点讲述以下4点内容。

（1）标准产品需求：解读标准产品需求，这个需求来自客户和软件公司两方面，特别是要重点关注软件公司方面的需求，因为区分“项目”和“产品”的本质，就是软件公司基于自己的销售模式提出来的一种分类方法。

（2）产品设计理论：探索符合上述需求的产品设计理论和方法，前面已经多次谈到过，客户与软件公司对同一款产品的需求是一对矛盾，如何化解这一对矛盾不是一个简单的问题，因此需要找到合适的理论和方法作基础。

（3）产品规划思路：基于找到的理论和方法，给出理想的标准产品的规划思路。

（4）产品实现方法：作为参考，最后再谈一下与标准产品匹配的实现方法，软件的实现方法属于技术范畴的内容，这里仅结合设计方面的理论和方法，讲一下软件实现的思路。

本章的关键词：应变、复用、软件工业化生产。

★**解读**：何谓软件的“标准产品”？

所谓“标准产品”，这个“标准”是从软件公司的视角来看的，软件公司认为在某个行业或某个业务领域内有一些系统功能是可以通用的，因此就把这部分功能整合在一起，形成一个基本上不需要更改、调整的固化系统，这个系统针对客户的某些特定业务处理需求，随时可以部署使用，减轻了软件公司的开发成本，提升了经济效益，同时也符合客户希望快速上线实施、短期内就可以使用的需求。

16.1.2 实施方法论

产品该如何设计，怎样的产品称得上是好产品，这肯定是所有从事产品设计的产品经理和软件工程师感兴趣的事，本章的实施方法论就针对产品设计重点谈两点看法。

（1）做好软件产品设计，要具有跨界思维。

（2）好的软件产品标准，要具有应变性。

1. 跨界思维

有一句俗语说：隔行如隔山，各行各业都有各自的专业知识。一般来说，非本行人就不懂本行的门道，例如，搞建筑的人不能指导种田的人，搞机械的人也不清楚做服装的特点。但是软件行业很特殊，它与所有的行业都有关系，每个行业要想做出好产品，规模做得更大，都离不开软件行业的支持。因此，要想做好各行各业的信息化建设，软件工程师就要具有一定的跨界知识、跨界思维的能力。

所谓“跨界思维”，就是多角度、多方位地看待问题和提出解决方案，它的特点是交叉、跨越。与跨界思维相对应是“行业思维”，它既是跨界思维的基础，也是跨界思维的障碍。不具有行业思维，就不可能理解行业问题，但只具有行业思维，就有可能看不清问题的本质。要想做到具有更广泛的视野和创新能力，必须跳出固化的行业思维，以更宽的视角、知识，去寻找问题的本质，然后进行解决。

这里要注意，所谓“隔行如隔山”是指不同行业“造物”的技术是不同的，但是“做事”的事理应该是相通的，所以，利用跨界思维从不同的视角去理解软件的开发过程，就容易避免行业思维带来的束缚。在软件行业中有个很好的例子，就是在软件教科书中常常会利用建筑设计的思路来比喻软件的架构设计。

谈到跨界，也可以分为两种：业内跨界和业外跨界。

1）业内跨界

从软件行业内部看跨界，如一阶段的业务人员，有着二阶段工作所需的知识和经验（技术架构、编码及测试等），或是二阶段的技术人员，掌握一阶段工作所需的知识和经验（业务知识、需求分析和设计等）。具有这样的知识和经验的人，在工作中就比较容易理解对方，并能提出一些基于两个不同阶段知识的建议，解决难题。虽然这个“界”跨的幅度不太大，但是效果也是明显的，有这种背景的人都懂。

2）业外跨界

从软件行业外部看跨界，这里指的就是不同的行业，如软件行业、建筑行业、化工行业、服装行业等，虽然各自制造的产品所需要的技术是完全不相关的，但是产品设计的思路、管理产品生产的过程等都有相似之处，而这些相似之处正是年轻的软件行业可以借鉴、学习的。例如，软件系统的架构、运行机理，与建造一栋房屋、制造一台机械设备的设计思路有很多相似之处，设计师都想让自己的产品（软件、建筑、设备等）实现模块化、构件化、自动加工、智能运行、按需组合等效果。软件工程师可以从其他行业设计师的思路和产品中获得非常有益的启发。

★Q&A：软件工程专业毕业的刘长焕问：“李老师，怎么才能做到跨界思维呢？”

培训中学员们经常会问，如何才能做到跨界思维，怎么才能从一个界“跨”到另外一个界？李老师回答说：“这首先要求你具有更多的好奇心和联想能力，接触更多的事务。也就是说，想要跨界，要在软件行业之外找到一个‘落脚点’，否则无法跨出软件行业的界，而站到另外一个界上。像李老师，原本是建筑设计师，项目组其他人有从事过财会工作的，也有做过施工工作的。这些人就可以站到他们原来的行业上‘看’软件行业的工作。当你跳出‘软件界’站到另外一个‘××界’上，并从“××界”的视角回头观看自己在软件行业所做的工作时，可能就会对原来自己认为是‘常识、非常识’的事有不同的看法，引发自己的新思考、新观点、新结论。

没有这样跨界工作经历的人该怎么办呢？深入观察日常周边的事情、生活上行为以及自己拓展的各种爱好等，也可以从中找出可以帮助识别、理解产品设计的灵感。”

2. 好产品的标准

谈到做产品，大家都想要做好的产品，但好产品的标准是什么呢？

不同的岗位、不同的经历，会有不同的定义，可能有强调业务功能全面的，也有强调技术实现水平高超的，在开发完成后交付系统时，如果系统的业务功能都是正确的（因为不正确客户就不验收了），且技术实现方面没有错误，性能、安全等也无问题（编码水平的高低客户是看不到的），客户大概率都是认可的。正常交付的软件产品都可以做到上述两点。

但是随着时间和空间的变化，上线后的系统需要进行改造、升级时，此时才能真正地显示出好产品的功底，此时要检验系统是否做到两点：随需应变和随时应变。

（1）随需应变：当需求发生变化时，系统可以在不大拆大改的前提下进行改动。

（2）随时应变：当需求发生变化时，可以快速地在短时间内完成需求改动。

从产品要满足长久使用的要求看，**具有“随需应变和随时应变”两种能力的产品就是好产品**。因为对客户的业务来说，“变是常态，不变是暂时的”，因此每个软件设计师都要树立这样的信念，具有长生命周期的系统，应变能力是第一重要的。

★**解读**：之所以说“能应变”是好产品，是因为信息系统是企业运行的基础建设，它是长期的投入，不可能如同家电产品一样经常更换，它是“人、软件、硬件”三者用流程、规则等经过不断地调整融合在一起的，这个融合体就像生命体一样需要不断地适应外界的变化。理论上说，除去交付的第一天产品是满足需求的（不满足客户就不验收了），在使用之后客户就会对产品持续地产生新需求，而且用的时间越长，需求就增加得越多。如果软件公司可以满足客户需求变化的要求，这个产品的生命周期就越长，从而可以不断地进化、成长。这个“进化、成长”的基础就是产品要做到“能应变”。

16.1.3　角色与能力

在产品设计过程中，核心的角色就是产品经理，产品经理与项目经理的最大区别就在于除去客户的需求外，软件公司的需求也是产品设计的重要依据，一款产品型软件的优劣取决于产品经理的能力（要掌握业务需求、市场需求、功能需求等），以及对产品的选型、规划架构等方面的判断。

【参考】关于产品经理的定义，参考2.4.2节。

16.1.4　作业方法的培训

培训资料来自《大话软件工程——需求分析与软件设计》一书，培训内容如下。

（1）第2章　分离原理

- 理解分离原理的定义。
- 掌握业务和管理的分离在需求调研中的做法，提升调研的效率、质量。

（2）第15章　应用设计的概念

- 基干原理的概念。
- 机制的功能与作用。
- 系统的构成。

（3）第16章　架构的应用设计

- 复用与应变能力。
- 基线系统的概念、架构。
- 流程机制的概念、设计原理。

（4）第17章　功能的应用设计

- 组件的概念、构成、设计方法。
- 业务处理（界面）、管理处理（按钮）。

（5）第18章　管理设计

- 管理的概念、架构。
- 管理实现机制。

16.2　产品的需求

标准产品的需求来自两方面，一是客户的需求（主要是业务处理的需求），二是软件公司的需求（主要是销售模式的需求）。下面分别讲解这两类需求。

16.2.1　客户的需求

来自客户方面的需求可以分为两类：一类是客户的业务需求，也就是常说的客户需求，这些需求指的是解决客户业务和管理上的问题。另一类是客户希望系统能够快速响应需求的变化，解决客户对系统的维护、改造、升级的需求，最好能做到随需应变、随时应变。

由于本次要开发的标准产品是以蓝岛建设的信息系统为参考，所以必须要了解这个信息系统的需求。以需求调研时客户高管提出的需求为参考，从战略和战术两个层面来看客户的需求，下面将需求调研的资料转述如下。

（1）从公司管理角度对信息系统的需求（战略层面）。

- 快速反应提升竞争力。
- 完善风险管控力。
- 消除壁垒强化沟通。
- 系统要能随需应变。

（2）从项目管理角度对信息系统的需求（战术层面）。

- 以项目策划为纲领。
- 以进度计划为抓手。
- 以成本达标为中心。
- 以风险控制为保障。

分析一下客户的需求，可以发现，战略层面的需求是要求信息系统能够做到“应变”，因为不论是竞争力、风险管控等都不是一成不变的，而是随着外界的变化而变化的。战术层面的需求非常专业，那么产品在不同的公司就需要符合不同公司的专业要求，这其实也间接地提出了对系统的应变能力的要求。

16.2.2 软件公司的需求

软件公司方面的需求主要以售前咨询阶段软件公司董事长提出的要求为参考，现将他提出的两个要求转述如下。

（1）对客户所在的行业来说，这个系统的内容具有非常高的通用性，所以在项目开发完成后，要将其**改造为行业的标准产品**，以方便在行业内向其他客户进行快速的推广。

（2）这个项目要做成公司的标杆项目，从需求调研开始直至交付为止，全过程都要**采用标准化的软件工程和项目管理**，解决以往项目开发凭经验的方式，以提升公司产品开发的质量、工作效率和经济效益。

其中，对（2）的要求已经在蓝岛建设的信息系统开发过程中实现了，并在第15章讲解了如何规范化地建立文档库和设计管理系统。

对（1）的要求“改造为行业的标准产品”则是接下来产品组要完成的工作。下面讲解如何开发一款具有应变能力的标准产品，针对这样的产品该如何思考、如何设计。

为了理解软件公司方面的需求，先看一下传统与理想的产品设计理念的区别：穷尽法（传统）和按需组合法（理想）。

1. 传统标准产品的设计思路——穷尽法

假定为A客户构建了一个信息系统，此后以这个信息系统为基础形成了一个标准产品，这个产品称为A，如图16-2（a）所示。

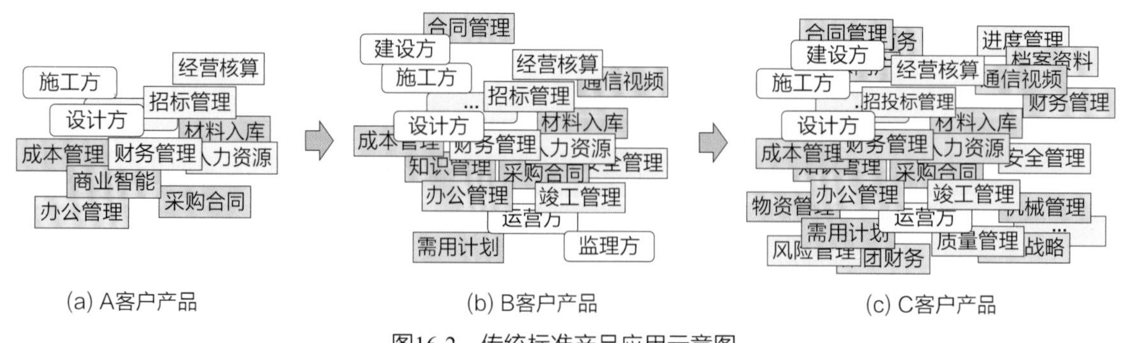

图16-2 传统标准产品应用示意图

可以看出，随着后面的B客户、C客户的增加，每个客户都有自己的个性化需要，传统的产品开发方式是用“加法”来应对的，即在A客户系统的基础上增加B客户的新需求，在B客户系统上又增加了C客户的新需求，以此类推。由于只能增加新功能而不能去掉不需要的功能，这就造成了系统从A到C越来越“胖”，变“胖”的系统运行速度就会变得越来越慢，每次需求变更也会提升系统的复杂度，使得系统的维护工作越来越难。

这种为应对新需求而一味地在既有系统上做加法的方法，可以称为“穷尽法”，但最终的结果是无法穷尽所有的客户需求，而是让系统的新需求数量变成了“无穷无尽”。

2. 理想标准产品的设计思路——按需组合

针对客户和软件公司两方面的需求，对新型标准产品的要求是要同时满足客户与软件公司的需求，新型标准产品不能是一款固化了的系统（不能只用“加法”追加新的功能）。

软件公司期望新标准的产品系统可以做成一个构件库，可以根据不同的客户需求，从构件库中拿出所需的构件进行个性化组合，没有的构件可以新开发，不需要的构件放回到构件库中。通过组合后的系统没有不需要的冗余构件，不会出现系统复用的次数越多，系统中无用构件就越多的现象。

这种方式在应对新客户提出的新需求时响应速度快、维护成本低，且永远都不存在系统变臃肿的现象，参见图16-3。设置了构件库后，功能需要数量多的B客户系统就大，而功能需要数量少的C客户系统就小。

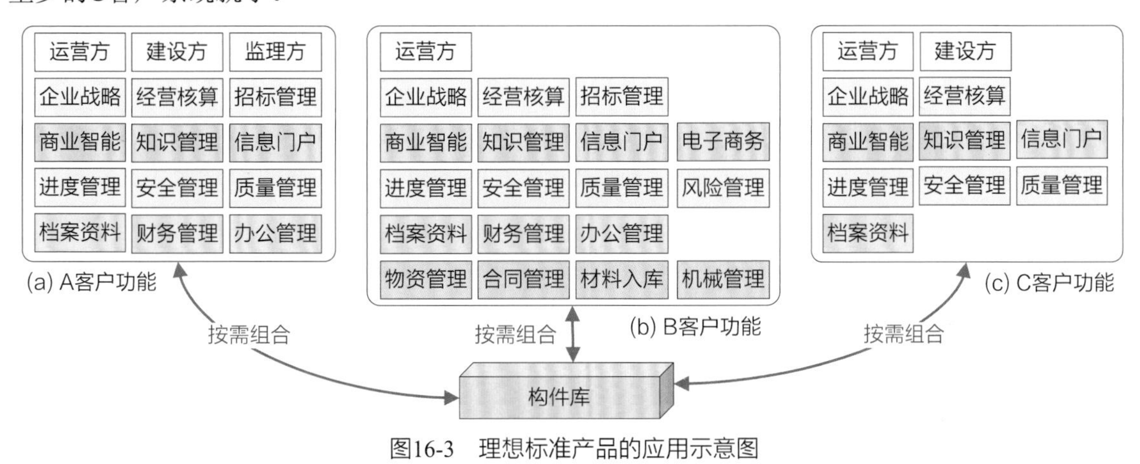

图16-3 理想标准产品的应用示意图

16.2.3 标准产品的需求

客户的需求搞清楚了（主要是业务和管理、响应速度等），软件公司的需求也搞清楚了（主要是用有限的功能，快速地支持客户无限多的需求）。下面就来看一下基于客户和软件公司的需求该如何定义标准产品的需求。

客户对业务和管理方面的需求已在前面定制系统的开发过程中进行了充分的讲解，此处就省略了。这里重点从软件公司的角度考虑，“销售～上线”全过程对标准产品的需求。以下从6方面给出标准产品需求的参考思路，行业的标准产品要做到以下几点（不限于此）。

（1）应变性能：要具有很强的应对需求变化的能力。

（2）客户分类：要满足同一领域的不同类型的客户需求。

（3）销售模式：要满足软件公司自身的灵活销售模式。

（4）产品实施：产品要能够快速地上线、培训、使用。

（5）售后服务：产品售后要能够提供远程服务和快速的功能追加服务等。

（6）收益方式：要为软件公司带来不同的收益方式。

以上6方面的需求主要是与销售人员、一阶段业务人员的工作相关的。下面分别对这6个需求做详细的说明。

1. 应变性能

产品必须要具有快速响应需求变化的能力，这是客户与软件公司双方的共同需求。

该如何实现产品的应变能力，为此软件公司内部针对标准产品的研发进行了多轮的讨论，归纳了标准产品要达成的3个主要目标。

（1）随需应变：在客户与软件公司双方的需求中，做到随需应变是对标准产品的核心要求，实现了这一目标，对客户来说可以快速地响应需求的变化，对软件公司来说可以应对不同客户的个性化需求。

（2）产品复用：产品复用是提升开发效率的最有效方法，是否能复用取决于产品的设计水平，利用完成产品的复用内容包括文档方面（架构图、4件套等）、软件方面（控件级、模块级、子系统级等）。

（3）快速开发：软件的实现采用配置化的方法（低代码、零代码等），大幅减少低阶、重复的简单编码工作量，不但可以减少编码时间，而且还可以减少测试工作量，进而提升产品的质量。

在上述3个主要目标中，（1）是产品要实现的最终目的（带来客户价值和软件公司价值）；（2）是设计层面的要求（主要是对业务人员）；（3）是技术层面的要求（主要是对技术人员）。

其中，（2）和（3）是达成（1）的保证措施，说明产品要同时实现客户与软件公司的价值，必须由业务人员和技术人员双方的努力才能达成，高水平的设计应该做到**业务可以变，但是系统不会变，可以用系统的不变应对业务的变化**，最终达到：

- 软件公司：做到“以不变应万变”，即“以一个不变的灵活产品”应对“客户的万变需求”（回避客户在管理上的个性化需求是不可能的）。
- 客户：用购买“解决方案”的形式，得到一个满足自己个性化需求的系统，而不必考虑购买的是“个性化的定制系统”还是“标准化的标准产品”。

2. 客户分类

建立不同类型客户的特征信息库，分别列出他们的特征、关注点，以及在标准产品及解决方案中的注意事项，例如，

（1）从性质上分：国有企业、私有企业、集体企业等。

（2）从规模上分：总承包商、分包商等。

（3）从行业上分：民用建筑、工业建筑、市政建设、园林等。

（4）从需求上分：

- 为提高管理水平，要求导入先进管理系统的企业（主动型，为强化管理）。
- 因相关的政策要求而导入信息系统的企业（被动型，为获得信息化资质）。
- 因管理不善、常年赤字，经营者强烈要求改善的企业（主动型，为改善效益），等等。

3. 销售模式

产品和项目的差异本质上是软件公司的销售模式决定的，所以销售模式是产品设计的重要需求来源。产品设计和项目设计的最大区别在于：产品设计除去要考虑业务功能外，还要考虑软件公司销售模式的需求，解决产品随需应变的问题，软件公司的销售模式就可以做到：从销售工具型软件，遵循“以产品找客户，以产品定需求”的营销模式，改变为提供综合解决方案，遵循“你有什么问题，我可以帮你解决”的营销模式。

如果在软件层面解决了上述问题，那么可以再提升一步，做到软件公司首先是“企业管理的咨询顾问”，然后是“IT的服务集成商”，最后才是“软件的供应商”。通过这样的分析，就将标准产品的需求收敛到满足软件公司的“销售方式”上面了。软件公司之所以要做标准产品，其目的主要就是为了易于销售，做到投入最小、收益最大。

下面就从销售角度来看一下对标准产品有哪些具体的需求，由于本书设置的案例是建筑行业的信息系统，因此下面的需求也以软件公司和建筑行业为主（不限于此，仅供参考）。

在标准产品的规划阶段，根据将来可以预见的销售模式预先制作各类业务模块，根据客户需求可以分为3类，按照规模的顺序为大→中→小。

1）整体解决方案（大）

为客户提出企业信息化的一揽子解决方案，包括建立企业的标准化（流程、功能）、开发信息系统（核心业务、OA、门户、通信等）、建立数据中心（数据标准、数据共享）以及相应的硬件等。客户群为中、大型企业等。

2）核心业务解决方案（中）

客户的信息门户、OA等辅助用系统已存在，需要软件公司完成的是客户核心业务的处理部分，以软件为主（成本管理、采购管理、物流管理等），可能有一部分硬件，系统可以独立运行。客户群为中、大型企业等。

3）工具包型方案（小）

与上述两种方案不同，此方案提供给客户所需的一些专用业务处理模块，但是模块之间没有严格的流程与管控关系，客户可以无序地调用各业务模块进行数据的输入、展示等，如合同单录入、入库单录入等。客户群为小型企业、分包商等。

★**解读**：看到“整体解决方案”，可能有的读者会产生误解，将“整体解决方案”和要做一个“大而全的固化产品”联想到一起。这两个不是一个概念。

业务功能的大而全提案，与系统采用何种架构和技术实现方法无关，针对同样的业务需求，系统的实现可以采用两种方式。

- 用编写代码的方式，将业务功能固化成一体（系统不具有应变性能）。
- 可以采用构件的方式，按需进行功能组合（系统具有应变性能）。

4. 产品实施

如何用最短的周期地进行产品上线实施，除了对实施人员从技巧培训和经验传授上多做工作外，还需要在产品的设计上多下功夫，这也是标准产品的重要需求，因为这关系到产品的成本，如果实施周期过长，且需要高等级的专业人员支持，就失去了标准产品的价值。

1）全程实施

由软件公司的实施人员从数据库建立开始，一直到全系统正常运转为止，全程服务（高成本、大型客户、业务需要客户化的部分较多等）。

2）辅助实施

首先培训由客户直属人员组成的“指导班”，上线时以客户指导班人员为主，软件公司的实施人员为辅（中成本、客户业务比较标准等）。

3）部分实施

软件公司在系统构筑完成后，只进行部分实施，然后全部由客户自己推进其余部分的实施（低成本，多为小型客户等）。

另外，在开发设计时就应该研究实施的方法、步骤，例如，

- 客户企业的基础数据如何标准化。
- 客户企业的业务流程如何梳理并标准化。
- 新系统与既存系统之间的数据关系如何建立。
- 线下的数据如何导入新系统中，等等。

5. 售后服务

产品销售策略中，初期导入系统时的收入只是一部分，另外的收入在售后的长期服务中获得，服务形式主要有两类。

1）远程服务方式

（1）可以为客户提供在线咨询、答疑。

（2）系统监控，将系统的问题自动传送给软件公司售后服务部门（这就要求在系统设计时必须建立对系统问题的归类、识别码、送信等监督机制）。

2）模块的升级

随着客户业务需求的变化，可以为客户提供模块级的升级、改造等。

6. 收益方法

对于软件公司来说，如何利用标准产品的特点扩大收益，是非常重要的需求。通过构筑“平台式”的产品链，研究标准产品全生命周期上各阶段的价值点、设想的收益和收益方式。

1）售前的收益

针对客户的经营管理、工作效率、企业竞争力、信息系统等问题提供专题讨论以及顾问型咨询，为客户提出解决方案。培训客户企业的员工，为企业构建信息系统以及信息系统上线后的工作培养信息化骨干。为信息中心掌握企业信息化的主动权进行赋能，包括培训客户信息中心，传授建设信息系统所需的知识等。

2）售中的收益

（1）软件公司产品的一次性销售。

（2）整体解决方案的附加产值（实施收益）。

- 与其他公司产品的集成。
- 客户的特殊需求（非核心业务等）。
- 解决方案产品的分期付款（系统出租）。
- 为客户建立基础数据库（如企业定额库、材料库等）。

3）售后的收益

（1）客户系统的整体委托维护费（软件+硬件全部交给软件公司）。

（2）系统运行后客户对功能的追加，如界面、票据、控制点等（客户要求）。

（3）定期回访客户，根据客户的使用问题向客户推荐新的业务处理模块（软件公司提案）。

（4）向购买软件公司系统客户的分公司和关联公司进行渗透（附加值）。

★**解读**：这里谈到的“售前、售中、售后”，通常指的是“销售软件”，但实际上作为一个可以提供综合解决方案的软件公司，“销售”的并不一定都是“软件”，还应该包括培训、讲座、设计、咨询等一系列比软件更“软”的服务。

4）协作的收益

- 提供有偿的在线咨询，例如，建立应答中心或按小时收取服务费。
- 开发有偿的综合能力提高型培训（围绕核心业务，举办高级管理班和不同类型的应用班）。
- 培植代理商（代理实施销售）和第三方开发协作商（围绕软件公司平台的功能软件开发）等。
- 开办基于软件公司平台的开发人员培训班。
- 为客户提供电子商务服务（服务费、发布信息、联系业务等附加值）等。

在前面的项目开发案例中讲解了客户对业务功能方面的需求（成本、物资、风险等），本章讲解了软件公司方面的需求（这里主要讲解了销售模式方面的需求，当然还可以加入其他方面的需求），下面就具体讲解如何设计产品才能满足客户与软件公司双方的需求。

★**解读**：产品经理和需求工程师的区别。

由于采用“产品”形态的软件是软件公司降低开发和销售成本、提升工作效率和效益的重要方法，因此产品经理在规划产品时，不但要确认客户在功能方面的需求，而且为了可以重复销售，还要考虑商业模式（=软件公司如何赚钱的方式）的问题，这就涉及市场、销售、运营、周期等一系列通常需求工程师不需要考虑的特殊需求。也就是说，

- 在“客户的需求和价值”方面，产品经理与需求工程师的思考基本上是相似的。
- 在“软件公司的需求和价值”方面，产品经理思考得要远多于一般的需求工程师。

对于具体的需求获取和分析，产品经理和需求工程师的做法也有着比较明显的区别（不限于此），一般来说，

- 定制系统的需求大多来源于需求工程师在客户现场的调研。
- 标准产品的需求，很多情况是在软件公司既有系统之上进行整理、抽提、升级而来的（如本章案例），而不是直接来源于客户调研现场。

由于产品经理要考虑客户和软件公司双方的需求和价值，所以产品的许多需求是产品经理“设计出来的”。

16.3 产品的原理

16.2节重点介绍了从客户和软件公司双方视角的产品需求。本节从系统构成的本质上看具有应变能力产品的实现思路，本节要用到应用设计的知识。

从客户和软件公司双方的需求看，关键词是“变”，满足了“变”的需求就可以同时满足双方的主要需求，显然基于传统设计思路“穷尽法”开发出来的标准产品是无法满足“变”的需求的，这就要求设计师去寻找新的产品设计思路。

16.3.1 设计思路

如何做才能让产品实现可“变”，而“变”又是个什么概念呢？对于尚不了解的研究对象，还是参考第8章，先用具象比喻的方式表达对标准产品的设计思路。

【例1】用开药的例子进行说明。中药和西药的治病方式是不同的，而且开药的方式也不同，中药和西药二者有以下的明显区别，参见图16-4。

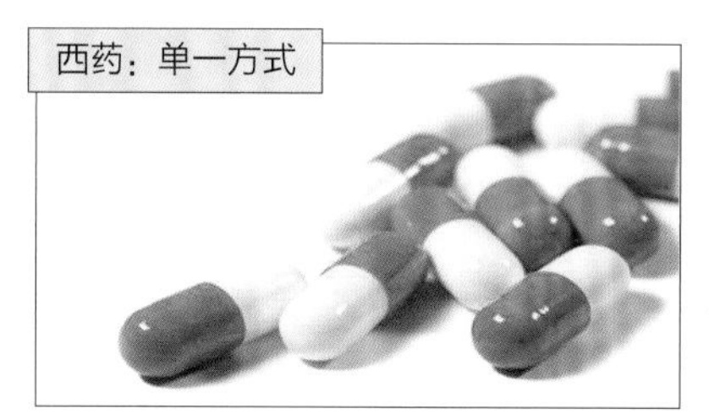

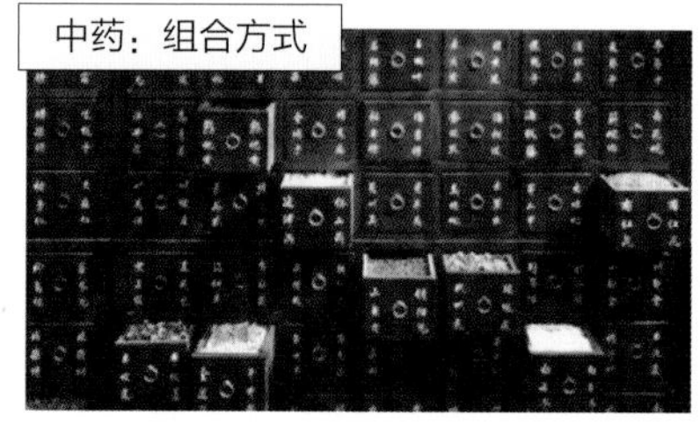

图16-4 中药和西药的方式不同

（1）西药——单一方式：一种药的成分是固定的，可以治疗的病症也是特定的。如果需要治疗不同类型的疾病，就需要开多种的特定药。

对比“标准产品”也是一个道理，客户要想使用标准产品，就要在使用条件、环境等方面与标准产品的要求一致，如果有一些不同之处，则需要客户改变自己的习惯，尽量贴近软件公司标准产品的规格要求。

（2）中药——组合方式：有若干不同种类的基本药材，通过组合这些药材可以治疗不同的疾病。对比软件，将客户的需求按照业务、管理进行拆分，做出不同的构件，用构件组成模块，再用模块组成可以满足客户个性化需求的系统。

【例2】利用图像为例子来说明我们想要一个什么样的产品设计效果，图16-5给出了一个解耦的例子，通过解耦实现按需增减，自由组合。

（1）紧耦合：图16-5（a）所示是要素之间“紧耦合”的形式，这些业务功能之间的关系如同连环套，环环相扣，从而使得对任何一部分的变动都会造成牵一发而动全身的问题。

（2）松耦合：如图16-5（b）所示，要素之间是“松耦合”的关联形式（用曲别针进行关联），可以根据需要增加或拆除要素，但是系统不会受影响。

可以看出，这里的关键就是图16-5（c）所示的“曲别针”，满足应变要求的“曲别针”应该是什么样子？如何实现“曲别针”的功能？下面主要讲解如何寻找“曲别针”。

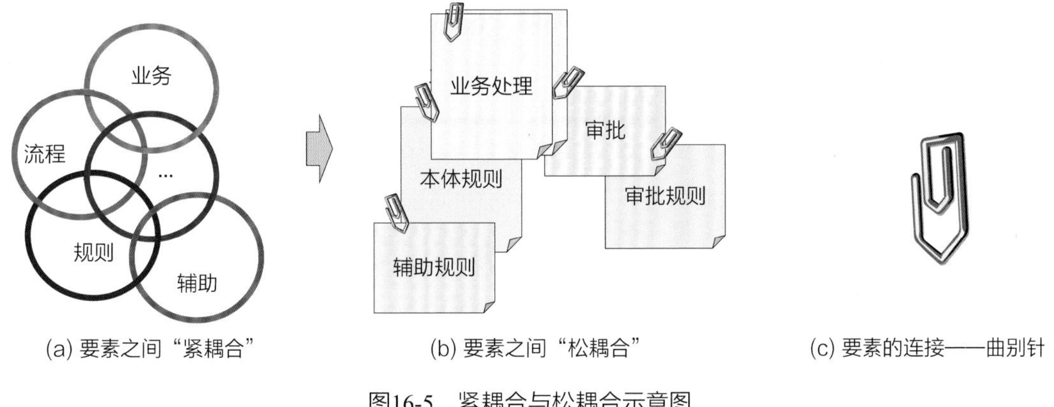

(a) 要素之间“紧耦合”　　(b) 要素之间“松耦合”　　(c) 要素的连接——曲别针

图16-5　紧耦合与松耦合示意图

16.3.2　基干原理

下面就来讲解怎么找到“曲别针”？它的工作原理是什么？从软件需求的归集、设计过程中总结规律，形成一个可以表达曲别针的模型。实现这个模型分为以下3步。

（1）业务要素的抽提。

（2）系统要素的抽提。

（3）建立系统模型（曲别针）。

1. 业务要素的抽提

要建立一个产品设计的系统模型，首先要从业务层面去寻找构成模型的要素，经过多次抽取获得一个基础的业务要素模型，然后再将其转换为系统模型。

1）现实业务的分析

已经知道了明确的业务需求（已在前面的项目开发案例中确定），业务需求的种类繁多（一个蓝岛建设就有如此多，整个建筑行业会产生更多的需求），如图16-6所示，图中的方块表达了为满足客户需求而需要开发的业务功能。

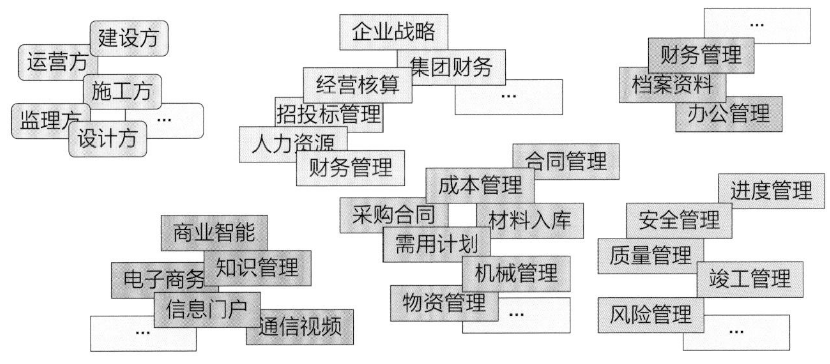

图16-6　现实的业务种类非常多

这些业务功能通常是按照业务的划分进行收集、整理的，企业的数量越多，业务功能的种类也就越多。

2）抽提方法的选择

抽提需求中的元素，然后建立通用模型来支持分析设计，如何抽提出适合于用计算机手法构筑的管理系统“元素”呢？**要遵循的抽提原则是：抽提的元素数量最少，覆盖的面最广，且用这些元素架构的系统最稳定**。

通常在研发标准产品时，最常见的需求梳理方法就是利用“穷尽法”，参见图16-2所示的例子。这种方式是用一个大而全的产品涵盖全部客户的业务，缺点是系统越用越庞大。因此，需要寻找一个从事物的本质入手，符合前面所说的抽提原则，能够建立起事半功倍的体系。

3）模型的第1次抽取

从图16-6可以看出，从业务视角看到的所有业务功能都是不一样的，但是利用分离原理的概念，从业务处理的形式看都是一样的，将图16-6中各类功能的业务属性去掉，没有了业务属性后可以把这些功能暂时看成不同的黑盒，第1次模型抽取的关键是：先做到**模型与“业务无关”**。这样去掉了业务属性后，要素的种类将会非常有限，如图16-7所示。

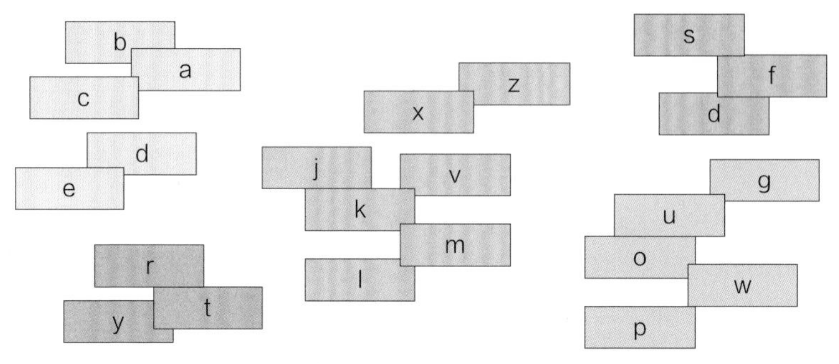

图16-7　去除要素中的业务属性示意图

在《大话软件工程——需求分析与软件设计》中讲过，从功能界面的设计角度看，业务处理内容都是相似的（不论是财务、成本还是其他内容）。只有建立的模型与业务无关，才能让模型具有更广泛的代表性，依据这个模型得出的结果才能应用到各业务的处理场景中。

4）模型的第2次抽取

去掉业务属性后，所有业务功能的外部都是一样的，如此一来问题就变得简单了，需要解决的问题就简化成两件事，参见图16-8。

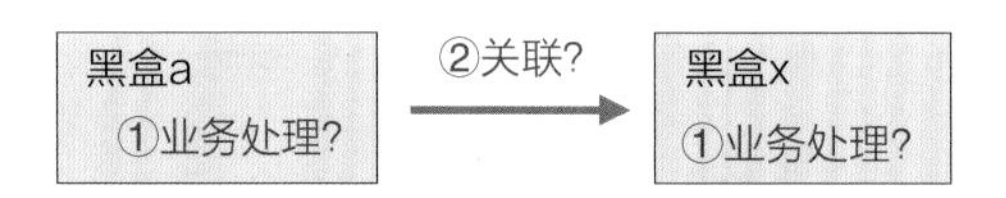

图16-8　去掉业务属性，成为黑盒

① 黑盒a、黑盒x各自内部的业务如何处理？

② 黑盒a如何向黑盒x流转（假定两者是流程上的相邻节点）？

为了抽提出有共性的元素，此处要注意：

- 在考虑黑盒a里面的业务时，不考虑它与外面的关系，即不考虑a与b的关联。
- 在考虑黑盒a与外面的关系时（a和b的关联），不考虑黑盒a里面的业务。

5）模型的第3次抽取

把前述结果再进一步进行归集、细化，将待解决的两个问题的形式变为如下内容，如图16-9所示。

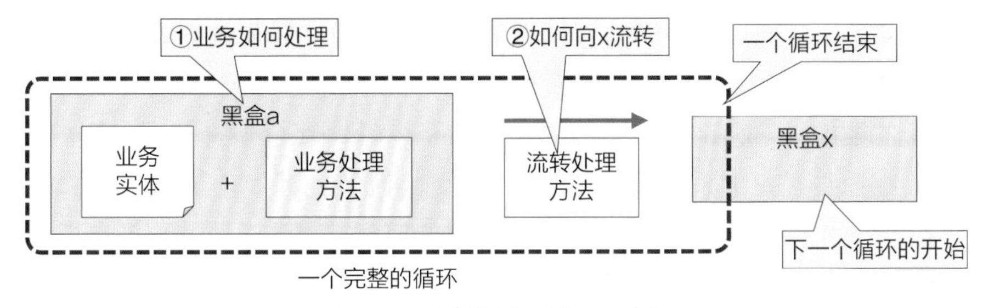

图16-9　最小的循环单元示意图

① 第1件事：黑盒a内部的业务如何处理？

每个黑盒内部包含两项内容：一是待处理的业务实体（报销、合同等的格式），二是对该实体的业务处理方法。

② 第2件事：黑盒a的业务处理完，如何推动它向黑盒x流转？

一旦黑盒a处理完，通过流转的方式将信息传递到黑盒x，那么一个完整的循环就结束了。此后黑盒x再重复这个循环：处理完内部的业务后，向后面的“黑盒x+1”流转。可以设想不论系统中有多少个黑盒，都是在**周而复始地进行着简单循环：内部处理→向后流转**。

6）模型的第4次抽取

下面更具体地讲解“内部处理”和“向后流转”的方法。

① 黑盒内的处理：以处理“业务实体”的内容为核心，研究如何完成这个实体内的工作，包括界面布局、字段定义、业务逻辑、数据逻辑、管理规则等。从界面设计的4件套模板可知，不管“实体”内处理的是什么样的业务（财务、报销、物流等），其设计和表达的方式都是一样的，参见图16-10。

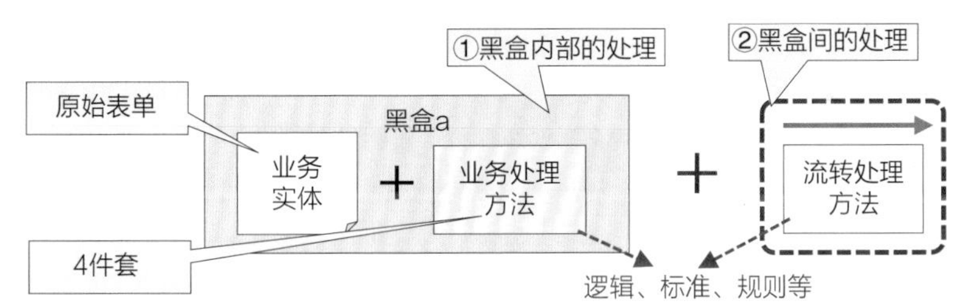

图16-10　归集模型的要素

② 黑盒间的处理：黑盒之间的关系主要是解释如何制定前一个业务与后一个业务之间的“业务流转”的规则，例如什么是业务的完成，业务完成了如何通知下一个黑盒，等等。黑盒里面的“业务处理方法”和黑盒之间的“流转处理方法”都属于标准、逻辑、规则之类的内容。

可以将图16-10的模型进一步简化为图16-11。要处理的两件事的形式改为：

① 处理一个黑盒内的业务。

② 处理到下一个黑盒前的流转。

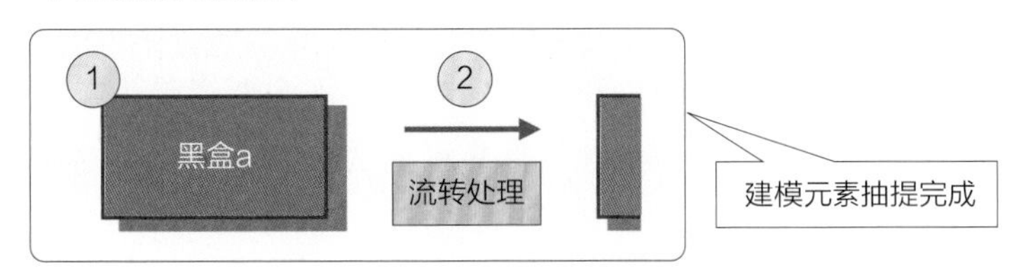

图16-11　模型简化示意图

以上工作完成了业务抽提、建模的过程，至此完成的内容属于业务要素和业务建模，还不是系统的要素，下面进一步将上述内容转换为系统的要素，进行系统建模。

2. 系统要素的抽提

前面已经从业务要素找出系统要实现的是“黑盒+流转处理”，下面的工作就是要从系统元素入手，寻找一个用系统元素（=系统语言）构建的模型，用这个系统模型来模拟（代替）上述转换过程中的业务元素，参见图16-12。

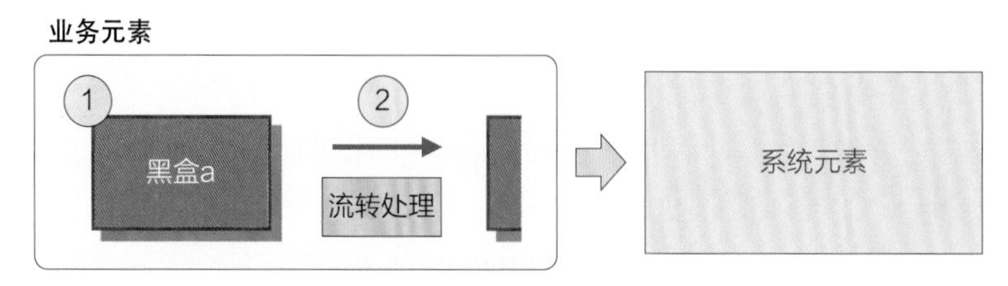

图16-12 确定构成系统的元素

在应用设计中已经讲过，业务功能在系统中对应的是“组件”，按应用设计的思路和做法，用“组件”代替“黑盒”，在系统中一个组件流转到另一个组件的驱动力是流程，流程包括业务流程和审批流程两种。初步给出的系统模型如图16-13所示。

这个模型有如下含义。

① 组件1完成了内部的业务处理。

② 组件1要通过审批流程来判断其内部处理的数据是否正确。

③ 对业务流程的分歧进行判断，确定组件1完成后是流转到组件2还是组件3。

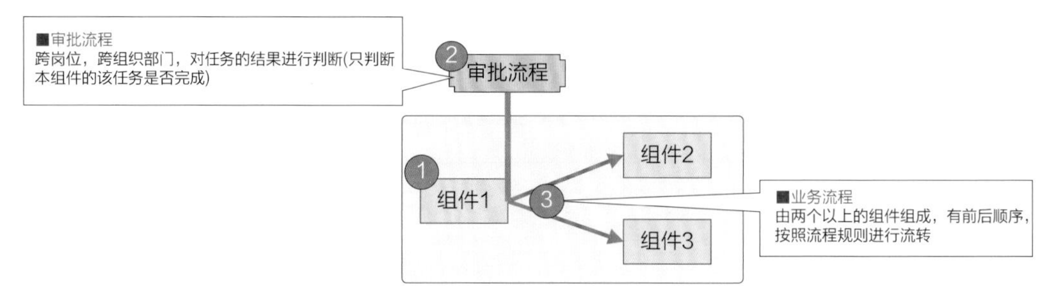

图16-13 系统的初步模型

这样就建立了一个系统运行的初步模型。

【参考】《大话软件工程——需求分析与软件设计》第17章。

3. 建立系统模型

1）抽提系统模型

根据系统设计的经验，在图16-13模型的3个要素以外再加上一个要素“数控中心”，就形成了如图16-14所示的模型，这个模型称为**系统模型**，用于揭示软件的运行规律。

模型中包含4个要素，即A业务组件、B数控中心、C审批流程、D业务流程。系统模型与业务模型相比，增加了两个要素：审批流程和数控中心，这两个要素是为了完成业务组件内部的工作而设置的，但是由于它们与外部的其他组件有紧密的互动，所以将这两个要素暴露到业务组件的外面。4个要素的说明如下。

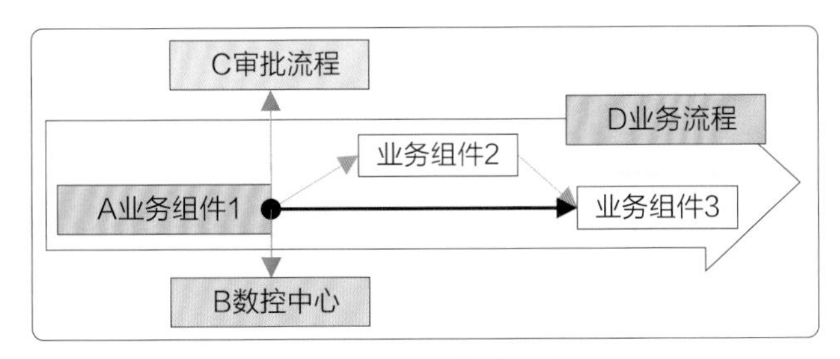

图16-14　系统模型示意图

（1）A业务组件：A代表组件，组件是业务处理功能的载体（界面），其内部包含业务和管理两部分。

- 业务处理：用于处理业务数据，包括数据的输入、展示等。
- 管理控制：承载企业相关的规章制度和管理规则等。

（2）B数控中心：B代表组件内部与外部组件的交互接口。如果业务组件1中处理的内容需要与外部发生互动（参考数据、问询管理规则等），需要借助数控中心进行交互（为避免违反松耦合设计的原则，组件之间不能直接发生相连）。如需要外部的数据、规则的参与，或与外部标准相对比是否有超标的现象等，如有则会发出警告。

数控中心确保了每个业务组件的内容是高内聚、与外部关联是松耦合的。

（3）C审批流程：C代表审批流程的判断和处理。当业务组件1处理完内部的业务后，启动申请上级的审批流程（属管理内容），如需要审批，则进入审批流程中，如不需要则业务组件1的工作结束。

（4）D业务流程：D代表业务流程的判断和处理。当业务组件1通过审批后，进入业务流程的判断，根据预先设定的流程判断条件，判断业务组件1是流向组件2还是组件3。

这个模型说明了这样一个道理：**不论处理什么业务，也不论有多少种业务组件，所有的组件都是重复A、B、C、D的循环，通过这个循环，可以完成所有业务的处理。换句话说，只要能够做出这个模型所代表的机制，任何业务处理形式都是一样的（包括财务、采购等）**。

2）基干原理：组件+机制

再来观察图16-14的特点，除去A业务组件是处理业务数据的，其他的3个要素（B数控中心、C审批流程、D业务流程）并不是直接用来处理业务数据，而是为A业务组件的完成提供某种支持服务的“机制”，如外部数据交互、流程判断等，参见图16-15。

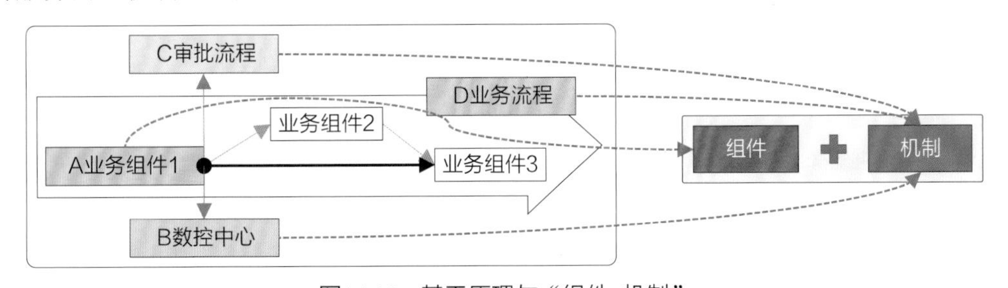

图16-15　基干原理与“组件+机制”

因此可以提出这样的设想，任何系统都是由“组件+机制”构成的，或者说用“组件+机制”可以进行任何系统的架构，这里**将“组件+机制”称为基干原理**。基干原理提出了快速响应需求变化产品架构的共同点：任何软件都可以拆分为“组件”与“机制”两类元素。

（1）组件：用于处理任何业务，如销售、成本、采购、物流、报销等。

（2）机制：用于处理组件之间的关系，如流程、预警、通知、数据交互等。

3）基干原理与组合原理的关系

在业务设计中，业务架构的设计遵循“组合原理”的要求。在产品设计中，系统架构的设计要符合“基干原理”的要求。构成产品架构的要素与业务架构中的要素不同。两者的对应关系如图16-16所示。

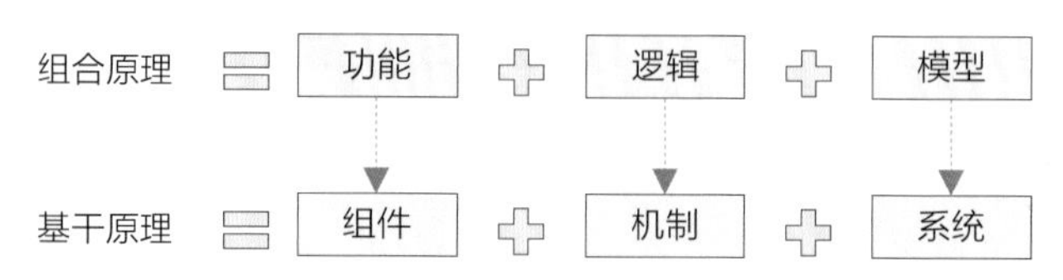

图16-16　组合原理与基干原理的对应关系

（1）组合原理：三元素=功能、逻辑、模型，表达的是业务的功能、业务逻辑和模型（将要素和逻辑整合在一起的形式）。

（2）基干原理：三元素=组件、机制、系统，表达的是系统的要素、运行机理和系统（将图16-15中的A、B、C、D整合在一起的形式）。

在系统设计时要将业务元素（要素、逻辑、模型）换成系统元素（组件、机制、系统），基干原理是组合原理在应用设计阶段的不同表达形式。

结论：所有系统的运行都是由基干原理三元素按照基干模型给出的规律进行反复的循环，这样就找到了系统中业务的运行机理。业务的内容、架构的形态可以有无数种，但是在系统中的运行机理都是一样的，即组件+机制。

这里“基干”的“基”意为基础，“干”意为骨干。

【参考】《大话软件工程——需求分析与软件设计》第3章和15.2节。

16.3.3　组件+机制的应用

1. 对机制的扩展定义

基干原理的基本概念有了，这个概念的核心是**将稳定的内容和易变的内容分离开，不易变化的内容归集到组件**中，**易变的内容归集到机制**中。在产品的设计和实现时，将易变的功能做成可配置的，如通过改动参数适应需求变化，这样就达到了产品的应变效果。再来具体地观察组件和机制各自的特点。

1）组件

组件用于处理业务方面的内容，业务是相对稳定的，不会经常变动。在分离原理中谈到过，业务变化多是生产技术变化带来的，在实际中生产技术是不会经常变化的。

2）机制

机制用于处理管理方面的内容，管理是不稳定的，是造成系统需求频繁变化的主要原因。因此可以用调整规则参数的方式应对管理规则的变化，继而实现产品随需应变的效果。

下面再将“机制”的定义范围进行扩大，将组件内容易变化的管控规则调整也归集到机制中。这样就可以实现随需应变，参见图16-17，机制由两部分构成：组件机制和流程机制。

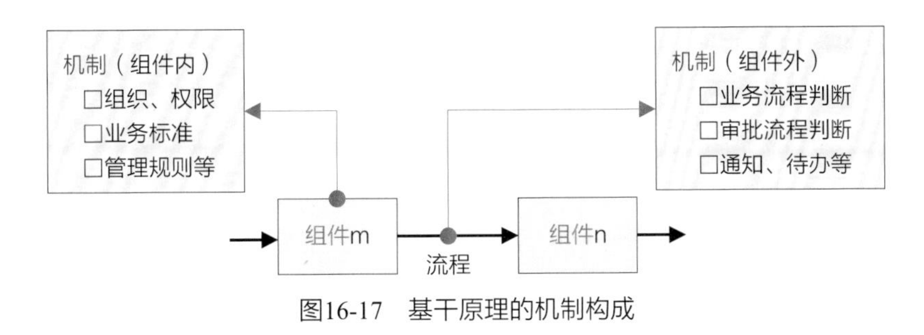

图16-17　基干原理的机制构成

（1）组件机制：向组件m的业务处理提供组织、权限、标准、规则等机制。

（2）流程机制：提供业务流程和审批流程的分歧、判断、通知、待办等机制。

理解了“组件”和“机制”的概念后，就能明白在系统中这些常见的要素各自起什么作用，谁是主要要素、谁是辅助要素，在做设计时就有了主次之分。

【参考】《大话软件工程——需求分析与软件设计》15.2.1节。

组件和机制都是系统提供的功能，只是组件是用来直接处理业务数据的，机制是用来做关联、约束、流转之用的，“组件+机制”的概念是开发随需应变产品的基础。

2. 对机制的深入理解

“机制”不是业务架构的概念，它是介于业务架构和技术架构之间的一种系统架构的概念，例如，组织、权限、流程、规则、通知、预警、控制、公用数据库等。可以看出，上述内容并非是业务架构的要素（它们不是客户业务的概念，因为使用了信息系统才会涉及），也不是一般技术编码的概念，因为它们具有明确的系统属性。所以它们是系统架构中的内容，这些内容是每个系统中都有的“常规”功能。

在基干原理中，机制是“设置于组件之间的一种关联作用，可以使组件或业务处理按照某种规律反复进行”，机制是通过功能和规则实现的。如何设计好机制呢？好的机制就如同“好的机器”一样，即设计机制的架构就如同使用机械原理设计机器一样。

设计机制要具有什么能力呢？好的机制设计者必须同时具有3种能力：业务、技术、建模，特别是建模的能力，它是将业务和技术整合在一起，并使其具有在多种场景下可以复用的综合能力，这个能力需要长期的学习和训练才能够获得。

3. 组件与机制的参考

图16-18给出了组件和机制内容的参考。

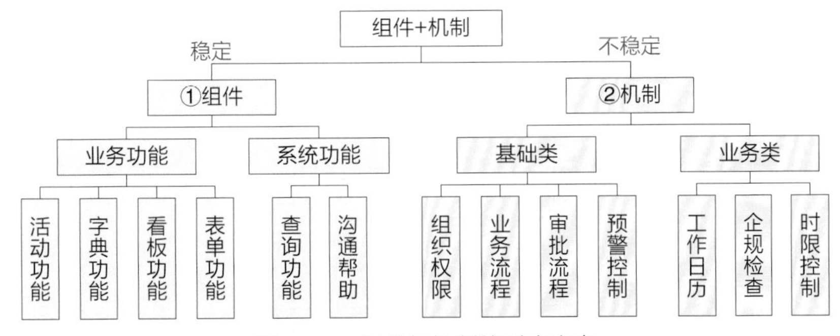

图16-18　组件与机制的对应内容

① 组件：用于处理业务，分为业务功能（活动、看板等）和系统功能（查询）。

② 机制：用于处理关联，分为基础类（组织、流程等）和业务类（日历、时限等）。

从两者分类的内容看，它们的目的、作用不同，因此设计方法也就不同。从上面组件+机制的应用说明中可以看出，这个划分的核心作用如下。

- 拆分：将复杂的标准产品的构成拆分成两个不同的类型，这两个不同的分类有着不同的目标、作用以及设计方法。
- 建模：两个不同的分类有着不同的建模方式，组件主要围绕“界面”进行建模，机制主要围绕如何“关联”组件进行建模。

基干原理为设计具有应变能力产品的“拆分和建模”奠定了基础。到此，就回答了“曲别针”是什么的问题。**“曲别针”就是“机制”**。后面再讲解“曲别针”是如何实现的。

16.4 产品的规划

有了标准产品设计思路的“基干原理”作支持，下面讲解在产品的规划设计中怎么体现这个概念，运用了这个概要后的产品设计会有哪些不同之处。

16.4.1 标准产品的开发思路

分离原理中对业务和管理进行了拆分，经过分析知道：业务内容相对是稳定的，管理内容是易变的，业务内容用“组件”的形式来处理，管理内容用机制的形式来处理。标准产品怎么架构和设计，主要看它的开发方式，也就是说开发方式决定了标准产品的架构和设计方法。

按照基干原理的概念，找到一套符合“组件+机制”的开发方式，参见图16-19，这种开发方式由5部分构成。

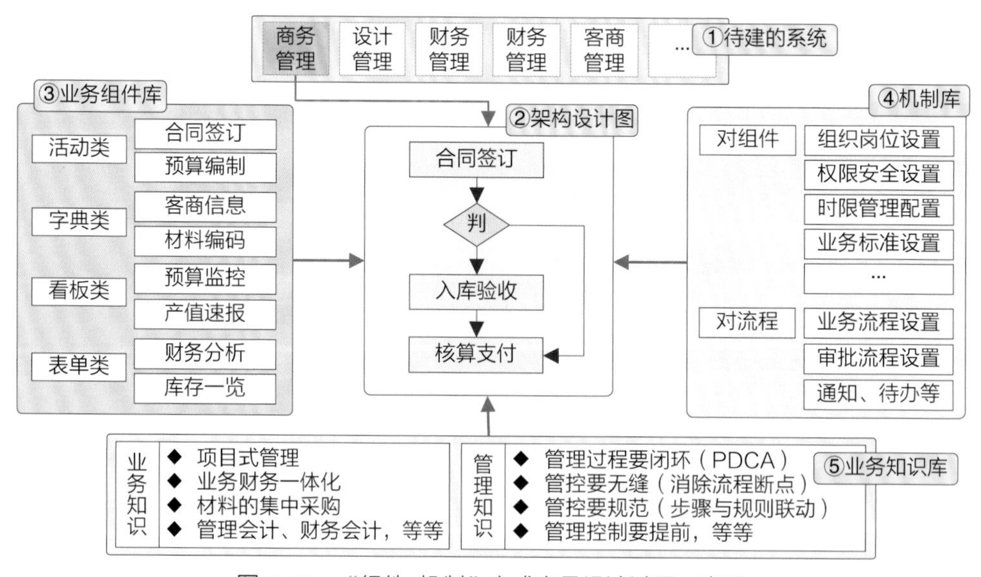

图16-19 “组件+机制”方式产品设计过程示意图

① 待建的系统：包含各类业务功能，如商务管理、财务管理等。

② 架构设计图：进行产品的架构设计，给出架构设计图。

③ 业务组件库：从系统的业务组件库中取出相关的业务组件。

④ 机制库：从系统的机制库中取出组合系统用的机制功能。

⑤ 业务知识库：利用业务知识库，指导如何做好商务管理和财务管理等。

这就是理想的标准产品开发方式，假如需要开发一个“商务管理”的模块，那么完成的顺序是：参考⑤专业知识库，从③业务组件库中取出相关的组件，再从④机制库中取出相应的机制，按照②架构设计图，将③和④结合在一起，最终获得①商务管理的模块。

【参考】《大话软件工程——需求分析与软件设计》15.2.3节。

16.4.2 基线系统的架构方法

标准产品开发的思路有了，下面讲解符合这种开发方式的系统该如何架构。

在同一个业务领域内，不论企业的经营管理方式有多么不同，对业务和管理的处理方式大部分还是相似的。基于这种想法，可以依据基干原理，在一个系统内将个性和共性的部分分开，然后通过两者的组合来共同完成系统的功能，**把满足个性与共性分离条件的系统称为“基线系统”**，如图16-20所示。

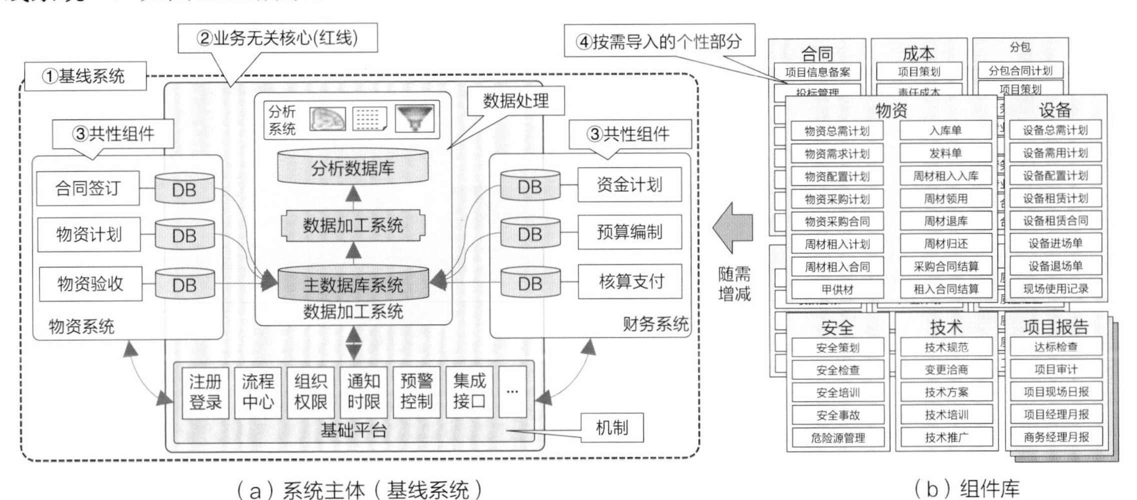

（a）系统主体（基线系统）　　（b）组件库

图16-20 基线系统架构示意图

（1）基线系统。

所谓“基线系统”，就是将系统中共性的部分功能抽提出来，形成一个“中核”，这个中核不会因为业务需求的变化而变化（微小的变化可以忽略）。由于中核部分采用了基干原理（组件+机制）的架构方法，可以灵活地增减个性部分的功能，所以中核部分称为“基线”，以基线为基础构成的系统称为“基线系统”，如图16-20（a）所示。

① 具有共性的组件和机制构成的整体称为基线系统。

② 与业务无关的共性部分，包括两部分内容：机制功能和数据处理功能。这是基线系统中最主要的部分，不论处理什么样的业务都需要。

③ 该行业的共性组件，与企业的经营管理方式无关（如果抽提不出来，可以没有）。

（2）组件库。

作为组件库，其中积累了以往做过的业务组件，这些业务组件按照不同的使用目的，被放置在不同的分类框中，以备调用，如图16-20（b）所示。

16.4.3　基线系统的设计思路

下面具体说明基线系统的内部构造和设计思路。由于这个基线系统是按照基干原理设计的，因此基线系统的构造和设计思路也要基于基干模型进行展开。

1. ABCD的设计思路

前面已经讲过了基干模型（参见图16-14）是由4个要素构成的：A业务组件、B数控中心、C审批流程和D业务流程，下面分别介绍A、B、C、D 4个要素的作用和设计思路，参见图16-21。

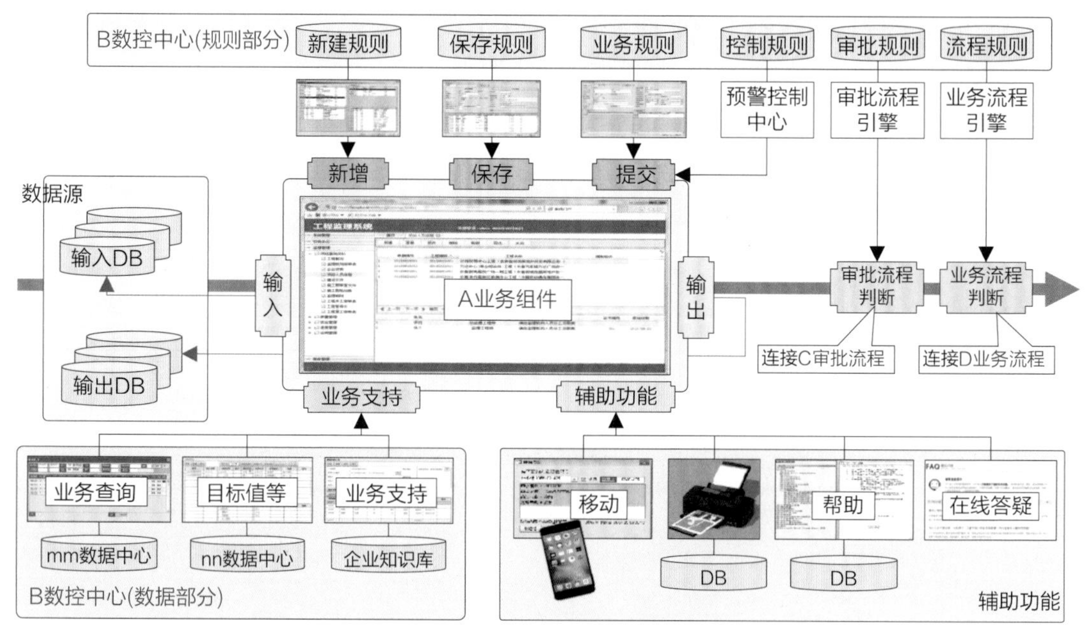

图16-21　A业务组件内部构成示意图

1）A业务组件

A业务组件用于该组件所承担业务数据的处理工作，包括界面的布局模型、工具栏、功能菜单、字段、按钮等控件，以及该组件与上游组件（输入）和下游组件（输出）的关联数据接口。A组件可以独立地完成该组件内的数据处理。

【参考】《大话软件工程——需求分析与软件设计》第17章。

2）B数控中心

A业务组件在处理内部数据的过程中，经常需要将处理结果与外部的组件进行相互参照，所以将B数控中心的位置排在第二位。数控中心的设计思路是基于松耦合设计原则而设立的，以“合同签订”组件为例，举两个场景的例子对数控中心进行说明。

【例1】当合同签订的组件需要与外部（其他组件、数据库等）进行数据参照时，原则上不要直接与外部的组件或数据库进行数据交互，而是统一地通过数控中心来传递这些交互数据，以避免破坏系统的松耦合设计原则。

【例2】 当需要判断合同签订内的合计数据是否超标时，可以将合同累计的数据放在数控中心，由合同签订发出询问信息，由数控中心接收，并进行新的累计计算，并将计算、对比的结果（是否超标）返回给合同签订，参见图16-22。其中的计算模型库根据业务线收集的数据建立不同的计算模型，从而可以对项目进行不同视角的过程管理。

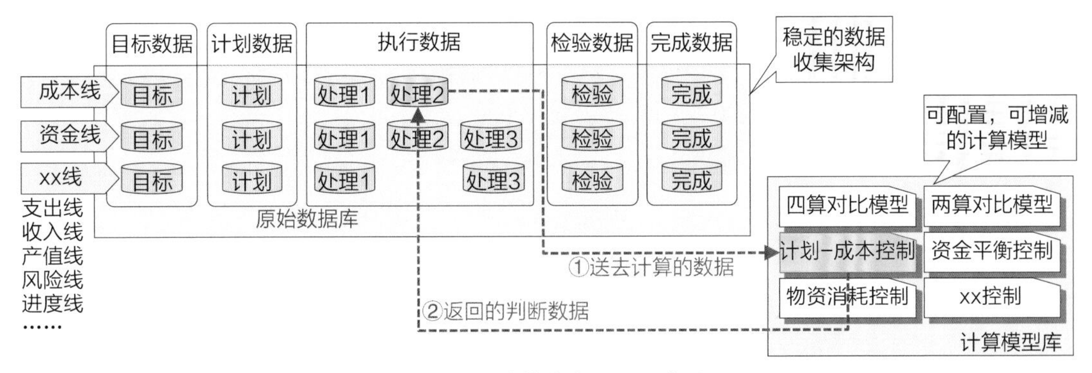

图16-22　数控中心原理示意图

3）C审批流程

A业务组件（合同签订）的内部数据处理完成后（=A、B两个都完成），通过单击“提交”按钮表示完成，此时系统就会判断该组件是否存在审批流程的步骤。

（1）如果判断有审批流程，则启动C审批流程，C审批流程按照要求给出审批的结果后返回A业务组件处，启动下一步的判断：是否有D业务流程。

（2）如果判断没有审批流程，就直接进入下一个D业务流程的判断。

对于审批流程的功能，已经成为了一个非常成熟的、非常专业的独立插件（称为工作流），如图16-23所示，一般各软件公司有自己的专用插件，或使用第三方的专用插件，所以这里不再讲解审批流程的架构思路。如有读者需要此类资料，请参考专门的书籍。

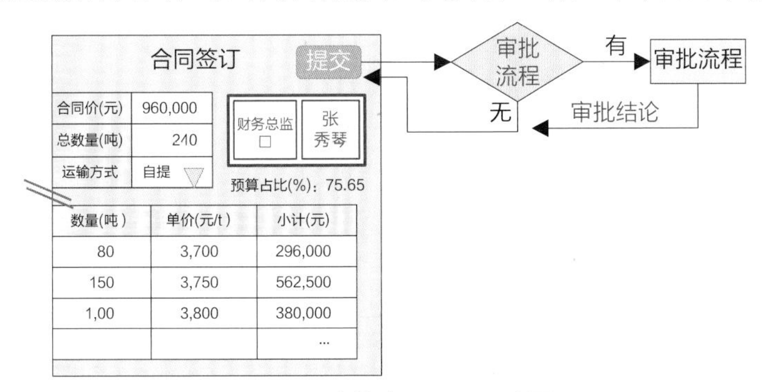

图16-23　审批流程原理示意图

4）D业务流程

在完成了A业务组件、B数控中心和C审批流程3部分的处理后，合同签订的组件就完成了属于组件本身的全部处理工作，完成后就要离开该组件。A组件完成的通知送到D业务流程，由D业务流程进行判断：A业务组件完成后，应该流转到哪个节点？

下面将上述的A、B、C、D 4个活动串联起来做一个示范，参见图16-24。

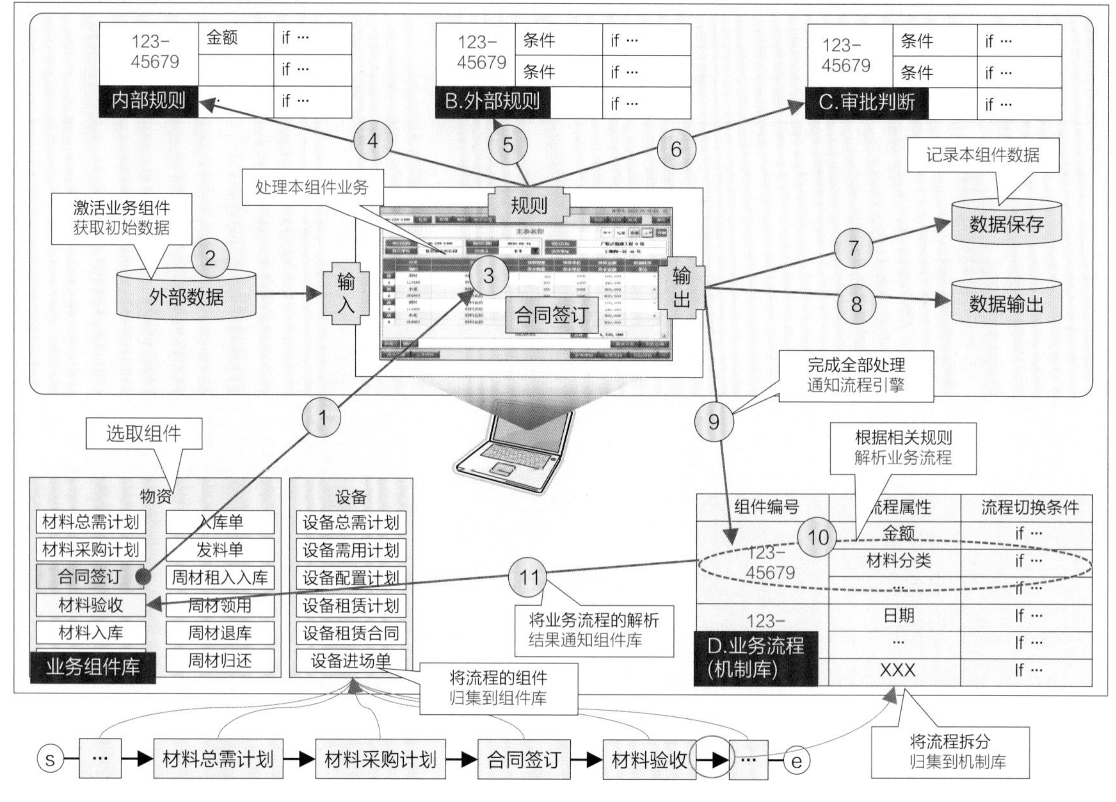

图16-24　流程的工作原理示意图

前面已经讲过业务流程在系统中的运行机理，与在业务架构设计时的形态是完全不一样的，在系统中业务流程并不是呈现为一条线形，如图16-24（a）所示，而是采用另外一种机制，将流程上的节点（组件）与节点间的关联线（机制）拆分开来，分别放置到组件库和机制库中。然后通过按序调用组件库中的相关组件与机制组合，形成一条看不见的“无形流程”，如图16-24（b）所示。业务流程在系统中的运行逻辑如下。

① 从组件库中激活组件“合同签订”（假定流程正好运行到此处）。

② 向合同签订组件推送相关的上游数据。

③ 进行合同签订组件内的数据处理工作。

④ 通过组件内部的管理规则检查是否合规？

⑤ 通过组件外部的B数控中心与其他条件作对比，检查是否合规（合同额是否超标）？

⑥ 组件业务处理完，检查是否需要申请C审批流程？

⑦、⑧ 组件处理完毕，向下游组件推送数据、向数据库存储数据等。

⑨ 向D业务流程通报，本组件处理完毕，启动下一个组件的识别。

⑩ 根据预先设定的流程顺序，并结合该合同签订组件的数据等，判断要激活的下一个组件。

⑪ 按照判断结果通知组件库，调出下一个业务组件“材料验收”。

“材料验收”业务组件也是按照①～⑪的顺序运行一遍。所有的业务组件都是这样循环，直到走完图16-24（a）业务流程上的全部节点（组件）。这就是表达业务流程机制的思路，从这个流程机制可以感受到，系统中作为机制的流程，与业务架构图中呈现的线形流程是不一样的，如果标准产品中的流程设计采用了这种机制，那么流程与系统处理的是何种业务以及流程形态等就完全无关了。

【参考】对D业务流程的详细说明，参见《大话软件工程——需求分析与软件设计》15.2.2节有关业务流程机制的设计说明。

上述对基干模型要素A、B、C、D的介绍，更加明确了除去A业务组件是处理业务数据的功能外，其余的B、C、D三者提供的是支持A处理的机制，有了B、C、D 3种机制提供服务，可以确保A的业务处理正确。A、B、C、D形成了一个完成业务和管理的闭环。**最终达到了这样的目的：基干原理统一了系统中所有组件的运行方式**，即业务可以有无限多的形态，但在系统中的处理方式只有一种。

2. 组件与机制的总结

通过前面的分析可以得出，系统架构主要由两部分构成：一是B数控中心，进行数据、规则的传递；二是C审批流程和D业务流程，这两个机制是控制组件的审批和流程的。下面再举两个具象的例子来理解B、C、D在组件+机制中的作用。

【例3】设想组件和其产生的数据在系统中形成两个中心，这两个中心如同两个车轮状的结构，如图16-25所示。

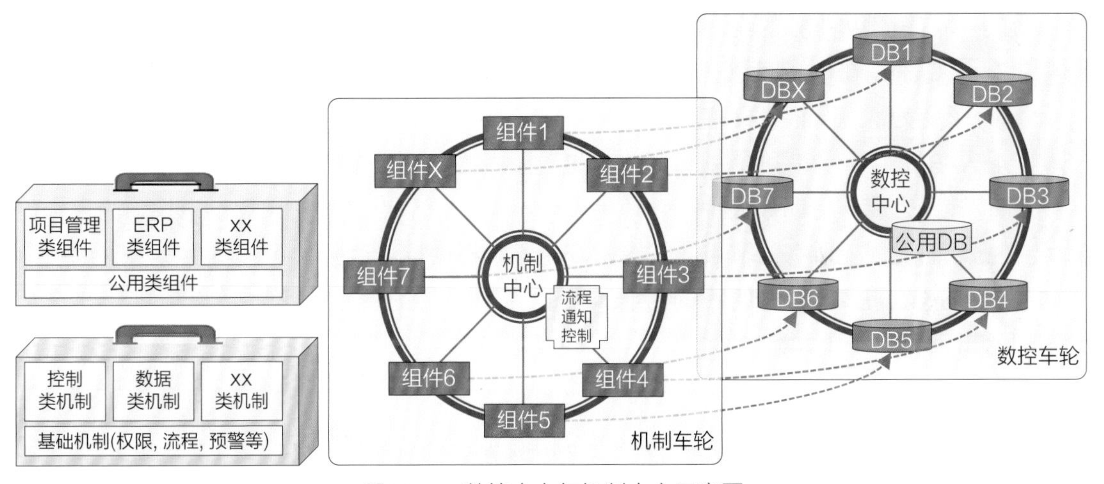

图16-25 数控中心与机制中心示意图

（1）数控车轮：从各组件数据中抽出主数据放到B数控中心的公用数据库，调用各组件的数据时采用“间接”的取数方式。

（2）机制车轮：将两个组件之间关联、流转等规则放到机制中心，使得两个组件之间不发生直接的关联和控制。

通过这两个“车轮”的联想，可以看出驱动系统运行的核心机制，这是进行可以应变处理的系统架构的参考思路。

【例4】通过A、B、C、D的不同组合，可以给系统架构带来不同的管理强度。

针对同一条业务流程，分别设置不同的B、C、D，B、C、D的不同组合形成了对流程的不同管理力度，如图16-26所示。流程的管理力度与B、C、D的关系如下。

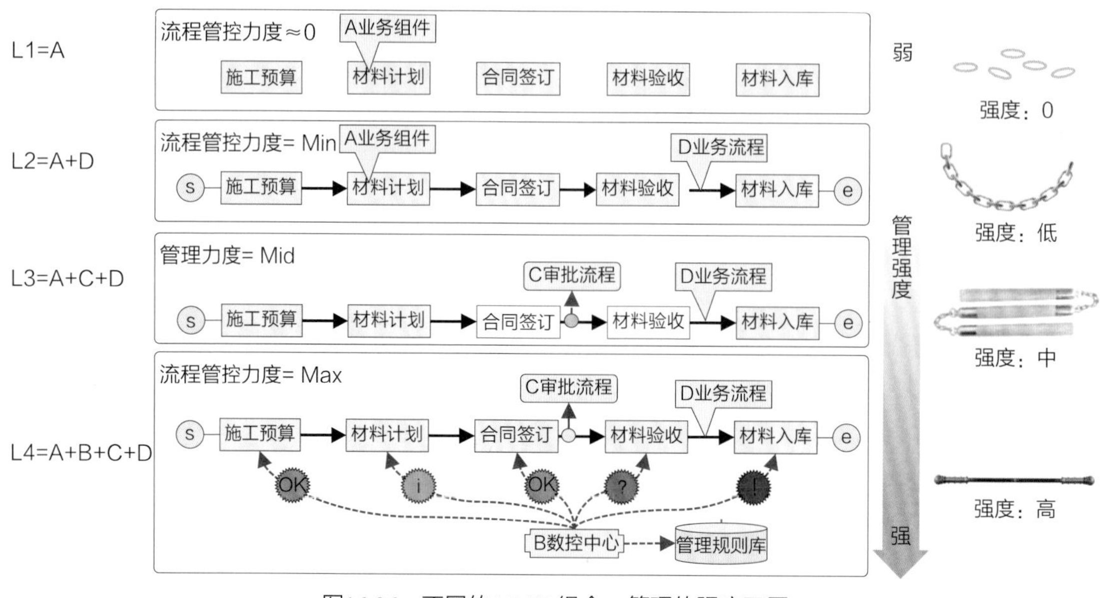

图16-26　不同的ABCD组合，管理的强度不同

- L1=A：只有组件单独使用，没有流程存在，管控力度为0（右图：铁环不关联，是散的）。
- L2=A+D：用D业务流程的机制将组件串联并形成业务流程，对组件前后关系的约束增强了（右图：从单独的铁环变为了铁链子）。
- L3=A+C+D：在L2的基础上增加了C审批流程，强化了对单个节点的管控力度（右图：铁链子变为了三节棍，硬度更大了）。
- L4=A+B+C+D：在L3的基础上增加了B数控中心，数控中心强化了对流程上全部节点的整体管控力度。借助数控中心，还可以使在第一个节点“施工预算”中设置的目标值管控到后面流程上所有的节点（右图：变为了一根铁棍，最强）。

可见，通过A、B、C、D的不同组合，可以调整系统的管控强度，所以通过研究这个模型，可以给出不同的设计方案。

16.5　产品的实现

前面给出了标准产品的需求分析和设计可以应变产品的思路，以及对标准产品的规划，这些都属于一阶段的工作成果，后面要做的就是二阶段的工作：如何实现这样的产品。虽然本书的重点是讲述一阶段业务人员的工作，但是在产品设计时，业务人员的工作成果对产品开发技术的影响很大，反之，产品开发技术不同，对业务设计的方法也会给予很多的影响和要求。

实现上述标准产品的方法、路线可能有很多，下面给出一套与上述标准产品“设计思路”近似的产品“实现思路”，作为读者的参考。

16.5.1　软件开发的现状

有再好的标准产品的设计思路，如果软件的实现方式还是采用传统的、一行一行的编写代码的方式，那么软件开发的总体效率还是提升不上去，也无法达成随需应变、随时应变的要求。

我们已经看到，建筑业已经实现了从使用“水泥、沙子、碎石、钢筋”等原材料，在施工现场通过人工浇筑形成钢筋混凝土的建筑物，改为在工厂生产出构件，在施工现场进行吊装组合这样高效、高品质的建筑方式。因此各软件公司也在思考如何使用“代码构件”，通过组装的方式，高速、高效地完成软件的开发。

总体来说，通过编写代码的形式完成软件开发还是软件行业的主流，虽然灵活性强，但是开发效率很低，质量难以保证，而且对人的要求很高，没有高水平的程序员，就无法完成高质量的软件。可以说现在的软件行业与建筑业开始走向工厂化生产初期的情况是相似的。现在已经有一些软件公司开始尝试用低代码、无代码的装配式方式进行软件开发。这是软件行业从手工编码开发走向配置化开发、智能化开发的第一步。

★**解读：** 当然，不论建筑行业的工业化生产发展到什么程度，总还是有一些特殊形式的建筑需要在现场采用传统的方式进行施工。这在软件行业也是一样的，一些特殊的系统还是需要用编码的形式完成。

16.5.2 软件开发工业化的概念

如同在一阶段借鉴其他成熟行业的经验建立软件设计工程化的概念和方法一样，在软件的实现方面也可以提出相应的概念：软件开发工业化。

1. 软件开发工业化的思路

软件开发从手工编码转换到配置式开发可以大幅提升软件开发的效率和质量。前面在讲产品设计时，借助具象比喻的方式，启发产品设计的思路，开发实现阶段也可以采用这种方式来获得启发。

先来看一下汽车的生产方式，如图16-27所示，汽车是按照统一的标准，预先制造出零部件①，根据客户需求进行设计和装配②，最后生产出满足客户需求的产品③。通用的零部件越多，生产的成本就越低，工作效率和效益就越好。

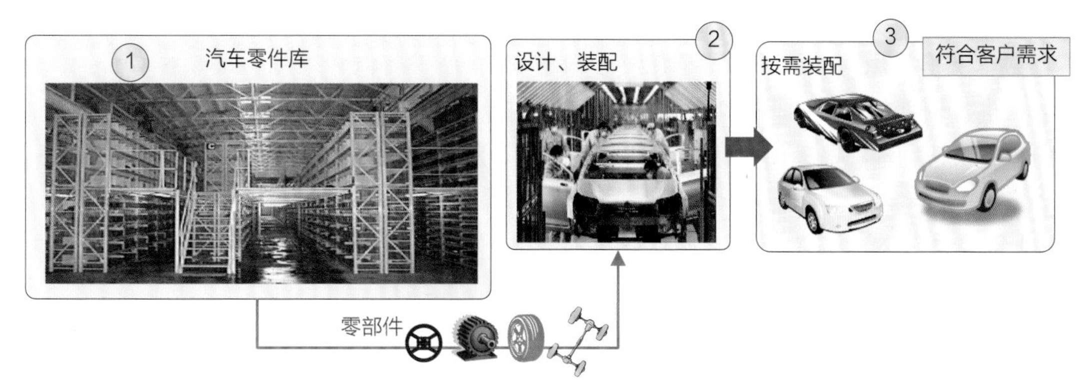

图16-27 汽车的工业化生产方式示意图

按照汽车制造的思路，软件也可以采用这种装配式的开发方式，图16-28给出了按照基于原理“组件+机制”进行软件设计的示意图：从组件库①中找出合适的组件，从机制库②中选取合适的机制，通过组合设计③做出满足客户需求的产品④。这就是软件开发工业化的概念。

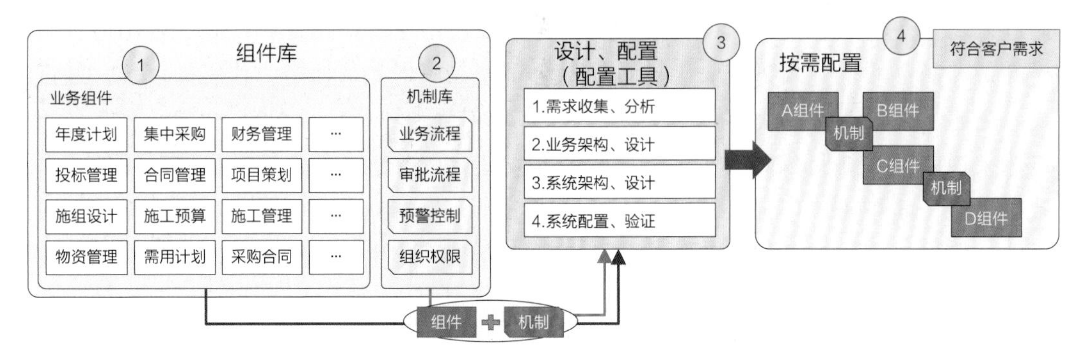

图16-28　软件的工业化开发方式示意图

2. 软件开发工业化的价值

采用软件工业化的开发方式，颠覆了传统编码开发方式的思路、做法，可以带来传统开发方式不具有的价值，例如（不限于此），

（1）技术方面：降低了技术门槛、提升了开发效率、减少了Bug，同时也降低了对人的要求。

（2）应用方面：提升了产品的复用性和应变性，易于实现对需求变化的应对。

（3）生产模式：实现从设计到测试的资源共享与协同开发，使用的开发资源也减少了。

（4）生产效率：开发周期大幅缩短（编码少、Bug少、测试少）。

（5）质量控制：相对于传统的编码开发，结果会因人而异，难以定量检查。新方式的产品开发实现了构件化、流程化，定量的产品检查方法等易于提升产品的开发质量。

（6）开发成本：低成本是由前述各条积累而成的，降低软件开发成本是一项综合性的工作。

（7）商业模式：形成多样的销售模式，可以增加各种的服务内容。

16.5.3　软件开发工业化的实现方式

1. 软件的构件化

怎么进行软件的工业化开发呢？和前面理解其他复杂对象时采用的方法一样，还是先利用具象的模型来帮助理解，下面对比汽车制造和软件开发的做法。

1）汽车制造

根据用途汽车可以有不同的类型，但是不论用于什么目的的汽车，其运行原理和基本构成都是一样的，参见图16-29。

- 从汽车的用途看，根据用途的不同配置的功能也不同，汽车就可以分为小轿车、大客车、工程车等，如图16-29（a）所示。
- 从汽车的构成看，不论是何种汽车都是由类似的部件构成的，如发动机、传动装置、车轮等，如图16-29（b）所示。

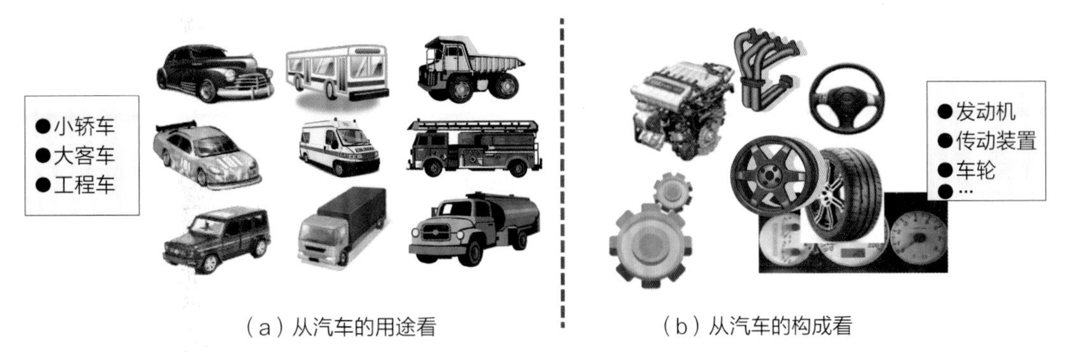

图16-29　汽车的用途与原理示意图

2）软件开发

再来看一下软件开发的情况，根据处理的业务不同，可以有不同类型的软件，但是不论什么用途的软件，其开发原理、基本构成都是一样的，参见图16-30。

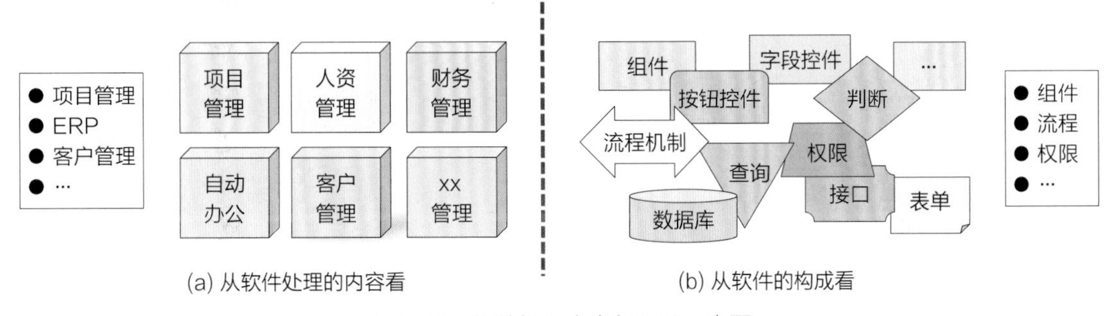

图16-30　软件处理内容与原理示意图

- 从处理的业务内容看，根据内容的不同配置的功能也不同，软件可以分为项目管理、ERP、财务管理、人力资源管理等，如图16-30（a）所示。
- 从软件的构成看，不论是何种软件，都是由类似的构件构成的，如组件、流程、权限、接口、集成等，如图16-30（b）所示。

从软件的构成与原理看，其与业务处理的内容是无关的，这样软件开发也可以采用与汽车制造类似的方式进行。

2. 构件的开发思路

基于软件开发工业化的实现思路，下面从3个视角给出具体的实现方法：构件化、平台化、无码化（仅供参考）。

1）思路1——构件化

利用上述软件构件的思路，将传统上用编码直接编写程序的方式改为用编码开发制作小的控件，再由小控件组装成大的构件的方式来开发软件，参见图16-31，采用4层的实现方式。

第一层：首先用编码的方式开发最小的控件：窗体、按钮、输入框等。

第二层：用“控件+规则”的方式形成组件。

第三层：用“组件+机制”的方式形成模块/系统。

第四层：用“系统+机制”的方式形成产品。

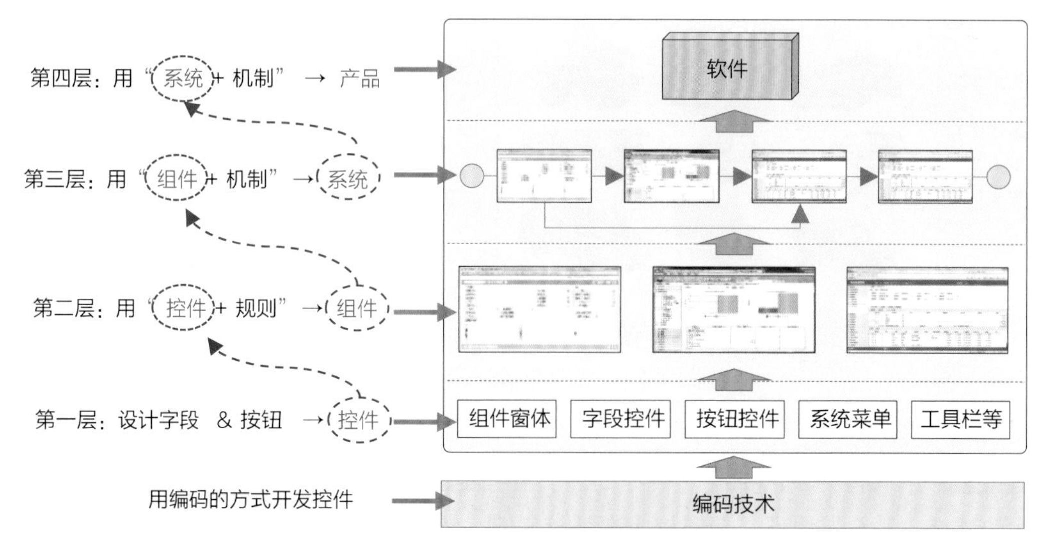

图16-31 软件开发构件化示意图

2）思路2——平台化

有了工业化开发的方法，知道了通过制造最小的控件和规则，由这两者不断地组合“形成”上一级的构件。下面讲解“形成”上一级构件的方法，即建立装配式平台。

【例5】装配式平台的整体工作流程参见图16-32，从待开发的“新系统”中取出“合同签订”的需求，

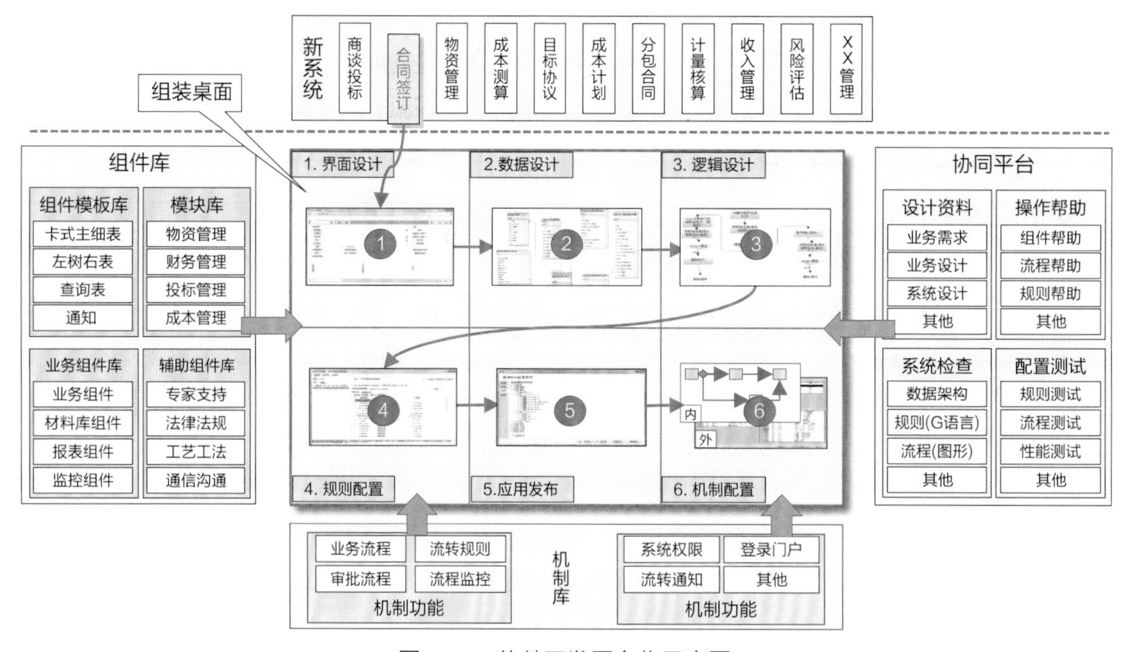

图16-32 软件开发平台化示意图

- 第一步，按照图16-19所示的“组件+机制”方式进行产品的设计。
- 第二步，按照图16-32中①～⑥的顺序逐一进行操作，完成一个组件。

从这两张图中可以看出平台化开发的特点，就如同工业化的生产流水线，按照操作步骤，逐一完成每个环节的工作。

3）思路3——配置化

前面的1）和2）属于概念型的内容，说明如何进行工业化开发的思路，下面再具体给出界面配置工具的样式，参见图16-33。

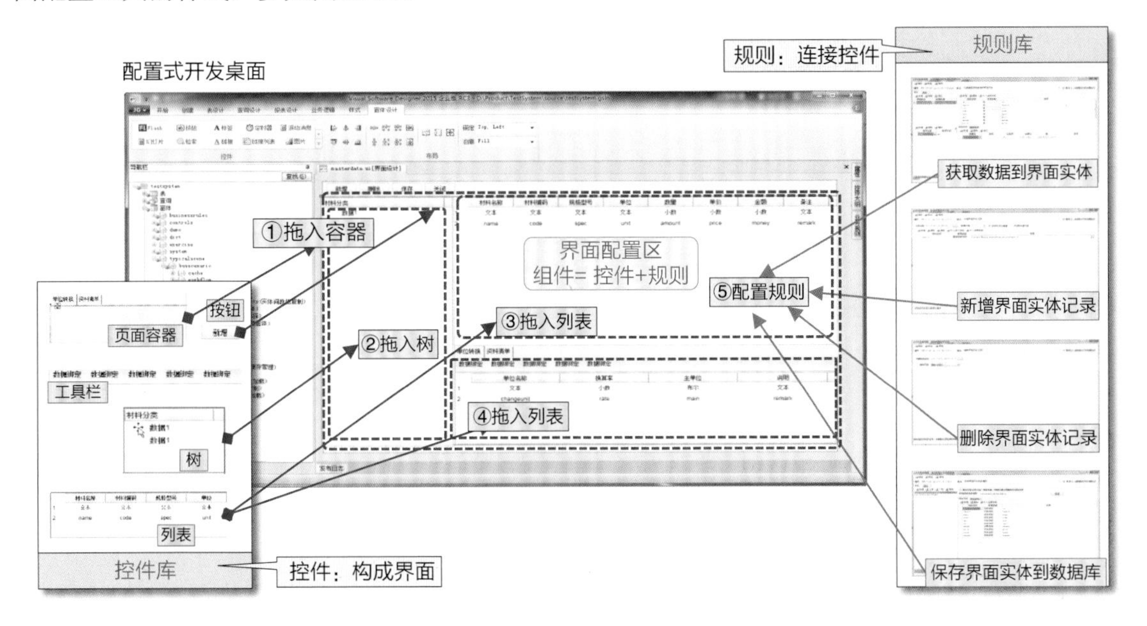

图16-33　软件开发配置化示意图

【例6】将图16-32“组装桌面”中的“1.界面设计”单独展示出来，看看配置式桌面是如何工作的，配置式开发的桌面上配有控件库、规则库、界面配置区3部分，界面配置的流程简述如下。

第一步，从控件库中选取合适的“控件”组建出界面形态；控件包括页面容器、树表、按钮、下拉框等构成界面的要素。

第二步，用“规则”连接控件，赋予关联关系，单击控件后可以执行工作任务，包括命令、逻辑计算、数据关联、引用等。

所有的界面都是通过上述“组件+机制”配置完成的，这就是工业化软件开发的示意效果，即将编码开发改编为配置式开发。当然，这里不是说就百分百不需要编码了，而是主要通过配置化的方式完成软件的开发。

★**解读**：构件与组件、规则与机制的关系。

○ 构件：比组件更小的零件，由构件（按钮、树表等）可以装配出软件的界面。

○ 规则：机制是用规则来表达的，系统执行的是规则，因此规则就等于机制。

再从组件构成的视角来看软件开发工业化是如何进行的。在第12章已经讲解过，一个组件是由若干窗口构成的，一个窗口又是由3层构成的，这3层分别是界面层、数据层、逻辑层，由于采用的是配置式开发方式，所以这里增加一个“规则层”（当然不同的配置开发方式可能有不同的分层方法），形成4层，如图16-34所示，各层的作用如下。

第一层：原型设计层，也就是用户的操作层（窗口）。

第二层：数据设计层，建立数据关系。

第三层：逻辑设计层，配置业务逻辑。

第四层：规则设计层，主要是设计和配置操作的规则。

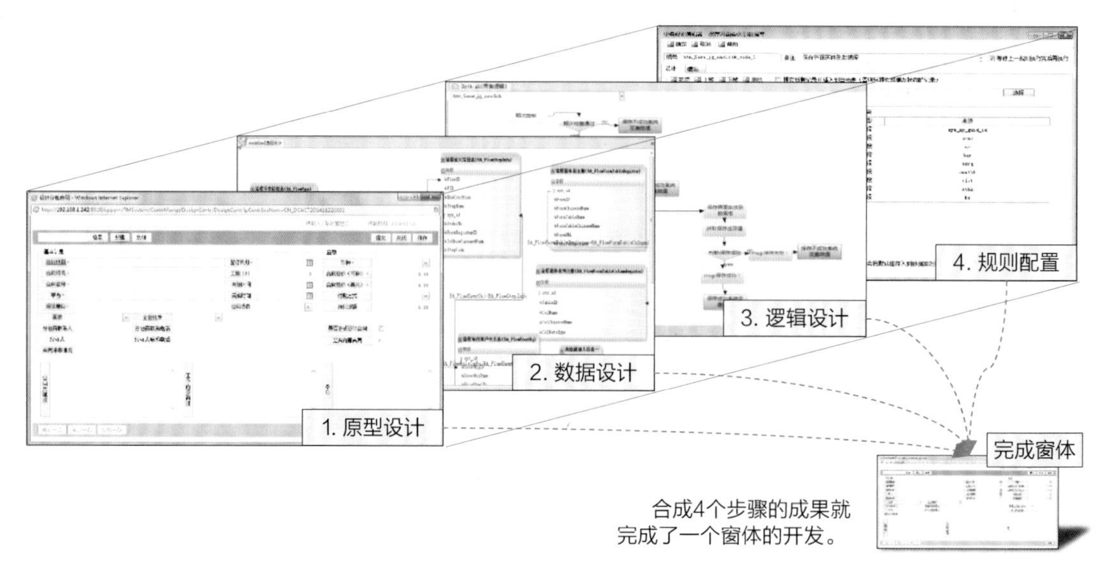

图16-34　组件的分层配置示意图

将构成软件（组件）的内容进行拆分，形成一个一个的单独构件，然后逐一完成单独构件的制作，这就是软件工业化开发的基本思路。

4）思路4——文档自动产生

采用图16-33所示的配置开发形式，还可以给自动生成文档提供技术可能性，在对各类界面上的控件、控制规则等进行拖曳时，可以同时记录这些活动，并产生对应的文字，从而自动形成设计文档，如图16-35所示。当然还有很多具体的细节描述，需要配置人用手动的方式填写。这些形成的设计文档自然就可以实现履历的跟踪，节省大量的编写文档、寻找文档的时间。有关自动文档的设计，可以参考15.2.6节。

窗体名称：合同管理　　日期：2015年12月15日

No	控件名称	控件形式	格式	长度	必填	输入源	输出先	概要说明	变更日	变更人
1	**输入记录**									
2	输入人	输入框	文本	10	-	合同审批	-	=输入人所在部署+输入者姓名		
3	输入日期	输入框	yyyy/mm/dd	11	-		合同台账	=输入日期，yyyy/mm/dd，hh/mm/ss		
4	**状态栏**									
5	审批状态栏1.2	[illegible]	文本	12	-	合同审批	-	根据审批流程的屬性信息，决定审批状态栏的显示内容 1. if 屬性信息1=1、则 状态栏1= "审批接受" ；...		
6	**主表区**									
7	合同编号	输入框	0000-000	8	-	-	合同台账	自动生成，初值（default）=null，不使能 其中，0000=年/月，000=流水号，数值取001-999 合同编号在第一次按下"保存"键之后获得（按下"新增"键[illegible]	2015.10.2	张三
8	合同名称	输入框	文本	20	必填	-	合同台账	合同的名称，名称中间不要留有空白格，如有，则在保存时自[illegible]		
9	合同签订日期	输入框	yyyy/mm/dd	11	必填	-	合同台账	初值=输入日，合同签订日<=输入日 msg= "合同签订日期不能大于填报日"		
11	项目编号	选择框	000-000	7	必填	项目登记	-	点击项目编号（不能直接输入） if 项目编号=null，弹出"项目一览"窗体、选取对应的项目编号		
12	项目名称	输入框	文本	20		项目登记	-	引用"项目登记"表单中的对应项目名称，不使能		
14	合同摘要	输入框	[illegible]	[illegible]	[illegible]	[illegible]	合同台账	合同相关事项的备注，合同金额>=10万，合同摘要≠null msg= "合同金额>10万，必须加以说明"	2015.10.2	
15	合同取消	复选框	[illegible]	[illegible]	[illegible]	[illegible]	合同台账	合同取消=0，审批提交后，合同取消 → 使能状态 合同取消=1，保存后，合同取消 → 不使能状态 详见"总体说明"		
16	**细表区**									
17	材料编号	选择框	00-00-000	9	必填	材料编码	合同细表	点击"材料编码"（不能直接输入） [illegible]编码=null，单击，弹出"材料编码一览"、选对应材料编码 [illegible]，弹出"材料编码一览"、选对应材料编码		
18	材料名称	输入框	文本	20	-	材料编码	-	[illegible]料名称		

概要说明
显示容器名称
显示登录人、日期
显示数据来源
■本组件：--
■参照它组件：表名
显示界面属性
显示数据
被参照表名

图16-35　设计文档自动生成示意图

16.5.4 软件工业化开发小结

软件开发工业化是一套软件生产全过程的体系，软件生产工业化不仅仅是指“软件编码”这个工序的工业化，而是指包括从设计到测试的软件生产全过程。建立这样的生产体系需要具备4个基本条件（不限于此）。

1）开发过程的体系化

形成一整套的软件开发过程的体系，这套体系包括从设计、实现到测试的每一步的操作所需要的方法、工具、标准、规范，并形成规范的操作流程，参见图16-36。

图16-36　软件开发体系示意图

2）设计体系的标准化

采用工程化的软件设计方法，形成标准的、可以传递和继承的设计文档。由标准图纸和标准文档构成的软件设计资料，可以实现不论是由谁设计的，也不论是由谁来实现，看到文档就可以完成相同的产品配置。

这里要注意的是，实现软件开发工业化，基础工作要从业务设计开始，如果业务设计得混乱，配置出的产品也会由于逻辑的混乱，而造成系统的紧耦合，紧耦合的系统一定会影响后续的需求应变的响应速度以及维护升级工作。

3）软件产品的构件化

按照基干原理，将构成产品的要素进行拆分，形成不同作用的“构件”以及关联构件所需要的“规则”，建立构件库、规则库。

这里的重点就是对系统的拆分方法，拆分得合理、正确，则构件的数量少，可以实现用少量的构件组合出有限的组件，实现无限的业务场景。反之，则可能需要无限的控件，造成控件库过于庞大，反而降低了开发和管理的效率。

4）开发方式的工具化

采用可视化的平台式工具进行“构件的生产”和“系统的组装”。

可视化的配置方式可以实现“所见即所得”的效果，大幅提升开发效率、降低人员数量、减少开发成本。不但可以少用高端的程序员，还可以让不懂编码的业务人员来操作，实现由程序员负责开发控件（用编码）、由业务人员直接完成界面设计和配置。

16.6　产品开发总结

基干原理是具有应变性能产品设计的理论基础，它使得看似非常复杂的产品设计变得简单，并给出了产品拆分的依据，按照基干原理的思路进行拆分，获得与业务无关的要素“组件+机制”，它们不但表达了应变的机理，而且使用的要素最少，覆盖面最大，建模的通用性强。

同样，这个思路对产品的工具化开发也具有指导意义，以基干原理为基础，可以建立一整套的方法和工具体系，综合标准化的软件工程和项目管理知识，再加上设计工程化、开发工具化等概念，就可以形成一整套软件开发工业化的模式。下面再以建筑为例说明这个过程，参见图16-37。

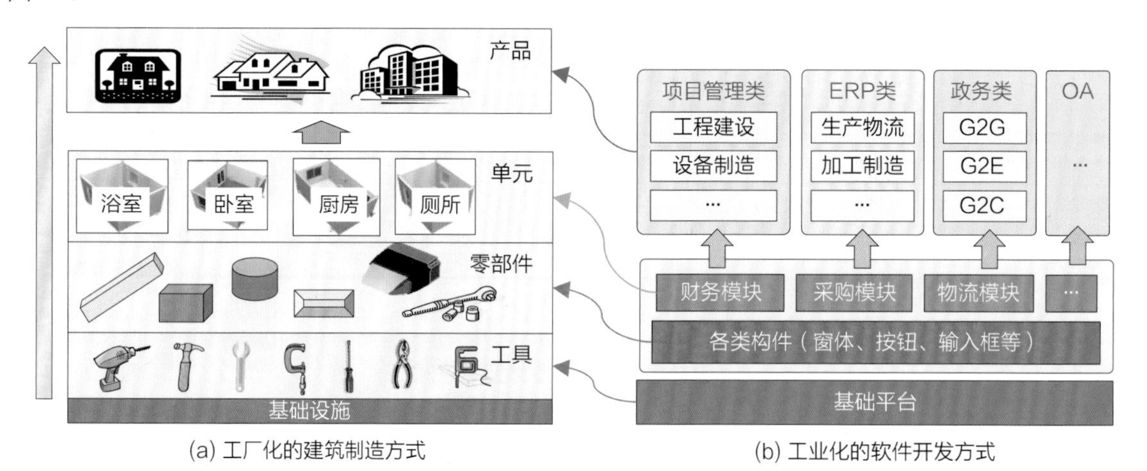

图16-37　产品开发的工具化示意图

图16-37（a）：建筑行业实现了按照构件化的设计、生产、安装的一系列的工作。

图16-37（b）：软件行业按照要求，也可实现构件化的设计和开发要求，通过组合完成项目。

总之，**做一个好的产品设计必须要有很好的“想象力”**。

★前面用到了“软件设计工程化”，到了软件开发时，会用到“软件开发工业化”，未来随着人工智能的进步，可能还会进入“软件开发智能化”的时代，但是无论怎么变化，建立工业化、智能化的模型、流程等，还是需要经过分析、给出规律才能实现。

最后做到**设计工程化、开发工业化、产品构件化，才能最终实现软件开发智能化**。

附　　录

附录A
逻辑的思维和表达

作为一名软件工程师，不论处在什么岗位（咨询师、需求工程师、设计师、程序员等），也不论从事什么工作（咨询、需求调研、业务设计、编码测试等），除去需要掌握与本岗位工作相关的专业知识以外，具有较强的逻辑思维和逻辑表达的能力也是非常重要的，特别是从事一阶段工作的业务人员，因为经常需要与外部的客户（企业高管、信息中心、各部门业务骨干等）、软件公司内部的相关人员（架构师、程序员、测试员等）等不特定对象进行大量的交流，个人的逻辑思维和表达能力的强弱，直接会影响工作成果的优劣和工作效率的高低，软件工程师也是期望提升自己逻辑思维和逻辑表达能力的。

讲解逻辑的方法一般比较抽象，由于逻辑没有确实的外形，难以直观表达，用语言和文字也不易精确地说明等原因，造成了逻辑能力的提升比较困难。那么对于软件工程师来说，怎么提升自己的逻辑思维和表达能力？有没有实用的方法呢？下面就软件工程师（业务人员、技术人员）**如何提升在软件开发过程中的逻辑思考和逻辑表达能力**给读者提供一些启发和建议。

A.1　逻辑表达和逻辑思维的关系

A.1.1　表达和思维的差异

先来看一下两种逻辑行为的异同，在实际的交流过程中，“逻辑思维”和“逻辑表达”是一对相辅相成的能力，要想改善和提升逻辑能力，先要搞清楚逻辑能力的弱点容易出现在哪里，下面将逻辑思维能力和逻辑表达能力进行组合，看看不同的组合方式如何影响人的能力。

1）组合一：逻辑表达能力强、逻辑思维能力也强（最佳组合）

逻辑表达能力强的人，通常其逻辑思维能力也一定强，因为逻辑表达得正确，是其逻辑思维的外在呈现。

2）组合二：逻辑表达能力强，但是逻辑思维能力差（可能不存此类人）

这种组合的可能性是不存在的，大脑中的想法很混乱，缺乏条理性，表达出来的内容也必定是混乱的。

3）组合三：逻辑表达能力差，但是逻辑思维能力不弱（可能有这样的人）

某人逻辑思维能力可能很强，但是说话缺乏条理，别人听不明白他想说什么，这说明他的逻辑表达能力差，属于“茶壶里煮饺子倒不出来”类型。

一个人如果思维能力和表达能力不匹配，那么即使有再强的逻辑思维能力也是无效的，因为思维的结果必须要通过表达和交流才能传递给他人，不能正确、有条理地表达自己的逻辑想法就没有意义了。

4）组合四：逻辑表达和逻辑思维能力都很差（最常见的类型）

某人的逻辑思维和逻辑表达能力都弱，这可能是最差的组合了，毫无疑问，此人与他人沟通交流的效率低，工作成果的质量也一定是不理想的，如图A-1所示。

图A-1　逻辑的思维和表达能力都差示意图

在上述的4个组合中，一直将“逻辑表达能力”放在“逻辑思维能力”的前面，可能有读者会产生这样的疑问：不是应该大脑的思维在前，表达在后吗？这是因为判断他人的逻辑思维能力如何并不能直接“观察”到，只能**通过表达的逻辑效果判断他人的逻辑思维能力如何**，即从某人表达内容的正确与否来反推其思维正确与否。

A.1.2　逻辑表达的培训在先

对于软件工程师来说，所从事的工作并不需要进行抽象逻辑思维，因此**提升“脑”的逻辑思维能力，可以考虑先从提升“手”的逻辑表达能力方面入手**，因为表达出来的内容反映的是大脑中的思考结果，其他人根据表达出来的内容更容易对你进行判断、训练和改进，也就是说，在训练你的逻辑表达能力的同时，可以指导提升你的逻辑思维能力，借助表达出来的内容，可以判断大脑的思维方式是否正确。当然，训练过程中逻辑表达能力和逻辑思维能力并非完全是一前一后进行的，待有了一定的表达能力后，两者就可以做到相互促进，共同提升。

A.2　能力培训方法的选择

一般最常见的逻辑表达方式有3种：语言、文字和图形，对一名软件工程师进行逻辑表达能力的训练，采用哪种形式效率最高、效果最好呢？先看一下3种方式的差异。

A.2.1　利用语言进行逻辑表达能力的训练

利用语言进行交流，需要在短时间内叙述、听取、理解、反馈，听说双方容易产生理解上的歧义；由于逻辑表达能力差的人原本在语言表述和听取重点的能力方面就不强，对于在逻辑（思维、表达）能力方面不足的人仅用纯语言的方式去训练，并期望可以快速、有效地提升逻辑能力是不现实的。

A.2.2 利用文字进行逻辑表达能力的训练

利用文字描述进行逻辑表达能力的训练，与用语言方式进行训练相似，不同之处在于表达自己的想法时可以有较充分的思考时间，同时需要表达者有很好的文字功底。但是针对软件工程师的工作来说，很多复杂的逻辑内容是无法用文字准确描述的，且表达的效率也很低。现在软件行业大多数的文档都是用文字的形式完成的，既不易表达和理解，效率也不高。

A.2.3 利用图形进行逻辑表达能力的训练

利用画图的方法进行逻辑表达能力的训练，没有上述的语言和文字表达时的缺点，画图方式的训练有以下优点（不限于此）。

- 交流双方可以看到完全一样的内容，不易发生理解上的歧义。
- 图形表达可以用定性、定量的方式表达逻辑，不易产生语言和文字的误解。
- 由于逻辑可以表达出来并可以"看"到，所以相较于语言和文字直观了很多。
- 用图表达逻辑的方法，直观、易学、易懂，且学习时间短，提升能力的效率高。

这3种逻辑表达方式的难易程度顺序为语言、文字、图形。

这个难易度排序，可能与大多数读者预想的不一样（多数人可能预想图形是最难的），为什么要这样排序呢？试想对一个简单的一维对象，用语言表达这个对象的逻辑关系是不难的，对一个简单的二维对象用文字表达逻辑关系也可以勉强做到，但是对一个要素众多、关系复杂的三维的对象，用语言和文字都是无法表达其逻辑的，因此，这就需要用图形来表达。

A.3 能力培训的内容

A.3.1 用图形进行逻辑表达能力的训练

基于由易到难的原则，对一个逻辑思维和逻辑表达能力都较弱的人来说，可以借用图形的方式先训练逻辑表达能力，通过图形方法的训练，知道了何为逻辑、逻辑的表达形式、逻辑在表达中起的作用（当然，绘制图形的过程也是逻辑思考的过程）。在书中大量介绍了表达业务逻辑的模型，如图A-2所示。

在《大话软件工程——需求分析与软件设计》中介绍的"架构图"就是一种"逻辑图"，它使用了画图要素，约定了在图中逻辑的表达方式，这就使得逻辑变得直观，因为有了非常具体的表达方法和模板。在企业信息化建设的过程中，很多设计对象的业务逻辑是非常复杂的，绝对不可能仅仅靠语言和文字可以说得清楚，如图A-3所示的业务内容，这些图形都是前面各章中使用的模型，这些模型有非常多的要素，要素之间有复杂的关联关系，显然，仅靠用语言或是文字是无法完全表达清楚它们之间的逻辑关系的，一定要利用图形的逻辑表达方式才有可能表达清楚。

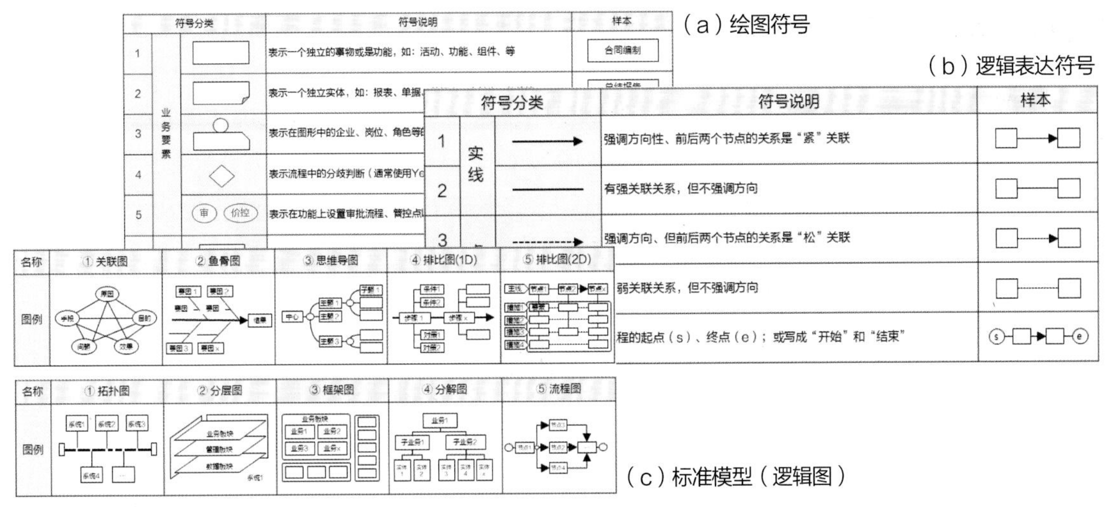

图A-2 用图形表达的标准符号与模型

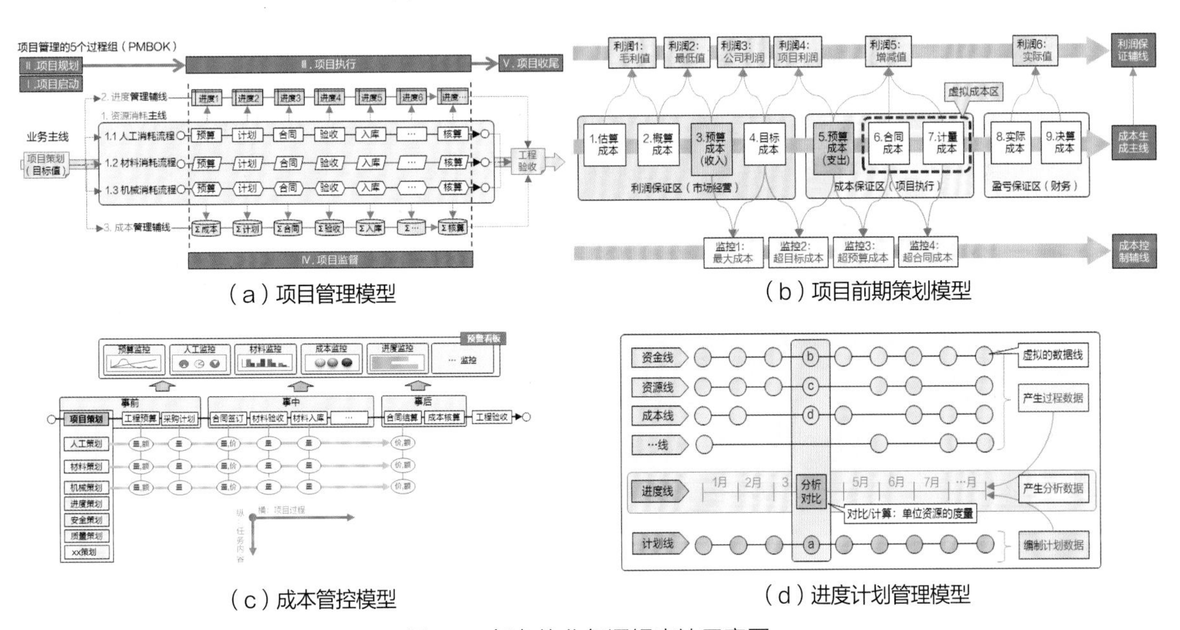

图A-3 复杂的业务逻辑表达示意图

绘制者先将自己大脑中的逻辑思维结果绘制出来，向他人说明、交流，然后他人通过图形来判断绘制人大脑中的逻辑思维是否正确，并借助这些图形来反复地进行调整、修改，直至满意为止。

通过利用图形法进行逻辑表达训练后，**在研究复杂问题的逻辑关系时，逻辑思维的结果会先在大脑中呈现一幅逻辑图形，这个逻辑图形指导如何用语言、文字或图形向外部进行表达、传递**，因此逻辑思维就不会那么抽象了。如果长期利用图形进行逻辑表达的训练，久而久之，交流双方都会在大脑中形成相似的图像，因为一幅图形中包含的要素要远远大于语言和文字，这样就极大地提升了交流的效率和质量。

因为图形训练法可以定性、定量地学习，学习图形的逻辑表达方法时，有流程、有模板、有标准、有交付物等作参考，因此可以做出正确与否的判断。

A.3.2 逻辑能力训练的过程

逻辑能力的训练路径是先提升逻辑表达能力，然后提升逻辑思维能力，这个过程可以参考图A-4。

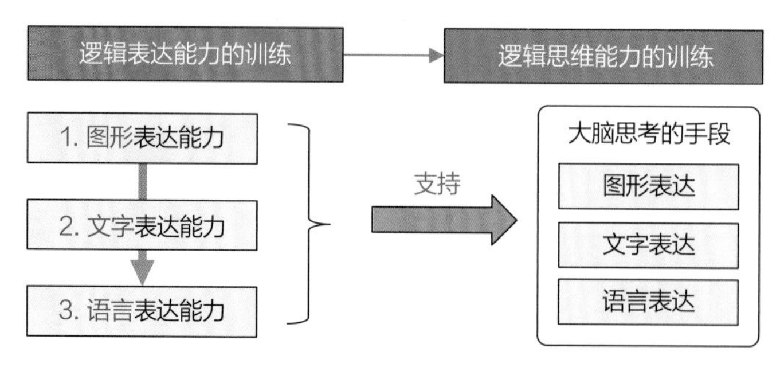

图A-4 逻辑能力的训练路径

掌握了用图形表达逻辑的方法后，从“有形的逻辑表达方法（图形）”逐步进入“无形的逻辑表达方法（语言/文字）”的过程就会比较顺利，这些图形方法就像工具可以支持在大脑中进行逻辑思维，甚至可以在大脑中生成逻辑图像。另外，从某人表达出的思维结果上可以清楚地感受到他的逻辑思维能力是否提升了。如果不采用这个顺序进行训练，逻辑思维能力是否有力提升是无法判断的。

请记住，通过用图形训练来提升逻辑思维与逻辑表达能力不存在捷径，也没有秘诀，只有在工作中不间断地进行反复绘图训练才能获得，而且必须要同时调动脑、眼、手协同工作，开始一定要用眼和手协同做看得见、摸得着的训练，最终实现仅在大脑中就可以进行比较抽象的逻辑思维。

当然，不是软件工程师岗位的人，同样也可以利用图形法的训练，先提升逻辑表达能力，再提升逻辑思维能力。

附录B
软件工程能力评估

众所周知，软件行业中对从事一阶段工作的业务人员的能力评估是不容易的，特别是具体的、量化的能力评估，因为要想量化地评估出有效的个人能力，就必须有非常详细的评估内容作为依据。

下面将《大话软件工程——需求分析与软件设计》（以下简称《方法篇》）和本书（以下简称《案例篇》）涉及的有关能力描述进行汇总，列表见图B-1。

1. 能力评估表的目的

为了帮助从事一阶段工作的业务人员提升个人能力，将软件工程各阶段所需要的能力做一个汇总，作为一阶段工作人员（或打算转行到一阶段工作的技术人员）学习、培训、职业规划以及对个人软件工程能力评估的目标参考值。

2. 评估能力的依据

这里给出的评估能力要求主要是基于《方法篇》和《案例篇》两书的内容，当然每个岗位所需要的能力也不仅限于两书的内容，如从事售前咨询的工作，除上述两书的要求外，还需要具有市场、商务等方面的能力，但在本书中就不涉及了。

3. 能力要求的设定

表中的能力要求并非针对某个岗位或仅针对某个人，而是作为软件公司的这个**岗位**，在面对这样的交流**对象**、处理这样的工作**内容**时，必须要有这样的匹配**能力**。在现实中这样的工作可能是由一个综合能力较强的人来完成的，也可能是由一组各有专长的人协同完成的。

4. 能力等级的设计思路

1）等级的划分

将待评内容分为3部分：售前咨询、需求工程和设计工程，3部分的等级划分相同：共5个等级，其中1级和5级分别为最低级和最高级，3级是标准级。3级以上为高阶级。

2）等级的设计

能力主要是参考软件公司的工作内容及相应要求，考虑到工作内容的不同，在表中对每一级的能力要求给出了具体描述，从定义可以看出，具有3级能力，是难以完成5级对应的工作的。3级的标准是项目经理工作能力的下限，5级的标准是要完成客户最高级需求的能力。

3）使用方法和对象

此表主要是作为读者的参考，可以根据本书的能力体系划分，建立适合读者所在企业的能力评估体系，用于对个人能力的评估和实际工作安排的参考等。

关于使用对象、岗位名称与工作分工名称采用了《方法篇》和《案例篇》中的称呼和定义，由于读者所在企业的岗位划分与分工不同，可能与表中的岗位名称、工作内容的表述有所不同，所以表中的内容仅供参考。

能力	分类	1. 售前咨询		2.需求工程		3.设计工程	
		分类定义	能力要求	分类定义	能力要求	分类定义	能力要求
5级	岗位	顾问型咨询师	(1) 掌握顾问型咨询的方法、经验 (2) 熟知客户行业业务、有丰富的IT知识和经验 (3) 解读决策层的目标、理念、战略、期望 (4) 宣贯软件公司的理念和主张，为企业提案 (5) 交付《企业架构》，支持企业战略落地	高级需求分析师	(1) 掌握高级的分析方法，有丰富的实践经验 (2) 熟知客户行业业务，有丰富的IT知识和经验 (3) 解读决策层的目标、理念、战略、期望 (4) 收集企业架构的需求、做出IT规划 (5) 交付《企业的IT发展规划》类的文档	总设计师，总架构师	(1) 掌握系统规划和架构的理论、方法 (2) 熟知客户行业业务，有丰富IT知识和经验 (3) 掌握平台型系统的规划、架构、设计方法 (4) 企业架构 (业务架构、数据架构) (5) 交付《企业架构规格书》类的文档
	对象	决策层		决策层		平台型系统，标准产品	
	内容	咨询经营与IT战略的规划		分析企业架构、IT规划需求		顶层设计、规划、架构	
4级	岗位	咨询师	(1) 掌握顾问型咨询的方法、经验 (2) 熟知客户业务、有信息化管理知识 (3) 理解客户决策层对信息化管理的期望 (4) 传递软件公司的产品思路、定制系统方案 (5) 交付《咨询方案》和《解决方案》	需求分析师	(1) 掌握高级的分析方法，有足够的实践经验 (2) 熟知客户业务、信息化管理知识 (3) 解读决策层的目标需求，并转换为功能需求 (4) 优化客户业务，提升业务工作效率 (5) 根据未来发展，交付《需求规格说明书》	设计师/架构师	(1) 掌握业务架构、应用架构的理论、方法 (2) 熟知客户业务、信息化管理知识 (3) 掌握标准产品 / 平台型系统的基本设计方法 (4) 交付价值与机制相关内容的设计 (5) 交付《设计规格说明书》(概要,详细,应用)
	对象	决策层、管理高层		决策层、管理高层		标准产品，平台型系统	
	内容	咨询企业的信息化管理		分析企业信息化管理的需求		概要设计、应用设计	
3级	岗位	咨询师，咨询工程师	(1) 掌握较体系的咨询方法、经验 (2) 掌握较全面的业务知识、信息化知识 (3) 理解客户管理层对信息化管理的期望 (4) 介绍标准产品与定制系统的做法 (5) 交付简版《咨询方案》和《解决方案》	需求分析师，需求工程师	(1) 掌握较体系的调研分析方法，有较多的经验 (2) 掌握较全面的业务知识、信息化知识 (3) 解读管理层的业务需求，并转换为功能需求 (4) 介绍未来业务与信息化相结合的效果 (5) 汇总分析资料，交付简版的《需求规格说明书》	设计师，需求工程师	(1) 掌握完整的业务规划与架构的理论、方法 (2) 掌握较全面的业务知识、信息化知识 (3) 掌握定制型系统的架构、设计方法 (4) 进行业务建模、管理建模 (5) 交付《概要设计规格书》
	对象	管理高层、管理中层		管理高层、管理中层		过程管理系统 / 标准产品	
	内容	咨询定制系统(填报/管理)		分析目标需求、业务需求		概要 / 详细设计	
2级	岗位	咨询工程师	(1) 掌握基本的咨询方法、经验 (2) 理解客户业务，有一定的信息化知识 (3) 理解客户现状与推荐产品的匹配度 (4) 熟知标准产品，了解定制系统的常识 (5) 结合客户需求，交付标准/定制的差异提案	需求工程师	(1) 掌握基本的调研方法，有一定的经验 (2) 理解客户业务，有一定的信息化知识 (3) 掌握需求调研的模板、流程、规范等 (4) 识别客户需求的真伪，确定功能需求 (5) 汇总分析资料，交付《需求调研资料汇总》	设计师，需求 / 实施工程师	(1) 掌握业务设计的基本知识和方法 (2) 理解客户业务，有一定的信息化知识 (3) 掌握业务设计与管理设计的方法 (4) 建立数据设计模型、编制业务用例 (5) 汇总资料，交付《详细设计规格书》
	对象	管理中层，执行层		管理中层，执行层		数据填报系统/过程管理系统	
	内容	介绍标准产品/定制系统(填报)		分析业务需求、功能需求		详细设计（中级）	
1级	岗位	咨询工程师	(1) 掌握入门级的咨询方法 (2) 了解与产品相关的客户业务 (3) 理解客户对产品的需求 (4) 熟知需要推广的标准产品 (5) 结合客户实际情况，介绍标准产品	需求 / 实施工程师	(1) 掌握入门级的调研方法 (2) 了解与产品相关的客户业务 (3) 掌握需求调研模板的使用方法 (4) 绘制客户业务现状图 (5) 访谈记录与现用表单的梳理	设计师，需求 / 实施工程师	(1) 理解入门级的业务设计方法 (2) 了解与系统相关的客户业务 (3) 掌握业务设计的常用模板和使用方法 (4) 绘制架构图、流程规格书 (5件套) (5) 交付业务功能规格书(4件套)
	对象	执行层		执行层		数据填报系统（无管理要求）	
	内容	介绍标准产品		调研与确认功能需求		详细设计（初级）	

图B-1　软件工程能力评估表

B.1 售前咨询的能力要求

售前咨询处在能力评估表中的第1位，在软件工程中没有划分出独立的咨询阶段，但是咨询阶段的工作和成果对于获得开发合同以及需求工程和设计工程都有着非常重要的意义，因此作为参考下面给出咨询阶段的能力要求（也可以把咨询阶段看成需求工程的高级阶段）。

1. 咨询能力要求——第1级

1）能力要求

第1级是最低级，其工作主要是协助销售人员，可以完成**推广软件公司“标准产品”**的工作。作为咨询工程师，以下是需要掌握的最低限度内容。

（1）掌握入门级的咨询方法：与客户信息中心、基层管理者、系统用户进行交流沟通的入门级要求，如介绍的顺序、介绍用语、背景资料的收集方法等。

（2）了解与产品相关的客户业务：与待推销的产品业务相关的基本知识，知道该产品与客户的哪些业务有关联，如预算编制业务、物资采购业务、合同支付业务等。

（3）理解客户对产品的需求：懂得客户的业务，反过来，处理这些业务需要哪些标准产品功能，如预算编制模块、物资采购模块、合同支付模块等。

（4）熟知需要推广的标准产品：非常清楚正在推销的标准产品，它可以满足客户的什么业务需求，具有什么功能，适用的业务场景等。

（5）结合客户实际情况，介绍标准产品：将（2）、（3）和（4）的内容结合起来，如若使用了软件公司的合同支付模块，将会给客户的合同管理业务带来什么样的变化。

2）学习参考

《方法篇》第6章，有关背景资料的收集与归集的方法。

《案例篇》第3章，有关与各部门的业务骨干进行交流的方法等。

2. 咨询能力要求——第2级

1）能力要求

与第1级的能力要求相比，达到第2级水平的咨询工程师，除去要熟练掌握标准产品外，还要掌握定制系统（数据填报、过程控制）的基本知识，可**完成定制系统的前期咨询工作**。

（1）掌握基础的咨询方法、经验：如何听取客户的需求，如何介绍自己的产品和系统，让客户需求与软件公司产品和系统的特征相匹配等。

（2）理解客户业务、有一定的信息化知识：因为有定制系统，所以不仅要理解客户的业务，而且还要掌握一定的信息化管理知识。

（3）理解客户现状与推荐产品的匹配度：按照客户的个性化需求定制系统，就要求掌握收集和分析客户背景资料的能力，这是判断需求与系统是否匹配的基本能力。

（4）熟知标准产品，了解定制系统的常识：在理解标准产品的基础上，还有了解定制系统的基本常识，如定制系统的基本要求，其与标准产品在开发和应用上的差异等。

（5）结合客户需求，交付标准/定制的差异提案：根据咨询的情况，向客户说明标准产品与定制系统的差异（功能、作用、价格等），为客户提出初步的选择建议。

2）学习参考

《方法篇》第19章，理解数据填报类系统和过程控制类系统。

《案例篇》第3章，有关如何与客户进行交流、听取需求等；第4章，理解标准产品、定制系统的特点和差异。

3. 咨询能力要求——第3级

1）能力要求

第3级是咨询能力的中级水平，也是能力的分界点：以上为高级，以下为初级，这一级对咨询者有着较高的要求，要求能够基本上**独立地完成一个中等水平定制系统的咨询工作**。

（1）掌握较体系的咨询方法、经验：掌握体系化的咨询方法并有一定的实践经验，能与客户的信息中心、中层管理者、业务骨干等进行顺畅的沟通和交流。

（2）掌握较全面的业务知识和信息化知识：对客户从事的行业业务有着比较全面的理解，同时也具有一定的IT行业的基础知识，如定制系统的实施过程等。

（3）理解客户管理层对信息化管理的期望：能够理解客户管理层对未来信息化的期望，对业务需求做出准确的解释，如业务财务的一体化处理、成本的精细管理等。

（4）介绍标准产品与定制系统的做法：可以向客户介绍软件公司标准产品的思路、定制系统的基本做法等。

（5）交付简版咨询方案和解决方案：借助模板，可以编制简单的咨询交流方案，并可以根据交流结果，向客户提出一个初步的信息化解决方案。

2）学习参考

《方法篇》第4章。

《案例篇》第3章，有关收集资料、编写交流方案、解决方案的方法和框架等。

4. 咨询能力要求——第4级

1）能力要求

在第4级以前，咨询者被称为咨询工程师，从第4级开始进入咨询的高级阶段，咨询的担当者也可以称为咨询师，他们被要求**解答更加抽象的、非具体功能的客户问题**。

（1）掌握顾问型咨询的方法、经验：掌握与企业的决策层、管理层和业务骨干的咨询和交流方法，积累相关的经验。

（2）熟知客户业务，有信息化管理知识：对于客户需要信息化的业务非常熟悉，不仅可以回答一般信息系统的咨询，还可以向客户提供信息化管理方面的咨询服务。

（3）理解客户决策层对信息化管理的期望：可以与客户高层交流，并理解他们提出的目标需求，以及未来信息系统可以为企业带来的价值（模板需求：抽象、非具体功能）。

（4）传递软件公司的产品思路、定制系统方案：根据客户的情况，可以向客户说明标准产品的应用思路和定制系统的开发过程。

（5）交付咨询方案和解决方案：可以规划、编写咨询交流方案，并根据客户交流的成果和软件公司的推荐，给出完整的符合客户要求的解决方案。

2）学习参考

《方法篇》第2章和第3章。

《案例篇》第3章中有关资料收集、交流方案、解决方案的编写方法。

5. 咨询能力要求——第5级

1）能力要求

满足第5级能力要求的就是专家，是咨询师的最高级，这一级的能力基本上**可以响应客户提出来的所有咨询、疑问**，这是做信息化咨询的顶级。

（1）掌握顾问型咨询的方法、经验：拥有与客户决策者相同视角观察事物的能力，可以与客户企业决策层和管理层进行通顺的交流、沟通。

（2）熟知客户行业业务、有丰富的IT知识和经验：熟知客户行业的业务并有经验，同时还掌握信息化管理方面的知识和实现方法。

（3）解读决策层的目标、理念、战略、期望：不但理解而且可以充分解读客户决策层提出的目标、理念、战略、期望等，为后续的方案和规划奠定基础。

（4）宣贯软件公司的理念和主张，为企业提案：向客户宣传软件公司对信息化的理解、主张，是展现软件公司能力的重要举措。

（5）交付《企业架构》，支持企业战略落地：可以为客户规划粗粒度的企业架构，包括业务架构、应用架构、数据架构和技术架构，通过这些架构支持企业的战略落地。

2）学习参考

《方法篇》第2章、第3章、第19章和第20章。

《案例篇》第3章和附录A。

另外，作为高级咨询师，还要广泛参阅其他与客户业务领域相关的资料。

B.2　需求工程的能力要求

需求工程处在能力评估表中的第2位，它与咨询阶段的工作成果有相似处，也有非常大的不同，主要体现在需求工程对需求调研的成果要非常详细，不但要将抽象的目标需求落地，而且还要确定系统需要开发的具体功能。

《方法篇》：第5章有关需求调研和分析的基本思路、作用。

1. 需求能力要求——第1级

1）能力要求

能力要求第1级是需求工程的最低要求，基本上要求需求工程师掌握**可以收集和记录客户功能需求**的水平即可。

（1）掌握入门级的调研方法：掌握需要调研的基本三方法（图形法、访谈法和表格法），可以通顺地与客户的执行层进行交流、收集和记录需求。

（2）了解与产品相关的客户业务：了解与待开发系统相关的客户业务。

（3）掌握需求调研模板的使用方法：掌握上述需求调研三方法需要的模板、使用用法、验收标准等。

（4）绘制客户业务现状图：熟练地绘制客户业务现状图，并利用现状图进行调研、记录。

（5）访谈记录与现用表单的梳理：利用访谈记录进行调研并记录调研结果，另外收集客户现用表单，并对表单进行梳理和关联。

2）学习参考

《方法篇》第6章中有关现状图、访谈记录和现用表单的梳理方法。

《案例篇》第5章中有关现状图、访谈记录和现用表单的使用案例。

2. 需求能力要求——第2级

1）能力要求

能力要求第2级相较于第1级，重要的是要提升**判断、识别功能需求的能力**，能否识别需求是判断一名需求工程师是否可以独立工作的重要标志。

（1）掌握基本的调研方法、有一定的经验：掌握了基本的调研方法，也积累了一定的经验。

（2）理解客户业务、有一定的信息化知识：不仅可以理解与系统相关的客户业务，而且也有了一定的信息化知识。

（3）掌握需求调研的模板、流程、规范等：基本上掌握了全套的调研方法和交付物的标准，利用模板可以完成调研的全过程。

（4）识别客户需求的真伪、确定功能需求：初步掌握了识别需求真伪的能力，可以确定最终需要开发的功能需求。

（5）汇总分析资料，交付《需求调研资料汇总》：将全部的调研成果进行梳理、归集，然后整理出交付物《需求调研资料汇总》。

2）学习参考

《方法篇》第6章中有关需求真伪识别的方法等。

《案例篇》第5章中有关需求真伪识别的案例、《需求调研资料汇总》案例等。

3. 需求能力要求——第3级

1）能力要求

能力要求第3级是中级水平，也是需求调研与分析能力的分界点：第3级以上为高级，以下为初级，第3级对需求工程师有着较高的要求，满足这些要求后基本可以**独立地完成一个中等水平定制系统的需求调研**工作，第3级的能力也是作为**项目经理必须要掌握的基础内容**。

（1）掌握较体系的调研分析方法、有较多的经验：不但需要掌握需求的调研方法，而且还掌握需求的分析能力，后者的难度要大于前者。

（2）掌握较全面的业务知识、信息化知识：有较丰富的客户的业务知识、经验，同时可以利用信息化方法分析、梳理客户的业务和需求。业务知识是需求分析的基础。

（3）解读管理层的业务需求，并转换为功能需求：可以将业务需求转换为功能需求，这需要具备较强的业务知识和信息化知识才能做到。

（4）介绍未来业务与信息化相结合的效果：在调研、分析过程中，向客户讲述未来实现信息化管理后的效果，这对于顺利地获取客户对调研结果的确认、签字是非常重要的。

（5）汇总分析资料，交付简版《需求规格说明书》：参考模板可以将分析结果汇总成简单的《需求规格说明书》，这是项目经理的重要工作成果之一。

2）学习参考

《方法篇》第7章中有关编制《需求规格说明书》框架的案例等。

《案例篇》第6章中有关编制《需求规格说明书》框架的案例等。

4. 需求能力要求——第4级

1）能力要求

在第4级以前，需求人员被称为需求工程师，从第4级进入需求工程的高级阶段了，需求的担当者也可以称为分析师了，他们被要求可以**分析、确认更加复杂、抽象的需求**问题。

（1）掌握高级的分析方法、有足够的实践经验：具有对客户企业各方面需求的分析能力，并对需求的实现落地有丰富的实战经验。

（2）熟知客户业务、信息化管理知识：熟知客户企业相关领域的业务知识，还具有对客户企业进行信息化管理方面的提案能力。

（3）解读决策层的目标需求，并转换为功能需求：将客户企业领导从经营战略高度给出的目标需求（理念、目的、价值等），通过业务需求转换成可落地实现的功能需求。

（4）优化客户业务、提升业务工作效率：通过丰富的基础和信息化知识，对未来“人—机—人”中的业务进行优化、改善，提升客户业务的工作效率和价值。

（5）根据未来发展，交付《需求规格说明书》：可以编制高水平的《需求规格说明书》，让其成为后续设计、编码等的工作指导，确定未来系统的范围、高度、深度等。

2）学习参考

《方法篇》第7章中有关将客户目标需求转换为待开发功能需求的方法和案例。

《案例篇》第6章中有关将客户目标需求转换为待开发功能需求的方法和案例。

5. 需求能力要求——第5级

1）能力要求

能力要求第5级就是分析师的最高级，这一级的能力基本上就可以**应对开发所有类型系统的需求调研和分析**，并给出高水平的需求分析文档。

（1）掌握高级的分析方法、有丰富的实践经验：能够与企业决策层进行深入地沟通、交流，充分地理解客户决策层提出的需求，并对这些需求做出响应。

（2）熟知客户业务、信息化管理知识：熟知客户企业所属领域的业务、拥有丰富的相关业务知识外，还可以用信息化方式对业务做出解释。

（3）解读决策层的目标、理念、战略、期望：可以正确、准确地解读客户企业决策层者的各类需求（目标、战略等），并将它们落实到具体的功能需求上。

（4）收集企业架构的需求、做出IT规划：具有收集企业架构所需的需求、并对企业进行整体的信息化规划、架构。

（5）交付《企业的IT发展规划》类的文档：承担企业架构、IT规划等类型的项目主管，通过调研和分析后，给出客户的企业架构、IT发展规划类的最高级别的交付物。

2）学习参考

《方法篇》第5章～第7章。

《案例篇》第3章、第5章、第6章。

B.3 设计工程的能力要求

处在能力评估表中第3位的是设计工程，它是决定未来信息系统具体形式的关键阶段。与这个阶段工作相关的人员必须掌握非常具体的设计理论、方法、模板和标准。

《方法篇》第8章有关设计（概要、详细）的基本思路、作用。第15章有关应用设计的基本思路、作用。

1. 设计能力要求——1级

1）能力要求

能力要求第1级是设计工程的最低要求，基于分离原理（业务与管理的分离）的要求，能力第1级的重点在对**业务细节的设计**方面，包括绘制**简单的流程图**、编制**功能的规格说明书**（4件套）等的能力。

（1）理解入门级的业务设计方法：理解业务设计3个对象（架构、功能和数据）的方法、标准、关联关系，以及这3个对象的设计交付物。

（2）了解与系统相关的客户业务：知道与所设计流程和功能相关的业务知识。

（3）掌握业务设计的常用模板和使用方法：包括架构图（框架图、分解图和流程图）、业务功能设计的4件套等。

（4）绘制架构图、流程规格书 （5件套）：绘制架构图，特别是其中的业务流程图，它是表达业务逻辑的重要方法，业务流程图正确是系统成功的前提保证。

（5）编写业务功能规格书 （4件套）：对业务功能进行设计，包括界面、字段、规则、数据的关联关系等，这是设计工作中基础的内容。

2）学习参考

《方法篇》：第9章和第12章中有关架构设计的方法。第10章和第13章中有关功能设计的方法。

《案例篇》：第11章中有关流程与功能的详细设计案例等。

2. 设计能力要求——第2级

1）能力要求

设计能力第2级是在能力第1级的基础上增加了业务设计的深度，包括通过**数据建模完成复杂的数据设计表达**，以及利用**数据编制业务用例**等。

（1）掌握业务设计的基本知识和方法：掌握业务设计3个对象之间的逻辑关系，进行简单的业务规划和架构设计。

（2）理解客户业务、有一定的信息化知识：理解与设计相关的业务知识，具有一定的将业务转换为系统功能的知识和经验。

（3）了解定制系统的基本设计方法：了解定制系统的基本设计方法，应用设计中的流程、窗口、界面、按钮等功能的设计。

（4）建立数据设计模型、编制业务用例：掌握设计复杂数据模型的方法（算式关联图、数据钩稽图、业务数据线）、设计业务用例的方法等。

（5）汇总资料，交付《详细设计规格书》：汇总详细设计的成果（架构、功能和数据），形成详细设计规格书，它是《设计规格书》中的重要组成部分。

2）学习参考

《方法篇》：第16章中有关流程设计、界面设计的方法。

第17章中有关组件、窗口、界面等的设计方法。

《案例篇》：第12章中有关流程设计、界面设计的方法和案例。

3. 设计能力要求——第3级

1）能力要求

第3级是设计能力的中级水平，3级以上为高级，以下为初级，第3级的能力也是项目经理必须掌握的。能力3级的重点在于**对业务部分的整体规划、建模**，同时基于分离原理（业务与管理的分离），另一个重点是要**掌握管理方面的设计**。

（1）掌握完整的业务规划与架构的理论、方法：可以对系统的业务进行整体的规划、架构。

（2）掌握较全面的业务知识、信息化知识：利用较全面的业务知识和信息化知识，可以将两者整合在一起，让信息系统最大限度地发挥信息化的价值。

（3）理解定制系统的架构、设计方法：理解定制系统的基本设计方法，包括业务规划、业务架构等的设计。

（4）进行业务建模、管理建模：通过建模的方式，理解复杂的业务场景、管理模式，并利用所建模型进行相应的设计。

（5）交付《概要设计规格书》：将概要设计内容（包括架构、功能和数据）的设计资料汇总，形成概要设计阶段的交付物《概要设计规格书》。

2）学习参考

《方法篇》：第9章和第19章中有关架构和管理设计的方法。

《案例篇》：第8章和第9章中有关业务和管理的建模方法。

4. 设计能力要求——第4级

1）能力要求

在第4级以前，设计者可以是需求工程师，但是到了第4级就进入设计工程的高级阶段，设计的担当者必须是设计师或架构师（或具有相同能力的人担当），他们被要求做规模大、内容复杂的系统规划和架构，与前面对需求的简单设计不同，能力4级以上的人应该可以完成标准产品或平台类系统的初步规划、架构和设计。

（1）掌握业务架构、应用架构的理论、方法：掌握业务和应用架构的理论和方法，可以完成系统的理念设计、主线设计等工作。

（2）熟知客户业务、信息化管理知识：对客户的业务有丰富的知识和经验，并清楚对业务如何施加有效的信息化的管理方式。

（3）掌握标准产品/平台型系统的基本设计方法：完成标准产品和平台型系统，需要有建模、抽提和高水平的规划架构能力。

（4）交付价值与机制相关内容的设计：可以完成价值设计（如“人设事、事找人”的案例）、各类系统中的机制设计（如流程、时限、导航菜单案例）。

（5）交付《设计规格说明书》（概要、详细、应用）：汇总所有设计工程中的成果，包括概要设计、详细设计和应用设计3份规格说明书，形成最终的《设计规格说明书》。

2）学习参考

《方法篇》：第15章中有关基干原理的概念。

第16章中有关机制的设计方法。

《案例篇》：第8章～第10章、第16章中有关基干原理、机制等的设计方法。

5. 设计能力要求——第5级

1）能力要求

能力要求第5级是从事业务架构和设计方面的最高级水平，这一级的能力基本上可以应对开发**所有类型系统的业务架构和设计**，并**给出高水平的设计文档**。

（1）掌握系统规划和架构的理论、方法：掌握系统的规划和架构的方法，可以完成企业整体信息化的规划、架构的工作要求。

（2）熟知客户行业业务，有丰富IT知识和经验：对客户所在领域的业务有丰富的知识和相关经验，并清楚如何将业务与IT技术相结合来得到最高信息化价值。

（3）掌握平台型系统的规划、架构、设计方法：具有完成平台型系统的规划、架构和设计能力，这类系统的要求要远高于一般的定制系统。

（4）企业架构（业务架构、数据架构）：完成企业架构中的业务架构和数据架构（应用架构和技术架构不在本书范围内）。

（5）交付《企业架构规格书》类的文档：由于5级是最高等级，所以交付物不限于一般定制系统的设计规格书，可以是最高要求的交付物，如企业架构的成果交付等。

2）学习参考

《方法篇》和《案例篇》：熟知两本书的所有章节，并广泛地参阅其他参考资料。

附录C 索引

参考文献

［1］李鸿君. 大话软件工程——需求分析与软件设计[M]. 北京：清华大学出版社，2020.

［2］（美）项目管理协会. 项目管理知识体系指南（PMBOK指南）[M]. 王勇，张斌，译. 6版. 北京：电子工业出版社，2018.